动力电池与储能技术丛书

氢与燃料电池——新兴的技术及其应用
（原书第3版）

[丹] 本特·索伦森（Bent Sørensen） 著
[意] 朱塞佩·斯帕扎富莫（Giuseppe Spazzafumo）

隋升　郭雪岩　修国华　译

机械工业出版社

本书通过全面覆盖在多学科的能源领域脱颖而出的制氢、储氢和燃料电池等应用方向，详细描述了已开发或正在开发的各种燃料电池技术。本书提供了氢和燃料电池技术的主要基本科学理论，与此同时，以一种深入浅出的方式介绍了上述技术的应用以及如何从技术、经济、管理等方面可持续融入社会。本书反映了最近出现的技术和最有前途技术的市场渗透，并结合当前的挑战和经济趋势，评估了燃料电池技术在未来的发展前景。本书更新并扩展了氢储存和运输、熔融碳酸盐燃料电池、质子交换膜燃料电池、固体氧化物燃料电池、生物燃料电池（包括微生物燃料电池）、在运输和发电厂的应用、远景方案和寿命周期评估等内容。

本书非常适合能源领域的研究人员和专业人士，尤其涉及新能源知识的学术界和工业界的人员阅读，同时也可供工程、物理和环境科学的教师和学生，以及参与能源或环境法规和政策制定的专业人士参考。

第3版 前 言

氢和燃料电池技术领域不再局限于政府支持的项目中的研发工作，而是凭借一些新兴商业市场作为特色。这些仍然是利基市场，其增长远远落后于早期预期，但未来更为光明，因为市场渗透可能独立于公共补贴而实现。燃料电池成本仍然是目标值的两倍左右，但也有买家能接受这一点，因为他们希望参与未来的前瞻性技术。事实上，实际成本离市场目标还要远得多，因为目前燃料电池耐久性只有目标值的一半左右。因此，对于科学家、工程师和商业开发者来说，仍然有很多工作要做。

对于汽车燃料电池应用，早期对全氢燃料箱的行驶里程限制已经不复存在，现在的燃料电池汽车性能与使用化石燃料的汽车相似。本书提倡的观点是，电池汽车不应该仅仅被视为燃料电池汽车的一个竞争对手，而是一个销售混合燃料电池 - 电池汽车的好机会，其性能优于这两种技术单独使用。固定式和便携式燃料电池应用正在遵循与车辆应用类似的趋势，但由于开发开始较晚，因此其应用有所延迟。

研究人员仍在为制氢和各种类型燃料电池寻找替代或新的方向，希望找到比现有技术更好的新技术。

本书包含所有相关技术的完整更新，以及新的成本和耐久性数据的展示。引入了一个新的市场远景方案，覆盖了不列颠群岛的所有地区。研究发现，爱尔兰和英国的所有地区都可以在100%使用可再生能源的情况下，实现能源自给自足。此外，丰富的海上风力资源可以产生过剩的电力，如果与不列颠群岛地区保持良好的贸易合作，足以满足整个欧盟大陆一半以上的电力需求，从而使欧盟能够实现其气候目标。如果没有对不列颠群岛的这种依赖，欧盟大陆将很难实现理想的可持续能源未来。

Bent Sørensen
Giuseppe Spazzafumo

第2版 前 言

在写本书的第1版时，人们对燃料电池和汽车工业有一种热切信念，即氢燃料电池汽车将在21世纪的第一个十年开始渗透到市场。由于多种原因，这个目标并没有实现。燃料电池的5年寿命和平均批量生产成本10000美元/1kW的目标指标并不是很高，但实践证明在短期内仍然难以达到。燃料电池的5年寿命实际是偏低的，因为受到在制造和资源利用过程中担忧环境影响的刺激，目前汽车工作寿命接近20年。只有5年寿命的燃料电池汽车在寿命周期内必须更换3次，考虑到设备和更换工作，这会大大增加实际成本。同时，在目前市场评估中的另一个因素是实力竞争，竞争对手包括电动汽车、将电池和石油基燃料相结合的混合动力汽车，以及用于运输行业的新一代生物燃料。在本版中，对这些竞争对手相对于氢燃料交通应用的优劣进行仔细评估，同时对其他方面的燃料电池使用也进行了类似的评估。

对于研究人员和燃料电池及相关设备制造商，暂时的挫折不只是负面的，因为它提供了一个机会，重新思考基本设计概念，并提出一些新的想法，也许这些事情在为达到早期目标的狂热追捧中遗留下来，但尚未做处理。幸运的是，相对于较少的氢燃料汽车头条新闻故事，人们并没有放慢在科学和工程方面努力的步伐，本版介绍和讨论了许多新的、令人振奋的进展。这个过程中伴随着对电池结构内电化学过程的基本了解，以及车辆和系统概念的发展，战胜了许多挑战，通过在几个方面从传统的可操作性和现有基础设施的布局出发，引入新技术。

考虑到电池和燃料电池技术的结合，本版扩大了涉及混合动力系统的内容，而不是着重把它们看作是相互排斥的竞争对手。这被证明是一种合适的组合，无论是使用燃料电池和先进电池的插电式混合动力汽车，或独立的概念，可以实现纯燃料电池或纯电池汽车无法获得的性能和经济性。燃料电池的研发领域已经吸引了一些最有经验的科学家和工程师，我希望本书可以激发这些人的研究兴趣。

Bent Sørensen

第1版 前 言

这些年来，许多科学家和工程师进入氢和燃料电池领域，是因为其令人兴奋的前景和大量资助。为了应对由于许多石油生产大国政治不稳定、资源的不确定性，以及不断增加的对环境影响的关注，在未来几年内人类的目标是借助于在生产、分配和转换技术的重大变化，改变能源的供应和使用方式。

本书是为很多本领域的新人写的，对于那些有越来越多专业课程的学生、已经在某些子领域有了深入了解和有所建树的科学家和开发者，他们想从技术到政策因素、经济和环境评价方面了解燃料电池整个领域。我的目的是向具有一定科学背景，但没有特殊的氢和燃料电池经验的人提供一个介绍，以及为读者提供最新的研究和开发的前沿知识，以便把新兴技术与常规科学领域的概念联系起来。

在每章末尾是问题和讨论，其中的一些可以作为问题导向的小课题。

事实上，在氢和燃料电池领域的知识发展步伐如此之快，以至于本书一半的内容是基于最近一年的材料（按照写作时间），并且甚至经常是没有发表或者科技期刊显示“出版中”的材料。很高兴能够将这些非常新鲜的材料从我的同行的办公桌上选入本书。新技术可以使某些研究与写书一起进行，这在5~10年前是根本不可能的。

为了达到上述所讲的目标，我尽量避免专业术语，或者，如果它是重要的，读者会在最新的科学期刊见到专用术语的定义和解释，书中还提供具有物理、化学或者生物学基础读者熟悉的概念联系。政策的制定者和实施者会在这些领域与常规经济和环境联系，找到新的思路和方法，并制定科学计划。

归根结底，我想传达氢和燃料电池领域的丰富多彩，并提出了需要通过人类的聪明才智加倍努力的挑战，这个人就是您，亲爱的读者。

Bent Sørensen

单位和转换系数

10 的幂指数①

前缀	符号	数值
atto（阿）	a	10^{-18}
femto（飞）	f	10^{-15}
pico（皮）	p	10^{-12}
nano（纳）	n	10^{-9}
micro（微）	μ	10^{-6}
milli（毫）	m	10^{-3}
kilo（千）	k	10^{3}
mega（兆）	M	10^{6}
glga（吉）	G	10^{9}
tera（太）	T	10^{12}
peta（拍）	P	10^{15}
exa（艾）	E	10^{18}

① G、T、P、E 在欧洲称作 milliard、billion、billiard、trillion，但在美国则称 billion、trillion、quadrillion、quintillion，M 都为 million。

SI 单位

基本单位	名称	符号
长度	米	m
质量	千克	kg
时间	秒	s
电流	安［培］	A
温度	开［尔文］	K
发光强度	坎［德拉］	cd
平面角	弧度	rad
立体角	球面度	sr
物质的量 ①	摩［尔］	mol

① 0.012kg ^{12}C 中含有的原子数目。

导出单位	名称	符号	定义
能量	焦［耳］	J	$kg \cdot m^2/s^2$
功率	瓦［特］	W	J/s
力	牛［顿］	N	J/m
电荷	库［仑］	C	A · s
电压	伏［特］	V	J/(A · s)
压强	帕［斯卡］	Pa	N/m^2
电阻	欧［姆］	Ω	V/A
电容	法［拉］	F	A · s/V
磁通量	韦［伯］	Wb	V · s
电感	亨［利］	H	V · s/A
磁通量密度	特［斯拉］	T	$V \cdot s/m^2$
光通量	流［明］	lm	cd · sr
照度	勒［克斯］	lx	$cd \cdot sr/m^2$
频率	赫［兹］	Hz	1/s

转换系数

类型	名称	符号	近似值
能量	电子伏特	eV	1.6021×10^{-19}J
能量	尔格	erg	10^{-7}J（精确）
能量	卡路里（热化学）	cal	4.184J
能量	英热单位	Btu	1055.06J
能量	Q	Q	10^{18}Btu（精确）
能量	quad	q	10^{15}Btu（精确）
能量	吨油当量	toe	4.19×10^{10}J
能量	桶油当量	bbl	5.74×10^{9}J
能量	吨煤当量	tce	2.93×10^{10}J
能量	立方米天然气		3.4×10^{7}J
能量	千克甲烷		6.13×10^{7}J
能量	立方米生物质气		2.3×10^{7}J
能量	升汽油		3.29×10^{7}J

（续）

类型	名称	符号	近似值
能量	千克汽油		4.38×10^{7}J
能量	升柴油		3.59×10^{7}J
能量	千克柴油		4.27×10^{7}J
能量	1个标准大气压下立方米氢气		1.0×10^{7}J
能量	千克氢气		1.2×10^{8}J
能量	千瓦时	kWh	3.6×10^{6}J
能量	马力	hp	745.7W
能量	千瓦时每年	kWh/y	0.114W
放射性	居里	Ci	3.7×10^{8}/s
放射性	贝克勒尔	Bq	1/s
放射剂量	拉德	rad	10^{-2}J/kg
放射剂量	格瑞	Gy	J/kg
剂量当量	雷姆	rem	10^{-2}J/kg
剂量当量	希沃特	Sv	J/kg
温度	摄氏度	℃	$\frac{T}{K}$① -273.15
温度	华氏度	℉	$1.8\frac{t}{℃}$① $+32$
时间	分	min	60s（精确）
时间	小时	h	3600s（精确）
时间	年	y	8760h
压力	标准大气压	atm	1.013×10^{5}Pa
压力	巴	bar	10^{5}Pa
压力	磅每平方英寸	psi	6890Pa
质量	吨（米制）	t	10^{3}kg
质量	磅	lb	0.4536kg
质量	盎司	oz	0.02853kg
长度	埃	Å	10^{-10}m
长度	英寸	in	0.0254m

（续）

类型	名称	符号	近似值
长度	英尺	ft	0.3048m
长度	英里（法规）	mi	1609m
体积	升	L	$10^{-3}m^3$
体积	美加仑	USgal	$3.785\times10^{-3}m^3$

① T、t 分别表示热力学温度、摄氏温度。

目录

第1章 导 言

1.1 燃料电池和氢能可能扮演的角色

人们在世界各地居住、旅游或工作，尤其是在城市地区，越来越不能忍受汽车造成的污染。汽车行业因为没有解决上述问题，正面临越来越多的批评，要求零排放汽车的呼声已经响起。减少排放的最简单解决方案是提高车辆的效率。几个欧洲的汽车制造商采纳了这样的路线：采用轻量化的车体结构，低空气阻力，高性能但低油耗的发动机，如共轨柴油发动机或新设计的汽油奥托发动机，制动器能量回收，计算机优化换档操作，关闭发动机替代怠速等。通过这些措施，可以实现四人标准车每 100km 消耗约 3L 柴油或约 4L 汽油。每 100km 3L 柴油，能耗相当于 0.1GJ/km 或 100MJ/km。燃油对车轮的动力转换效率约为 27%，而不是目前的平均值低于 20%。不幸的是，尽管人们越来越关注汽车污染和温室气体排放对气候的影响，但近十年来，新车的平均尺寸大幅增长，而在 5 ~6 人的车辆中，行驶中的乘用率甚至下降到 1 人。此外，车的功率额定值也有所增加，只是为了减少加速时间，不仅允许不考虑最高速度法规，而且借助车载电子设备辅助，警告警察在场或存在测速摄像头。

向最终用户提供运输服务的总体燃料运输工作效率，例如，以乘客数量乘以行驶距离（见 6.2 节）衡量，在 2000 年之后不久就达到峰值。例如，与欧洲相比，中国和美国目前乘用车车队的平均效率仍然较低，这也是消费者所看到的、现行燃油价格的一个最直接结果（包括现行补贴和税收，但没有涵盖其他外部成本）。

通过选择非化石燃料解决排放问题，包括电动汽车和燃料电池汽车，以及这些或其他概念之间的混合动力汽车。当原始燃料是化石燃料时，环境污染情况取决于运输服务使用的能源总量。电动汽车的电机效率很高，但要达到零排放标准，就要求电力从可再生能源产生。如果使用化石能源，必须考虑当前发电厂的燃料 - 电能转换效率，而当考虑电池循环损耗后，电动汽车的油井 - 车轮计算效率几乎不会超过 20% ~30%。对于燃料电池汽车，预计氢燃料对车轮的效率将达到 36% 左右（见 6.2 节，当前的燃料电池汽车没有达到这样高的效率值），这意味着从天然气制氢开始，整个链条的燃料 - 车轮效率约为 25%，它包括质子交换膜燃料电池（PEMFC）和电机 - 车轮效率，所有这些都适用于标准混合驱动循环。此外，采用可再生能源发电产生的氢气，燃料 - 车轮效率可能略高一些。

在使用化石能源的电动汽车案例中，污染从道路转移到发电厂，在发电厂中可以更好地处理净化废气，并且污染物在较高的高度上扩散，使得出现电动汽车污染物浓度与当前普通汽车的废气浓度一样高的情形的可能性极低。当使用可再生能源，如风能或太阳能时，在发电阶段不会产生污染物。相对于使用传统燃料的当前热力发动机的简单效率改进，电动汽车或燃料电池汽车解决方案的成本较高，在短期内可能也不容易解决。因此，电动汽车或燃料电池汽车的实际情况在很大程度上取决于向非化石燃料过渡的期限，这是一项长期需求。

使用可再生能源氢气的燃料电池汽车，其总的一次能源 - 车轮效率约为 25%，低于纯电池汽车，后者相应的效率约为 50%，但纯电池解决方案存在重量方面的不利影响，至少对目前的锂离子电池组是如此。锂空气电池等新电池类型可能会改变这种情况。如果电池和燃料电池技术方案在经济上同样可行，优化将包括在重量和所需发动机额定功率之间权衡，以获得最低成本。第 6 章讨论了在各种可能的混合概念范围中，选择某一个概念的成本影响。

当机动车直接产生污染时，无论是否涉及颗粒物、SO_2 或 NO_x 排放，它们仅能通过过滤器和催化装置部分减少，这些是对健康和环境的最大可见影响，并且由于车辆数量的增加而不断增加。尽管加强了监管，但在未来不可容忍的影响清单上，温室气体排放量的占比仍越来越高，全球变暖相关影响在增加（如热浪、洪水、风暴；见 Sørensen，2011）。目前，气候影响似乎是远离使用化石燃料的首要原因。不久前，供应安全和资源枯竭则被认为是开发基于可持续能源的替代品的主要原因。对上述担忧的暂时减少，部分原因是 1973 年和 1979 年石油供应危机后，能源使用增长开始减少，特别是提高能源使用效率的努力。

显然，资源问题并没有永远消失。尽管开采技术有所提高，但化石燃料，特别是石油的产量可能会下降，因为发现新的常规油井的速度在持续下降。与此同时，从焦油砂和页岩油中提取石油的替代品，越来越被认为是环境上不可接受的。无论外部性成本是否包含在价格中，社会都必须为此付出代价。由于实际生产成本的可变性，以及由于依赖于日常市场情况和政治问题，如卡特尔生产上限[㊀]和生产地区的战争，直接石油价格可能会以不规则的方式变化。这些情况使得化石燃料替代品的开发越来越具有吸引力，这既是出于经济原因，也是出于供应安全和稳定的原因。由于可再生能源在地理上分布更为均匀（尽管可再生能源的最佳组合可能因地区而异），因此在强调局部控制的情况下，可再生能源更具有吸引力，通常称为“分散化（decentralisation）”，尽管它们肯定不能消除电力和（可再生能源）燃料的传输及贸易需求，也不会消除开发适当形式的能源储存需求（见 Sørensen，2015，2017）。

刚刚提出的推断将在后续章节中提供更详细的讨论。

长期以来，使用氢气作为普通能源载体的可能性是一直存在的（例如，见 Bockris，1972；Sørensen，1975，1983，1999；Sørensen 等，2004）。受到关注的问题包括氢的生产、储存和运输，以及氢的使用，特别是作为燃料电池的燃料。人们希望随着新应用领域的发展，制氢和燃料电池的价格将大幅下降，基础设施问题最终将得到解决。这可以通过一系列步骤实现，首先在基础设施所需变化不大的小众领域使用氢气，例如从一个加油站出发，沿固定路线行驶的燃料电池公交车。虽然目前生产氢燃料（无论是化石能源还是可再生能源）的价格高于已经使用的燃料，但如果市场扩大，生产技术得到改进，氢气价格可能会下降。地下设施中的集中储氢成本（用于处理使用可再生能源制氢时的间歇性问题），从已经用于天然气的设施中得知，对总成本的影响相当小，而运输成本预计将相当大，类似于或略高于天然气输送成本。本地储氢（通常使用加压容器）的成本不可忽略，但对总体成本的影响仍然相当小，而关键成本项目仍然是最终使用能源形式为电力的所有情况下，所使用的燃料电

㊀ cartel ceilings，指一些企业或国家联合限制一个行业或市场内的竞争——译者注。

池转换器，包括通过电动机的运行。因此，允许氢作为一般能源载体应用的关键开发项目是燃料电池。在常规火力发电厂中，与非化石能源的使用有关，氢气的使用规模可能更为有限，其中大多数（风力发电、光伏发电）不需要使用氢气来发电，但可能需要氢气来储存能量，以应对间歇性问题。因此，人们必须将运输部门视为引入氢气作为一般能源载体的关键。

本书的整体布局如下：第 2 章讨论氢气的生产、储存、运输的各种方法；第 3 章涵盖了燃料电池的基础知识；第 4 章介绍了燃料电池系统；第 5 章介绍实施问题（包括安全和规范）以及未来的使用场景；第 6 章讨论了直接成本和寿命周期成本方面的经济问题；第 7 章总结了经验教训。这样划分并不是无懈可击的，因为讨论与个别技术相关的系统选项，或与技术一起提及实施问题通常是有用的，但在这种情况下，会提供交叉考证。

参考文献

Bockris, J. (1972). A hydrogen economy. *Science 176*, 1323.

Sørensen, B. (1975). Energy and resources. *Science 189*, 255–260, and in “Energy: Use, Conservation and Supply” (Abelson, P., and Hammond, A., eds., Vol. II, pp. 23–28. Am. Ass. Advancement of Science, Washington, DC (1978).

Sørensen, B. (1983). Stationary applications of fuel cells. In “Solid State Protonic Conductors II—for Fuel Cells and Sensors”, pp. 97–108 (Goodenough, J., Jensen, J., Kleitz, M., eds.), Odense University Press, Odense.

Sørensen, B. (1999). Long-term scenarios for global energy demand and supply: four global greenhouse mitigation scenarios. Final Report from a project performed for the Danish Energy Agency, IMFUFA Texts 359, Roskilde University, pp. 1–166.

Sørensen, B. (2011). *Life-Cycle Analysis of Energy Systems. From Methodology to Applications*. RSC Publishing, Cambridge.

Sørensen, B. (2015). *Energy Intermittency*. Taylor & Francis, Boca Raton, FL.

Sørensen, B. (2017). *Renewable Energy. Physics, Engineering, Environmental Impacts, Economics and Planning*. 5th Edition, Academic Press-Elsevier, Burlington.

Sørensen, B., Petersen, A., Juhl, C., Ravn, H., Søndergren, C., Simonsen, P., Jørgensen, K., Nielsen, L., Larsen, H., Morthorst, P., Schleisner, L., Sørensen, F., Petersen, T. (2001). Project report to Danish Energy Agency (in Danish): Scenarier for samlet udnyttelse af brint som energibærer i Danmarks fremtidige energisystem, IMFUFA Texts No. 390, 226 pp., Roskilde University; report download at http://rudar.ruc.dk/handle/1800/3500, file IMFUFA_390.pdf.

Sørensen, B., Petersen, A., Juhl, C., Ravn, H., Søndergren, C., Simonsen, P., Jørgensen, K., Nielsen, L., Larsen, H., Morthorst, P., Schleisner, L., Sørensen, F., Petersen, T. (2004). Hydrogen as an energy carrier: scenarios for future use of hydrogen in the Danish energy system. *Int. J. Hydrogen Energy 29*, 23–32 (Summary of Sørensen et al., 2001).

第2章 氢

2.1 氢气的生产

氢是宇宙中最丰富的元素。主要的同位素由一个质子和一个电子组成；该电子在角动量最低时（即基态，表示为1s），具有-2.18×10^{-18}J的能量（以原子核和电子的距离为无限远时的能量为零）。氢是一种星际气体，是主序星的主要成分。在行星如地球上，氢是水、甲烷和有机物中的一部分；无论是在动植物还是化石中，都有氢的存在。地球上同位素^{2}H和^{1}H的自然丰度比值为1.5×10^{-5}。正常的分子形式为H_2。更多性质见表2.1。

氢气的生产涉及提取和纯化等几个步骤，产品的纯度视具体要求而定。这些过程自然取决于起点，目前占主导地位的甲烷生产方案只有在能源主要包含在甲烷中或可以很容易地转换到甲烷中时才有意义。因此，在化石燃料的情况下，天然气转化为氢气相对容易，石油的转化要复杂一些，而煤炭的转化则首先需要高温气化。对于已经转化为电能的能源，电解是目前最常见的制氢工艺。在可再生能源中，生物质资源需要特别注意，具体取决于其形式。可以考虑在高温下光诱导或直接热分解水，而在较低温度下需要更复杂的多步骤方案，例如核反应堆或聚光太阳能发电厂的蒸汽提供的方案。

表2.1 氢气的物性

原子序数，H	1	
电子在1s轨道上结合（电离）能	2.18	aJ
摩尔质量，H_2	2.016	10^{-3}kg/mol
原子平均距离，H_2	0.074	nm
解离能，H_2解离为2个无限远距离的H原子	0.71	aJ
H^+稀释水溶液中电导率，298K下	0.035	$m^2/(mol\cdot\Omega)$
密度，101.33kPa和298K下	0.084	kg/m^3
熔点，101.33kPa下	13.8	K
沸点，101.33kPa下	20.3	K
恒压比热容，298K下	14.3	kJ/(K·kg)
水中溶解度，101.33kPa和298K下	0.019	m^3/m^3

注：单位、前缀和转换系数，见文前“单位和转换系数”。

2.1.1 水蒸气重整

目前工业生产的氢基于甲烷（CH_4），甲烷是天然气的主要成分。甲烷和水蒸气混合物在高温下发生如下强吸热反应：

$$CH_4 + H_2O \rightarrow CO + 3H_2 - \Delta H^0 \quad (2.1)$$

在常温常压下（0.1MPa，298K）反应焓 ΔH^0 等于252.3kJ/mol，当参加反应的原料的水以气态形式存在时，反应焓为206.2kJ/mol。在式（2.1）中，右边的CO和 H_2 的混合气被称作合成气。这步反应需要催化剂（镍或者镍负载于氧化铝、钴、碱和稀土元素的混合物上），反应温度为850℃，反应压力为 2.5×10^6Pa（Angeli等，2014）。

该过程由用于重整过程的反应器的设计、输入混合物（典型的水蒸气/甲烷比为3∶2，即高于化学计量要求）以及如前所述，由反应温度和催化剂控制。其他反应可能发生在重整反应器中，例如甲烷化，即式（2.1）的逆反应。为了获得高转换效率，一些热量输入来自冷却反应物以及利用通常在单独的反应器中进行的水蒸气变换（WGS反应）所放出的热量：

$$CO + H_2O \rightarrow CO_2 + H_2 - \Delta H^0 \quad (2.2)$$

当所有反应物在环境压力和温度下以气体形式存在时，ΔH^0 等于 −41.1kJ/mol，如果水是液体，则为 −5.0kJ/mol。该过程中的热量在反应式（2.1）中回收利用。这涉及两个热交换器，是通过水蒸气重整生产氢气成本高的主要原因。为了避免碳（炭）和过量的CO产生，必须使水蒸气/甲烷比大于1（Oh等，2003）。

工业水蒸气重整器通常直接燃烧一小部分原料甲烷（当然可以使用其他热源）提供该过程式（2.1）所需的热量：

$$CH_4 + 2O_2 \rightarrow CO_2 + 2H_2O - \Delta H^0 \quad (2.3)$$

式中，$\Delta H^0 = -802.4$（g）kJ/mol或 −894.7（l）kJ/mol，（g）表示最终产物为气态，而（l）表示液态冷凝水（CO_2在相关过程温度和压力下应该为气态）。以气体形式逸出产物时生成的热802.4kJ/mol，称为甲烷的“低热值”，而包括冷凝成液态形式的热量称为“高热值”。式（2.1）所需的热量只有一小部分是从回收中获得的。式（2.1）和式（2.2）结合为

$$CH_4 + 2H_2O + \Delta H^0 \rightarrow CO_2 + 4H_2 \quad (2.4)$$

式中，$\Delta H^0 = 165$kJ/mol（气态水进料），或者 $\Delta H^0 = 257.3$kJ/mol（液态水进料）。作为化学能量转换过程，式（2.4）有着100%的理想效率。甲烷的燃烧热值［如式（2.3）所示］为894.7kJ/mol，加上式（2.4）反应中需要的热量257.3kJ/mol，正好等于 $4H_2$ 的燃烧热值1152kJ/mol。过程的焓值与温度和压力有关，但是考虑到过程如果由常温常压开始和结束，那么过程中额外增加的加热或加压的能耗可以在过程结束前回收利用。在实际过程中，只有50%的燃烧热量是用在式（2.1）反应中。其他的热量被消耗在反应产物中，这些热量通过后续的热交换器重新回收利用（Joensen和Rostrup-Nielsen，2002）。Ovesen等（1996）研究了影响变换反应式（2.2）的催化作用的动力学。工业上甲烷转换的效率实际上很难超过80%，如上所述，热回收的需求是反映在氢产品成本中的主要成本项目。如果天然气中存在硫污染，比如含有 H_2S，那么为了保护催化剂的性能，会在生产合成气的步骤前增加脱硫的步骤。

催化剂——比如简单的具有周期晶格的Ni金属表面结构——的作用是吸附 CH_4 分子，并且一步步将其中的氢原子解离，使其具有接下来反应的活性。Lennard-Jones（1932）提

出了表面解离的基本机制，他假设双极最小势能是表面和撞击分子之间距离的函数，如图2.1所示。外部最小值是由于长程库仑力（有时称为范德华力）的分子吸附，而内部最小值是由于解离化学吸附。两个最小值之间的阈值可能会比分子间长距离的势能要高，这样分子必须具有较高的动能来越过能量阈（Ceyer，1990）。一般可以通过提高反应温度达到目的。很显然，这个能量阈值的大小取决于催化剂表面以及分子自身，所以要求工程上选择合适的催化剂。逐渐使用具有较高氢气产能的催化剂，从传统的 Al_2O_3 负载 Ni 催化剂（Yokota 等，2000）和 Ni/ZrO_2 催化剂（Choudhary 等，2002）到最近的 $Ni/Ce-ZrO_2$ 催化剂，氢气产能比反应式（2.1）所揭示的多15%，因为通过变换反应式（2.2），甚至在第一个工艺过程的反应器中（Roh 等，2002），第一反应步骤中使用的过量水蒸气有助于制氢。Angeli 等（2014）已经探索了改善催化剂作用的进一步可能性，例如通过添加微量 Ni。

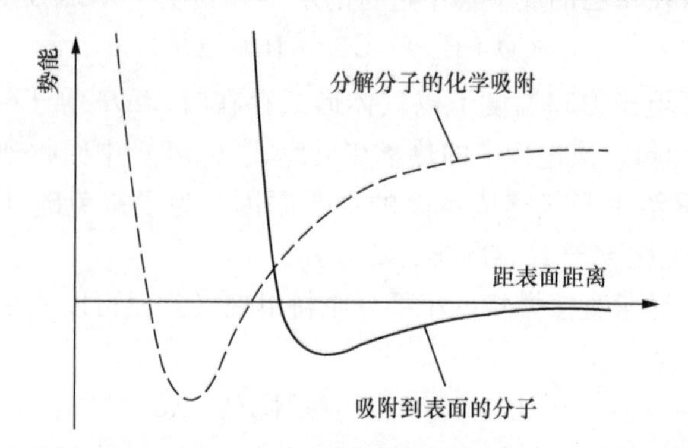

图2.1　分子在催化剂表面的解离需要较高的动能以克服势能阈值。没有额外的能量，分子仅仅吸附在表面（Lennard－Jones，1932）

过度提高反应温度可能会毁坏催化剂，其中一个重要的原因是甲烷裂解积碳：

$$CH_4 + 74.9kJ/mol \rightarrow C + 2H_2 \qquad (2.5)$$

积碳会在催化剂表面形成纤维状物质，包裹住催化剂表面，并且极大地阻碍水蒸气转换反应的进行（Clarke 等，1997）。如前所述，过量的水蒸气可以有效防止裂解，或者至少可以通过清洁催化剂表面来减轻积碳的副作用。

变换反应式（2.2）需要采用另外的催化剂组合，传统的为 Fe 或者 Cr 的氧化物。在新型的具有分级温度变换的工厂中，Fe/Cr 氧化物催化剂只用在400℃左右的第一步变换反应，新的催化剂如 $Cu/ZnO/Al_2O_3$ 则用于第二步的低温变换，在此过程中有热量回收。催化剂上积碳的反应机理主要为 Boudouard 反应（Basile 等，2001）：

$$2CO \rightarrow C + CO_2 + 172.4kJ/mol \qquad (2.6)$$

具有高稳定性、克服上述问题的催化剂一直在探索中。最终 CO_2 的脱除处理相对比较容易，例如用水冲洗就可以实现。目前工业上大规模水蒸气变换制氢不是针对燃料电池的，所以在 CO 变换之后合成气中残留的 CO 量一般在0.3%～3%之间（Ghenciu，2002；Ladebeck 和 Wagner，2003）。

对于在质子交换膜（PEM）燃料电池（见3.6节）中使用的氢气，其 CO 的含量要求低

于 50×10^{-6}。这是防止 PEM 燃料电池中通常使用的铂催化剂中毒。这也就意味着需要进一步去除 CO，除非主反应式（2.1）和式（2.2）可以精确地按照剂量比完全反应。去除 CO 的步骤主要有 3 个技术：选择性氧化、甲烷化和膜分离技术（Ghenciu，2002）。目前使用最广泛的是选择性氧化法：

$$CO+\frac{1}{2}O_2 \rightarrow CO_2+283.0\text{kJ/mol} \tag{2.7}$$

这里的“选择性”意味着相比于下面氢气氧化反应，该催化剂的使用更有利于式（2.7）反应进行：

$$H_2+\frac{1}{2}O_2 \rightarrow H_2O-\Delta H^0,\ \Delta H^0=-242(\text{g})\text{kJ/mol 或 }-288(\text{l})\text{kJ/mol} \tag{2.8}$$

（焓值是常温常压条件下，在式（2.7）中 CO_2 是气态。）当前使用的催化剂是基于铂或铂合金。这类催化剂需要较高的比表面积，较低的工作温度（80～200℃），并且颗粒越小越好（Shore 和 Farrauto，2003）。

在较低温度下工作而不出现上述问题且保持高效率的方法是连续移除第二个反应器产生的氢气。这个过程可以通过膜分离技术实现，即仅允许氢气分子通过，而其他的反应物被留在反应器内（Wieland 等，2002；Bottino 等，2006）。膜反应器可以替代两个传统的水蒸气重整过程，实现整个反应过程式（2.4）。这种膜反应器应该包含一个装填好催化剂（几个中试实验中已经使用了钯催化剂）的管式反应器与膜相连，以及相应的进气管路。将反应中产生的氢气及时移走可以改变反应式（2.1）和式（2.2）的热力学平衡，使反应正向进行，反应在低温下进行并且使用较少量的过量水蒸气（Kikuchi 等，2000；Gallucci 等，2004）。理论上和实际中 CO 的含量都可以保持在 0.001% 以下，但是有研究者强调，在一些情况下需要增加一个清洁步骤（Yasuda 等，2004；总的转化效率为 70%）。相对于可比较的传统水蒸气重整反应器，该反应器的尺寸可能较小，并且转化效率较高，至少在进行的实验室实验中是这样。

除了甲烷水蒸气重整，也可以用其他碳氢化合物尤其是石油产品进行重整，制氢反应为

$$C_nH_m+nH_2O \rightarrow nCO+\left(n+\frac{1}{2}m\right)H_2-\Delta H^0 \tag{2.9}$$

由于反应速率的差异和增加更多的热裂解问题（类似于式（2.5），也称为热解），通过合适的催化剂持续不断地打开高级碳氢化合物末端 C－C 键，比起甲烷重整反应难度大得多。为了避免这个问题，碳剥离通常是在一个单独的预重整反应中完成（Joensen 和 Rostrup－Nielsen，2002）。比起天然气重整，通过这种方式生产氢气，过程更复杂，价格更昂贵。当然，也可以使用新型的催化剂（例如钯/二氧化铈）以实现某种特定的高级碳氢化合物重整（Wang 和 Gorte，2002）。

2.1.2 部分氧化、自热重整以及干气重整

甲烷温和放热催化部分氧化反应为

$$CH_4+\frac{1}{2}O_2 \rightarrow CO+2H_2+35.7\text{kJ/mol} \tag{2.10}$$

或更普遍的反应为

$$C_nH_m+\frac{1}{2}nO_2\rightarrow nCO+\frac{1}{2}mH_2-\Delta H^0 \tag{2.11}$$

这些反应被认为比水蒸气重整快得多，并且不需要换热面积。当氧气（通常为空气）和甲烷通过合适的催化剂（比如 Ni/SiO_2）时，反应式（2.10）发生，同时一定程度上反应式（2.3）和反应式（2.7）、式（2.8）也会进行，进一步甲烷化（反应式（2.1）的逆反应），以及水蒸气变换式（2.2）和干气重整（见反应式（2.14））也会发生。当氧气由空气提供时，需要从产品 H_2 中去除氮气，这一步通常是接着部分氧化反应之后进行。部分氧化适合小规模的生产，比如制氢供给燃料电池汽车。可以根据车的运行情况开始或者终止反应。伴随着氧化过程，温度上升，开始水蒸气重整。这被称为“自热”重整，涉及目前为止提到的所有反应，加上在可能存在水的情况下式（2.10）的化学计量变化：

$$CH_4+\frac{1}{2}xO_2+(1-x)H_2O\rightarrow CO+(3-x)H_2-\Delta H^0 \tag{2.12}$$

以上的化学方程式适合 $x<1$ 的情况，并不是必要条件，也有特殊情况存在，如下所示：

$$CH_4+\frac{3}{2}O_2\rightarrow CO+2H_2O-\Delta H^0,\ \Delta H^0=611.7(l)\mathrm{kJ/mol}\ 或\ 519.3(g)\mathrm{kJ/mol} \tag{2.13}$$

汽车应用时使用空气是便捷的，但是如果自热方案用于大型工业生产时，由于考虑到大量的氮气需要处理，以及相应的热交换器（Rostrup－Nielsen，2000），更倾向于使用氧气作为原料气体。

通过甲烷部分氧化制备氢气时，产量随着过程温度升高而增加，但是到大约1000K达到平台值（Fukada 等，2004）。理论上的转化效率和传统的水蒸气重整类似，但是所需要的水量减少（Lutz 等，2004）。

在运行的汽车上，使用合适的催化剂，汽油和其他的高级碳氢化合物可能通过自热重整过程转化成氢气（Ghenciu，2002；Ayabe 等，2003；Semelsberger 等，2004）。部分氧化也可以与 2.1.1 节介绍的钯催化剂膜反应器结合（Basile 等，2001）。

作为替代传统水蒸气重整的技术，甲烷可以在二氧化碳气流中发生重整反应而不是水蒸气中：

$$CH_4+CO_2\rightarrow 2CO+2H_2+247.3\mathrm{kJ/mol} \tag{2.14}$$

再次发生变换反应式（2.2）。这个反应可以被用于临时处置 CO_2，例如，在煤炭开采过程中就地处置（Andres 等，2011）和当需要以相对低的温度操作传统的水蒸气重整时（Abashar，2004）。

2.1.3 水电解：燃料电池逆过程

通过水电解的方式可以将电能转化成氢气（和氧气）（早在1820年时，Faraday 已经阐述了该理论，在1890年左右被广泛应用）。但是，如果用于生产氢气的电能来源于化石燃料，则制氢成本远高于天然气重整。另一方面，在某些特殊应用领域，电解水的方法更容易制备高纯氢气。因此，目前电解水制氢大概占5%的市场份额。对电解水制氢来说，主要的成本就是电费。但是，如果电是来自风力或者太阳能发电的过剩部分，那情况就完全不同了。如果在没有本地需求也没有向外输出的需求时，这些生产出来的电在这个时候就是没有价值的。这样就非常适合将这部分能量储存起来。以氢气的方式储存能量是其中一个选择，在特定情况下提供氢气或再生利用在经济上是有吸引力的。

传统的电解过程使用碱性水溶液电解质，例如质量分数约为30%的KOH水溶液，与由一个微孔隔膜隔开的正极和负极的区域（取代早期的石棉隔膜）。正极㊀（例如Ni或者Fe）上的总反应为

$$H_2O \rightarrow \frac{1}{2}O_2 + 2H^+ + 2e^- \tag{2.15}$$

其中电子通过外部电路的方式离开该区域（见图2.2），其中3个产品可以通过两步法来生成：

$$2H_2O \rightarrow 2HO^- + 2H^+ \rightarrow H_2O + \frac{1}{2}O_2 + 2e^- + 2H^+ \tag{2.16}$$

负极的反应为

$$2H^+ + 2e^- \rightarrow H_2 \tag{2.17}$$

从外部电路获取电子。在电势差V的驱动下，氢离子通过电解质溶液传输。碱的作用是提高水的弱离子传导性，KOH的效果更好。然而，为了避免碱对电极的腐蚀，反应过程的温度要低于100℃。总的反应是反应式（2.8）的逆反应：

$$H_2O - \Delta H^0 \rightarrow H_2 + \frac{1}{2}O_2,\ \Delta H^0 = -242(g)\,kJ/mol \text{ 或 } -288(l)\,kJ/mol \tag{2.18}$$

$$\Delta H \rightarrow \Delta G + T\Delta S \tag{2.19}$$

在常温（298K）和常压下，液态水的焓变和自由能分别为$\Delta H = -288kJ/mol$以及$\Delta G = 236kJ/mol$。所以电解过程所需要最低的电耗（电是高质量的能量）为236kJ/mol。焓变和自由能变化的差值$\Delta H - \Delta G$，在理论上可以从环境中获得。由于表观转换效率为$\Delta H/\Delta G$，因为$-\Delta H$也是H_2的（高）热值，理论上可以超过100%效率达到122%。然而，在25℃使用环境中，反应过程非常缓慢。典型的电解槽的使用温度是80℃左右，并在某些情况下，还要使用有效冷却系统。在实际情况下，由于极化效应而产生的“过电压”造成转换效率仅为50%~70%，这比理论值低得多。对于水电解槽的电位V可以表示为

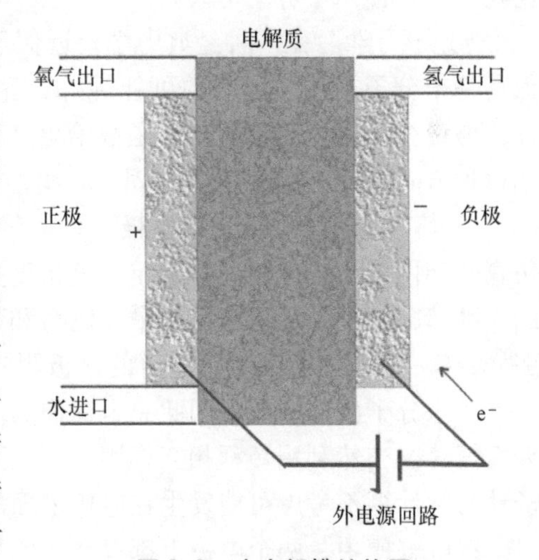

图2.2 水电解槽结构图

$$V = V_r + V_a + V_c + Rj \tag{2.20}$$

㊀ 有关与电化学系统的两个电极相关的阳极和阴极名称的讨论，请参见3.1节。

式中，V_r 为可逆电池电动势：

$$V_r = -\Delta G/(zF) = 1.22\text{V} \tag{2.21}$$

式中涉及的参数 ΔG 为自由能变化，法拉第常数 $F = 96493\text{C/mol}$，z 为式（2.15）反应中的电子数。式（2.20）中另外三项构成了“过电压”，分解为负性（阳极）和正性（阴极）电极部分 V_a、V_c 两部分以及电阻的贡献。电流为 j，R 是电池的内阻。式（2.20）的后三项表示电损耗，操作电流为 j 的电解槽效率 η_V 定义为

$$\eta_V = V_r/V \tag{2.22}$$

研究者正在努力试图将效率提高到80%，甚至更高。一种方法是提高运行温度，通常高于150℃，以对电极设计和催化剂的选择进行优化。

这里所描述的碱性电解槽是燃料电池的一种类型（如3.4节描述），以可逆的模式运行。虽然涉及的这种装置的量子化学过程的详细讨论是第3章的主题，这里仍将对关于气体离解和式（2.20）中出现的电极损耗等概念的机理进行解释说明。电解质的水分子和离子在电极表面附近或放置在电极上（或附近）的任何催化剂表面上的行为如何加快转移速度？隧道电子显微镜（TEM）和一系列光谱测量等实验方法允许建立分子结构的视觉印象，这对于电化学装置的早期构建者来说是不可想象的。此外，半经典和量子化学的最新进展使人们能够在20世纪90年代之前闻所未闻的细节水平上，深入了解电子转移的机制。

考虑具有规则晶格原子结构的金属表面（电极或催化剂）。作为电解槽中的电极，施加到系统的外部电压会导致金属表面电荷积聚。在电化学器件的经典描述中，来自电解质中的离子的相反符号的电荷被拉向电极以形成相反电荷的双电层。在带正电的电极上，一层负离子沿着电极表面在电解质中积聚。这就是水分解发生的环境。为了模拟这个双电层区域中的结构，已经使用了分子力学。

“分子力学”是一种经典力学，近似于对原子或分子中心运动的描述，除了跟踪电荷但保留每个分子不对称形状的可能性外，完全忽略了电子，这可能以其在空间中的取向为特征。假设分子通过由参数化势函数给出某种力相互作用，如图2.1所示。图2.3所示为可以用这种方式处理问题的示例（固定时间）：矩形空间中有400个水分子和32个离子（Na^+或Cl^-），其中带电的一面代表电极。该图显示，计算提供了看起来真实的模式。在几纳秒的总仿真时间内取平均值，可以确定电荷密度变化与电极距离的函数关系，如图2.4所示。所示的3种情况分别是带正电荷、带零电荷和带负电荷电极的计算结果。可以看出，正如预期的那样，Cl^-离子积聚在带正电荷的电极附近，Na^+离子积聚在带负电荷的电极附近，但除此之外，水分子已经极化，因此总电荷作为与电极距离的函数由于离子和水相关电荷之间的干涉而振荡。当然利用短程相互作用的模型是有局限的，它对水和离子是相同的，模型通过分子动力学计算不考虑可能发生在电极表面的特殊的量子反应问题（Spohr，1999）。

在电解槽中，两个电极上都存在双电层（或更复杂的振荡电荷密度），电解质中的离子和水分子具有动能的热分布，具体取决于工作温度。动能导致反应物对电极的影响，这再次可能改变反应速率。因此，量子力学描述首先需要确定沿可能反应路径的电子密度分布和势能，然后确定薛定谔方程的时变解或半经典近似，用于描述在其热分布中处于每种可能状态的反应物分子。这些可以通过找到所涉及的每个分子的可能振动激发态来确定。

图2.3 金属表面附近的NaCl溶液（底部）。正表面电荷的分子动力学模拟的单时间步长结果。引自Spohr（1999），经Elsevier许可转载

图2.5所示为负极处简单反应式（2.17）的势能面，作为氢分子与表面的距离 z 和两个氢原子之间的距离 d 的函数。量子计算是作为所有6个氢坐标（每个原子3个）的函数进行的，并且已经发现平行于表面的氢原子对位置具有最低的能量。在表面附近，氢分子的质心可能接近顶部表面金属原子或它们之间的“空穴”。在铂负极的情况下，第一种可能性似乎在更远的距离上提供了最简单的反应路径（Pallassana等，1999；Horch等，1999），但一旦分离，氢原子的质心出现在“空穴”位点，即在具有米勒指数（111）[⊖]的立方（fcc）铂晶格模式的面中心。在图2.5中，对于Ni（111）晶格，氢原子对的接近是沿着从fcc位置的垂直线。

⊖ 3个米勒指数是沿定义晶格结构晶胞的3个主轴的位移的倒数（即到下一个晶胞的相应原子在每个方向上的位置的距离）。参见固态物理教科书，如Kittel（1971）。

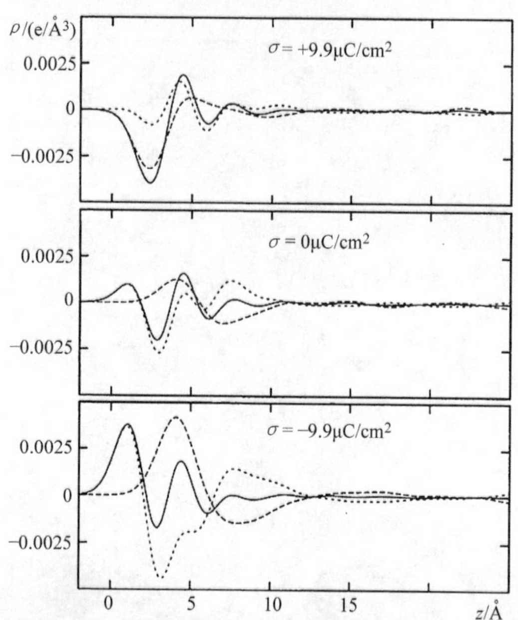

图 2. 4　图 2. 3 中模拟的电解质的电荷密度与电极距离的函数关系。这 3 种情况代表正电荷、零电荷和负电荷。图中实线为总电荷密度，较长的虚线为离子电荷密度，短虚线为水电荷密度。曲线已平滑处理过。引自 Spohr（1999），经 Elsevier 许可转载

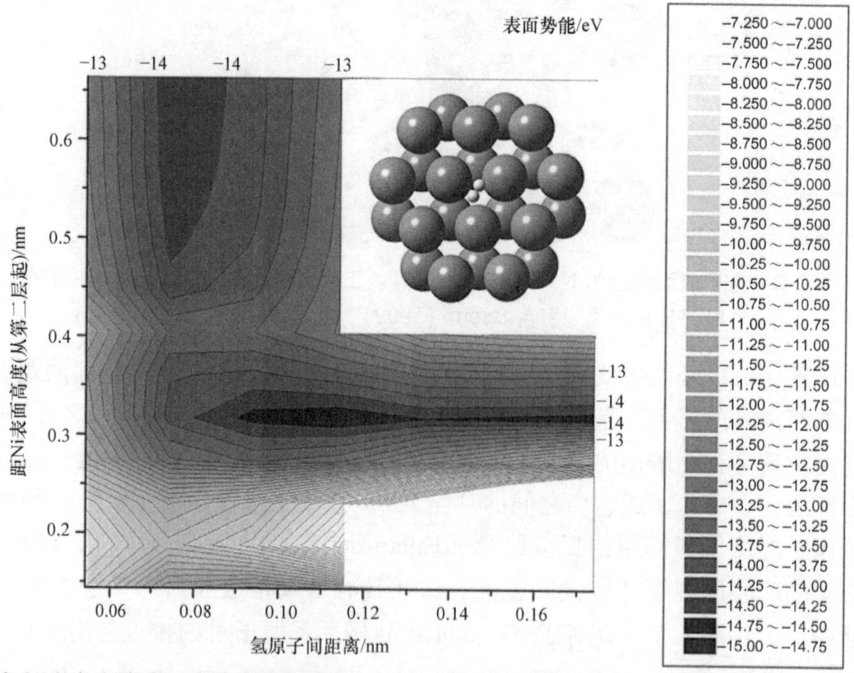

图 2. 5　H_2在 Ni 催化剂表面解离的两维势能面（eV）。横坐标是两个氢原子之间的距离 d，纵坐标是氢原子对与 Ni 表面第二层的距离 z。氢原子对认为是平行于表面。势能的量子化学计算采用密度泛函理论（B3LYP，见 3. 2 节）和一组 508 个基函数（SV），用于 26 个原子中的 2 × 337 个电子，包括两层 Ni 原子和两个氢原子，如插入的俯视图所示（Sørensen，2005）

图2.5表明氢分子可能以固定的间隔 $d=0.074$nm（等于实验测量的孤立氢分子的间隔）到达距离下表面 $z=0.5$nm 处。这样，分子需要穿过势能面的鞍形点（可能由有限温度、动能或者量子隧道导致的能量振动引起），以到达解离点为 $z=0.317$nm 的势能谷底。迅速上升的势能会给氢原子更加靠近表面造成阻力，尽管势能作为 Ni 原子位置的函数有可能会有变化。计算出来的鞍形点的能障值大约为0.90eV。从氢分子状态看，d 只是略有增加。当氢原子被分开时，最终能量最小值大约比初值低0.33eV。在这个最小值处，氢原子之间的间隔约为 $d=0.1$nm，但随着 d 的增加，能量保持平稳。

在阳极，氧原子对倾向于在 Pt 晶格面心分离。但是已发表的量子力学计算不能很好地拟合实验获得的能量数据（Eichler 和 Hafner，1997；Sljivancanin 和 Hammer，2002）。表面精确的自然特性很重要，表面上晶体结构的终结形式也能极大地提高解离过程，比如氧气在 Pt 表面的解离（Stipe 等，1997；Gambardella 等，2001）。氢气的吸附也有类似的效应（Kratzer 等，1998）。图2.6给出两个氧原子在 Ni 表面的势能面，坐标与图2.5类似。表面的解离被清晰表现出来。进一步的量子力学计算水电解或者燃料电池过程中氧气的生成或者解离会在3.1节和3.2节介绍。

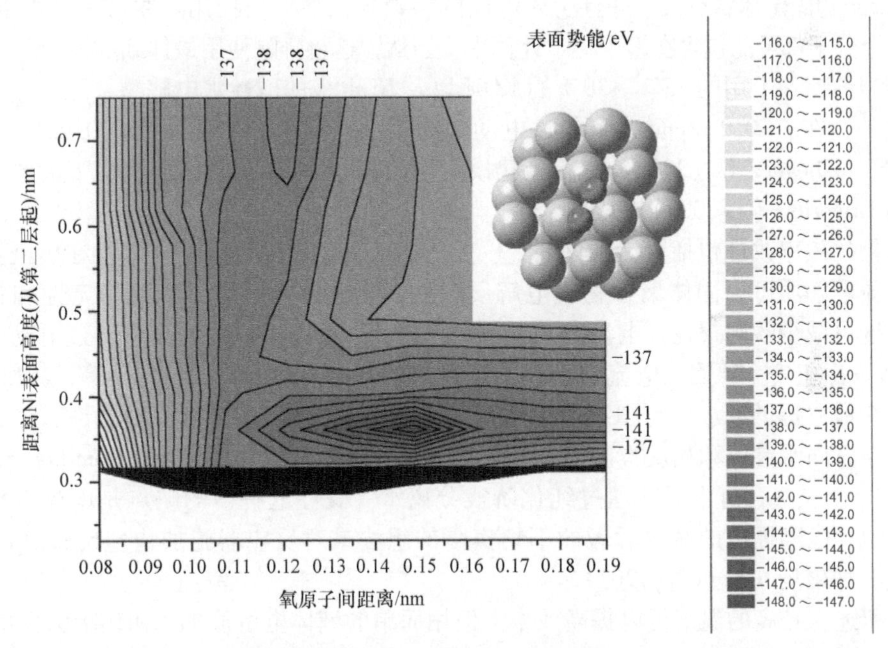

图2.6 O_2在 Ni 催化剂表面解离的两维势能面（eV）。横坐标是两个氧原子之间的距离 d，纵坐标是氧原子对与 Ni 表面第二层的距离 z。氧原子对认为是平行于表面。对 Ni 原子势能的量子化学计算采用 Hartree－Fock，对氧原子增加了密度泛函理论（B3LYP，见3.2节），一组508个基函数（SV）用于26个原子中的2×344个电子，包括两层 Ni 原子和两个氧原子，如插入的俯视图所示。如图2.5所示，能量尺度的绝对值是任意取的，因此只有势能差才有意义（Sørensen，2005）

有限温度的影响可以由静态量子力学对电子结构的计算得到，或者由经典的分子动力学计算（量子效应对原子核的影响比电子的影响要小，这一点存在争议），或者由基于取样路径积分的蒙特卡罗计算（Weht 等，1998），或者由平面波密度函数方法计算（Reuter 等，2004）。取样路径积分方法是一个处理多体系统统计量子力学的普遍方法。它包括计算两点密度矩阵，在一定条件下为图 2.5 和图 2.6 中有效势能的表达式。蒙特卡罗方法可以用来计算系统平均的热力学性质。

与式（2.20）相关的过电压现在可以用由总反应能量确定的电动势的两个可识别偏差来解释。一个是由电化学装置的非静态情况引起的，其中电流通过电解质，使离子与其穿过的分子反应。另外一个解释是在每个电极上水和离子的极化的积累，如图 2.4 所示。这两种效应的动态性质意味着过电位可以定义为实际值与完全静态情况下设备上没有任何电流之间的差异（Hamann 等，1998）。由于主要反应物和周围分子的相互作用，在图 2.1、图 2.5 和图 2.6中描述的势能严格上讲，不能够是单个变量的函数。

可以在不同复杂程度上模拟溶剂的影响。最简单的是考虑分子被无限的均一的电介质包围，并且通过总的偶极矩发生作用。为了避免在数值计算中的无穷大，在分子的研究中引入一些空隙（空腔），所以溶剂中一个点和这个点所属的分子之间的距离永远不能为零。该偶极模型最早由 Onsager（1938）提出。对该模型的改进包括以分子的每个原子周围的统一的球体来替代 Onsager 的固定球状空穴，并且引入不同的参数来描述偶极作用。在另一个极端情况下，溶剂的每个分子都可能包含在量子化学计算中，当然，这将排除使用最详细的模型。

对于当前商业上用的25%～30%的 KOH 以及 Ni 电极的碱性水电解槽，除了 1.19V 可逆电动势之外，在 $j=0.2\mathrm{A/cm^2}$ 典型的过电动势为 $V_a+V_c=0.32\mathrm{V}$ 以及 $Rj=0.22\mathrm{V}$（Andreassen，1998）。Dieguez 等（2008）进行了建模，类似的 PEMFC 在电解槽模式下的电流－电压特性已由 Grigoriev 等（2009）确定。

电解槽的效率改进包括设计催化剂，以促进在正极上水的解离率，以及在负极上氢的重组率。液体电解质可由固体聚合物膜电解质取代，比液体电解质具有高稳定性和较长的寿命。低厚度可减少欧姆损耗，电流在 $10^4\mathrm{A/m^2}$（Rasten 等，2003）情况下，过电动势可以低至0.016V。出于安全原因，电流密度通常降低到约 $5\times10^3\mathrm{A/m^2}$（Ferrero 等，2013）。也可以仅在一个地方提供进水（与图 2.2 所示相反，在负电极侧），选择一种允许水流到正极侧的膜。一个方向水渗透和相反方向 H^+ 迁移可以达到平衡，产生无水氧（Hamilton Sundstrand Inc.，2003）。氢气含有水必须通过纯化阶段分离水。碱性电解槽的缺点是电流密度低，容易形成气泡。已经提出的减少后者的不切实际的想法是对反应器施加快速旋转（Cheng 等，2002）或叠加磁场（Koza 等，2011）。

如前所述，较高的温度可以提高效率。但用简单的液体电解质如 KOH 溶液不可能实现，可以采用合适的固体氧化物膜，类似于那些用于固体氧化物燃料电池的膜和可以接受以水蒸气的形式输入水的膜（Dutta 等，1997；Ni 等，2008；Ebbesen 等，2011）。

由于氢往往是通过高压配送（例如，罐车为车辆供氢），如果采用高压电解技术就可节省产品压缩步骤。这需要采取预防爆炸的措施（Janssen 等，2004）。

所有类型的燃料电池都可以以逆向模式操作分解水。质子交换膜燃料电池正在开发电解和双向操作技术，单向的电解效率为50%，双向为95%（Shimizu 等，2004；Agranat 和 Tchouvelev，2004；见 3.5.5 节）。氢的生产优化涉及使用较大面积的膜，较少电池数量的堆栈，以及有效的除氢通道（Yamaguchi 等，2001）。图 2.7 给出了一个质子交换膜电解槽的视图。最近，已经开发了新的催化剂，允许在两个方向高效运行（Ioroi 等，2002）。对于 SOFC 等高温燃料电池也是如此。用于直接或逆向操作的燃料电池将在第 3 章中进一步讨论。

2.1.4 气化和木质生物质转化

通过直接脱碳可以实现碳氢化合物的制氢，而不产生温室气体，这是过去用于生产炭黑的热分解过程（Steinberg，1999；Popov 等，1999）：

$$C_xH_{2y} \rightarrow xC + yH_2 - \Delta H^0，当 x=1、y=2 时 \Delta H^0 = 75.6\text{kJ/mol}$$

在所用催化剂上存在积碳这一实际问题，相关的碳产生可能必须通过下面讨论的过程之一进一步转化（Muradov，2001）。热量需求相当于所产生氢气能量成分的约 15% ~20%。另一种可能性是天然气的局部高温等离子弧解离，需要大量的能源输入和投资（Zittel 和 Wurster，1996；Hirsch 和 Steinfeld，2004；Dahi 等，2004）。

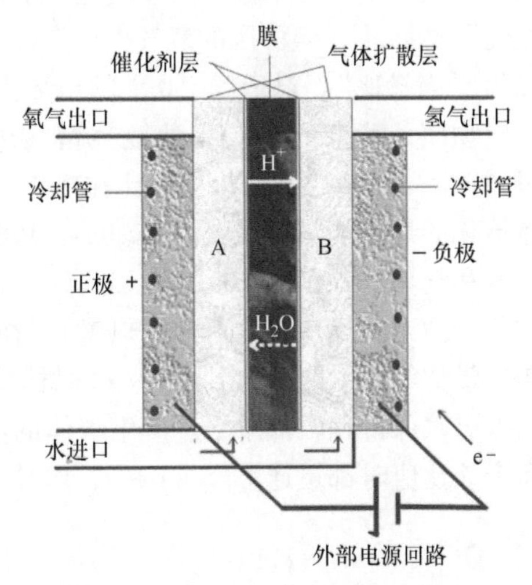

图 2.7 质子交换膜电解槽结构图

当从含煤或木质素的生物质（木材、木材废料或其他固体结构植物材料）开始时，气化也被视为生产氢气的关键途径。气化是通过水蒸气加热进行的：

$$C + H_2O \rightarrow CO + H_2 - \Delta H^0 \quad (2.23)$$

式中，对于已经在气相中的水，ΔH^0 为 138.7kJ/mol。在空气中，竞争反应源于氧气气化（燃烧）过程：

$$C + O_2 \rightarrow CO_2 - \Delta H^0 \quad (2.24)$$

气相中 CO_2 的 ΔH^0 为 −393.5kJ/mol。其他过程包括 Boudouard 过程式（2.6）和变换反应式（2.2）。对于生物质，碳最初包含在一系列糖类化合物中，例如表 2.2 中列出的纤维素材料。在没有催化剂的情况下，气化在 900℃ 以上的温度下进行，但使用合适的催化剂可以将工艺温度降低到 700℃ 左右。如果要通过变换反应产生额外的氢气，则必须在温度约为 425℃ 的单独反应器中进行（Hirsch 等，1982）。

表 2.2 理想化纤维素热转化反应的能量变化

化学反应	能量需求/(kJ/g)①	产物/工艺
$C_6H_{10}O_5 \rightarrow 6C + 5H_2 + 2.5O_2$	5.94②	元素，解离
$C_6H_{10}O_5 \rightarrow 6C + 5H_2O(g)$	−2.86	木炭，炭化
$C_6H_{10}O_5 \rightarrow 0.8C_6H_8O + 1.8H_2O(g) + 1.2CO_2$	−2.07③	油性残留物，热解
$C_6H_{10}O_5 \rightarrow 2C_2H_4 + 2CO_2 + H_2O(g)$	0.16	乙烯，快速热解
$C_6H_{10}O_5 + \frac{1}{2}O_2 \rightarrow 6CO + 5H_2$	1.85	合成气，气化
$C_6H_{10}O_5 + 6H_2 \rightarrow 6“CH_2” + 5H_2O(g)$	−4.86④	碳氢化合物，生成
$C_6H_{10}O_5 + 6O_2 \rightarrow 6CO_2 + 5H_2O(g)$	−17.48	热量，燃烧

注：来源于 T. Reed（1981）。
① 比反应热。
② 由淀粉的燃烧热推算的纤维素的生成热的负值。
③ 由 C_6H_8O 高温理想热解值计算而来（燃烧热 ΔH_c = −745.9kcal/mol，熔融热 ΔH_f = −149.6kcal/mol）。
④ 由理想碳氢化合物计算得到。其中 ΔH_c 如上，消耗 H_2。

煤可以在开采之前原位气化。这在 1970 年左右的苏联被广泛使用。如果煤已经开采，传统的方法包括鲁奇固定床气化炉（使用非结块煤在一定压力下提供气体的转换效率低至 55%）和 Koppers - Totzek 气化炉（氧气输入，气体在环境压力下，效率也很低）。通过使用合适的催化剂，可以改变温度范围并将所有过程组合在一个反应器中，其示例如图 2.8 所示。在某些情况下，例如含有塑料的废物原料，热解是气化的替代方案（参见例如 Ahmed 和 Gupta，2009）。

泥炭和木材可以像煤一样气化。木材气化有着悠久的历史。这些过程可以被视为“类似燃烧”的转化，但可用的氧气少于燃烧所需的氧气。可用氧气与允许完全燃烧的氧气量之比称为“当量比”。对于低于 0.1 的当量比，该过程称为“热解”，在气态产物中仅发现一小部分生物质，其余的在炭和油性残留物中。在进行输送氢气的工艺步骤之前需要进行分离（Evans 等，2003）。如果当量比在 0.2 ~ 0.4 之间，则该过程称为适当的“气化”。这是向气体传化的最大能量区域（Desrosiers，1981）。表 2.2 列出了涉及多糖物质的许多反应，包括热解和气化。除了化学反应方程式外，该表还给出了理想化反应的焓变化（即忽略将反应物加热到适当的反应温度所需的热量）。在气体中能量达到峰值时，材料的比热为 3kJ/g 木材，在当量比等于 1 时增加到 21kJ/g 木材。大部分显热可以从气体中回收，因此气化的过程热量输入可以保持在较低水平。产生气体的能量在约 0.25 的当量比处达到峰值，并且在低于和高于该比值时都迅速下降（Reed，1981；Sørensen，2017）。

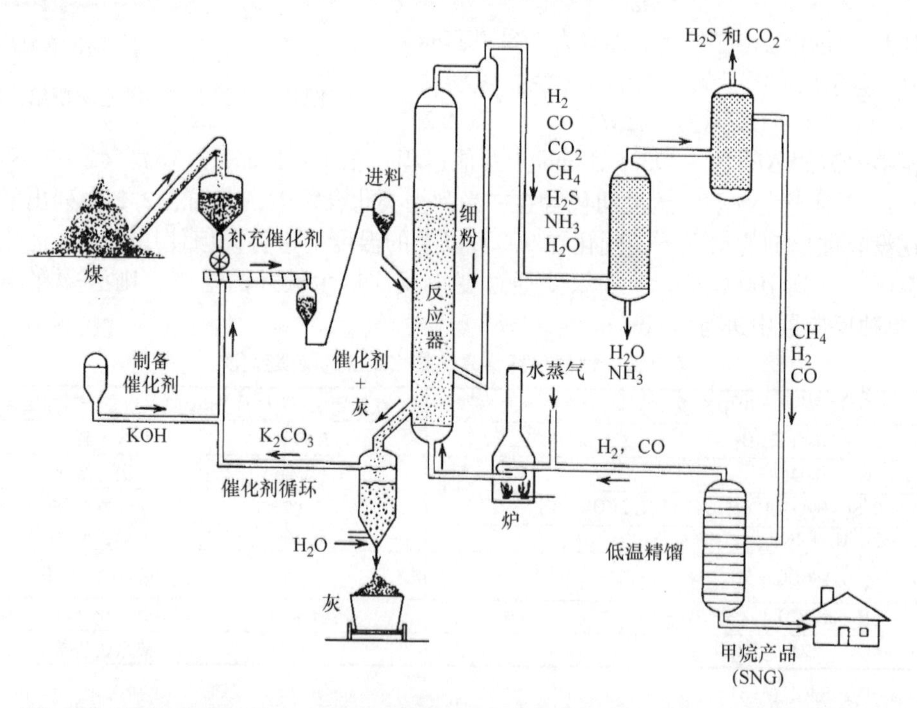

图 2.8　催化气化过程示意图（SNG：合成天然气）。引自 Hirsch 等（1982）。*Science* 215，121 - 127，经许可转载。© 1982 American Association for the Advancement of Science

图2.9 给出了以当量比为函数计算的平衡组分。平衡组分是指反应速率和反应温度已经达到绝热稳定后，反应产物的组分。实际过程不一定绝热；特别是低温热解反应就不是。表2.2中木质纤维素的碳、氢和氧的平均比例是1∶1.4∶0.6。图2.10 给出了3 种木质原材料的气化炉：上升气流式、下降气流式和流化床式。

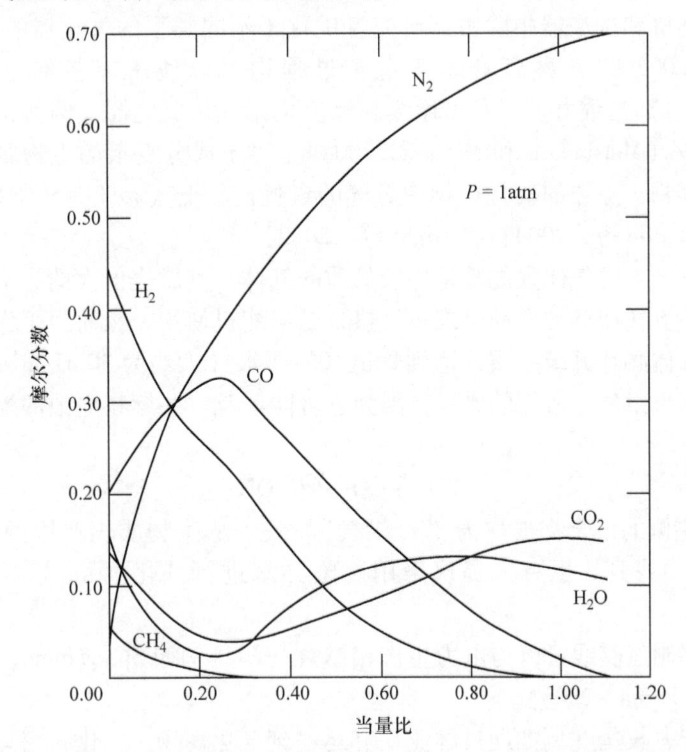

图2.9　由空气和生物质之间的平衡过程计算的不同当量比下的气体成分。
引自 Reed（1981），经许可转载。© 1981，Noyes Data Corporation

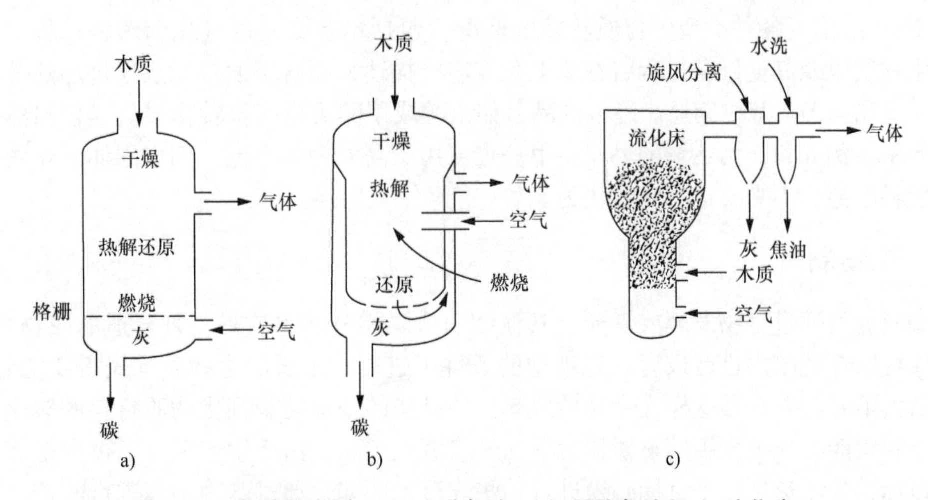

图2.10　气化炉类型：a）上升气流，b）下降气流，c）流化床。
引自 Sørensen（2004a），经 Elsevier 许可使用

上升气流式的缺点是热解区内生成的油、焦油和腐蚀性化学品的比率很高。下降气流式和适当的催化剂（例如白云石基；Ni 等，2006）可以很好地解决这个问题，反应生成的油和其他物质在反应器的下部区域通过热木炭床，裂化成小分子的气体或炭。流化床反应器适用于大规模操作，因为停留时间短。这样做的缺点是，灰分和焦油随着气体被携带走，需要在后面的旋风分离机和洗涤器中除去。研究者优化了不同类型的气化器的几个变量（Drift，2002；Gobel 等，2002）。水蒸气和干气重整过程均可以使用镍基催化剂（Courson 等，2000）。很多研究者都在致力于开发出连续制氢流化床气化反应器，例如，日本能源计划也涉及该项目的研发（Matsumura 和 Minowa，2004）。对于成分复杂的生物质材料，例如城市垃圾或者农业废弃物，一般的气化产物中氢气的含量比较低（25% ~50%），需要附加反应或者纯化步骤（Merida 等，2004；Cortrigbt 等，2002）。

由生物质气化产生的气体只能算是一般品质的气体，其燃烧值大约为 10 ~ 18MJ/m^3。这些气体可以直接在奥托或柴油发动机或驱动热泵的压缩机使用。然而为了作为一种有价值的氢气来源，这些气体必须升级品质，达到管道气的要求（大约为 30MJ/m^3），纯度由不同的应用领域决定。如果甲醇是所需的燃料，因为它可能涉及一些燃料电池的操作，在高压下进行下面的反应：

$$2H_2 + CO \rightarrow CH_3OH \tag{2.25}$$

式（2.25）左侧的混合物被称为“合成气”。关于从生物质生产甲醇更多的细节可在 Sørensen（2017）中找到。也有人提议采用超临界水进行气化（Jin 等，2010；Reddy 等，2014）。

在高温下许多制氢路线可以与电力生产相结合（参见例如 Spazzafumo，2004；Cicconardi 等，2006，2008；Perna，2008）。

在生物质生产、收集（例如通过林业）和运输到气化现场、气化和相关过程以及最终使用气体方面，需要考虑环境影响。气化残留物（灰分、焦炭、液体废水和焦油）必须处理掉。焦炭可以回收到气化炉中，而灰烬和焦油可以用于道路或建筑行业中。

图 2.11 给出了各种类型生物质转换的概况，包括本节介绍的气化和热解过程。发酵过程产生生物质以及其他细菌过程将在 2.1.5 节进行描述，而直接通过光或通过加热分解过程将 2.1.6 节和 2.1.7 节中阐述。终端产品，如乙醇或甲醇可进一步转化成氢气，当然直接使用更有效率，例如，作为运输的燃料。甲烷也可用于高温燃料电池，例如固体氧化物或熔融碳酸盐燃料电池，不需要进一步转化为氢气。

2.1.5 生物制氢

生物制氢可通过生物发酵或者通过其他细菌或藻类分解水或另一种合适的底物来实现。转化反应可以在黑暗中进行或者在光辅助的条件下进行。生长的生物质首先需要能量输入，通常是从太阳光，并涉及这样几个转换效率：从最初的外部能量到生物质材料的转化率，从生物质能到氢能，或由太阳的整体辐射率到最终氢气产品。由于生产氢分子很少是天然生物系统的目标，为了达到这个目标必须进行一些改造，例如，通过基因工程进行改造。由于植物转化太阳能的效率非常低，这对要使用的设备提出了严格的成本要求。

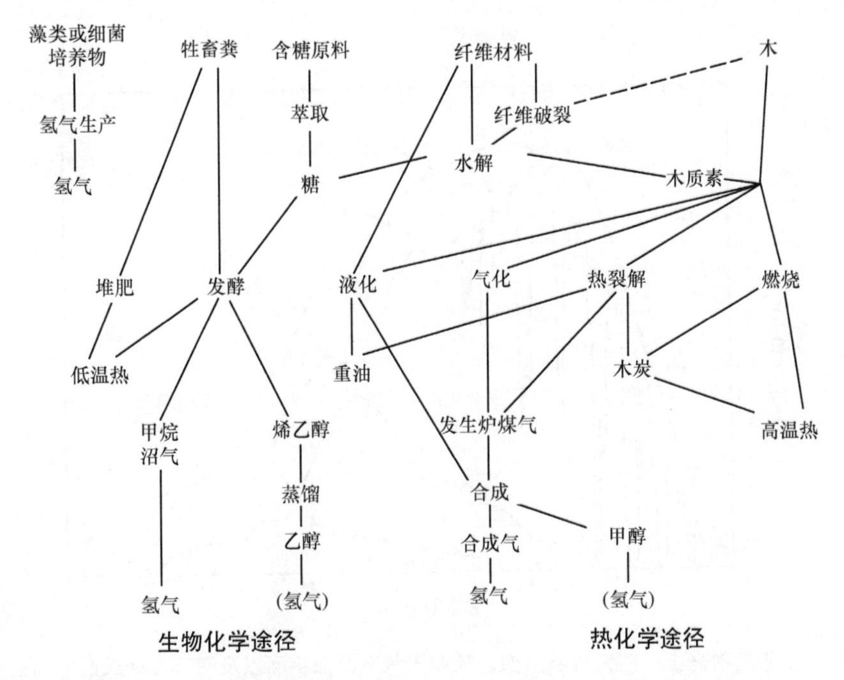

图2.11 生物质非食物用途的途径。基于 Sørensen（2005，2017）

用于生物制氢的一些主要来源（“底物”），在图2.11顶部区域中列出。对直接光解过程，需要添加水（在2.1.6节中讨论），并作为下面讨论的光合系统Ⅱ的主要底物。在这些情况下，生物系统可以直接产生氢气（必须随后采取措施防止生物有机体本身使用氢）。一些生物使用间接途径生产氢，不是从水开始，而是从糖等有机化合物开始，完成这类转化需要较少的能量。在有机废弃物的发酵过程中，一个连续的分解过程紧接着氢气形成的过程。许多反应依赖于酶才能正常工作。在生物系统中有专门用于催化氮气转化为氨（固氮）的酶，氢气可能作为副产品产生，如果反应没有被阻止，氢气氧化酶（吸收氢化酶）可以转化反应生成的氢气。也有一些双向的酶，可以起到双向催化作用，当然，酶也可以催化其他过程。

2.1.5.1 光合作用

分解水的整个过程为

$$2H_2O \rightarrow O_2 + 4H^+ + 4e^- - \Delta H^0 \tag{2.26}$$

分解两个水分子需要输入大约590kJ/mol或者6.16eV的能量。图2.12所示为太阳辐射光谱，图2.13所示为植物吸收光谱，在大多数情况下，4个光量子可以输送足够的能量。由于这个原因，绿色植物形成一个复杂的系统用于收集光，并传送这个能量到水分解的位置，以及进一步地收集和储存能量用于接下来的生物过程。所有这些发生在复杂光合作用体系的过程，由两个光合系统和若干辅助部分组成，发生在膜结构之上或者周围，类似于非生物分解水系统所需的分离氢和氧的系统。氢氧重新反应的风险可以通过不产生自由氢分子来阻止，而不需要通过其他的耗能方式。此外，氧气和氢气应该在膜的两侧。

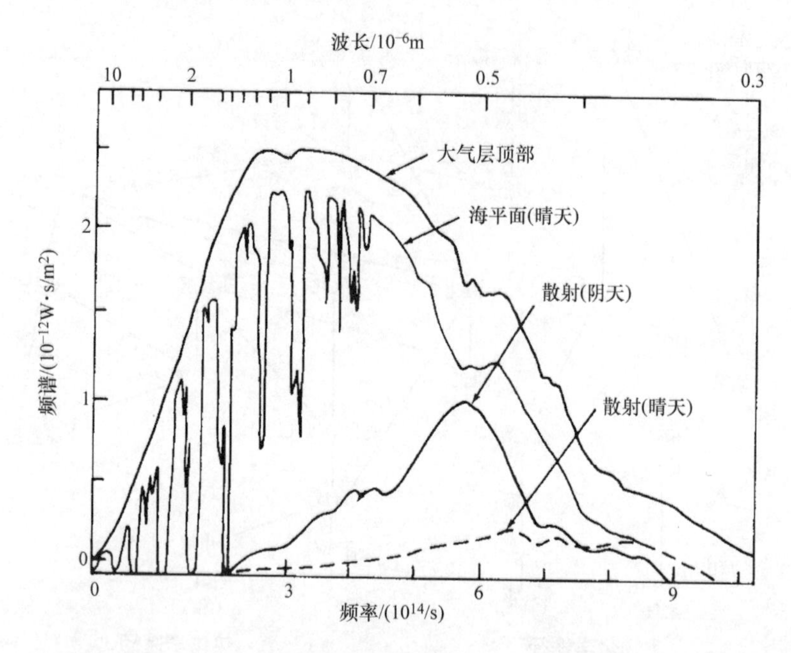

图 2.12 太阳辐射光谱。在大气层顶部、晴朗天气下的海平面以及阴天和晴天时散射的例子。基于 NASA（1971）和 Gates（1966）

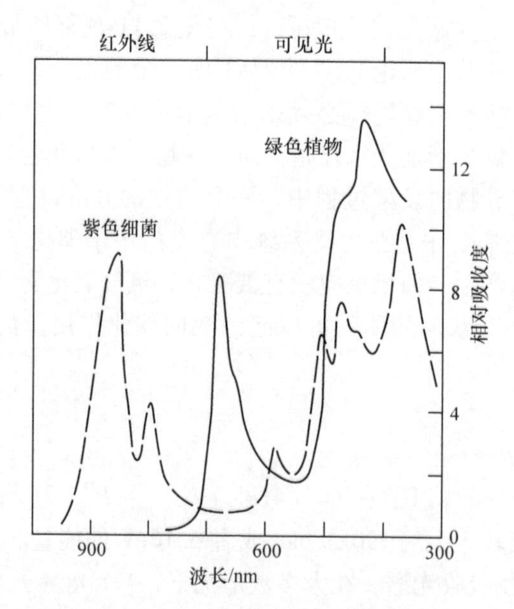

图 2.13 绿色植物和紫色细菌的吸收光谱（见 Clayton，1965）。图 2.12 和图 2.13 引自 Sørensen（2004a），Elsevier 已授权

图 2.14 为类囊体膜的光感系统组成的示意图。通过原子力显微镜已经感知了膜结构和组件结构（Bahatyrova 等，2004）。膜内的空间称为腔，而在外侧，有一种富含溶解蛋白质的

流体，即基质。整个组件通常被封闭在另一个膜内，定义为叶绿体，即漂浮在活细胞细胞质内的实体，而在某些细菌中，没有外部屏障，被称为“无细胞”。

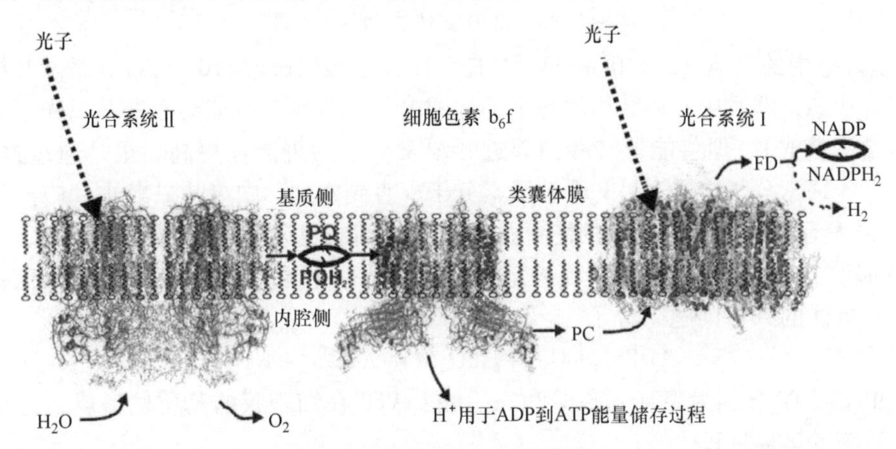

图2.14 绿色植物和蓝藻的光合系统的组成示意图。具体的解释如文本所述［Sørensen，2005，2017；引自 Protein Data Bank IDs 1IZL（Kamiya 和 Sheri，2003），1UM3（Kurisu 等，2003），以及1JBO（Jordan 等，2001）］

虽然负责光合作用的一些基本过程很久以前就被推断出来了（见 Trebst，1974），但主要成分的分子结构直到最近才被确定。原因是巨大的分子系统必须通过结晶才能进行光谱学研究，例如X射线衍射，以便识别原子位置。结晶是通过一些胶凝剂（通常是脂质）实现的。要么早期的尝试破坏了感兴趣的系统的结构，要么用于结晶的试剂以一种难以与目标原子分离的方式出现在X射线图片中，结果导致最终找到合适试剂的进展非常缓慢，有了合适试剂后将分辨率从最初的超过5nm 提高到1998 年的0.8nm 左右，最近又提高到0.2nm 左右。这允许识别大部分的结构，尽管氢原子的精确位置还不能识别。将来，预计在脉冲照明下进行的时间切片实验结果可能显示水的实际分解过程。

图2.14 为类囊体膜的主要光感系统的示意图。虽然是示意图，但是也根据实验结果展示了3 个系统的管腔或基质侧面。由太阳辐射导致的水的分解发生在光合系统Ⅱ，氢以 pqH_2 的形式出现，其中 pq 表示质体醌。细胞色素 b_6f（类似于高等动物线粒体的细胞色素 bc_1）传输 pqH_2 到能量质体蓝素（pc），并且回收 pq 到光合系统Ⅱ。质体蓝素迁移至膜的内腔侧光合系统Ⅰ，其中将能量转移到膜的基质侧需要捕获更多的阳光，它是由铁氧还蛋白（fd）得到。铁氧还蛋白是基质中 NADP 变化到辅酶 $NADPH_2$ 的基础，其能够通过 Benson－Bassham－Calvin 循环吸收 CO_2（见 Sørensen，2017），从而形成含糖物质（如葡萄糖和淀粉）。但是，一些有机体可以通过其他途径产生氢气，而不是 $NADPH_2$。该制氢工艺的选择可能可以通过遗传工程进行模拟。参与光合作用的分子过程的更多细节可以参考 Sørensen（2017）。

采用分辨率为0.37nm 的 X 射线研究光合系统Ⅱ中的二聚物，显示内含72 种叶绿素（Ferreira 等，2004）。叶绿素是能够吸收光的棒状分子。有些叶绿素组织成环状，形成独特的锰簇，可以认为起到催化剂作用。这些叶绿素是感应和吸收太阳能辐射系统的一部分，对绿色植物（见图2.14）能够吸收具有两个峰值的低波长的太阳能（高能量）。周围的叶绿素分子可以捕捉光线，并且将能量转移到光合系统Ⅱ的中间区域。吸收入射波长为680nm的光量子的过程可以提供大量的能量：

$$E = hc/\lambda = 2.9\times10^{-19}\text{J} = 1.8\text{eV} \tag{2.27}$$

式中，c是真空中的光速（3×10^8m/s），h是普朗克常数（6.6×10^{-34}Js）。激发叶绿素状态是一种集合状态，涉及中心环结构的各个部分的电子。激发态可能会衰变并以光子的形式重新发射能量（荧光），但将能量转移到邻近叶绿素分子的可能性更高。正是通过这种方式，能量从一个叶绿素分子传递到另一个叶绿素分子，直到它到达中央叶绿素Ⅱ-a分子。

图2.14显示的示意图为捕获的能量是如何通过细胞色素簇转移到另一个光合系统（序号I），从那里能量可以通过一个精确避免游离氢行程的过程，为植物生命过程做储备。游离氢是活的有机体的有“问题”分子：

$$ADP^{3-} + H^+ + HPO_4{}^{2-} \rightarrow ATP^{4-} + H_2O \tag{2.28}$$

式中，ADP和ATP分别为腺苷二磷酸和三磷酸。ATP在细胞膜的基质侧形成，这意味着存在质子穿过膜的运输过程。

通过光合系统连续带到基质一侧，人们现在发现蛋白质铁氧还蛋白和黄酮毒素携带的许多电子。此外，质子（带正电荷的氢离子）已被分离并穿过类囊体膜（从而产生从腔到基质的H^+梯度）。这为基质侧的两种类型的重组过程腾出了空间（见图2.14）。一种植物和大多数细菌的“正常”反应为

$$NADP + 2e^- + 2H^+ \rightarrow NADPH_2 \tag{2.29}$$

式中，$NADPH_2$与来自式（2.28）的ATP^{4-}和水结合，从大气中吸收CO_2，以合成有机体所需的糖和其他分子（见Sørensen，2017）。第二种可能性是这里感兴趣的主题，即通过某种等效过程生成氢气：

$$2e^- + 2H^+ \rightarrow H_2 \tag{2.30}$$

式中，如无机反应式（2.17）和图2.5所示，需要助剂（无机反应中是催化剂）来加速反应。在有机反应中，助剂可能是氢化酶。

2.1.5.2 生物制氢途径

除了罕见的细菌，一些自然中的生物有机体可以通过式（2.30）制氢。显然地，式（2.29）中的途径更有利于生物体本身。为了实现生物制氢，可能有必要让合适的生物，通过基因工程去掉例如“自然”途径的步骤生产氢。问题是，这也将删除有机体的生命支持系统和阻止它的成长和繁殖。因此，最有可能是达成妥协，只让有机太阳电池收集的部分能量生产氢气，其余的留给生物体本身。这已经影响了生物制氢的整体效率。光合作用的效率是由有机体的需求来决定的，昼夜平均的能量流为100～200W/m²，当生物体作为一个太阳能集热器时效率很低。生物量的相对光合生产的入射太阳辐射的能量效率约为全球平均的0.2%（Sørensen，2017）。特殊情况下的珊瑚礁，可以到2%。更高的情况下是需要能量补给的农业或水产业。这意味着理论上的最大效率为1%左右，随之而来的生物制氢经济分析在第6章介绍。

蓝藻（又称蓝绿藻）将氮转化为氨，采用的催化剂是固氮酶。固氮酶的结构如图2.15所示。重要的成分是铁蛋白和钼铁蛋白，后者表现出一个有趣的中点原子（见图2.16），假

设是氮原子，最近才被证实（Einsle 等，2002）。固氮细菌是一系列绿色植物的共生体，如豆科作物，制造了约占人类社会农业所需要的氮的一半。另一半是根据 Haber－Bosch 氨合成路线制造的化学肥料提供的。固氮酶钼铁中心有趣的特性是其与应用于合成氨工业过程的催化剂相似。两个氨基酸固定钼铁环的位置：组氨酸连接到钼端，半胱氨酸连接到单个铁原子的另一端，中间原子固定两个铁原子形成三角形状。该催化剂的具体作用形式仍存在争议（Smith，2002）。

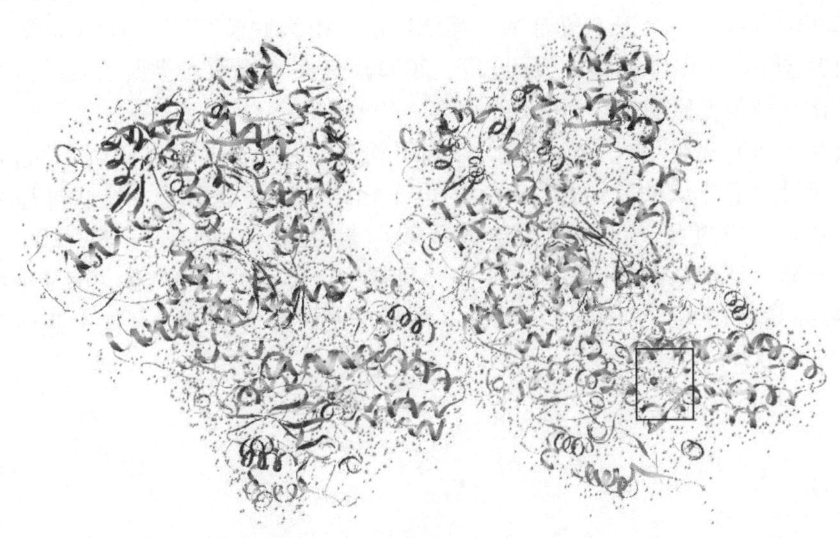

图2.15 棕色固氮菌固氮酶钼铁蛋白。没有显示氢原子和氨基酸。基于 Protein Data Bank ID：1M1N（Einsle 等，2002）。其中有4组 Fe_8S_7 和 $MoFe_7S_9N$ 环，其中一个放大图如图2.16所示

图2.16 固氮酶钼铁环特殊结构，中心配体是氮（图2.15中矩形的放大部分）。基于 Protein Data Bank ID：1M1N（Einsle 等，2002）。分辨率为0.116nm

ATP 作为能量来源和无机磷酸根离子作为一个副产品，氨合成总反应为

$$N_2 + 8H^+ + 8e^- + 16ATP^{4-} + 16H_2O \rightarrow 2NH_3 + H_2 + 16ADP^{3-} + 16H_2PO_4^- \quad (2.31)$$

从有机体的内部或外部而言，氧的存在在空间或时间上对固氮酶和蓝藻固氮及释放氧气都有着不利的影响（Berman - Frank 等，2001）。

因为产生的氢气是氮转化的副产物，能量效率处于中等水平。正常情况下，蓝藻使用的氢是固氮的副产物，生产燃料需要吸氢酶催化（Tamagnini 等，2002），是需要能量的过程。吸氢酶的活性位点包含一个镍铁复合物，其结构最早由大脱硫弧菌（Volbeda 等，1995）确定，稍后由 D. vulgaris Miyazaki F（Ogata 等，2002）证实。提取人类所需要的氢气需要转基因修饰蓝藻化以抑制吸氢酶的作用（Happe 等，1999）。

在厌氧（无氧）条件下，绿色藻类可以利用氢气作为电子供体给 CO_2 同化过程，在缺氧的情况下，通过质子与从铁氧还蛋白产生的电子相结合产生氢分子。这些过程涉及一种酶（催化剂）称为可逆氢酶，可能类似于某些双向氢化酶（Tamagnini 等，2002；Pinto 等，2002）中的蓝藻。利用基因工程技术将一些“只有铁”类型的特异性氢化酶从细菌芽孢杆菌中转移（Peters 等，1998；见图 2.17），可以在黑暗无氧的情况下光合作用蓝球藻等得到氢气（Asada 等，2000）。

图 2.17　巴氏梭菌只有铁氢化酶，显现出 1 个五铁环簇：1 个 $Fe_2S_2^+$，3 个 $Fe_4S_4^{2+}$，以及 1 个 $C_5H_4O_7S_2Fe_2$ 分子。基于 Protein Data Bank ID：1FEH（Peters 等，1998）。分辨率为 0.18nm。不显示氢原子和氨基酸

铁硫分子对电子转移的持续作用是相当显著的。它参与光合系统 I，其中 3 个 $Fe_4S_4^{2+}$ 簇合物处于基质侧，在铁氧还蛋白中每个分支具有 1 个 $Fe_2S_2^+$ 簇。在固氮酶和氢化酶中有相似但不相同的簇，通常 2 ~ 5 个铁硫分子进行各种生物过程中的能量传递。

在生物典型的生长点可用的太阳辐射量不一样，不同的生物其光合速率不同。在高辐射的环境中，许多植物具有保护机制，从叶子上的钝化涂层或减少叶绿素的数量到主动调节吸收的辐射量。这些特点影响整体的太阳能的能量转换效率。测量天然蓝藻产氢率，最高的为

鱼腥藻，只有1%[⊖]（相对于太阳光谱的光化学活性部分的1.6%，见图2.12和图2.13），并且只有短暂的时间（大约半小时），低辐射（$50W/m^2$），在纯氩的气氛中（Masukawa等，2001，2002）。24h室外太阳辐射的平均效率只有0.05%（Tsygankov等，2002a）。细菌培养物本身的生物量添加量通常在多个生长日内积累的入射辐射的0.5%～1%之间。当太阳辐射强烈，细菌和藻类通过光合系统收获比代谢和产氢过程可以处理的更多的光子，并且转换效率下降。随之而来的荧光和加热进一步减少了氢气的产生，为了提高效率，采用遗传操作截取叶绿素Ⅱ的片段在单细胞藻类莱茵衣藻中使用（Polle等，2002）。显然，这本身并不能弥补现有的较差的日光利用率，但实验已经开发两层收集器，其中第一层是转基因而第二层不是（Kondo等，2002；使用球形红细菌的基因片段在24h辐射强度为$500W/m^2$时获得约2%的效率）。可以通过剥夺硫实现同样的效果，但仍然只获得低水平的产氢率（Tsygankov等，2002b）。

在了解藻类和细菌生产氢气的效率时，应该记住，可以以氢的形式回收的太阳辐射比例存在根本限制。晴天和阴天的情况下的太阳辐射是不同的（见图2.12）。这意味着一个固定的光谱灵敏度不能很好地适用于所有的作用时间。除了发现的光电损失（由于带隙和内阻的影响；Sørensen，2017），植物和细菌中的光合系统的光接收具有更窄的频带，如图2.13所示。这意味着太阳光谱不能大量使用。此外，捕集到的辐射在用于不能为生物所用的制氢前，会先用于支持生长和机体生命（呼吸）活动。

产氢效率通常是不均匀的，最开始在机体由光吸收切换为氢的生产过程中会延迟，后来由于饱和或缺乏原料而逐渐降低。因此，区分短时间和长时间平均峰值的效率比较重要。由于太阳辐射的季节性影响，应该使用一年的平均效率来比较能源效率。Bolton（1996）指出，效率可以被分解以反映入射的太阳辐射和捕获的太阳辐射并对产氢过程有用部分，从而涉及低于阈值能量的光量子损失后的量子产率和激发各种量子态并最终以热的形式出现的过量能量，以及有机系统内的氢传输损失，类似于半导体太阳电池器件的内阻。

对于蓝藻，在生物过程使用辐射能源和用于产氢的辐射能源之比大约为10∶1（Tsygankov等，2002a）。因此生物直接产氢的效率较低是不可避免的，无论是生物体直接产氢还是白天生产生物质和在黑夜中生产氢气。对成本考量这是重要的，要么有一个带盖的反应器装置（如果氢是取自接收太阳辐射同一系统），要么是两个独立的系统。替代生物生产/制氢，可以让生物在具有开放的大面积系统下接触阳光环境中生长，然后转移到一个具有较小面积的更便宜的制氢过程反应器中。这指出了第三种可能性，即生物质是原料（可能来自自然界的残留物，被丢弃的垃圾，或其他一些廉价的生物质），被收集进入某种反应器转化

⊖ 这里只提到相对于接收到的辐射能量的效率。在生物化学文献中，人们可能会发现制氢产量引用为每小时每千克叶绿素Ⅱ-a摩尔每千克培养物，光输入引用为每平方米每秒的爱因斯坦（E）。仅当反应器的几何形状（暴露于光线和深度的区域）已知并且所使用的光源发出单色光时，这些数据才有用。非SI单位爱因斯坦被定义为阿伏伽德罗常数乘以单个光量子的能量$h\nu$，因此严格来说不是一个单位，而是与光的频率成线性比例，因此对于光频率的分布毫无用处，例如在太阳辐射或实验室白光源（如钨丝灯）中发现的频率。最接近的SI单位是流明，它假设黑体辐射在2040K温度下的特定频率分布。这种分布在555nm的波长处达到峰值（其中1E=0.214MJ），类似于某些灯的白光，但对太阳光谱没有用，如图2.12所示。

为氢。这条路线可以采用多种转换技术，如气化方案（见2.1.4节）或发酵。发酵是生物过程，不涉及光输入的细菌过程（见接下来发酵部分）。

2.1.5.3 紫色细菌产氢

紫色细菌没有图2.14中描述的两个光合系统，但它们的细胞内膜包含单一的光发酵结构。它不能分解水，但能够提供二氧化碳同化所需的能量，在非硫紫色细菌的情况下，以乙酸或二硫化氢作为电子供体。紫色硫细菌使用硫或硫化合物作为底物。紫色细菌的单光合系统的工作类似于光合系统Ⅰ（Minkevich等，2004）。有机底物释放电子，电子通过膜驱动，产生用于ATP生成的质子梯度。紫色细菌还含有氮酶和氢化酶，在没有氮的情况下，多余的ATP与来自铁氧还蛋白的电子一起用于生成分子氢。在厌氧环境中不存在具有两种光合系统的生物体中遇到的与氧气引起的氮酶损伤有关的问题。直接光依赖型的氢生产的效率较低（吸收谱见图2.13）。

非硫紫色细菌被认为用于有机废物的发酵，氢是一种可能的输出（见下文）。

2.1.5.4 发酵和其他暗过程

无氧和黑暗条件下从有机基质生产具有热值的气体称为发酵。它正在成为沼气反应器中的典型的能量转换工具，其中形成的气体主要为甲烷和二氧化碳（Sørensen，2017）。选择合适的细菌直接降解生产氢是可能的。在沼气的生产中，细菌的环境经常是不控制的，可能有很多不同的细菌在不同的温度下工作（嗜温细菌为25～40℃，嗜热细菌为40～65℃，甚至更高温度）。为了在所产生的气体中得到更多的氢，有必要使用特定的细菌培养基。即使如此，二氧化碳的产生是不可避免的，此外还可能会有CH_4、CO和H_2S的存在。所以往往需要通过后续纯化步骤得到纯氢。由于厌氧（无氧）发酵第一阶段产生的氢气通常在下一阶段被产甲烷细菌使用，因此如果以产氢为目标，则必须采取抑制第二阶段的步骤。Show等（2012）讨论了执行此操作的各种方法。

原料可以是碳水化合物（如葡萄糖、淀粉或纤维素）或更复杂的废弃物（如工业和生活的废液、固体废弃物）、来源于植物或者动物的垃圾（如食物垃圾和动物粪便）。原料的成本在某些特定情况下比较少，而通过葡萄糖转化为醋酸或丁酸的过程中产氢率最高：

$$C_6H_{12}O_6 + 2H_2O \rightarrow 2CH_3COOH + 2CO_2 + 4H_2 + 184.2\text{kJ/mol} \qquad (2.32)$$

$$C_6H_{12}O_6 \rightarrow CH_3CH_2CH_2COOH + 2CO_2 + 2H_2 + 257.1\text{kJ/mol} \qquad (2.33)$$

在实际中，有关于每mol葡萄糖产生2～4mol氢气的报道，相当于化学计量比的水平（Ueno等，1996；Hawkes等，2002；Lin和Lay，2004；Han和Shin，2004；Hallenbeck，2009）。纤维素产氢的理论能量效率为17%～34%。氢气的积聚会抑制产氢的进行，所以连续除去产生的氢是必不可少的（Lay，2000）。目前的实验室使用的细菌为梭状芽孢杆菌（例如巴氏杆菌、梭菌和贝耶林基菌）。牛粪和污水淤泥中天然存在的细菌主要是梭状芽孢杆菌。这些细菌是适合纯糖发酵和更为复杂的混合物的原料类型。在沼气厂，需要处理随时间变化的不同组成的原料时，需要几种细菌的存在，每一种能够对不同的原料发挥作用。

许多常见的废物适合发酵。Wang和Wan（2009）讨论了影响获得氢作为主要最终产品的可能性的具体因素。它们包括选择适当的反应器类型和避免废物中金属化合物等抑制物质。如果废物含有蛋白质和脂肪，氢气的产生就会大大减少（Lay等，2003）。

发酵过程依赖于温度，在高温区（55℃左右）比在低温区通常会产生更多的氢气（淀粉；Zhang 等，2003b）。发酵过程同时也依赖于 pH 值，最佳的环境为酸性（牛粪的 pH 值为 5.5；Fan 等，2004）。在某些情况下，产量随时间变化很大，而在其他情况下，随着原料的连续输入，可以得到一个相当稳定的产量。稳定的生产需要输入适当速率的新物料（例如，稀释后的污泥，用于使用红杆菌处理橄榄油厂废料；Eroglu 等，2004）。高蔗糖颗粒污泥发酵具有较高性能，产生的气体含 63% 氢和每千克蔗糖生产 280L 氢，时间超过 90 天（约占 100% 的比例，见式（2.33）），速率为 0.54L 氢气每小时每升污泥（使用 69% 梭菌和 14% 总状芽孢杆菌的条件下；Fang 等，2002）。同时，单细胞蓝藻白芷在实验室葡萄糖发酵实验中具有高产氢率（Troshina 等，2002）。

图 2.18 显示了普遍接受的葡萄糖酶促转化的主要工艺步骤模型，其中能量和氢转移由植物中的 ATP - ADT 过程介导，$NADH_2$ - NAD 过程（NAD 烟酰胺腺嘌呤二核苷酸）取代了绿色植物和藻类的 $NADPH_2$ - NADP 过程，见式（2.29）。粗箭头表示碳的流动，而较暗的箭头用于指示电子和质子流。氢化酶，以及其他一些酶被认为起到了作用。这个图的变化形式已被其他发酵过程采用。

氢也可以通过微生物电解池中的微生物辅助电解从生物质中产生，这与 3.7 节中提到的微生物燃料电池有关。在一个电极上，可以使电化学活性细菌氧化有机物并将质子释放到电解质中，将电子释放到外部电路中。厌氧过程不是自发的，必须施加外部电压（在大气压力、30℃和 pH 值为 7 下高于 0.2V）（Ditzig 等，2007；Tartakovsky 等，2009）。

影响微生物电解池性能的参数包括 pH 值和温度，电池电阻，电解质溶液（Wang 等，2010a；Yossan 等，2013），以及用钢、钯、镍或生物催化剂代替催化剂中铂的关键成本和环境问题（参见例如 Kadier 等，2015）。到目前为止，结果好坏参半，商业可行性并非迫在眉睫。

生物制氢的另一种途径是使用柠檬酸杆菌 Y19 的细菌水气变换反应式（2.2）。一种化学异养细菌（Jung 等，2002）或紫色非硫细菌，如胶状红长命菌和深红红螺菌，利用耐氧氢化酶作为有机底物在黑暗中产生氢气（Levin 等，2004；Ni 等，2006）。

2.1.5.5 生物制氢工业化生产

涉及光合藻类/蓝藻或发酵细菌转化早期生产有机残留物的两种制氢路线，对当前实验室规模实验工作的可行工业放大提出了不同的挑战。目前只有发酵路线在工业上使用，尽管没有以氢气作为最终产品。

在制氢实验中调用的几种生物是对天然存在的并且通常非常丰富的物种的修饰。大约 40 年前，相当大的丝状光合蓝藻毛滴虫被证明可以通过氮酶固定氮，它被认为是负责在开阔海洋产生氨的主要浮游生物物种。随后，大小 10^{-5} m 以下的单细胞蓝藻已被证明是 20% ~ 60% 的叶绿素生物量和海洋固碳的主要来源（Zehr 等，2001；Palenik 等，2003；Sullivan 等，2003）。优势生物聚球藻和原绿球藻，数量可能超过 10^9/L 海水。此外，大量的细菌视紫红质已被发现，例如，大肠杆菌（Béja 等，2000）。这种视紫红质能够转化太阳辐射，形成跨细胞膜的电质子梯度，早些时候这被认为只存在于古细菌中。

最后，海水中病毒的数量估计为高达 10^{10}/L，对鱼类和海洋浮游植物是重要的病原体，

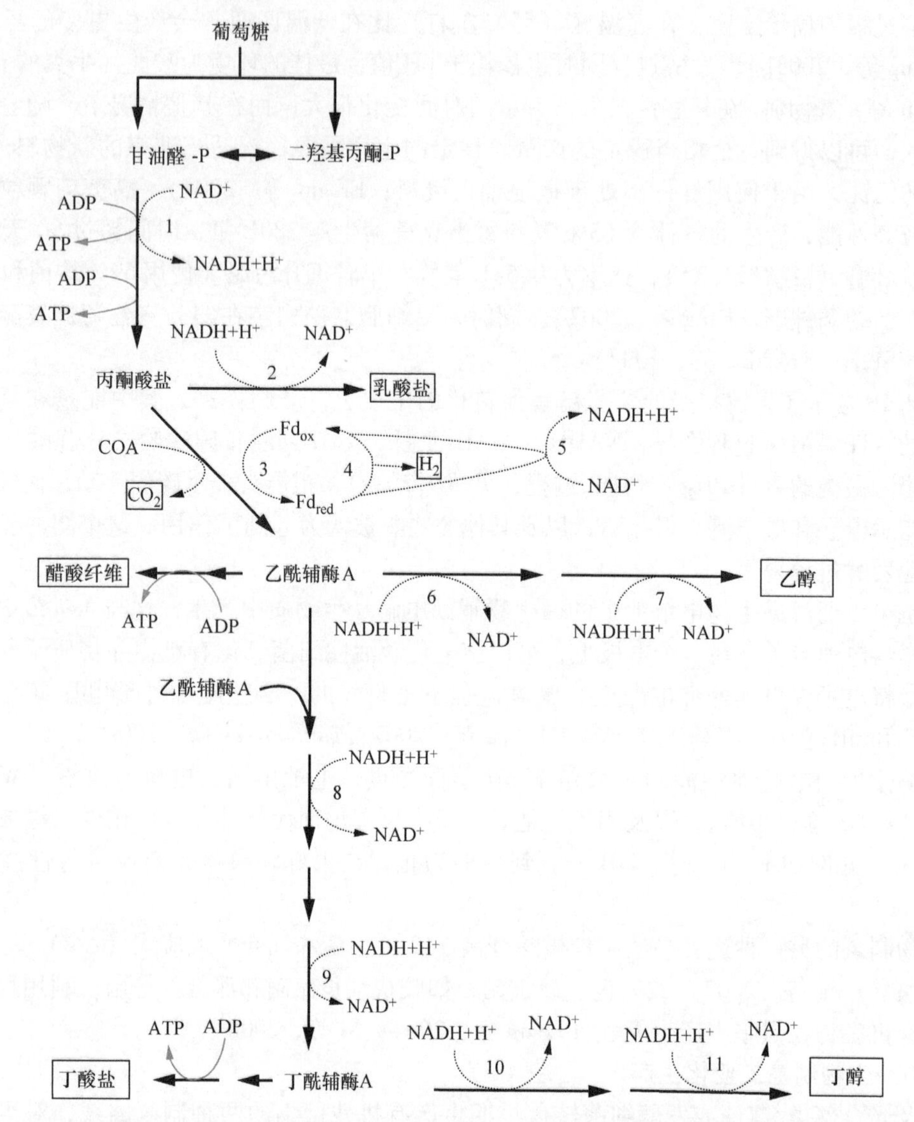

图2.18　巴氏梭菌发酵过程模型。酶的成分：1表示3-磷酸甘油醛脱氢酶；2表示乳酸脱氢酶；3表示丙酮酸铁氧还蛋白氧化还原酶；4表示氢化酶；5表示NADH的铁氧还蛋白氧化还原酶；6表示乙醛脱氢酶；7表示乙醇脱氢酶；8表示β-羟丁酰辅酶A脱氢酶；9表示丁酰辅酶A脱氢酶；10表示醛脱氢酶；11表示丁醇脱氢酶。P为磷。

来源于Lin和Lay（2004）（国际氢能协会许可使用）。基于Dabrock等（1992）修订版，美国微生物学会

假设有毒藻类大量繁殖，对假期游泳者及商业水产养殖和渔业会产生严重问题（Culley等，2003；Azam和Worden，2004）。众所周知，淡水蓝藻是造成世界各地湖泊和其他淡水水库极端毒性水华爆发的微囊藻毒素的宿主（见例如Shen等，2003）。蓝藻在淡水系统中最常见的包括微囊藻、鱼腥藻、念球藻和颤藻。在设计新型生物制氢时必须考虑这些问题。

如前所述，天然产氢细菌不太可能产生工业上感兴趣的氢气量，因此直接光生产氢气取

决于如前几节中描述的转基因菌株。由于转换效率适中，需要大面积的太阳能集热器，因此有可能将该集热器放置在海洋表面，与岸上土地价格相比，即使在边缘地区，也可能提供更低的价格。氢回收到管道要求蓝藻在一个封闭的反应器系统内，其中包含蓝藻、玻璃或其他透明的盖子和入口/出口装置，用于氢气运输以及根据需要补充或更换培养物。需要避免在周围水体中积累额外的蓝藻，以及不允许转基因物种与海洋中的野生物种混合，这需要一个封闭的细菌供应系统、光反应器和氢气处理装置。示意图如图 2.19 所示。海上反应器可以代替所示的玻璃覆盖的平板收集器（并用于 RITE 在京都开发的实验海洋设施；Miyake 等，1999），具有由管状管道组成的反应器系统，在非垂直入射角的情况下，允许更高比例的太阳辐射到达蓝藻基质，并且更容易将氢气输送到管端（Akkerman 等，2002）。该系统用于太阳能热收集器，它以一定的成本适度增加能源产量（约 10%），但比平板系统高出 10% 以上。这些想法最近被综合评述（Eroglu 和 Melis，2011）。

藻类或蓝藻培养环境必须用浅箱，这是由于太阳辐射随穿透深度增加而迅速减少（通过水和基质），如图 2.20 所示。辐射穿透高度依赖于波长，波长短的光能够穿透更深（见 Sørensen，2017；2.2.2 节）。对于实际容器内含有紫色光合细菌的球形红杆 RV 胞菌的培养基，Miyake 等（1999）发现辐射强度随入射深度下降更快。在 1cm 处下降到 10%，2cm 处下降到 1%。在单光合系统，这两种类型的叶绿素吸收特定波长的光，几乎都是在第一个 0.5cm 处被吸收。按照前面章节中对饱和的论述，发现产氢率在第一个 0.5cm 层比较低，在更深层会更高，但由于几乎没有光，氢气的绝对生产率可以忽略不计。

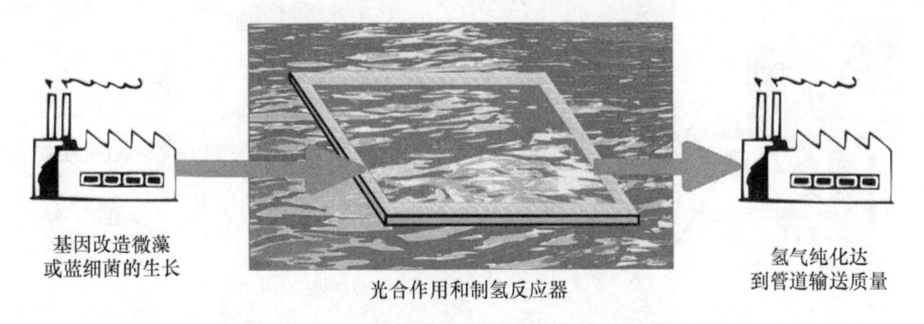

图 2.19 光生物制氢装置的示意图，以及用于生产改良细菌菌株和氢气净化的辅助装置（Sørensen，2005，2017）

大多数由生物质生产的氢气，无论是通过热途径还是生化途径，都需要经过净化过程才能适合其预期用途。实现高纯度的最有效方法是采用膜技术。对于大多数生物氢，这将需要一个额外的工艺步骤，而不是像反向燃料电池和一些重整型氢气途径那样直接集成到生产步骤中（Lu 等，2007）。

图 2.21 显示了基于现有生物质的细菌发酵的工业生物氢生产的可能布局，例如收获的残留物或来自其他生物质用途（食物、木材等）的废物。毯式氢反应器已用于几项实验性氢发酵研究（Chang 和 Lin，2004；Han 和 Shin，2004）。在这种情况下，必须收集原料并将其转运到制氢厂的现场，该厂通常具有沼气厂的外观和组成部分，要么是低技术的传统沼气厂，要么是目前世界上大部分地区用于废水处理的大型工业沼气厂，在少数情况下与混合家

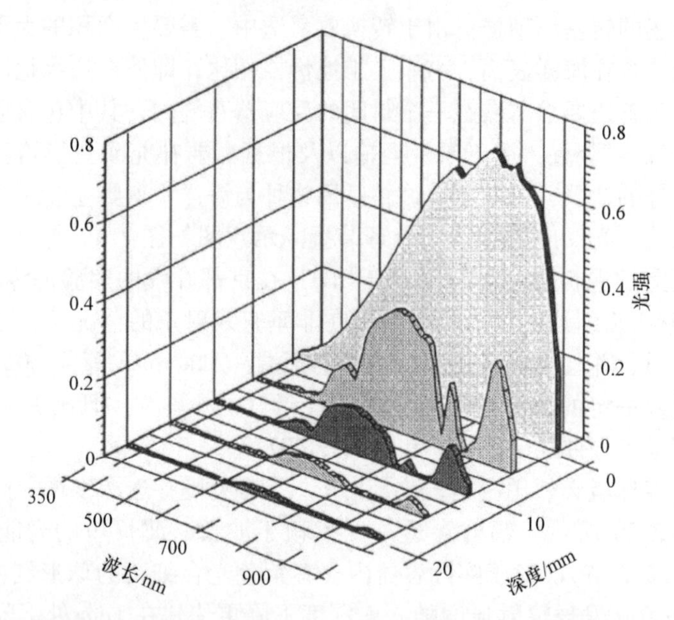

图 2.20　太阳辐射的衰减作为渗透到含有部分修饰的球形红杆菌培养物的生物氢反应器中的函数。引自 Miyake 等（1999），经 Elsevier 许可

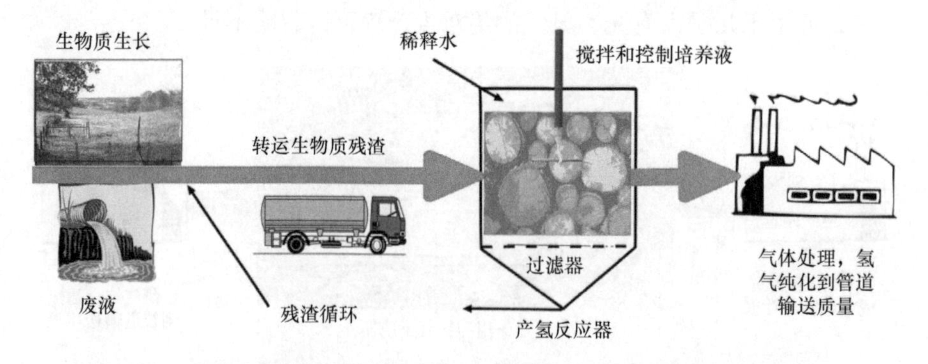

图 2.21　发酵产氢装置示意图，包括垃圾收集/回收氢气净化的基础设施。毯式氢反应器类似于沼气厂应用的反应器（Sørensen，2017）

用和（无毒）工业废物的沼气生产有关（见 Sørensen，2017）。氢气提取后，剩余的残留物可以返回农业，并且由于其高营养价值，可以替代或减少肥料的使用。大多数发酵厂使用嗜热温度条件，但可能达到略高的温度（70～80℃），而不会因必须加热工厂的各个部分而造成太严重的经济损失，因为可以广泛回收和再循环热量（Groenestijn 等，2002）。生物反应器可以间歇模式（Ren 等，2006）或连续运行（Hsu 等，2014）。

最近，某些微生物系统已经证明具有通过类似燃料电池设备直接发电的能力（很少或没有氢生产）。这些在 3.7 节讨论。如 2.1.6 节所述，通过光电化学装置生产氢气可以使用微生物敏化剂和酶或源自细菌成分的工程化物质。

2.1.6 光解

与旨在发电的光伏和光电化学装置类似（见 Sørensen，2017），已经努力修改设备，以直接输送氢气而不是电力。当然，还有另一种选择，可以在第二步中将电转化为氢气，例如，通过常规电解。这可方便地用作与新方案进行经济比较的后备技术。

必须克服的基本问题是，在达到足够大的电池电压之前，氢气生产不会开始，并且沿着这条道路，出于安全等原因，存在分离氧气和氢气的类似问题。

图 2.23a 显示了制氢电池，图 2.22a 显示了相应的发电电池。图 2.22b 和图 2.23b 显示了两个系统的电流 - 电压（*IV*）图，将在后面解释。

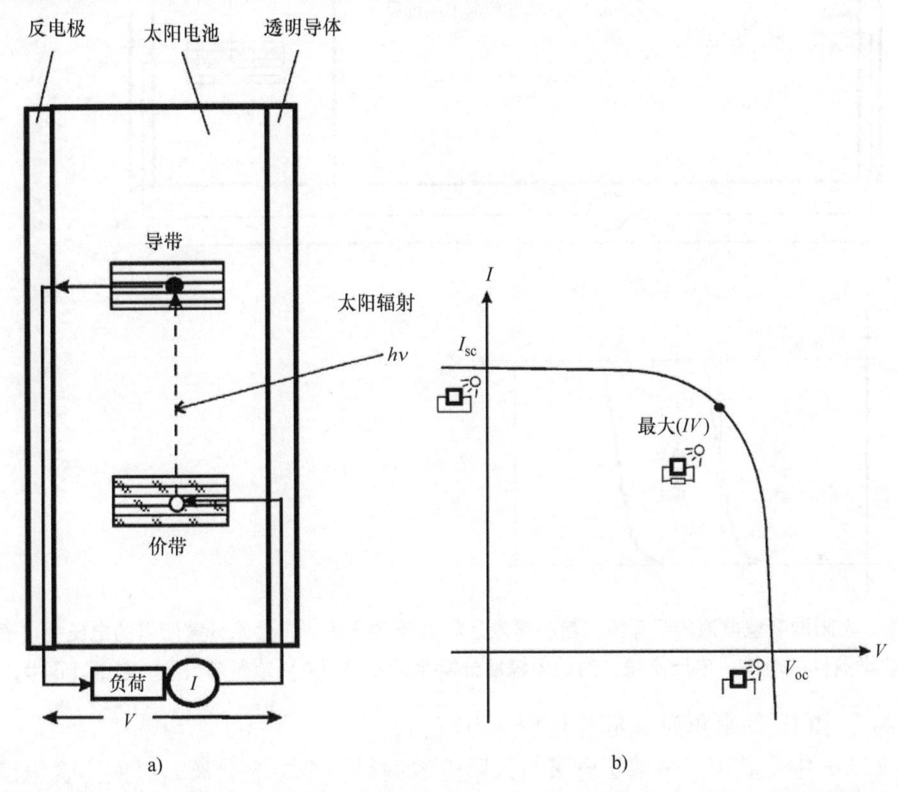

图 2.22 太阳电池的电子激发和外部电路示意图（图 a），以及光照下电流 I 与电压 V 关系图（图 b）。I_{sc} 是短路电流，V_{oc} 是开路电压。太阳电池可以由一个或多个 p－n 半导体结或 p－i－n 非晶结组成

图 2.22a 和图 2.23a 所示的器件采用具有至少一个半导体 p－n 结的太阳电池。通过掺杂外来原子制造的 p 层包含的原子（即质子数较少的原子，*Z*）比本体材料低，n 层包含更高的原子（参见例如 Sørensen，2017，2.2.2 节）。入射太阳辐射后，电子从半导体的价带被激发到其导带，并且穿过结的势能将导致激发的电子向 n 侧端移动，而价带中留下的空穴向 p 侧端移动。电流将流过连接端子的外部电路（见图 2.22a），具体取决于外部负载（外部电路中的电阻），如图 2.22b 所示。V_{oc} 是对应于无限外部电阻（电路断开）的开路电压，I_{sc} 是短路外部电路（零电阻）获得的最大光致电流。可以输送到外部负载的最大功率是最大乘积

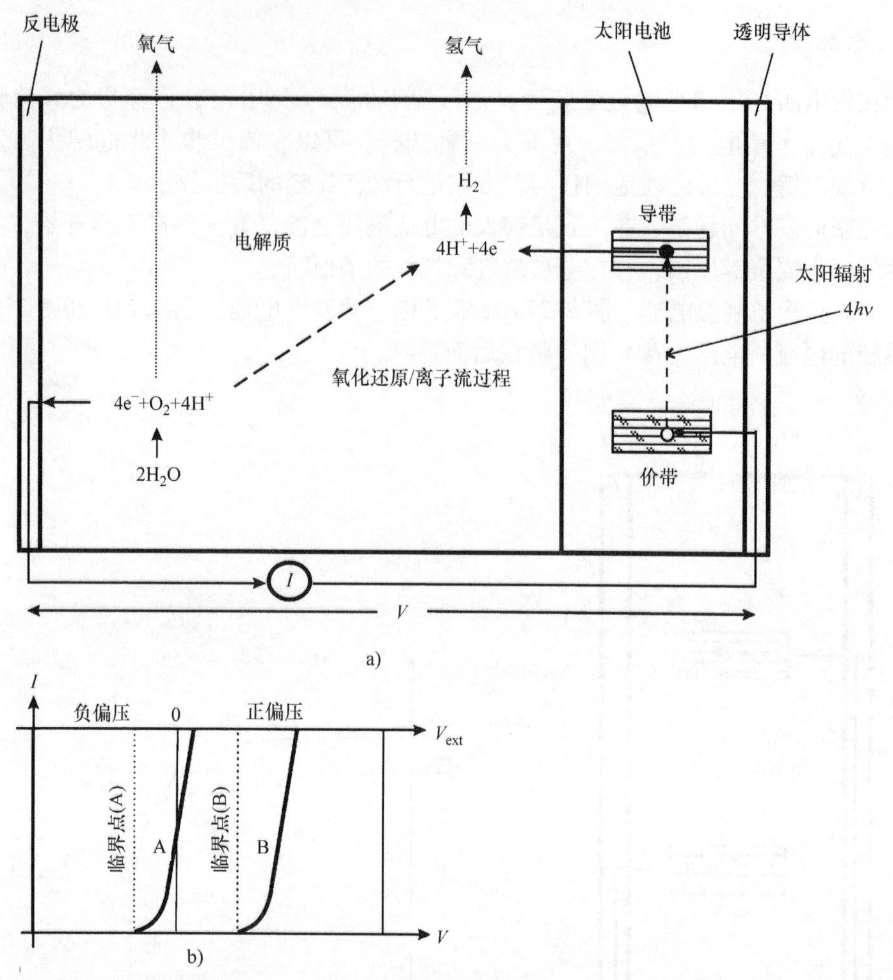

图 2.23　太阳能制氢电池的示意图，旨在激发足够数量的电子以产生水分解所需的电压差（图 a）；这类器件的电流 - 电压曲线，用于无辅助分解水的不足（A）或足够（B）电压（图 b）

IV。它偏离 I_{sc} 和 V_{oc} 的乘积为填充因子 $FF = IV/I_{sc}V_{oc}$。

在图 2.23a 中，其中一个端子电极与太阳电池的另一个电极分离，以便为含电解质的水和一些离子导电介质（盐或氧化还原对）腾出空间。这种设计已知来自光电化学太阳能电池，其中光电极通常由纳米晶体 TiO_2 制成，由金属或纯有机彩色染料覆盖，用作光敏剂。在旨在产生氢气（和氧气）的改进装置的情况下，外部电子电路短路以获得通过电解质的最大电流。电解质两端的电压不是一个简单的量，而是取决于电解质内发生的化学反应，特别是水分解和氢（氧）释放过程。在这种情况下，*IV* 曲线是迟滞曲线，也就是说，根据电压是增加还是减少，它具有不同的形状。图 2.23b 所示的简单曲线只是电压 *V* 较大时递增曲线的有限部分，在总伏安图中，该技术将在后面进一步讨论。它显示了器件 A 的光电流，表示产生氢气的活动，而器件 B 的电流仅在外部偏置电压之后出现，即外部电路中增加了额外的电动势。迹象表明，在制氢之前，必须克服相当大的“内阻”。这相当于说明电极之间的电压差必须超过式（2.21）中给出的氢分解反应所需的量，基于反应式（2.16）和式（2.17）以及图2.23a所示，加上任何内部电极损耗和电阻项，见式（2.18）。

例如，Khaselev和Turner（1998）使用了一种高效串联太阳电池，该电池首先由p－n结（用于发电，见图2.22）或由$GaInP_2$制成的肖特基型结（用于制氢，见图2.23）组成，带隙为1.83eV（吸收可见太阳光谱的中心部分），然后是隧道二极管互连和具有1.42eV带隙的n－p结组成（适用于太阳光谱的近红外部分，不受阻碍地通过第一层）第二半导体层。太阳照射可激发任一层的电子，如果一个$GaInP_2$中的电子被激发，另一个已经在GaAs层导带中，那么其中一个电子（最有可能从GaAs层，它具有最低的能量）可能与另一层价带上留下的孔结合，因此，净效应是将电子的能量提高到超过初始状态3.2eV。两个这样的激发电子为水分解过程提供足够的能量，见式（2.18）。与2.1.5节中描述的光合水分解系统（另见第3章，图3.3）一样，需要4个典型太阳辐射的光量子（只有分布中最有能量的尾部才能用更少的光）来提供所需的6.16eV（等于590kJ/mol或两个水分子的两倍4.93×10^{-19}J）将水分解成氢气和氧气。

激发的电子将出现在半导体结的电解质侧（见图2.23a），由于产生的电位梯度，价带中的空穴通过外部电路移动被来自对电极的电子填充。现在，完整的电位梯度使其在整个电解质中都存在，以完成了正极和负极反应，见式（2.16）和式（2.17），前提是电解质可以直接（类似于第3章图3.7所示的流动过程）或通过涉及电解质中存在的氧化还原对的电荷转移运输质子H^+。然后，氢气将在负极附近逸出，而氧气出现在实验装置中由金属铂制成的正电极上。Khaselev－Turner装置的效率为12.4%，由钨丝灯测定，其能量流约为太阳能灯典型能量流的10倍，他们将其定义为

$$\eta_C = 1.23I/P_{in} \tag{2.34}$$

式中，I为光电流（A/m^2），P_{in}为辐射入射功率（W/m^2）。这相当于认为电解效率为100%，即25℃时最小的理论值是1.23V。更好的方法显然是衡量每单位时间产生的氢气量和计算产生的输出功率。根据图2.23b中的方案（A），本装置提供足够的电压无需任何能源补贴，即产生氢气。

在一般情况下，一个外部偏置电压V_{bias}提供用于生产氢的额外能源，太阳能的氢效率定义为（Bolton，1996）

$$\eta = (R\Delta G - IV_{bias})/P_{in} \tag{2.35}$$

式中，R是氢的生产速率，ΔG是相应的自由能。分子和分母必须使用相同的单位，例如W/m^2。如果需要施加偏置电压，可以说氢气生产是由太阳能辅助混合发电机进行的。

已经研究了各种系统，例如使用类似于有机染料太阳电池中使用的铜掺杂TiO_2电极（Yoong等，2009）。之前讨论的系统使用高效串联太阳电池来获取能量，但还有许多其他可能性，例如Jing等（2010）讨论的那些。图2.24所示的系统使用具有3个p－i－n层的非晶态太阳电池作为负极（Yamada等，2003）。非晶态太阳电池的p－i－n结构的功能类似于晶体太阳电池的p－n结（Sørensen，2017），具有组成氢原子（a－Si：H）的固有i层，以增强光吸收。使用更简单的材料代替昂贵的铂基或钌基电极：析氢电极上的Co－Mo化合物和析氧电极上的Ni－Fe－O化合物。电解质是强碱性（pH值为13）Na_2SO_4加KOH溶液。

据称太阳能到氢气的转换效率为 2.5%。

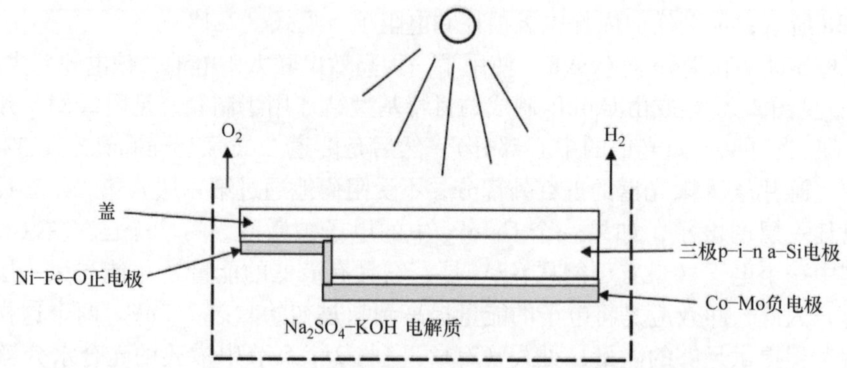

图 2.24　单片光电化学电解槽，电极组件简单地浸入电解质中，根据 Yamada 等（2003）的实验室规模设计

一个明显的设备改进是分离两个电极，以便可以通过单独的通道更容易地收集放出的气体。通常采用类似于质子交换膜燃料电池全氟化膜形式的分离器（见 3.7 节）。

电极反应可能被反向反应削弱，例如来自正极的导带电子与电解质中形成的质子重新结合，或者来自电极价带中填充空位的电解质的电子。这些反应取决于电解质的 pH 值，因此似乎希望能够独立于负电极控制正电极附近电解质的碱度。Milczarek 等（2003）使用由全氟化膜隔开的两室光电化学电解槽来执行这种分离优化。该装置如图 2.25 所示，在正电极使用 2.5mol Na_2S，在负电极使用 1mol H_2SO_4。负电极由覆盖有全氟 Nafion（Dupont de Nemours 的商标）薄膜的 Pt 板和另一层电沉积 Pt 制成，而正电极由 CdS 薄膜覆盖的 Ti 组成。两种电解质由膜（商品名 Aldrich Nafion-417）隔开，允许质子运输。基于光电流式（2.34），效率据称在晴天为 7%，在阴天上升到 12%，辐射水平为 $200W/m^2$。然而，使用两种电解质意味着化学势的差异，其作用类似于外部偏置电压，因此实际效率较低，并且会随着时间的推移而降低。

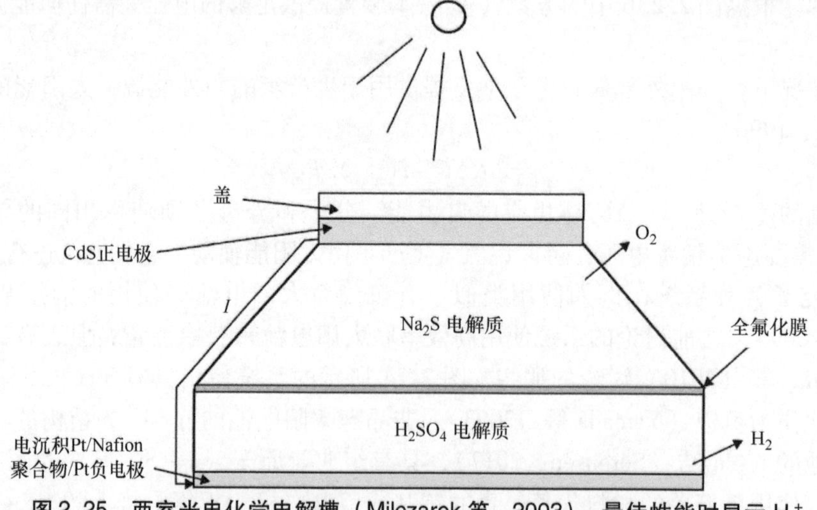

图 2.25　两室光电化学电解槽（Milczarek 等，2003），最佳性能时显示 H^+ 输运膜面积比光暴露电极大 2～3 倍。仅显示出气量

自 Fujishima 和 Honda（1972）首次提出光电化学制氢装置以来，科学文献中描述的许多光电化学制氢装置无法为水分解提供足够的势能差，因此施加额外的外部偏置电压以使系统能够吸取缺失的能量（例如 Kocha 等，1991；Mishra 等，2003）。还有人建议使用聚光器来增加到达制氢装置的太阳辐射量（Aroutiounian 等，2005），但由于可实现的适度效率，这不太可能与所需的低成本相容。

虽然包含接近完整光伏电池的装置必然导致高制氢成本，但图 2.24 所示的装置可能会受到低效率的限制。

电解质的行为可以通过对氧化还原过程的描述来理解，氧化还原过程是物质的氧化水平可以增加和减少（还原，因此称为“还原 - 氧化”）的过程，离子电荷可以通过电解质传输。电解质上的电位差与氧化还原反应的吉布斯自由能之间的关系

$$X \Leftrightarrow X^+ + e^-,\ e^- + Y \Leftrightarrow Y^-; \text{或}\ X + Y = X^+ + Y^- \tag{2.36}$$

由能斯特方程给出（参见例如 Bockris 等，2000；Hamann 等，1998），可逆电位式（2.21）与在给定温度 T（以 K 为单位）下进入式（2.36）的物质浓度 c_i 的关系式为

$$-zFV_r = \Delta G = -zFV^0 + RT\log(c_{X^+}c_{Y^-}/c_X c_Y) \tag{2.37}$$

式中，z 是电子数（式（2.36）为1），F 是法拉第常数（在式（2.21）中给出），R 是气体常数（8.315J/(K·mol)），常数 V^0 称为标准势。它是在一定的参考温度下获得的，通常为 298K，可以在 CRC（1973）等表格中查找。

深入了解电解质对在包围电解质的一对电极上施加电压的响应的一种方法是进行双向电压扫描测量，其结果可以在伏安图中显示（Bard 和 Faulkner，1998）。电压首先从零增加到最大值，然后降低到零。结果如图 2.26 所示。它显示了通过电极工艺确定的小施加电压的不同行为区域，然后通过反应物的转化（如图 2.23a 所示的成氢反应所描述的那些），最后，通过反应物扩散到电极区域来限制该过程的区域。这假设电压扫描相当快。如果电压增加得如此缓慢，以至于总是有时间扩散到活性区域，则这种行为就会消失。在往回扫描时，人们观察到电流较小，因为氧化物质可能会产生其他反应（Wolfbauer，1999）。

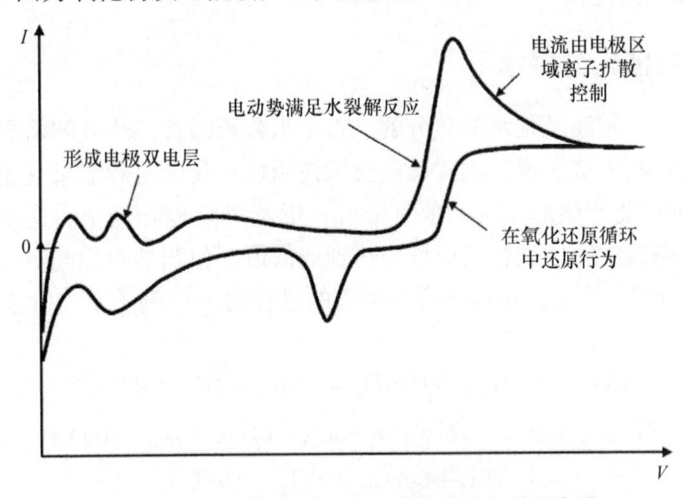

图 2.26 产氢光电化学电池电解质伏安图示意图

Han 和 Furukawa（2006）研究了使用聚苯胺作为催化剂的便携式设备的微型光电化学系统。2.1.5 节中考虑的一些制氢生物系统模仿光电化学系统。使氢化酶产生氢分子而不是氢结合在有机物质中的可能性刺激了将氢化酶等成分插入无机系统的努力，以改善对析氢过程的控制。此外，光合作用可能是通过将光收集生物天线（例如叶绿素或卟啉）（Sørensen，2017）插入电化学设备中，来代替"工业化"上述设备中使用的（昂贵的）太阳电池。

由细菌激烈热球菌纯化的氢化酶已与戊糖磷酸循环的酶结合，从葡萄糖-6-磷酸和 $NADP^+$ 中产生氢（Woodward 等，2000）。使用来自玫瑰茄固定在紫精聚合物基质中的氢化酶进行了类似的实验（Wenk 等，2002；Qian 等，2003）。这些实验使用施加的偏置电压。Saiki 和 Amao（2003）以及 Tomonou 和 Amao（2004）研究了与光电化学电池更接近的类似实验。在这里，基于四苯基-卟啉四硫酸盐或 Mg-叶绿素-a（来自螺旋藻）的光吸收系统部分耦合到能够从葡萄糖中提取能量的 NADH 或 NADPH 系统（或从多糖中提取进一步的酶），部分与具有铂催化剂的甲基紫精系统偶联，铂催化剂能够从转移到它的质子中产生氢。缺氧对所有这些系统都至关重要。

光子的能量也可以被一种物质（光子敏化剂）吸收，将电子激活到更高的能量状态。另一种物质（催化剂）可以共聚并储存活化的电子。随后，这些电子可以传递到水分子中并将它们分解成氢和氧。这种过程称为水光解离（或光化学水分解），与光电解不同，因为反应不是在电极上发生，而是在催化剂上发生。

该方案工作的主要问题是快速电子/空穴复合、氧气和氢气快速逆反应形成水，以及无法有效利用可见光（Jing 等，2010）。

不同的布局使用电子供体和电子受体：敏化剂和催化剂组合在一个单元（超分子催化剂）中，作为半电池输送氢气或氧气。两个半电池闭合电路并通过一侧吸收光产生氧、质子和电子，而氢和氢氧根离子通过吸收另一侧的光和电子产生。两个半细胞由质子交换膜隔开，并在外部连接以允许电子转移（Zamfirescu 等，2011）。已经研究了使用这一想法的混合系统（Baniasadi 等，2012）。

2.1.7 直接热或催化分解水

从水中制氢的另一种途径是水的热分解。由于水分子的直接热分解需要接近 3000K 的温度，而目前可用的材料无法实现，因此已经尝试使用循环化学过程和催化剂通过间接途径在 800℃以下分解。通过将产生的氧气和氢气分开，爆炸风险也降低了。这些热化学或水分解循环最初旨在将所需温度降低到核反应堆中达到的低值，但当然可以与其他产生热量的技术一起使用，例如在 400℃左右。早期研究中考虑的过程的一个例子是三阶段反应（Marchetti，1973）：

$$
\begin{aligned}
&6FeCl_2 + 8H_2O \rightarrow 2Fe_3O_4 + 12HCl + 2H_2 \ (850℃) \\
&2Fe_3O_4 + 3Cl_2 + 12HCl \rightarrow 6FeCl_3 + 6H_2O + O_2 \ (200℃) \\
&6FeCl_3 \rightarrow 6FeCl_2 + 3Cl_2 \ (420℃)
\end{aligned}
\tag{2.38}
$$

这些反应的首要问题仍然是需要高温，这意味着除了与所涉及的腐蚀性物质相关的问题外，还需要提供外部能量。使用 $CaBr_2$ 的相似方案涉及3个反应的温度分别为730℃、550℃和220℃（Doctor 等，2002）。这项研究距离实际使用还有很长的路要走。

在700～900℃的温度下，研究了许多钙钛矿结构（ABO_3）的混合金属氧化物作为质子导体，例如用于固体氧化物燃料电池。在这种质子导体的一个电极上引入的水蒸气维持足够大的电流（使用外部提供的电能）能够分解水并产生一定量的氢（Matsumoto 等，2002；Schober，2001）。引入膜来分离所产生的氢气，可以增强热水分解，但在所讨论的温度下，生产率仍然非常微小（Balachandran 等，2004）。

已经考虑了许多其他反应方案（如在5.4.2节的场景中的一个）。Holladay 等（2009）和 Wang 等（2010b）最近对制氢方法及其效率进行了总体回顾，而 Hinkley 等（2011）则进行了一些成本估算。

2.2 生产规模相关的问题

2.2.1 集中式产氢

不同的技术适合应用的规模取决于应用类型和技术本身的特性。如果给定技术的成本表现出规模经济，则该技术可以以较大的单元集中使用。如果技术在较小的单位（对于固定的整体生产）中最便宜，情况当然相反，但这种情况很少见，常见的情况是成本对生产规模不敏感。这允许旨在确定所选比例的应用程序类型。但是，也可能根据使用类型设置特定的规模要求。例如，乘用车技术必须具有适合典型机动车辆的尺寸和重量。在这里，由于现有的基础设施，如道路、车库和停车位的大小等，人们发现灵活性很小。通常，如果一项新技术需要改变基础设施，则必须考虑与改变它相关的成本和不便利。

传统的制氢技术，如水蒸气重整或电解，确实表现出一定的规模经济，例如，用于热交换器或与环境控制选项相关。对于通过光合作用生产氢气，规模经济类似于农业，而对于暗发酵，沼气厂的已知规模经济优势应该是可转移的。通过类似于太阳电池或环境温度燃料电池的装置进行光解离可能不会显示出任何明显的规模经济，而高温直接分解水可能从大规模操作中获得优势。

2.2.2 分布式产氢

通过低温燃料电池的逆向操作将制氢确定为不受小规模操作影响的技术，解释了开发这种分布（分散）制氢技术的兴趣点。单个建筑物中制氢的愿景（见4.5节）可能基于可逆质子交换膜燃料电池接管现有天然气燃烧器的功能，同时为停在建筑物中的车辆生产氢气，并在外部电力供应不足的情况下从储存的氢气中再生电力（例如，与电力供应商希望进行负载均衡有关，或管理间歇性可再生能源）。如果基于太阳能集热器的氢气发生器发展到可接受的效率和成本状态，它们也可以分散使用。目前发电光伏装置的经验是，集中式发电厂获得的规模经济（例如降低安装成本）经常被安装此类太阳电池板时节省传统屋顶和立面元件的可能性所抵消。

在车辆集成制氢系统的情况下，分散管理的适用性问题变得更加关键，该系统必须在小规模上实现经济性。除了可靠性问题外，这还导致对车载燃料重整（见 2.2.3 节）的兴趣逐渐消退。

2.2.3　车载燃料重整

原则上，车载生产氢气的基础燃料可以是生物燃料或化石燃料等燃料，特别是汽油，以及甲醇、乙醇和由天然有机或人工工业初级材料生产的燃料之间的类似中间产品。如果可以在没有排放的情况下将其他燃料转化为氢气，那么这些路线可以带来环境优势。其中，只有甲醇可以通过类似于天然气式（2.1）的重整过程在 200～300℃的中等温度下获得。其他碳氢化合物的重整通常需要 800℃以上的温度。甲醇也很有趣，因为它在燃料基础设施方面与汽油相似。21MJ/kg 或 $17GJ/m^3$ 的甲醇能量含量低于汽油，但由于燃料电池汽车应该比汽油车更有效率，因此油箱尺寸可能相似。

压缩和液化氢在汽车中使用的挑战是低体积能量密度，容器的安全预防措施，以及必须建造新的燃料基础设施的要求，因此对将传统燃料转化为车载的氢气有明显的兴趣。这主要是为了避免对当前的汽油和柴油加油站进行重大更改。刚刚给出的甲醇能量密度相当于 4.4kWh/L，大约是汽油的一半，但是液氢的两倍多。图 2.27 显示了甲醇重整器车载生产氢气的设置，然后氢气被送入燃料电池以产生电动机所需的电力。具有这种设置的原型车辆已经过测试（见 Takahashi，1998；Brown，1998），但总的来说，由于未能以可接受的成本生产出可靠的重整器，这一概念再次被放弃。

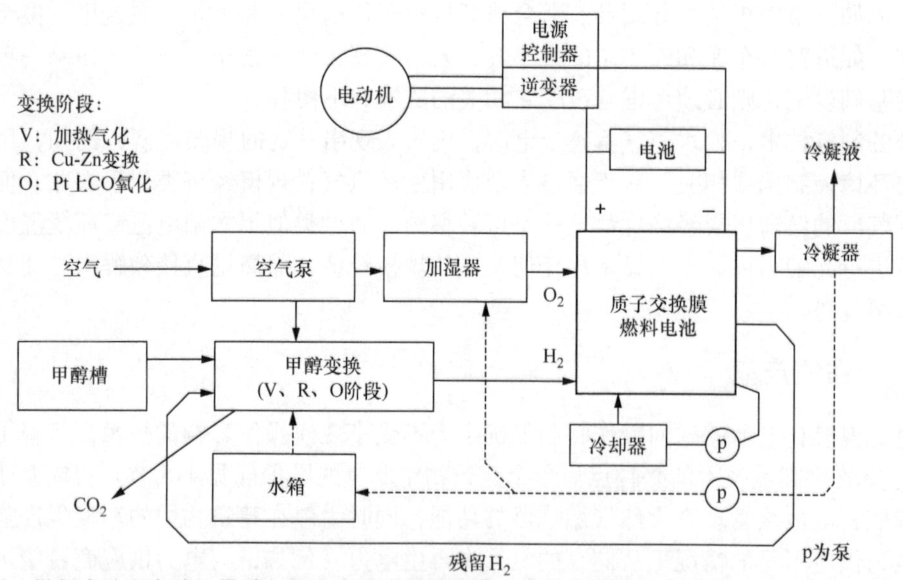

图 2.27　燃料电池和电动机甲醇制氢汽车动力系统布局。电源控制器允许从直接驱动转换为电池充电。引自 Sørensen（2017），经 Elsevier 许可使用

甲醇最终可以直接用于燃料电池，而无需重整成氢气的额外步骤。这种燃料电池类似于质子交换膜燃料电池，称为直接甲醇燃料电池（见 3.7 节）。由于甲醇可以从生物质中生产，

因此可以通过这种方式把氢气从能源系统中移除。另一方面，处理具有间歇性生产的电力系统的剩余生产仍然可以方便地将氢作为中间能源载体，因为它可以直接使用，因此可以通过避免甲醇生产的损失来提高系统效率。高压碱性电解厂的电力制氢效率目前超过 80%（Fateev，2013；参见 2.1.3 节中的讨论），进一步的氢气（加上 CO 或 CO_2 和催化剂）转化为甲醇的效率高达 70% 左右。此外，从生物质生产甲醇的效率约为 45%，而如果原料是甲烷（天然气），则可获得更高的效率（Jensen 和 Sørensen，1984；Nielsen 和 Sørensen，1998）。

2.2.3.1　甲醇生产

由于甲醇可以作为燃料电池中氢气的替代品和可用于生产氢气的中间燃料，因此其自身的生产具有相关性，将进行简要讨论。甲醇可以由化石来源（如天然气）或生物材料生产。

与传统的天然气水蒸气重整类似，甲醇可以采用合成气式（2.1）的原料进行生产。通常每摩尔甲烷产生 0.78mol 甲醇，考虑热输入，其热效率为 64%（Borgwardt，1998）。直接合成可以通过部分氧化获得（参见 2.1.2 节），温度在 425～465℃ 范围内（Zhang 等，2002），并且具有与水蒸气重整相似的效率：

$$2CH_4 + O_2 \rightarrow 2CH_3OH \tag{2.39}$$

采用生物质原料生产甲醇有多种方法，如图 2.11 所示。如果采用木材或分离的木质素，液化或气化是最直接的途径（Wise，1981）。热解替代品仅以生产气体的形式提供一小部分能量（Güllü 和 Demirbas，2001）。通过高压加氢，生物质可以转化为适合进一步精炼或合成甲醇的液态碳氢化合物混合物（Chartier 和 Meriaux，1980）。

目前的生物质制甲醇生产方案使用木材气化产生的合成气（H_2 和 CO 的混合物），其过程类似于煤气化。木材气化直接产生的低质量“发生炉煤气”（第二次世界大战期间广泛用于整个欧洲的汽车）是一氧化碳、氢气、二氧化碳和氮气的混合物，随反应温度而变化。如果使用空气进行气化，能量转换效率约为 50%。如果使用纯氧代替，则效率可能达到 60%，并且产生的气体将具有较少的氮含量（Robinson，1980）。

可以想象，气化可以通过来自（聚光）太阳能集热器的热量进行，例如，在保持 500℃ 的流化床气化炉中。一个可能更经济的替代方案是使用一些生物质产生所需的热量，这要求必须控制好排放。

发生炉煤气净化后，去除 CO_2 和 N_2（例如通过低温分离）以及杂质（氮），在高压下通过下述反应制成甲醇：

$$2H_2 + CO \rightarrow CH_3OH \tag{2.40}$$

通过 2.1.1 节中讨论的“变换反应”改变 H_2/CO 化学计量比以符合式（2.40）反应需求。在催化剂（例如氧化铁或氧化铬）存在的前提下可以添加或去除水蒸气。

木质生物质是由 46% C、7% H 和 46% O 加上一些次要成分组成的，该过程每千克生物量可产生 16mol 甲醇，当考虑到木材干燥所需的电力输入时，热效率为 51%（Borgwardt，1998）。

非木质生物质可以转化为沼气中所含的甲烷（见 Sørensen，2017），然后是刚才提到的甲烷到甲醇的转化过程，例如使用水蒸气重整。

合成气到甲醇步骤的转换效率约为 85%，通常假设需要改进的催化气化技术才能将总转换效率提高到刚才提到的51%以上（Faaij 和 Hamelinck，2002）。如果包括所有涉及能源投入的生命周期贡献，例如包括收集和运输生物质，总效率就会降低（EC，1994）。

如前所述，甲醇的辛烷值与乙醇相似，但燃烧热量较小。甲醇可以在标准发动机中与汽油混合，也可以用于专门设计的奥托或柴油发动机。一个例子是使用气化甲醇运行的火花点火发动机，气化能量从冷却液流中回收（Perrin，1981）。甲醇的使用通常与乙醇相似，但在评估从生产到使用的环境影响方面存在一些差异（例如加油站烟雾的毒性）。

从历史数据看，甲醇的成本在6~16美元/GJ之间变化（Lange，1997），运输和电力公用事业部门需求的生产成本估计未来可能在5.5~8美元/GJ之间（Lange，1997；Faaij 和 Hamelinck，2002）。考虑环境方面，将在封闭环境中进行气化，所有排放物以及灰烬和泥浆都集中在一起。甲醇合成步骤中的清洁过程将以可重复使用的形式回收大多数催化剂，但其他杂质必须与气化产物一起处理。尚未制定精确的废物处理计划，但可能只有一部分营养物质可以回收用于农业或造林（如乙醇发酵；SMAB，1978）。

通过类似于产生甲醇的过程生产氨是合成气的替代用途。巴西已经研究了用桉树而不是木质类生物质生产甲醇（Damen 等，2002）。从烟草细胞（烟草）中提取甲醇是通过基因工程实现的，结合真菌（黑曲霉）分解细胞壁并用花叶病毒促进剂感染植物（Hasunuma 等，2003）。旨在更好地了解传统甲醇生产依赖于木质素降解的方式的更多基础研究正在进行中（Minami 等，2002）。

2.2.3.2 甲醇制氢反应

甲醇制氢的水蒸气重整涉及类似于式（2.1）的反应：

$$CH_3OH + H_2O \rightarrow 3H_2 + CO_2 - \Delta H^0 \tag{2.41}$$

式中，$\Delta H^0 = 131\text{kJ/mol}$（液态反应物）或49kJ/mol（气态反应物）以热量的形式加入。该过程在200~350℃的温度下工作。水-气变换反应式（2.2）或其逆过程：

$$CO_2 + H_2 \leftrightarrow CO + H_2O + \Delta H^0 \tag{2.42}$$

式中，$\Delta H^0 = -41.1\text{kJ/mol}$，也可以运行。这可能导致氢气产物被CO污染，对质子交换膜或碱性燃料电池等燃料电池类型高于10^{-6}水平的CO是不可接受的，对于磷酸燃料电池来说，高于2%几乎是不可接受的。幸运的是，在水蒸气重整所需的适度温度下，CO含量很低，并且可以使用调整剩余水蒸气（H_2O）的量来迫使反应式（2.42）向左移动以达到所需的CO量（Horny 等，2004）。在温度达到最高时，对CO的控制变得更加困难。然而，使用合适的膜反应器与单独的催化剂进行水蒸气重整和水-气变换可以克服这个问题（Lin 和 Rei，2000；Itoh 等，2002；Wieland 等，2002）。图2.28显示了用于车载应用的中等规模的管式反应器的典型布局。该方法生成氢气的典型热效率为74%，甲醇进料转化率接近100%。

可以使该过程自热，换句话说，通过增加部分氧化放热过程以避免不得不加热反应物（见2.1.2节）：

$$CH_3OH + \frac{1}{2}O_2 \rightarrow CO_2 + 2H_2 - \Delta H^0 \tag{2.43}$$

式中，$\Delta H^0 = -155\text{kJ/mol}$。通过适当组合式（2.41）和式（2.43），总焓差可能变为近似于零。控制整个反应器的温度仍然存在问题，因为氧化反应式（2.43）比水蒸气重整式（2.41）快得多。提出的解决方案包括使用催化剂细丝线设计，使通过反应器的流体流动近层流（Horny 等，2004）。

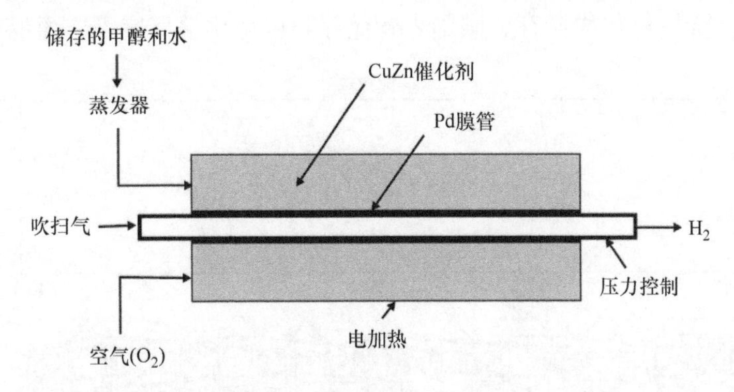

图 2.28　汽车用膜水蒸气重整器截面示意图（Lin 和 Rei，2000；Itoh 等，2002）

传统上用于水蒸气重整过程的催化剂包括含有 0.38CuO、0.41ZnO 和 0.21Al_2O_3摩尔分数的 Cu－Zn 催化剂（Itoh 等，2002；Matter 等，2004）和在细丝线设计概念的情况下金属 Cu－Zn 催化剂（Horny 等，2004）。对于氧化反应，Pd 催化剂是合适的，例如，形成图 2.28 所示的膜（使用 $Pd_{91}Ru_7In_2$；Itoh 等，2002）。也可以使用 Pt，如图 2.27 所示。

对于高碳氢化合物，如汽油，水蒸气重整必须在高温下进行。使用传统的 Ni 催化剂，温度必须超过 900℃，但是添加 Co、Mo 和 Re 或使用沸石可以使温度降低约 10%（Wang 等，2004；Pacheco 等，2003）。

燃料电池的小规模应用，旨在增加充电前的运行时间，而不是目前的电池技术，刺激了甲醇和其他碳氢化合物的微型重整器的发展（Palo 等，2002；Presting 等，2004；Holladay 等，2004）。尽管这些旨在与额定功率在 10mW～100W 范围内的燃料电池一起使用的设备的热效率低于大型装置，但与相同功率范围内的现有设备相比，系统效率具有优势。应用将在 4.6 节中讨论。

通过使用半经典分子动力学（见图 2.3）的模拟，获得了对烃通过多孔催化剂层扩散的理论理解（见图 2.28）。已经计算各种碳氢化合物渗透 Al_2O_3 催化剂的过程，考虑了有或没有铂插入的情况（Szczygiel 和 Szyja，2004）。如图 2.29 所示，燃料传输取决于空腔结构和内部催化剂壁上的吸附。

对于高温燃料电池（如固体氧化物燃料电池），当存在催化剂（如 Ru）时，甲醇和某些其他碳氢化合物在燃料电池内自然发生重整反应，生成氢气，但效率根据进料而有所不同（Hibino 等，2003）。

2.3　储氢选项

最合适的储氢形式取决于应用。运输部门的应用要求以可以在车辆内容纳的体积和不限制车辆性能的重量进行储存（对于空间应用，要允许从地球大气层升空和脱离）。此外，对于建筑集成应用，通常必须限制储存量，而发电厂或远程位置的专用储存可能允许更大的自由度。按质量或体积计算的储存密度示例见表 2.3。下面从压缩气体、液化、活性炭中的低温吸附气体储存、金属氢化物储存、碳纳米管储存和可逆化学反应等方面讨论氢储存。

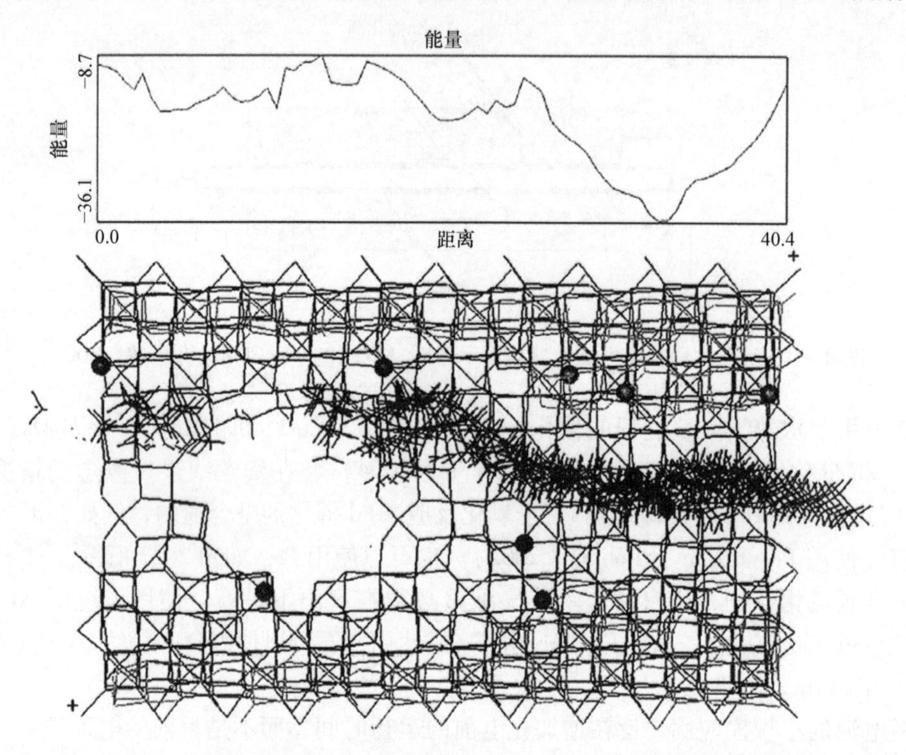

图 2.29　碳氢化合物（甲基环己烷）通过具有额外 Pt 原子的 Al_2O_3 催化剂腔通道的最小能量路径。在上部，以 kcal/mol 为单位的能量显示为沿路径的距离（单位为 Å）的函数。下部提供了通过催化剂的碳氢化合物轨迹的俯视图。使用了分子动力学模型。引自 Szczygiel 和 Szyja（2004），经 Elsevier 许可

表 2.3　各种储氢形式以及质量密度和体积能量密度，包括天然气和生物燃料的比较
（使用 Sørensen，2017；Wurster，1997）

储氢形式	能量密度		密度
	kJ/kg	MJ/m^3	kg/m^3
氢气，气体（环境 0.1MPa）	120000	10	0.090
氢气，气体，20MPa	120000	1900	15.9
氢气，气体，30MPa	120000	2700	22.5
氢气，液体	120000	8700	71.9
金属氢化物中的氢	2000～9000	5000～15000	
典型金属氢化物中的氢	2100	11450	5480
甲烷（天然气），0.1MPa	56000	37.4	0.668
甲醇	21000	17000	0.79
乙醇	28000	22000	0.79

2.3.1 压缩气体储存

以压缩气体形式储存氢气是当今最常见的储存形式。标准圆柱形瓶使用10~20MPa的压力，汽车的燃料电池储存量已从25MPa增加到70MPa。虽然用于固定用途的储存瓶通常由钢或铝衬里钢制成（以减少脆性），但考虑重量使用复合纤维罐更适合车辆应用。典型的设计涉及碳纤维外壳、内部聚合物衬里和外部加固（在美国，是防弹的）。第一个批准的70MPa系统可容纳3kg氢气，总系统重量为100kg（Herrmann和Meusinger，2003）。目前的储存密度已增加到5%~6%（例如Toyota Mirai，2015）。

压缩可以在加油站进行，从管道接收氢气或在现场生产。能量需求取决于压缩方法。在温度为T时从压力P_1到P_2下等温压缩所需的功是这样的：

$$W = AT\log(P_2/P_1) \tag{2.44}$$

由修改后的气体定律推导而来：

$$PV = AT \tag{2.45}$$

式中，A是气体常数$R = 4124\mathrm{J/(K \cdot kg)}$乘以依赖于压力的校正系数，尤其对氢气有效，并从低压下的1降低到70MPa时的0.8左右（Zittel和Wurster，1996；Herrmann和Meusinger，2003）。绝热压缩需要更多的能量输入，首选的解决方案是多级内冷压缩机，它通常将能量输入减少到单级能量输入的一半左右（Magazu等，2003）。如果压缩到约30MPa，多级压缩能量约为10MJ/kg或储存的氢气能量的约10%（见表2.3）。相比之下，进一步将压缩气体转移到车辆中的罐体所需的能量是微小的，并且转移到上述大小钢瓶所需时间不到3min。虽然这仍然比从加油站到汽车油箱的能量流慢约60倍（Sørensen，1984），但它被认为是可以接受的。

靠近车辆里面乘客的压缩氢气罐的安全性一直是深入调查研究的主题，包括碰撞测试和从相当高的高度坠落以及火灾期间的行为，特别是那些被困在许多高速公路系统中常见的长隧道中的车辆，这些隧道引导车辆通过山脉或海峡和其他水体（Carcassi等，2004；FZK，1999）。从轻微泄漏到储罐故障和爆炸的事故通常无法通过固定储罐使用的安全距离来处理。安全标准问题将在5.2节中讨论。

便携式氢设备（如相机和智能手机或笔记本电脑等）的功率需求目前由电池提供，通常是锂离子电池，使用直接或间接储存的大约10~20g氢气的小型燃料电池可能会延长运行时间5~10倍。使用直接甲醇燃料电池的选项在4.6节中进行了讨论。

对于大规模的固定式储氢，地下洞穴或空腔是一个有吸引力的选择，通常以非常低的成本提供储存解决方案。感兴趣的3种可能性是盐丘侵入体、固体岩层中的空腔和含水层弯曲处。

盐沉积物中的空腔（见图2.30a）可以通过水流冲刷盐层形成。该工艺已经成功地应用于许多与压缩天然气储存相关的案例。盐丘是向上向地表挤压的盐沉积物，因此允许在适度的深度形成空腔。位于英国蒂赛德的前期储存工业氢的盐穹仓库目前正在（缓慢地）恢复为氢技术示范点（Taylor等，1986；Roddy，2004；Antoniotti，2013；Gazettelive，2016）。95%含氢合成气盐穹仓库在过去30年中一直在得克萨斯州的斯威尼运营（Barbier，2010）。

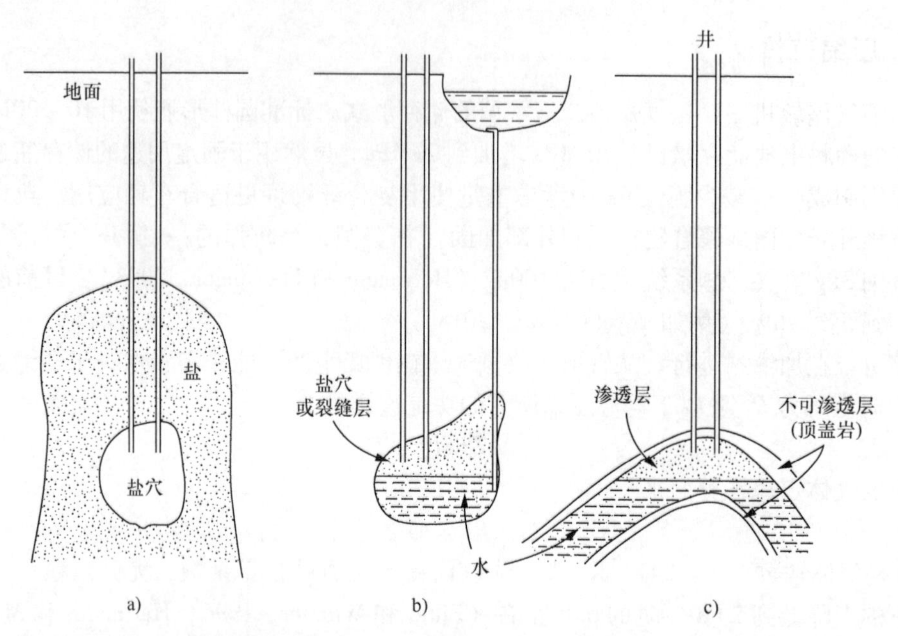

图 2.30　地下压缩空气储存的类型：a）盐穴储存，b）带补偿地表储层的岩石储存，以及 c）含水层储存。引自 Sørensen（2017），经 Elsevier 许可使用

岩洞（见图 2.30b）可以是天然的，也可以是挖掘的，墙壁要适当密封以确保气密性。如果是被挖掘出来的，它们的制造成本比盐穴贵得多，但后者只存在于世界上有限的几个地方。

含水层是高渗透层，允许地下水沿着该层流动。气体可以通过置换水储存在含水层中（见图 2.30c），前提是几何形状包括向上弯曲，允许气穴被侧面的水固定到位。含水层上方和下方必须是对相关气体渗透率很小或没有渗透性的层。粘土层通常就是这种情况。可能适合储氢的含水层存在于世界许多地方，除了一直到地表的岩石占主导地位的地区。这些将不得不使用图 2.30b 所示的更昂贵的岩石储存。

为这些气体储存选择和准备地点都是一个相当微妙的过程，因为在地质试验钻探和建模的基础上很少能保证密封性。在安装完成之前，型腔的详细属性不会完全公开。盐穴保持高压的能力可能无法达到预期。在进行实际的全面压力测试之前，天然岩洞或由爆炸或水力方法形成的断裂带的稳定性也不确定。对于含水层，渗透率的决定性测量只能在有限数量的地方进行，因此由于在小距离位移上渗透率快速变化，可能会出现意外（Sørensen，2017）。

进一步地，给定洞穴的稳定性受到温度变化和压力变化两个因素的影响。可以通过在将（可能压缩的）氢气放入洞穴之前冷却，或者通过缓慢地压缩以使温度仅上升到接近洞穴壁上的温度来保持洞穴壁温度几乎恒定。后一种可能性（等温压缩）对于大多数应用来说是不切实际的，因为多余的能量必须以某种速率消耗。因此，大多数系统包括一个或多个冷却步骤。关于压力变化问题，当储存的能量不同时，解决办法可能是以恒定压力储存氢气，但体积可变（一些含水层储存自然提供这种可能性）。对于地下岩洞，通过将地下水库连接到露天地表储层（见图2.30b），可以实现类似的操作，以使可变水柱可以处理在洞穴深处普遍存在的恒定平衡压力下储存的可变量的氢气。这种压缩储能系统也可以被视为抽水蓄能系统，通过燃气涡轮机而不是水驱动涡轮机进行抽取。

图2.30c所示的含水层储存系统将具有近似恒定的工作压力，对应于含水层充满氢气部分深处的平均水压。通常，储存的能量E可以表示为

$$E = -\int_{V_0}^{V} P\mathrm{d}V \tag{2.46}$$

考虑将压力P下的压缩气体洞穴视为一个体积分别为V_0和V带有活塞的圆柱体。

在含水层的情况下，E等于压力P乘以含水层中置换水的氢气体积。该体积等于物理体积V乘以有效孔隙率p，即氢气可进入的空隙体积分数（可能存在气体无法到达的空隙），因此储存的能量可以写为

$$E = pVP \tag{2.47}$$

典型值为$p=0.2$，深度约为600m时P约为$6\times10^6\mathrm{N/m^2}$，每个储存点的可用体积为$10^9\sim10^{10}\mathrm{m^3}$。这些地点已经用于储存天然气（见5.1.1节），在少数情况下用于储存含有约50%氢气的发生炉煤气（Panfilov，2016）。

储能含水层的一个重要参数是充气和排空所需的时间。这个时间由含水层的渗透率决定。渗透率定义为流体或气体通过沉积物的流速与引起流动的压力梯度之间的比例因子。假设可以写出线性关系为

$$v = -K(\eta\rho)^{-1}\partial P/\partial s \tag{2.48}$$

式中，v是流速，η是流体或气体的黏度，ρ是其密度，P是压力，s是向下方向的路径长度。K是渗透率。在SI单位中，它的单位为$\mathrm{m^2}$。黏度单位为$\mathrm{m^2/s}$。另一个常用的渗透率单位是达西。1达西等于$1.013\times10^{12}\mathrm{m^2}$。如果要在几小时而不是几天内完成含水层储存的填充和排空，则渗透率必须超过$10^{11}\mathrm{m^2}$。砂岩等沉积物的渗透率从$10^{10}\mathrm{m^2}$到$3\times10^{12}\mathrm{m^2}$不等，通常在短距离内变化很大。

实际上，可能会有额外的损失。与含水层地区接壤的盖岩的渗透率可能不能忽略不计，这意味着可能存在渗漏损失。通往含水层的管道中的摩擦可能导致压力损失，压缩机和涡轮机的损失也可能造成损失。通常，除了动力机械的损失外，预计还会损失约15%。实施案例（见5.1.1节）描述了天然气运营中的大型盐丘和含水层以及在类似地质构造中的新设施的储存能力，因为它们将来可能用于储存氢。

2.3.2 液氢储存

液氢储存需要冷却到20K的低温，液化过程需要工业设施，至少消耗15.1MJ/kg的能量。目前可用的制冷技术的实际能源消耗几乎高出3倍，占储存能量的30%以上（Schwartz，2011）。液化过程需要非常干净的氢气，以及几个压缩循环、液氮或氦气冷却和膨胀。相比之下，随后转移到加氢站并从那里转移到车辆内的储存设备（假设汽车应用）消耗的能量很少，并且像压缩氢气填充的情况一样，可以在几分钟内完成。使用的压力仅略高于大气压，典型值为0.6MPa。液氢储存技术最初是为航天器开发的。

一个重要的问题是，由于需要通过排气阀控制罐压（与邻位到对位 H_2 转换的热量释放有关），导致氢气从不经常使用的车辆的储存中蒸发。绝缘性能会影响蒸发，气化将在几天的休眠期后开始，然后以每天3%～5%的水平进行（Magazu 等，2003），通过在流出的冷氢气和进气口之间安装热交换器来调节压力获得较低的值。气化也有安全隐患，比如停在车库里的汽车。蒸发限制了液体车辆储存的有用性，除非涉及相当连续的驾驶模式。

为了减少蒸发，储存液氢的容器通常由几层（金属）组成，由高度绝缘的材料隔开，通常涉及约0.01Pa 的低“真空”压力和低热导率0.05W/K（Chahine，2003）。包括整个储存设备在内，对于130L 的储存规模，按体积计算的储存容量大约是表2.3 中给出的数字的一半。

2.3.3 氢化物储存

氢分子在金属和某些化合物附近解离成氢原子，如图2.5 所示。如果金属或合金的晶格结构合适，则存在能够容纳相对较小的氢原子的间隙位置。与这些变化相关的能量可能相当适中，如图2.31 所示的压力与氢浓度的热力学图所示。当氢进入晶格时，热量会释放出来，并且必须提供热量才能再次将氢赶出晶格。图2.31 中涉及的机理可以用化学热力学来理解（参见例如 Morse，1964）。

2.3.3.1 化学热力学

考虑可以用以下形式描述的化学反应：

$$\sum_{i=1}^{N} \nu_i M_i = 0 \tag{2.49}$$

式中，M_i是第 i 种物质（反应物或产物），ν_i是其化学计量系数。随着反应的进行，每种物质的量发生变化，最终形成平衡。引入浓度 χ_i，定义为第 i 种物质的摩尔分数，化学计量式（2.49）要求所涉及的物质的变化具有以下关系：

$$\mathrm{d}\chi_i = \nu_i \mathrm{d}x (\text{所有 } i \text{ 使用相同的 } \mathrm{d}x) \tag{2.50}$$

对于接近理想的多组分气体，可以在热力学描述中使用宏观平均变量，并将吉布斯自由能 G 的变化写为

$$\mathrm{d}G = \sum_{i=1}^{N} \mu_i \nu_i \mathrm{d}x \tag{2.51}$$

式中，μ_i是第 i 种物质的化学势。平衡情况的特征是 G 为最小值。数值

$$K_P = \prod_{i=1}^{N} P_i^{\nu_i} \tag{2.52}$$

称为平衡常数。它表示为第 i 种物质的分压 P_i，反应产物指数为正，反应物指数为负。对于理想气体，化学势可以写为

$$\mu_i = \mu_i^0 + RT\log(P_i) \tag{2.53}$$

式中，R 是气体常数，上标“0”表示参比状态。将式（2.53）代入式（2.51），得到平衡情况

$$\Delta G^0 = \sum_{i=1}^{N} \nu_i \mu_i^0 = -RT\sum_{i=1}^{N} \log(P_i) = -RT\log K_P \tag{2.54}$$

由定义 $H = G + TS$ 引入焓，式（2.54）中量的温度依赖性可以用范特霍夫方程表示为

$$\frac{\mathrm{d}\log K_P}{\mathrm{d}T} = \frac{\Delta H^0}{RT^2} \tag{2.55}$$

在积分形式中，得到（使用 $\Delta H^0 = \Delta G^0 + T\Delta S^0$ 以固定积分常数）

$$\log K_P = -\frac{\Delta H^0}{RT} + \frac{\Delta S^0}{R} \tag{2.56}$$

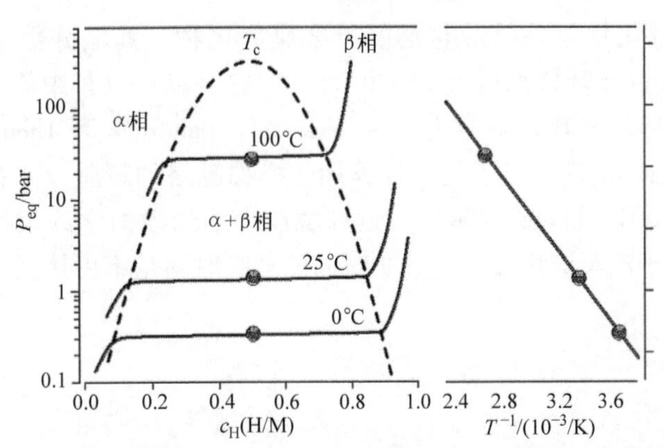

图2.31 图左侧显示了3种不同温度下的平衡压力（1bar=0.1MPa）与氢浓度（氢金属比，此处金属为 $LaNi_5$）的函数关系。对于低于临界值的温度，非平衡 α 相（金属晶格完好无损）和 β 相（晶格因氢原子的存在而膨胀/修饰）被平衡压力区域隔开，其中反应物在吸收更多氢的过程中保持热力学平衡。图右侧显示了平衡压力的对数与温度倒数的关系。引自 Schlapbach 和 Züttel（2001），经许可转载

最后，通过使用 $P_i = \chi_i P$ 和平衡条件，以下式重写式（2.56）（Morse，1964；Schlapbach 和 Züttel，2001，以略有不同的方式给出）：

$$\log P - \log P^0 = -\frac{\Delta H}{RT} + \frac{\Delta S}{R} \tag{2.57}$$

式（2.57）对于 P 和 P_0 的平衡（平台）值以及给定温度 T 有效。该公式描述了图2.31右侧的线性关系，并确定平衡压力作为图2.31左侧所示温度的函数。对 ΔS 的主要贡献是氢分子的解离能 $-130\mathrm{J/(K \cdot mol)}$，并且 $T=300\mathrm{K}$（25℃）曲线的平衡压力等于标准大气压海平面值0.1MPa（1bar），ΔH 必须为 $-39\mathrm{kJ/mol}$（对氢；Züttel，2004）。不同物质的实际焓值将在后面讨论。

2.3.3.2 金属氢化物

一些金属合金可以以几乎两倍于液态氢的体积密度储存氢气。然而，如果质量存储密度也很重要，就像汽车应用中的常见情况那样，那么与传统燃料相比，储存密度仍然只有10%或更低（见表2.3和图2.36中的总结）。这使得该概念对于在汽车中的应用持怀疑态度，但对于分散式储氢（根据需要，例如在5.4节中描述的场景之一）依然有吸引力，因为可以在

近环境压力（0.06～6MPa）下近乎无损耗的储存，以及通过添加或移除适量的热量实现氢气转移的高安全性，根据

$$Me+\frac{1}{2}xH_2 \rightarrow MeH_x \tag{2.58}$$

式中，Me 代表金属或金属合金，例如二元 A_mB_n或更高阶合金。在单金属氢化物中，MgH_2和 $PdH_{0.6}$是研究最充分的，氢质量百分比为7.6 和0.6，分解温度为330℃和25℃（Grochala 和 Edwards，2004）。二元合金和更高阶金属合金通常储存相似量的氢（体积），但质量不同（见图2.36）。

组合物 MgH_2的氢化物似乎是最有趣的单金属氢化物，其氢分数相当高，按质量计为7.6%。虽然解吸温度高于环境温度（约330℃），但它可以在汽车中使用，尽管这会降低整体效率。氢向金属晶格的放热转移焓为 -74.5kJ/mol（Sandrock 和 Thomas，2001），图2.32 显示了 MgH_2的四方晶体结构。量子化学计算用于模拟晶格的膨胀，并在片材或块状材料中掺入氢（Shang 等，2004；Liang，2003）。近环境压力下的动力学约束使吸收和解吸过程非常缓慢，并且至少对于汽车应用而言，数小时内的解吸时间是不可接受的（另请参阅本节末尾的建模部分）。

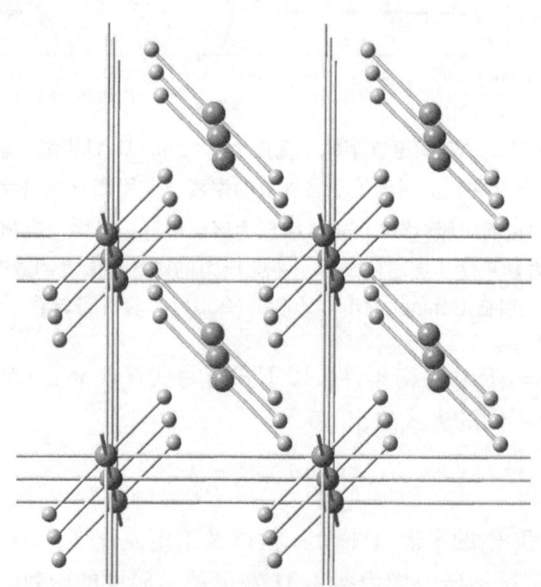

图2.32　基于X射线光谱和量子化学计算提出的 MgH_2结构（见正文）。较大的原子是 Mg，较小的原子是 H

其他二元氢化物可以用轻元素形成，但不会提高性能。NiH 的结构如图2.33 所示。对于重金属，只有钯在环境温度和压力下快速吸收和解吸而受到一些关注。然而，仅储存了0.6%的质量的氢气，再加上高昂的金属成本，使这种选择没有吸引力。

所研究的具有两种金属成分的氢化物包括一系列镁合金，其中包括镍和铁的有趣合金，以及含有铝、铁、镍、钛和镧和其他金属的合金。在原子总数（例如 $6\times10^{28}/m^3$）中，氢分数通常低于 MgH_2中的2。这些氢化物获得的质量分数通常低于2%，图2.34 和图2.35 所示

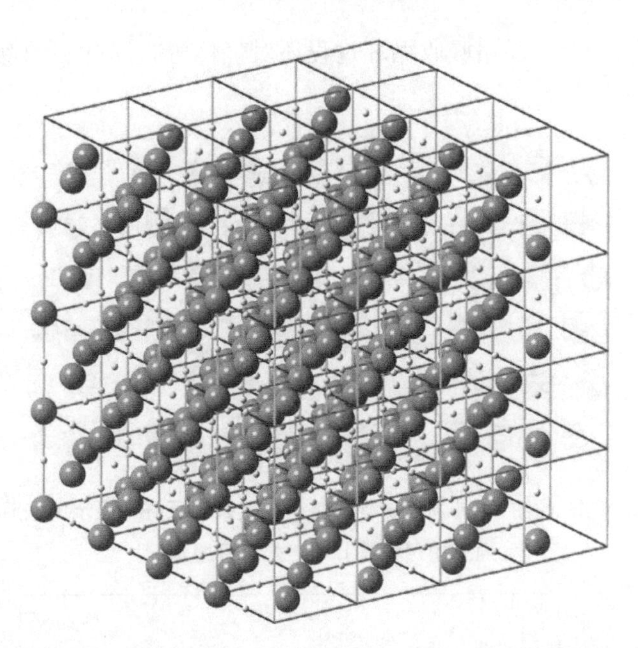

图2.33 NiH晶格的结构。大原子是Ni，小原子是H。注意，具有米勒指数（111）的Ni晶格结构与图2.5和图2.6所示的催化剂反应模型中使用的结构相同

的$LaNi_5H_7$就是一个典型例子。其体积储存密度约为115kg H_2/m^3，吸收过程中的焓变化为-30.8kJ/mol（Sandrock和Thomas，2001）。虽然$LaNi_5H_7$六方结构中可以容纳的最大氢原子数为7个（见图2.35），但有时只有6个氢原子被掺入，这可能是由于那些已经接受7个氢原子的晶胞膨胀所致。已经尝试进行量子化学计算以探索这些效应并确定吸收的氢原子的位置，氢原子不在间隙的中位点，但必须受到晶格原子施加的库仑结合力的强烈影响，如图2.34所示（Tatsumi等，2001；Morinaga和Yukawa，2002）。

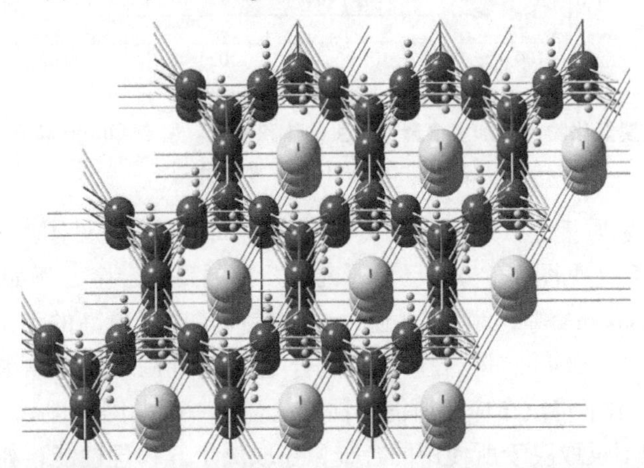

图2.34 基于X射线光谱和量子化学计算提出的$LaNi_5H_7$的结构（见正文）。原子的尺寸从La越过Ni递减到H（并非所有的氢原子都是可见的；与图2.35相比）

图2.36所示的是溶胀作为吸收氢的函数，对于另一种经过充分研究的氢化物Mg_2NiH_4，

其储存容量如图 2. 37 所示。晶格吸收循环过程还对气体进行净化，因为氢气中的杂质太大而无法进入晶格。

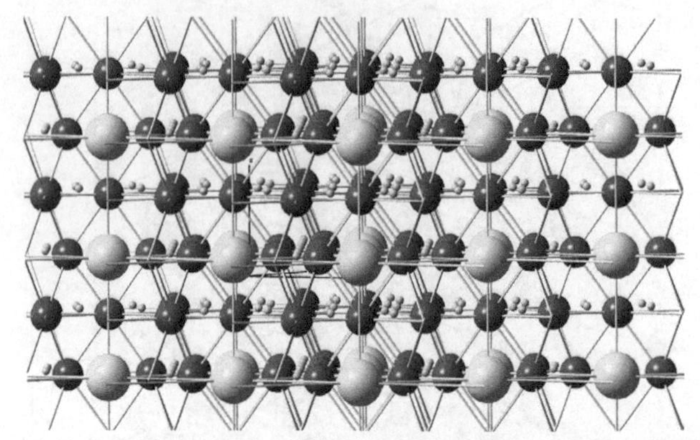

图 2. 35　$LaNi_5H_7$ 如图 2. 34 所示，但从某个角度来说更好地显示了氢原子的位置。原子的尺寸从 La 越过 Ni 递减到 H

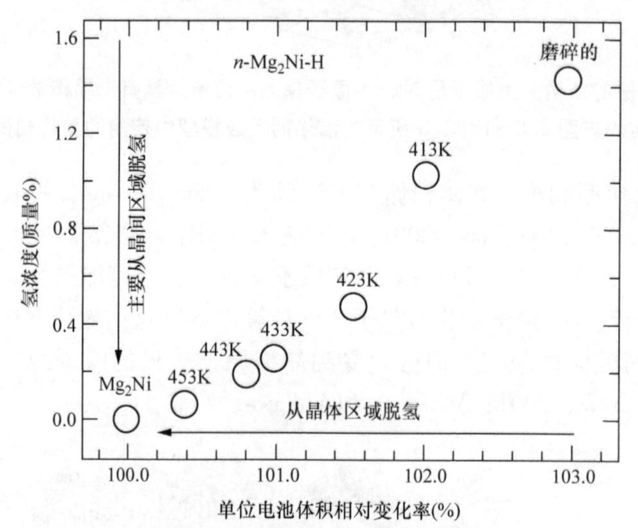

图 2. 36　金属氢化物为增加氢含量而发生的体积变化。引自 Orimo 和 Fujii（2001），经 Springer－Verlag 许可使用

迄今为止发现的氢质量分数最高的金属氢化物是 Mg_2FeH_6（见图 2. 37），但在环境压力下分解温度接近 400℃（见图 2. 38）。已经研究了几种更高的合金，例如基于图 2. 34 所示合金的 $LaNi_{4.7}Al_{0.3}$（Asakuma 等，2004）。通过这种替代实现了更高的稳定性，但没有明确的储存性能改进（Züttel，2004）。该合金和其他合金的范特霍夫图（见图 2. 31 的右侧）如图 2. 38所示，再次显示了将汽车应用所需的性能结合在一起的困难性。

吸收所需的时间不仅取决于所使用的合金，还取决于其物理性能，如晶粒尺寸。图 2. 39 显示了这种差异的显著程度，以前面讨论的 $LaNi_5$ 合金为例，催化剂有助于吸收过程。所研究的合金中遇到的吸收和解吸时间范围如图 2. 40 所示。大多数合金的储存充电和放电时间在 30～60min 范围内，但也有在 1min 范围内，适用于汽车应用。这些需要基于钒和碳的添

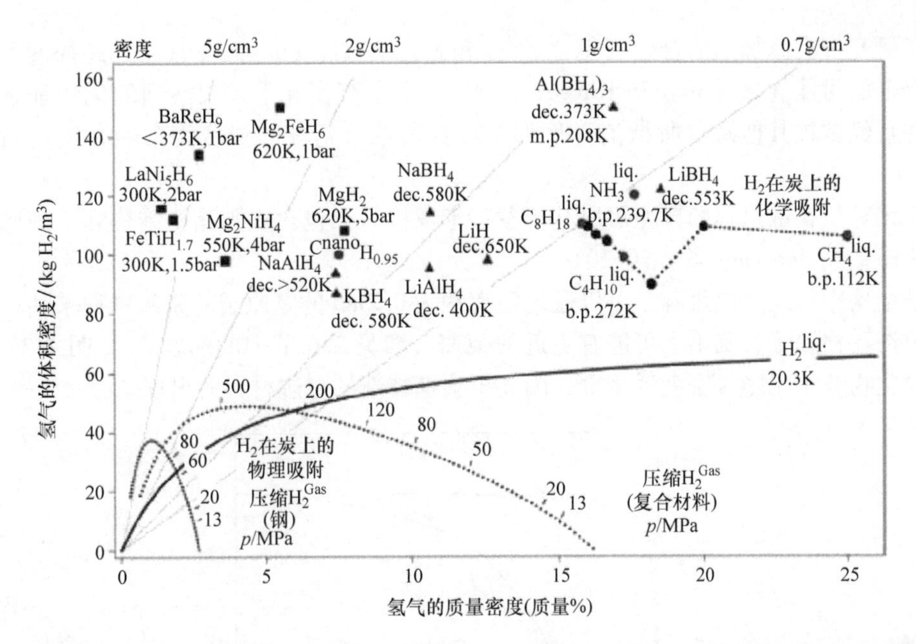

图 2.37 储氢性能概览。质量和体积氢气密度（坐标轴）和简单的密度（顶部刻度）描述了许多氢化物的特征。圆圈表示碳上的化学吸附氢，为了进行比较，曲线（在图的下半部分）说明了钢制和复合材料容器中液体和压缩氢气储存的特性。dec. 表示分解；m. p. 和 b. p. 表示熔点和沸点。

引自 Züttel（2004），经 Springer-Verlag 许可使用。见 Züttel 等（2004）、Schlapbach 和 Züttel（2001）

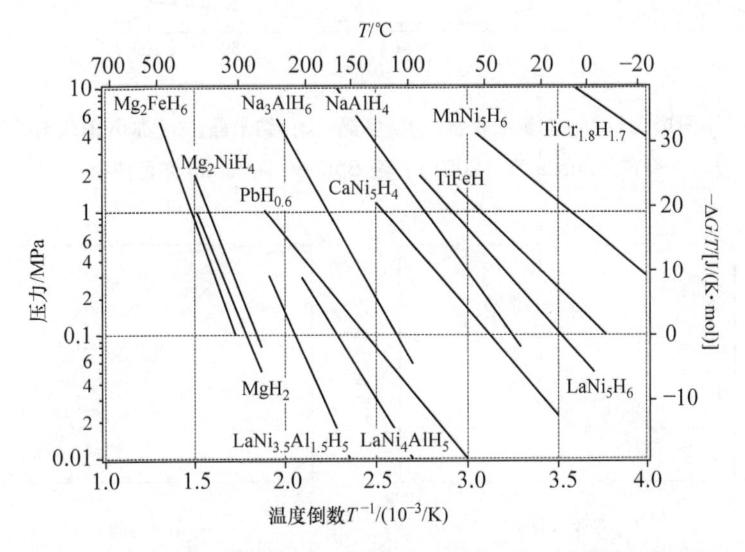

图 2.38 各种金属氢化物组合的平台压力（见图 2.31）与温度倒数的关系。

引自 Züttel（2004），经 Springer-Verlag 许可使用

加剂，以及高温和 10～15 倍环境压力的吸收压力。已经进行了核磁共振（NMR）研究，希望了解过渡金属的少量添加如何提高性能（Kasperovich 等，2010）。

除了研究带有添加剂的合金（例如 Zhao 和 Ma，2009；Lin 等，2011），还探索了在高压下使用合金的可能优势（Mori 和 Hirose，2009）。在所有情况下，观察到的优势都是微不足道的，并且经常被其他缺点所抵消（例如，在针对城市驾驶的消费类车辆必须在高压下工作）。

用于跟踪氢扩散过程的模型可以基于蒙特卡罗模拟或包含规则晶格结构和不规则晶粒区域的网络模拟（Herrmann 等，2001）。

化学结构中的最大储氢容量可以通过距离约为 0. 2nm 的氢原子的紧密堆积来估计，因为如果要容纳晶格原子，则不太可能有更近的距离（参见 2. 6 节中的问题 2）。图 2. 37 中的一些金属氢化物并不比隐含密度低多少，因此不会期待新的奇迹材料的出现。

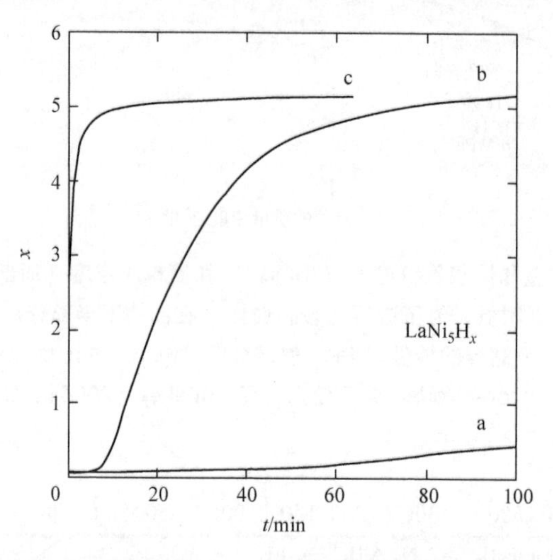

图 2. 39　不同形式 $LaNi_5$ 的氢吸收量。a：多晶，b：纳米晶，c：加入催化剂的纳米晶。引自 Zaluska 等（2001），经 Springer - Verlag 许可使用

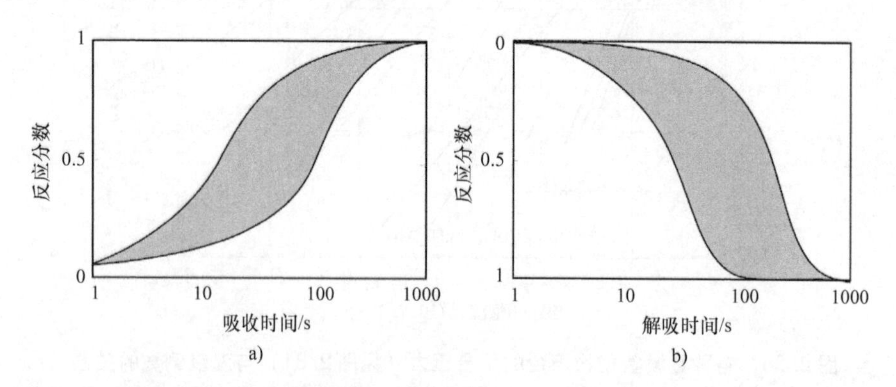

图 2. 40　含有 V 和 C 添加剂的镁合金在 350℃、1. 4MPa（吸收）和 10kPa（解吸）下氢吸收（图 a）和解吸（图 b）的动力学。反应最快的是 MgH_2。基于 Liang（2003）

尽管迄今为止未能满足在汽车中使用金属氢化物储存所需的所有标准，因此无法采用这种标准，但实际上，有些制造商为特殊固定目的提供该技术，例如，出于安全考虑，不利于使用压缩或液氢罐。氢气容器很重要，因为它将热量传递到金属氢化物和从金属氢化物传递热量，并且必须接受其体积膨胀和收缩。迄今为止可用的产品以不同的方式处理了膨胀问题。一家公司提供卷起的氢化物材料垫（和加热线圈），具有宽敞的膨胀空间（Ergenics，2016），而其他产品则使用装满颗粒氢化物材料的盒子堆（最简单的设计使用带有中心孔的圆柱形盒子用于热应用设备）。可以包括相变材料，以通过储存它来处理热量释放（Garrier等，2013）。

2.3.3.3 复合氢化物

术语复合氢化物已用于被认为涉及复杂结合的金属氢化物，但作为一个单独的类别进行区分可能并不完全合理，因为量子化学结合的性质表现出不同经典结合类型之间的平滑过渡。称为络合物的氢化物通常涉及轻原子，一般来说，这似乎适用于高氢金属比。氢通常不在最明显的间隙位点，而是靠近某些晶格原子，这是由于与这些位置的原子的有利结合。图2.34所示的金属氢化物也是如此，揭示了将氢化物指定为金属或络合物的渐进标度。同样重要的参数是材料的宏观结构，从固体晶格到不同尺寸的晶粒，再到具有高表面原子与体原子比的纳米多孔结构。

图2.37 显示了 $LiBH_4$在约 280℃下的质量分数高达 18，这种物质首先由 Schlesinger 和 Brown（1940）合成。类似的化合物 $NaAlH_4$在约 195℃的更方便的温度下显示出吸收和解吸的可逆性，但质量分数要小得多（Bogdanovic 和 Schwickardi，1997；图2.37 中所示的 7.5%包括不参与可逆储存反应的 H 原子，图中其他复杂的氢化物条目也是如此）。这些物质所涉及的反应物称为铝酸酯，比简单的氢分子解离和扩散到晶格中更复杂：

$$6NaAlH_4 \rightleftharpoons 2Na_3AlH_6 + 4Al + 6H_2 \rightleftharpoons 6NaH + 6Al + 9H_2 \tag{2.59}$$

$$2Na_3AlH_6 \rightleftharpoons 6NaH + 2Al + 3H_2 \tag{2.60}$$

通常辅以伴随的 Li 取代铝酸酯的反应：

$$2Na_2LiAlH_6 \rightleftharpoons 4NaH + 2LiH + 2Al + 3H_2 \tag{2.61}$$

前三个单独反应氢质量百分比各占 3.7%、3.0%和 3.5%，对于组合反应体系，氢质量百分比约为 5.6%。图2.41 显示了铝酸酯钠的分子结构。特别是，Na_3AlH_6有两种形式，其中简单的面心立方结构（见图 2.41c）仅在 252℃以上的温度下占主导地位（Arroyo 等，2004）。这种系统的原型，以圆柱形罐的形式，带有单独的氢气通道和冷却管，已经过测试（Mosher 等，2007），并通过有限元传热和传质计算建模（Hardy 和 Anton，2009）。图2.42 给出了根据式（2.59）和式（2.61）将氢气注入罐后 Na_3AlH_6 和 $NaAlH_4$ 的浓度积累。由于设备的旋转和平移对称性，仅对圆柱体的三维切片进行建模。

复杂的反应序列可能会使储存系统的填充和排空对于某些应用来说太慢，尽管可以通过在反应中使用催化剂（通常是 Ti）来提高式（2.59）~式（2.61）的速度。早期实验中的氢析出需要 10~30h（Bogdanovic 等，2000），也考虑到稳定性问题（Nakamori 和 Orimo，2004）。图2.42 中的新模型表明了未来可能在汽车中的用途。

在硼氢化锂的情况下，回收氢的“解吸”过程是（Züttel 等，2003）

$$2LiBH_4 \rightarrow 2LiH + 2B + 3H_2 \tag{2.62}$$

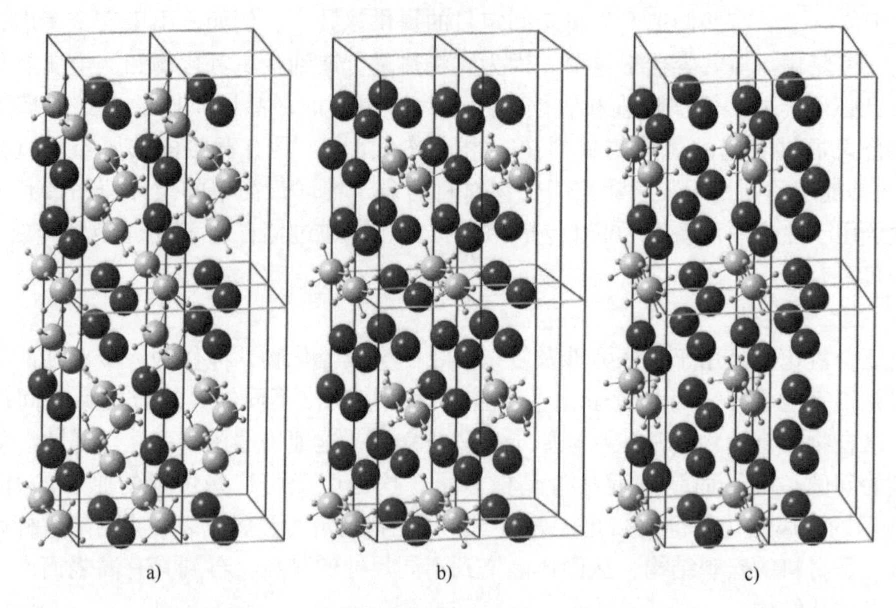

图 2.41　$NaAlH_4$（图 a）、Na_3AlH_6 的 α 型（图 b）和 β 型（图 c）的分子结构。灰色的小原子是 H，深色的大原子是 Na，浅色的大原子是 Al

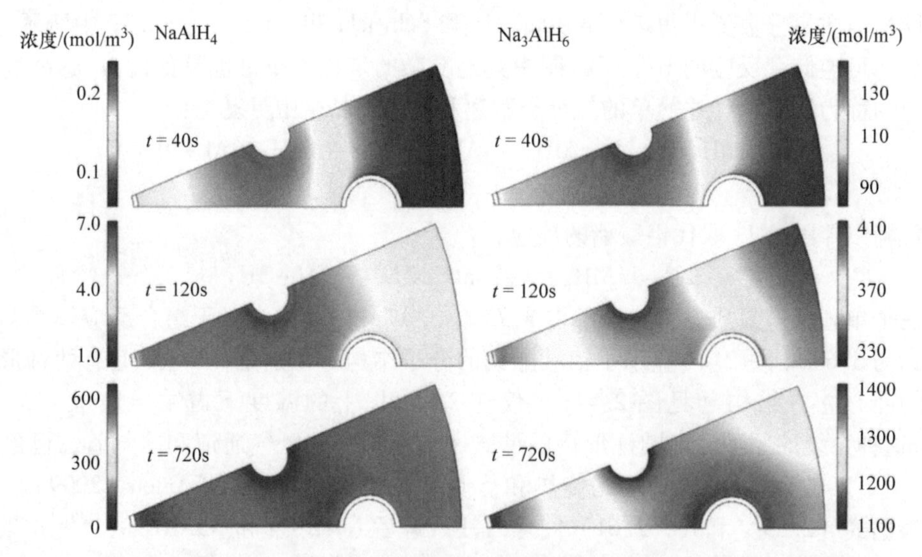

图 2.42　Hardy 和 Anton（2009）模型计算中铝酸酯浓度的积累。上部的压痕是氢气入口。下部的压痕是冷却液入口。注意，每段都有不同的比例。经 Elsevier 许可使用

在 300℃和 SiO_2 催化剂的影响下，氢质量产率为 13.8%。将硼氢化物与简单的金属氢化物混合可以降低热量需求（Yang 等，2007），但不同硼水合物之间氢释放与其他组分的比例差异很大（Klebanoff 和 Keller，2013）。催化剂的最佳选择也不明显。Ti 催化剂适用于反应

式(2.59)~式(2.61)和 Li_3AlH_6，但不适用于 $LiAlH_4$。已经寻求关于 Ti 原子吸收到表面结构中能量变化的解释（Løvvik，2004）。通过式（2.62）逆过程向系统充注氢气是可能的，但迄今为止仅在高压（10MPa）和温度（550℃）下才能实现完全可逆性（Sudan 等，2004）。

如果解决了高效合成、催化剂使用和稳定性问题，仍有成本和安全性问题需要解决。复杂的氢化物和相关结构是相对较新的研究领域，新的想法不断涌现。

2.3.3.4 金属氢化物建模

为了理解（和预测）氢穿透金属晶格并形成氢化物的优势，可以对所涉及的化学结构进行量子计算。

首先考虑氢气接近镍表面的行为。这是在图 2.5 中结合金属催化剂（如 Ni）将氢分子分裂成两个 H 原子的能力的描述而建模的。该过程被证明发生在 Ni 表面外约 0.1nm 处。很容易扩展计算，看看如果 H 原子被允许渗透到 Ni 晶格中会发生什么，只需使用相同的方法来计算顶部 Ni 层以下 H 位置的势能。结果如图 2.43 所示。

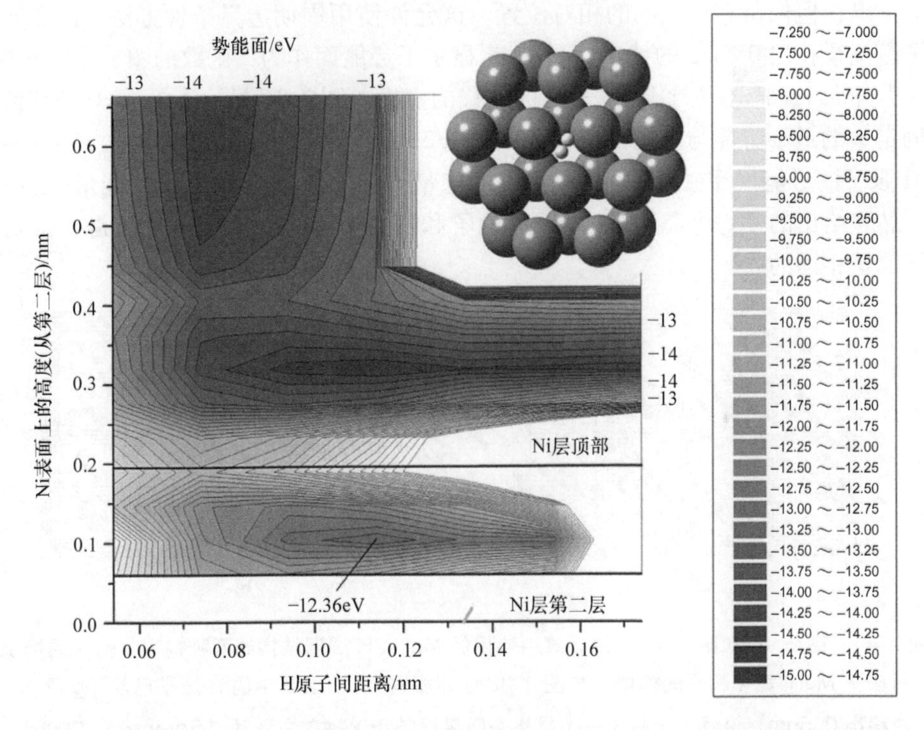

图 2.43 Ni 表面附近两个 H 原子沿两个坐标的势能面（eV）：H 原子间距离 d 与顶部下 Ni 层（1，1，1）表面两个 H 原子质心高度 z。量子化学计算使用密度泛函理论 B3LYP 和一组称为 SV 的基函数（见 3.2 节）。能量尺度有一个任意选择的原点（Sørensen，2005）

为了渗透到 Ni 晶格中，两个 H 原子必须通过这两个 H 原子形成分子时最低的势垒（d = 0.076nm）。该势垒远高于顶部 Ni 表面外的解离势垒。如果 H 原子进入晶格内部，它们可以达到位于两个 Ni 层之间更小的势能，H 原子距离 d = 0.12nm。Ni 原子的位置更远。一个 Ni 原子涉及图 2.43 右侧势能的上升（顶部 Ni 层的白色区域）。下一个 Ni 原子位于

图2.43的左侧，就在边界的左侧，但与白色区域中的H原子和Ni原子跨越的平面不同。因此，Ni结构内部H原子最有利的位置是预期在层的中间，大约在Ni原子位置的中间。然而，势能最小值的深度比分离Ni表面外的H原子的深度小近2eV。因此，Ni不是吸收氢和形成氢化物的合适材料。Ni与同一族中的其他金属催化剂Pd和Pt具有相同的特性。

周期表中Ⅱ族金属包括Mg，该金属先前在金属氢化物部分被确定为形成金属氢化物，而不需要二元金属结构。因此，看看量子化学计算是否显示Mg比Ni更适合吸收氢是很有趣的。

下面介绍的这种计算是使用具有周期性边界条件和快速多极技术的密度泛函理论进行的（Kudin和Scuseria，1998，2000），而不是像对先前的Ni氢化物所做的那样明确地将周期晶格视为单个大分子。

图2.44a显示了MgH_2的优化结构，H原子占据晶格内的位置，导致势能最小。为了将该能量与同一系统但H原子在Mg晶格之外的能量进行比较，进行了一系列计算，将H原子从晶格中拉出，但保留它们之间的相对位置。这允许使用周期边界条件方法。图2.44b显示了氢从平衡位置拉出0.5nm的情况。图2.45显示了势能面作为x函数的图，垂直于Mg晶格表面的拉力方向y，描述平行于Mg表面的位移的坐标。图2.46显示了沿$y=0$位移线的势能曲线（固定x的最小势能与y的函数关系，如图2.45所示）。为了完整起见，还标明了完全分离的H原子的势能（单独计算为Mg晶格的能量，加上单独的H原子的能量）。所有势能都是每个晶胞给出的，每个晶胞有两个Mg原子和四个H原子，具有任意来源，但对于所有位移计算都是相同的。

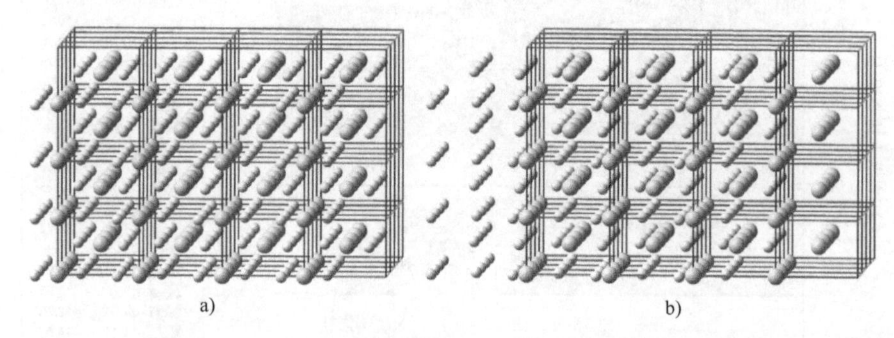

a)　　　　b)

图2.44　图2.45和图2.46势能计算中使用的Mg-2H周期结构的两种构型。图a的情况对应于MgH_2氢化物平衡构型（与图2.32所示相同），而图b中的H原子已从Mg晶格中移出0.5nm，沿垂直于其中一个晶格表面平面的负x轴向左移动（Sørensen，2005）

首先可以看出，MgH_2金属氢化物的势能确实比分离的Mg和H原子的势能低3.5eV（每个单元），从而证实了Mg晶格在不添加外部能量的情况下吸收氢的能力。在进入过程中，H原子使势能与Mg原子中心的位置一致振荡，偏移范围为3eV，但始终比最终氢化物能量高2eV以上（见图2.46）。进入Mg晶格的$y=0$路径允许最大的自由通道，如变化y的影响所示（见图2.45），即快速增加势能。计算得出的标准温度和压力下的形成焓为-71.93kJ/mol。435℃下的实验值为-75.2kJ/mol（Bogdanovic等，2000）。计算的细节是使用SV基（Schaefer

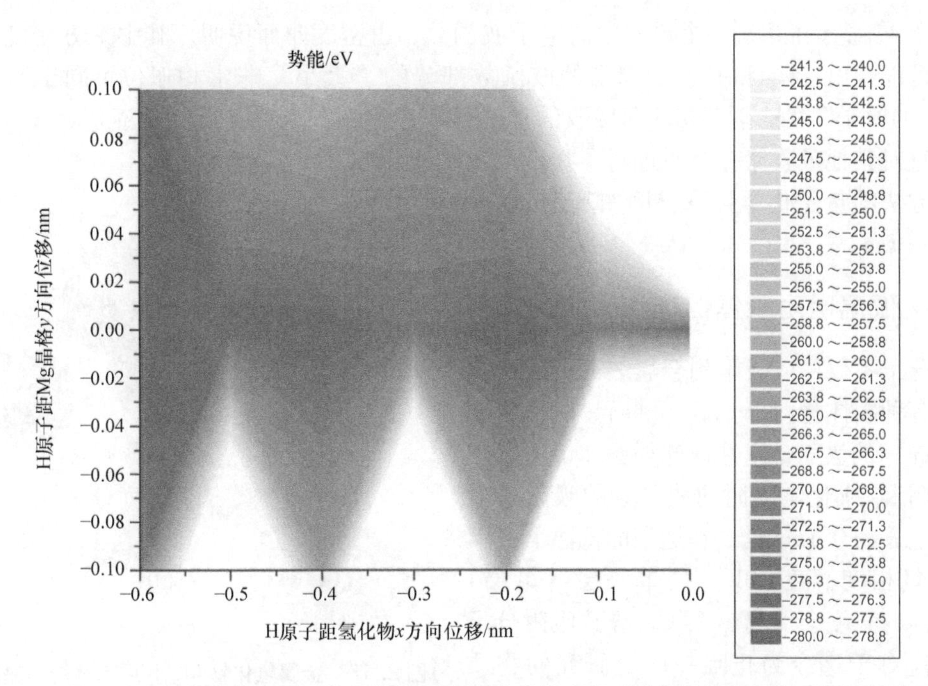

图2.45　Mg－2H系统的势能图，作为H原子在两个方向上相对于氢化物内平衡位置的位移函数。进一步解释见文本（Sørensen，2004b）

等，1992）和自动优化（Gaussian，2003）以及密度泛函交换和相关部分的PBEPBE参数化（Perdew等，1996；见3.2节中的讨论）。允许周期性在每个方向上大约1.6nm，这被证明足以确保计算能量的稳定性。

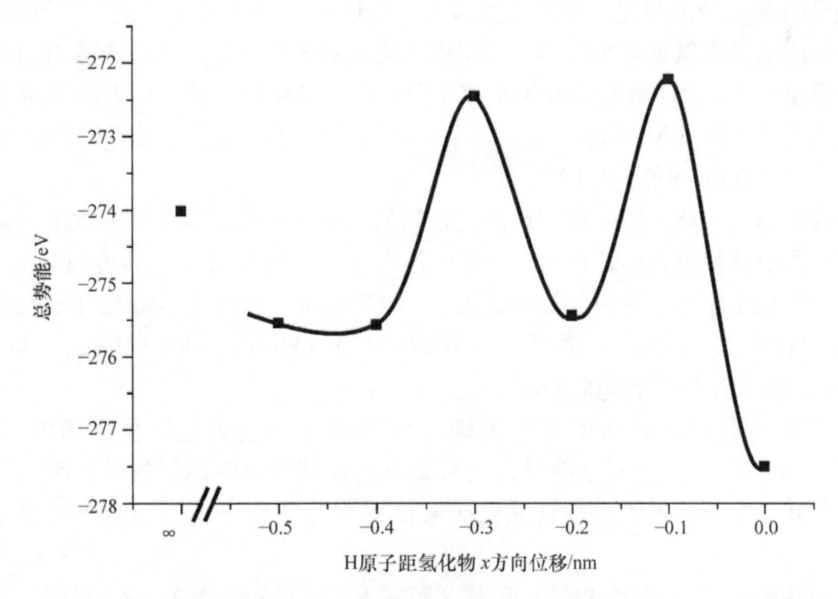

图2.46　Mg－2H系统的势能图与x位移的函数关系（如图2.45所示，但y固定为零）。进一步解释见文本（Sørensen，2004b）

图 2.47 显示了系统一个单元中的电子波函数，由密度曲面说明，其中平方密度已降至 0.05。可以看出，Mg 和 H 原子周围的波函数部分的“大小”非常相似，不同于基于氢是“这么小的原子”的金属晶格中氢吸收的常见解释。

最近对其他吸收储存介质进行了类似于前面理论方法的量子化学计算，例如基于 Mg 和 Ti 晶格（Tao 等，2011）。

2.3.4 低温吸附气体储存

氢分子不仅可以吸附到金属表面，还可以吸附到各种固体材料（如碳、沸石、氧化铝和二氧化硅）的表面，定性地遵循图 2.1 所示类型的吸附和/或化学吸附曲线。氢的吸附发生在表面上方约 0.1nm 处，在适当的低温下（但高于液氢相变温度 20K）的单一层（单层）中。过高的温度会引起热干扰，导致吸附分子的损失，对于迄今为止唯一广泛研究的物质碳，合适的温度约为氮气的沸点（77K），压力约为 10MPa。由于仅形成单层，因此有效表面积必须尽可能大，以获得有趣的储存参数，例如氢质量分数或体积分数。这使得活性炭（一种具有大量微孔的材料，可以通过在高温下将碳与惰性气体（如氩气）一起热解而产生）非常适合。有效表面积可以比几何面积大 1000 倍。对于完全占据的单层，氢浓度可为 $1.2\times10^{-5}\mathrm{mol/m^2}$。

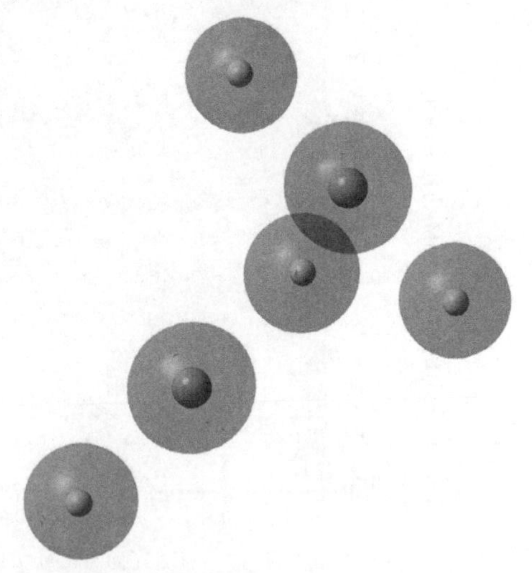

图 2.47　金属氢化物 MgH_2 平衡结构中晶胞的 Mg（最暗）和 H（较浅阴影）原子的等电子密度曲面（值为 0.05）（Sørensen，2004b）

因此，吸附的最大氢量与有效碳表面积成正比，对于石墨烯、活性炭或石墨的薄片，比例因子约为质量的 2%，即质量比 H/(H+C)为 0.02。碳结构的最大比表面积为 $1312\mathrm{m^2/kg}$。实际确定该值为 1.5%（Nijkamp 等，2001；Züttel，2004）。已经考虑了将压力提高到接近 30MPa 的优势（Ahluwalia 等，2010）。

与液氢储存形式相比，20K 和 77K 温度之间的差异应该可以降低填充成本并减少逸出氢气的问题。质量分数似乎太小，在汽车应用中没有吸引力（尽管早期的英国 Zevco 公司在其碱性燃料电池出租车原型中提出了这一概念）。物理吸附（即不是化学吸附；见图 2.1）过程的理论建模已经使用蒙特卡罗模拟（Williams 和 Eklund，2000）完成，并且 Jurewicz (2011) 研究了黏土活性炭介质的充电行为。

几年前，使用富勒烯和纳米管作为碳材料引起了一些关注。富勒烯没有达到预期（Loutfy和 Wexler，2001），并且很明显，纳米管不能在其空隙中储存氢气，而只能吸附在侧面，这意味着其储存能力不大于任何其他碳表面（实际上由于表面的曲率而更小）（Zhou 等，2004）。

针对固定用途使用，已经研究了低温（77～145K）下的储氢（Züttel 等，2004；Rosi 等，2003；Mao 等，2002），例如使用包合物，包合物是形成能够容纳额外氢原子的笼子的水冰结构（Sluiter 等，2003；Di Profio 等，2009）。在 620K 的高温下，金属胺络合物如 $Mg(NH_3)_6Cl_2$ 可能导致有效的 H_2 储存（Christensen 等，2005）。在高压下，某些金属有机团簇在 77K 下显示出良好的氢吸附（Furukawa 等，2010），但在环境压力下，容量与其他不需要低温的技术相当（Ozturk 等，2015）。

金属表面对氢的表面吸收是电池电极中众所周知的现象。它也可以用于由纳米结构炭制成的电极，并且在环境温度下实现与合适电解质的低温储存几乎相同的质量分数。充电或放电需要几小时甚至几天，因此该概念不适合在汽车中使用（Jurewicz 等，2004）。

2.3.5 其他化学品储存选项

一再地区分不同类型的化学储氢有点矫揉造作，因为解离以外的反应已经涉及刚才描述的几种形式，特别是在使用称为络合物的氢化物方面。但通常，在化学方程式两侧具有不同氢分子含量的任何可逆反应方案都可以被视为储氢装置，如果可以制造出可在受控条件下回收的氢含量，例如在车辆中，即使是不可逆装置也可以用于该过程。因此，在汽车中储存甲醇但在将其用于燃料电池之前将其转化为氢气的甲醇重整器可被认为是这样的装置，其氢以甲醇的形式储存。

已经考虑了许多其他化学反应用于储存应用。这里只提一个例子，涉及碳氢化合物十氢化萘和萘：

$$C_{10}H_{18} \rightleftharpoons C_{10}H_8 + 5H_2 \tag{2.63}$$

在环境压力和 $T \approx 200℃$ 的温度下反应向右进行，使用铂基催化剂和加热对应于 $\Delta H^0 = 8.7kWh/kg$ 的焓的 H_2（Hodoshima 等，2001）。反应在室温或稍低的温度（5℃）下向左进行。十氢化萘中氢的质量分数约为 13，反应式（2.63）可获得一半以上（7.3），与上述大多数氢化物相比是有利的。另一种可能的储存选择来自高氢含量的氨。然而，毒性对于许多应用来说将是一个问题。一个相关的选择是金属胺盐（Sørensen 等，2008）。

关于在氢能载体系统中使用各种类型的储存的实际选择的评论见 2.3.6 节，对于具体实施，请参见第 4 章和 5.1 节。

2.3.6 比较储存选项

选择合适的氢气储存方式取决于目标应用，并应在系统级别比较选项。

图 2.48 根据前面的数据，总结了考虑用于燃料电池乘用车的系统的能量密度，并补充了根据 Herrmann 和 Meusinger（2003）对系统包开销（密封、安全功能和控制）的估计。目前没有可用的储氢系统在质量和体积能量密度方面都令人满意。

美国能源部定期为从事燃料电池相关汽车用储氢概念开发的美国国内工业设定一些绩效目标（Satyapal 等，2007；US DoE，2015）。预计到 2020 年，寿命将超过 1500 次循环，5kg 的氢气填充时间不到 3.3min。到 2020 年，最高储存成本定为 10 美元/kWh，2020 年氢气本身的目标成本为 333 美元/kg。这些预期低于 2007 年对 2015 年的预期。正如 Hua 等（2011）所指出的那样，目前被纳入氢原型车的压缩氢罐似乎无法满足要求，无论是 35MPa 还是 70MPa。

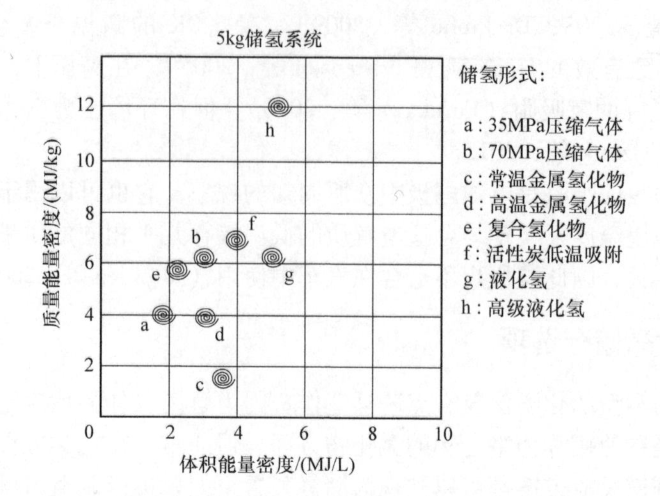

图2.48　适用于汽车应用的储存系统总容量的能量密度。每种情况都会估计完整解决方案的能量密度

对于其他应用，特别是固定用途，可以进行与上述类似的评估，在大多数情况下，这些应用的要求不那么严格。US DoE（2015）报告还为连接到小型便携式设备的储氢设定了一些目标。评估系统性能的替代工具是能量密度与功率密度的关系图。正在考虑的一些系统（例如许多金属氢化物储存）具有填充和交付时间，导致功率密度对于许多应用来说太低。

2.4　氢气运输

2.4.1　容器运输

氢气可以在压缩或液态氢的容器中运输，也可以在氢化物或其他化学物质中以新兴的储存形式运输，如2.3节所述。

如果制氢条件的地理分布方式与需求不同，则可能需要洲际氢气运输，可以使用船上运输的集装箱，类似于今天运输液化天然气的集装箱。由于液化氢的密度比天然气的密度小得多，运输成本会更高。此外，容器泄漏（见2.3.2节）和船上原因造成的安全事故（包括氢气装卸或船舶碰撞引起的事故）也存在安全问题。概念设计包括球形或圆柱形容器（Abe等，1998）。洲际船舶运输氢气的费用估计约为25美元/GJ或3美元/kg（Padró和Putche，1999）。

如2.3.5节所述，在远距离运输过程中储存氢气的替代材料是甲醇和高级碳氢化合物。表2.4中列出的高温反应允许甲烷和其他碳氢化合物转化为具有高氢含量的发生炉煤气，通常对较高碳氢化合物的温度要求更适中（例如式（2.63）中提到的十氢化萘）。

相对于液态氢或大量压缩气态氢的运输，以化合物形式运输氢气似乎可以减少损失和成本（McClaine等，2000）。

表2.4 高温，闭环化学C–H–O反应（Hanneman等，1974；Harth等，1981）

闭环系统	焓[1] ΔH^0/(kJ/mol)	温度范围/K
$CH_4 + H_2O \leftrightarrow CO + 3H_2$	206（250）[2]	700～1200
$CH_4 + CO_2 \leftrightarrow 2CO + 2H_2$	247	700～1200
$CH_4 + 2H_2O \leftrightarrow CO_2 + 4H_2$	165	500～700
$C_6H_{12} \leftrightarrow C_6H_6 + 3H_2$	207	500～750
$C_7H_{14} \leftrightarrow C_7H_8 + 3H_2$	213	450～700
$C_{10}H_{18} \leftrightarrow C_{10}H_8 + 5H_2$	314	450～700

① 完全反应的标准焓。

② 包括水的蒸发热。

对于较短距离的运输，例如，从中央仓库到加油站，原则上可以考虑所有运输形式。转化或液化/蒸发过程可能会带来过高的能量损失和成本，因此尽管压缩氢体积庞大，但它可能是更可接受的解决方案。

2.4.2 管道运输

短距离或中距离氢气运输的替代方案是管道，可行距离取决于建立管道的难易程度和成本，不仅通常在陆地上，而且在某些情况下还可以在海上。同样，该技术基本上已经为天然气运输而开发，并且被认为只需要适度的改变，就可在可接受的泄漏率下容纳较小的氢分子。

目前用于输送压力低于0.4MPa的天然气的聚合物管道具有足够的强度来输送氢气，据估计，氢气主要由管道连接器引起的扩散损失是天然气的3倍（Sørensen等，2001）。在高达8MPa的压力下输送天然气使用焊接连接的钢管。大多数金属在吸收氢后会产生脆性，特别是在被异物（污垢或H_2S）污染的地方（Zhang等，2003a）。添加一点氧气（约10^{-5}体积比）会抑制这些作用。与如今开展的检验方案类似的方案应足以使风险降低到与天然气输送的相同水平。压力调节器和仪表等辅助部件预计不会引起问题，但应检查所使用的润滑剂的耐氢性。与天然气管道一样，火花是一种潜在的危险。如果将氢气分配到单个建筑物，则必须安装气体探测器，并应考虑室外紧急通风装置。氢气以前已广泛用于城镇天然气系统。已经对美国和德国的测试装置进行了调查（Mohitpour等，2000）。氢气管道费用估计约为625000美元/km（Ogden，1999）。Leighty（2008）同样估计，300km管道的建造成本为70万美元/km，320～1600km管道运输1kg氢气的成本估计为2～6美元，目的是平滑间歇性可再生能源生产。

作为临时解决方案，已经提出了氢气与天然气混合的管道运输（Florisson，2010）。

2.5 氢气转化概述

本节概述了氢的当前和预期用途：用于燃烧，进一步转化为液体或气体燃料以及燃料电池发电，可能具有相关的热量产生。所采用的一些技术（特别是涉及燃料电池的技术）的细节是后续章节的主题。本节中仅描述非能源用途和不涉及燃料电池的能源用途。

2.5.1 用作能源载体

可以考虑使用氢作为能源载体，而不必假设它也是一种能源。对难以运输或储存用于时间置换用途的能量形式可以转化为氢气，并且在容器或管道中运输，也可能与氢气储存相结合，然后转化为适合最终能源用途的另一种能源形式。低能量密度（见表 2.1）为氢气的这种使用设定了一定的限制，但在许多应用中，密度不是一个大问题。

氢作为能源载体的优势包括对环境的影响小和使用上的多功能性。一个可能的缺点是对容器和管道的密封性要求很高，以避免泄漏。

需要中间能源载体的特定领域不仅包括间歇性一次能源，如太阳能和风能，还包括与不易储存的电力相关的其他能源，例如核能。如果扩大化石能源的使用，例如煤转化为氢气，寻求避免二氧化碳排放的可能途径，以便能够在初级阶段控制温室气体排放（例如，通过形成碳酸盐并将其送到诸如旧天然气井之类的储存库）。在 5.3 ~ 5.5 节中对化石氢、核氢和可再生氢能源供应系统的情景进行了更仔细的研讨。

2.5.2 用作储能介质

气态氢被视为一种储存介质，在含水层或冲刷出的盐丘挤压物等地下储存中很方便，与目前使用相同的地质构造进行天然气储存相比，只需要更好的衬里。低体积密度使得制造容器中的氢气储存有些昂贵，但压缩储氢仍然被认为是许多工业应用以及至少第一代燃料电池氢汽车和家用发电机的便捷解决方案。这些和其他储存选项在 2.3 节中描述，包括液化和分子捕获的氢气储存。

氢有可能在与几种类型的能源系统相关中发挥储存介质的作用，而与氢是否也用作一般能源载体无关。可再生能源系统需要能量储存才能成为独立的解决方案，而氢满足此类系统的一系列储存要求，特别是如果一种负担得起的燃料电池可用于以多种电力形式回收能量。如前所述，几乎任何未来的能源系统都将从氢能储存中获益。

2.5.3 车辆燃烧用途

氢气可用作传统火花点火发动机的燃料，例如汽车中使用的奥托和柴油发动机以及传统发电厂中使用的燃气轮机。第一台氢发动机于 1808 年由 François de Rivaz 演示（Wikipedia，2017）。改进的设计不时出现，但没有引起商业兴趣。发动机效率与汽油或柴油燃料一样高，氢气火焰从点火内核迅速膨胀（见表 2.5）。然而，由于在适合活塞气缸的压力下能量密度较低，排量必须是汽油发动机的 2 ~ 3 倍，从而导致乘用车发动机舱内的空间问题。一家积极开发氢燃料乘用车的汽车制造商使用了排量超过 4L 的巨大 8 缸或 12 缸发动机，以接近可接受的性能（BMW，2004）。高效的传统汽油或柴油汽车的总排量约为 1.2L，分布在 3 ~ 4 个气缸上（VW，2003）。

表2.5 氢和其他燃料的安全相关特性（使用 Dell 和 Bridger，1975；Zittel 和 Wurster，1996）

特性	氢气	甲醇	甲烷	丙烷	汽油	单位
点火最低能量	0.02	—	0.29	0.25	0.24	10^{-3}J
火焰温度	2045	—	1875	—	2200	℃
在空气中自燃温度	585	385	540	510	230~500	℃
最大火焰速度	3.46	—	0.43	0.47	—	m/s
在空气中可燃性范围	4~75	7~36	5~15	2.5~9.3	1.0~7.6	vol.%
在空气中爆炸性范围	13~65	—	6.3~13.5	—	1.1~3.3	vol.%
在空气中扩散系数	0.61	0.16	0.20	0.10	0.05	$10^{-4}m^2/s$

图2.49显示了空气中氢气燃烧过程的计算机模拟结果（在燃烧室中，可以代表发动机气缸或燃气轮机），证实了关于注入氢气被快速消耗的论点。H_2从左侧进入。氧气分布显示沿

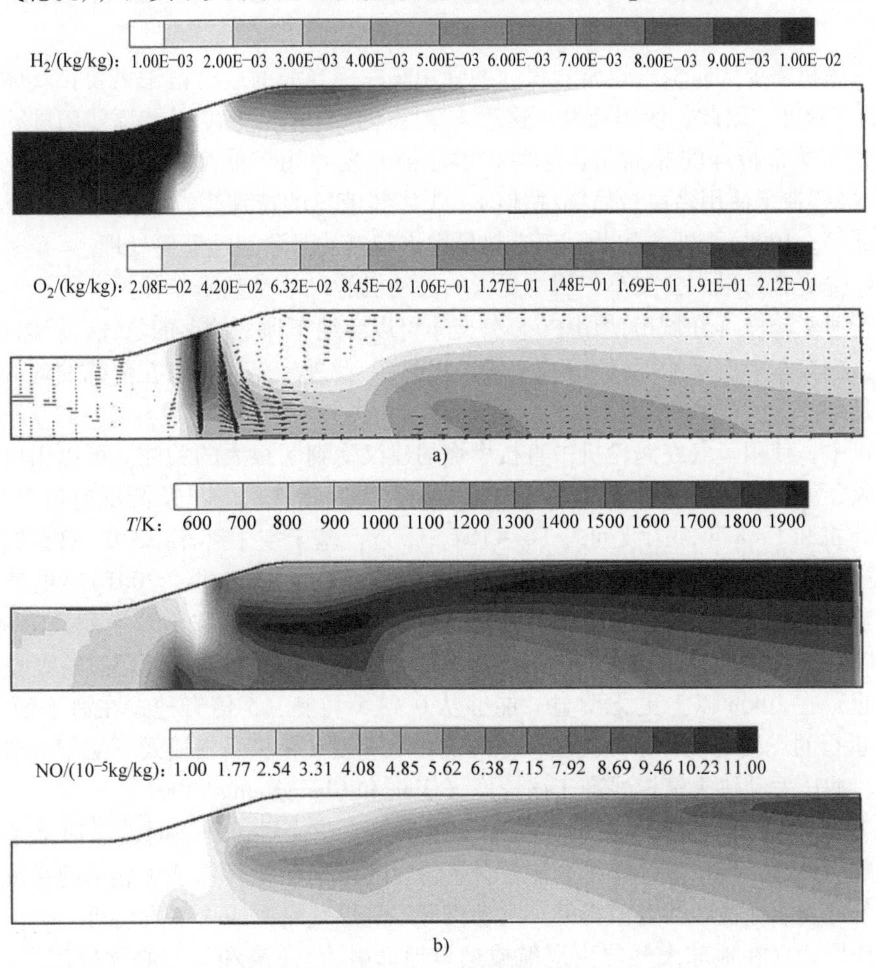

图2.49 氢气燃烧室的模拟。从上到下：H_2、O_2、温度和NO分布。引自 Weydahl 等（2003），经加拿大氢能协会许可使用

腔室的“未使用”氧气，空气通过外表面的许多孔吸入其中。图2.49b显示了形成的氮氧化物的分布。它类似于刚才显示的高温分布，因为当温度高于1700K时，氮氧化物的形成急剧增加。高水平的NO_x形成是氢气燃烧使用的一个问题，在这种情况下，氢气不再是无污染的。然而，添加催化转换器可能会大大减少问题（Verhelst，2014）。

氢在热力学发动机中的行为已经通过图2.49所示的模拟和测量来确定，例如，确定压缩比的影响（Verhelst和Sierens，2003；Karim和Wierzba，2004）。由于氢气的体积能量密度低，高压缩比至关重要。广泛的可燃性和易燃性有两个方面。一是在低负载下平稳运行。然而，在高负载下，必须解决许多预燃、回火或爆震的问题（Shoiji等，2001）。由于氢气的可燃性范围很广，因此存在重要的安全方面（见表2.2）。这些必须加以控制，例如通过每个气缸上的双阀系统或激光点火（NFC，2000；Pal和Agarwal，2015）。

已经对以氢气与汽油或天然气混合物为燃料的发动机进行了研究（Fontana等，2004；Akansu等，2004）以及仅使用氢燃烧为电动机发电（van Blarigan和Keller，1998；Yuan等，2016）。

由于内燃机需要大量氢气，常规尺寸的乘用车在相当大的运行范围需要比气体形式高得多的H_2储存密度。因此，使用液氢，这意味着冷却到20K的温度（能源使用进一步降低了效率）并使用非常特殊的加油站。这些技术已被开发并用于原型氢燃烧汽车（Fischer等，2003）。已经建造了使用多层金属圆柱体的用于盛装液氢的特殊罐，它们之间具有高等级绝缘（Michel等，1998）。即便如此，仍有热量逸出和氢气泄漏问题需要处理。

氢气燃烧更容易融入公交车，因为更大的发动机舱尺寸是整个车体尺寸的一小部分，并且由于运行速度较慢（在城市使用中），公交车可以容纳车顶上储存的氢气，就像在MAN制造的原型氢公交车中所做的那样（Knorr等，1998）。此外，船舶可以在传统发动机中使用氢燃料而不是柴油。

在飞机中，使用氢气在涡轮机中直接燃烧的建议受到了很大的关注。可以用机翼或机身储存液态氢，可以使用近乎传统的燃气涡轮发动机。液氢飞机的早期测试包括1957年的波音B57轰炸机和1988年的图波列夫TU－154，最近，基于空中客车A310飞机的名为Cryoplane的类似项目已经开始（Pohl和Malychev，1997；Klug和Faass，2001）。更笨重的燃料储存导致建议这些飞机应该在较低的高度运行，这将对氮氧化物排放产生积极影响（Svensson等，2004）。这也使得水排放的影响变得不那么重要，因为水对太阳辐射的吸收（导致温室效应变暖）在10km以上更为明显。能够从0到5马赫（5倍音速，在海平面为1.22×10^6m/s）运行的飞机的设计已经提出，该飞机在常规燃气轮机涡扇模式下使用液氢，速度高达3马赫，冲压发动机火箭模式高于该速度（Qing和Chengzhong，2001）。

液态H_2已经在太空探索飞行器中使用了很多年。在这里，升空时的总质量是一个重要的限制参数。因此，按重量计算的高能量含量使氢气优于任何其他基于燃料的系统，并且低温储存的额外复杂性被认为是值得的。发动机可以是燃气轮机或火箭发动机，具体取决于飞行器的操作模式（在地球大气层内巡航或逃离地球引力）。氢和氧都必须以液态形式携带，因为地球大气层外的空间环境不含空气或氧气。火箭发动机的一个基本特征是喷嘴，推进剂气体通过喷嘴排出以提供向前推力。高性能多喷嘴设计的新发展仍在进行中（Yu等，

2001)，使用多种燃料（通常是液氢和固体碳氢化合物）进行实验，使用可重复使用的航天飞机型空间飞行器，以适应近地空间旅行不同阶段的要求（Chibing 等，2001)。液氢和液氧注入位点的最佳相对位置已通过实验和模拟进行了研究（Kendrich 等，1999)。

2.5.4 固定式氢气和燃料电池的使用

氢气可用于燃气轮机发电和蒸汽发电厂。由于如果提供适当比例的氢气和氧气，水是唯一的反应产物，因此不需要将锅炉容器和燃料分开。然而，出于安全和稳定燃烧等原因，可以考虑将反应物与水预混合（Spazzafumo，2010)。Cicconardi 等（1997，1999，2001）建议使用分阶段燃烧（具有两个或多个步骤)，如图 2.50 所示。形成的水蒸气被引导到一系列传统的发电涡轮机。这里用作初始混合水源的出口水蒸气可以在其他设置中用于热电联产。氢气也被考虑用于住宅应用的热电联产装置，最有可能是在管道氢气网络可用的情况下，而不是使用氢气瓶。显然，增加氢气在燃烧中的使用将需要严格的安全法规，在中央，特别是在分散的设施中尤其如此。氢气可以与 2.5.3 节中提到的其他燃料混合。

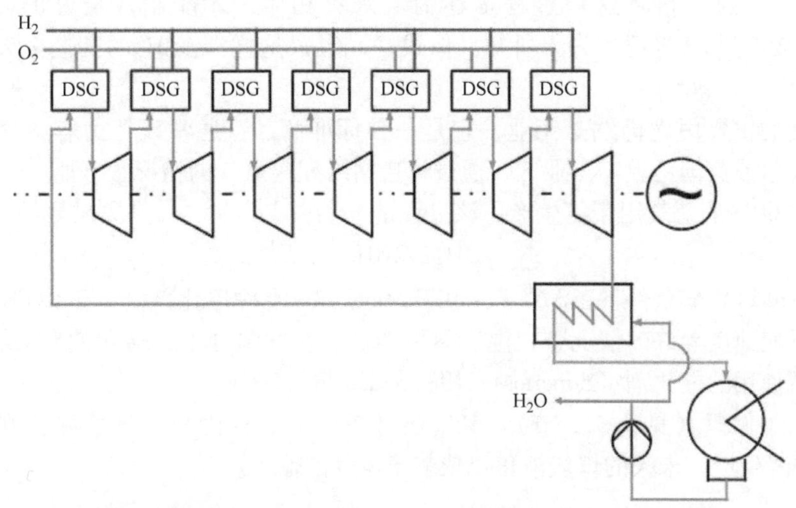

图 2.50 以氢气为燃料的分级蒸汽发电厂的拟议系统。基于 Cicconardi 等（1998）

氢在固定市场的燃料电池中的应用受到了相当大的关注。已经调查了两个使用领域。一个是电力生产部门，最有效的燃料电池类型（固体氧化物或熔融碳酸盐）在技术和成本方面都得到充分发展后可能会有未来。另一个领域似乎更接近进入市场，目标是基于质子交换膜燃料电池技术的小型单体建筑单元，取代天然气燃烧器，从而使业主成为热能和电力的提供者。这些发展的细节将在 4.5 节和第 5 章的情景中讨论。

2.5.5 燃料电池在运输中的用途

氢和燃料电池可以在运输领域做出最重要的贡献，因为在这个领域中可再生能源等替代能源的引入是最难以捉摸的。虽然可再生能源生产的氢气是唯一长期可持续的解决方案，但使用基于天然气的氢气可能构成一个方便的过渡解决方案。实现这些情景所需的最显著的成本降低不仅是燃料电池本身（假设是质子交换膜类型），而且与氢气分配相关的基础设施变化也可能构成显著成本。这些问题将在 4.1～4.3 节和关于实施的第 5 章中详细讨论。

2.5.6 直接使用

有人认为氢的最初用途之一是制砖（Bao，2001）。5000 多年前，在美索不达米亚，烧制的砖取代了晒干的砖，用于豪华建筑，而铅釉砖则出现在大约 3000 年前（Hodges，1970）。直到很久以后，由于有大量石材和大理石等其他建筑材料，窑砖才在地中海地区变得普遍（尽管窑炉技术本身就广泛用于陶器）。在古代使用的砖是灰色的（而不是许多现代粘土砖特有的红色），这被解释为它们在高温窑中用水和一氧化碳加热，在那里它们受到水－气变换反应，然后是粘土的还原：

$$\begin{gathered} CO + H_2O \rightarrow CO_2 + H_2 \\ \downarrow \\ Fe_2O_3 + H_2 \rightarrow 2FeO + H_2O \end{gathered} \tag{2.64}$$

17 世纪的中国资料将这一过程描述为“水火相生，才能制成最好的砖”（Yinxing，1637）。氢元素直到 19 世纪才为人所知。像式（2.64）这样涉及 H_2 的工艺今天被用于生产一系列材料。

目前氢气的主要用途仍然是工业，它是一种标准商品，通常以压力容器气瓶的形式配送。在德国鲁尔或英国伦敦等工业区，通过管道网络配送氢气的情况很普遍。

工业中约 60% 的氢气用于氨生产。该过程是

$$N_2 + 3H_2 \rightarrow 2NH_3 - \Delta H^0 \tag{2.65}$$

在 425℃ 和 21MPa 条件下，$\Delta H^0 = -107\text{kJ/mol}$。需要铁催化剂。由于该过程是放热的，因此在考虑反应速度允许的情况下，温度尽可能低。在此温度下，转化效率为 15%～20%，具体取决于所使用的催化剂（Superfoss，1981；Zhu 等，2001）。

铵盐可用于储氢（见 2.3.5 节）。氢气还可用于加氢裂化和加氢精炼、甲醇合成（见 2.2.3 节）和醛生产。未来的煤炭液化也依赖于氢气的输入。

2.6 问题和讨论

1. 如果你所在地区的所有电力需求都仅由风力发电或仅由光伏发电（在你所在的纬度生产）来满足，请尝试估计所需的储氢量。将其与 5.4 节中的远景方案结果进行比较。储存应该能够保持多少天的全部需求？

2. 可以通过紧密堆积氢原子来估计分子晶格中可以储存的最大氢量，氢原子之间的距离由经验值确定，例如金属氢化物。假设这样的距离不小于 0.2nm，说明可以储存的氢总量约为 250kg/m^3。

相比之下，氢分子中氢原子之间的距离为 0.074nm。

3. 估计应该留出多少土地（或水面）面积，以便通过微生物光合作用获得全球对氢作为运输燃料的需求。如果通过发酵产生相同数量的氢气，将使用多少耕地？讨论将陆地（或

海洋/水道）用于制氢与其他用途相结合的可能性。

4. 尝试绘制能量密度（按质量计）与估计功率密度的关系图，如 2.3.6 节中建议的储能系统所示。

5. 氢燃料电池乘用车中应该储存多少氢气，以便为它们提供 800km 的典型行驶里程（假设燃料电池的大小及其效率；将它们与第 4 章后面给出的示例进行比较，包括混合动力汽车的示例）？

参考文献

Abashar, M. (2004). Coupling of steam and dry reforming of methane in catalytic fluidized bed membrane reactors. *Int. J. Hydrogen Energy* **29**, 799–808.

Abe, A., Nakamura, M., Sato, I., Uetani, H., Fujitani, T. (1998). Studies of the large-scale sea transportation of liquid hydrogen. *Int. J. Hydrogen Energy* **23**, 115–121.

Agranat, V., Tchouvelev, A. (2004). CFD modelling of gas-liquid flows in water electrolysis units. In Proc. 15th World Hydrogen Energy Conf., Yokohama. 28C-05, CD Rom, Hydrogen Energy Soc. Japan.

Ahluwalia, R., Hua, T., Peng, JK., Lasher, S., McKenney, K., Sinha, J., Gar-diner, M., et al. (2010). Technical assessment of cryo-compressed hydrogen storage tank systems for automotive applications. *Int. J. Hydrogen Energy* **35**, 4171–4184.

Ahmed, I., Gupta, A. (2009). Hydrogen production from polystyrene pyrolysis and gasification: characteristics and kinetics. *Int. J. Hydrogen Energy* **34**, 6253–6264.

Akansu, S., Dulger, Z., Kahraman, N., Veziroglu, T. (2004). Internal combustion engines fueled by natural gas-hydrogen mixtures. *Int. J. Hydrogen Energy* **29**, 1527–1539.

Akkerman, I., Janssen, M., Rocha, J., Wijffels, R. (2002). Photobiological hydrogen production: photochemical efficiency and bioreactor design. *Int. J. Hydrogen Energy* **27**, 1195–1208 The article is difficult to read because of editing errors.

Andreassen, K. (1998). Hydrogen production by electrolysis,. In *Hydrogen Power: Theoretical And Engineering Solutions* (Sætre, T., ed.), p. 91. Kluwer, Dordrecht.

Andrés, M-B., Boyd, T., Grace, J., Lim, C., Gulamhusein, A., Wan, B., Kurokawa, H., Shirasaki, Y. (2011). In-situ CO_2 capture in a pilot-scale fluidized-bed membrane reformer for ultra-pure hydrogen production. *Int. J. Hydrogen Energy* **36**, 4038–4055.

Angeli, S., Monteleone, G., Giaconia, A., Lemonidou, A. (2014). State-of-the-art catalysts for CH_4 steam reforming at low temperature. *Int. J. Hydrogen Energy* **39**, 1979–1997.

Antoniotti (2013). *Impact of high capacity CGH2-trailers*. Project description for FCH-JU-2009-1, Grant Agreement Number 278796.

Aroutiounian, V., Arakelyan, V., Shahnazaryan, G. (2005). Metal oxide photoelectrodes for hydrogen generation using solar radiation-driven water splitting. *Solar Energy* **78**, 581–592.

Arroyo, M., y de Dompablo, Ceder, G. (2004). First principles investigations of complex hydrides AMH_4 and A_3MH_6 (A = Li, Na, K, M = B, Al, Ga) as hydrogen storage systems. *J. Alloys Compounds* **364**, 6–12.

Asada, Y., Koike, Y., Schnackenberg, J., Miyake, M., Uemura, I., Miyake, J. (2000). Heterologous expression of clostidial hydrogenase in the cyanobacterium *Synechococcus* PCC7942. *Biochim. Biophys. Acta* **1490**, 269–278.

Asakuma, Y., Miyauchi, S., Yamamoto, T., Aoki, H., Miura, T. (2004). Homogenization method for effective thermal conductivity of metal hydride bed. *Int. J. Hydrogen Energy* **29**, 209–216.

Ayabe, S., Omoto, H., Utaka, T., Kikuchi, R., Sasaki, K., Teraoka, Y., Eguchi, K. (2003). Catalytic autothermal reforming of methane and propane over supported metal catalysts. *Appl. Catalysis A: General* **241**, 261–269.

Ayers, K., Anderson, E., Capuano, C., Carter, B., Dalton, L., Hanlon, G., Manco, J., Niedzwiecki, M. (2010). Research advances towards low cost, high efficiency PEM electrolysis. *ECS Transactions* **33**(1), 3–15.

Azam, F., Worden, A. (2004). Microbes, molecules and marine ecosystems. *Science* **303**, 1622–1623.

Bahatyrova, S., Frese, R., Siebert, C., Olsen, J., van der Werf, K., van Grondelle, R., Niederman, R., Bullough, P., Otto, C., Hunter, C. (2004). The native architecture of a photosynthetic membrane. *Nature* **430**, 1058–1062.

Balachandran, U., Lee, T., Wang, S., Dorris, S. (2004). Use of mixed conducting membranes to produce hydrogen by water dissociation. *Int. J. Hydrogen Energy* **29**, 291–296.

Baniasadi, E., Dincer, I., Naterer, G. (2012). Performance analysis of a water splitting reactor with hybrid photochemical conversion of solar energy. *Int. J. Hydrogen Energy* **37**, 7464–7472.

Bao, D. (2001). A panoramic review of hydrogen energy activity in China. In *Hydrogen Energy Progress XIII, Proc. 13th World Energy Conf., Beijing 2000* (Mao, Z., Veziroglu, T., eds.), pp. 181–185. Int. Assoc. Hydrogen Energy, Beijing.

Barbier, F. (2010). Hydrogen distribution infrastructure for an energy system. In Hydrogen Energy (D. Stolten, ed.), Ch. 6. Wiley-VCH, Weinheim.

Bard, A., Faulkner, L. (1998). *Electrochemical Methods,* 2nd ed. Wiley, New York.

Basile, A., Paturzo, L., Laganà, F. (2001). The partial oxidation of methane to syngas in a palladium membrane reactor: simulation and experimental studies. *Catal. Today* **67**, 65–75.

Béja, O., Aravind, L., Koonin, E., Suzuki, M., Hadd, A., Nguyen, L., Jovanovich, S., Gates, C., Feldman, R., Spudich, J., Spudich, E., DeLong, E. (2000). Bacterial rhodopsin: evidence for a new type of phototrophy in the sea. *Science* **289**, 1902–1906.

Berman-Frank, I., Lundgren, P., Chen, Y., Küpper, H., Kolber, Z., Bergman, B., Falkowski, P. (2001). Segregation of nitrogen fixation and oxygenic photosynthesis in the marine cyanobacterium *Trichodesmium. Science* **294**, 1534–1537.

BMW (2004). Model 745h, 750hL. At http://www.bmwworld.com/models (accessed 2004).

Bockris, J., Reddy, A., Gamboa-Aldeco, M. (2000). *Modern Electrochemistry*, 2nd ed., Vol. 2A. Plenum Press, New York.

Bogdanovic, B., Brand, R., Marjanovic, A., Schwickardi, M., Tölle, J. (2000). Metal-doped sodium aluminium hydrides as potential new hydrogen storage materials. *J. Alloys Compounds* **302**, 36–58.

Bogdanovic, B., Schwickardi, M. (1997). Ti-doped alkali metal aluminium hydrides as potential novel reversible hydrogen storage materials. *J. Alloys Compounds* **253–254**, 1–9.

Bolton, J. (1996). Solar photoproduction of hydrogen: a review. *Solar Energy* **57**, 37–50.

Borgwardt, R. (1998). Methanol production from biomass and natural gas as transportation fuel. *Industrial Eng. Chem. Res.* **37**, 3760–3767.

Bottino, A., Comite, A., Capannelli, G., Di Felice, R., Pinacci, P. (2006). Steam reforming of methane in equilibrium membrane reactors for integration in power cycles. *Catal. Today* **118**, 214–222.

Brown, S. (1998). The automakers' big-time bet on fuel cells. *Fortune Mag.*, 30 March, 12 pages, http://www.pathfinder.com/fortune/1998/980330.

Carcassi, M., Cerchiara, G., Marangon, A. (2004). Experimental studies of gas vented explosion in real type environment. In Hydrogen Power—Theoretical and Engineering Solutions, Proc. Hypothesis V, Porto Conte 2003 (Marini, M., Spazzafumo, G., eds.), pp. 589–597. Servizi Grafici Editoriali, Padova.

Ceyer, S. (1990). New mechanisms for chemistry at surfaces. *Science* **249**, 133–139.

Chahine, R. (2003). Review of progress in H_2 storage technologies. In *Proc. 1st European Hydrogen Energy Conf., Grenoble 2003*. CDROM produced by Association Francaise de l'Hydrogène, Paris.

Chang, F., Lin, C. (2004). Biohydrogen production using an up-flow anaerobic sludge blanket reactor. *Int. J. Hydrogen Energy* **29**, 33–39.

Chartier, P., Meriaux, S. (1980). *Recherche* **11**, 766–776.

Cheng, H., Scott, K., Ramshaw, C. (2002). Intensification of water electrolysis in a centrifugal field. *J. Electrochem. Soc.* **149**, D172–D177.

Chibing, S., Qinwu, L., Chunlin, J., Jin, Z., Zhenguo, W. (2001). Combustion performance of H_2/O_2/hydrocarbon tripropellant engine operating in dual mode. In *Hydrogen Energy Progress XIII, Proc. 13th World Energy Conf., Beijing 2000* (Mao, Z., Veziroglu, T., eds.), pp. 677–683. Int. Assoc. Hydrogen Energy, Beijing.

Choudhary, V., Banerjee, S., Rajput, A. (2002). Hydrogen from step-wise steam reforming of methane over Ni/ZrO_2: factors affecting catalytic methane decomposition and gasification by steam of carbon formed on the catalyst. *Appl. Catalysis A: General* **234**, 259–270.

Christensen, C., Sørensen, R., Johannessen, T., Quaade, U., Honkala, K., Elmøe, T., Køhler, R., Nørskov, J. (2005). Metal ammine complexes for hydrogen storage. *J. Materials Chemistry* **15**, 4106–4108.

Cicconardi, S., Jannelli, E., Perna, A., Spazzafumo, G. (1997). A steam cycle with direct combustion of hydrogen and oxygen and an isothermal expansion. In *Proc. of HYPOTHESIS II*, Grimstad (Norway), August 1997, pp. 505–510. Springer Verlag, Netherlands.

Cicconardi, S., Jannelli, E., Spazzafumo, G. (1998). A thermodynamic cycle with quasiisothermal expansion. *Int. J. Hydrogen Energy* **23**, 209–211.

Cicconardi, S., Jannelli, E., Perna, A., Spazzafumo, G. (1999). A steam cycle with an isothermal expansion: the effect of flow variation. *Int. J. Hydrogen Energy* **13**, 53–57.

Cicconardi, S., Jannelli, E., Perna, A., Spazzafumo, G. (2001). Parametric analysis of a steam cycle with a quasi-isothermal expansion. *Int. J. Hydrogen Energy* **26**, 275–279.

Cicconardi, S., Perna, A., Spazzafumo, G., Tunzio, F. (2006). CPH systems for cogeneration of power and hydrogen from coal. *Int. J. Hydrogen Energy* **31**, 693–700.

Cicconardi, S., Perna, A., Spazzafumo, G. (2008). Combined power and hydrogen production from coal. Part B: comparison between the IGHP and CPH systems. *Int. J. Hydrogen Energy* **33**, 4397–4404.

Clarke, S., Dicks, A., Pointon, K., Smith, T., Swann, A. (1997). Catalytic aspects of the steam reforming of hydrocarbons in internal reforming fuel cells. *Catal. Today* **38**, 411–423.

Clayton, R. (1965). *Molecular Physics in Photosynthesis*. Blaisdell, New York.

Cortright, R., Davda, R., Dumesic, J. (2002). Hydrogen from catalytic reforming of biomass-derived hydrocarbons in liquid water. *Nature* **418**, 964–967.

Courson, C., Makaga, E., Petit, C., Kiennemann, A. (2000). Development of Ni catalysts for gas production from biomass gasification. Reactivity in steam- and dry-reforming. *Catal. Today* **63**, 427–437.

CRC (1973). In R. Weast (ed.), Handbook of chemistry and physics. The Chemical Rubber Co., Cleveland, OH.

Culley, A., Lang, A., Suttle, C. (2003). High diversity of unknown picorna-like viruses in the sea. *Nature* **424**, 1054–1057.

Dabrock, B., Bahl, H., Gottschal, G. (1992). Parameters affecting solvent production by Clostridium pasteurianum. *Appl. Environm. Microbiol.* **58**, 1233–1239.

Dahl, J., Buechler, K., Weimer, A., Lewandowski, A., Bingham, C. (2004). Solar-thermal dissociation of methane in a fluid-wall aerosol flow reactor. *Int. J. Hydrogen Energy* **29**, 725–736.

Damen, K., Faaij, A., Walter, A., Souza, M. (2002). Future prospects for biofuel production in Brazil. In *12th European Biomass Conference*, Vol. 2. pp. 1166–1169. ETA Firenze & WIP, Munich.

Decourt, B., Lajoie, B., Debarre, R., Soupa, O. (2014). *The hydrogen-based energy conversion Fact Book*. The SBC Energy Institute, Gravenhage.

Dell, R., Bridger, N. (1975). Hydrogen—the ultimate fuel. *Appl. Energy* **1**, 279–292.

Desrosiers, R. (1981). In *Biomass Gasification* (Reed, T., ed.), pp. 119–153. Noyes Data Corp., Park Ridge, NJ.

Diéguez, P., Ursúa, A., Sanchis, P., Sopena, C., Guelbenzu, E., Gandía, L. (2008). Thermal performance of a commercial alkaline water electrolyzer: experimental study and mathematical modeling. *Int. J. Hydrogen Energy* **33**, 7338–7354.

di Profio, P., Arca, S., Rossi, F., Filipponi, M. (2009). Comparison of hydrogen hydrates with existing hydrogen storage technologies: energetic and economic evaluations. *Int. J. Hydrogen Energy*. **34**, 9173–9180.

Ditzig, J., Liu, H., Logan, B. (2007). Production of hydrogen from domestic wastewater using a bioelectrochemically assisted microbial reactor. *Int. J. Hydrogen Energy* **32**, 2296–2304.

Doctor, R., Wade, D., Mendelsohn, M. (2002). *STAR-H2: a calcium-bromine hydrogen cycle using nuclear heat. Paper for "American Inst. Chem. Eng. Spring Meeting", New Orleans, at* http://www.ibrarian.net/navon/page.jsp?paperid=1140852&searchTerm=star-h2 (accessed May 2017).

Drift, A. (2002). An overview of innovative biomass gasification concepts. In *Proc. PV in Europe Conference*. WIP, Munich & ETA, Florence.

Dutta, S., Morehouse, J., Khan, J. (1997). Numerical analysis of laminar flow and heat transfer in a high temperature electrolyzer. *Int. J. Hydrogen Energy* **22**, 883–895.

Ebbesen, S., Høgh, J., Nielsen, K., Nielsen, J., Mogensen, M. (2011). Durable SOC stacks for production of hydrogen and synthesis gas by high temperature electrolysis. *Int. J. Hydrogen Energy* **36**, 7363–7373.

EC (1994). *Biofuels* (M. Ruiz-Altisent, ed.), DG XII Report EUR 15647 EN, European Commission, Brussels.

Eichler, A., Hafner, J. (1997). Molecular precursors in the dissociative adsorption of O_2 on Pt(111). *Phys. Rev. Lett.* **79**, 4481–4484.

Einsle, O., Tezcan, F., Andrade, S., Schmid, B., Yoshida, M., Howard, J., Rees, D. (2002). Nitrogenase MoFe-protein at 1.16Å resolution: a central ligand in the FeMo-cofactor. *Science* **297**, 1696–1700.

Ergenics (2016). *HyStor production at Ringwood, NJ*. seesigmaaldrich.com.

Eroglu, E., Gündüz, U., Yücel, M., Türker, L., Eroglu, I. (2004). Photobiological hydrogen production by using olive mill wastewater as a sole substrate source. *Int. J. Hydrogen Energy* **29**, 163–171.

Eroglu, E., Melis, A. (2011). Photobiological hydrogen production: recent advances and state of the art. *Bioresource Technology* **102**, 8403–8413.

Evans, R., Boyd, L., Elam, C., Czernik, S., French, R., Feik, C., Philips, S., Chaornet, E., Parent, Y. (2003). *Hydrogen from biomass—catalytic reforming of pyrolysis vapors*. FY 2003 Progress Report, National Renewable Energy Laboratory, Golden CO.

Faaij, A., Hamelinck, C. (2002). Long term perspectives for production of fuels from biomass; integrated assessment and R&D priorities. In *12th European Biomass Conference*,Vol. 2, pp. 1110–1113. ETA Firenze & WIP Munich.

Fan, Y., Li, C., Lay, J., Hou, H., Zhang, G. (2004). Optimization of initial substrate and pH levels for germination of sporing hydrogen-producing anaerobes in cow dung compost. *Bioresource Technology* **91**, 189–193.

Fang, H., Liu, H., Zhang, T. (2002). Characterization of a hydrogen-producing granular sludge. *Biotechnology Bioeng*. **78**, 44–52.

Fateev, V. (2013). High pressure PEM electrolysers: efficiency, life-time and safety issues. In "First International Workshop Durability and Degradation Issues in PEM Electrolysis Cells and its Components, Freiburg", proceedings at www.sintef.no/globalassets/project/novel/pdf/2-4_nrckurchatov_fateev_public.pdf, accessed December 2015.

Ferreira, K., Iverson, T., Maghlaoui, K., Barber, J., Iwata, S. (2004). Architecture of the photosynthetic oxygen-evolving center. *Science* **303**, 1831–1835.

Ferrero, D., Lanzini, A., Santarelli, M., Leone, P. (2013). A comparative assessment on hydrogen production. *Int. J. Hydrogen Energy* **38**, 3523–3536.

Fischer, G., Schnagl, J., Sarre, C., Lechner, W. (2003). Function of the liquid hydrogen fuel system for the new BMW 7 series. In *Proc. 1st European Hydrogen Energy Conference*, Grenoble 2003. CDROM published by Association Francaise de l'Hydrogène, Paris, 6 pp.

Florisson, O. (2010). *Naturalhy: assessing the potential of the existing natural gas network for hydrogen delivery*. Presentation at GERG Academic Network Event, Brussels. *http://www.gerg.eu/public/uploads/files/publications/academic_network/2010/1b_Florisson.pdf*.

Fontana, G., Galloni, E., Jannelli, E., Minutillo, M. (2004). Different technologies for hydrogen engine fuelling. In *Hydrogen Power: Theoretical and Engineering Solutions, Proc. Hypothesis V Conf., Porto Conte 2003* (Marini, M., Spazzafumo, G., eds.), pp. 917–927. Servizi Grafici Editoriali, Padova.

Frisch, M.J., Trucks, G.W., Schlegel, H.B., Scuseria, G.E., Robb, M.A., Cheeseman, J.R., Montgomery Jr., J.A., Vreven, T., Kudin, K.N., Burant, J.C., Millam, J.M., Iyengar, S.S., Tomasi, J., Barone, V., Mennucci, B., Cossi, M., Scalmani, G., Rega, N., Petersson, G.A., Nakatsuji, H., Hada, M., Ehara, M., Toyota, K., Fukuda, R., Hasegawa, J., Ishida, M., Nakajima, T., Honda, Y., Kitao, O., Nakai, H., Klene, M., Li, X., Knox, J.E., Hratchian, H.P., Cross, J.B., Adamo, C., Jaramillo, J., Gomperts, R., Stratmann, R.E., Yazyev, O., Austin, A.J., Cammi, R., Pomelli, C., Ochterski, J.W., Ayala, P.Y., Morokuma, K., Voth, G.A., Salvador, P., Dannenberg, J.J., Zakrzewski, V.G., Dapprich, S., Daniels, A.D., Strain, M.C., Farkas, O., Malick, D.K., Rabuck, A.D., Raghavachari, K., Foresman, J.B., Ortiz, J.V., Cui, Q., Baboul, A.G., Clifford, S., Cioslowski, J., Stefanov, B.B., Liu, G., Liashenko, A., Piskorz, P., Komaromi, I., Martin, R.L., Fox, D.J., Keith, T., Al-Laham, M.A., Peng, C.Y., Nanayakkara, A., Challacombe, M., Gill, P.M.W., Johnson, B., Chen, W., Wong, M.W., Gonzalez, C., Pople, J.A. (2003). *Gaussian 03 software, Revision B.02*. Gaussian, Inc. (use of this extensive reference format is part of user licence), Pittsburgh, PA.

Fujishima, A., Honda, K. (1972). Electrochemical photolysis of water at a semiconductor electrode. *Nature* **283**, 37.

Fukada, S., Nakamura, N., Monden, J. (2004). Effects of temperature, oxygen-to-methane molar ratio and superficial gas velocity on partial oxidation of methane for hydrogen production. *Int. J. Hydrogen Energy* **29**, 619–625.

Furukawa, H., Ko, N., Go, Y., Aratani, N., Choi, S., Choi, E., Yazaydin, A., Snurr, R., O'Keeffe, M., Kim, J., Yaghi, O. (2010). Ultrahigh porosity in metal-organic frameworks. *Science* **329**, 424–428.

FZK (1999). Hydrogen research at Forschungszentrum Karlsruhe. In*Proc. Hydrogen Workshop at European Commission*, DG XII, at website http://www.eihp.org/eihp1/workshop/experts/fzk/index.html (accessed 2005).

Gallucci, F., Paturzo, L., Basile, A. (2004). A simulation study of the steam reforming of methane in a dense tubular membrane reactor. *Int. J. Hydrogen Energy* **29**, 611–617.

Gambardella, P., Sljivancanin, Z., Hammer, B., Blanc, M., Kuhnke, K., Kern, K. (2001). Oxygen dissociation at Pt steps. *Phys. Rev. Lett.* **87**, 056103.1–4.

Garrier, S., Delhomme, B., de Rango, P., Marty, P., Fruchart, D., Miraglia, S. (2013). A new MgH_2 tank concept using a phase-change material to store the heat of reaction. *Int. J. Hydrogen Energy* **38**, 9766–9771.

Gates, D. (1966). *Science* **151**, 523–529.

Gaussian (2003). Software package, see Frisch et al. (2003).

Gazettelive (2016). www.gazettelive.co.uk/business/business-news/scheme -make-hydrogen-teesside, accessed 2016.

Ghenciu, A. (2002). Review of fuel processing catalysts for hydrogen production in PEM fuel cell systems. *Current Opinion Solid State Material Sci.* **6**, 389–399.

Gøbel, B., Bentzen, J., Hindsgaul, C., Henriksen, U., Ahrenfeldt, J., Houbak, N., Qvale, B.

(2002). High performance gasification with the two-stage gasifier. In *12th European Biomass Conference*, pp. 289–395. ETA Firenze & WIP, Munich.

Grigoriev, S., Millet, P., Korobtsev, S., Porembskiy, V., Pepic, M., Etievant, C., Puyenchet, C., Fateev, V. (2009). Hydrogen safety aspects related to high-pressure polymer electrolyte membrane water electrolysis. *Int. J. Hydrogen Energy* **34**, 5986–5991.

Grochala, W., Edwards, P. (2004). Thermal decomposition of the non-interstitial hydrides for the storage and production of hydrogen. *Chem. Rev.* **104**, 1283–1315.

Groenestijn, Jv., Hazewinkel, J., Nienroord, M., Bussmann, P. (2002). Energy aspects of biological hydrogen production in high rate bioreactors operated in the thermophilic temperature range. *Int. J. Hydrogen Energy* **27**, 1141–1147.

Güllü, D., Demirbas, A. (2001). Biomass to methanol via pyrolysis process. *Energy Conversion and Management* **42**, 1349–1356.

Hallenbeck, P. (2009). Fermentative hydrogen production: principles, progress, and prognosis. *Int. J. Hydrogen Energy* **34**, 7379–7389.

Hamann, C., Hammett, A., Vielstich, W. (1998). *Electrochemistry*. Wiley-VCH, Weinheim.

Hamilton Sundstrand Inc. (2003). *Water electrolysis. Website*http://xnwp021.utc.com/ssi/ssi/Applications/Echem/Background/waterelec.html.

Han, S., Shin, H. (2004). Biohydrogen production by anaerobic fermentation of food waste. *Int. J. Hydrogen Energy* **29**, 569–577.

Han, Y., Furukawa, Y. (2006). Conducting polyaniline and biofuel cell. *Int. J. Green Energy* **3**, 17–23.

Hanneman, R., Vakil, H., Wentorf Jr., R. (1974). Closed loop chemical systems for energy transmission. In Proc. 9th Intersociety Energy Conversion Engineering Conference. American Society of Mechanical Engineers, New York.

Harth, R., Range, J., Boltendahl, U. (1981). EVA-ADAM system, a method of energy transportation by reversible chemical reactions. In *Energy storage and transportation* (Beghi, G., ed.), pp. 358–374. Reidel, Dordrecht.

Happe, T., Schütz, K., Böhme, H. (1999). Transcriptional and mutational analysis of the uptake hydrogenase of the filamentous cyanobacterium *Anabaena variabilis ATCC 29413. J. Bacteriology* **182**, 1624–1631.

Hardy, B., Anton, D. (2009). Hierarchical methodology for modeling hydrogen storage systems. Part II: detailed models. *Int. J. Hydrogen Energy* **34**, 2992–3004.

Hasunuma, T., Fukusaki, E., Kobayashi, A. (2003). Methanol production is enhanced by expression of an *Aspergillus niger* pectin methylesterase in tobacco cells. *J. Biotechnology* **106**, 45–52.

Hawkes, F., Dinsdale, R., Hawkes, D., Hussy, I. (2002). Sustainable fermentative hydrogen production: challenges for process optimisation. *Int. J. Hydrogen Energy* **27**, 1339–1347.

Herrmann, A., Schimmele, L., Mössinger, J., Hirscher, M., Kronmüller, H. (2001). Diffusion of hydrogen in heterogeneous systems. *Appl. Phys.* **A72**, 197–208.

Herrmann, M., Meusinger, J. (2003). Hydrogen storage systems for mobile applications. In Proc. 1st European Hydrogen Energy Conf., Grenoble 2003, CDROM produced by Association Francaise de l'Hydrogène, Paris.

Hibino, T., Hashimoto, A., Yano, M., Suzuki, M., Sano, M. (2003). Ru-catalyzed anode materials for direct hydrocarbon SOFCs. *Electrochimica Acta* **48**, 2531–2537.

Hinkley, J., O'Brien, J., Fell, C., Lindquist, S. (2011). Prospects for solar only operation of the hybrid sulphur cycle for hydrogen production. *Int. J. Hydrogen Energy* **36**, 11596–11603.

Hirsch, D., Steinfeld, A. (2004). Solar hydrogen production by thermal decomposition of natural gas using a vortex-flow reactor. *Int. J. Hydrogen Energy* **29**, 47–55.

Hirsch, R., Gallagher, J., Lessard, R., Wesselhoft, R. (1982). *Science* **183**, 909–915.

Hodges, H. (1970). *Technology in the ancient world*. Barnes & Nobles, New York.

Hodoshima, S., Arai, H., Saito, Y. (2001). Liquid-film type catalytic decalin dehydrogenoaromatization for mobile storage of hydrogen. In *Hydrogen Energy Progress XIII, Proc. 13th World Energy Conf., Beijing 2000* (Mao, Z., Veziroglu, T., eds.),

pp. 504–509. Int. Assoc. Hydrogen Energy, Beijing.
Holladay, J., Hu, J., King, D., Wang, Y. (2009). An overview of hydrogen production technologies. *Catal. Today* **139**, 244–260.
Holladay, J., Wainright, J., Jones, E., Gano, S. (2004). Power generation using a mesoscale fuel cell integrated with a microscale fuel processor. *J. Power Sources* **130**, 111–118.
Horch, S., Lorensen, H., Helweg, S., Lægsgaard, E., Stensgaard, I., Jacobsen, K., Nørskov, J., Besenbacher, F. (1999). Enhancement of surface self-diffusion of platinum atoms by adsorbed hydrogen. *Nature* **398**, 134–136.
Horny, C., Kiwi-Minsker, L., Renken, A. (2004). Micro-structured string-reactor for autothermal production of hydrogen. *Chem. Eng. J.* **101**, 3–9.
Hsu, CW., Li, YC., Chu, CY., Liu, CM., Wu, SY. (2014). Feasibility evaluation of fermentative biomass-derived gas production from condensed molasses in a continuous two-stage system for commercialization. *Int. J. Hydrogen Energy* **39**, 19389–19393.
Hua, T., Ahluwalia, R., Peng, J-K., Kromer, M., Lasher, S., McKenney, K., Law, K., Sinha, J. (2011). Technical assessment of compressed hydrogen storage tank systems for automotive applications. *Int. J. Hydrogen Energy* **36**, 3037–3049.
Ioroi, T., Yasuda, K., Siroma, Z., Fujiwara, N., Miyazaki, Y. (2002). Thin film electrocatalyst layer for unitized regenerative polymer electrolyte fuel cells. *J. Power Sources* **112**, 583–587.
Itoh, N., Kaneko, Y., Igarashi, A. (2002). Efficient hydrogen production via methanol steam reforming by preventing back-permeation of hydrogen in a palladium membrane reactor. *Industrial Eng. Chem. Res.* **41**, 4702–4706.
Janssen, H., Bringmann, J., Emonts, B., Schroeder, V. (2004). Safety-related studies on hydrogen production in high-pressure electrolysers. *Int. J. Hydrogen Energy* **29**, 759–770.
Jensen, J., Sørensen, B. (1984). *Fundamentals of energy storage*. Wiley, New York, 345 pp.
Jin, H., Lu, Y., Liao, B., Guo, L., Zhang, X. (2010). Hydrogen production by coal gasification in supercritical water with a fluidized bed reactor. *Int. J. Hydrogen Energy* **35**, 7151–7160.
Jing, D., et al. (2010). Efficient solar hydrogen production by photocatalytic water splitting: from fundamental study to pilot demonstration. *Int. J. Hydrogen Energy* **35**, 7087–7097.
Joensen, F., Rostrup-Nielsen, J. (2002). Conversion of hydrocarbons and alcohols for fuel cells. *J. Power Sources* **105**, 195–201.
Jordan, P., Fromme, P., Witt, H., Klukas, O., Saenger, W., Krauss, N. (2001). Three-dimensional structure of cyanobacterial photosystem I at 2.5 Å resolution. *Nature* **411**, 909–917.
Jung, G., Kim, J., Park, JY., Park, S. (2002). Hydrogen production by a new chemoheterotrophic bacterium *Citrobacter* sp. Y19. *Int. J. Hydrogen Energy* **27**, 601–610.
Jurewicz, K. (2011). Influence of charging parameters on the effectiveness of electrochemical hydrogen storage in activated carbon. *Int. J. Hydrogen Energy* **34**, 9431–9435.
Jurewicz, K., Frackowiak, E., Béguin, F. (2004). Towards the mechanism of electrochemical hydrogen storage in nanostructured carbon materials. *Appl. Phys.* **A78**, 981–987.
Kadier, A., Simayi, Y., Chandrasekhar, K., Ismail, M., Kalil, M. (2015). Hydrogen gas production with an electroformed Ni mesh cathode catalysts in a single-chamber microbial electrolysis cell (MEC). *Int. J. Hydrogen Energy* **40**, 14095–14103.
Kamiya, N., Shen, J-R. (2003). Crystal structure of oxygen-evolving photosystem II from *Thermosynechococcus vulcanus* at 3.7-Å resolution. *Proc. Nat. Acad. Sci. (US)* **100**, 98–103.
Karim, G., Wierzba, A. (2004). The lean flammability and operational mixture limits of gaseous fuel mixtures containing hydrogen in air. In *Hydrogen Power: Theoretical and Engineering Solutions, Proc. Hypothesis V Conf., Porto Conte 2003* (Marini, M., Spazzafumo, G., eds.), pp. 839–845. Servizi Grafici Editoriali, Padova.
Kasperovich, V., et al. (2010). NMR study of metal-hydrogen systems for hydrogen storage. *J. Alloys Compounds* **509**, S804–S808.
Kendrich, D., Herding, G., Scouflaire, P., Rolon, C., Candel, S. (1999). Effects of a recess on cryogenic flame stabilization. *Combustion Flame* **118**, 327–339.
Khaselev, O., Turner, J. (1998). A monolithic photovoltaic-photoelectrochemical device for

hydrogen production via water splitting. *Science* **280**, 425–427.

Kikuchi, E., Menoto, Y., Kajiwara, M., Uemiya, S., Kojima, T. (2000). Steam reforming of methane in membrane reactors: comparison of electroless-plating and CVD membranes and catalyst packing methods. *Catal. Today* **56**, 75–81.

Kittel, C. (1971). *Introduction to Solid State Physics*. Wiley, New York.

Klebanoff, L., Keller, J. (2013). 5 Years of hydrogen storage research at the U.S. DOE Metal Hydride Center of Excellence (MHCoE). *Int. J. Hydrogen Energy* **38**, 4533–4576.

Klug, H., Faass, R. (2001). Cryoplane: hydrogen fuelled aircraft—status and challenges. *Air & Space Europe* **3**, 252–254.

Knorr, H., Held, W., Prümm, W., Rüdiger, H. (1998). The MAN hydrogen propulsion system for city bus. *Int. J. Hydrogen Energy* **23**, 201–208.

Kocha, S., Turner, J., Nozik, A. (1991). *J. Electroanalyt. Chem.* **367**, 27.

Kondo, T., Arakawa, M., Wakayama, T., Miyake, J. (2002). Hydrogen production by combining two types of photosynthetic bacteria with different characteristics. *Int. J. Hydrogen Energy* **27**, 1303–1308.

Koza, J., Mühlenhoff, S., Zabinski, P., Nikrityuk, P., Eckert, K., Uhlemann, M., Gebert, A., Weier, T., Schultz, L., Odenbach, S. (2011). Hydrogen evolution under the influence of a magnetic field. *Electrochimica Acta* **56**, 2665–2675.

Kratzer, P., Pehlke, E., Scheffler, M., Raschke, M., Höfer, U. (1998). Highly site-specific H_2 adsorption on vicinal Si(001) surfaces. *Phys. Rev. Lett.* **81**, 5596–5599.

Kudin, K., Scuseria, G. (1998). A fast multipole algorithm for the efficient treatment of the Coulomb problem in electronic structure calculations of periodic systems with Gaussian orbitals. *Chem. Phys. Lett.* **289**, 611–616.

Kudin, K., Scuseria, G. (2000). Linear-scaling density-functional theory with Gaussian orbitals and periodic boundary conditions: efficient evaluation of energy and forces via the fast multipole method. *Phys. Rev.* **B61**, 16443.

Kurisu, G., Zhang, H., Smith, J., Cramer, W. (2003). Structure of the cytochrome b_6f complex of oxygenic photosynthesis: tuning the cavity. *Science* **302**, 1009–1014.

Ladebeck, J., Wagner, J. (2003). Catalyst development for water-gas shift. In *Handbook of Fuel Cells* (Vielstich, W., Lamm, A., Gasteiger, H., eds.), Ch. 16. Wiley, Chichester.

Lange, J-P. (1997). Perspectives for manufacturing methanol at fuel value. *Industrial Eng. Chem. Res.* **36**, 4282–4290.

Lay, J. (2000). Biohydrogen generation by mesophilic anaerobic fermentation of microcrystalline cellulose. *Biotechnology Bioeng.* **74**, 280–287.

Lay, J., Fan, K., Chang, J., Ku, C. (2003). Influence of chemical nature of organic wastes on their conversion to hydrogen by heat-shock digested sludge. *Int. J. Hydrogen Energy* **28**, 1361–1367.

Leighty, W. (2008). Running the world on renewables: hydrogen transmission pipelines and firming geologic storage. *Int. J. Energy Res.* **32**, 408–426.

Lennard-Jones, J. (1932). *Trans. Faraday Soc.* **28**, 333.

Levin, D., Pitt, L., Love, M. (2004). Biohydrogen production: prospects and limitations to practical application. *Int. J. Hydrogen Energy* **29**, 173–185.

Liang, G. (2003). Magnesium-based alloys for hydrogen storage. In Hydrogen and Fuel Cells Conference. Towards a greener world, Vancouver, June. CDROM published by Canadian Hydrogen Association and Fuel Cells, Canada, Vancouver.

Lin, C., Lay, C. (2004). Carbon/nitrogen-ratio effect on fermentative hydrogen production by mixed microflora. *Int. J. Hydrogen Energy* **29**, 41–45.

Lin, H., Ouyang, L., Wang, H., Liu, J., Zhu, M. (2011). Phase transition and hydrogen storage properties of melt-spun $Mg_3LaNi_{0.1}$ alloy. *Int. J. Hydrogen Energy* **37**, 1145–1150.

Lin, Y-M., Rei, M-H. (2000). Process development for generating high purity hydrogen by using supported palladium membrane reactor as steam reformer. *Int. J. Hydrogen Energy* **25**, 211–219.

Loutfy, R., Wexler, E. (2001). Feasibility of fullerene hydride as a high capacity hydrogen storage material. In Proceedings of the Hydrogen program review meeting, Baltimore, MD.

Løvvik, O. (2004). Adsorption of Ti on $LiAlH_4$ surfaces studied by band structure calculations. *J. Alloys Compounds* **373**, 28–32.

Lu, G., Costa, J., Duke, M., Giessler, S., Socolow, R., Williams, R., Kreutz, T. (2007). Inorganic membranes for hydrogen production and purification: a critical review and perspective. *J. Colloid & Interface Science* **314**, 589–603.

Lutz, A., Bradshaw, R., Bromberg, L., Rabinovich, A. (2004). Thermodynamic analysis of hydrogen production by partial oxidation reforming. *Int. J. Hydrogen Energy* **29**, 809–816.

Magazu, V., Freni, A., Cacciola, G. (2003). Hydrogen storage: strategic fields and comparison of different technologies. In *Hydrogen Power—Theoretical and Engineering Solutions, Proc. Hypothesis V, Porto Conte 2003* (Marini, M., Spazzafumo, G., eds.), pp. 371–386. Servizi Grafici Editoriali, Padova.

Mao, W., Mao, H., Goncharov, A., Struzhkin, V., Guo, Q., Hu, J., Shu, J., Hemley, R., Somayazulu, M., Zhao, Y. (2002). Hydrogen clusters in clathrate hydrate. *Science* **297**, 2247–2249.

Marchetti, C. (1973). *Chem. Econ. & Eng. Rev.* **5**, 7.

Masukawa, H., Mochimaru, M., Sakurai, H. (2002). Hydrogenases and photobiological hydrogen production utilizing nitrogenase system in cyanobacteria. *Int. J. Hydrogen Energy* **27**, 1471–1474.

Masukawa, H., Nakamura, K., Mochimaru, M., Sakurai, H. (2001). Photohydrogen production and nitrogenase activity in some heterocystous cyanobacteria. In *BioHydrogen II* (Miyake, J., Matsunaga, T., Pietro, A., eds.), pp. 63–66.

Matsumoto, H., Okubo, M., Hamajina, S., Katahira, K., Iwahara, H. (2002). Extraction and production of hydrogen using high-temperature proton conductor. *Solid State Ionics* **152-3**, 715–720.

Matsumura, Y., Minowa, T. (2004). Fundamental design of a continuous biomass gasification process using a supercritical water fluidized bed. *Int. J. Hydrogen Energy* **29**, 701–707.

Matter, P., Braden, D., Ozkan, U. (2004). Steam reforming of methanol to H_2 over nonreducing Zr-containing CuO/ZnO catalysts. *J. Catalysis* **223**, 340–351.

McClaine, A., Breault, R., Larsen, C., Konduri, R., Rolfe, J., Becker, F., Miskolczy, G. (2000). Hydrogen transmission/storage with metal hydride-organic slurry and advanced chemical hydride/hydrogen for PEMFC vehicles. In Proceedings of the 2000 U.S. DOE Hydrogen Program Review NREL/CP-570–28890.

Mérida, W., Maness, P., Brown, R., Levin, D. (2004). Enhanced hydrogen production from indirectly heated, gasified biomass, and removal of carbon gas emissions using a novel biological gas reformer. *Int. J. Hydrogen Energy* **29**, 283–290.

Michel, F., Fieseler, H., Meyer, G., Theissen, F. (1998). On-board equipment for liquid hydrogen vehicles. *Int. J. Hydrogen Energy* **23**, 191–199.

Milczarek, G., Kasuya, A., Mamykin, S., Arai, T., Shinoda, K., Tohji, K. (2003). Optimization of a two-compartment photoelectrochemical cell for solar hydrogen production. *Int. J. Hydrogen Energy* **28**, 919–926.

Minami, E., Kawamoto, H., Saka, S. (2002). Reactivity of lignin in supercritical methanol studied with some lignin model compounds. In *12th European Biomass Conference*, pp. 785–788. ETA Firenze & WIP, Munich.

Minkevich, I., Laurinavichene, T., Tsygankov, A. (2004). Theoretical and experimental quantum efficiencies of the growth of anoxygenic phototrophic bacteria. *Process Biochem.* **39**, 939–949.

Mishra, P., Shukla, P., Singh, A., Srivastava, O. (2003). Investigation and optimization of nanostructures TiO_2 photoelectrode in regard to hydrogen production through photoelectrochemical process. *Int. J. Hydrogen Energy* **28**, 1089–1094.

Miyake, J., Miyake, M., Asada, Y. (1999). Biotechnological hydrogen production: research for efficient light energy conversion. *J. Biotechnology* **70**, 89–101.

Mohitpour, M., Golshan, H., Murray, A. (2000). *Pipeline Design & Construction*. ASME Press, New York.

Mori, D., Hirose, K. (2009). Recent challenges of hydrogen storage technologies for fuel cell vehicles. *Int. J. Hydrogen Energy* **34**, 4569–4574.

Morinaga, M., Yukawa, H. (2002). Nature of chemical bond and phase stability of hydrogen storage compounds. *Materials Science Eng.* **A329**, 268–275.

Morse, P. (1964). *Thermal Physics*. W. A. Benjamin, New York.

Mosher, D., Tang, X., Arsenault, S., Laube, B., Cao, M., Brown, R., et al. (2007). *High Density Hydrogen Storage System Demonstration Using $NaAlH_4$ Complex Compound Hydrides. In Proc. DOE hydrogen program 2007 annual merit review, Arlington.* Available from: http://www.hydrogen.energy.gov/pdfs/review07/stp_33_mosher.pdf (accessed April 2011).

Muradov, N. (2001). Hydrogen via methane decomposition: an application for decarbonization of fossil fuels. *Int. J. Hydrogen Energy* **26**, 1165–1175.

Nakamori, Y., Orimo, S. (2004). Destabilization of Li-based complex hydrides. *J. Alloys Compounds* **370**, 271–275.

NASA. (1971). Report No. R-351 and SP-8005, May.

NFC (2000). Brintbil med forbrændingsmotor—et pilot projekt. In Report 1763/99-003 to Danish Energy Agency. Nordvestjysk Folkecenter for Vedvarende Energi, Hurup.

Ni, M., Leung, D., Leung, M., Sumathy, K. (2006). An overview of hydrogen production from biomass. *Fuel Processing Technology* **87**, 461–472.

Ni, M., Leung, M., Leung, D. (2008). Technological development of hydrogen production by solid oxide electrolyzer cell (SOEC). *Int. J. Hydrogen Energy* **33**, 2337–2354.

Nielsen, S., Sørensen, B. (1998). A fair market scenario for the European energy system. In *Long-Term Integration of Renewable Energy Sources into the European Energy System* (LTI-research group, ed.), pp. 127–186. Physica-Verlag, Heidelberg.

Nijkamp, M., Raaymakers, J., van Dillen, A., de Jong, K. (2001). Hydrogen storage using physisorption: materials demands. *Appl. Phys.* **A72**, 619–623.

Ogata, H., Mizoguchi, Y., Mizuno, N., Miki, K., Adachi, S., Yasuoka, N., Yagi, T., Yamauchi, O., Hirota, S., Higuchi, Y. (2002). Structural studies of the carbon monoxide complex of [NiFe] hydrogenase from *Desulfovibrio vulgaris* Miyazaki F: suggestions for the initial activation site for dihydrogen. *J. Am. Chem. Soc.* **124**, 11628–11635.

Ogden, J. (1999). Developing an infrastructure for hydrogen vehicles: a Southern California case study. *Int. J. Hydrogen Energy* **24**, 709–730.

Oh, Y., Roh, H., Jun, K., Baek, Y. (2003). A highly active catalyst, $Ni/Ce–ZrO_2/\theta-Al_2O_3$, for on-site H_2 generation by steam methane reforming: pretreatment effect. *Int. J. Hydrogen Energy* **28**, 1387–1392.

Onsager, L. (1938). *J. Am. Chem. Soc.,* **58**, 1486.

Orimo, S., Fujii, H. (2001). Materials science of Mg-Ni-based new hydrides. *Appl. Phys.* **A72**, 167–186.

Ovesen, C., Clausen, B., Hammershøi, B., Steffensen, G., Askgaard, T., Chorkendorff, I., Nørskov, J., Rasmussen, P., Stoltze, P., Taylor, P. (1996). A microkinetic analysis of the water-gas shift reaction under industrial conditions. *J. Catalysis* **158**, 170–180.

Ozturk, Z., Ozkan, G., Kose, D., Asan, A. (2015). Experimental and simulation study on structural characterization and hydrogen storage of metal organic structured compounds. *Int. J. Hydrogen Energy* **41**, 8256–8263.

Pacheco, M., Sira, J., Kopasz, J. (2003). Reaction kinetics and reactor modelling for fuel processing of liquid hydrocarbons to produce hydrogen: isooctane reforming. *Appl. Catalysis A: General* **250**, 161–175.

Padró, C., Putche, V. (1999). *Survey of the economics of hydrogen technologies. US National Renewable Energy Lab. Report NREL/TP-570–27079,* Golden, CO.

Pal, A., Agarwal, A. (2015). Comparative study of laser ignition and conventional electrical spark ignition systems in a hydrogen fuelled engine. *Int. J. Hydrogen Energy* **40**, 2386–2395.

Palenik, B., Brahamsha, B., Larimer, F., Land, M., Hauser, L., Chain, P., Lamerdin, J., Regala, W., Allen, E., McCarren, J., Paulsen, I., Dufresne, A., Partensky, F., Webb, E., Waterbury, J. (2003). The genome of a motile marine *Synechococcus*. *Nature* **424**, 1037–1042.

Pallassana, V., Neurock, M., Hansen, L., Hammer, B., Nørskov, J. (1999). Theoretical analysis of hydrogen chemisorption on Pd(111), Re(0001) and Pd_{ML}/Re(0001), Re_{ML}/Pd(111) pseudomorphic overlayers. *Phys. Rev.* **B60**, 6146–6154.

Palo, D., Holladay, J., Rozmiarek, R., Guzman-Leong, C., Wang, Y., Hu, J., Chin, Y-H., Dagle, R., Baker, E. (2002). Development of a soldier-portable fuel cell power system. Part I: a bread-board methanol fuel processor. *J. Power Sources* **108**, 28–34.

Panfilov, M. (2016). In Underground and pipeline hydrogen storage. Ch. 4 in *Compendium of Hydrogen Energy, vol. 2* (R. Gupta, A. Basile and T. Veziroglu, eds.). Woodhead/Elsevier, Cambridge, UK.

Perdew, J., Burke, K., Ernzerhof, M. (1996). Generalized gradient approximation made simple. *Phys. Rev. Lett.* **77**, 3865–3868 Erratum: 78, 1396–1397.

Perna, A. (2008). Combined power and hydrogen production from coal. Part A: analysis of IGHP plants. *Int. J. Hydrogen Energy* **33**, 2957–2964.

Perrin, G. (1981). Verkehr und Technik, issue no. 9.

Peters, J., Lanzilotta, W., Lemon, B., Seefeldt, L. (1998). X-ray crystal structure of the Fe-only hydrogenase (Cpl) from *Clostridium pasteurianum* to 1.8 Ångström resolution. *Science* **282**, 1853–1858.

Pinto, F., Troshina, O., Lindblad, P. (2002). A brief look at three decades of research on cyanobacterial hydrogen evolution. *Int. J. Hydrogen Energy* **27**, 1209–1215.

Pohl, H., Malychev, V. (1997). Hydrogen in future civil aviation. *Int. J. Hydrogen Energy* **22**, 1061–1069.

Polle, J., Kanakagiri, S., Jin, E., Masuda, T., Melis, A. (2002). Truncated chlorophyll antenna size of the photosystems—a practical method to improve microalgal productivity and hydrogen production in mass culture. *Int. J. Hydrogen Energy* **27**, 1257–1264.

Popov, R., Shpilrain, E., Zaichenko, V. (1999). Natural gas pyrolysis in the regenerative gas heater. *Int. J. Hydrogen Energy* **24**, 327–334.

Presting, H., Konle, J., Starkov, V., Vyatkin, A., König, U. (2004). Porous silicon for micro-sized fuel cell reformer units. *Materials Sci. Eng.* **B108**, 162–165.

Qian, D., Nakamura, C., Wenk, S., Wakayama, T., Zorin, N., Miyake, J. (2003). Electrochemical hydrogen evolution by use of a glass carbon electrode sandwiched with clay, poly(butylviologen) and hydrogenase. *Materials Lett.* **57**, 1130–1134.

Qing, H., Chengzhong, Y. (2001). Application of liquid hydrogen in hypersonic aeroengine. In *Hydrogen Energy Progress XIII, Proc. 13th World Energy Conf., Beijing 2000* (Mao, Z., Veziroglu, T., eds.), pp. 670–676. Int. Assoc. Hydrogen Energy, Beijing.

Radecka, M. (2004). TiO_2 for photoelectrolytic decomposition of water. *Thin Solid Films* **451/2**, 98–104.

Rasten, E., Hagen, G., Tunold, R. (2003). Electrocatalysis in water electrolysis with solid polymer electrolyte. *Electronica Acta* **48**, 3945–3952.

Reddy, S., Nanda, S., Dalai, A., Kozinski, J. (2014). Supercritical water gasification of biomass for hydrogen production. *Int. J. Hydrogen Energy* **39**, 6912–6926.

Reed, T. (ed.), (1981). Biomass gasification. Noyes Data Corp, Park Ridge, NJ.

Ren, N., Li, J., Li, B., Wang, Y., Liu, S. (2006). Biohydrogen production from molasses by anaerobic fermentation with a pilot-scale bioreactor system. *Int. J. Hydrogen Energy* **31**, 2147–2157.

Reuter, K., Frenkel, D., Scheffler, M. (2004). The steady state of heterogeneous catalysis, studied by first-principle statistical mechanics. *Phys. Rev. Lett.* **93**, 116105.

Robinson, J. (ed.), (1980). Fuels from Biomass. Noyes Data Corp., Park Ridge, NJ.

Roddy, D. (2004). Making a viable fuel cell industry happen in the Tees Val-ley. *Fuel Cells Bulletin*, Jan. 10–12.

Roh, H., Jun, K., Dong, W., Chang, J., Park, S., Joe, Y. (2002). Highly active and stable Ni/Ce–ZrO_2 catalyst for H_2 production from methane. *J. Molec. Catalysis A: Chemical* **181**, 137–142.

Rosi, N., Eckert, J., Eddaoudi, M., Vodak, D., Kim, J., O'Keeffe, M., Yaghi, O. (2003). Hydrogen storage in microporous metal-organic frameworks. *Science* **300**, 1127–1129.

Rostrup-Nielsen, J. (2000). New aspects of syngas production and use. *Catal. Today* **63**, 159–164.

Saiki, Y., Amao, Y. (2003). Bio-mimetic hydrogen production from polysaccharide using the visible light sensitization of zinc porphyrin. *Biotechnology Bioeng.* **82**, 710–714.

Sandrock, G., Thomas, G. (2001). Database administrators for an online hydride database of the International Energy Agency and the US Department of Energy at. http://hydpark.ca.sandia.gov.

Satyapal, S., Petrovic, J., Read, C., Thomas, G., Ordaz, G. (2007). The U.S. Department of Energy's National Hydrogen Storage Project: Progress towards meeting hydrogen-powered vehicle requirements. *Catal. Today* **120**, 246–256.

Schaefer, A., Horn, H., Ahlrichs, R. (1992). Fully optimized contracted Gaussian basis sets for atoms Li to Kr. *J. Chem. Phys.* **97**, 339.

Schlapbach, L., Züttel, A. (2001). Hydrogen-storage materials for mobile applications. *Nature* **414**, 353–358.

Schlesinger, H., Brown, H. (1940). Metallo borohydrides, III: lithium borohydride. *J. Am. Chem. Soc.* **62**, 3429–3435.

Schober, T. (2001). Tubular high-temperature proton conductors: transport numbers and hydrogen injection. *Solid State Ionics* **139**, 95–104.

Schwartz, J. (2011). Advanced hydrogen liquefaction process. Praxair Project PD018 presentation at USDoE Annual Merit Meeting website www.hydrogen.energy.gov/pdfs/review11/pd018_schwartz_2011_p.pdf, accessed 2016.

Semelsberger, T., Brown, L., Borup, R., Inbody, M. (2004). Equilibrium products from autothermal processes for generating hydrogen-rich fuel-cell feeds. *Int. J. Hydrogen Energy* **29**, 1047–1064.

Shang, C., Bououdina, M., Song, Y., Guo, Z. (2004). Mechanical alloying and electronic simulations of (MgH_2 + M) systems (M = Al, Ti, Fe, Ni, Cu and Nb) for hydrogen storage. *Int. J. Hydrogen Energy* **29**, 73–80.

Shen, P., Shi, Q., Hua, Z., Kong, F., Wang, Z., Zhuang, S., Chen, D. (2003). Analysis of microcystins in cyanobacteria blooms and surface water samples from Meiliang Bay, Taihu Lake, China. *Environment Int.* **29**, 641–647.

Shimizu, K., Fukagawa, M., Sakanishi, A. (2004). Development of PEM water electrolysis type hydrogen production system. In 15th World Hydrogen Energy Conference, Yokohama 2004. Hydrogen Energy Systems Soc. of Japan (CDROM).

Shoiji, M., Houki, Y., Ishiyama, T. (2001). Feasibility of the high-speed hydrogen engine. In *Hydrogen Energy Progress XIII, Proc. 13th World Energy Conf., Beijing 2000* (Mao, Z., Veziroglu, T., eds.), pp. 641–647. Int. Assoc. Hydrogen Energy, Beijing.

Shore, L., Farrauto, R. (2003). PROX catalysts. In *Handbook of Fuel Cells* (Vielstich, W., Lamm, A., Gasteiger, H., eds.), Ch. 18. Wiley, Chichester.

Show, K., Lee, D., Tay, J., Lin, C., Chang, J. (2012). Biohydrogen production: Current perspectives and the way forward. *Int. J. Hydrogen Energy* **37**, 15616–15631.

Sljivancanin, Z., Hammer, B. (2002). Oxygen dissociation at close-packed Pt terraces, Pt steps, and Ag-covered Pt steps studied with density functional theory. *Surface Sci.* **515**, 235–244.

Sluiter, M., Belosludov, R., Jain, A., Belosludov, R., Adachi, H., Kawazoe, Y., Higuchi, K., Otani, T. (2003). *Ab initio* study of hydrogen hydrate clathrates for hydrogen storage within the ITBL environment. In *Proc. ISHPC Conference 2003* (Veidenbaum, A. *et al.*, eds.), pp. 330–341. Springer-Verlag, Berlin.

SMAB (1978). *Metanol som drivmedel*. Annual Report. Svensk Metanol-utveckling AB, Stockholm.

Smith, B. (2002). Nitrogenase reveals its inner secrets. *Science* **297**, 1654–1655.

Sørensen, B. (1984). Energy storage. *Ann. Rev. Energy* **9**, 1–29.

Sørensen, B. (2004a). *Renewable Energy*. 3rd ed. Elsevier Academic Press, Burlington. MA. Previous editions 1979; 2000, new editions 2010, 2017.

Sørensen, B. (2004b). *Absorption of hydrogen in Mg lattice*. Research Report available for download at energy. ruc.dk.

Sørensen, B. (2005). Hydrogen and fuel cells. Burlington, MA: Elsevier Academic Press (2nd ed. published in 2011, Oxford: Elsevier Academic Press).

Sørensen, B. (2017). *Renewable Energy. Physics, engineering, environmental impacts, economics & planning*. 5th Edition. Academic Press-Elsevier, Burlington.

Sørensen, B., Petersen, A., Juhl, C., Ravn, H., Søndergren, C., Simonsen, P., Jørgensen, K., Nielsen, L., Larsen, H., Morthorst, P., Schleisner, L., Sørensen, F., Petersen, T. (2001). Project report to Danish Energy Agency (in Danish): Scenarier for samlet udnyttelse af brint som energibærer i Danmarks fremtidige energisystem, *IMFUFA Texts* No. 390, 226 pp., Roskilde University; report download at http://rudar. ruc.dk/handle/1800/3500, file IMFUFA_390.pdf.

Sørensen, R., Hummelshøj, J., Klerke, A., Birke Reves, J., Vegge, T., Nørskov, J., Christensen, C. (2008). Indirect, reversible high-density hydrogen storage in compact metal ammine salts. *J. Am. Chem. Soc.* **130**, 8660–8668.

Spazzafumo, G. (2004). Cogeneration of power and hydrogen with integrated fuel processor counterpressure steam cycles. *Int. J. Hydrogen Energy* **29**, 1147–1150.

Spazzafumo, G. (2010). Direct steam generator with premixing of water and reactants. Italian Patent **1395389**.

Spohr, E. (1999). Molecular simulation of the electrochemical double layer. *Electrochimica Acta* **44**, 1697–1705.

Steinberg, M. (1999). Fossil fuel decarbonization technology for mitigating global warming. *Int. J. Hydrogen Energy* **24**, 771–777.

Stipe, B., Rezaei, M., Ho, W., Gao, S., Persson, M., Lundqvist, B. (1997). Single-molecule dissociation by tunneling electrons. *Phys. Rev. Lett.* **78**, 4410–4413.

Sudan, P., Wenger, P., Mauron, P., Gremaud, R., Züttel, A. (2004). Reversible properties of $LiBH_4$. In *Hydrogen Power—Theoretical and Engineering Solutions, Proc. Hypothesis V, Porto Conte 2003* (Marini, M., Spazzafumo, G., eds.), pp. 433–440. Servizi Grafici Editoriali, Padova.

Sullivan, M., Waterbury, J., Chisholm, S. (2003). Cyanophages infecting the oceanic cyanobacterium *Prochlorococcus*. *Nature* **242**, 1047–1052.

Superfoss (1981). *En dansk industri*. Danmarks Radio Skole-TV, Glostrup.

Svensson, F., Hasselrot, A., Moldanova, J. (2004). Reduced environmental impact by lowered cruise altitude for liquid hydrogen-fuelled aircraft. *Aerospace Sci. Tech.* **8**, 307–320.

Szczygiel, J., Szyja, B. (2004). Diffusion of hydrocarbons in the reforming catalyst: molecular modelling. *J. Molecular Graphics Modelling* **22**, 231–239.

Takahashi, K. (1998). Development of fuel cell electric vehicles. Paper presented at *Fuel Cell Technology Conference*, London, September, IQPC Ltd., London.

Tamagnini, P., Axelsson, R., Lindberg, P., Oxelfelt, F., Wünchiers, R., Lindblad, P. (2002). Hydrogenases and hydrogen metabolism of cyanobacteria. *Microbiol. Mol. Biol. Rev.* **66**, 1–20.

Tao, S., Notten, P., van Santen, A., Jansen, A. (2011). DFT studies of hydrogen storage properties of $Mg_{0.75}Ti_{0.25}$. *J. Alloys Compounds* 509, 210–216.

Tartakovsky, B., Manuel, M., Wang, H., Guiot, S. (2009). High rate membrane-less microbial electrolysis cell for continuous hydrogen production. *Int. J. Hydrogen Energy* **34**,

672–677.
Tatsumi, K., Tanaka, I., Inui, H., Tanaka, K., Yamaguchi, M., Adachi, H. (2001). Atomic structures and energetics of $LaNi_5$-H solid solution and hydrides. *Phys. Rev.* **B64**, #184105 (10 pp).
Taylor, J., Alderson, J., Kalyanam, K., Lyle, A., Phillips, L. (1986). Technical and economic assessment of methods for the storage of large quantities of hydrogen. *Int. J. Hydrogen Energy* **11**, 5–22.
Tomonou, Y., Amao, Y. (2004). Effect of micellar species on photoinduced hydrogen production with Mg chlorophyll-*a* from *spirulina* and colloidal platinum. *Int. J. Hydrogen Energy* **29**, 159–162.
Toyota Mirai (2015). Blog.toyota.co.uk/toyota-mirai-environmental-perfor mance-and-convenience, accessed 2016.
Trebst, A. (1974). *Ann. Rev. Plant Physiol.* **25**, 423–447.
Troshina, O., Serebryakova, L., Sheremetieva, M., Lindblad, P. (2002). Production of H2 by the unicellular cyanobacterium *Gloeocapsa alpicola* CALU 743 during fermentation. *Int. J. Hydrogen Energy* **27**, 1283–1289.
Tsygankov, A., Fedorov, A., Kosourov, S., Rao, K. (2002). Hydrogen production by cyanobacteria in an automated outdoor photobioreactor under aerobic conditions. *Biotechnology Bioeng.* **80**, 777–783.
Tsygankov, A., Kosourov, S., Seibert, M., Ghirardi, M. (2002). Hydrogen photoproduction under continuous illumination by sulphur-deprived, synchronous *Chlamydomonas reinhardtii* cultures. *Int. J. Hydrogen Energy* **27**, 1239–1244.
Ueno, Y., Otauka, S., Morimoto, M. (1996). Hydrogen production from industrial wastewater by anaerobic microflora in chemostat culture. *J. Ferment. Bioeng.* **82**, 194–197.
US DoE (2015). Hydrogen Storage. Section 3.3 in Fuel Cell Technologies Office Multi-Year Research, Development, and Demonstration Plan. Office of Energy Efficiency & Renewable Energy, US Department of Energy, at https://energy.gov/eere/fuelcells/downloads/fuel-cell-technologies-office-multi-year-research-development-and-22.
van Blarigan, P., Keller, J. (1998). A hydrogen fuelled internal combustion engine designed for single speed/power operation. Int. J. Hydrogen Energy. **23**, 603–609.
Verhelst, S., Sierens, R. (2003). Simulation of hydrogen combustion in spark-ignition engines. In *La planète hydrogène, Proc. 14th World Hydrogen Conf., Montréal 2002*. CDROM published by CogniScience Publ., Montréal.
Verhelst, S. (2014). Recent progress in the use of hydrogen as a fuel for internal combustion engines. *Int. J. Hydrogen Energy* **39**, 1071–1085.
Volbeda, A., Charon, M., Piras, C., Hastchikian, E., Frey, M., Fonticilla-Camps, J. (1995). Crystal structure of the nickel-iron hydrogenase from *Desulfovibrio gigas*. *Nature* **373**, 580–585.
VW (2003). *Lupo 3 litre TDI,* Technical Data, Volkswagen AG, Wolfsburg.
Wang, A., Liu, W., Ren, N., Zhou, J., Cheng, S. (2010). Key factors affecting microbial anode potential in a microbial electrolysis cell for H_2 production. *Int. J. Hydrogen Energy* **35**, 13481–13487.
Wang, J., Wan, W. (2009). Factors influencing fermentative hydrogen production: A review. *Int. J. Hydrogen Energy* **34**, 799–811.
Wang, L., Murta, K., Inaba, M. (2004). Development of novel highly active and sulphur-tolerant catalysts for steam reforming of liquid hydrocarbons to produce hydrogen. *Appl. Catalysis A: General* **257**, 443–447.
Wang, X., Gorte, R. (2002). A study of steam reforming of hydrocarbon fuels on Pd/ceria. *Appl. Catalysis A: General* **224**, 209–218.
Wang, Z., Naterer, G., Gabriel, K., Gravelsins, R., Daggupati, V. (2010). Comparison of sulfur–iodine and copper–chlorine thermochemical hydrogen production cycles. *Int. J. Hydrogen Energy* **35**, 4820–4830.
Weht, R., Kohanoff, J., Estrin, D., Chakravarty, C. (1998). An *ab initio* path integral Monte Carlo simulation method for molecules and clusters: application to Li_4 and Li_5^+.

J. Chem. Phys. **108**, 8848–8858.

Wenk, S., Qian, D., Wakayame, T., Nakamura, C., Zorin, N., Rögner, M., Miyake, J. (2002). Biomolecular device for photoinduced hydrogen production. *Int. J. Hydrogen Energy* **27**, 1489–1493.

Weydahl, T., Gruber, A., Gran, I., Ertesvåg, I. (2003). Mathematical modelling and numerical simulations of different diffusion effects in hydrogen-rich turbulent combustion. In La planète hydrogène, Proc. 14th World Hydrogen Energy Conf., Montréal 2002. CDROM published by CogniScience Publ, Montréal 9 p.

Wieland, S., Melin, T., Lamm, A. (2002). Membrane reactors for hydrogen production. *Chem. Eng. Sci.* **57**, 1571–1576.

Wikipedia (2017). *François Isaac de Rivaz entry.* www.wikipedia.org.

Williams, K., Eklund, P. (2000). Monte Carlo simulations of H_2 physisorption in finite-diameter carbon nanotube ropes. *Chem. Phys. Lett.* **320**, 352–358.

Wise, DL. (1981). Biomass production and bioconversion to both fuel and food employing solar energy technology-An alternative to conventional farming and the conversion of food to fuel. *Solar Energy* **27**, 159–178.

Wolfbauer, G. (1999). *The electrochemistry of dye sensitized solar cells, their sensitizers and their redox shuttles.* Ph. D. Thesis, Monash University, Melbourne.

Woodward, J., Orr, M., Cordray, K., Greenbaum, E. (2000). Enzymatic production of biohydrogen. *Nature* **405**, 1014–1015.

Wurster, R. (1997). Wasserstoff-Forschungs- und Demonstrations-Projekte. Kryotechnik 26. Feb. 1997, VDI-Tagung, http://www.hyweb.de/knowledge.

Yamada, Y., Matsuki, N., Ohmori, T., Mametsuka, H., Kondo, M., Matsuda, A., Suzuki, E. (2003). One chip photovoltaic water electrolysis device. *Int. J. Hydrogen Energy* **28**, 1167–1169.

Yamaguchi, M., Horiguchi, M., Nakanori, T., Shinohara, T., Nagayama, K., Yasuda, J. (2001). Development of large-scale water electrolyzer using solid polymer electrolyte in WE-NET, In *Hydrogen Energy Progress XIII, Vol. 1 (Proc. 13th World Hydrogen Energy Conf., Beijing 2000*; Mao and Veziroglu, eds.), pp. 274–281. Int. Assoc. Hydrogen Energy & China Int. Conf. Center for Science and Technology, Beijing.

Yang, J., Sudik, A., Wolverton, C. (2007). Destabilizing $LiBH_4$ with a Metal (M=Mg, Al, Ti, V, Cr, or Sc) or Metal Hydride (MH_4, MgH_2, TiH_2, or CaH_2). *J. Phys. Chem.* **C**111, 19134–19140.

Yasuda, I., Shirasaki, Y., Tsuneki, T., Asakura, T., Kataoka, A., Shinkai, H., Yamaguchi, R. (2004). Development of membrane reformer for high-efficient hydrogen production from natural gas. In 15th World Hydrogen Energy Conference, Yokohama 2004. Hydrogen Energy Systems Soc. of Japan (CDROM).

Yinxing, S. (1637). *High skills in materials production (Tian gong kai wu).* China.

Yokaota, O., Oku, Y., Sano, T., Hasegawa, N., Matsunami, J., Tsuji, M., Tamura, Y. (2000). Stoichiometric consideration of steam reforming of methane on Ni/Al_2O_3 catalyst at 650°C by using a solar furnace simulator. *Int. J. Hydrogen Energy* **25**, 81–86.

Yoong, L., Chong, F., Dutta, B. (2009). Development of copper-doped TiO_2 photocatalyst for hydrogen production under visible light. *Energy* **34**, 1652–1661.

Yossan, S., Xiao, L., Prasertsan, P., He, Z. (2013). Hydrogen production in microbial electrolysis cells: choice of catholyte. *Int. J. Hydrogen Energy* **38**, 9619–9624.

Yu, L., Wuye, D., Xianchen, C., Bin, M. (2001). Aerospike engine and single-stage-to-orbit return transportation. In *Hydrogen Energy Progress XIII, Proc. 13th World Energy Conf., Beijing 2000* (Mao, Z., Veziroglu, T., eds.), pp. 654–663. Int. Assoc. Hydrogen Energy, Beijing.

Yuan, C., Xu, J., He, Y. (2016). Performance characteristics analysis of a hydrogen fueled free-piston engine generator. *Int. J. Hydrogen Energy* **41**, 3259–3271.

Zaluska, A., Zaluski, L., Ström-Olsen, J. (2001). Structure, catalysis and atomic reactions on the nano-scale: A systematic approach to metal hydrodes for hydrogen storage. *Appl. Phys.* **A72**, 157–165.

Zamfirescu, C., Dincer, I., Naterer, G. (2011). Analysis of a photochemical water splitting reactor with supramolecular catalysts and a proton exchange membrane. *Int. J. Hydrogen Energy* **36**, 11273–11281.

Zehr, J., Waterbury, J., Turner, P., Montoya, P., Omoregle, E., Steward, G., Hansen, A., Karl, D. (2001). Unicellular cyanobacteria fix N_2 in the subtropical North Pacific Ocean. *Nature* **412**, 635–638.

Zhang, Q., He, D., Li, J., Xu, B., Liang, Y., Zhu, Q. (2002). Comparatively high yield methanol production from gas phase partial oxidation of methane. *Appl. Catalysis A: General* **224**, 201–207.

Zhang, T., Chu, W., Gao, K., Qiao, L. (2003). Study of correlation between hydrogen-induced stress and hydrogen embrittlement. *Materials Sci. Eng.* **A147**, 291–299.

Zhang, T., Liu, H., Fang, H. (2003). Biohydrogen production from starch in wastewater under thermophilic condition. *J. Environm. Managem.* **69**, 149–156.

Zhao, X., Ma, L. (2009). Recent progress in hydrogen storage alloys for nickel/metal hydride secondary batteries. *Int. J. Hydrogen Energy* **34**, 4788–4796.

Zhou, L., Zhou, Y., Sun, Y. (2004). A comparative study of hydrogen adsorption on superactivated carbon versus carbon nanotubes. *Int. J. Hydrogen Energy* **29**, 475–479.

Zhu, Q., Li, J., Wei, J. (2001). Production and utilization of hydrogen in China. In *Hydrogen Energy Progress XIII, Proc. 13th World Energy Conf., Beijing 2000* (Mao, Z., Veziroglu, T., eds.), pp. 105–109. Int. Assoc. Hydrogen Energy, Beijing.

Zittel, W., Wurster, R. (1996). Hydrogen in the Energy Sector. Ludwig Bölkow ST Report, http://www.hyweb.de/knowledge/w-i-energiew-eng. (accessed 2005).

Züttel, A. (2004). Hydrogen storage methods. *Naturwissenschaften* **91**, 157–172.

Züttel, A., Rentsch, S., Fischer, P., Wenger, P., Sudan, P., Mauron, P., Emmenegger, C. (2003). *J. Alloys Compounds* **356**, 515.

Züttel, A., Wenger, P., Sudan, P., Mauron, P., Orimo, S. (2004). Hydrogen density in nanostructured carbon, metals and complex materials. *Materials Sci. Eng.* **B108**, 9–18.

第3章 燃料电池

3.1 基本概念

3.1.1 燃料电池的电化学和热力学

能量的电化学转化是将化学能转化成电能，或其逆过程。电化学电池是一种将化学能转化成电能的装置，该化学能或是储存在装置内部，或是通过管道从外部供应到电池内。另外，它也可以以逆向模式运作，即将电能转化为化学能，所生成的化学能可以储存，也可以以物质的形式向外输出。这个转化过程往往伴随着相应热量的释放或者吸收。这种装置的一般布局如图 3.1 所示。

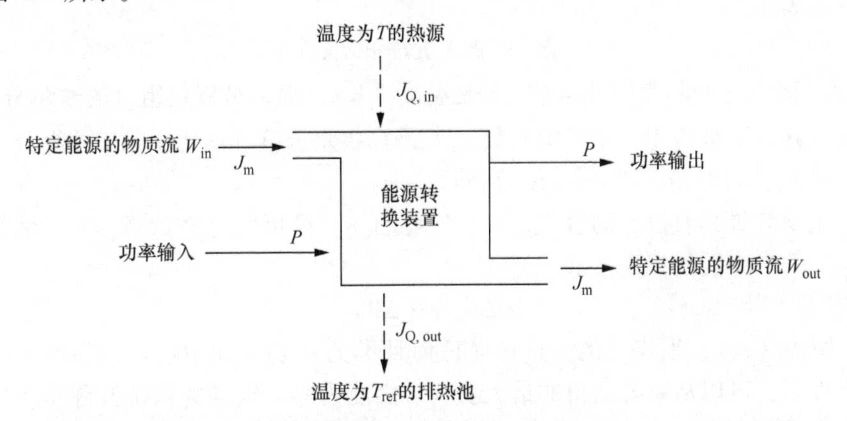

图3.1　包含质量（燃料）、热和功率交换关系的电化学装置示意图。引自 Sørensen（2004），得到了 Elsevier 的使用许可

根据热力学原理（参考教材，例如，Callen，1960），在给定的情况下，系统中可以转化为高品质能量形式（例如电能）的最大化学能是由自由能 G 决定的，即所谓的吉布斯自由能：

$$G = U - T_{ref}S + P_{ref}V \tag{3.1}$$

式中，U 是该系统的内能（例如，在这里所考虑的情况下的化学能），S 是熵，V 是体积，而 T_{ref}、P_{ref}是周围环境的绝对温度和压力，它定义了所谓的“在指定情况下”的含义。能量守恒定律（即热力学第一定律）指出，内能的增加量等于外部供给到系统中的净能量：

$$\Delta U = \int dQ + \int dW + \int dM \tag{3.2}$$

式中，M 是流进装置的净能量，W 是环境对系统所做的净的机械功或电功，Q 是系统从环境接收到的净热量。

装置对其周围环境所做功的量为 $-W$。对一段时间积分，功可以表示为

$$-\Delta W = -\Delta W_{\text{elec}} + \int P\mathrm{d}V \tag{3.3}$$

如果该系统体积恒定，则式（3.3）中最后一项是零。该电化学系统通过设备（例如电动机）输送到连接外部电路的电功 $-\Delta W_{\text{elec}}$，可表示成正极和负极（见下文）之间的电势差以及流过的电子数量的函数：

$$-\Delta W_{\text{elec}} = n_{\text{e}} N_{\text{A}} e \Delta\phi_{\text{ext}} = n_{\text{e}} F \Delta\phi_{\text{ext}} \tag{3.4}$$

式中，电子电荷为 $e=1.6\times10^{-19}$C（因此单个电子的能量差是 $e\Delta\phi_{\text{ext}}$），n_{e}是电子的摩尔数，$N_{\text{A}}=6\times10^{23}$是阿伏伽德罗常数（每摩尔的粒子数，这里指电子），$F=N_{\text{A}}e=96400\text{C/mol}$ 是法拉第常数。式（3.4）中的能量也可以用电化学装置中的内部参数来表示，即装置的总化学势能差 $\Delta\mu$ 由各组分化学势能差 $\Delta\mu_{\text{i}}$相加得到：

$$-\Delta W_{\text{elec}} = \sum_i n_{\text{e},i} \Delta\mu_i \tag{3.5}$$

电解质的化学势是其离子相对于纯溶剂的附加能量的表达式。以上电解质组分用 i 标记，它们的贡献可以表达为

$$\mu_i = \mu_i^0 + RT\log(f_i x_i) \tag{3.6}$$

式中，$R=8.3\text{J/(K}\cdot\text{mol)}$是气体常数，$T$ 是温度（K），而 x_i是特定组分的摩尔分数。f_i被称为活度系数，并且可被视为一个经验常数。μ_i^0 是在指定温度和压力下第 i 种组分单独存在时的化学势（参见例如 Maron 和 Prutton，1959）。

如果电化学装置具有恒定的容积，且与环境的热交换可以忽略，那么所产生的电能必定等于来自电池的自由能的损失（转化）：

$$-\Delta G = -\Delta W_{\text{elec}} \tag{3.7}$$

自由能 G，如式（3.1）所定义的，是在（任何种类的）功交换中仅发生在系统与其周围环境之间的条件下，可以从系统获得的最大功。自由能为零的这样的系统被称作达到了热力学平衡状态。从技术上说，式（3.1）中的自由能表达式意味着将总系统分成了两个子系统：小的子系统（电化学装置）包含多个广度变量（即大小与系统的容积成正比的变量）U、S、V 等；大的子系统（环境），包含强度变量 T_{ref}、P_{ref}等。引入大的子系统原因是为了能够将其强度变量（而不是其广度变量 U_{ref}、S_{ref}等）视为常量，而不需考虑整个系统接近平衡状态所经历的过程。

这意味着当整个系统达到热力学平衡状态（$G=0$）时小系统的强度变量将等于周围环境的强度变量。为了计算最大功，我们可以考虑这样一个在初始状态和平衡状态之间的可逆过程，则最大功等于初始内能 $U_{\text{init}} = U + U_{\text{ref}}$ 与终止内能 U_{eq}之差，即可以表达成式（3.1）的形式。

在整个系统趋向平衡状态的过程中，可能涉及内部不可逆损耗，由此可以得到由下式给出的能量散度：

$$D = -\mathrm{d}G/\mathrm{d}t = T_{\text{ref}}\mathrm{d}S(t)/\mathrm{d}t \tag{3.8}$$

假设熵是与时间相关的唯一变量。在有限的时间跨度内实现平衡可能是不可能的，并且诸如将（小）系统限制在有限体积内的限制，可能会阻止达到零自由能的真正平衡状态。如果在这样的约束平衡状态下的广度变量表示成 U^0、S^0、V^0 等，那么可用自由能可修改成如下形式的表达式：

$$\Delta G = (U - U^0) - T_{\text{ref}}(S - S^0) + P_{\text{ref}}(V - V^0) \tag{3.9}$$

这里假设化学反应能包括在内能中。

当小系统受到壁的约束时，自由能减少就是亥姆霍兹（Helmholtz）势能 $U - TS$，如果小系统受到限制，无法进行热交换，自由能则变成焓，$H = U + PV$。式（3.9）的相应形式可用于找到在给定约束条件下可从热力学系统获得的最大功。一般性的焓和自由能之间的差通过以下关系式得以明确（见 Sørensen，2017）。

$$\begin{aligned} \mathrm{d}U &= T\mathrm{d}S - P\mathrm{d}V \\ \mathrm{d}H &= T\mathrm{d}S + V\mathrm{d}P \end{aligned} \tag{3.10}$$

应当强调，热力学是一个关于接近平衡状态系统行为的理论，根据牛顿力学定律进行统计处理而得到。换句话说，热力学是尝试建立一定量的平均时间发展的简单规律，就像温度定义为粒子速度二次方的平均值。如同气象预报员所知道的那样，通常不可能找到任何平均量的简单行为，或者换个角度说，尚未发现远离平衡状态的热力学量平均值的简单理论。也许，这样的基本规律根本不存在。由于我们所关注的电化学系统总是远离平衡状态，并且涉及复杂的、不可逆的反应或变化，那么应该清楚一个装置的最大热力学效率只能用来作为比较测量效率的理论参考基准点，而且在许多情况下，是不能设计出接近热力学最大效率的设备。

描述系统的动态行为，必须超越热力学考虑，并且尝试建立系统中各种流率之间的关系：

$$\begin{aligned} J_{\text{Q}} &= \mathrm{d}Q/\mathrm{d}t(\text{热流率}) \\ J_{\text{m}} &= \mathrm{d}m/\mathrm{d}t(\text{质量流率}) \\ J_{\text{q}} &= \mathrm{d}q/\mathrm{d}t = I(\text{电荷流率,或者电流}) \end{aligned} \tag{3.11}$$

并且，可能的影响因素就是系统各组成成分之间的相互作用（广义力）。根据图 3.1，在某一给定的时刻，将燃料和热能转化为电能的电化学装置的简单能量效率（因此在这种情况下，电力输入为零）则是由下式计算：

$$\eta = \frac{J_{\text{Q,in}} - J_{\text{Q,out}} + J_{\text{m}}(w_{\text{in}} - w_{\text{out}})}{J_{\text{Q,in}} + J_{\text{m}}w_{\text{in}}} \tag{3.12}$$

这里进、出物质（燃料）的比能量 w_{in} 和 w_{out} 承担了把质量流率转化成能量流率。产生功的效率（也被称为第二定律效率，或者㶲效率）定义为

$$\eta^{2,\text{law}} = \frac{W}{\max(W)} \tag{3.13}$$

式中，W 是实际输出功率，而 $\max(W)$ 则指根据实际上不可逆的、远离平衡过程的理论认识所可能产生的最大功。这个表述谨慎地避免了指定应该使用哪一个的“理论理解”，或是否存在一个已知的、有效的，并且适用的理论。需要进一步强调的是，虽然我们相信在基本层面上存在有效的理论（经典力学和量子力学、电磁理论等），若不引入与近似描述相关的不

确定性，该近似描述用于设计过大或具有过多基本成分的系统，直接应用已有的基础理论，往往不可能预先计算出一个实际宏观能源转换系统的行为。

3.1.1.1 电化学装置定义

电化学装置是根据以下约定命名的。一种将输入燃料的化学能转化为电能的装置称为燃料电池。如果含自由能物质储存在该装置，而不是流入装置，则采用“原电池”的名称。一种装置进行逆向转化（例如，水电解成氢和氧），则可以称之为电解池。一个电解池的能量输入，不仅是电，也可能是太阳辐射，在这种情况下就是光化学过程，而不是电化学过程。如果可以使用相同的设备，用于双向转化（或者，如果含自由能物质在电池外通过加入能量来再生，并通过电池循环），称之为再生燃料电池，或者可逆燃料电池。最后，如果含自由能的物质是储存在装置内，称之为再生电池或二次电池。

所有上述电化学装置的基本组成部分包括两个电极（分别带正电和负电）和一个能够在任一方向上传输正离子的（也有少数传输负离子）中间电解质层，同时在外部电路中所对应的电子流可以产生所需要的功率，或利用能量生产燃料。我们使用“负极”这个名称来代表由于电子积累而带了负电荷的电极，使用“正极”这个名称来代表由于缺乏电子而带了正电荷的电极。与传统名称“阳极”和“阴极”相比，不管电子是从电极转移到电解质还是从电解质转移到电极（例如燃料电池的燃料生产或者发电模式），这种命名都能确保两个电极的名字不变㊀。我们通常使用的是固体电极与流体电解质，当然也使用流体电极和固体电解质（例如，导电聚合物）。在介绍特定的燃料电池类型之前，我们将会利用刚才介绍的理论概念来阐述一些共性特征。

3.1.1.2 燃料电池

图 3.2 给出了燃料电池的基本组成，它是基于反应的自由能变化 $\Delta G = -7.9\times10^{-19}$J（从左向右为燃料电池的发电过程，从右向左为燃料电池的逆过程——电解过程）：

$$2H_2 + O_2 \leftrightarrow 2H_2O - \Delta G \tag{3.14}$$

（见式（2.16））。对于发电过程，氢气被导入到负极，在负极氢分子会失去电子，从而形成能够通过电解质（和电解质膜，如果是电解质膜的话）扩散的氢离子，而电子则流过外部电路。氢分子（H_2）分解成质子和电子的过程通常在催化剂（催化剂通常是金属，可能是电极本身，或者其他形式，比如说涂在电极表面上的一层铂膜）存在的情况下被加速。这种形式的反应：

$$2H_2 \leftrightarrow 4H^+ + 4e^- \tag{3.15}$$

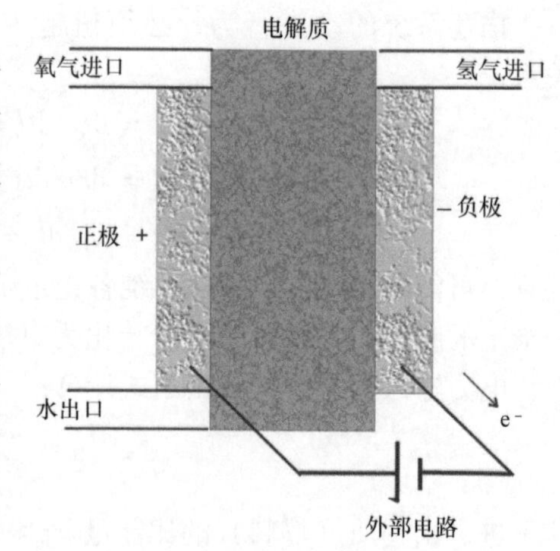

图 3.2 氢氧燃料电池的原理图。燃料入口被标示出来，从而可以给出每个电极侧的输入情况

㊀ 有些作者习惯于将电子在外电路流动，并转移到电解质的电极，称之为阴极。这就产生了混乱，因为每当电流改变方向时，电极就要改变名字（电池的充电/放电，或者在燃料电池情况下的发电/生产燃料）。

就会如此在负电极发生，其中选择合适的催化剂可以加快反应速率（例如，见 Bockris 和 Reddy，1998；Bockris 等，2000；Hamann 等，1998）。

类似地，氧气（或含氧的空气）被导入到正极，其中会发生更加复杂的反应，其总的结果是

$$O_2 + 4H^+ + 4e^- \leftrightarrow 2H_2O \tag{3.16}$$

此反应很可能是通过一些简单反应构成的，这些简单反应可能包括：首先氧捕获电子，或者先与氢离子结合。像生物材料开发一样，燃料电池可以采用允许质子通过，而氢分子不能通过的膜。通过比较在生物系统中进行的反应式（3.16）过程，比如光合系统Ⅱ（在2.1.5节讨论过），以及在燃料电池或其他电池中进行的过程，我们可以得到一些启示。在光合系统Ⅱ中，认为水分解机理是4个质子依次分离出来，每次1个电子，如图3.3a所示。对于人工电化学系统，该反应被认为是通过两个常规步骤组成的化学（离子）机理来实现的，如图3.3b所示。

$$4H_2O \leftrightarrow 4OH^- + 4H^+ \text{和} 4OH^- \leftrightarrow 2H_2O + O_2 + 4e^- \tag{3.17}$$

这个机理暗示着，在电化学装置中水分子的第二个质子无法直接从 OH^- 自由基中逃脱，而是结合第二个类似的过程，产生结合的新水分子和分子氧（如图3.3b上部所示）。两个氧原子结合生成一个氧分子的反应（或者一般燃料电池的逆过程）需要催化剂的存在，例如 Ni 或 Pt。有机的和无机的水分解，第一步都是相同的（图3.3中底部到中部箭头线）。如果这个解释正确的话，图3.3a中有机分子（从中部到上部步骤）能够从两个 OH^- 自由基直接逃离生成 O_2 的原因是，分子处于借助于氨基酸链（能够储存和释放，以满足任何补充能量要求）结合4个锰原子特殊簇作用的位置，这种作用如同在燃料电池中作为铂催化剂（或铂化合物）（见 Sørensen，2017，图3.79b）。早期关于锰以氧化物形式存在于光合系统Ⅱ中的观点（Hoganson 和 Babcock，1997），至今仍未在结构研究中获得证实（Kamiya 和 Shen，2003）。虽然并不是所有的细节都能在所能达到的分辨率（0.37nm）下揭示出来，但是已经检测到4个锰原子，却无法检测到其周围的8个氧原子的情况，也是不大可能发生的（尽管不是完全不可能）。

为了阐明反应路径，在接下来的部分中运用了量子力学计算方法。这些计算可以帮助确定在金属表面以及H原子和O原子的整个系统中的电荷分布。在图3.3中，我们没有标注出任何电荷。在经典电化学理论中，反应由式（3.17）给出，但是我们仍不清楚对于某种催化剂的特定要求。例如，在燃料电池中（见图3.3b），氢原子需要带正电荷，以便从负极移动到正极。在负极，它们会向金属催化剂转移4个电子。这可以解释为什么需要催化剂。对于电解反应（在式（3.17）中的从左向右的反应），必须通过在电极之间的外部电路施加电压来输入电能。这意味着过剩的电子通过外部电路，离开氧侧电极，迁移到产氢侧膜的电极表面。与经典解释不同的是，OH 分子可能不是以简单离子形态存在的。电荷分布可能会更复杂，而这个电荷分布将会是在3.1.2节中的量子力学计算中重点考察的对象。

这种解释意味着在左侧的情况下，即图3.3a中的中部状况是在金属电极上可能仍存在2个电荷，同时在两种情况下 OH 实体可能不带电荷。在图3.3a、b的上部情形下氢原子必定有4个正电荷，换句话说就是，它们是4个不带电子的质子，在电解时可以转移到负电极。

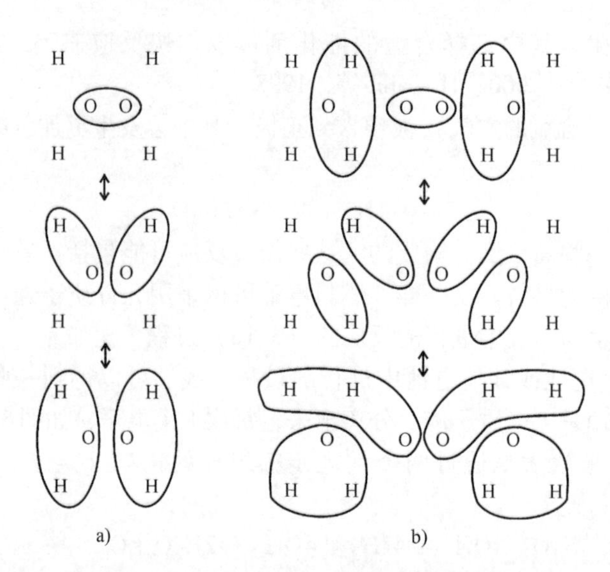

图3.3 针对有机光合系统Ⅱ（图a）和无机电解器，以及燃料电池系统（图b）水分解（向上箭头）或与之相反的发电反应（向下箭头）的反应机理。图中省略了电荷交换关系，但在教科书中有讨论（见 Sørensen，2017）

我们再回到热力学层次上进行描述，自由能的减少（见式（3.7））通常认为与负极反应有关，而 ΔG 可以采用化学势（见式（3.5））和溶解在电解质中的 H^+ 离子表示。把法拉第常数乘以一个合适的电势 ϕ 记作化学势 μ，$n$mol 氢离子的自由能可以表示为（见式（3.4）和式（3.5））：

$$G(H^+) = n\mu = nF\phi = nN_A e\phi \tag{3.18}$$

当氢离子由于参与正极反应（见式（3.17）的从右向左）而“消失”时，化学自由能通过式（3.7）转化为电能，并且由于电子和氢离子的数目在式（3.16）中是相等的，即 $n = n_e$，因此化学势 μ 可表示为

$$\mu = F\phi = F\Delta\phi_{ext} \tag{3.19}$$

ϕ 的值通常被认为等于电池的电动力（electromotive force，emf），或者，如果是在标准大气压力和温度下，等于该电池的“标准可逆电位”。式（3.14）中产生的是两个水分子，从该式 ΔG 的数值可以知道，对应于产生（或者分解）2mol 水的 ΔG 为 -2.37×10^5J。那么，电池的电动力 ϕ 可以表示为

$$\phi = -\Delta G/nF = 1.23\text{V} \tag{3.20}$$

$n=2$，因为生成的每个水分子有两个氢离子。化学势（见式（3.19））可以用式（3.6）的形式表示，因而电池电动力可以用反应物和电解质的性质表示（包括从自由能的定义式（3.1）得到的简化表达式导出的式（3.6）中的经验活度系数，这里假设 P、V 和 T 都能满足理想气体定律，符合 1mol 理想气体的状态方程 $PV=RT$（见 Angrist，1976））。

燃料电池的效率等于输出的电能（见式（3.4））与燃料总能耗之比值。但是，由于燃料电池系统可能会与周围环境交换热量，因而燃料能耗可能会与 ΔG 不同。对于一个理想（可逆）过程，加入到系统中的热量可以表示为

$$\Delta Q = T\Delta S = \Delta H - \Delta G \tag{3.21}$$

因而理想过程的效率可以表示为

$$\eta^{\text{ideal}} = -\Delta G/(-\Delta G - \Delta Q) = \Delta G/\Delta H \tag{3.22}$$

对于只考虑氢－氧燃料电池，式（3.15）和式（3.16）中两个过程的焓变（从左向右方向）是 $\Delta H = -9.5\times10^{-19}$ J 或者是 -2.86×10^{5} J/mol H_2O。在这种情况下理想的发电效率会变成

$$\eta^{\text{ideal}} = 0.83$$

有一些反应会有正的熵变，比如说 $2C + O_2 \rightarrow 2CO$，这些反应可用于环境冷却，同时以大于1的效率发电（对于CO的生成反应，其效率是1.24）。

实际燃料电池中的许多因素影响发电。这些因素通常被称为没有对外部电压做贡献的电池电压“耗损”：

$$\Delta\phi_{\text{ext}} = \phi - \phi_1 - \phi_2 - \phi_3 - \cdots \tag{3.23}$$

式中，每一个 $-\phi_i$ 都对应一种特定的损耗机理。导致损耗的例子有：在式（3.17）过程中正极反应产生的水堵塞了多孔电极，电池的内部电阻（热损失），以及由于材料不纯，而在电极和电解质之间界面或者附近的电位势垒的积累。这些机理大都会限制反应速率，同时也限制了流经电池的离子电流。因为电解质中有限的扩散系数（离子传输由扩散控制），或者在离子生成处有限的有效电极表面积，故而存在一个极限电流 I_L，一旦超过该值，就没有更多离子通过电解质。图3.4给出了 $\Delta\phi_{\text{ext}}$ 作为电流函数的变化：

$$I = \Delta\phi_{\text{ext}}R_{\text{ext}} = I_- + I_+ = (\phi_- - \phi_+)R_{\text{ext}} \tag{3.24}$$

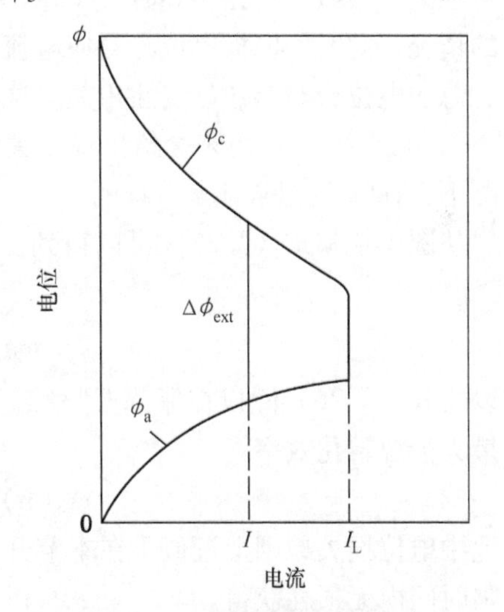

图3.4 作为电流函数的燃料电池负电极电位 ϕ_a 和正极电位 ϕ_c，关于增加电流而导致电位减少的主要原因，首先是电极的不充分电催化，对于较大电流时也会有电解液中的电阻损失，最后还有可能是离子传输的减少（见 Bockris Shrinivasan，1969）。引自 Sørensen（2004），得到 Elsevier 允许

表示成每个电极中电位函数之差，$\Delta\varphi_{\text{ext}} = \varphi_- - \varphi_+ = \varphi_c - \varphi_a$（后面的表述用在图3.4中）。这个表达式可以表示耗损机理是与哪一个电极有关，同时还可以看到，最大的损耗部分都与本例中更加复杂的正电极反应有关。对于其他类型的燃料电池，相应变化特征可能发生在流过电解质的负离子（见 Jensen 和 Sørensen，1984）。

式（3.24）也表示每个电极面所贡献的总电流。它们会与式（3.23）中的电位损失项关联在一起，描述每个电极的损耗项和每个电池组件的欧姆损失项。在每一个电极，涉及从电极到电解质转移电子的阻碍（特别是在低电流），以及在大的电流时电荷从靠近电极处生成扩散到电解质的阻碍，或者在电极区域保持足够数量的反应物。电极电流对电位损失的指数依赖关系是通过 Butler－Volmer 方程描述的（Bockris 等，2000；Hamann 等，1998）。

$$I_{-} = I_{-}^{0}\left(\frac{C_{-}}{C_{-}^{0}}\right)^{\gamma_{-}}\left[\exp\left(\frac{\alpha_{-}F}{RT}\phi_{+}\right)-\exp\left(\frac{\alpha_{+}F}{RT}\phi_{-}\right)\right]$$

$$I_{+} = I_{+}^{0}\left(\frac{C_{+}}{C_{+}^{0}}\right)^{\gamma_{+}}\left[\exp\left(\frac{\alpha_{+}F}{RT}\phi_{-}\right)-\exp\left(\frac{\alpha_{-}F}{RT}\phi_{+}\right)\right] \tag{3.25}$$

参数α_-和α_+是指每一个电极的电荷传递系数，C_-和C_+表示靠近电极的反应物（比如说氢气和氧气）的浓度，而C^0_-和C^0_+代表在主体电解质中的对应浓度。而指数γ_-和γ_+代表一些经验量，对于氧气取0.5，对于氢气取0.25（见 Nguyen 等，2004）。最后，I^0_-和I^0_+是对应每个电极的参考交换电流。它们对应于忽略了损耗对电位的影响，该电位是不考虑损耗的问题（如式（3.20）中对于氢气和氧气的反应）、依赖于可逆电极反应活性的能斯特电位。更多的关于催化层偏离式（3.25）特征研究，可以参见 Kulinovsky（2010）。

在某一指数项占据主导时，Butler – Volmer 方程能被简化，当压力损耗很大时会发生这样的情况。此时，电极电位与对应电流的对数线性相关，并且如果两个电极中损耗相同，那么，总的电位会与$\log(I)$线性相关。这种关系称作塔菲尔（Tafel）关系，这个直线的斜率称为“Tafel 斜率”。接下来会给出很多关于电位 – 电流关系的例子，且除非是在极小电流范围情况下，Tafel 近似常常是合理的。

从图 3.4 和式（3.25）可以得到使得总的输出功率达到最大的一个最佳电流，它通常比I_L更小：

$$\max(E) = I^{\mathrm{opt}}\Delta\phi_{\mathrm{ext}}^{\mathrm{opt}} \tag{3.26}$$

可以将式（3.26）除以在保持I^{opt}稳态下加入到系统的燃料能量ΔH的速率，就得到了实际的最大能源转化效率：

$$\max(\eta) = I^{\mathrm{opt}}\Delta\phi_{\mathrm{ext}}^{\mathrm{opt}}/(\mathrm{d}H/\mathrm{d}t) \tag{3.27}$$

电池中电位损失原则上近似于在本节开头所介绍的热力学能的耗散，这意味着能量不可能在有限时间内无损耗获得。

3.1.2 建模

量子力学模拟可以用于描述单个分子过程。也可以使用这些模型描述表面过程，例如电极表面的吸附和化学吸附以及催化剂对单个分子的作用，还可以描述在溶剂（如电解质）中移动分子之间发生的反应（例如氧化还原电对）。用于量子化学模拟的理论框架在 3.1.3 节中予以阐述。

通向电极通道中的气体流动，包括气体扩散层，例如通过有限元流动模型进行建模，如在 3.1.5 节中描述。这样的模型也可以经过适当修改，应用于通过膜的离子流动。

基于上述这两类的详细模型结果，燃料电池性能的总体模型可以用简单的等效电路模型来表示，该模型将损耗项参数化，并允许根据这些参数计算总体效率。

这样的电路拟合已被用于相关的阻抗谱测量中。阻抗谱测量是在外部电极上施加交流电时对整个电池响应的测量。因此，这些测量的目的是不破坏装置的单个组件（然而，其中也可以进行例如半电池测试，如图 3.5 所示），针对可能的特征类型进行实验。这些实验是在其外部电极施加交替电流时测量整个电池的响应，而所施加的、依赖时间的外部电位 $V=V_0\cos(\omega t)$形式的响应是可测量的、与施加电压的变化异相的电流。在电路理论中，相位差是通过复函数项的等效描述进行模拟，复函数项允许对与电位相差90°使用虚数。在一般情况下，余弦被替换为 $\exp(\mathrm{i}\omega t)=\cos(\omega t)+\mathrm{i}\sin(\omega t)$，其中，$\mathrm{i}=(-1)^{-1/2}$，并且通过测量将确定一个复数阻抗 Z，它不同于欧姆电阻，而是通过虚部描述电压和电流之间的相位延迟。这个现象的内因是电容器和线圈，然而其他部件可能被涉及，例如，对频率 ω 依赖的。以 $Z=\mathrm{Re}(Z)+\mathrm{iIm}(Z)$表达式，一个实验结果就可以在图中表示出来，如图 3.5 所示的质子交换膜（PEM）燃料电池，以 Re(Z)为横坐标和 Im(Z)为纵坐标（Ciureanu 等，2003）。低频率段直线可以解释为 H^+通过膜扩散，而在高频率段，该曲线可以通过电池的整体电容和欧姆电阻来模拟。

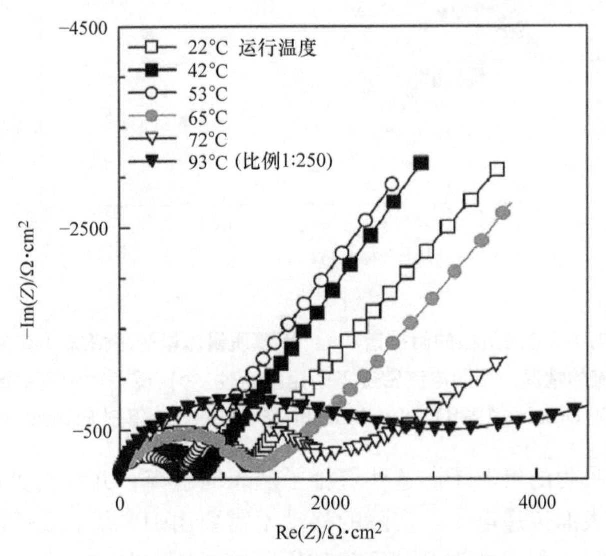

图 3.5 质子交换膜（PEM）燃料电池在不同电池温度下的总阻抗响应，它代表了复阻抗的实部和虚部的对应值（有时表示为奈奎斯特（Nyquist）图）。每个点序列代表频率范围为 $10^{-1}\sim10^{7}$Hz；频率最大值对应于最左边的点。引自 Ciureanu 等（2003），获得 Elsevier 许可

在图 3.6 中，阻抗谱测试是在直接甲醇燃料电池半电池的负极侧进行的（Müller 等，1999），在如下一些条件下：①有限甲醇供应（约 2 倍的化学计量所需要的供给速率）；②大量甲醇供应。对于情况②，采用 4 个参数的等效电路可以简单拟合，或者可以通过电池的物理性质来模拟（Harrinton 和 Conway，1987）。对于质子交换膜半电池，也发现类似的现象（Ciureanu 等，2003）。在图 3.6b 中，阻抗谱的现象可以从几个方面解释：负电极接收电子的速率，在电极上 CO 吸附的净速率，以及电极被 CO 覆盖的分数。对于吸附 CO 的缓慢弛豫，采用电感 L 项建模，很好再现了相位延迟。图 3.6a 出现了三段弧。低频弧随着甲醇流量变化，因此可能与甲醇到达活性位点的可能性有关；中间弧是由于甲醇氧化动力学；而高频弧与电极电位无关，代表欧姆损失，其在较低频率时很小（Müeller 和 Urban，1998）。

负极反应式（3.15）涉及图 2.5 所描绘的过程：一个氢分子在 $d=0.74$nm 处被吸附，随

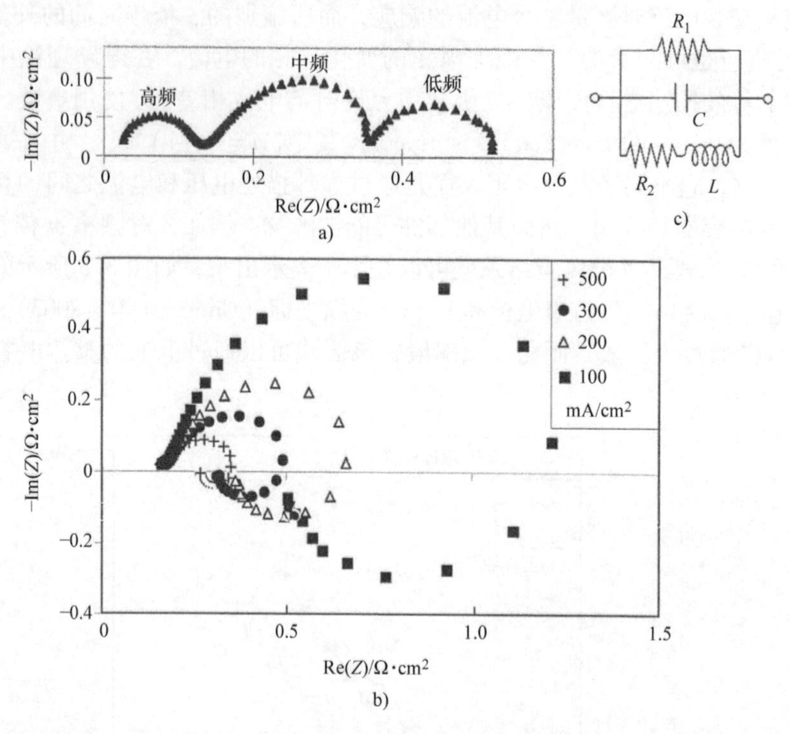

图 3.6　直接甲醇燃料电池半电池负极的阻抗谱。a）甲醇质量流量受限情况（有关 3 个弧的解释，请参阅正文）。b）大质量流的情况，不同电流密度下的阻抗特性。c）图 b 中情况的等效电路模型。根据 Müeller 和 Urban（1998）以及 Müeller 等（1999），得到 Elsevier 使用许可

后分裂成两个被化学吸附的氢原子。这些氢分子从表面解离，并移动到相对的电极的机制涉及每个氢原子向金属表面传递电子。实际的移动不需要由 H^+ 离子或任何其他离子（例如电解质）以整体方式进行，但可能涉及分子间的短距离跳跃，如 Hamann 等（1998）所建议的和图 3.7 所示的那样。水分子依靠自己，完美完成这一过程。由于其不对称性（及其偶极矩），水可以很容易地接受第三个氢原子，并形成图 3.7 所示的 H_3O^+。然后，在该分子另一侧的质子可以离开，并将电荷移动到相邻的分子，它现在就是 H_3O^+，以此类推。

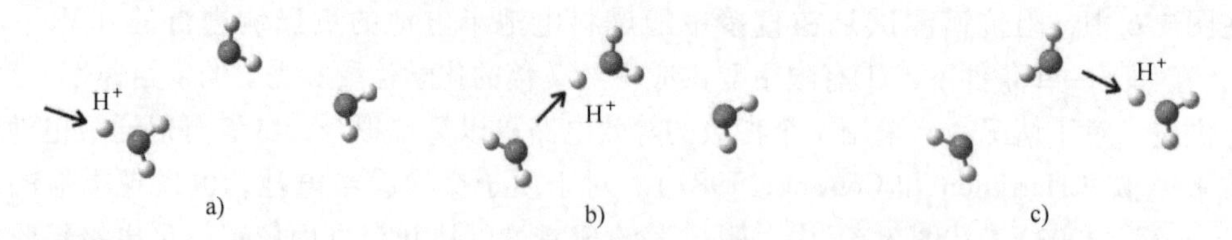

图 3.7　质子借助于水的转移：a）质子附着在水分子的“未被占据”侧，b）电子密度重排，c）另一个质子可能离开分子的另一侧并移动到另一个水分子。这样，避免了单个 H^+ 原子在水中的任何整体运动。假定电位斜率是由施加到电极上的电压产生的，或者质子的位移将产生这种电位，这取决于电化学装置是作为电解器还是作为燃料电池运行

已经有了相当多的有关溶液中离子行为的理论，如电解质中的离子。带电的电极附近相

反电荷离子层是公认的，但正如 Gouy 和 Chapman（见 Bockris 等，2000）所建议的那样，这一层可能延伸到扩散到电解液中的离子云，其可能性还不太清楚。在一个假设电极电荷影响电解质中离子重排的模型中，图 2.4 所示的模型计算仅显示出远离电极的电荷变化非常小，这可能是由于库仑强度下降所导致的结果。在电解质内，由于通过“跳跃”机理的电荷扩散，预期电荷只有微小变化，如图 3.7 所示的那样。

3.1.3 量子化学方法

根据分子的原子核和电子成分描述分子的多体问题，需要对一般量子力学方法进行某种程度的简化，以便在数值上易于处理。所做的第一近似通常是玻恩 - 奥本海默（Born - Oppenheimer）假设，就是只需模拟电子的动态行为。原子核很重，因而移动缓慢，这意味着人们可以观察到原子中心的各种配置（称为分子结构）中的电子运动。然后，人们重复计算不同的结构，一旦对发现分子结构中的一个或多个平衡的构造感兴趣，并且希望找出计算的总能量的最小值，便将其作为结构参数的函数。常会出现不止一个的总能量最小值，例如，表示异构的环结构。

描述一个分子系统的薛定谔（Schrödinger）方程可以表达为

$$H\Psi = \mathrm{i}\hbar D_{\mathrm{t}}\Psi \tag{3.28}$$

式中，$\hbar$ 为普朗克常数除以 2π（$\hbar = 1.05 \times 10^{-34}\mathrm{J}$）；$D_{\mathrm{t}}$代表对时间的偏导数；$\Psi$ 是系统的波函数；H 为汉密尔顿量（Hamiltonian），能量算子在分子中可以表述为

$$H = T + V = -\frac{1}{2}\hbar^2 \sum_{i \in \{e,N\}} m_i^{-1}(D_x^2 + D_y^2 + D_z^2) + e^2(4\pi\varepsilon_0)^{-1} \times \left(\sum_{i<j \in \{e\}} |r_i - r_j|^{-1} + \sum_{i<j \in \{N\}} Z_i Z_j |R_i - R_j|^{-1} - \sum_{i<\{e\},j \in \{N\}} Z_j |r_i - R_j|^{-1} \right) \tag{3.29}$$

动能为 T（第一行），势能为 V，m_i代表电子或者特定原子核的质量，它取决于 i 是属于系统中的电子集 $\{e\}$，还是原子核集 $\{N\}$（包含这里未模拟的多个质子和中子），在所有成对的带电粒子之间的库仑相互作用，无论是带负电荷的电子还是正电荷的原子核。径向矢量 r_i表示为对于第 i 个电子，R_j表示为对于第 j 个原子核。基本电荷表示为 e（$=1.60 \times 10^{-19}\mathrm{C}$），真空介电常数 ε_0（$=8.85 \times 10^{-12}\mathrm{C}^2/(\mathrm{m} \cdot \mathrm{J})$）。因此，$e^2/(4\pi\varepsilon_0) = 2.30 \times 10^{-28}\mathrm{J} \cdot \mathrm{m}$。即使没有特别的标注，所有的径向矢量 r_i或 R_i，均是向量，具有三维坐标，如 x、y 和 z。

假设作为任何固定时间 t 归一化的波函数 $\Psi = \Psi(r_i \in \{e\}, R_j \in \{N\}, t)$ 符合如下条件：

$$\int_{\text{全空间}} \Psi^* \Psi \mathrm{d}r_1 \cdots \mathrm{d}r_{n_e} \mathrm{d}R_1 \cdots \mathrm{d}R_{n_N} = 1 \tag{3.30}$$

并且密度（一种全空间变量和时间变量的函数）可以表示为

$$\rho(r_i \in \{e\}, R_j \in \{N\}, t) = \Psi^* \Psi = |\Psi|^2 \tag{3.31}$$

Ψ^* 为 Ψ 的共轭复数（这意味着，假如 $\Psi = a + \mathrm{i}b$ 的话，那么 $\Psi^* = a - \mathrm{i}b$）。需要注意的是，根据这个定义，ρ 可以被归化为一个整体，而不是粒子的总数，这是一个同样有效的替代方法，如下所述。这种密度的解释是，它描述了在给定时间 t，通过在规定的空间矢量 $\{r_i, R_j\}$，发现粒子系统的概率。

而这正是量子力学的魅力所在。它是一个计算物理系统发展的完全确定的理论，一旦给定时间，就能知道物理系统。但由于只有波函数的绝对值二次方可以确认，我们不能精确地知道在初始时间时的状态。因此，对人类观察者来说，该系统所有进一步发展是充斥不确定关系和类似的不确定性的混沌，尽管事实上系统本身明知它在做什么，并在时间和空间中遵循一条独特的、既定发展路径。

式（3.28）的解有以下的一般特性：在有束缚的、稳态下的解可数，Ψ_q，$q=1, 2, 3, \cdots$，其中能量等于 E_q。这就是所谓的量子化解谱和理论量子力学的含义。此外，可能存在能量空间中形成连续的非约束态解。该量化的解集用 q 标记。q 可能值的集合称为量子数。虽然时间依赖性有时非常重要（例如，对化学反应），但许多问题都可以归结为寻找稳态，并发现稳态也是一个好的起点，即使时间依赖性必须随后研究。特定稳态情况 q 下波函数的形式是

$$\Psi_q(r_i \in \{e\}, R_j \in \{N\}, t) = \Psi_q(r_i \in \{e\}, R_j \in \{N\})\exp(-\mathrm{i}E_q t/\hbar) \tag{3.32}$$

而由于在式（3.28）中的 H 与时间没有明确联系，这个方程可以被简化为稳态薛定谔方程的形式：

$$H\Psi_q = E_q\Psi_q \tag{3.33}$$

现在可以这样来描述玻恩 - 奥本海默（Born - Oppenheimer）近似：将所有的原子核变量 R_j 当作常数，同时忽略原子核位置的波函数。更准确地说，我们可以假设波函数写成下面这种形式：

$$\Psi_q(r_i \in \{e\}, R_j \in \{N\}) = \varphi_q(r_i \in \{e\})\Phi_q(R_j \in \{N\}) \tag{3.34}$$

这种描述能够使薛定谔方程在式（3.29）中明显标注出来动能和势能运算符的电子和原子核部分：

$$(T_e + T_N + V_e + V_N + V_{eN})\varphi_q\Phi_q = E_q\varphi_q\Phi_q \tag{3.35}$$

虽然电子波函数 $\varphi_q(r_i; i \in \{e\})$ 主要是电子坐标系中的函数，但是它也间接地依赖于原子核坐标，因为它们两者经常以势能 $V_N + V_{eN}$ 的形式出现。而玻恩 - 奥本海默（Born - Oppenheimer）近似忽略了这种由于原子核运动所带来的影响，即具有 T_N 的动力学项，根据系统中电子部分的 φ_q 解，通过采用以下方程来求解：

$$(T_e + V_e + V_N + V_{eN})\varphi_q = E_{q,\mathrm{eff}}\varphi_q \tag{3.36}$$

我们忽略了 T_N 运算符，然后，自然地得到了一个修正后的有效能 $E_{q,\mathrm{eff}}$。其他能量 $E_{q,\mathrm{rest}} = E_q - E_{q,\mathrm{eff}}$ 能够通过求解式（3.35）的其他部分得出，比如说，在式（3.36）中余下的部分。如果 φ_q 与 R_j 的间接依赖关系被忽略，那么，剩下的只有

$$(T_N + E_{q,\mathrm{eff}})\Phi_q = E_q\Phi_q \text{ 或 } T_N\Phi_q = E_{q,\mathrm{rest}}\Phi_q \tag{3.37}$$

在只有库仑力模型中，分子形成的确必然强烈依赖正、负粒子的存在，但这里所做的近似处理将所有的复杂计算转向式（3.36）中的电子计算。因为所有电子是费米量级的粒子，量子理论使得对其波函数有另外的反对称形式要求，这会在下文中讨论。

3.1.3.1 哈特里 - 福克（Hartree - Fock）近似

一个波函数分解成式（3.34）的最终形式，是简单计算求解薛定谔方程的一种广泛使用的方法。Hartree（1928）近似把整体波函数 φ_q 表示为仅依赖一个电子坐标的波函数的乘积：

$$\varphi_q = \prod_{i \in e} \Psi_{q,i}(r_i) \tag{3.38}$$

该波函数不能满足电子要求的不对称属性，并且也不包括自旋（对于电子来说，$s = \frac{1}{2}$，在量子轴上的映像 $m_s = -\frac{1}{2}$或者 $+\frac{1}{2}$）。为了弥补这些缺陷，波函数应以以下形式表示：

$$\varphi_q = (n!)^{-\frac{1}{2}} \det\left(\prod_{i \in e} \psi_{q,i}(r_i)\chi_{q,i}\right) \tag{3.39}$$

其中对 i 的积包括该系统的所有电子 e，并且行列式确保任何两个电子的交换会给波函数的整体添加一个负号（这是矩阵的标准特性）。自旋函数通常被记作$\chi_{q,i}$。自旋函数必须尽可能等于之前提到电子的两个“通用”自旋本征函数。它们是通用的，即只有一个向上自旋$\left(m_s = \frac{1}{2}\right)$和一个向下自旋$\left(m_s = -\frac{1}{2}\right)$自旋函数，并且没有已知的变量来进一步描述它们（除了在超弦理论等之外）。现在这种“猜测”式（3.39）准备引入式（3.36）的求解过程。

量子力学中一个著名定理指出，当波函数等于精确基态波函数时，汉密尔顿量在任何波函数定义状态下的期望值是最小的。从包含一些参数的试算波函数（很有可能与精确基态波函数不同）开始，可以使用一个变分方法来找到所考虑试用波函数所跨越的空间内的最佳波函数。能量平均变化为（从这里开始省略代表稳态能量的下标 q）：

$$< E_{\text{eff}} > = \frac{\int \varphi^* (T_e + V_e + V_N + V_{eN}) \varphi \mathrm{d}\tau_1 \cdots \mathrm{d}\tau_e}{\int \varphi^* \varphi \mathrm{d}\tau_1 \cdots \mathrm{d}\tau_e} \tag{3.40}$$

式中，τ_i是第 i 个粒子的空间和自旋变量的简写，并且与式（3.36）对应，因为 φ 的变化可能不保证归一化，所以必须除以归一化积分。这种能量具有最小值：

$$\delta < E_{\text{eff}} > / \delta\varphi = 0 \tag{3.41}$$

这里它是最接近（但不小于）的精确基态能量，并且空间和自旋变量的相应函数 φ 是相应的基态波函数，其形式由所使用的近似表示。随式（3.39）波函数的演化式（3.41）得到了 e 个方程形式（见 Scharff，1969）

$$(H_k + U^{(k)}(r_k))\varphi_k = E_k\varphi_k; k = 1, \cdots, e \tag{3.42}$$

式中，H_k是汉密尔顿函数式（3.36）中的一个部分，它仅仅取决于第 k 个电子（利用一个“k”后缀来表示在式（3.29）中只包括电子总和中第 k 项）：

$$H_k = T_{e,k} + V_N - V_{eN,k} \tag{3.43}$$

和

$$U^{(k)}(r_k) = \frac{\int \varphi^{(k)*} V_e \varphi^{(k)} \mathrm{d}\tau_1 \cdots \mathrm{d}\tau_{k-1} \mathrm{d}\tau_{k+1} \cdots \mathrm{d}\tau_e}{\int \varphi^{(k)*} \varphi^{(k)} \mathrm{d}\tau_1 \cdots \mathrm{d}\tau_{k-1} \mathrm{d}\tau_{k+1} \cdots \mathrm{d}\tau_e} \tag{3.44}$$

式中，

$$\varphi^{(k)} = (n!)^{-1/2} \det\left(\prod_{i \in e, i \neq k} \psi_i(r_i)\chi_i\right) \tag{3.45}$$

作为区别于$\varphi_k = \Psi_k(r_k)\chi_k$。这些方程包括了 Hartree – Fock 近似（Fock，1930；以 Heisenberg 形式：Foresman 等，1992）。

在式（3.42）形式上，这种近似的物理意义是明确的：每个电子本质上应该是内在可移动的，其中除了原子核外，包括关注之外的电子之间所有电子库仑相互作用的平均值。这种结构确保了对于具有与所关注自旋方向m_s相同的其他电子自旋方向而言，满足对总电子波函数要求非对称的泡利原理（Pauli principle）。然而，对于自旋方向相反的其他电子，它并不满足。这可能会严重限制 Hartree – Fock 近似的适用性。求解在系统所有其他粒子（原子核和$e-1$电子）的平均电势中移动的单个电子的最佳描述，显然不能解决反对称性问题，只有当初始反对称态没有明显混合时，才能保持合理数量解的这种性质。此外，构建由多个电子态的几种构型组成的波函数，其特征为m_s等于$+\frac{1}{2}$或$-\frac{1}{2}$，并不能确保多个自旋$\frac{1}{2}$分量正确地耦合到一个确定的总自旋（例如，对于两个电子，$S=0$或$S=1$），这在量子力学中是很自然的。

3.1.3.2 基组和分子轨道

大多数数值求解 Hartree – Fock 方程的数值模型方法都是利用迭代法，这表明在迭代法中设定一个波函数初始值很重要，同时也意味着这种方程的计算会非常繁杂。为了解决这些问题，通常来说，我们可以根据已知的“基本”波函数来扩张解集，这也表示扩张常数在每一次迭代过程中需要被修正，而在公式中的所有积分过程可以被保存。对于基组的使用是一个精确过程，但是我们需要这个基组是完整的（例如，这个基组必须要足够大来覆盖整个解集空间）。但是，为了计算的合理性（即需要的计算时间），实际计算不需要使用完整的、无限多的基本方程基组，我们通常将基组减少很大一部分，例如对应于系统模型的每一个电子，我们会将基组缩短到2~6个基函数。因此，重要的是要有“好”的基函数，“好”意味着函数在低阶截断中很好地逼近，以及适用于各种不同分子的函数（而不是基组只能适用于选定问题）。重要的是能够进入未知领域，并利用在以前研究过的问题。这样的基组通常取自单个原子的电子波函数，在许多情况下，这些函数是高精度已知的，甚至在解析形式中是精确已知的，例如进入氢原子解的拉盖尔（Laguerre）多项式和球面调和函数。

分子计算中最广泛使用的基础是使用高斯函数构造的，因为这些函数易于微分或积分。高斯是形式上的实函数：

$$g_{l,m,n,\alpha}(x,y,z) = Ax^n y^m z^l \mathrm{e}^{-\alpha(x^2+y^2+z^2)} \tag{3.46}$$

式中，A能够使得g^2在所有空间内的积分都是归一化的（标准化的），而x、y、z是相对于特定原子中心的坐标。参数α确定一个密度分布的宽度。基函数是由原始高斯函数式（3.46）的线性组合建立起来的，$b_j = \sum_i a_{i,j} g_{li,mi,ni,\alpha i}$，同时，对于解决一个特定问题，它是一个固定量：应该选择依据哪一个基函数来计算，以便于找到解式（3.42）的方法，并找到式（3.39）以下形式的解：

$$\Psi_{q,k} = \sum_j c_{q,kj} b_j \tag{3.47}$$

在该式中，最低能量态的$c_{kj}s$集合定义了通过式（3.39）对系统实际基态$q=0$的 Hartree –

Fock 近似，以及称为分子轨道的波函数 $\Psi_{0,k}$。因为解集 c_{kj}同时会以式（3.44）的积分的形式出现，所以解集必须通过迭代的方法得到。最低的 e 能级（比如说，在同样能量的情况下的降级）将会被基态的电子填充，但是 Hartree – Fock 解集能够通过式（3.42）给出一个完整的轨道解集，不仅包括已经被占用的轨道（被低能级的电子填充的轨道），同时也包括更高能量的轨道（对应于从基态被激发到更高能量的轨道）。

图 3.8 和图 3.9 展示了[㊀]氧原子的分子轨道以及在一个合适的原子间距（$R=0.12$nm）下的氧分子的分子轨道。原子轨道很好地表征了高斯函数的空间形状，同时也能够使其与基础化学教科书中的拉盖尔多项式和球面调和解相比较。在另一种情况下，图 3.9 所示的分子轨道展示了关于计算一些复杂系统的方程解集的种类。在下一节中，我们将讨论关于氧气能量的 Hartree – Fock 近似的精确度。图 3.8 和图 3.9 中使用的 SV 基组（Schaefer 等，1992，1994）包含 O 的 9 个基函数，由 19 个原始高斯函数组成，是 O_2的两倍。在系统中，每个电子只有大约 2 个基函数，但是使用 EPR – Ⅲ基组（Barone，1996）时，每个电子大约对应 8 个基函数，同时也不会明显改变显示的形状，或是基态的能量。

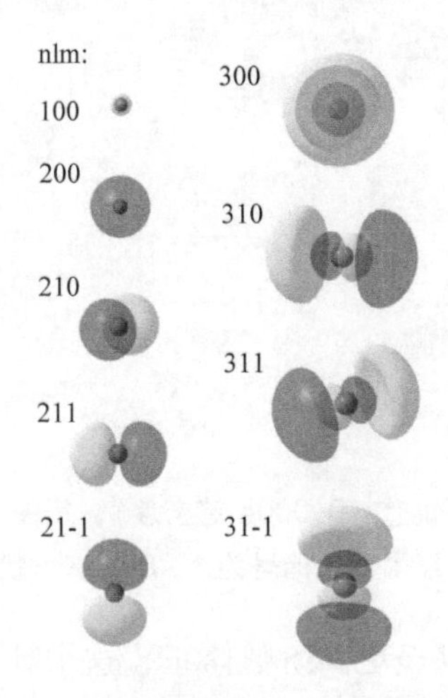

图 3.8　表示出了它们的量子数（主量子数、角量子数以及对于量子轴的投影）氧原子的分子轨道。在这个图中，给出了氧原子核和电子密度Ψ *Ψ（已经降低到 0.0004；对于每一对的两个自选投影是相同的），但是对于波函数的正极部分和负极部分来说，电子云是不同的。这种计算使用了密度泛函理论（B3LYP）以及从 19 个原始高斯函数中得出的 9 个函数里取出的高斯基组（见后面讨论的文字）。最初的 4 个轨道（在左边）填充了基态，其他的轨道没有填充

3.1.3.3 高能级相互作用和激发态：Møller – Plesset 微扰理论还是密度函数现象学的方法?

微扰理论是量子物理的一个标准方法（Griffith，1995）。它将汉密尔顿函数（Hamiltonian function）写成 $H_0+\lambda H_1$，其中 H_0是 Hartree – Fock 汉密尔顿函数，H_1包括了其余的相互关

㊀ 这里和后面图中提到的计算采用了 Gaussian（2003）软件，通过 GaussView 或 WebLab ViewerLight 展示出来。

系的部分，然后将所有的波函数的解集都扩张了一个能量序列 λ。λ 的引入仅仅是为了观察到近似的阶数：到最后，λ 等于1，这意味着实际上假设为“小”的是 H_1。Møller 和 Plesset（1934）首次提出应用微扰理论计算 Hartree - Fock 波函数和电子相互作用产生的能量的修正。

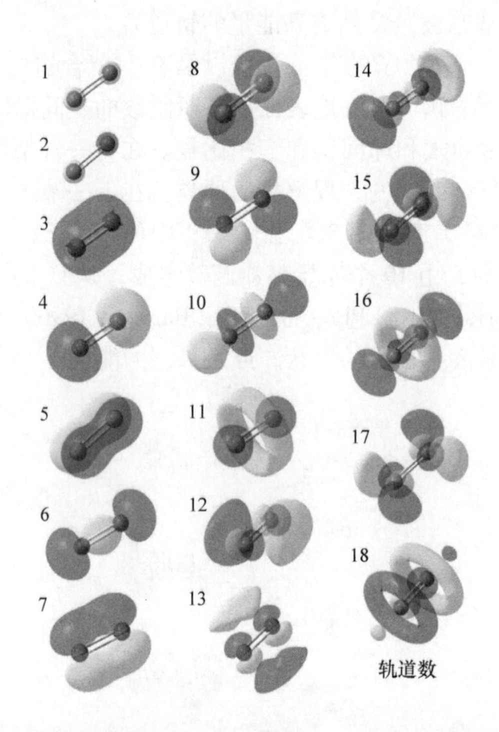

图3.9 对于双原子的氧分子的分子轨道（0.0004 等密度），用图3.8 所示的方法计算一个18个函数高斯基组，从38个原始高斯方程得到。标号为1~8的基组状态是被填充了的氧分子的基态

当进行二阶、三阶、四阶，甚至更高阶数修正，这个计算过程将会变得越来越复杂，尽管有科学家试图努力改善这种状况（Schültz 等，2004），还有一些人试图找到其他的替代方法。就如式（3.44）和式（3.45）所展示的那样，Hartree - Fock 近似中的积分能够被转化为只依赖于 V_e 的矩阵的基元以及在两个电子波函数 $\varphi_{k1}^*\varphi_{k2}$ 之间的单位矩阵形式。大约在1930年，科学家们发现电子的不确定性，这意味着与其仔细测量出每一个粒子的坐标，倒不如引入一个总的密度函数 $\rho(\boldsymbol{r})$，这个函数对粒子有限数量和一个全部基组做出归一化，这种基态可以表示为 $b_j(\boldsymbol{\tau})=b_j(\boldsymbol{r},\boldsymbol{\sigma})$，其中 $\boldsymbol{\tau}$ 在式（3.40）中简写为 $\boldsymbol{r}$，代表空间上一点的位置向量，而 $\boldsymbol{\sigma}$，一种普通的与旋转有关的坐标，假定是离散的，因此 d$\boldsymbol{r}$ 上的积分必须伴随 $\boldsymbol{\sigma}$ 上的和。在海森堡矩阵形式中，系统的所有性质都能与密度矩阵联系起来，这些已经被 Dirac（1930）发现了，同时这种性质也在与 Hartree - Fock 有关的理论中得到应用，例如 Müller 和 Plesset 在1934年关于稳态和时间有关的讨论。密度矩阵可以建立在对应于不同状态实际波函数的空间中，或者这种密度矩阵也能够针对全部基态建立，就如我们之前讨论过的。

这也指出了引入基于密度矩阵的电子相互关系的一种方法，这种方法被 Hohenberg 和

Kohn（1964）以及 Kohn 和 Sham（1965）采用，它是基于一些很早以前的工作（Thomas，1927；Fermi，1928；Slater，1928，1951）。这种方法现在被称作密度泛函理论（DFT）。

第一次发现密度泛函理论是由于在假设没有状态简并的情况下，在基态的总电子密度和基态能量之间有一对一的对应关系。在以往的化学理论中，科学家们通常将注意力限制在基态，利用一个实际的密度，而不是对化学专业人员来说相当复杂的波函数㊀。对于一个给定密度的基态能量，科学家们使用以下的形式来表示（Kohn 和 Sham，1965）：

$$E_0 = \int (V_N + V_{eN}(r))r(r)\mathrm{d}r + \int V_e(r_1, r_2)r(r_1)r(r_2)\mathrm{d}r_1\mathrm{d}r_2 + T_e[r] + E_{xc}[r] \quad (3.48)$$

$$\rho(r) = \sum_k \phi_k^* \phi_k = \sum_k \chi_k^* \chi_k \Psi_k(r)^* \Psi_k(r), k = 1, \cdots, e \quad (3.49)$$

式（3.48）中方括号表示一种可能的、复杂的、非直接的依赖于密度 ρ 的关系。第二个发现是，通过改变能量相对于密度的最小值描述基态。不幸的是，描述反对称性和独立电子运动偏差的项不能简单地写成密度的函数，因此必须进行近似，和/或表示成参数形式。零阶和一阶密度梯度用到上面的式子，分别称作局部自旋密度和广义梯度近似（Perdew 等，1996，1999）。实际上，这些方法可以被视为用短程排斥势取代反对称，在局部自旋近似中，排斥势只是径向坐标的函数

Kohn – Sham 方程的迭代方法与 Hartree – Fock 方程类似，而且许多流行的方法使用 Hartree – Fock 和密度函数位的参数化，每一种都有唯象的权重因子。密度函数位可以由局部自旋密度部分加上表示交换和其他关联的唯象参数化部分组成，例如流行的三参数 B3LYP 方法（Becke，1993；应用 Vosko 等，1980；Lee 等，1988）。特别参数化是这样进行的，即它们基本适合一系列简单分子的选定特性，但不一定适合特定分子，即使在用于参数选择的样品中。人们仍努力寻找新的近似方法，不仅能够解决已知问题，并且最好减少对基本薛定谔方程的非精确处理（见例如 Adamo 和 Barone，2002；Kudin 等，2002；Kümmel 和 Perdew，2003；Staroverov 等，2004）。

用 Hartree – Fock 或者是密度泛函方法来处理激发态的问题是不能用简单变量的方式来计算的。考虑到薛定谔方程式（3.28）与时间有关，可以通过添加与时间相关的势，并查看可以形成的状态的最终密度分布来描述，而不是那些通过从基态的一步跃迁可以达到的激发态。例如，通过使用泰勒展开式，将过渡矩阵赋予一个简单的形式，就可以对其进行反转，以产生激发态密度与它们所对应的势之间的对应关系（Runge 和 Gross，1984）。绝热地打开这些势，允许通过求解物理维度两倍的矩阵对角化特征值问题，来计算密度函数的能量依赖性（Bauernschmitt 和 Ahlrichs，1996）。这种被称为与时间相关的 Hartree – Fock，或与时间相关的密度泛函理论，取决于起始点。

作为通过微扰方法和参数化密度泛函方法获得的 Hartree – Fock 解的高阶校正精度的一个例子，表 3.1 给出了氧分子的结合能（或减去原子化能），该结合能是通过多种不同近似计算得出的。所有计算都使用与图 3.7 和图 3.8 相同的基组 SV（Schaefer 等，1992），并且

㊀ 当然，为了解释观测限制性，量子力学复数的利用是基本的和必要的。确实，针对解释 1 个以上状态的泛函理论中的矩阵元素，必须具备这样的基本特点。

将极化添加到基函数中，如 Schaefer 等（1994）所示，这只会使结合能增加约 10%。除 Hartree - Fock 外，其他所有计算中的结合能都太大了，因为测量值为 - 5.2eV（CRC，1973）。可以看出，对于氧原子或分子而言，Møller - Plesset 微扰展开表现良好，但当分子的原子被拉开时，展开会破裂。纯 Hartree - Fock 在两个原子相距很远的情况下也表现不佳，而 Hartree - Fock 差值 $E_1 - E_3 = -4.4$eV 比任何更高的近似值都更接近测量值，MP3 紧随其后，但偏大。参数化计算是上述 B3LYP（Becke，1993）和基于 Perdew 等（1996）采用的两个 PBE 变体，其中 PBE1 和 PBE 在式（3.48）（0.25∶0.75 和 0.5∶0.5）中的函数 E_{xc} 的交换和相关部分之间具有不同的权重。

表 3.1　氧分子的基态能量 $E_1(O_2)$ 的计算，氧原子移开 2.0nm 的能量 $E_2(O-O)$，单个氧原子能量的两倍 $E_3(2O)$，加上 O_2 结合能，估计为 E_1 与分离原子的两次计算之间的差值。实验测定的值为 −5.2eV。所有计算都使用 SV 基组。HF：Hartree - Fock；MP：Møller - Plesset。关于其余行，请参阅文本中的讨论

方法	$E_1(O_2)$/eV	$E_2(O-O)$/eV	$E_3(2O)$/eV	E_1-E_2/eV	E_1-E_3/eV
HF	-4064	-4044	-4059	-19.5	-4.4
MP2	-4071	-4401	-4063	+319	-11.7
MP3	-4071	+4083	-4064	-8154	-6.8
MP4	-4071	-163400	-4064	+159279	-7.3
B3LYP	-4084	-4074	-4076	-10.1	-8.1
PBE	-4080	-4073	-4071	-7.8	-9.4
PBE1	-4080	-4069	-4071	-11.1	-8.4

从这个小练习中得出的结论是，不使用其他更精确的方法，而仅利用微扰理论将会产生很大的误差，尤其对于分子间距比较大的大分子，其中的膨胀可能会像表 3.1 中研究的O - O 情况那样产生背离。密度函数方法则显得更加可靠，但是用来预测绝对能量不是很准确。然而，这种方法对于预测相对能量来说还是比较精确的，因为通过表 3.1 中使用的大多数方法绘制的势面图，可以很好地再现测得的 0.12nm 的 O_2 键距离。我们可以从图 2.6 观察到这一点，使用 Hartree - Fock 对于 Ni 的表面进行计算，以及使用 B3LYP 对于氧分子进行计算。对于图 2.5 所示的 H_2 键间距也是如此，一般来说，即使使用更简单的量子化学方法也能获得确定结构，至少在势面中没有多个紧密极小值的情况下是可以接受的。然而，在重现氧的结合能时遇到的问题表明，尽管激发光谱的一般特征，例如低洼态的连续性，在许多情况下都会与数据相当一致，但在对能量计算结果给予过多的信心时，人们应该非常小心。此外，根据最近的一项研究，即使预测正确的能量也不能确保电子密度是真实的（Medvedev 等，2017）。换言之，目前可用的量子化学工具给出了合理的定性描述，但在定量层面上不一定可靠。

3.1.4　在金属表面上水分解或者燃料电池的性能

在图 3.3 中，展示了电解质中水分解以及在燃料电池中发生的水分解逆过程的机理。在

此，我们将试图利用量子化学计算来说明，提出的机理是否可行，以及这些过程为什么需要金属表面（催化剂）。金属是满足以往教科书中“不参与反应”定义的模板或催化剂，还是如图2.5和图2.6所示，在上述过程中扮演了更重要的角色？

氢分子在距金属表面0.12nm处（如图2.5和图2.44所示）进行分解，将会导致两个氢原子分开大约0.12nm，也可能没有这么精确。同样地，一个氧分子在离金属表面一定距离处离解，该距离仅略大于氢（约0.16nm，反映出较大的“氧电子密度分布半径”），而两个氧原子之间的距离约为0.15nm，正如预期的那样（见图2.6），再次略大于氢。

在燃料电池负极所发生的最主要过程就是氢分子分解。解离的氢原子能够通过（液体或者固体的膜）电解质，向正极移动，通过图3.7所示的机理，电子进入电极金属中，如果电池连接了一个负载，就形成外部电流；否则，这些电子将仅仅是建立一个电动势，为氢离子传递提供条件。在电极上量子化学计算的期望值在图3.10中展示出来，在这种情况下，在负极所得到的能量足够高，可以提供穿过电极膜（B）的能量，而剩下的能量足够高，来除去电池运行中所产生的水分子，两个电极之间的势能差足以高到满足外部电路所消耗的能量。

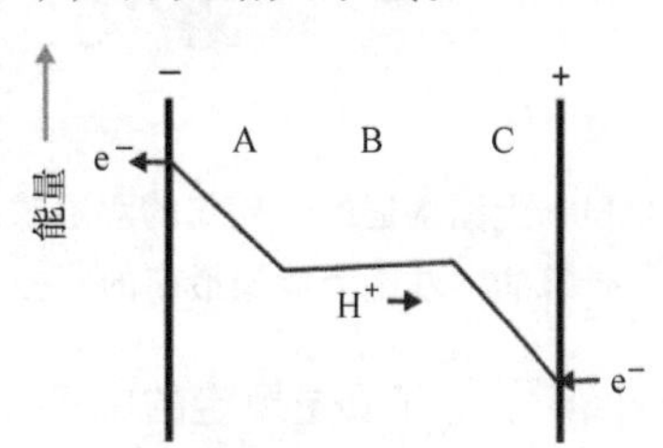

图3.10　所设想的质子（H^+）在燃料电池电极间传递时的势能特征（Sørensen，2007）

在燃料电池的正极，必须进行一系列更复杂的反应，以便氢离子与氧结合形成水（如图3.3中的顺序所示，从上到下阅读）。图3.3并没有给出离子的电荷，部分因为这个研究的重点是在于找出分子被电离，或电子被捕获形成中性分子的阶段。电子从电极金属中取出，或捐赠给电极金属，然后电极金属在燃料电池外壳中带正电荷（或由于电解槽案例中的外部电动势）。因此，电子很可能与电极表面附近的离子发生反应。图3.11显示了两层镍的电子密度分布，即最高占据分子轨道（HOMO）和最低未占据分子轨道（LUMO）。后者显示了镍表面上方（负密度）和下方（正密度）的电子密度大气球，随时可以与进入该区域的任何带电粒子相互作用。

为了更精确地确定在这个过程中发生了什么，量子力学计算必须要在存在水分子的情况下进行，或者是存在由于正极金属电极表面导致电子缺失的氢原子和OH基团的情况下进行。在前面部分所讨论的计算描述了整个系统的电荷分布，但是在一些分散的系统（比如说金属表面或者是在电解液的分子中），由于缺少合适的量子力学近似，前面部分所讨论的内容就不能正确地描述这些系统了（由于近似量子力学处理的不足，它说明之前表3.1电离能计算对于分散子系统效果不好）。实际上，利用密度泛函理论的直接计算不能描述燃料电池系统中水分子的生成，以及水分子从金属表面离开的过程。观察波函数，我们可以发现，电子从金属表面以恒定的方式移动到质子上，甚至当电子离金属表面距离很远的情况下也是如此。不能够正确描述电荷分布是由于初始假设的不正确以及近似方式的不成功。

在这里，用于避免此类问题的解决方案是将系统分成若干部分，其中金属表面作为一部分，计算中包含的氢和氧原子为一个或两个其他部分（见图3.12）。这种类型的计算允许系

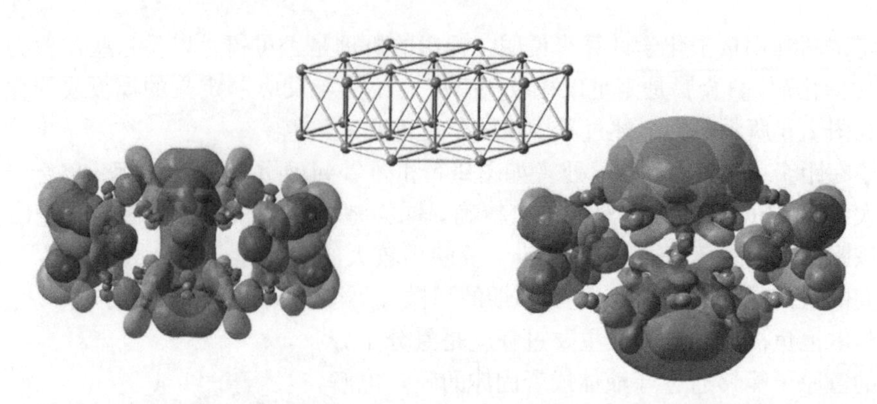

图 3. 11　上图描述的是简化的双层镍晶格催化剂，电子密度是使用 B3LYP 密度泛函理论以及 SV 基组来计算的。左图为能量最高的、被占用的分子轨道。右图为能量最低的、没有被占用的分子轨道

统每个部分具有预先规定的电荷。最初提出允许对系统部分使用较低的近似值，并使用称为 ONIOM 的方案对不同理论水平的能量贡献求和（Dapprich 等，1999）。图 3. 12 的上部显示了将量子化学计算划分为两个计算单元，第一个计算单元用于描述 4 个单位电荷从负电极转移给 4 个质子，第二个计算单元用于描述这 4 个电荷转移到正电极，它与电荷中性的水形成相关。在图 3. 12 的下部，连接了一个外部电路，允许部分或全部电极电荷（借助于电子）通过外部设备。图 3. 13 显示了 IV 特性，因为外部电流将正极上的电荷从 +4 个基本电荷（开路）减少到 0 个电荷（短路外部回路，即无电阻负载）。

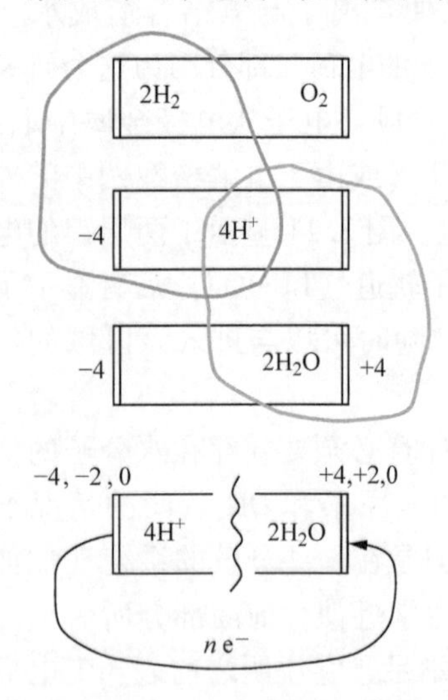

图 3. 12　燃料电池系统部件的选择应包括在单独的计算步骤中（Sørensen，2007）

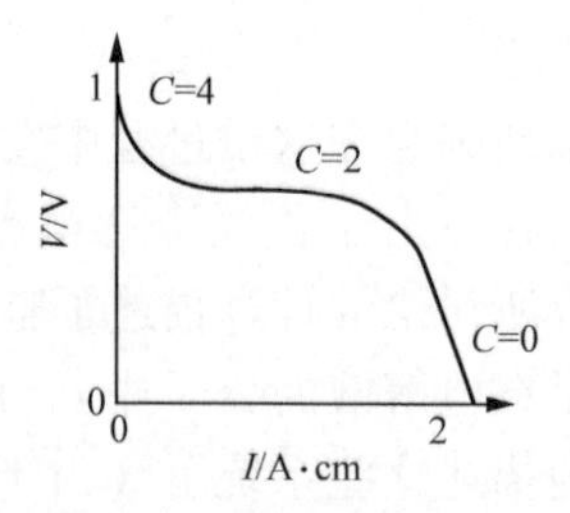

图 3. 13　燃料电池的电流 – 电压（IV）特性曲线，对于正电极子系统标注了电荷（C），适合于本书中描述的 ONIOM 计算

在简单的情况下，使用密度泛函理论量子力学计算可以优化分子结构，即找到每个原子在分子结构中的位置，从而获得最小的总能量。该方法使用迭代程序，在每个点计算之后，

沿最陡势能下降的方向改变原子坐标。正如图3.14所示，对于Ni表面上有两个氧原子的情况（其势能面直接在图2.6中计算），通过给出每个步骤的总能量和配置每个步骤的能量表面的方均根梯度，以氧原子之间距离及其与Ni表面距离为特征。对于具有多个不同纵深极小值的更复杂情况，这种简单优化是不可能的，而一个合理的方法是计算分子结构在仔细选择的配置数量下的势能面，捕捉与重要原子组分相关的预期类型结构排列，因为总势能多维表面很少在计算能力范围内，它具有分子中每个原子三维可变位置坐标。现在我们用燃料电池正极来说明这一点，在正极中，催化剂表面和氧分子首先与来自电解质中的4个质子相遇。

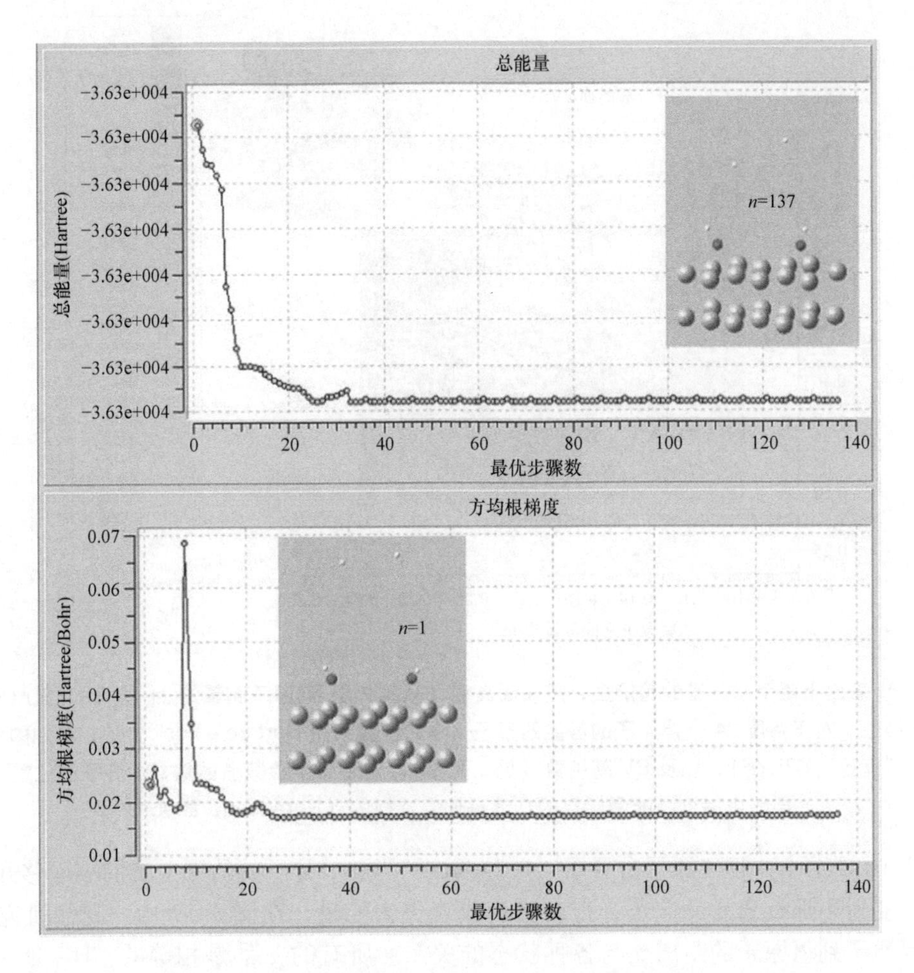

图3.14 在Ni表面上的两个氧原子优化计算过程。插图显示了优化开始时和137次迭代后两个氧原子的位置。上图给出总能量，下图给出给定步长下的方均根能量梯度

来考虑图3.3a中的过程，它涉及2个水分子或6个原子，它们变换在金属表面上的位置坐标。为了将这些变化限制在可控制的范围内[⊖]，我们首先研究了一种情况，即水分子都位于金属表面上方距离 z 的平面内，质量中心位于金属晶格表层的低密度位置上方（见图3.15）。出于清晰表达的原因，可以方便地一次显示两个参数的变化。首先假设氢原子与相关氧原子的水平距离 $d=0.096$nm，而氧原子之间的距离 $2e$ 是变化的，作为 z 和 e 函数的势能面呈现图3.15所示的形式。可以看出，当4个氢原子接近时，2个氧原子不能在 $2e\approx0.12$nm 处形成分子，如第2章图2.6所示，但当它们与第2个镍表面的距离为 $z\approx0.4$nm 时，它们会进一步分离（如第2章的图所示，我们使用两个镍层中较低的一个来测量距离，纯粹是出于方便，基于设置计算的方式）。镍是一种常用的催化剂，与Pd和Pt在相同的过渡元素族里。

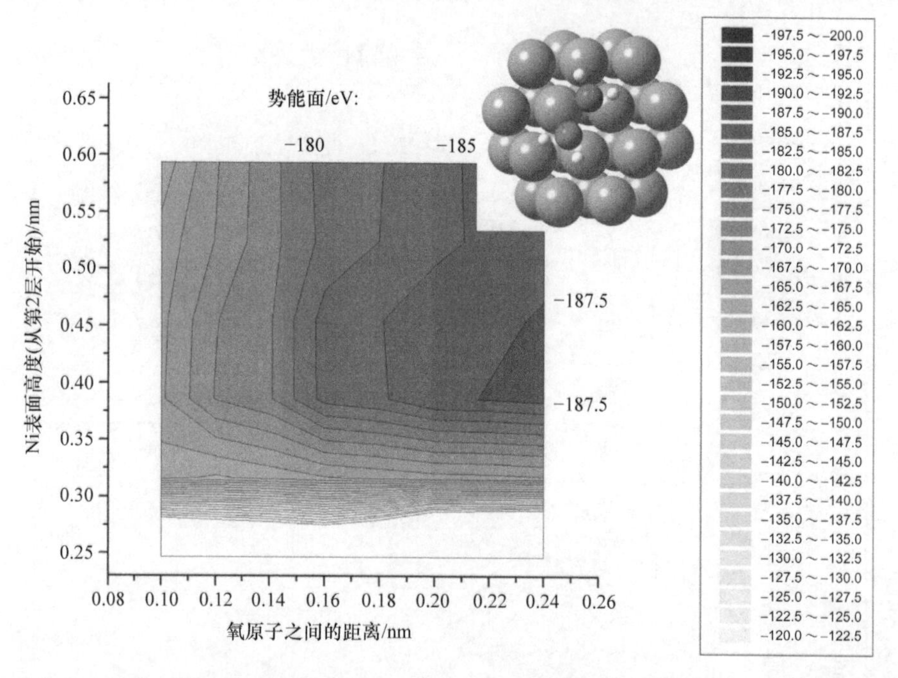

图3.15　Ni表面上两个水分子的势能面，是表面高度（从第2层Ni原子测量的 z）和 $2e$（氧原子之间的距离）的函数。对于两层24个镍原子的势能的量子化学的计算利用Hartree－Fock方法，其他的原子利用密度泛函理论（B2LYP），以及SV基函数（见3.2节）。对于一个参数值的集，水分子的位置可以在插图中得到。能量标尺的0值是任意选择的（Sørensen，2005a）

图3.16展示了一旦氧原子分开了（0.24nm），两个水分子就从镍金属的表面移开，但很快它们就变得不那么容易反应了，很难得到或者失去能量。在图3.17中，我们研究了水分子中从氢原子到氧原子的距离 g 与各种状态的关系。所有的 g 都是相等的，H－O－H的夹角保持在104.4°。我们可以发现，假如氢原子距离氧原子很远，它们会向氧原子靠近，直到它们的距离小于0.096nm，这个距离是水分子中氢原子和氧原子的平衡距离，然而，一旦它们离得更近，氢原子和氧原子则会相互排斥。

⊖ 要绘制一个势能面，例如，需要10个值，每一个都有6××3位置坐标。总共是 10^{18} 点能量计算。即使有一台速度很快的计算机，假设每一点都需要1h的CPU时间，你也会发现这是不现实的。因此，必须找到一些限制变量策略。

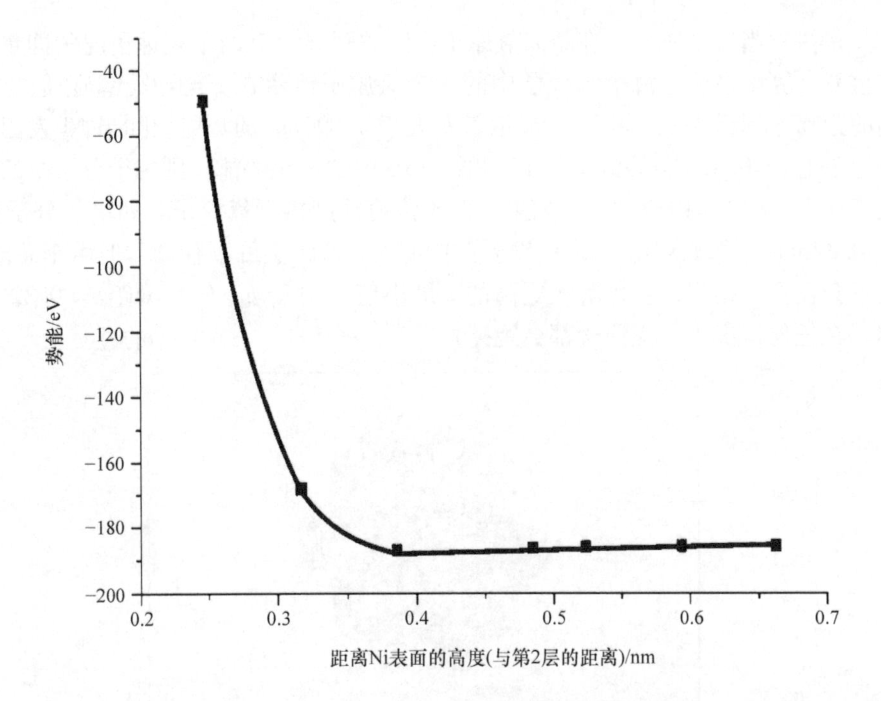

图 3.16　详细地描绘了图 3.15 中作为超过在 Ni 表面高度 z 的势能函数，O 原子之间距离固定为 0.24nm。在图 3.15～图 3.19 中的总电荷被定为 0（Sørensen，2005）

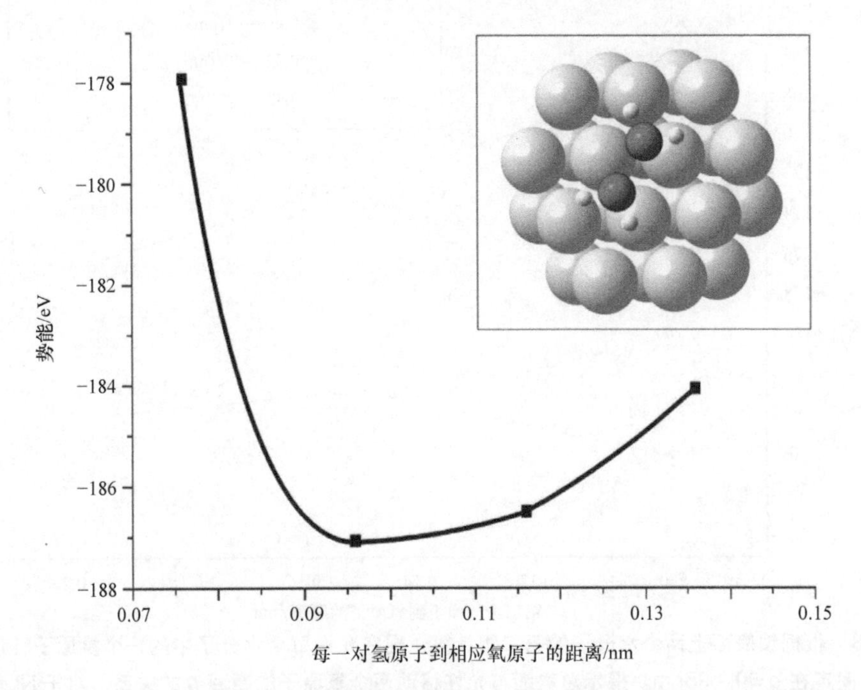

图 3.17　如图 3.15 所示，Ni 加上双水分子体系的势能，随着一个孤立水分子的 H 原子与相关 O 原子的距离值 g=0.096nm 变化。O 原子的间距为 $2e$=0.24nm，Ni 表面上的距离保持在 z=0.4nm，这导致所有 g 值达到最小势能（Sørensen，2005）

下一步是探索当每个氧原子在距离氧原子不同的距离上有两个氢原子时的能量行为。这可以通过重复计算来说明，每个水分子中的一个氢原子停留在 $g=0.096\text{nm}$，但让其他原子增加它们的距离，标记为 h。图3.18显示了 h 大于0.096nm的势能。如果Ni表面上的高度同时保持等于值 $z=0.4\text{nm}$，导致图3.15和图3.16中的最小势能，则每个分子中的一个氢原子将在大于0.15nm的 h 内滑动，但如果 h 低于该值，则接近氧原子。如果水分子更靠近Ni表面（$z\approx0.32\text{nm}$），那么理论上每个水分子中的一个氢原子可以移动，但由于总能量更高，这种情况不会发生。相反，它将落入更高的 z 最小值（对于 $h>0.14\text{nm}$，$z=0.32$ 的能量低于 $z=0.4$，在任何情况下，氢原子都会跑掉）。

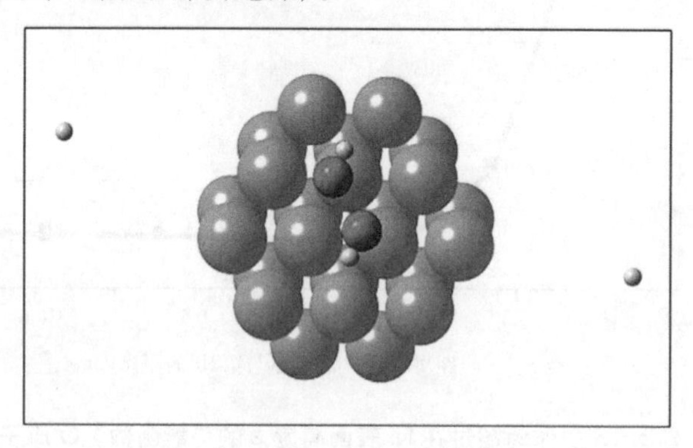

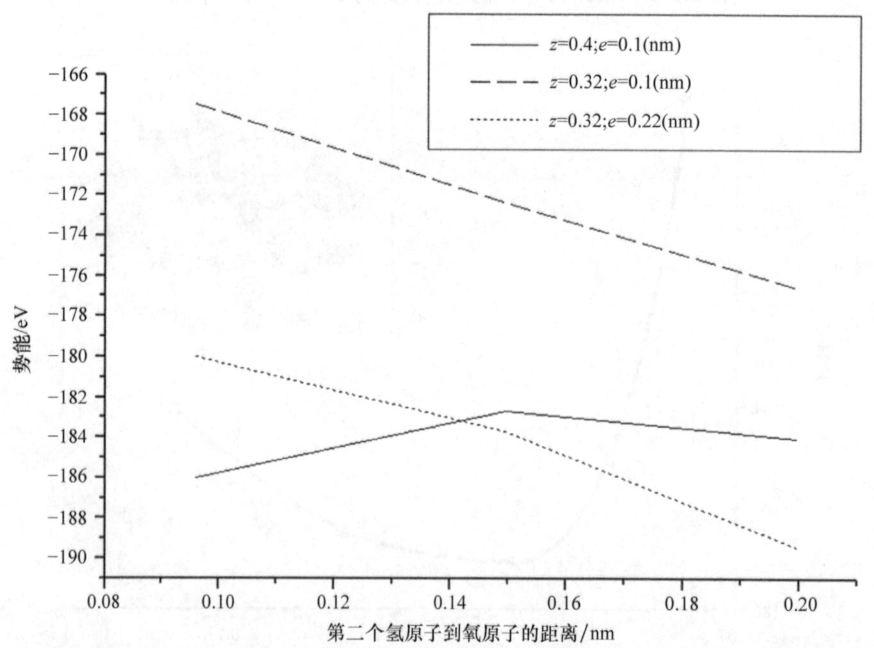

图3.18　根据镍表面上两个水分子的第二组计算，现在允许每个水分子中的一个氢原子移动，而另一个固定在 $g=0.096\text{nm}$。揭示总势能与允许移动两个氢原子的距离 h 的关系，对于Ni表面上的两个高度和氧原子之间两个距离的较低高度 z（距离为 $2e=0.2\text{nm}$ 和 0.44nm）（Sørensen，2005）

图3.18的含义是，捕获第二个氢原子以形成水分子（通过从图3.3a左侧的中线到下线的过程）不能自发进行。如何将第一个氢原子连接到氧原子上（图3.3a中的从上线到中线)？

图3.19展示了这种情况下的量子化学的计算（总的电荷量仍然等于0)。势能计算以氧原子之间的距离（$2e$）和单个氢原子（另一个仍在远处）的H－O距离（g）作为函数。我们可以发现，两个已经离解的氧原子将自愿地彼此进一步远离，而对于$2e=0.12$nm以上的所有距离，来自更大距离的单个氢原子将向氧原子移动，直到它们在水分子中达到平衡距离$g=0.096$nm的H－O距离。换言之，从能量上来说，让第一个氢原子与氧原子结合是有利的(图3.3a中从上线到中线)。

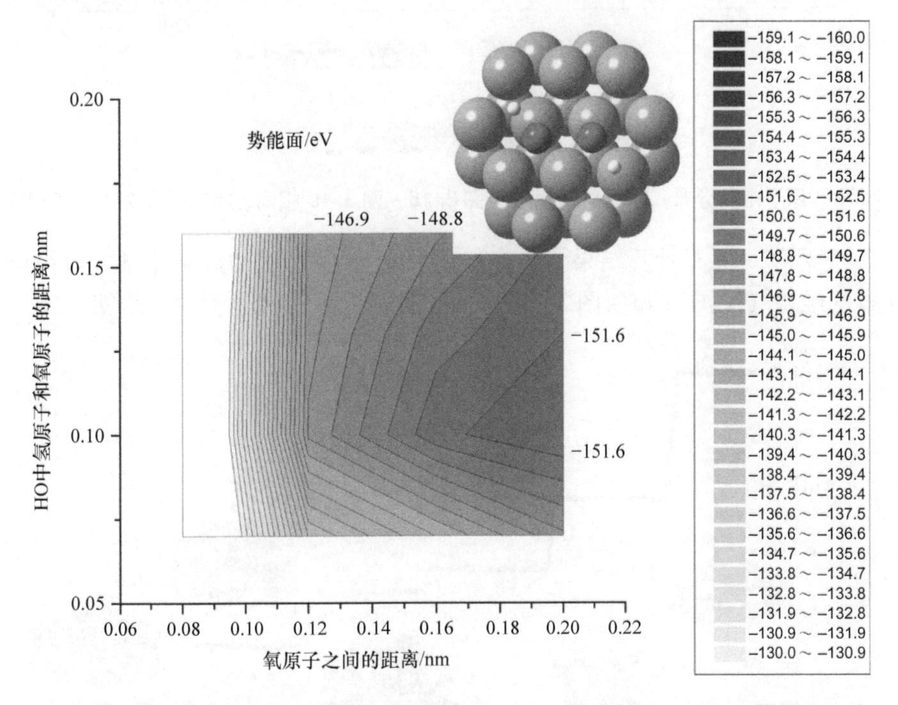

图3.19 在金属镍表面之上两个HO分子的势能，以O－O距离$2e$为自变量或者以O－H距离g为自变量，计算方法同图3.15～图3.18（Sørensen，2005）

为了计算水的形成过程，我们需要更多的条件，比如另外两个水分子的存在（见图3.3b）或者催化剂的存在，其中催化剂可以是金属的表面或者是某些有机分子，比如说光合作用中的酪氨酸分子（见Sørensen，2017)。对于中性原子，我们已经在前面阐述得比较彻底了。现在我们可以更加仔细地观察电荷的分布，这个观察我们可以从通过电解液后，由4个氢原子从负极过程带来的4个正电荷开始。

在图3.20中，对于总电荷为4、2和0个原子单位的3种情况，给出了与刚才使用的相同类型的DFT点计算后的电荷分布。原子电荷分配不是分子系统的量子力学可观察到的，电子电荷以与电子密度相同的方式分布在整个空间。在分子计算中，原子核内的正电荷分布被分配给中心点。Mulliken方法（Mulliken，1955）只是将电荷分配给原子的几种近似方法之一，即分配给相邻的粒子中心。

图 3.20　Mulliken 原子电荷分布，DFT 计算过程与图 3.15 ~ 图 3.19 相同，相对于两个水分子和镍金属的表面

图 3.21 显示了一系列计算结果，其中正极系统上的总电荷为 +4 个基本电荷单位，使用了前面探索的经验（见图 3.15 ~ 图 3.19），并试图确定水形成过程中的步骤顺序。

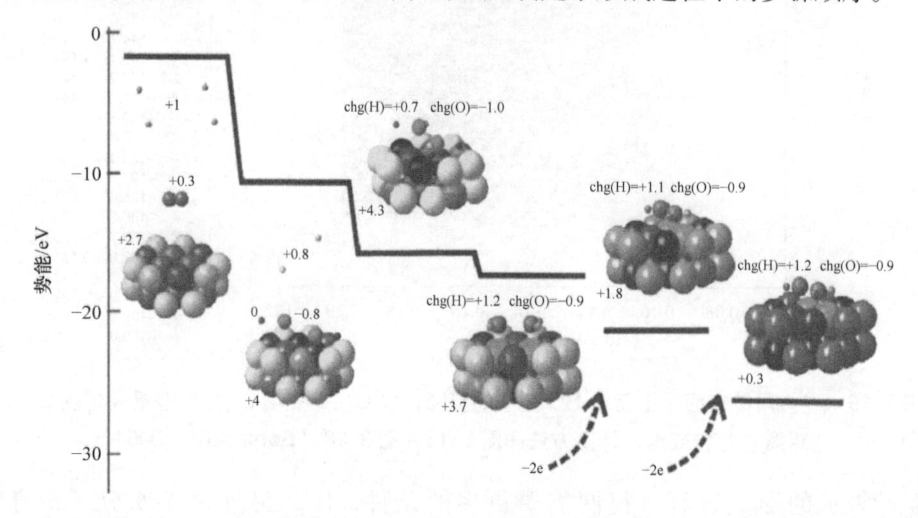

图 3.21　早期使用 DFT PBEPBE 方法进行正极计算，将整个系统视为一个整体。可以看出，电荷分布是非常不现实的，特别是对于左边的列，因此能量差是不可信的。可以想象，通过增大 Ni 晶格尺寸可以解决这个问题（Sørensen，2005）

第一步是 H^+（质子）形式的 4 个电荷从电解质膜进入电极表面区域。然后，将一个质子转移到每个氧原子以形成 OH，而两个电荷保留在远处的氢原子上。在接下来的步骤中，这些 OH 被吸向镍表面，但即使这样，也没有生成水。相反，氢原子保留其正电荷，氧原子保留其负电荷，即使在镍表面彼此靠近。将总电荷从 4 个减少到 2 个，然后再减少到零，进一步降低了能量（见图 3.21 中的右侧），但表面附着的氢和氧原子仍保留其电荷，并且没有

形成中性水。问题是 DFT 计算无法提供一种描述，即通过正确的步骤顺序，获得4个质子引入的移动电荷动态过程。实际上，由于只对电子结构进行了建模，本应出现的过程将是从 Ni 晶格中取出电子，并利用它将氧原子和氢原子在表面上方的高度结合在一起，最终形成中性水。图3.21显示了对每个步骤的 Mulliken 电荷模型预测，它们被认为是系统性错误的：首先将电子移动到 Ni 表面上方的高处，错误地给4个氢原子的总电荷为1，而不是4；然后，当 Ni 表面失去了4个电子时，在表面原子上不正确地保持一个正的净电荷和，该表面原子本应形成中性水分子。

图3.22进一步说明电荷分布问题，对总电荷为+4单位和4个质子的不同位置，采用另外的3个计算。在图3.22a中，预测的电荷分布甚至在两个氢原子上施加了过量的负电荷，而在图3.22c中，表面原子的电荷仅略微偏离零，如图3.21所示。ONIOM 方法允许每个子系统在总电荷等于+2原子单位的情况下，将小计电荷固定在规定值，如图3.22d所示。

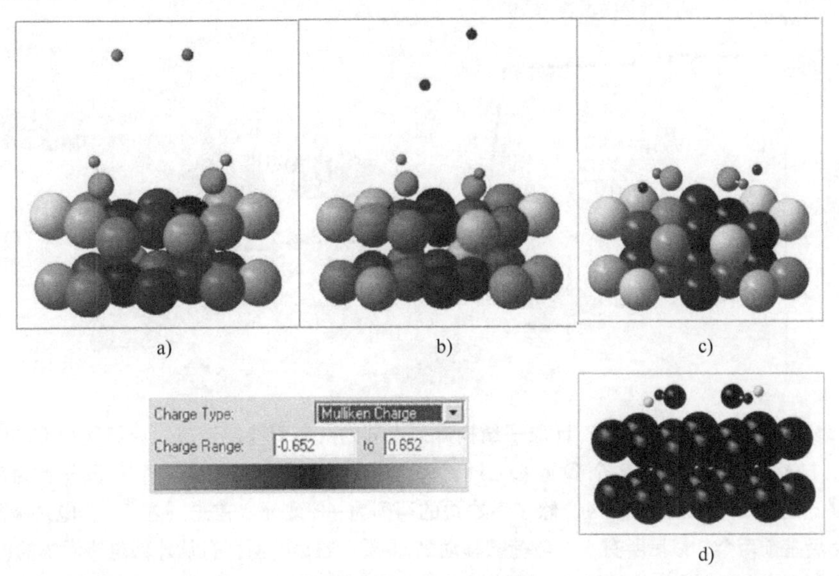

图3.22 a)～c) DFT 计算的例子，没有控制子系统的电荷数。d) 预测子系统电荷数后的计算例子

ONIOM 方法用于图3.23所示的 DFT 计算，首先是在金属表面上方的氢原子所有4个电荷，在第三步中，两个电荷移动到 OH^+ 分子；在第四步中，这些电荷被来自 Ni 表面的电子中和，剩下的两个质子附着在目前中性的 OH 上。现在，另一对电子可能从 Ni 表面转移到弱结合的 $OH-H^+$ 基团，在能量变化很小的情况下生成水。此时，Ni 表面的电荷朝向+4方向增加。如图3.21所示，必须从外部电路引入电子，以形成能够生成水分子，离开表面（将催化剂上的电荷从4个单位减少到2个单位）。这是一个实际的结果，解释了除非有一个带负载的外部电路，否则水不会离开催化剂表面，而是堆积在表面上。进一步将 Ni 表面上的电荷减少到接近零（在高外部电流条件下），并不一定会增加水分子的释放。计算出的总能量增益超过观察到的数值（<5eV），特别是在氢原子远离其余部分的情况下（与表3.1的讨论一致），图3.23仍然是对燃料电池正极发生的过程的不完整描述，但在定性上是可以接

受的。

可以通过所建模的催化剂表面小块的简单性，来解释量子化学 DFT 模型的一些缺点。另一种花费较少计算机时间的方法是使用周期性布局的简化（使用周期性边界条件），借助于无限延伸的镍表面提供（见图 2.45 后面的计算）。然而，这种方法要求催化剂表面上的原子也具有周期性，这意味着假设许多质子沿整个催化剂表面同步转移。Okazaki 等（2004）使用该方法计算正极水形成过程，发现能量增益小于 ONIOM 方法预测的值（见图 3.23），但更接近实验值，其中第三步高估了能量增益，或组合结构计算（见图 3.21）高估了势能增益。

人们可能认为在量子化学水平上，负极的行为更容易描述。氢分子的分裂已经通过图 2.5 后面的计算进行了解释。图 3.24 显示，正如在正极一样，必须有外部电流才能使氢离子（质子）离开镍催化剂表面，而且在这种情况下，总能量增益被大大高估。

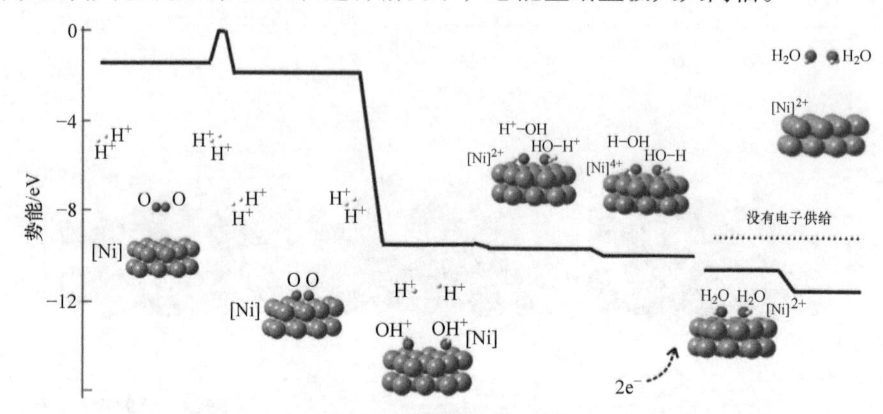

图 3.23 Ni 表面、2 个 O 原子和 4 个 H 原子结构排列序列的一系列势能计算。计算使用 ONIOM 方法，在 HF 计算中，Ni 表面作为下层，2 个 O 或 O－H 对作为中间层，最后 4 个或 2 个 H 原子作为高层，使用 B3LYP 密度泛函方法。总电荷为 +4，除了最右边的两列为 +2 之外。首先（左侧），电荷被放置在 4 个 H 原子上，然后是前两个，最后所有 4 个电荷被移动到 Ni 层。右边的两列有从外部电路添加的电子。它们的能量被平均结合能转移了。产生的外部电流可使形成的水从 Ni 表面逸出。第二列和第三列之间的能量差太大，是由于 DFT 计算无法正确描述远离主分子的原子（Sørensen，2005）

总之，人们发现作为催化剂电极存在的金属，如 Ni，对于构成燃料电池电流的电荷转移以及使其在能量上有利于形成水分子，并使其远离反应位点都是必要的。在量子力学水平上，这里描述的简单计算为运行中的燃料电池的运行机制提供了合理的定性解释，但由于基于密度泛函理论描述分子集合方法的一般问题，如第 2 章所述，无法提供正确的能量阶跃。

3.1.5 流动和扩散建模

理解燃料电池电极的分子运动机理需要量子力学描述，而解释流体在燃料电池流道中流动、气体在扩散层中运动，可以用经典物理理论解释，比如说流体力学和扩散理论。牛顿方程在连续媒介中的平衡可以写成欧拉传递方程形式：

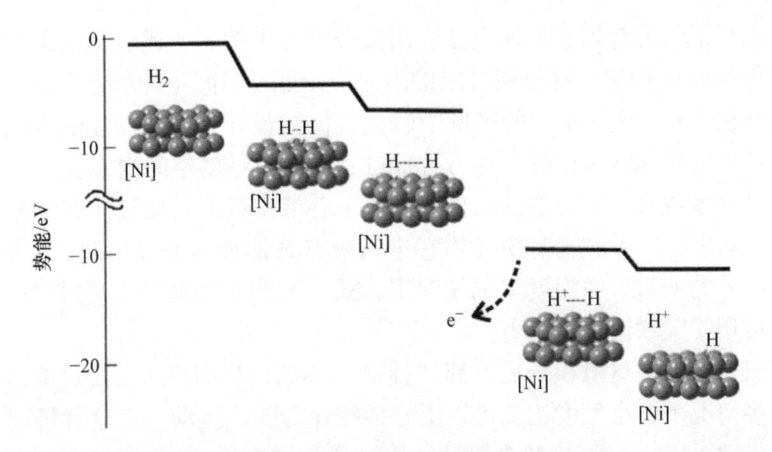

图 3.24 氢在燃料电池的负极解离和电离，随后质子离开表面进入电解质层。DFT 计算采用了 ONIOM 方法、SV 基组，催化剂层采用 Hartree – Fock 法，表面原子采用 B3LYP 法。左边三列的总电荷是 +4a. u.，右边两列是 +2a. u.。预测的能量增益大于测量的能量增益（Sørensen，2005）

$$\frac{\partial}{\partial t}(\rho A) + \mathrm{div}(\rho v A) + \mathrm{div}(s_A) = E_A \tag{3.50}$$

式中，t 为时间，ρ 为密度，v 为在空间某一点（x，y，z）的速度，s_A 为描述微观分子运动的向量，E_A 为量 A 在外部的源。对于流体流动，A 可以是速度为 v 的一个分量，当 $A=1$ 时，式（3.50）是连续方程：

$$\frac{\partial}{\partial t}(\rho) + \mathrm{div}(\rho v) = 0 \tag{3.51}$$

当 $A=v$ 时，分子移动速度与张量 τ_{ij} 有关（见 Sørensen，2004）：

$$-(s_{v_j})_i = \tau_{ij} = \left(-P + \left(\eta' - \frac{2}{3}\eta\right)\rho\mathrm{div}(v)\right)\delta_{ij} + \eta\rho\left(\frac{\partial v_i}{\partial x_j} + \frac{\partial v_j}{\partial x_i}\right) \tag{3.52}$$

式中，P 为压力，η 为运动黏度，η' 为体积黏度。假如后者可以被忽略，那么流体可以被认为是不可压缩的，式（3.50）的简单版本（当 $A=v$ 时）代入式（3.52），被称为 Navier – Stokes 方程。

类似式（3.50）~式（3.52）的数值解可以用很多种方法得到，每一种方法都对应特定问题。流体建模现在应用很广泛，包括天气预报、飞机和车辆空气阻力及其在机翼和类似的风力涡轮机叶片上流动，以及在管道与燃烧锅炉和涡轮机中流动等。燃料电池流道中的流体流动只是其中的一个方面。这些数值方法可以包括两个类型。第一种，整个空间需要被离散化，这就表明，我们考虑的函数只是在一系列的网格点上，微分方程就成为了差分方程。每一点都被分配上我们研究过的平均数值，这些初始值方程初值问题（基准和速度，相应于连续状况下各种变量及其导数，即已知的、在 t_0 时刻的各个点），或者是边界问题（在定义所计算的空间的特定边界的基准和速度）就能够被求解出来。

另一种计算方法定义了一组离散的（通常）三维区域，这些区域跨越空间中感兴趣的体积，并在多项式基组上展开解，通常仅为每个基本区域的分段线性函数（称为有限元）。除少数基元区域外，每个基元多项式均为零，例如，流场 v 的解是基函数的线性组合。该系数可以通过在跨越有限元的有限数量的点处应用微分方程来确定，或者通过最小化合适的集合函数（例如总能量）来确定，如果所寻求的解对应于能量空间中的稳定点。所选择的有限元或元素区域通常在预计 v 变化不大的区域中较大，但在预计有有趣变化的区域中较小。对于某些问题，设计中的对称性可以使传递方程能够在小于三维的空间内解决。

使用流体动力学或有限元方法的示例将在以下各节中展示。通过在式（3.50）中适当选择 A，例如，一旦确定了基本速度场（当它进入所有其他量的方程中时），这些方法显然也可以用于速度以外的变量。在温度 T 的情况下，式（3.50）中源项 E_T 包括外部热源和冷源，理想气体定律可用于关联温度和压力。

无论是有限元法还是离散积分法，都“捕捉”不到选择网格所确定尺度以下的涡流或其他运动。在许多情况下，小尺度运动可以更好地描述为随机运动，在这种情况下，量 A 的传输称为扩散。扩散可以用 Fick 定律来描述，假设通量密度 f，即在给定方向上通过单位面积的“粒子”（这里是一小包气体）的数量，与粒子浓度 n 的负梯度成正比（见 Bockris 和 Deapic，2004）。

$$f = -D\ \mathrm{grad}\ n \tag{3.53}$$

表征介质的比例因子 D 称为扩散常数。假设每个粒子（即流体的每个部分）在流体其余部分平均场的影响下移动。Fick 定律和连续性方程合并（与式（3.51）类似），成为以下的形式：

$$\mathrm{div} f + \frac{\partial n}{\partial t} = 0 \tag{3.54}$$

这个形式表示浓度变化与各个方向总流量的负数相等。结合式（3.53）和式（3.54），我们可以得到扩散方程：

$$D\Delta n = \frac{\partial n}{\partial t} \tag{3.55}$$

其中我们使用了标记 $\Delta = \nabla^2 = (\mathrm{div\ grad})$（矢量散度）。式（3.55）描述了单一物质的扩散过程。在一些实际例子中，比如说在燃料电池中，可能有数种化学成分，它们的化学组分比例为 x_i（见式（3.6））。这些有关 Fick 定律的方程现在被称为 Stefan - Maxwell 方程，使用理想气体定律（其中 i 组分的分压力和分摩尔分数分别为 p_i 和 n_i）后，这个方程可以被写作（Bird 等，2001）：

$$\mathrm{grad}\ x_i = \frac{RT}{P}\sum_{j\neq i}\frac{x_i f_j - x_j f_i}{D_{ij}} \tag{3.56}$$

$$p_i = n_i RT/V \tag{3.57}$$

$$P = \sum p_i ; n = \sum n_i , n_i = x_i n \tag{3.58}$$

式中，R 为气体常数（见式（3.6）），T 为温度，P 为总压力。第 i 种组分的通量密度被记作 f_i，总体积记作 V。扩散常数 D_{ij} 描述了组分 i 和 j 的相互扩散，它与物质 i 和 j 的碰撞的自由程和它们的相对速度 $((v_i^2 + v_j^2)/2)^{1/2}$ 成正比。组分 i 的通量密度与这种物质在某一点的速度的关系如下：

$$f_i = \varepsilon c_i v_i \tag{3.59}$$

式中，ε 为孔隙率，c_i 为组分 i 的摩尔浓度 $\left(\sum c_i = c_{\text{total}}\right)$。对于气体扩散层中的微孔，与孔壁的碰撞是与物质中粒子之间的碰撞一样重要，在式（3.56）的右边，我们可以看到其另外的一个附加影响（Knudsen，1934）：

$$-\frac{RTf_i}{PD'_i} \tag{3.60}$$

式中，D'_i是取决于孔结构的、与压力无关的扩散系数，并且式（3.56）中的粒子碰撞型扩散参数 D_{ij}，可能由于孔壁的存在，必须进行某种程度的调整（Bruggeman，1935）。

如果只考虑一些特定的问题，许多数值模型需要在一些额外假设下才有效。例如，如果对启动阶段或改变燃料电池的运行不感兴趣，可以应用稳态条件，即只需要与时间无关的解决方案。在某些问题中，可以忽略温度变化，在自由气体管道中，可能会施加层流。多孔介质中的扩散，通常采用气体扩散或膜层的各向同性假设作为近似，与化学反应的耦合通常被简化或忽略。另一方面，水的蒸发和冷凝往往是燃料电池性能的关键决定因素，因此必须在一定程度上进行建模。

水管理是运行许多类型燃料电池的一个组成部分。对于那些在高温下运行的设备，建模时水蒸气可以视为气流的一个组成部分。然而，对于在较低温度下运行的电池，就需要一个两相流模型，通常气体扩散层和气体通道（加上液体电解质或膜）中都会存在液态水和气态水。因此，有必要考虑两个相的传输以及在电池的不同部分中发生的蒸发和冷凝过程。电池从氢和氧所产生的水，在其来源处可被认为是气态的，并与电流密度成比产生。随后，水蒸气冷凝成液体形式，可能主要出现在正极上。然后，通过气体扩散层孔道发生的液态水运动，其最可能的传输机制是毛细压力梯度驱动流动（Nguyen 等，2004；Wang 等，2001）。流体速度和压力梯度的关系可以用下面的 Darcy 法则表示

$$v = -\frac{K(s)}{\varepsilon\eta}\text{grad } P \tag{3.61}$$

式中，K 为渗透能力，与水在孔中的饱和度 s 有关。未饱和流体的压力为 P，与毛细压力函数成正比，同样也与 s 有关（Stockie，2003；Stockie 等，2003）。可通过用例如聚四氟乙烯浸渍气体扩散层，以减少对孔壁的粘附来增强水在孔中的传输。

3.1.6 温度因素

以下各节讨论了一些燃料电池概念。之所以有如此之多类型的燃料电池，一部分原因不仅与该技术的历史发展有关，而且在很大程度上与它们的设计温度范围有关。在许多情况下，高运行温度将导致更高的发电效率。当然，维持高温也会影响效率，在某些情况下，例如车辆冷启动，会带来不便。

一般来说，大型固定燃料电池装置总是追求可能的最高效率，这使得熔融碳酸盐燃料电池（运行于670℃）和固体氧化物燃料电池（现在多运行于800℃以上，但在努力向降低温度方向发展）在这个方面很流行。对于非分散式固定应用，尽管有一些锅炉运行的温度已经与高温燃料电池比较相似了，但是低的运行温度通常是首先要被考虑的问题。对于汽车应用

而言，没有燃烧意味着必须在最初提供热量，并在驾驶过程中通过保温和补充热量（例如，电池）来维持热量。这通常被认为是不方便的，因为燃料电池通常被视为电动汽车的替代品，即使在混合动力概念中，用于加热的能量也会大大降低整体运行效率。考虑使用低温燃料电池所带来的效率损失，并将其与必须将燃料电池加热到较高工作温度的能源成本进行比较，可以更精确地说明上述说法。

底线是，在当前的各种技术概念中，在环境温度附近运行的质子交换膜燃料电池（PEMFC）被认为是（道路）车辆的最佳选择，而高温燃料电池被认为适合集中式固定应用。市场发展可能会影响这一应用思路，因为汽车市场被视为燃料电池技术的关键切入点，如果这个大市场成功地降低了 PEMFC 技术的成本，这种电池可能会超越其他选择。在目前的开发阶段，这方面的迹象已经很明显，因为几家制造商做出了巨大努力，准备好了汽车市场用 PEMFC，将其开发成替代天然气锅炉的小型建筑一体化 PEMFC。由于运输部门的低效率和高污染问题，比以化石燃料为基础的电力生产部门严重得多，用于一般电力生产的高温燃料电池初始市场可能非常小，从而阻碍此类燃料电池利用与产量相关的成本下降。

3.2 熔融碳酸盐燃料电池

图 3.25 示意性地给出了在高温下使用碳酸盐离子渗透固体基质电解质的燃料电池循环。该循环旨在固定应用，并保证高效率。这种产电熔融碳酸盐燃料电池（MCFC）的电极反应是

$$H_2 + CO_3^{2-} \rightarrow CO_2 + H_2O + 2e^- \tag{3.62}$$

$$\frac{1}{2}O_2 + CO_2 + 2e^- \rightarrow CO_3^{2-} \tag{3.63}$$

在大多数设计中，来自式（3.62）的产物二氧化碳与氢燃料一起作为输入，再循环参与式（3.63）。有人建议，化石发电厂的二氧化碳排放可以作为 MCFC 的阳极输入，作为减少当前系统温室气体排放的一种方式。然而，式（3.62）的输出 CO_2 必须被收集和处理，例如，通过将其再次转化为碳酸盐的形式，作为废物沉淀（Lusardi 等，2004）。所有气体必须存在于适当的通道中，以提供所需的流量，并再循环一部分未反应的燃料气体。这表明需要将燃料处理回路与燃料电池堆分开。电池电解质由 Li－K（对于在大气压力附近操作的系统）或 Li－Na 化合物（对于高压系统）组成，它是能够保持熔融的碱性碳酸盐混合物，同时为了稳定性和强度，该电解质成分被保持在多孔的铝酸盐（例如 $LiAlO_2$）基质中。

关于电极材料，负极 Ni 中有 Cr 或 Al 添加剂，以提供材料强度，正极 NiO 中有 Mg 或 Fe 添加剂，主要用于避免短路现象（从正极到负极的电解液导电性）。在正极形成的碳酸盐离子穿过基体，并在 660℃或更高的工作温度下与负极的氢结合。该工艺最初旨在通过煤气化或天然气转化提供氢气。第一批研究装置（在 20 世纪 80 年代建造，经过几次欧洲开创性工作）遇到了严重的电解质衰减问题，包括基体破裂（Mugikura，2003）。此外，2000 年前后投入运行的原型机组在较长时间的运行后，容易受到可能的结构变化影响，特别是影响密封涂层和氧化铝基体的完整性（Frangini 和 Masci，2004；Jun 等，2002；Mendoza 等，2004）。

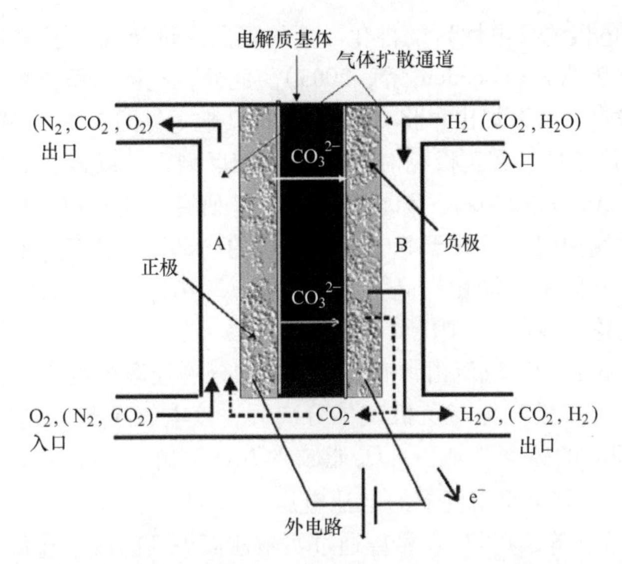

图3.25 熔融碳酸盐燃料电池示意图。括号中的气体不一定参与电化学过程，但它们是确保流动或带走多余气体所必需的。从负极到正极的CO_2循环设计，可以采用不同的方式

1996~2000年期间，美国、日本、意大利和德国进行了MCFC发电厂（250kW或更大规模）的首次原型试验（Farooque和Ghezel-Ayagh，2003）。转化效率达到55%~60%，但理论上效率可能会更高（接近70%）。尽管示范电厂的运行时间相对较短，但观察到影响电厂寿命的关键部件退化，现正在努力改善这种情况。应该清楚，电解质和电极的衰减是所有电化学系统固有的，并且是传统或先进电池寿命受限的主要原因。挑战在于是否有可能将燃料电池的寿命延长到超过大多数电池类型的5年以下水平，有些人认为这是达到经济可行性所必需的。

电解质除了提供离子传输外，还构成图3.25所示的气体分离器功能。物理上，它由一种在工作温度下表现为软膏状的压缩粉末组成，因此证实了"熔融碳酸盐"这一名称是指电解质基体中的液态Li-Na或Li-K碳酸盐。用于支撑结构的$LiAlO_2$材料可以以3种不同的相态形式存在（α、β和γ相），并且在长时间燃料电池运行后观察到相态转变（如γ相到α相），导致电解质完整性的加速退化。一旦衰减过程达到一定程度，黏结的孔结构被打开，电极之间的镍沉淀会导致短路，从而结束电解质寿命。Li-K电解质的酸性溶解速率高于Li-Na，但后者对高温的敏感性更强（Hoffmann等，2003）。使用α型$LiAlO_2$，而不是传统的γ型可以减少衰减（Batra等，2002）。

负极的稳定性相当好，但流过正极的气体具有高度腐蚀性，导致NiO材料的显著溶解。Ni腐蚀随着压力的增加而增加，并且在MCFC中普遍采用的660~700℃的温度下，腐蚀严重。当温度升高到1000K以上时，其性能下降。在环境压力下，测量到NiO溶解速率在$0.01\sim0.02g/(m^2\cdot h)$范围内，在更高的压力下，将上升一个数量级（0.7MPa；Freni等，1998）。高压力意味着只有几个月的使用寿命，即使是较低的环境压力值也会导致使用寿命低于所需的寿命（低于3年）。在共晶Li-K熔体和腐蚀性CO_2-O_2气氛的影响下，Li-Ni-O

（用于增强正极 NiO 电极的导电性）的催化活性的阻抗测量展现出了锂的转移和 NiO 电极材料的相关形态变化（膨胀）（Escudero 等，2003）。此外，电极面积的减少对电池性能有负面影响（Freni 等，1998）。有人提出，将 CO_2 和 O_2 入口流（见图 3.25）分离为两个单独的流，CO_2 流直接进入电解质基体，在正极相对于 O_2 流的相反侧，可以显著减少腐蚀问题，以适当低的效率损失代价（Au 等，2003）。Zaza 等（2011）研究了使用沼气作为燃料，MCFC 会因硫和其他杂质而产生腐蚀问题。关于 MCFC 中甲烷的内部重整方案，已经考虑了一段时间，伴随着废热的回收，其效率可能相当高（Huang 等，2016）。已经在努力降低 MCFC 的工作温度，但迄今尚无定论（Lee 等，2016）。

在 MCFC 的实际设计中，气流由带有波纹图案的分隔板调控流动，腐蚀性的电解质基体以一种湿密封方式，将正极气体与负极气体分离开，该电解质基体允许熔融碳酸盐离子通过。添加 Ca、Sr 和 Ba 的碳酸盐或 Nb_2O_5 能减少 NiO 溶解（Meléndez - Ceballos 等，2016；Tanimoto 等，2004）。在零电流密度下的电池电压约为 1V，在 $2kA/m^2$ 的电流密度下，电池电压降低约 30%（Freni 等，1997）。希望通过实施前面提到的改进建议，MCFC 可以实现超过 5 年的寿命。

针对稳定流量情况，已经开发了性能模拟的简单模型，其中包括验证电压 - 电流关系和计算总效率的选项，同时考虑了整厂的用电和热输入。用这种模型计算的效率显示，通过上述因素将压力提高到环境压力以上，效率提高了几个百分点，并且如预期的那样，随着气体流速的增加，效率下降（de Simon 等，2003）。考虑到热力学约束，该模型已用于根据燃料输入确定最佳工作区域（Zhang 等，2011）。

3.3 固体氧化物燃料电池

现在最受人关注的高温燃料电池仍然是固体电解质电池。固体氧化物燃料电池（SOFC）利用金属锆的氧化物作为电解质层，来传输在正电极上形成的氧离子。电极反应包括了氧离子的传输（如式（3.15）和式（3.16）所示的氢离子的传输方向相反），在电池名称上，这种电池以“氧”作为名称：

$$H_2 + O^{2-} \rightarrow H_2O + 2e^- \tag{3.64}$$

$$\frac{1}{2}O_2 + 2e^- \rightarrow O^{2-} \tag{3.65}$$

这些反应发生在固体电解质表面，工作温度通常为 600 ~ 1000℃。较低的温度是理想的，因为能够保持完整性的材料选择范围更广，然而其效率会降低。在这方面，已经考虑了许多材料作为电极和电解质的最佳用途。具有适当电极和催化剂的 SOFC，除了接受纯氢之外，还接受使用多种燃料。

电解质应能传导氧离子，但沿其侧面流动的氢气和氧气必须不渗透。为此，使用固体膜结构作为电解质。电解质层可以由钇稳定的氧化锆（ZrO_2）薄层组成，掺杂有 3 ~ 8mol% 的 Y_2O_3，并可能添加其他掺杂剂，如（昂贵的）Sc_2O_3 以提高离子电导率（Badwal 等，2014）。分子结构如图 3.26 所示。该电解质材料可以以陶瓷粉末形式喷涂到负极上，厚度约为 10μm

(Kahn，1996)，也可以当其厚度超过100μm时，采用自支撑形式（Weber和Ivers - Tiffée，2004）。通常，电解质产生的电位损失随着电解质厚度增加而增加，因此在可能的情况下，最好是不引起短路或气体渗透条件下，采用最薄的电解质薄片。对于非常低温度的电池，需要替代的电解质，以具备足够高的导电性。低温电解质包括（Y）掺杂的二氧化铈（CeO_2），用于直接碳氢化合物SOFC，或双层电解质中，第二层是没食子酸镧电解质（$La_{1-x}Sr_xGa_{1-y}Mg_yO_3$），不仅表现出高的氧化物离子电导率，也表现出稳定性和高成本（Ga）问题。也考虑了质子电解质，理论上一样高效率（Demin和Tsiakaras，2001），但实际上缺乏稳定性和足够的导电性（参见例如Lacz等，2016）。

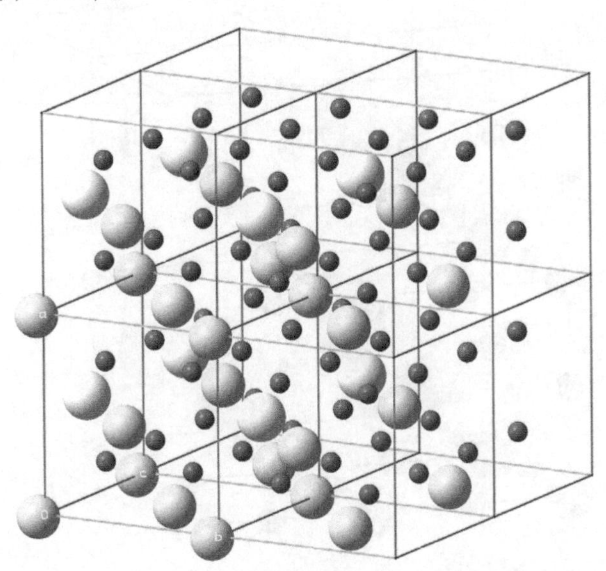

图3.26 钇稳定氧化锆（$Zr_{0.75}Y_{0.25}O_2$）的8个晶胞结构。较小的原子（深色）是O原子，较大的（最浅的灰色阴影）是Y或Zr原子，位于立方角或面中心。O原子被置于最对称的构型。对于独立的ZrO_2分子，O原子之间的角度仅为21°，O - Zr距离为0.2nm，略大于晶格中的距离

电极应能够催化相关反应（即式（3.64）和式（3.65），以及相关燃料转化反应，如果初始燃料不是氢的话）。它们需要具有大的有效表面，但在工作温度下仍具有长期稳定性，并考虑到实际应用中将会发生的温度循环。适用于与SOFC相关的温度状态的电极，通常由周期表中稀土序列，或其附近的金属氧化物制成。对于正极，电压损失可能是一个问题，并且氧的离解速率应该很高。用于高温SOFC的材料包括化合物，如$La_{1-x}Sr_xMn_{1-y}Co_yO_3$，可能含有Fe代替Mn和Ca，而不采用Sr。$LaCoO_3$的分子结构如图3.27所示。通常，约20%的La原子被Sr($x=0.2$）取代，Co(y）的含量控制电极的电导率和热膨胀率，两者均随y增加。特别地，正极要求掺杂剂在高温氧气气氛下稳定。已经研究了可能的补救措施，包括无钴电极（Badwal等，2014；Baharuddin等，2017）。

负极可以由镍基化合物组成，使用钇稳定的氧化锆用于高温SOFC（Taroco等，2011；Weber和Ivers - Tiffée，2004），例如，NiO与掺杂钆的金属陶瓷$Ce_{1-x}Gd_xO_{1.95}$（x约等于

0.1）和 RuO_2 的混合物作为催化剂，在约600℃下使用（Hibino 等，2003）。600℃左右的温度可用于碳氢燃料（例如甲烷、乙烷或丙烷）供给的 SOFC，而不是由第二步内部重整中形成的氢气作为燃料。如果不是氢气燃料，燃料重整是不完全的，存在其他副反应。电极上碳氢化合物裂解本质上是不稳定的，需要进一步的添加剂以抑制其不良影响（Akdeniz 等，2016；Yang 等，2016）。

金属有机光电化学中使用的技术（见 Sørensen，2004；4.2.3 节）可用于在电解质和电极材料之间形成大的接触表面积。

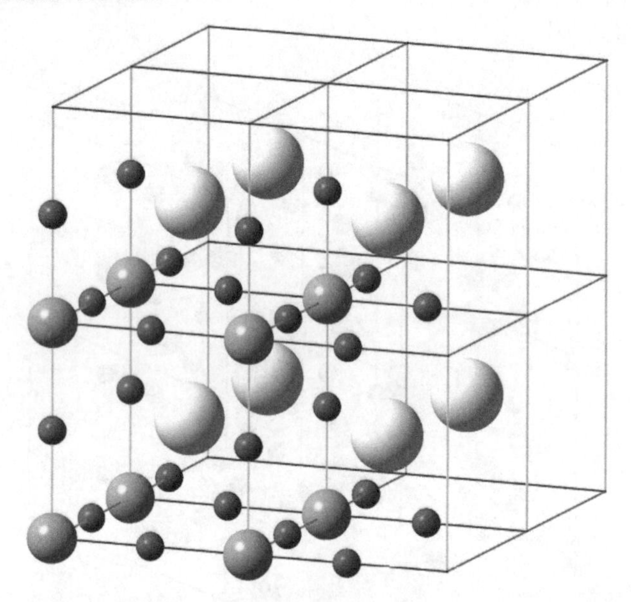

图3.27　8个 $LaCoO_3$ 晶胞的结构，在晶胞角处有体心的 La 原子（大，阴影较浅）和 Co 原子（中等，较暗），中间有 O 原子（最小，最暗），排列方式与钙钛矿（如 $CaTiO_3$ 或 $MgSiO_3$）相同。钙钛矿可以存在于另一种结构中，但只能在非常高的压力（125GPa）和温度（2700K）下的地核－地幔界面发现其存在（Murakami 等，2004）

图3.28 总结了 SOFC 电解质所考虑的一些材料电导率数据，它们作为温度的函数（沿顶部的横坐标值，沿底部的横坐标是温度的倒数）。在较低温度下，电导率均匀下降，说明了材料与设计 SOFC 在较低的温度下运行相关的效率折中。

图3.29 显示了西屋股份有限公司首次引入的高温固体氧化物燃料电池的圆柱形布局。替代方案是平板电池或一个中心有进料圆盘的电堆概念。高效热交换是考虑高温燃料电池几何形状的常见设计策略。

固体氧化物燃料电池的行为建模采用电化学模型和热流－物料流模型的组合。电化学模型适用于所有燃料电池类型，首先通过将式（3.5）~式(3.7）与式（3.20）和式（3.23）结合起来，计算电池内部电动势：

$$\phi = \sum_i n_{e,i}\Delta\mu_i - \phi_{\text{losses}} = \sum_i n_{e,i}\mu_i^0 + RT\sum_i n_{e,i}\log(f_i x_i) - \phi_{\text{losses}} \tag{3.66}$$

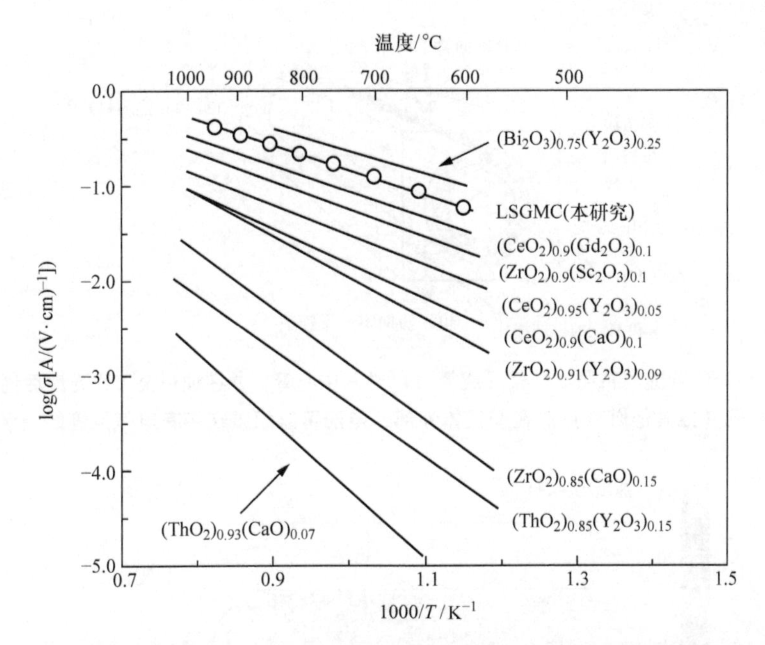

图3.28 $La_{0.8}Sr_{0.2}Ga_{0.8}Mg_{0.115}Co_{0.085}O_3$（空心圆圈）和其他材料的电解质电导率σ（单位 AV^{-1}，有时被称为西门子）是温度的函数。引自 Ishihara 等（2004）。得到 Elsevier 使用许可

对于 SOFC，式（3.66）中的总和有三项，H_2和O_2的两项为正，H_2O 的一项为负。右侧第一项的常数部分 ϕ^0，代表偏离了式（3.20）中给出的理想气体在环境压力和温度下的常数，因为它必须考虑 SOFC 的高温。该参数估计为（Campanari 和 Iora，2004）

$$\phi^0 = 1.2723 - 2.7645 \times 10^{-4} T_{\text{cell}} \tag{3.67}$$

式（3.66）右侧的第二个和称为能斯特电势，最后，损耗项如式（3.23）所示，由体电阻损耗和两个电极中每一个电极处发生的损耗的贡献组成。这些项可以根据测量的欧姆电阻和电极处的参数化活化损耗来建模（Campanari 和 Iora，2004；Costamagna 等，2004）。

如 3.1.5 节所述，为了描述热流和质量传输，使用了基于有限元法或某些体积平均方案的模型来处理一般欧拉传输。有几个程序可用于计算此类系统的时间依赖性行为，如速度场、物质浓度场和温度场，并考虑与电化学和可能发生的其他化学反应的耦合。下面给出了 SOFC 的此类计算结果示例。还可以对整个 SOFC 电堆进行模拟（Roos 等，2003）。

图 3.30 显示了图 3.29 所示形状的 SOFC 中的空气速度场示例。显示的部分从进气口的中心到用于返回空气的第二根管子的壁（纵轴），同时水平掠过管子的最内部，空气（及其氧气）在此处被迫偏转回两管的外侧。这显然是建模最困难的部分，大多数流体动力学模型允许在这些区域增加计算单元的数量。

类似模拟的温度场如图 3.31 所示，包括两个空气/氧气输送管及其内壁以及电池区域（电极和电解质；见图 3.29），在模型电池中，该区域的半径为 0.5 ~ 0.72cm，最后是一段燃料流通道。电池长度上的温度分布不太均匀，电池和燃料室的管筒端部附近的温度值低

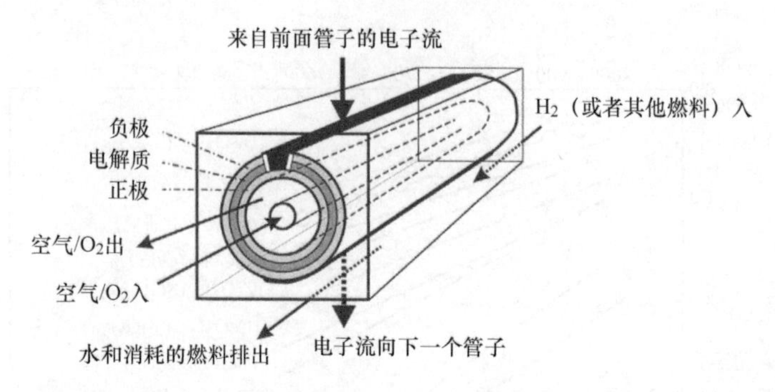

图 3.29 圆柱形 SOFC 管道的布局。空气（或氧气）进入中心管，并在加热至工作温度后通过下一个圆柱形环调转回来。氢气（或其他燃料）流在圆柱体外部，电池可以组装在带有电气互连的封装中，如图所示

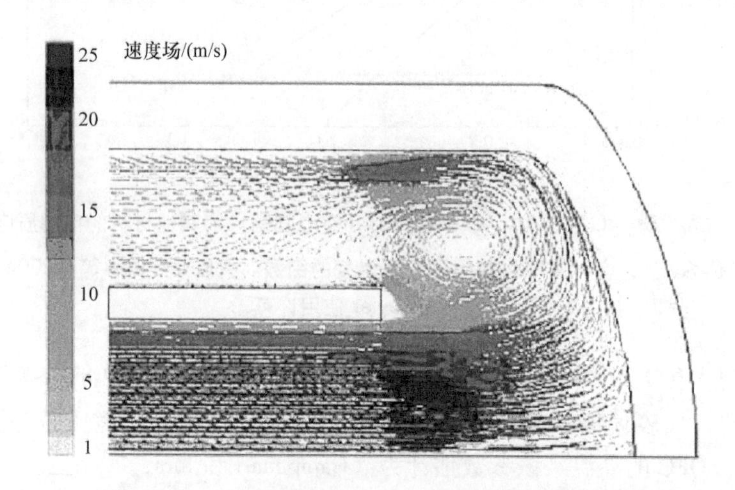

图 3.30 在工作温度下，流体动力学模型计算的固体氧化物燃料电池在空气/氧气流转弯区域的速度场。引自 Campanari 和 Iora（2004）。得到 Elsevier 使用许可

100～150℃。可以看出，在较低温度下进入进气管的空气/氧气不会在管的径向尺寸上获得均匀的温度，而是仅在最靠近电极组件的圆管部分（并且仅在圆管中部）达到电池工作温度。另一方面，正极、固体电解质和负极的组件以及与负极相邻的燃料流动区域的温度仅取决于沿管长度的位置 x。图 3.32 仅显示了作为 x 函数的类似温度分布。

图 3.31 和图 3.32 中的两个计算结果一致，符合电池组件和燃料温度的行为，但图 3.32 中所示的计算假设空气/O_2流预热到比图 3.31 所示更高的入口温度。因此，在电池组件中较低温度的影响下，图 3.32 所示的返回空气/O_2流在内部弯曲处减速时会失去温度。它表明，对于这种特殊情况，入口空气的较少加热可能更好，并且可能需要较高的入口燃料温度，尽管出于安全原因可能存在问题。无论如何，这些图说明了能够有效模拟电池动态行为。

图 3.31 和图 3.32 所示模型的燃料输入流，通常被视为由先前天然气水蒸气重整产生的气体混合物。图 3.32 和以下所示的计算，假设入口燃料成分为 26% H_2（摩尔分数）、11% CH_4、23% CO_2、6% CO、6% N_2和 28% 水（Campanari 和 Iora，2004）。图 3.31 所示的计算假设甲烷较多，而氮气不多。下面将讨论 SOFC 内化石燃料内部重整的选项。

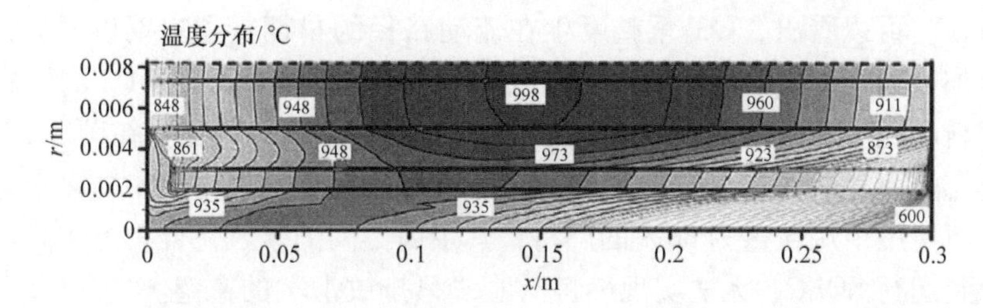

图 3.31 沿管状 SOFC 圆柱体长度 x 的温度场（空气/O_2 入口在右侧，管端在左侧流道弯曲处，径向 $r=0\sim0.5\mathrm{cm}$），如动态流动模型所模拟的。中间水平带是电极 - 电解质组件，顶部（$r=0.72\mathrm{cm}$ 以上）是燃料通道。引自 Li 和 Chyu（2003）。得到 Elsevier 使用许可

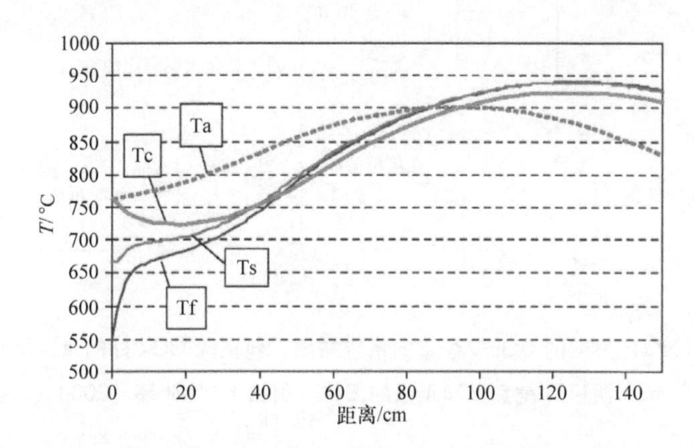

图 3.32 SOFC 流动模型的温度分布，作为与 H_2/燃料入口距离的函数（见图 3.29）。4 条温度曲线为 Ta：入口 O_2/空气中心管，Tc：沿正极返回 O_2/空气管，Ts：电极 - 电解质组件，Tf：H_2/燃料流。引自 Campanari 和 Iora（2004）。经 Elsevier 许可使用

最近使用计算流体动力学的模型（Ni，2010）发现，最高温度依赖于入口气体速度，而热传递则较少依赖于电极几何形状。

SOFC 管束中的温度足够高，足以在反应器内进行许多碳氢化合物重整，因此所需的氢气在电池内部产生，外部供给的燃料可以是天然气（甲烷）、气化煤或液态烃。在结合了重整和燃料电池反应的模型中，除电极处的反应外，还必须考虑燃料和气流成分之间可能发生的反应。对于甲烷，式（2.1）、式（2.2）、式（2.10）和式（2.14）可在热燃料电池电极附近发生，对于高级烃，式（2.9）和式（2.1）发生。图 3.33 给出了准备讨论的基于天然气的 SOFC 工艺流程图，显示了使用纯氢以外的燃料时引入的一些额外问题。天然气必须进行脱硫，并最终在比燃料电池更高效的重整器中进行预重整。由于电极上的碳沉积，燃料电池面临着额外的腐蚀问题，这是由某些类型燃料的部分裂解所造成的：

$$C_nH_m \rightarrow nC + (m/2)H_2 \tag{3.68}$$

对于高 n 碳氢化合物，在 SOFC 中大多温度下，裂解是大量的，而对于甲烷，只有在存在某些催化剂（尤其是镍基催化剂）的情况下才会出现问题。另一个问题与离开燃料电池区域的气体有关。图 3.34 显示了图 3.29 的 SOFC 中沿流动路径并用于图 3.32 的气体成分，初始气

体成分如下所述。可以看出，CH_4重整发生在流动路径的早期。碳主要以 CO 的形式继续存在。形成的氢加上输入燃料中已经存在的量在中间流动路径中用作 SOFC 的燃料，最后，约 30% 的氢与燃料电池反应中最初存在或形成的水一起离开燃料电池。在图 3.33 中，建议添加一个后催化燃烧室，以燃烧剩余的氢气，并可能去除更多污染物。该方案不封存输出流中的 CO_2，并考虑使用甲烷含量为 88% 的燃料，其余由更高的碳氢化合物组成。目前来看，使用氢以外的燃料运行 SOFC，无法实现燃料电池“只排放水”的愿望。

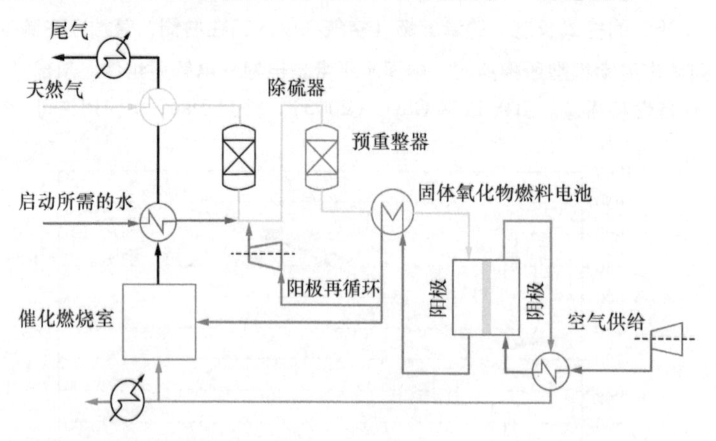

图 3.33　基于天然气（NG）燃料的 SOFC 装置的系统布局，包括除 CO_2 外的气体净化，以及可能组合功率和热量输出。“阳极”和“阴极”是负极和正极的旧称。引自 Fontell 等（2004）。经 Elsevier 许可使用

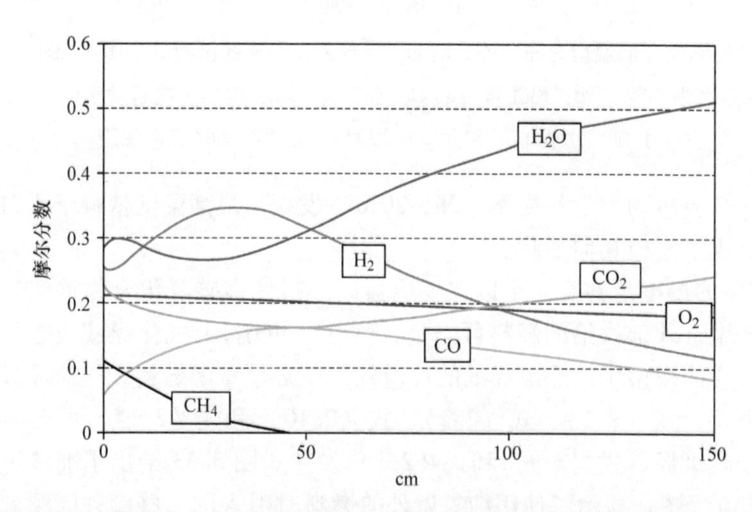

图 3.34　沿燃料通道流动路径的摩尔组成分布，计算使用管状 SOFC 的流动模型，横坐标是到 H_2/燃料入口的距离（见图 3.29）。这 6 条曲线反映了电池模型在不同位置中使用燃料的 6 种成分的分布（见正文）。引自 Campanari 和 Iora（2004）。经 Elsevier 许可使用

式（3.66）讨论的电池损耗包括图 3.35 所示的 3 个部分，它们是图 3.30 和图 3.32 所示混合气体燃料电池 SOFC 流动路径的函数。该电池损耗是总体欧姆损耗和与克服每个电极的势垒相关的损耗。进一步地，与扩散极化相关的总体损耗项要小得多（Campanari 和 Iora，

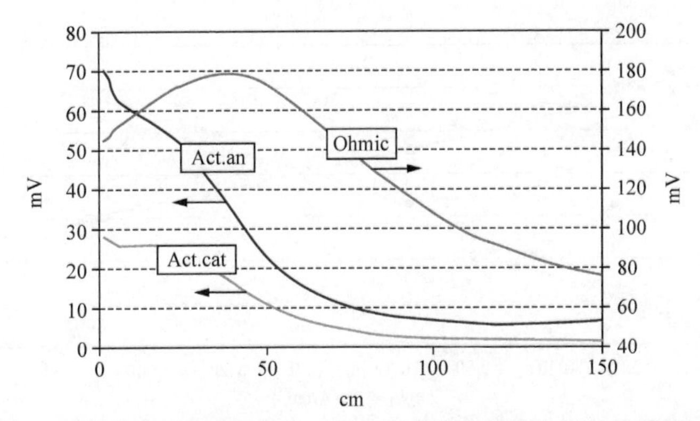

图3.35 模型模拟的主要的电池电压损耗项。Ohmic 代表电解质中的总体损耗；Act. an 代表负极活化损耗；Act. cat 代表正极的活化损耗。引自 Campanari 和 Iora（2004）。经 Elsevier 许可使用

2004；另见2.1.1节和2.1.3节中的解离势垒讨论）。图3.35显示，电压损耗主要发生在电池管的燃料进口侧附近的电解质层部分，因为该区域温度较低。在沿电极最高温度的位置（见图3.32），其损耗项明显较小。

与其他燃料电池类型一样，SOFC 的逆向水分解操作是可行的，并受到越来越多的关注（Egger 等，2017；Ruiz - Trejo 等，2017；Wang 等，2016）。如2.1.3节所述，电解效率可以达到高于100%，因为热量是从环境中提取的。

SOFC 的总体效率取决于燃料、材料和操作温度，以及提供和回收维持操作温度所需热量的总装置能力，排除了燃料电池反应本身产生的废热。图3.36显示了通过图3.32、图3.34和图3.35进行建模的电池电动势和电流密度，它们是电池圆柱体长度方向路径的函数。经过初始段后，电池电动势的能斯特部分 ϕ［式（3.66）］下降，至少与燃料流中氢含量的下降一样快（见图3.34）。当燃料电池反应最活跃，且燃料还没有耗尽太多时，电流密度 i 在靠近路径的中间范围呈现最大值。图3.37给出了在不同工作温度下，作为平板单电池 SOFC 器件的电流密度 i 函数的测量值 ϕ。右轴给出了相应的功率密度，$e=\phi i$。电压在 i 较高时降至零，因此功率密度在超过最大值后降至零（大约在图中曲线停止的位置）。

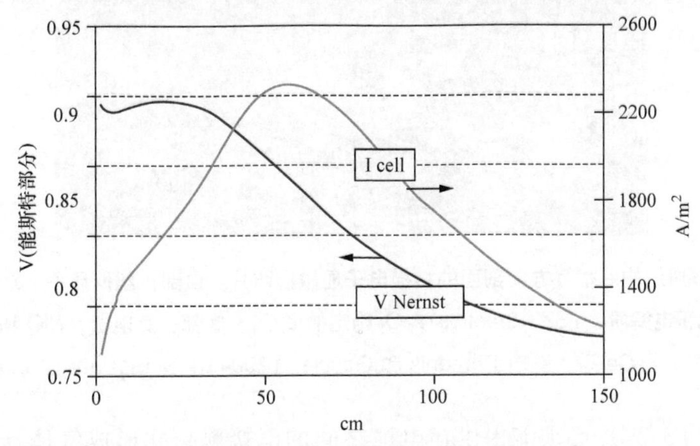

图3.36 根据 SOFC 模型计算得出的电池电动势式（3.66）的能斯特部分和电流密度，与前面给出的与燃料入口距离有关的图类似。引自 Campanari 和 Iora（2004）。经 Elsevier 许可使用

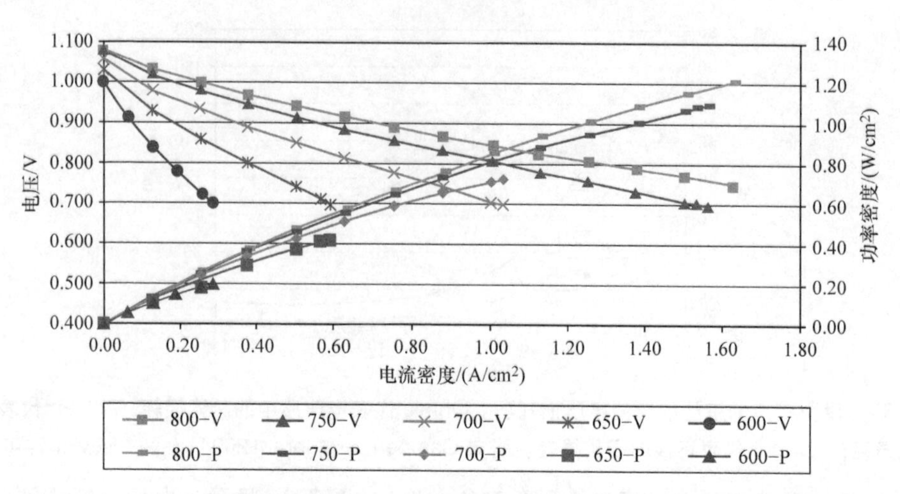

图 3.37　单个平板 SOFC 的电压和功率密度，是电流密度的函数，范围从零到近似给出最大功率的值。不同的曲线适用于不同的工作温度，如方框所示。引自 Ghosh（2003）。经加拿大氢学会许可使用

优化设计工作不仅与电极和电解质材料的选择有关，还与它们之间表面的微观结构有关。如前所述，电极活性面积必须很大，由此引起了人们对为金属－有机太阳电池开发所用的表面增强沉积技术的兴趣。表面控制反应包括本体和表面扩散、吸附、解离、电荷转移和化学反应，并考虑了每种成分的运动动力学（“动力学”），无论是分子、原子，还是带电实体（离子或电子）（Kawada 和 Mizusaki，2003）。图 3.38 显示了实验室规模 SOFC 的电极－电解质界面剖面。

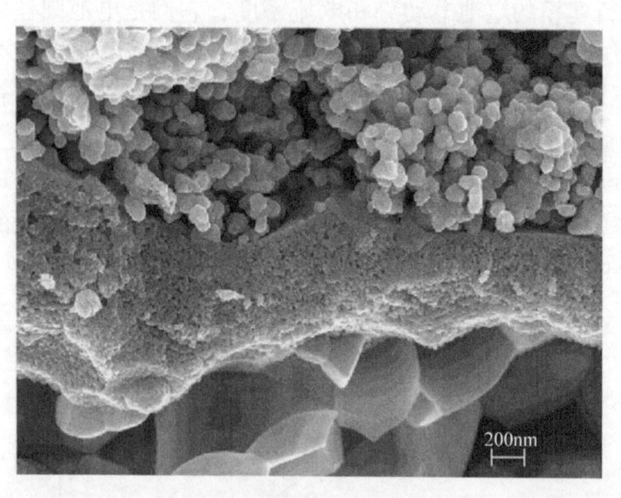

图 3.38　电极－电解质结构沿垂直方向剖面的扫描电子显微镜照片。顶部：丝网印刷 $La_{0.6}Sr_{0.4}Co_{0.2}Fe_{0.8}O_3$ 正极。中间：喷涂沉积电解质，YSZ＝8mol％ Y_2O_3 稳定的 ZrO_3。底部：负电极，NiO 和 YSZ 的比例为 7:3，金属陶瓷 CeO_2。引自 Perednis 和 Gaucler（2004）。经 Elsevier 许可转载

双极板（见图 3.29）必须能提供在电池之间的电接触，并形成气体传输的、不能渗透的通道。合适的材料应具有高的电导率和热导率、与其他部件相匹配的热膨胀系数，以及良

好的机械稳定性。陶瓷材料昂贵且电导率和热导率低，而金属板存在腐蚀、电阻和热膨胀等问题。由于这些原因，当前大多数的 SOFC 设计由铁素体不锈钢或铬合金制成（低热膨胀系数），然而在高工作温度下，必须使用更先进（且昂贵）的金属结构（见 Badwal 等，2014，他们还讨论了燃料和氧化剂之间的密封使用，以及更换故障电池等相关问题）。

固定装置的目标设计寿命约为 40000h（Tu 和 Stiming，2004；移动系统 5000h 的目标与 SOFC 本身的相关性较小）。平板设计似乎仅限于较低的温度范围，高温系统均采用图 3.29 所示的管状设计，或类似复杂度的盘阵列设计。当前平板电池原型机的实测衰减率约为 1.7%/1000h 运行时间（Borglum，2003），这一数值是太高了，比预期值高了一个数量级。

许多 SOFC 原型机工厂（100kW 规模范围内）正在运行。当前的直接转化效率（即忽略系统辅助设备）约为 55%，预计未来可能达到 70% ~ 80%，至少在高温范围内是如此。对于同时产生电力和热量的 SOFC，系统的功率效率目前分别约为 45% 和 75%。

所采用的效率基于热力学效率［式（3.22）］，对电压损失进行了校正（见式（3.23）和式（3.66）的讨论），并对未经反应而进入排气系统的燃料进行了修正（见图 3.34）。

SOFC 与其他燃料电池类型一样，对 H_2S（$<1\times10^{-6}$）、NH_3（$<0.5\%$）、HCl 和其他卤素（$<1\times10^{-6}$）的燃料杂质具有非常低的耐受性，但与低温电池相比，除了内部重整的甲烷和碳氢化合物外，SOFC 还能接受燃料中的 CO 杂质（Dayton 等，2001）。

表 3.2 显示了除纯氢以外潜在燃料的典型组成。可以看出，气化煤和生物质都不符合上述不良耐受物质中毒的标准。MCFC 和磷酸电池也是如此，但质子交换膜燃料电池不能耐受燃料流中的 CO。这意味着，如果固体氧化物燃料电池不是使用氢气燃料，其他燃料则必须进行额外的净化操作，例如在天然气或高级碳氢化合物的情况下，进行硫等杂质去除（见图 3.33），以及在煤或生物质燃料的情况下，须通过硫和卤素，以及可能的氨净化过程。已经研究了通过在单一气体通道中混合 CH_4 燃料和 O_2 的简化情况（Hibino 等，2003）。

表 3.2 潜在的来自北海天然气（vol%）及煤和生物质气化（mol%）的 SOFC 燃料组成。除水外，给出的 mol% 为干基。水蒸气气化生物质处于低压，吹入的空气处于高压

(%)	天然气（管道）	煤（O_2 吹制）	生物质（水蒸气/空气吹制）
H_2O		27 ~ 62	0 ~ 40
H_2		38 ~ 42	15 ~ 21
N_2	0.06	0.3 ~ 0.8	0 ~ 40
CO_2	1.3	23 ~ 31	13 ~ 22
CO		15 ~ 37	11 ~ 43
CH_4	88.1	0.1 ~ 9.0	11 ~ 16
C_nH_m	10.4	约 0.8	0.1 ~ 5.0
H_2S	10×10^{-6}	0.2 ~ 1.3	0.01 ~ 0.1
NH_3	0.3	0.3 ~ 0.8	0.1 ~ 0.4
Tars		约 0.24	0.3 ~ 0.4
HCl		200×10^{-6}	

已对更具工业意义的 SOFC 管组件（见图3.39）（Colclasure 等，2011）进行了气体流动和电池性能建模，其中包括组件之间的化学反应和传热。Kattke 等（2011）通过三维计算流体动力学（CFD）模型与一维管模型耦合研究了类似的设计，获得了复杂的温度和氧分布，如图3.40所示。对于平板电池结构，对启动瞬态行为进行了建模（Colpan 等，2011），与 3.1.4 节所述的简单计算类似，密度泛函理论已被应用于研究正极上不同催化剂的相对优势，但仅局限适用于在与 SOFC 电池相关的高温下运行的镍金属合金制成的双金属催化剂（An 等，2011）。

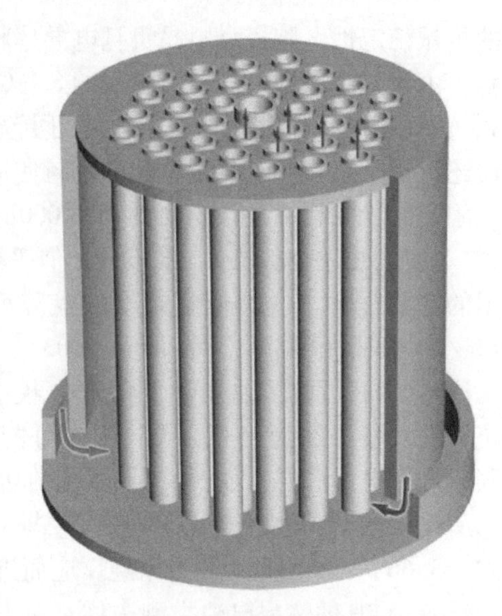

图3.39　多管式 SOFC 系统的设计，显示气体流动方向。引自 Colclasure 等（2011）。经 Elsevier 许可转载

SOFC 的一个关键特征是其自热重整燃料的能力。这意味着不纯的氢气、烃类燃料和甲醇通常可以直接被接受。高温有助于自热重整，然而在降低 SOFC 操作温度的工艺中，这一特性可能会丧失。Eveloy（2012）讨论了如果 SOFC 中采用了理想的镍基催化剂，并以甲醇作燃料时，电极上的碳沉积问题。

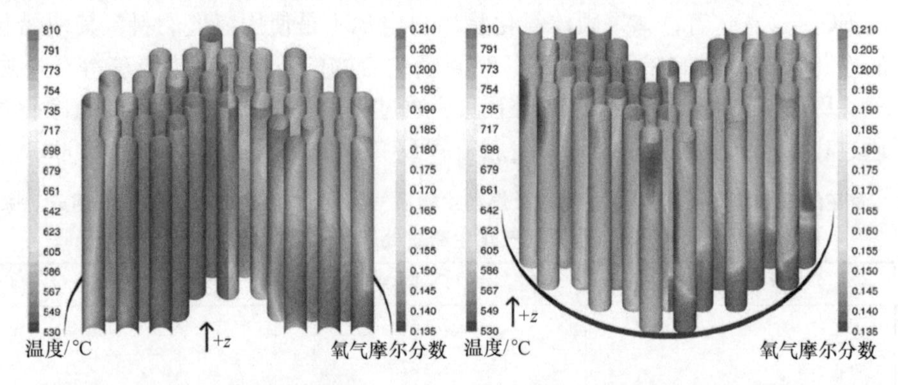

图3.40　管道上部（左图）和下部（右图）温度和氧气分布的模型结果。在每张图中，左边部分描述了摄氏温度（从外围到中心），右边部分描述了氧气摩尔分数。引自 Kattke 等（2011）。经 Elsevier 许可转载

在许多燃料电池应用中，希望使用在比当前更低温度下运行的原型 SOFC。实现这一点的一种方法是使用二氧化铈和碳酸盐复合物作为电解质（Wang 等，2011b）。对于储能和回收应用，逆向操作的选择很重要（有时表示为 SOEC，“E”代表电解槽，但没有引入新首字母缩写的有力理由）。这将允许使用相同的设备来储存和回收电能。高工作温度意味着 SOFC 电解槽可能非常高效（Jin 和 Xue，2010），但与其他燃料电池类型一样，关键问题是所选择的工作温度是否允许同一装置在两个方向上高效使用。

已经对 SOFC 系统的寿命和衰减进行了一些研究（Nagel 等，2009；Zhang 和 Xia，

2010)。特别是，硫对电极有负面影响，这使得碳氢燃料的使用成为问题。当前阶段仍在尝试许多适用于除氢以外特定燃料（如煤、生物质和氨）的 SOFC 设计新概念，但尚未达到明确的实际可行性（Cinti 等，2016；Xu 等，2014）。已经特别努力设计能够在低压下接受燃料输入的系统（Shi 和 Xue，2010）。

3.4 酸性和碱性燃料电池

磷酸燃料电池已被开发用于固定用途。它们采用具有铂催化剂的多孔炭电极，磷酸作为电解质，并将氢气供给负极，将氧气（或空气）供给正极，其中基本电极反应由式（3.15）和式（3.16）给出。工作温度在 175～200℃范围内，并持续除去水。几台 200kW 的装置和几台 MW 级的原型机，其中一些使用天然气作为燃料，多年来一直在医院和军事设施作为应急电源使用（Stein，1999）。

流体酸性电解质通常是良好的导体，具有合理的稳定性水平（根据 King 和 McDonald，2003，一些运营的电厂在两次大修之间运行了 40000h）。腐蚀是电极面临的一个问题，并且是必须在多孔石墨纸制成的电极上使用基于贵金属的原因，如铂催化剂。然而，即使铂催化剂也会发生降解，这可能是由于铂分子沿碳表面迁移而引起的（Aindow 等，2011）。运行 40000h 后，石墨量减少到原来的 20%（Kordesch 和 Simader，1996）。使用 H_3PO_4 作为电解质，而非其他常规流体酸，是因为考虑到在适合磷酸燃料电池（PAFC）工作的 150～200℃温度下的低蒸发性和稳定性。如果燃料基于重整天然气，则其 CO_2 含量通常为 20%，这对于 PAFC 反应以约 40% 的总效率进行是可以接受的。电池电压与电流密度的关系类似于图 3.37 所示的 SOFC，但在 650℃下，最大电压略低，下降速度与 SOFC 曲线一样快（Kordesch 和 Simader，1996）。例如，Sprague 和 Dutta（2011）对电化学性能进行了建模。与高温燃料电池一样，PAFC 需要数小时才能启动，因此不适用于汽车应用（Spakovsky 和 Olsommer，2002）。尽管销售了几百台，但价格仍保持在 3000 美元/kW 以上，人们普遍认为，这项技术需要取得重大突破，才能与其他燃料电池类型竞争。

一般来说，由于 PAFC 是质子导体，如同质子交换膜燃料电池（PEMFC）和其子类直接甲醇燃料电池（见 3.5 节和 3.6 节），因此它们之间存在概念替换。PEMFC 中使用的聚合物通常含有弱酸性成分，如 HSO_3，但可以用更强的酸增强，以增加导电性或允许在更高的温度下操作。

已经提出了一些建议，在尽可能保持固体结构的同时，向聚合物材料中添加酸。一种方案将磷钨酸（$H_3PW_{12}O_{40}$）添加到基于有机烃+无机锆结构的混合有机－无机聚合物网络中（Kim 和 Honma，2004）。该材料在 100～160℃的温度范围内的传导率约为 10^{-3}A/(V·cm)（饱和湿度时会略高一些）（与图 3.28 比较），在 200℃以下时具有良好的温度稳定性。类似的发展方向是用聚苯并咪唑（PBI）取代质子交换膜燃料电池中常见的全氟化膜，例如，用两个苯并咪唑分子和一个额外的苯环（图 3.41 顶部和底部可见的单元段）形成聚合物链。该聚合物在 100～200℃之间稳定，可以用 H_3PO_4 掺杂获得大大增加的质子传导率（Li 等，2004）。质子转移的机制如图 3.41 所示。使用该技术制造的实验室燃料电池具有高 CO 耐受性，不需要水管理，也可以使用干气输入进行操作（Jensen 等，2004）。然而，膜中酸分子损失可能是一个问题（Wang，2003）。

另一种可能性是在类似于 PAFC 的电池中，直接引入固体酸电解质（即使用铂催化剂和碳材料作为电极）。试验的材料包括 $CsHSO_4$（Haile 等，2001）、CsH_2PO_4（Boysen 等，2004）和 $Tl_3H(SO_4)_2$（Matsuo 等，2004）。这些固体电解质的传导率迅速上升，从环境温度下的约 10^{-8} A/(V · cm) 上升到 150 ~ 200℃范围内的超过 10^{-2} A/(V · cm)。这导致电池功率水平约为 40mW/cm²，或至少比传统的直接甲醇燃料电池低 5 倍（见 3.6 节），但比图 3.37 中的一些 SOFC 功率密度低 25 倍。甲醇电池是固体酸性电池的竞争技术之一，相比之下，固体酸性电池具有不需要精细的水管理的优势。借助于初始水压循环，可减少稳定性问题。

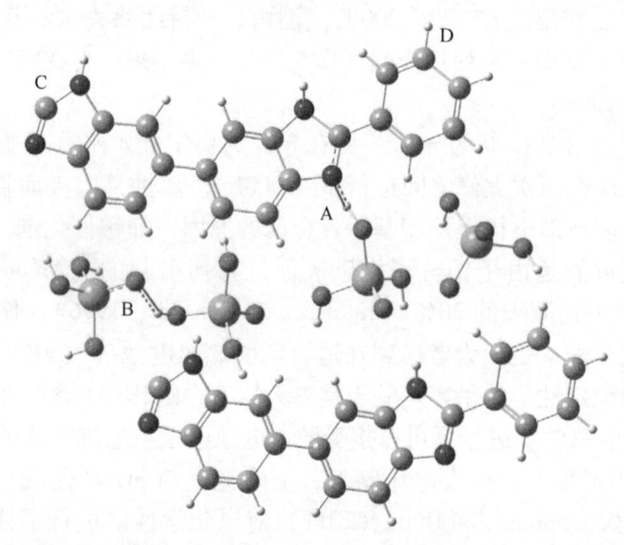

图 3.41 基于苯并咪唑的酸性聚合物 PBI 膜中的质子传导。最小的分子是氢，顶部和底部的聚合物主链主要是 3 个苯环中的碳，但有两个相连的五边形环，每个环上有两个氮原子。中间是 4 个磷酸分子（掺杂酸与 PBI 的比例为 4:2 时将产生最大质子化作用，最大的原子是磷，中等的原子是氧）。质子传输通过从 PBI 氮原子（A）的转移，以及酸到酸分子（B）的转移来解释。如果存在水，则通过图 3.7 所示的反应促进进一步的质子传输。后续的聚合物链段连接在 C 点和 D 点（最终扭转 180°）

碱性燃料电池（AFC）使用氢氧化钾（KOH）水溶液（浓度约 30%）作为电解质，并具有以下形式的电极反应：

$$H_2 + 2OH^- \to 2H_2O + 2e^- \tag{3.69}$$

$$\frac{1}{2}O_2 + H_2O + 2e^- \to 2OH^- \tag{3.70}$$

这些电池在 70 ~ 100℃的温度范围内运行，但针对具体选择催化剂（如 Pt 或 Ni），需要保持相对窄的温度范围。此外，氢燃料必须具有高纯度，特别是不含 CO_2，这是由于存在碱性 pH 值。CO_2 与 OH^- 反应生成碳酸盐（K_2CO_3），会减少电解质中离子的生成和传输，并堵塞了孔隙。对于上述效应重要性存在一些争议，Gülzow 和 Schulze（2004）发现在燃料中有 CO_2 杂质和没有 CO_2 杂质的情况下，碱性燃料电池衰减速度相同。可能的解释是，CO_2 中毒非常重要，因为少量 KOH 存在于固定的基质结构中，而目前优选的设计中（见图 3.42），KOH 通过电池循环（以便能够提取反应式（3.69）和式（3.70）产生的额外水并将其蒸发）减少了问题（Gouérec 等，2004）。然而，使用大量的循环电解液也会影响系统的物理尺寸，例如，对于汽车用途来说，这一点很重要。净化碳酸盐电解液的替代方案尚未投入实际使用，这会增加体积和成本。

碱性燃料电池在早期航天器上被广泛使用，直到被更可靠的太阳电池取代。空间电池的高成本和在处理过程中需要特别小心腐蚀性化合物的使用，一直是阻碍 AFC 应用的问题。当前的 AFC 开发采用多组分电极，使用 Ni 作为结构稳定性成分和催化剂，炭黑作为电子导体，聚四氟乙烯（PTFE）造孔粉末用于气体扩散和排水（疏水性，见图 3.42）。

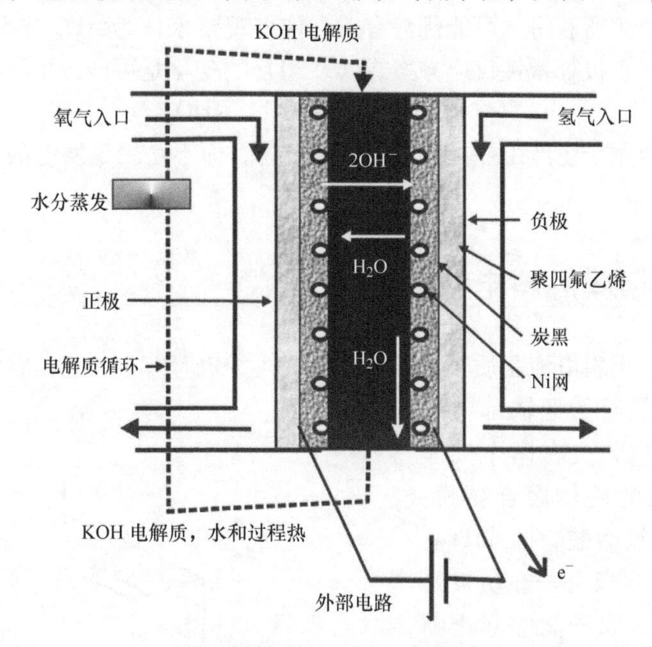

图 3.42 碱性燃料电池的示意图

对液体电解质，一般性的反对意见包括腐蚀和难以将车辆系统等应用的物理体积要求降至最低。AFC 的寿命约为 5000h，但经验上差异很大（McLean 等，2002）。电解质渗透到电极孔中，并且由于增加扩散路径发生功能性衰退（Cifrain 和 Kordesch，2004）。为延长使用寿命，需要在不使用时将 KOH 排出系统。液体电解质的替代方案可以是使用碱性电解质膜（Zhou 等，2015）。

与正在开发的其他燃料电池类型相比，AFC 中使用的单个组件不算昂贵。AFC 可以避免使用铂催化剂，而收集电子流的双极板通常必须由相当昂贵的炭黑制成，以避免腐蚀。水管理和电解质排放所需的外围设备增加了成本，但如果系统设计中有适当控制的部分，则不一定会导致诸如启动时间长等缺点。过程产生的热用于在电解质循环中蒸发水，并且必须通过冷凝回收以提高能量效率。

AFC 本身的能量效率与其他低温电池相似，或略好于其他低温电池，在 45% ~60% 的范围内，电池开路电压约为0.9V，电流密度为0.2~1.0A/cm²，在空间电池中是最高的（Jo和Yi，1999；McLean等，2002；Spakovsky和Olsommer，2002）。

AFC的批量生产成本报价为400~500美元/kW（Gülzow，1996），在另一项研究中，报价为155~643美元/kW，与PEMFC的估计成本（60~1220美元/kW）相比，这是有竞争力的，但通过批量生产降低成本的选项预期较低。如果增加外围成本，例如PEMFC的水管理成本，则下限差异可能会减小。然而，正如刚刚提到的，为了在实际应用中的耐久性和效率，可能需要向AFC模块增加类似，或甚至更复杂的水和电解质管理成本。AFC样机的使用寿命对于固定用途来说相当低，虽然对于移动应用来说是可以接受的，但系统的笨重可能是一个限制。很难比较各种技术成本，因为目前所有系统的成本都太高，决定性参数与大规模生产和减少材料使用所获得的可能优势有关，许多观察家认为AFC技术比PEMFC技术更不可能实现这一点。正极处碱性反应方案式（3.70）的变化是可能产生过氧化氢：

$$O_2 + H_2O + 2e^- \rightarrow OH^- + HO_2^- \tag{3.71}$$

这是将碱性燃料电池用于生产工业上感兴趣的化合物，而不是用于发电的一个例子（Alcaide等，2004）。

3.5 质子交换膜燃料电池

最近发展最快的燃料电池是质子交换膜燃料电池（PEMFC）。⊖它是在相对较短的时间内开发出来的，希望能够为运输部门的经济应用服务。它包含夹在两个气体扩散层和电极之间的固体聚合物膜。膜材料通常是聚全氟磺酸。铂或Pt-Ru合金催化剂用于将氢分子在负极处分解成原子，然后氢原子能够穿透膜并到达正极，在那里它们再次借助铂催化剂，与氧结合形成水。全固态设计使电池紧凑，适合堆叠（见图3.43）。图3.44给出了组件的示意图。

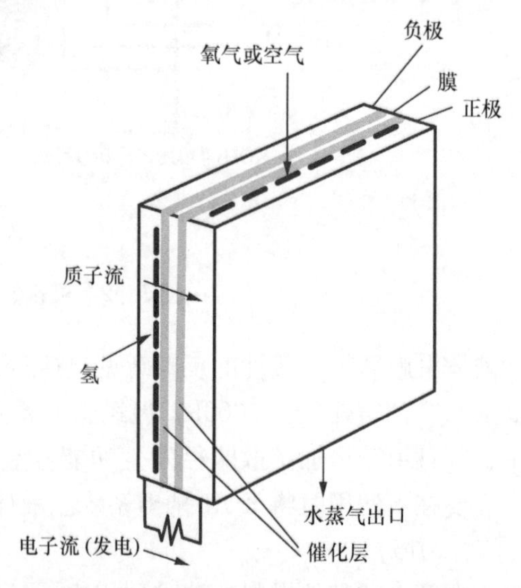

图3.43 PEMFC层的布局，其中几个可以堆叠。电极区域包括在网格型结构中的气体扩散和电极组件（见图3.33）。引自Sørensen（2004）。经Elsevier许可使用

电极反应为式（3.15）和式（3.16），工作温度为50~100℃。质子（H^+）穿过膜材料。图3.44显示了单个电池的典型布局。由于操作温度低且设计灵活，PEMFC可用于从便携式车载电源到通用电源等的一系列应用。PEM-

⊖ 一些公共研究项目使用了术语“聚合物电解质膜”（polymer electrolyte membrane），它恰好也缩写为“PEM”，然而“质子交换膜”并未涵盖“聚合物电解质膜”研究领域的全部范围。

FC 堆在当前丰富的道路运输示范项目和分散的建筑综合使用领域中占据主导地位。这些系统的转换效率在40% ~50%之间，通过努力提高稳定性，认证寿命最终将超过5000h。如图3.45所示，对于汽车应用来说，一个特别重要的优点是部分负载下的高效率，仅此一点就比现有内燃机提高了两倍。

在下面的小节中，将描述 PEMFC 的每个组件，并介绍整个系统的建模和经验，以及稳定性和耐久性评估。

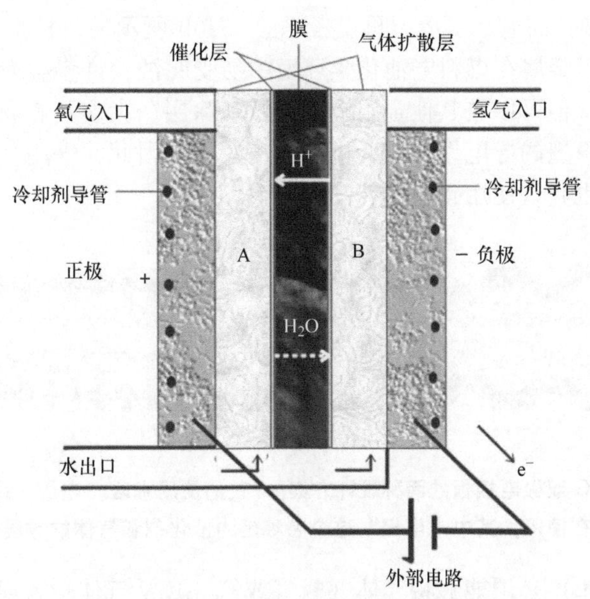

图3.44 PEMFC 的示意图。3.5.2 节讨论了气体扩散层/催化剂/膜界面 A和B处的反应建模。后面讨论了设计细节

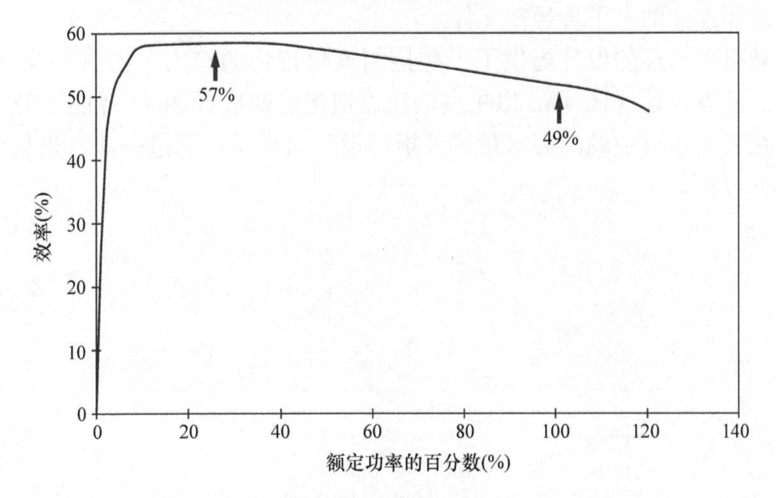

图3.45 50kW PEMFC 系统预期部分载荷下的效率，根据涉及10 ~20 个电池测试堆的测量预测（Patil，1998）

3.5.1 集电器和气体输送系统

PEMFC的机械稳定性通常由一组双极板提供，双极板还用作所产生电流的收集终端，并进一步形成氢和氧（空气）的入口流动通道、水和过量气体的出口通道壁。此外，如图3.44和图3.46所示，在板结构方面，必须考虑冷却剂流动（例如水）。板可以由合适的金属、石墨或聚合物复合材料制成（Wang等，2011a）。如果选择金属，波纹板设计（见图3.46a）是自然选择，而对于石墨，可以考虑图3.46b所示的机械加工结构（Wilkinson和Vanderleeden，2003）。金属在燃料电池化学环境中易受腐蚀，许多金属必须涂上涂层以防止腐蚀。钛被认为太贵，但可以在其他金属上涂覆钛基涂层。大多数金属都具有足够的导电性和高的机械强度，而石墨的导电性一般，机械强度较差。因此，采用复合材料，例如，以聚合物树脂为载体，这也允许使用碳粉代替固体石墨。

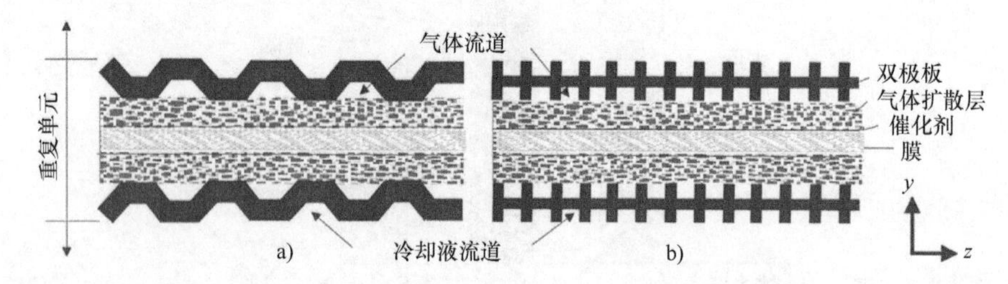

图3.46 PEMFC双极电极板的两种设计方案。（我们使用术语“电极”来表示电子导体。另一个术语也在使用，其中“电极”这个名称是为催化剂和气体扩散层组件保留的。）

气体扩散层（GDL）必须能够将气体（氢气或氧气）从气体输入通道输送到催化剂膜界面处的活性区域。同时，它必须能够将电子传输到有源区，或从有源区传输出来，并将它们传输到与外部电路相连的双极板，或从双极板中取出。换言之，GDL孔结构应具有穿过材料的连续气体通道和连续的电子传导壁元件。

气体入口和出口通道的设计提供了一些控制电池行为的潜力。图3.47说明了一些可能性。对比常规直通道设计（图a），以更高的压力使用的蛇形（图c）和螺旋形（图d）设计能够减少积聚在气体通道中的液态水量，叉指形设计（图b）更进一步，迫使气体流经气体

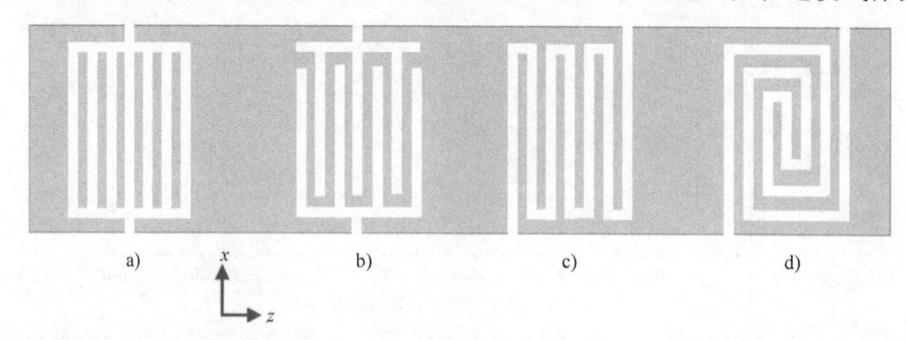

图3.47 气流通道的不同设计方案：a）直形、b）叉指形、c）蛇形和d）螺旋形。对于叉指形设计，流入气流必须通过气体扩散层到达出口通道

扩散层进入相邻通道，从而有助于清除气体扩散层中积聚的从反应式（3.16）产生的水或最初浸泡膜的水（作为其质子传导特性的条件）。Sierra 等（2011）对设计进行了分析，最近也有人（Kozakai 等，2016）对多孔流动通道的应用进行了研究。

图3.46 和图3.47 中所示的坐标和图3.48 ~ 图3.51 中使用的坐标被定义为使得 y 轴处于垂直方向（与图3.47 中的纸平面），流通顺序：氢气入口通道→气体扩散层→负极催化剂→膜→正极催化剂→气体扩散层→氧气（空气）通道。x 轴沿着主气体通道流动方向，z 轴穿过这两张图所示的设计。

图3.48 显示了两个相邻氧气通道和气体扩散层的桥接部分的流场，来自使用三维流体动力学模型（如3.1.5 节所述）的叉指设计仿真，包括电化学反应建模的叉指设计仿真。图3.48a表明气体流量（如预期的那样）在通道的闭端减慢为零。图3.48b 显示了在 $y-z$ 平面中的行为，突出了由强制对流引起的桥接周围的强烈不对称流动（与图3.47a中的直通道设计相反，直通道设计中通过扩散渗透到气体扩散层中，因此流场围绕中点集电器对称）。图3.48c 显示了上游通道中的流量，该流量沿 x 轴增加，在通道末端最大。

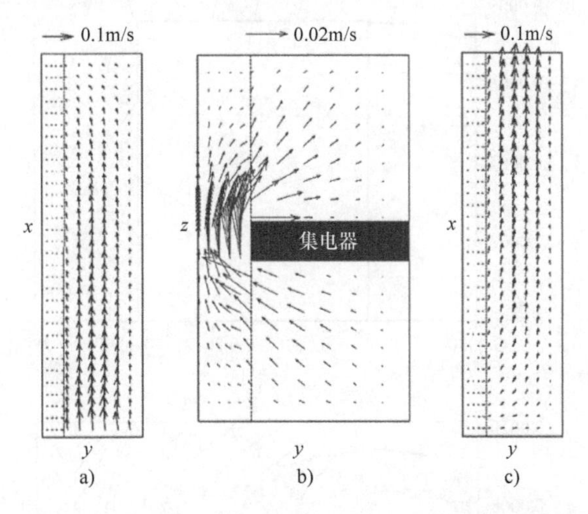

图3.48 PEMFC（图a：入口，图c：出口，$x-y$ 平面）相邻叉指状氧气通道（左侧有气体扩散层）中流动的计算速度场（m/s）。在中间（图b），从一个气体通道通过气体扩散层流向相邻气体通道的流量显示在 $z-y$ 平面上，即 z 方向上电池延伸的中点。图a、c中的流量是 z 的中点值。引自 Um 和 Wang（2004）。经 Elsevier 许可使用

除了改善水管理，叉指式设计在较低电压下会导致较高的电流，因为限制因素是正极气体扩散层中的质量传输（Um 和 Wang，2004）。

图3.49 显示了类似流体动力学计算得出的氧浓度变化，也适用于叉指式设计的两个相邻氧通道和桥接气体扩散层，其中氧浓度明显降低。在输出通道的出口处，34% 的输入氧气已被消耗，用于催化剂处的电化学反应。在图3.47 的流路设计中增加更多的通道对，可以处理更多的氧气。Heidary 等（2016）发现周期性阻塞气流通道（迫使块处的流动在催化剂层内进行）可以将性能提高高达28%。

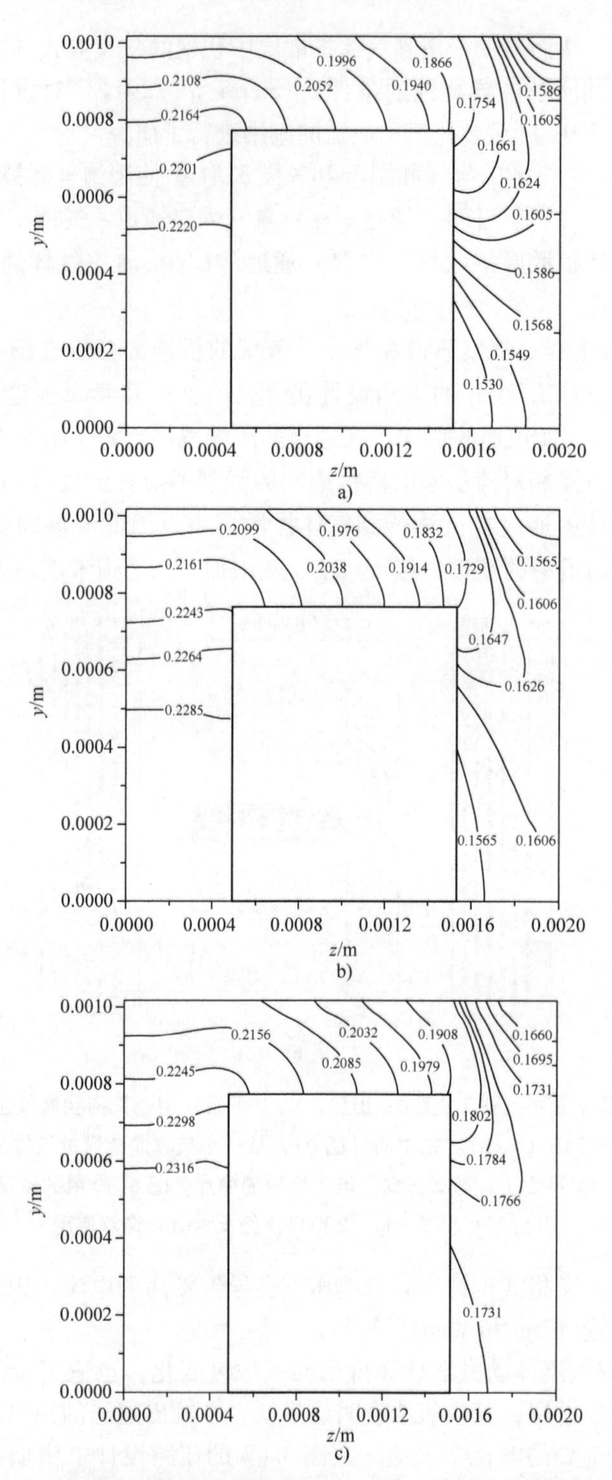

图3.49　叉指式PEMFC结构的两个相邻出口流道中的氧气浓度，顶部为气体扩散层。三个平面的x值对应于流道出口（图a：较大的x）、中间（图b）和入口（图c：$x=0$）。电池电流处于其最大值（约0.8A/cm^2）。引自Hu等（2004），经Elsevier许可使用

3.5.2 气体扩散层

为了使气体扩散层（GDL）分别处理氢气和氧气流，必须将来自反应式（3.16）的水引向出口流道。该水在氧侧膜与气体扩散层界面处产生，但可能会发现它通过膜移动到氢侧，比渗透到氧气扩散层中更容易。这意味着，即使膜最初是干的（尽管在这种情况下，H^+渗透会降低），膜也会被浸湿，进而膜片的功能性会增强。因此，很难直观地预测反应产生的水是否会通过氧侧通道，或氢侧通道离开。图3.50显示了图3.49所示的模型计算结果，显示了两个相邻氢通道和相应气体扩散层（每对的顶部），以及电池另一侧的两个氧通道及其扩散层中计算的水浓度（3个x值）。在氢通道中，水浓度高，表明在氧催化剂处发生反应式（3.16）后，大量水已经穿过膜，到达氢侧的气体扩散层，并进入氢出口通道。

对于直通道几何形状（见图3.47a），当沿着通道长度x前进时，氢气和氧气通道中的水浓度均匀下降，氧侧的气体扩散层中形成液态水，最终（对于较大的x）出现在其中一个气体通道中（Hu等，2004；Wang等，2001；Yu和Liu，2002）。对于叉指式设计，Hu等（2004）发现，当电流密度低（0.17A/cm^2）时，冷凝水仅在氢侧；而当电流密度高（0.8A/cm^2）时，冷凝水在氧侧，如图3.51所示，高反应速率导致需要在膜中补充水，从而从氢侧去除水，而在氧侧，通过式（3.16）产生的大量水超过了膜可以吸收的水，从而在氧通道中出现过剩。

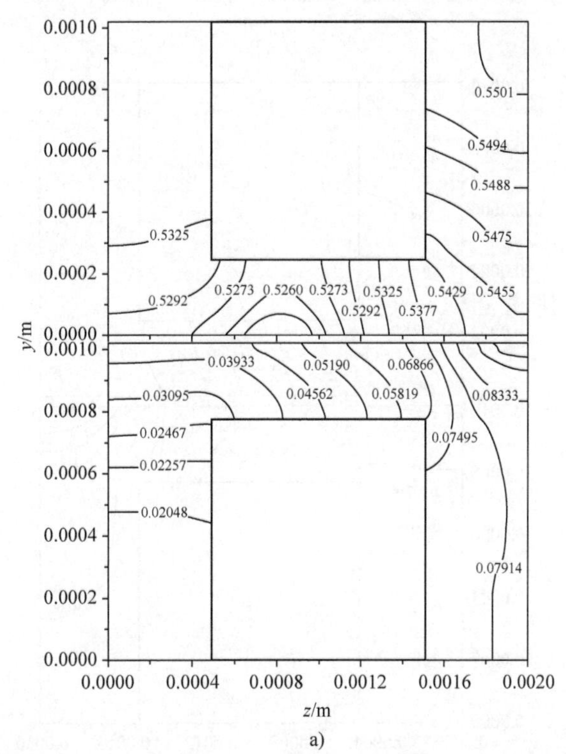

图3.50 叉指式PEMFC结构中的水浓度，对应于流道出口（图a）、中间（图b）和入口（图c）的x值的3个平面。在每一对图中，$y-z$平面上部为氢侧（GDL在下面），下部为氧侧（GDL在上面）。电池电流处在最大值处（约0.8A/cm^2）。引自Hu等（2004）。经Elsevier许可使用

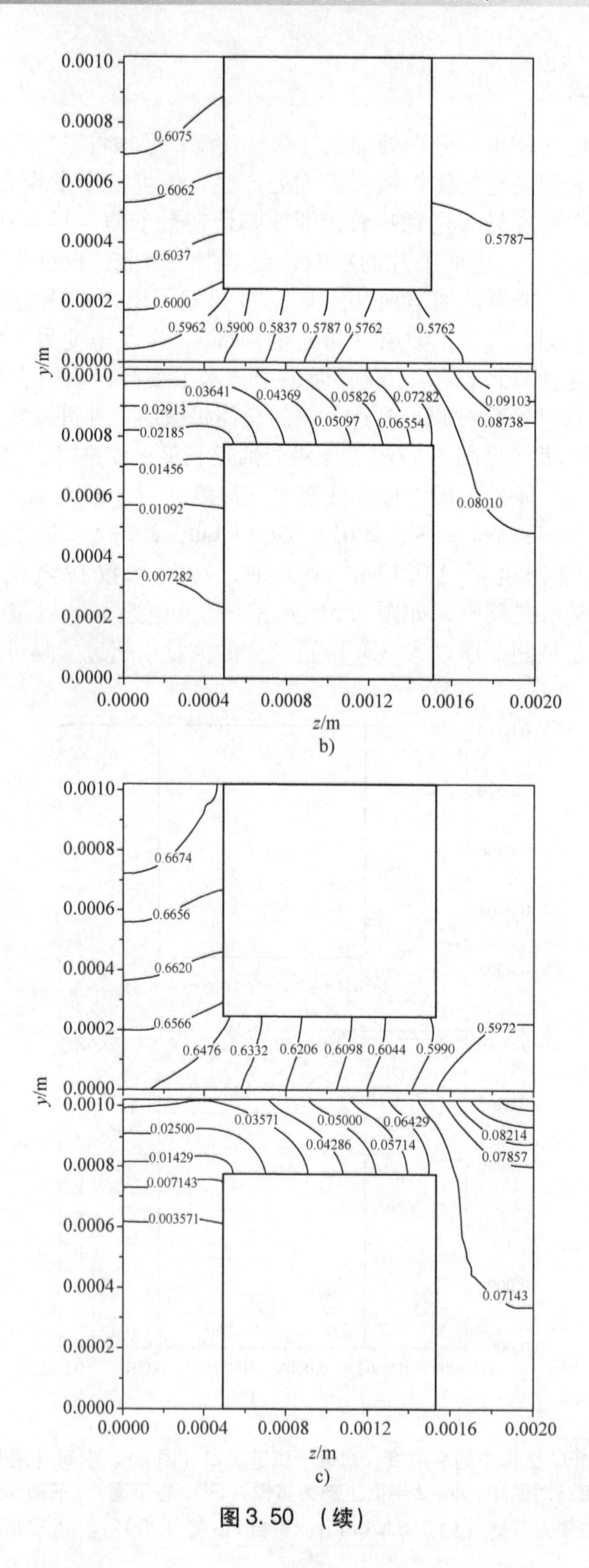
0.6075
0.6062
0.6037
0.6000
0.5962
0.5900
0.5837
0.5787
0.5762
0.5762
0.5787
0.03641
0.04369
0.05826
0.07282
0.09103
0.02913
0.05097
0.06554
0.08738
0.02185
0.01456
0.01092
0.08010
0.007282
y/m
z/m
b)
0.6674
0.6656
0.6620
0.6566
0.6476
0.6332
0.6206
0.6098
0.6044
0.5990
0.5972
0.03571
0.05000
0.06429
0.02500
0.04286
0.05714
0.08214
0.01429
0.07857
0.007143
0.003571
0.07143
y/m
z/m
c)

图 3.50 （续）

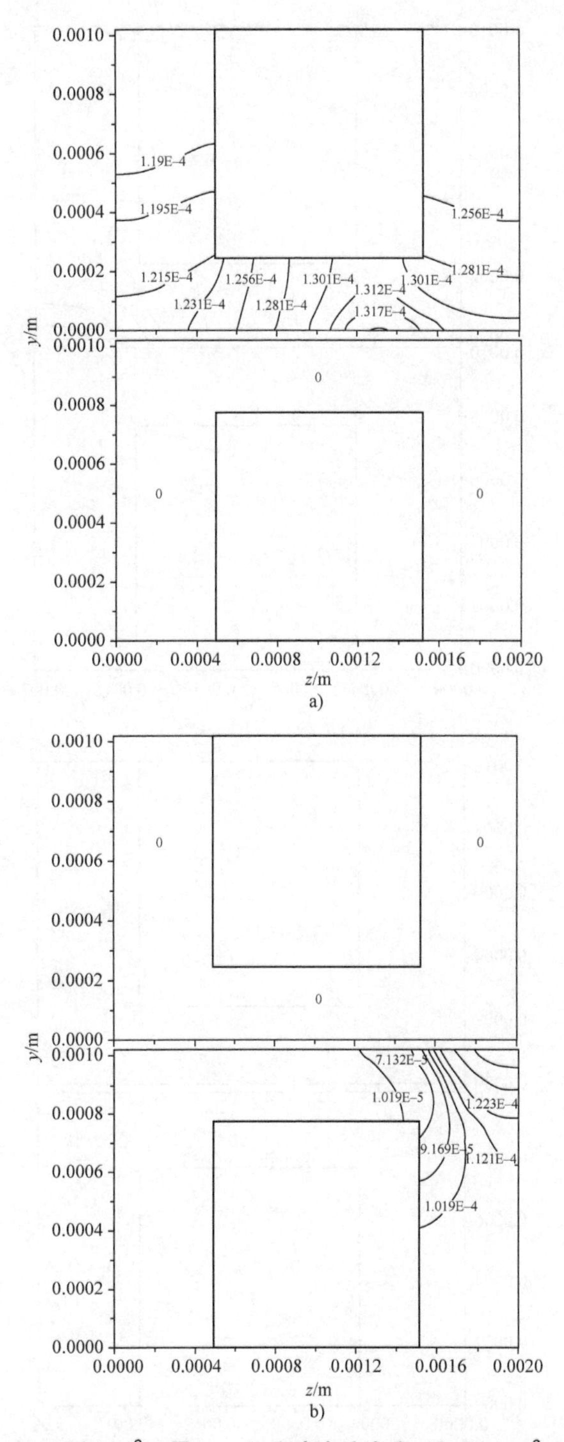

图3.51　在低电流密度（0.17A/cm²，图a、c）和高电流密度（0.8A/cm²，图b、d）下，叉指通道电池的饱和液态水分布。描绘了两个平面，x值对应于流动通道出口（图a、b）和中间（图c、d）。四对图片中的每一对都描绘了顶部氢侧（GDL在下面）和底部氧侧（GDL在上面）的 $y-z$ 图。引自Hu等（2004）。经Elsevier许可使用

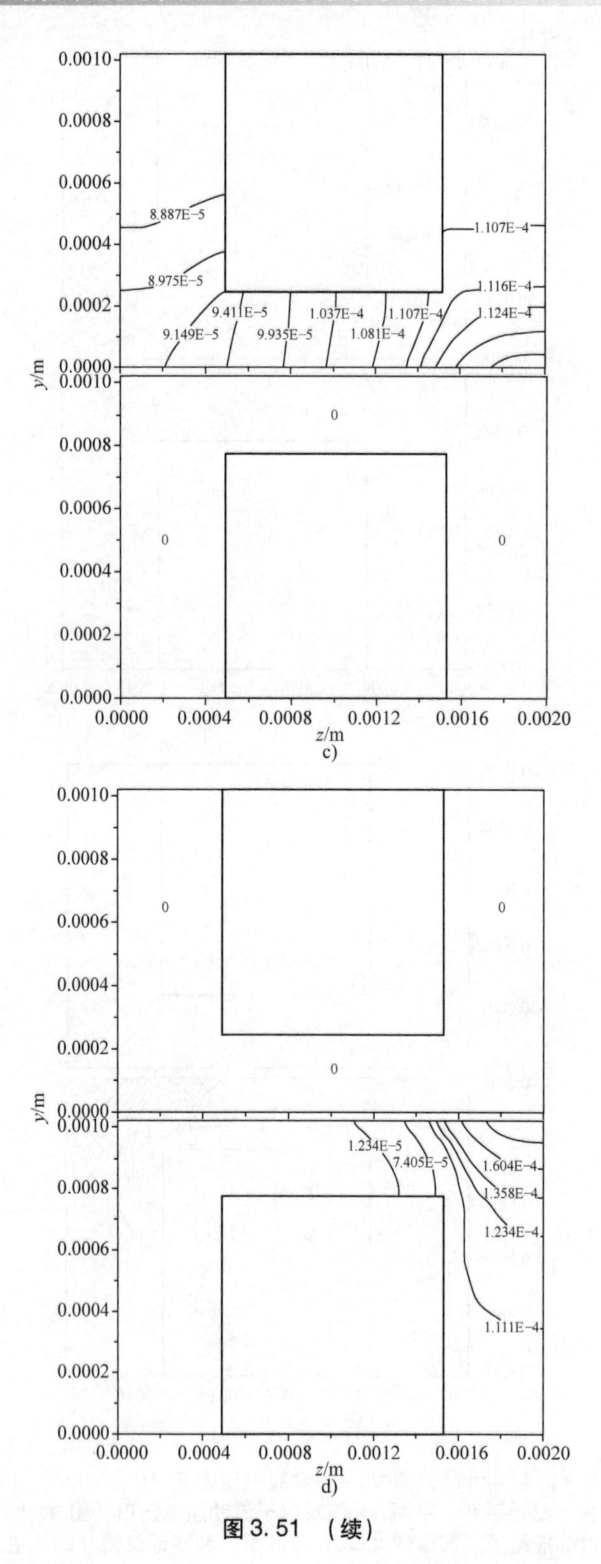
8.887E−5
8.975E−5
9.411E−5
9.149E−5
9.935E−5
1.037E−4
1.081E−4
1.107E−4
1.107E−4
1.116E−4
1.124E−4
y/m
0
0
0
z/m
c)
0
0
0
1.234E−5
7.405E−5
1.604E−4
1.358E−4
1.234E−4
1.111E−4
y/m
z/m
d)

图 3. 51 （续）

水剖面显示出对压力的依赖性（Futerko 和 Hsing，2000），发现大多数 PEMFC 能够从水淹没中恢复（Nguyen 和 Knobbe，2003）。最近，利用不同原子的不同中子截面，通过中子成像技术获得了水分布的直观视图（Satija 等，2004）。与这里看到的直形和叉指形电池设计之间的差异一样（见图 3.48），蛇形设计的水分布模式也不尽相同（Nguyen 等，2004）。

通常用于气体扩散层的材料是厚度为 100～300μm 的碳纸或编织碳毯垫（示例如图 3.52 所示）。扩散层具有双重作用，允许电子传输的连通性与适合氢气或氧气进入催化剂层的孔隙结构。在电池制造中，催化剂可以沉积在气体扩散层上，或膜上。

由于气体扩散层对 PEMFC 性能的重要性，特别是考虑到由于水淹没该层的负面影响，已经在气体通道不同设计和使用不同材料（见图 3.52）的情况下，进行了大量模拟和理论研究，以确定最佳操作条件。图 3.50 和图 3.51 的宏观建模是在三维中进行的（Cordiner 等，2011），并考虑到了碳纸或布料材料的微孔（Kopanidis 等，2011；Nishiyama 和 Murahashi，2011）。从后一个情形来看，图 3.53 显示了基于碳布的气体扩散层（见图 3.52b），在所研究的几种情况中，选取一种相当高的气流速度的特定情况，给出了沿着气体通道的温度和湿度分布。

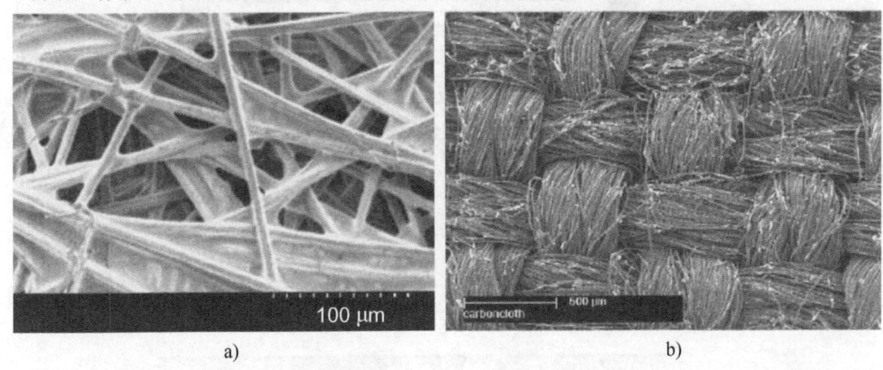

图 3.52 PEMFC 中用于气体扩散层的碳纸（图 a）和碳布（图 b）的结构。采用了含 20%（重量）氟化乙烯丙烯的涂层。引自 Lim 和 Wang（2004）以及 Lu 和 Wang（2004）。经 Elsevier 许可使用

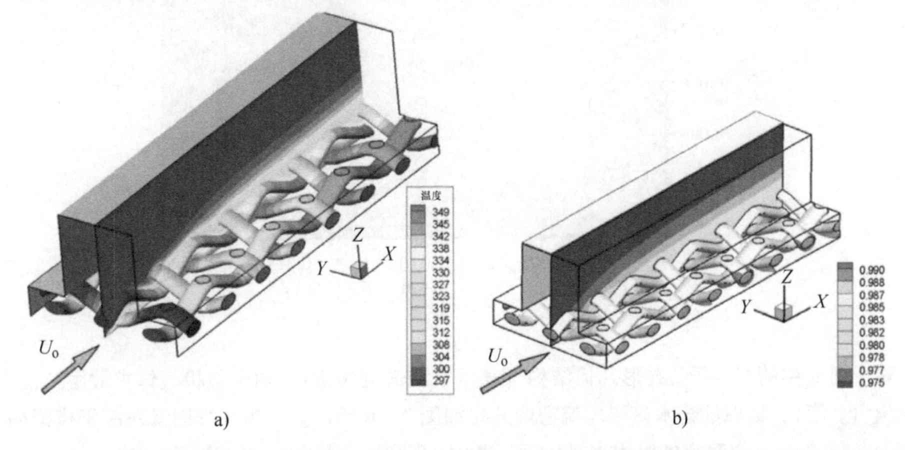

图 3.53 a）碳布中温度分布，温度沿气体扩散层增加。除末端轮廓外，未显示前面双极板壁。b）气流速度为 1.43m/s、温度为 353K、入口相对湿度为 97%时的最大局部相对湿度。引自 Kopanidis 等（2011）。经 Elsevier 许可使用

通过膜区域以及气体通道和电极区域中的水传输研究，提供了对设计优化选项的新见解（Berning 等，2011）。先进的实验技术，如半透明模型电池的微观结构光学检查，增加了对 PEMFC 中流动的了解（Bazylev 等，2011）。还沿着类似的路线进行电流考察（Carcadea 等，2007）。Shah 等（2011）对微孔尺度的一些最新研究进行了概述。

基于 CFD 计算，在图 3.54a ~ c 中显示了叉指形电池设计的阴极通道含水量和电流密度（见图 3.47b）。可以看出，不均匀分布的出现，这可能是由于流道弯曲处的压力变化，以及遇到水集聚时的流动障碍（Le 和 Zhou，2009，给出了更多示例；Flipo 等，2016，强调了润湿的复杂性）。

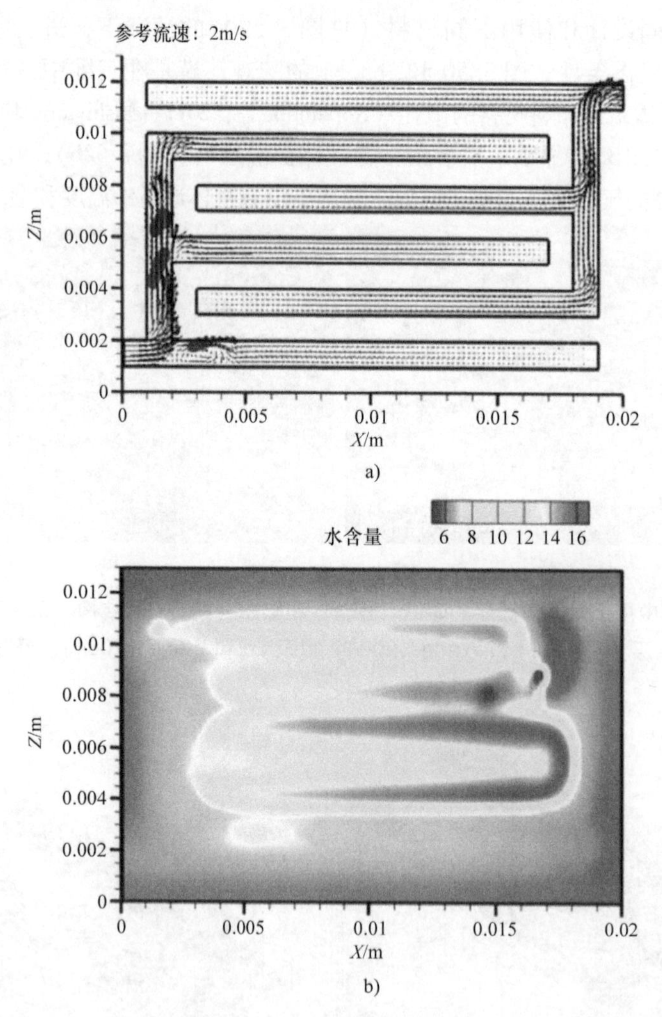

图 3.54　对于图 a 中的 PEMFC 蛇形几何结构（表示气流速度矢量），对于负极气体扩散层 - 催化剂界面处的位置（y 值），模拟的含水量和电流密度分布如图 b、c 所示。所有 3 张图都对应于模拟期间的一个确定的时间点（Le 和 Zhou，2009）。经 Elsevier 许可使用

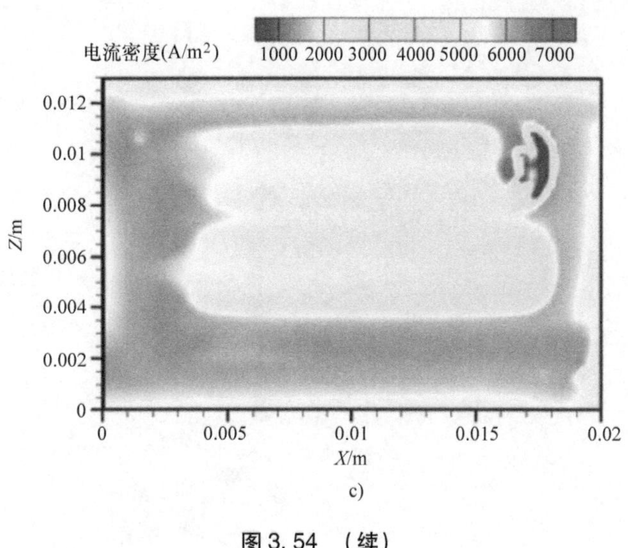

c)

图 3.54 （续）

3.5.3 膜层

膜层由一种聚合物结构组成，能够以高传导率传输氢离子，因此得名“质子交换膜”。因此，膜是固体电解质。由于目前对低于100℃运行的 PEMFC 的重视，Nafion© （杜邦公司的商标）或类似的全氟磺酸膜一直是主要选择。图 3.55 显示了聚合物碳氟化合物主链和具有磺酸端的侧链的重复结构，Nafion 是基于该侧链的结构（该商业产品以不同的厚度和尺寸出售，由数字代码表示，如“Nafion－117”，该数字与非 SI 单位相关）。膜应具有高质子传导性、低气体渗透性，当然，还应具有适当的机械强度和低温敏感性。

对 Nafion 膜结构的光谱研究表明存在直径为 1～10nm 的结节（图 3.56 中较浅色的部分）。结节非常规则地分布，并解释为一对（CF_2）$_n$ 片的球形或椭圆形挤出物（半径约为 2nm），即是双层的。有些模型的酸性侧链位于膜双层的外侧（Gierke 和 Hsu，1982），而其他模型则将 SO_3^- 离子置于球体的内侧（Vankelecom，2002）。迄今为止，还不可能进行全量子化学计算，以确认这种结构“折叠”成结节状结构的趋势。然而，已经对含有 4 个 Nafion 链（70 个 CF_2 和 10 个侧链）以及 560 个水分子和 40 个水合氢离子（H_3O^+）的系统进行了分子动力学计算（见图 2.3）（Jang 等，2004）。

图 3.57 给出了这项研究的结果，它显示了一种具有卷曲 Nafion 骨架结构簇的结构，侧链 S 原子靠近水分子和水合氢离子。该图假设 Nafion 结构类似于图 3.55，每 7 个单元有一个侧链。如果侧链集中在较少的位置，则主链结节会比图 3.57 中的更大。图 3.57 所示的情况下，S 原子对之间的平均距离为 0.68nm，其分布范围相当窄（约±0.2nm）。

图 3.57 背后的分子动力学模拟没有考虑结节结构所建议的双聚合物层，也没有包括水分子之间质子转移的跳跃过程（见图 3.7），因为水分子和水合氢离子被视为固定实体。图 3.57的“松散”结构也很难解释聚合物膜的稳定性和规律性。另一种建模方法是脱离双 Nafion 膜结构，如图 3.58 所示。两个膜层之间距离最初为 1.8nm，对应于实验确定的薄通道

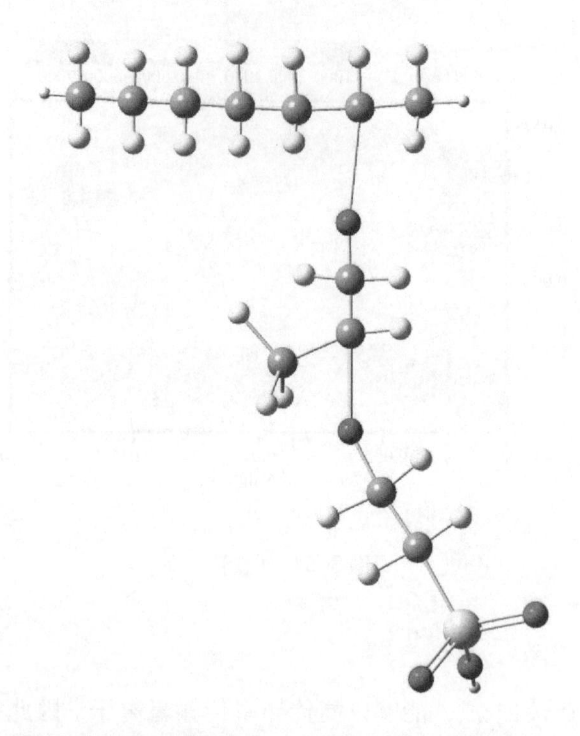

图 3. 55　Nafion©型全氟磺酸盐离子交换膜的片段。顶部聚合物链由作为主链的 C 原子和侧面成对 F 原子组成（当链扩大时，末端氢被取代）。促进 H^+ 输运的酸性 HSO_3 分子连接在 4 个 CF_2 分子的臂的末端，其中 CF_2 分子散布有两个 O 原子，同时一个 F 被 CF_3 基团取代

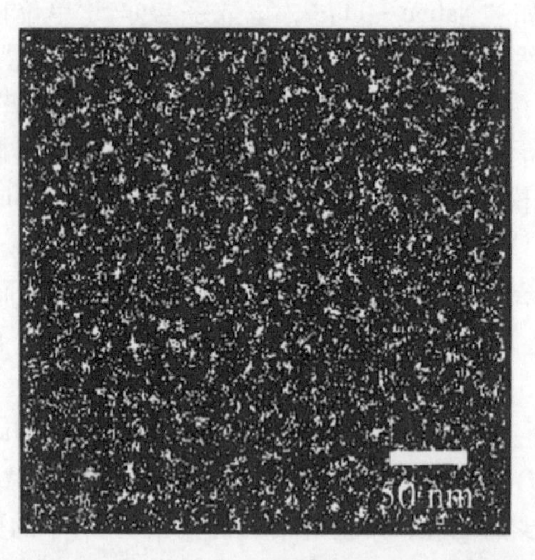

图 3. 56　小角度 X 射线光谱中环境湿度 Nafion－115 结构。较亮的区域是材料中的簇结构。经 Elliott 等（2000）许可转载。美国化学学会版权所有

（Barbi 等，2003）。为了形成观察到的直径约为 4nm 的结节，必须将两个薄片彼此拉开大约两倍的距离。假设图 3. 58 中的侧链面向膜间体积，但也可以朝外。硫酸终端已经位于面向

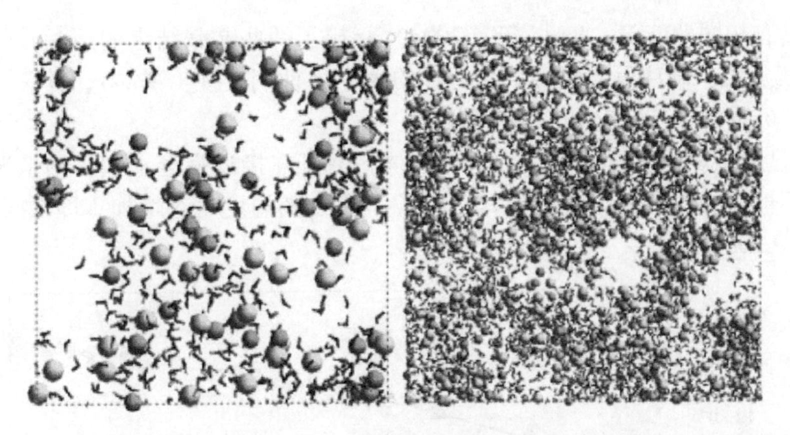

图3.57 Nafion－117的分子动力学模型计算（左侧为小系统，右侧为大系统）。Nafion主干结构被省略，因此显示为白色区域。大的浅灰色原子是S，大的黑色原子是水合氢离子的O。经Jang等（2004）许可转载。美国化学学会版权所有

结构“空”区域的双膜结构中，水分子可能被放置在那里以帮助H^+输运，但拉开侧链将提供更连续的输运路线。已使用了包括一个酸侧链和多个水分子的模型，进行了单独质子输运研究（Paddison，2001）。

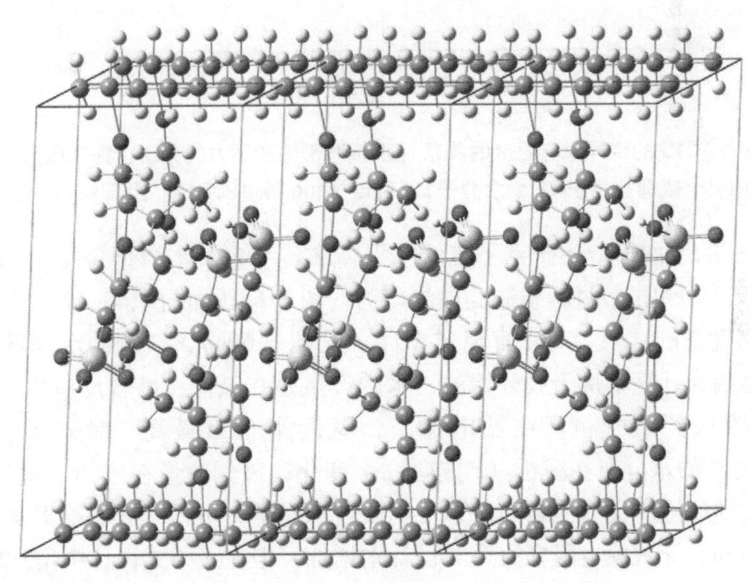

图3.58 在没有结节扩大的情况下，Nafion双膜通道的一种可能结构的2×3单元电池块。通过Hartree－Fock计算的50次迭代，对结构进行了粗略优化（Sørensen，2005）

试图通过理论方法探索结构的原因是，小角度X射线和核磁共振散射实验对于结构测定和结果解释（见图3.54）不是非常有选择性的技术，这涉及在多种可能性之间的选择。早些时候M. Ise（引用于Kreuer，2001）提出了其他猜测，与Jang等（2004）一样，认为观察到的膜束是$(CH_2)_n$的无组织块，所有酸和水分子都位于簇外。作者发现结构内部的酸和结

构外部的酸具有相同的能量。Barbi 等（2003）指出了一些文献结果的不一致性。他们使用自己的 X 射线实验来确认早先发现结节半径的大小（他们发现 1.9nm），并确定区域之间的平均距离（3.6nm），但没有给出更多猜测。

图 3.59 显示干燥的 Nafion 是一种不良导体，并且在接近完全水饱和的情况下使用燃料电池膜是必不可少的。质子传导率在 20～80℃ 范围内随温度略有增加，即低于图 3.59 所示的值（Gil 等，2004）。

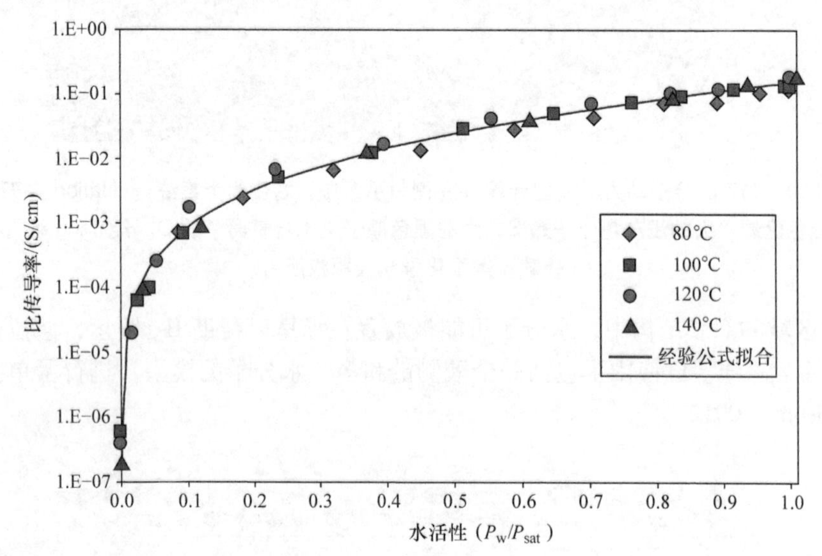

图 3.59　Nafion－115 的传导率与湿度的关系（水相对于饱和压力的分压，饱和压力对应于 18% 的水重量或每个磺酸盐分子 11 个水分子）。引自 Yang 等（2004）。经 Elsevier 许可使用

图 3.49～图 3.51 的模型还研究了膜的水平衡和传导率。水模型包括由 H_3O^+ 离子传输（Springer 等，1991）和扩散过程引起的电渗阻力。图 3.60 显示了图 3.47 中两种电池设计 A 和 B 在高电流密度下的结果。对于直道式设计（见图 3.60a），氧侧的水含量高，但氢侧的水含量低，这是因为计算是从干膜开始的，水的产生是在氧侧，结合反应由 H^+ 离子运动的电曳力引起水输送到氧气侧。在低电流下，氢侧水含量最高。对于叉指式设计（见图 3.60b），更复杂的水分布在膜板（z 方向）上变化，氧侧含量在气体通道的流出侧较高，而氢侧含量在气体通道的流入侧较高。即使初始含水量低，电池过程也会开始，并会在高功率输出时使膜饱和，导致膜电阻在直道式设计中增加，但在叉指式设计中增加较少。

对于图 3.47 中的电池设计 A 和 B 以及高平均电流密度，图 3.61 显示了沿气体流动方向（x）和跨膜表面的 z 坐标的电流密度。在这两种情况下，随着燃料耗尽，电流密度沿 x 轴略有下降，并且作为 z 的函数，分布对于直道式设计是对称的，但对于叉指式设计，有利于气体通道的入口侧（$z=0$），作为一个整体显示随 x 坐标的变化较小。Sivertsen 和 Djilali（2005）也进行了类似的研究。

研究了 Nafion 膜材料的替代品，部分是希望降低成本，部分是考虑到通过适度增加操作温度（50～100K）以获得更有效的操作和更好的 CO 耐受性的优势。主要目标是在不影响气

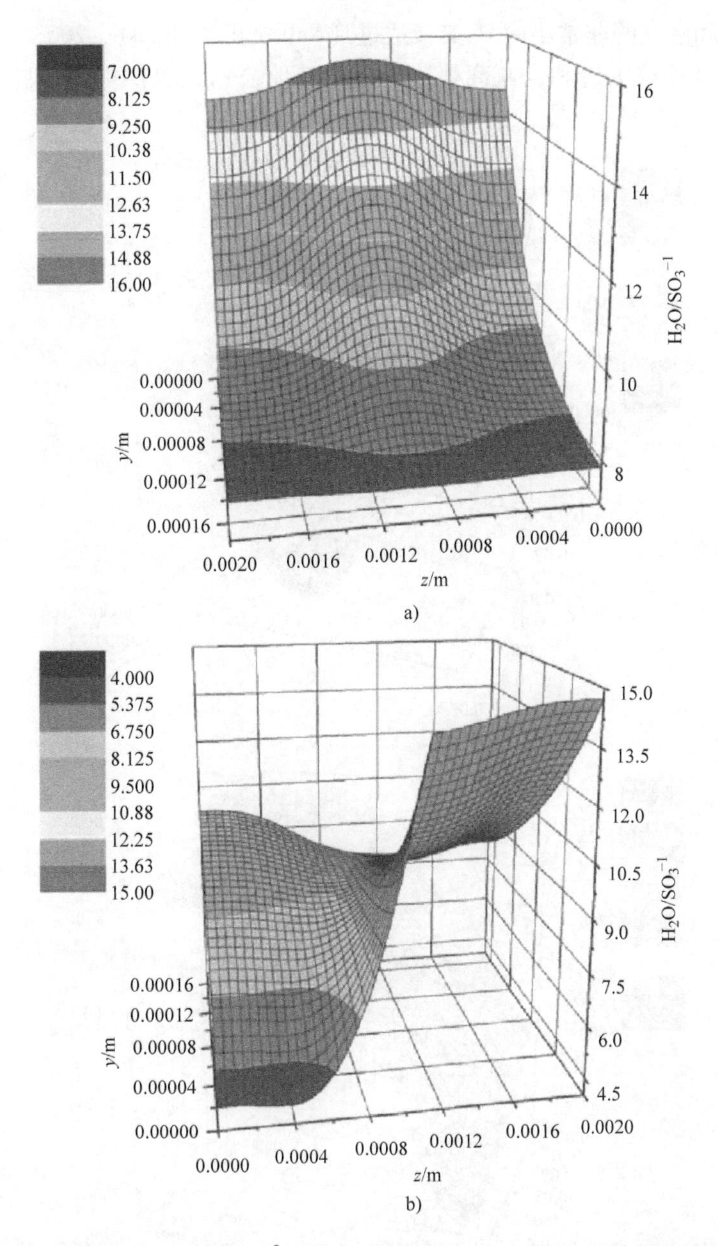

图3.60 在最大电流密度（0.8A/cm^2）时，沿直道式设计（图a）和叉指式设计（图b）的PEM电池膜中水含量的分布图。膜厚0.16mm。这些图对应于气体流动通道中间的x值。每张图片底部的$y-z$坐标的y轴方向相反，以便更好地显示两种情况下的不同行为：图a的氧侧（$y=0$）在后面，而图b的氧侧在前面。此外，在两张图中，电池的z坐标是相反的，对应于它们代表从电池的正面或背面的视图。引自Hu等（2004）。经Elsevier许可使用

体交叉的情况下生产薄而平的膜。这样的一种膜是GORE - SELECT®（W. L. Gore & Assoc. Inc. 的商标），它只有20～30μm厚（与图3.60中研究的Nafion膜的160μm相比），但具有高拉伸强度和潜在的非常小的H_2交叉透过（Nakao 和 Yoshitake，2003）。它是基于多孔、螺旋结构的聚四氟乙烷主链和全氟离聚物侧链。其他公司也提供类似的膜（参见 Xiao 等，2014）。

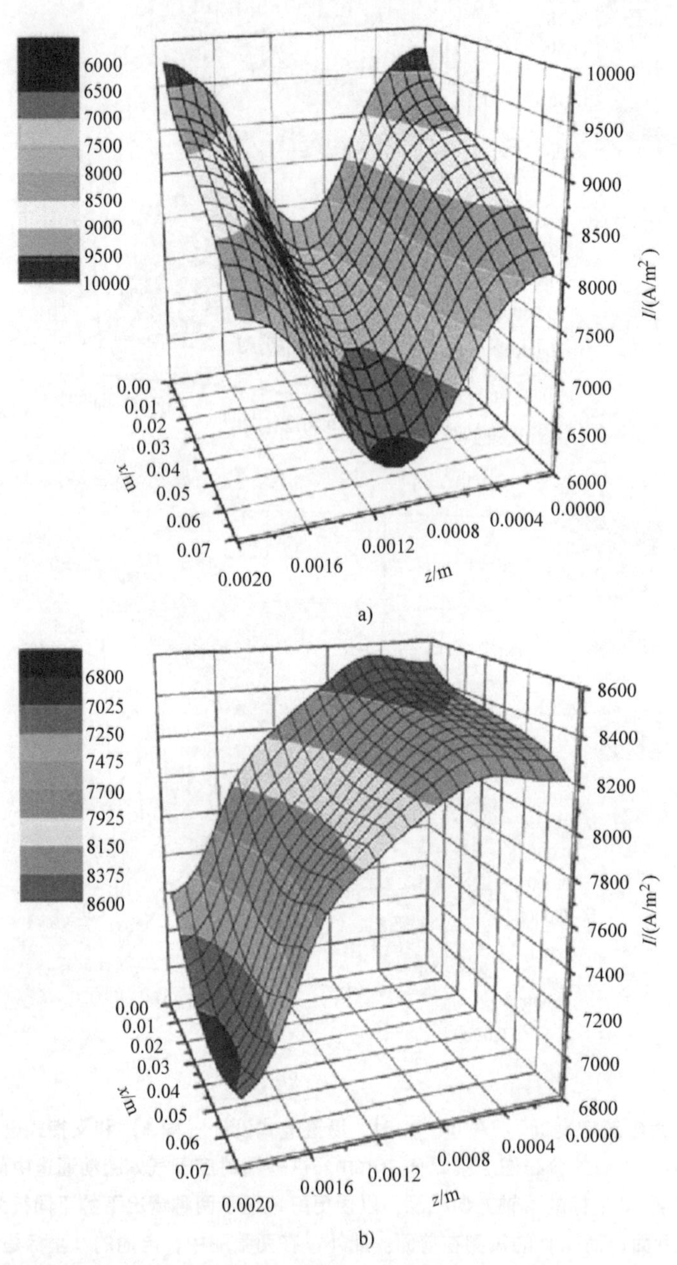

图 3.61　在最大电流密度（0.8A/cm^2）时，沿直道式设计（图 a）和叉指式设计（图 b）的 PEM 电池膜的局部电流密度分布图。膜厚 0.16mm。图的坐标系是 $x-z$，而不是前面几张图中使用的 $y-z$。引自 Hu 等（2004）。经 Elsevier 许可使用

聚醚醚酮（PEEK）已被研究，但通常不会达到优于 Nafion 的性能优势，尽管成本可能更低。聚苯磺酸膜可以提高低湿度下的性能，氟化聚亚芳基醚可以以较低的成本生产，但迄今为止传导率较低。此外，已经研究了基于添加了贵金属的细菌纤维素的膜。通常，碳氢化合物基材料的机械强度低于碳氟化合物基材料（Evans 等，2003；Gil 等，2004；Lee 等，2004）。

为了在更高的温度下使用，可以考虑使用聚苯并咪唑型膜（见 3.4 节中的图 3.41）。它们必须用大约 10mol/kg 溶剂的酸“掺杂”，虽然质子传导率随着温度升高到大约 450K，但仍略低于 Nafion 膜。低温下的低质子传导率是冷启动的关键问题。抗拉强度随掺杂水平增加而降低。PBI 的优点包括高 CO 耐受性和更简单的水管理，因为在 150～200℃的工作温度下所有水都以气体形式存在（Li 等，2004；Schuster 等，2004）。

膜会因在 $H_2SO_4-H_2O-H_3O^+$ 环境中可能形成的过氧化氢（H_2O_2）、高于正常工作范围的温度以及许多痕量金属离子（如 Fe^{2+}、Fe^{3+}、Cr^{3+} 或 Ni^{2+}，可能来自电池结构中使用的金属端板）而发生衰减。随着时间的推移，膜会失去磺酸，特别是在负极侧，并且在产品水中可能会发现少量氟离子和 CO_2。这些机制知之甚少。一些研究表明，在低功率生产期间衰减最大，而在全功率和稳定功率输出时衰减较小。增强老化实验和模型估计的联合方法已被用于建立进一步工作的基础（Fowler 等，2002；Kulinovsky 等，2004；LaConti 等，2003；Okada，2003）。

3.5.4 催化剂作用

PEMFC 的一个关键部分是帮助基本反应式（3.15）和式（3.16）以足够高的速率进行的催化剂。根据 PEM 电池的设计（见图 3.44 和图 3.46），催化剂是真正的电化学电极㊀，从气体扩散孔接收气体，并输送分裂分子以通过膜进行离子传输。气体扩散层的导电部分仅携带可供外部电路及其负载使用的电子。

图 3.62 显示了位于气体扩散层和膜之间的催化剂层的扫描电子显微镜（SEM）和隧道电子显微镜（TEM）照片，放大倍数不断增加。人们注意到 Pt 催化剂的孔结构（1～10μm，见图 3.62b）和不规则团块（约 3nm，见图 3.62c 和 d）的存在，当它处于包括碳的混合环境中时结构提供负载 Pt 和电子传导以及离聚物浸入（大概是 Nafion）。图 3.62b 中的白色“孔”来自制造过程中所用的碳载体。图 3.62c 和 d 的放大部分看不到宏观孔隙，说明所有孔隙都在 1μm 以上的尺度。因此可以推断，氢气和氧气最初流过宏观孔隙，但随后必须溶解并扩散到 Pt 催化剂颗粒的反应位点（Siegel 等，2003）。由于图 3.62c 所示的离聚物通道似乎完全包围了 Pt 块，能够传输 H^+ 但不能传输 H_2 或 O_2，因此这种传输机制很难理解。实验中使用的膜电极组件（MEA）是通过将 Pt 沉积在转印介质上，然后热压到 Nafion 膜上而制成的。有可能，观察到的催化剂层中小孔的聚合物阻塞是由于样品制备技术或在切片前应用环氧树脂固定样品。接下来是关于催化剂进出通道的更多评论。

㊀ 出于这个原因，“电极”这个名称有时仅用于表示催化剂，而在一些其他场合中，它表示气体扩散层加上催化剂，也有在其他处理中，它表示气体扩散层将其电子传递到的双极性导体。

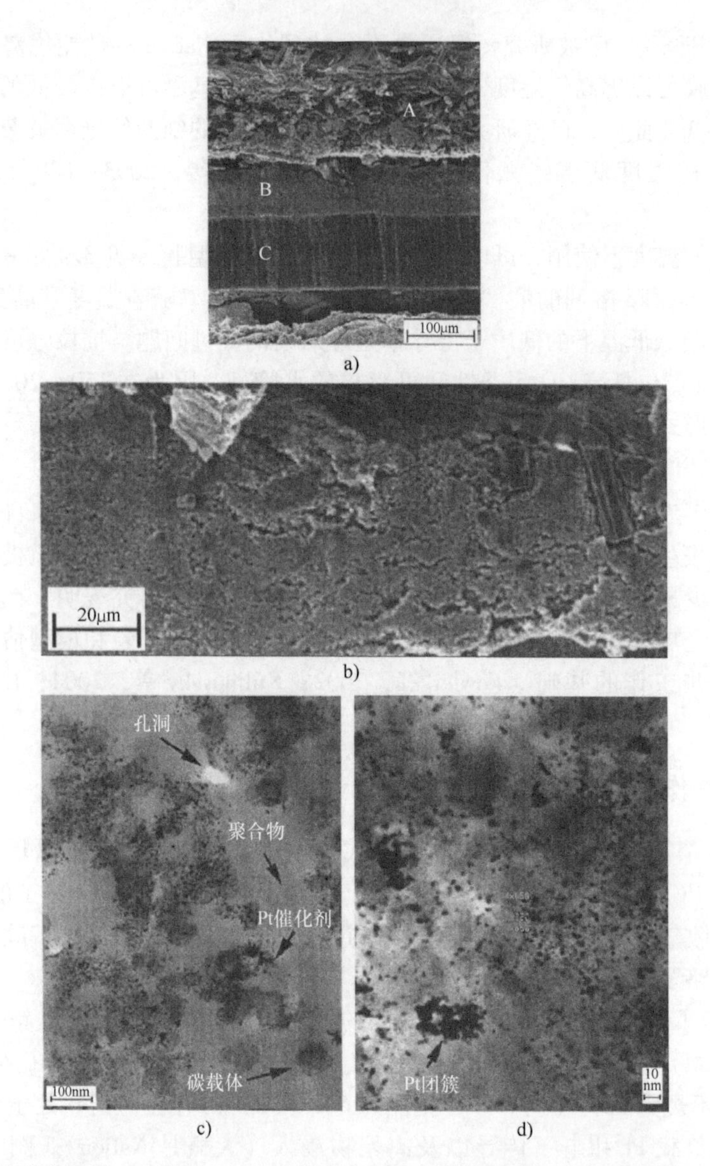

a)
b)
c) d)

图 3.62　PEM 电池截面图，分别显示了气体扩散层（A）、催化剂层（B）和膜层（C），放大倍数为 200（图 a）。放大倍数为 500（图 b）、18400（图 c）和 485500（图 d）时催化剂层的隧道电子显微镜照片。图 b、图 c 和图 d 为图 a 中 B 层的放大倍数。引自 Siegel 等（2003）。经 Elsevier 许可使用

如果在制造过程中催化剂颗粒沉积在膜上，它们应该主要保留在膜的表面（尽管由加热引起一些混合），但如果它们交替沉积在气体扩散层的碳材料上，一定量的渗透进入气体通道是可以接受的，只要离解的气体可以到达膜。所有三层必须按顺序紧密接触，以实现电子和质子的传输（沿相反方向）。催化剂层的早期设计使用聚四氟乙烯来粘结铂，随后通过喷涂技术应用 Nafion 浸渍（约 $2mg/cm^2$）。该方法需要相当高的 Pt 含量（按重量计约 20% 或超过 $400\mu g/cm^2$）。性能增加到一定的 Nafion 载量，然后下降，可能是由于上面讨论的孔阻塞（Lee 等，1998；Qi 和 Kaufman，2003；Lister 和 McLean 的评论，2004）。目前的制造使用

Nafion 在薄膜工艺中直接粘结铂。这确保质子从反应部位轻松传输，但如前所述，需要注意保持气体通道通畅。

催化剂的选择受到对气流中污染物的耐受性考虑的影响。纯 Pt 催化剂适用于极纯的 H_2 燃料，但即使 H_2 燃料中含有少量 CO 也会降低性能。这个问题可以通过使用 Pt - Ru 合金作为催化剂来解决（Liu 和 Nørskov，2001）。

催化剂反应的分子水平建模以 3.1.4 节中描述的方式进行。这种量子化学建模也可以针对 CO 吸附到负极的 Pt 或 Pt - Ru 催化剂表面进行，其中除了式（3.15）之外还可能发生许多反应，描述了氢分子分裂之间的竞争，以及 CO 和任何存在的水向 CO_2 和质子的转化。

$$H_2 + \text{催化剂表面} \rightarrow 2H\ \text{在催化剂表面(见图 2.5)}$$
$$2H\ \text{在催化剂表面} \rightarrow 2H^+ + 2e^- \tag{3.72}$$
$$H_2O\ \text{在催化剂表面} \rightarrow OH\ \text{在催化剂表面} + H^+ + e^-$$
$$OH\ \text{和}\ CO\ \text{都在催化剂表面} \rightarrow CO_2 + H^+ + e^- \tag{3.73}$$

后两个方程相加得到

$$H_2O + CO\ \text{都在催化剂表面} \rightarrow CO_2 + 2H^+ + 2e^- \tag{3.74}$$

式（3.74）会去除 CO，但量子计算发现它在能量上是不利的（例如，Narayanasamy 和 Anderson，2003 仅用两个 Pt 催化剂原子进行的计算）。然而，Liu 和 Nørskov（2001）证明，尽管在 Pt 或 Ru 表面不利，但 Pt 和 Ru 的结合存在允许 OH 比 Pt 更快地附着在 Ru 上，而 Ru 的存在减少了 CO 到 Pt 位点的结合，从而促进式（3.73）中的第二个反应，即使 CO 不愿意吸附到 Ru 本身。

已经研究了诸如 Pt 与 Cr 或 Ni 的其他合金，但作为催化剂没有任何明显的优点。Karmazyn 等（2003）研究了 Pt 和 Ni 催化剂表面的 CO 污染行为，并考虑到催化剂表面结构中的台阶通常有利于催化反应的量子模拟实验。如 Hammer 和 Nørskov（1997）首次描述的，台阶是偏离具有米勒指数（1，1，1）的简单表面结构的层不连续（参见 2.1.3 节中 Ni 与 H_2 的催化反应的讨论，Ni 和 Pt 的晶体结构基本相同）。

使用 Butler - Volmer 方程式（3.25）对催化剂 - 电极 - 电解质界面行为进行宏观建模，然后将该模型纳入 3.5.2 节和 3.5.3 节所述的气流和离子扩散模型。

催化剂颗粒的载量会影响燃料电池成本，随着时间的推移，该载量会有所降低，通过使用溅射工艺实现的催化剂载量最低值约为 $14\mu g/cm^2$（O'Hayre 等，2002）。催化剂和燃料电池的其他层应能耐受偶尔的水浸。

另一种薄膜催化剂工艺提供了催化剂与相邻层之间所需接近度的新角度，既不需要碳纤维支撑，也不需要 Nafion 或其他离聚物质子导体的通道（Debe，2003）。Pt - Ru 催化剂通过溅射沉积在定向结晶的有机晶须（长度约 $1\mu m$）上，然后将其转移到 Nafion 膜表面。电压 - 电流特性良好，且相当独立于晶须取向，这表明离聚物浸入催化剂层对质子传输不是必需的，催化剂层内的碳导体对有效的电子传输也不是必需。如果这种可能性是合理的，那么质子通过空穴结构的传输是可能的，然而在长达 $1\mu m$ 的距离上的无辅助电子转移则更难理解。非常有可能的情形是，催化剂颗粒密集地分布在晶须上，使得它们相互接触，从而电子可以在催化剂内移动到朝向气体扩散层电导体表面。

催化剂作用的量子化学描述包括图 2.5 和图 2.6 中描述的解离过程，以及 3.1.4 节中讨论的水复合过程。Hammer 和 Nørskov（1995）的工作是第一个完成负极上 H_2 解离计算，随后是日益复杂的计算（例如，Horch 等，1999；Penevet 等，1999）。正极涉及对 O_2 在催化剂表面上的解离行为，包括刚刚提到的催化剂表面上台阶的重要性的探索（例如 Gambardella 等，2001）。图 3.63 显示了扫描隧道显微镜照片，其中识别了台阶，以及特定的 O_2 分裂过程。如 3.1.4 节所述，正在通过密度泛函方法研究水分裂（或形成）中涉及的更复杂的反应。还采用了更简单的分子动力学方法（Malek 等，2007；Wang 和 Balbuena，2004）进行了研究，并直接模拟了组分堆积体（Siddique 和 Liu，2010），两者都证实了催化剂 - 碳团聚体的孔结构和尺寸、离聚物域的重要性。

由于担忧铂的成本和资源消耗，正在积极寻找其替代品（Barkholtz 和 Liu，2017；Othman 等，2012），或探索降低催化剂铂载量的方法（Xu 等，2016）。

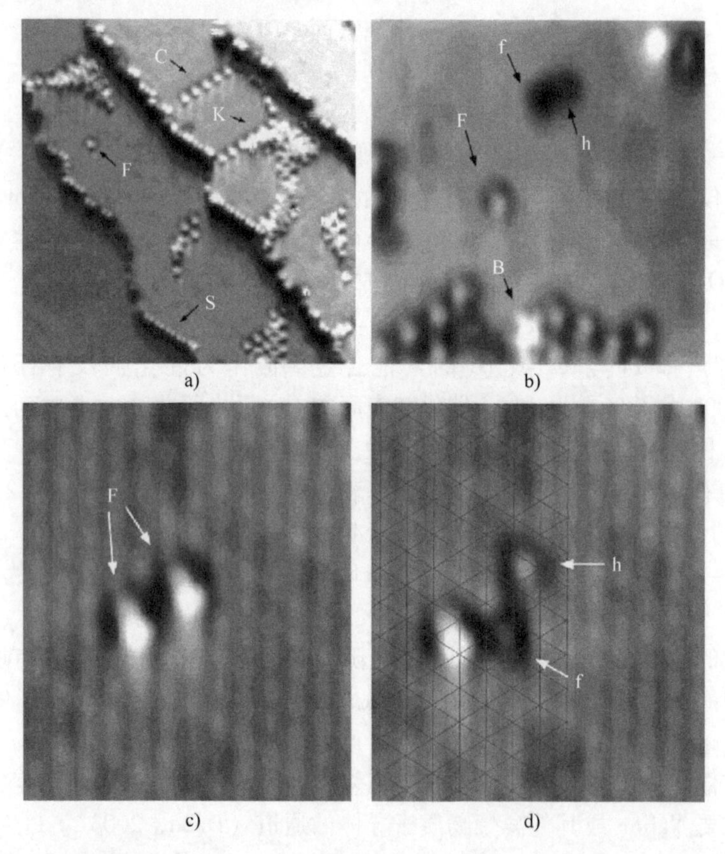

图 3.63　催化剂表面的氧解离。a）Pt（111）表面具有台阶（S）和各种簇。b）面中心位置（F）和桥位置（B）的 O_2 和解离下的 O－O 对（f 和 h）。c）位于面中心位置（F）的两个 O_2 分子。d）与相邻 O_2 分子解离的 O 原子（f 和 h）。三角形表示 Pt 原子（距离 0.277nm）。引自 Stipe 等（1997）。经美国物理学会许可使用

3.5.5 整体性能

PEMFC的整体性能可根据电流－电压曲线进行评估，评估方式与其他电化学装置相同（例如，见图3.37）。图3.64给出了极低Pt负载PEMFC的电流－电压曲线对温度依赖性示例，3.5.4节中提到了这种可能性。叠加在图上的功率密度表明，通过这种方式可以实现高达0.7W/cm^{2}的功率密度，从20世纪末的0.5W/cm^{2}以下提高到现在的水平（Starz等，1999）。

相对于理想的热力学效率式（3.22），实际效率因系统的电化学损耗式（3.23）而降低，如前所述。此外，如前所述，并非所有的氢燃料都被利用，并且在燃料通道的流出物中存在氢含量。当将电池组合成燃料电池堆时，通过将未使用的燃料从一个电池传递到下一个电池，可以实现燃料的更充分利用，但另一方面，如果到达电池组最后部分的燃料量很少，则其产生的功率比充足供应氢所能发出的功率少。因此，总效率可以写成

$$\eta = \eta_{\text{ideal}}\eta_{\text{voltage}}\eta_{\text{fuel}}\eta_{\text{stack}} \tag{3.75}$$

式中，$\eta_{\text{ideal}} = \Delta G/\Delta H$，$\eta_{\text{voltage}}$表示对电流无贡献电池过程的“电压损失”的修正，$\eta_{\text{fuel}}$表示所消耗燃料的分数，$\eta_{\text{stack}}$表示由流向每个电池的非最佳流量或未计入单个电池的其他损失引起的对效率的电堆修正。

Jiao和Li（2011）对PEMFC各个部分中发生的大多数过程进行了评述，并将上述类型的建模应用于早期商业化的具体PEMFC堆（Lee和Yang，2011）。

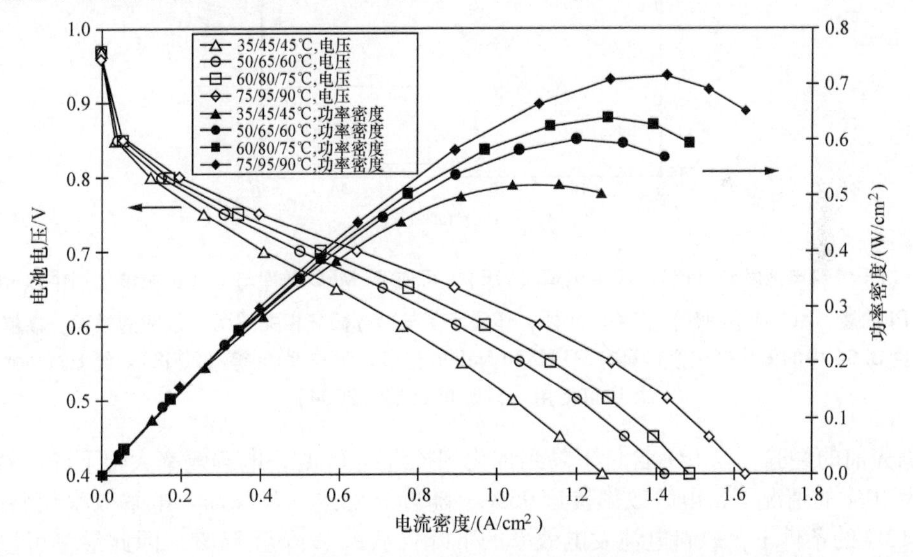

图3.64 单个PEMFC性能。显示了45～90℃范围内不同操作温度下的电流－电压关系（空心符号）和隐含功率密度（实心符号），电池有催化剂层，该催化剂层包含聚四氟乙烯（PTFE）以减少水淹，碳负载Pt催化剂层采用低催化剂载量（120μg Pt/cm^2），最后浸入Nafion离聚物。引自Qi和Kaufman（2003）。经Elsevier许可使用

3.5.6　高温和逆向操作

在图 3.65 中，描述了可逆 PEMFC 的效率。如第 2 章和 3.3 节所述，任何燃料电池原则上都可以在任何方向上运行，消耗氢气发电，或消耗电力产生氢气。然而，在大多数情况下，针对一种预期用途而优化的电池设计，用于反向操作模式，其效率不是很高。发电的 PEMFC 通常具有许多单片电池组成电堆，氢气转换电效率通常低于 60%，而制氢 PEM 电解槽通常具有很大的电消耗功率（对应较大氢气产量），可以高达 95% 或更高的效率生产氢气（Yamaguchi 等，2001）。可逆燃料电池将在分散式建筑集成应用中发挥重要作用，但典型的发电 PEMFC 需要进一步改进，以超过 50% 的效率生产氢气（Proton Energy Systems，2003）。正在努力在两种操作模式的效率之间寻求到更好的折中方案，或者最好改善两者的性能。一种建议是使用新催化剂，如 Pt 与 IrO_2 混合催化剂（Ioroi 等，2002，2004）。图 3.65 显示了电力和氢气效率以及隐含的循环效率，如果电池用于从电力生产氢气，并将其储存以供以后的电力再生（例如，与太阳能或风能等间歇性一次能源相关），则需要着重关注循环效率。

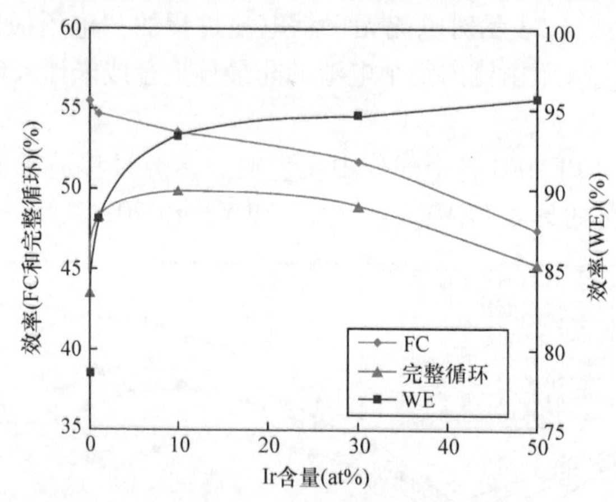

图 3.65　对于燃料电池发电（FC）或水电解（WE），可逆 PEMFC 效率与 Ir（正极催化剂中以 IrO_2 形式）相对于 Pt 的量（at% 或 mol%）有关。此外，还显示了与储存循环相关的两个效率的乘积。该催化剂与图 3.64 中的催化剂相似，具有 PTFE 和 Nafion 通道。引自 Ioroi 等（2002）。经 Elsevier 许可使用。另见 Ioroi 等（2004）

根据先前的经验，当 IrO_2 含量下降到催化剂接近纯 Pt 时，电解效率大幅下降。然而，在 Ir 含量为 10% 的情况下，电解效率接近 95%，随着 Ir 的进一步添加，电解效率仅略有提高。在 Ir 为 10% 的条件下，燃料电池发电效率的下降仅从 55% 降至 53%，因此最终可以建立能够接受的两种运行模式。这就证明了对第 5 章中描述的一些引入氢气场景很重要。

目前，商用 PEMFC 电堆在 50～100℃ 温度下的发电效率在 30%～60% 之间（最高温度下的最高效率，如图 3.64 中单个电池所示）。电堆效率示例如图 3.58 所示。启动时间只有几秒钟，使得该技术适用于需要快速启动的车辆和其他应用。

人们感兴趣构建能够在高于水沸点的温度下运行的 PEMFC。有关研究涵盖了在 120～180℃ 之间运行的电池。较高的温度虽有优势，但需要使用 Nafion 膜的替代品，以及需要更高的Pt负载量，或基于导电性相当差的磷酸掺杂聚苯并咪唑（PBI）（Araya 等，2016；Rosli 等，2017）。例如，Shamadina 等（2010）对在160℃左右的温度下运行的这种潜在燃料电池进行了建模，推导了电流－电压曲线，并将其与实验进行了比较。Jiao 等（2011）对高温PEM电池中的CO中毒进行了建模，发现与低于100℃电池相比，CO中毒造成的问题更少，如图3.66所示。然而，对于所有PEMFC而言，电池耐久性是一个重要问题。

3.6节将提到用于便携式电子设备的微型燃料电池，它们通常基于直接甲醇燃料。直接甲醇燃料电池也是PEMFC的一种，因为它们基于通过固体聚合物电解质的氢离子传输。

3.5.7 衰减和寿命

如前所述，PEMFC的退化可能是由于电极（如电池）结构变化而导致的，这种变化是由CO或水等外来物质存在而导致的。去除CO需要增加一个反应器，例如重整器或催化还原室，该反应器与燃料电池结合使用，例如在正极中使用液体的多金属氧酸盐（Kim 等，2004）。与大多数原型电池的1000h寿命相比，目前“第一代”工业生产的PEMFC总寿命预计将超过4000h连续运行时间。对于汽车应用，在典型驾驶循环的条件下，目标寿命高于5000h是理想的，而对于固定使用场景，5年（43800h）是可接受的最低寿命。希望在未来5年内实现这些目标。其他问题包括在极端温度下的生存能力。如果当前电池温度低于约25℃，则会出现问题，例如，阻止气体以扩散以外的方式通过扩散层传输的密封发生失效（Schulze 等，2004）。

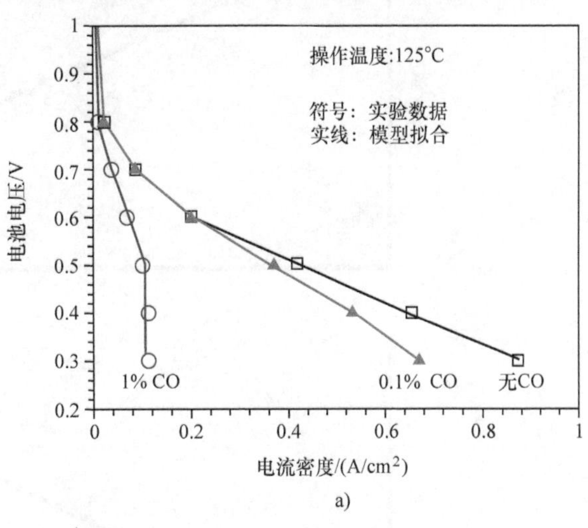

a)

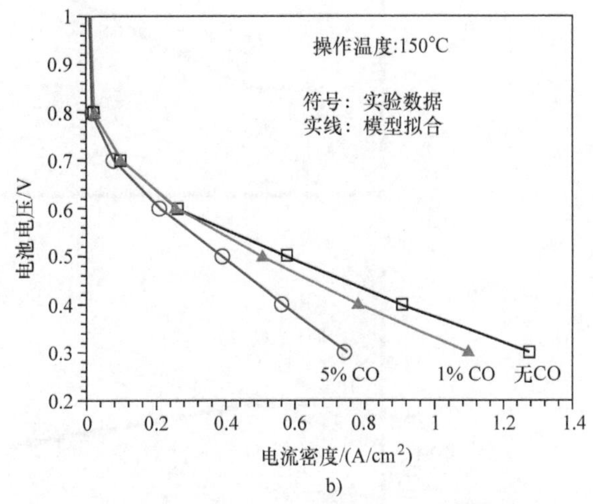

b)

图3.66 高温PEM电池与通过三维模型计算结果之间的数据比较，描述了不同操作温度（图a：125℃，图b：150℃）下燃料中的CO对电池性能的影响（*IV*图）（Jiao 等，2011）。经Elsevier许可转载

已经研究了多种衰减过程，从燃料杂质（Serincan 等，2010）到OH自由基（Panchenko，2006）、气体透过（Nam 等，2010）或气体通道和电极损坏（Jung 和 Williams，2011，采用三维蒙特卡罗模拟）导致的膜衰减，例如水（Seidenberger 等，2011）或如上所述的CO。如果在100℃以上的温度下使用Nafion膜可能会损坏，而对于薄膜，氢或氧的交叉透过仍然是一个必须处理的问题，正如膜-电极组件（MEA）中需要严格管理水一样。已经建立了用于估计 MEA 电阻随时间增加的模型（Fowler 等，2002）。Jung 和 Williams（2011）结合测量和模拟建模对长时间运行引起损害进行的研究进一步表明，启动、运行和停止期间 H_2O_2 的波动积累可能是一个问题（见图 3.67）。Lee 等（2009）对催化剂层衰减进行了详细测试。

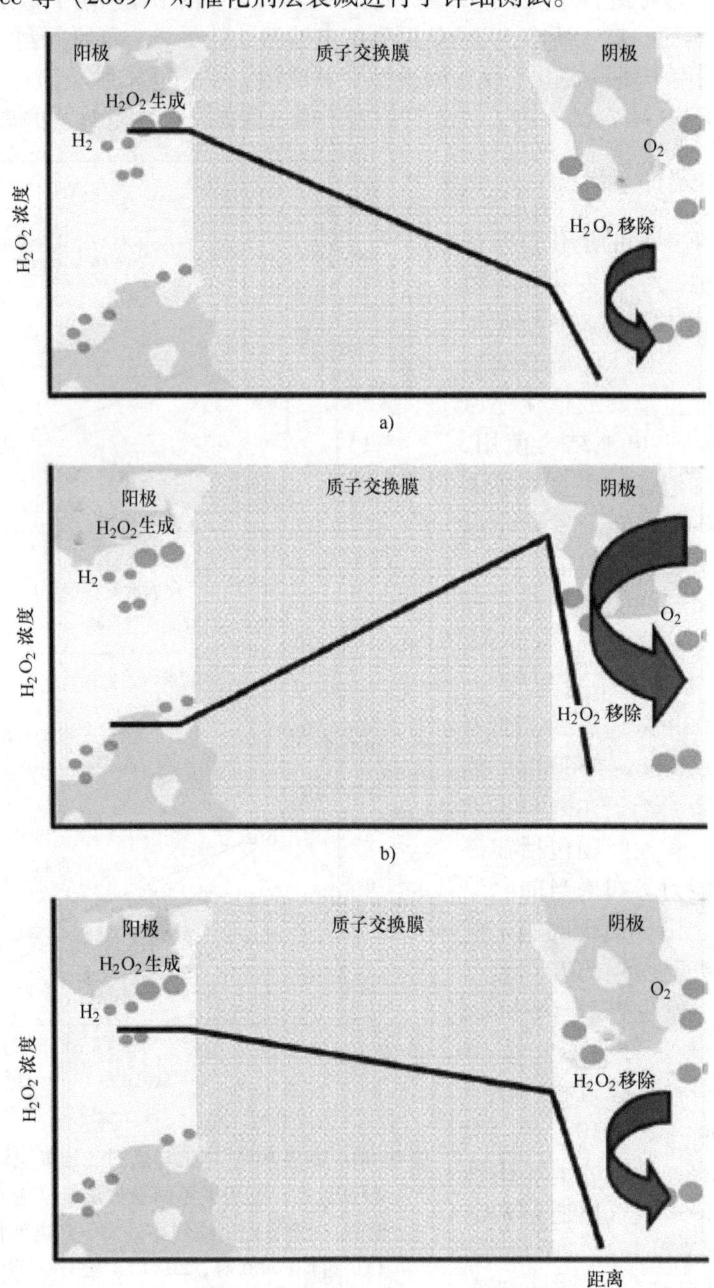

图 3.67　开路运行（图 a）、打开（大电流，图 b）和关闭（小电流，图 c）期间 PEMFC 中的过氧化氢浓度（Jung & Williams，2011）。经 Elsevier 许可使用

3.6 直接甲醇和其他非氢燃料电池

甲醇（和乙醇）与用于运输的常规燃料的相似性，激发了在 PEMFC 中直接使用这种燃料的兴趣，这不仅保留了甲醇储存和基础设施相对于氢气更简单的优点，同时避免了用于容纳甲醇－氢气转化炉的额外部件，而尺寸和重量在乘用车中是受到优先关注的。

在甲醇的情况下电极上的电化学反应是

$$2CH_3OH + 2H_2O \rightarrow 2CO_2 + 12H^+ + 12e^- \tag{3.76}$$

$$3O_2 + 12H^+ + 12e^- \rightarrow 6H_2O \tag{3.77}$$

热力学理想电池电压为 1.20V，类似于氢气式（3.20）。膜必须让一些产出的水通过到甲醇侧，除水之外的副产品是 CO_2，这在需要减少温室气体排放的世界中是一个问题，除非甲醇最初来自（木质）生物质。因此，甲醇生产和甲醇燃料电池转化产生的 CO_2 可以被认为与早期从大气中吸收的 CO_2 平衡（Sørensen，2017）。

在所有酸性的燃料电池中使用甲醇是可能的，但关键研究领域是 PEMFC。氢燃料 PEMFC 和直接甲醇 PEMFC（DMFC）之间的主要区别在于，后者在膜－电极组件的两侧产生废气。如果在正电极侧使用空气，CO_2 和 N_2 都会堵塞扩散层和催化剂的孔隙。如果 DMFC 用于汽车应用，通常使用外部甲醇泵和鼓风机。如图 3.68 所示，式（3.76）反应相对缓慢，DMFC 迄今获得的功率密度至少比氢燃料 PEMFC 低 10 倍。考虑到 Pt 吸附甲醇分子转化物 CO 的证据，Pt 催化剂可能受到毒害，因此正在研究比 Pt 更好的催化剂（Kamarudin 等，2009），这取决于催化剂表面是否存在台阶（见图 3.63a）。候选催化剂包括 Ru－Pt 合金和非晶态 Ni－Nb 基底上的 Pt－Sn 合金（Sistiaga 和 Pierna，2003）。有一个问题是更复杂的催化剂（如 Mo－Ru－S 合金）和膜的稳定性，其中薄膜一方面提供了更高的性能，另一方面则会促进甲醇的交叉透过及其衰减（Hamnett，2003）。

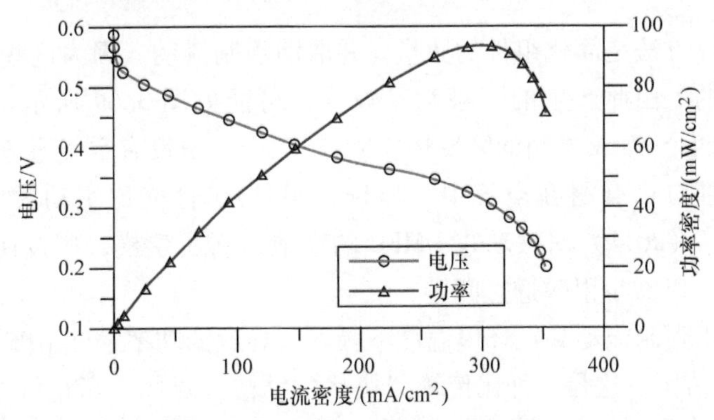

图 3.68　直接甲醇燃料电池的 *IV* 曲线和功率密度，其中炭黑电极涂覆在碳纸基底上，Pt－Ru（比例 1:1）位于负极侧，Pt 单独位于正极侧，均采用 Nafion 浸入，并热压在 Nafion－112 膜上。2mol 甲醇溶液以 21mL/min 的速率进料，另一侧以 700mL/min 速率进料未加湿空气。温度为 85℃。引自 Lu 和 Wang（2004）。经 Elsevier 许可使用

图3.68所示的最大功率密度为0.093W/cm^2，是目前证明的最高功率密度之一，但仍比氢燃料PEMFC低近10倍（见图3.64），这也实现了通常电流密度的两倍以上。典型的单电池总效率约为40%（Müller等，2003）。

水管理对于DMFC与其他燃料电池至少一样重要，甲醇交叉透过在寻找合适膜材料方面造成了问题（Kamarudin等，2009）。膜的生产方法似乎很重要（Tang等，2007）。在正极侧，甲醇与氧气结合形成CO_2。纯Nafion的替代品包括填充有磷酸锆或接枝有苯乙烯的Nafion，以抑制甲醇透过膜的输运（Bauer和Willert Porada，2004；Sauk等，2004），以及非Nafion膜材料，如磺化聚酰亚胺（Woo等，2003）。没有一个实现了图3.68所示的性能，即便如此，其甲醇透过率仍很高。

DMFC的流动和电化学电池建模技术与其他PEMFC基本相同。因此，Fuhrmann和Gärtner（2003）在DMFC模拟中，采用了3.1.5节和3.5.1~3.5.3节中介绍的技术。

还考虑了甲醇以外的燃料，例如甲酸，它表现出比甲醇更低的透过通量，因此它可能是DMFC小型系统的替代品，例如用于便携式应用（Ha等，2004；Zhu等，2004）。

由于性能较低，DMFC不是汽车应用的理想选择，尽管已经研究了这种可能性（例如戴姆勒克莱斯勒巴拉德公司）。然而，对于小型便携式设备，携带燃料的便利性和减少部件数量，可接受性可能比效率更重要。与小型便携式应用相比，合适的DMFC替代方案是锂离子电池，目前其功率密度约为130Wh/kg，但随着进一步发展，可能会达到200Wh/kg（Sørensen，2017）。

在0.5V时，DMFC的理论功率密度约为1600Wh/kg甲醇燃料。但实际上，用于便携式应用的小型DMFC功率密度要小得多。如果小型DMFC设计与传统PEMFC类似，包括膜-电极组件、两个气体扩散层、强制流动的燃料和空气通道以及集电器，则在23~60℃的温度范围内，它们可以实现约0.015~0.050W/cm^{2}的功率密度（Lu等，2004），即与图3.68中85℃的值一致。

一种新兴的设计方法是简化组件的数量，并取消强制流动，因为这些机械部件并不总是便携式应用所需要的。由此产生的“被动”设计，可能如图3.69所示。没有气体扩散层，没有强制燃料流（两个MEA之间的区域构成燃料容器），也没有空气通道，但在网状导体的支撑下，膜组件外部自由暴露在空气中（Kubo，2004）。性能比主动式DMFC差（Oliveira等，2016）。Yang等（2011）对被动式DMFC的性能进行了建模，假设使用稀释甲醇（3~5mol/L）进行操作，以减少甲醇透过问题。

为了补偿不使用强制流动和在环境温度下操作所导致的功率密度下降，Kubo（2004）使用了改进Pt催化剂结构，这是一种比传统“块状”结构（见图3.62c和d）更高表面积和更细Pt颗粒（直径约为2nm）的催化剂。如图3.70所示，该结构是一种由石墨烯制成的“纳米角”，具有片状结构（类似于单壁纳米管）。它们聚集在图右下部分所示的“海胆”形貌中，图3.71显示了Pt颗粒应用后的隧道显微镜照片，并比较PEMFC中所用类型的常规Pt催化剂（见图3.62）。使用改进的催化剂结构，在环境温度下测得的功率密度约为0.045W/cm^2，这意味着催化剂的改进，使性能达到了其他DMFC在60℃、强制空气和甲醇流动时，所能

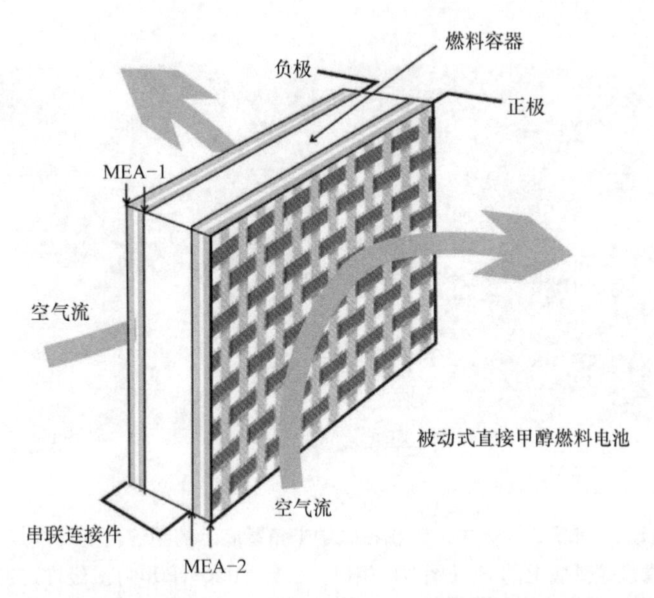

图3.69 设计用于被动操作（无强制流动）的直接甲醇燃料电池，具有两个膜－电极组件（MEA）和一个中央燃料容器

达到的相同水平，但没有做设计上的简化，如没有气体扩散层和空气通道。与其他燃料电池一样，已经测试了非铂基的催化剂（例如 Verjulio 等，2016）。

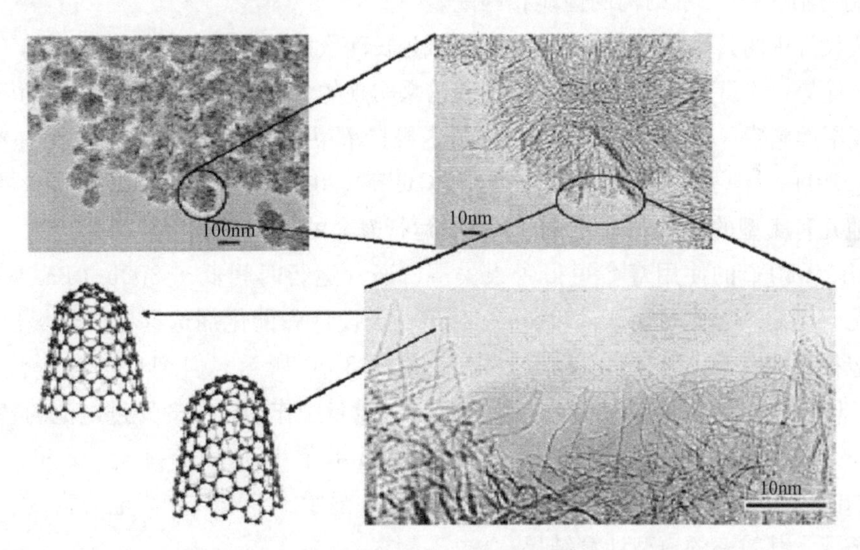

图3.70 用于 NEC 被动式 DMFC 设计中的催化剂负载碳纳米角基底。引自 Kubo（2004）。经许可使用

用于便携式应用的微型燃料电池，也可以是常规的氢燃料 PEMFC，或者微型重整器也可以包括在概念中，这同样是因为与携带氢气相比，携带碳氢化合物或甲醇燃料更为方便（例如 Holladay 等，2004）。小型平板 PEMFC（尺寸范围为 0.01～1.0cm^2）已经以与先前讨论的被动式 DMFC 相同的方式进行开发，应用于氢燃料（Hahn 等，2004）。同样，没有气体扩散

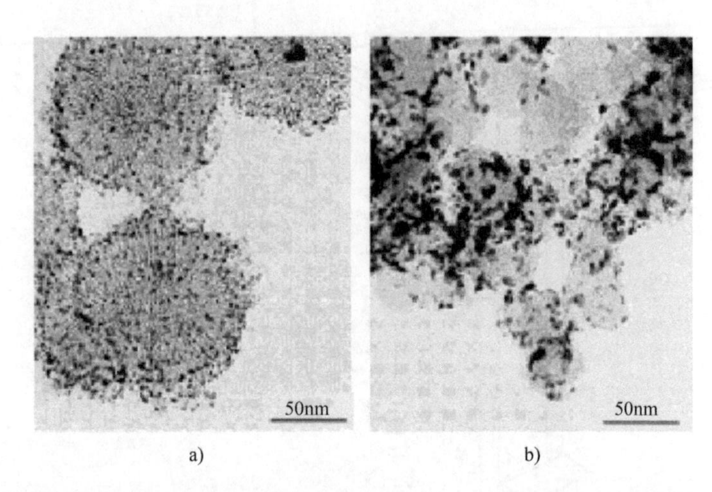

图3.71　NEC被动式DMFC设计中，沉积在碳纳米角基底上的铂催化剂（黑点）（图a）与沉积在常规碳基底上的Pt（图b）相比。引自Kubo（2004）。经许可使用

层，也没有强制流动，但与图3.69中的装置不同，空气和氢气都有由一定图案的集电器所界定的流动通道，该集电器上沉积了厚度约为0.01mm的金层。这是为了获得可靠的长期性能所必需的，电流密度为0.20～0.25A/cm^2时，功率密度峰值为0.09W/cm^2。甲醇燃料的替代使用可能与图3.69所示结构的性能相匹配。

被动式设计中的其他发展方向，集中在尝试延长两次加注之间的运行时间，但不失去稀释甲醇燃料的优势。这是通过将储罐数量增加一倍来实现的，在保留稀释甲醇储罐的同时，添加一个高浓度甲醇储罐，希望在短的高性能间隔内维持浓甲醇，并保持有限的透过速率。Shaffer和Wang（2010）讨论了此类电池的基本设计，Cai等（2011）对瞬态行为进行了建模。

与其他几种类型的燃料电池设定的5000h运行寿命的目标（从用户的角度来看，这是适度的）相比，DMFC的使用寿命短得令人失望，通常运行时间低于300h（Bae等，2010）。杂质可能是问题之一（Lohoff等，2016）。对于电极设计和催化剂选择，已经提出了许多新的想法，包括由碳纳米管支持的RuSe材料，如图3.70所示，但到目前为止没有太成功（Jeng等，2011）。如果被动式DMFC被视为便携式设备中作为电源的先进电池的替代品，那么其短寿命可能是可以接受的，这一应用将在第4章中进一步讨论。Zenith和Krewer（2010）讨论了此类设备的建模和控制策略。图3.72显示了DMFC作为电流密度、温度和甲醇浓度的函数，其效率的模型计算结果。

替代方法包括在将甲醇从储存池送入DMFC之前将其蒸发（Yuan等，2014）。此外，还研究了在PEM类似燃料电池中除甲醇以外的多种燃料，包括乙醇（Akhairi和Kamarudin，2016；Zakaria等，2016），并将其与碱性燃料电池中的使用进行了比较（Abdullah等，2016）。用乙醇代替的电极反应式（3.76）是

$$CH_3CH_2OH + 3H_2O \rightarrow 2CO_2 + 12H^+ + 12e^- \qquad (3.78)$$

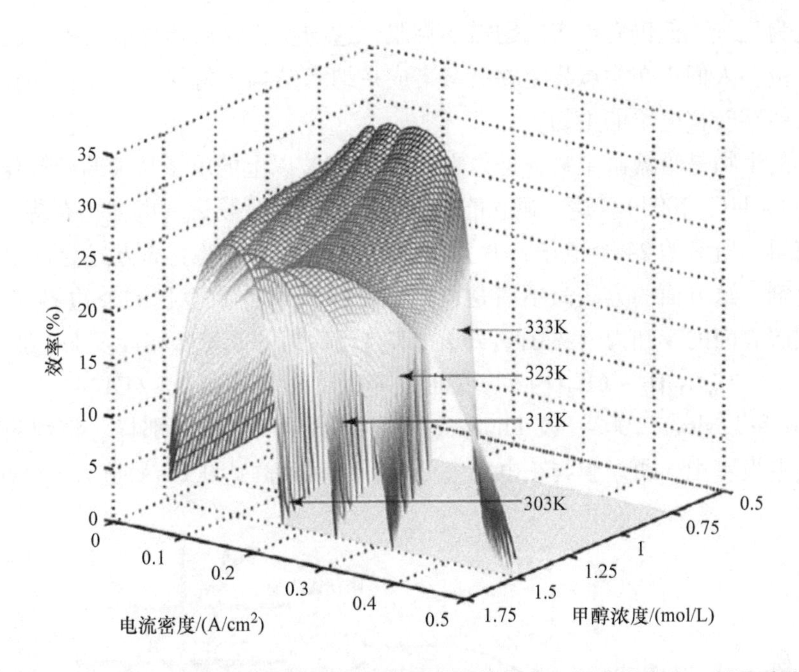

图3.72 Chiu 等（2011）半经验模型估计的 DMFC 转换效率。低电流密度、低甲醇浓度和高温，产生最高效率。经 Elsevier 许可使用

3.7 生物燃料电池

将生物燃料转化为氢气，将有助于形成可用于燃料电池的无污染燃料。2.1.6 节末尾简要提到了生物燃料电池的概念，在光电化学装置中使用了包括酶在内的微生物敏化剂。通过光合作用或暗发酵生产氢气（见 2.1.5 节），原则上允许氢气作为独立于来源的燃料使用。然而，已经设想了许多集成系统，其中生物反应器与燃料电池相邻，或集成到燃料电池中，以节省运输。这种方法的问题是，生物系统中的氢气生产通常效率低且不稳定，特别是在光合系统中。这意味着氢不能总是以最佳速率供给到燃料电池中，其结果可能是效率更低。

在使用莱茵衣藻生产氢气的实验中，将无 CO 气体送入 PEMFC，使用伴随气体（CO_2 和 N_2）产生气流（Dante，2005）。在 $100m^3$ 藻类培养的情况下，在 25h 内发出了 475W 的电量，前后都有相当大的下降。当然，氢气生产间歇性可以通过增加储氢器来缓解。早期的实验使用了可变鱼腥藻，结果甚至更温和（Yagishita 等，1996）。在所有情况下，难以处理效率低的且间歇性的光合燃料生产的问题，使得与燃料电池的集成不具吸引力。发酵可以产生更稳定的氢气流。然而，如果这些制氢途径变得可行，那么氢气可能会以与其他来源氢气相同的方式，更好地储存和使用。

其他方案使用生物分子作为催化剂，以获得燃料的直接酶促氧化，如葡萄糖（Chaudhuri 和 Lovley，2003；Katz 等，2003）。其优点是，天然生物材料可以用于特殊燃料电池，而不必

首先将其转化为氢气，但仍有许多问题需要克服，这与生物物质传导能力差有关，即将电子转移到外部电极。人们正在尝试将生物材料集成在纳米结构碳材料中，或者寻找在没有特殊介质的情况下能够转移电子的生物。

一种这样的生物是嗜糖微生物，据说它能够将80%以上的电子从葡萄糖转化为电池电流（Chaudhuri 和 Lovley，2003）。这一概念能否转化为实用的生物燃料电池仍有待考察。它确实从葡萄糖中获得了所有的24个电子，并且似乎以附着在碳电极上的方式允许电子转移，而无需酶或催化剂。这方面的方法尚不清楚，但似乎涉及嗜糖微生物的外边界（“生物膜”），其具有附着到碳表面的亲和力（见图3.73）。来自葡萄糖的能量转移涉及Fe(Ⅲ)的还原：

$$C_6H_{12}O_6 + 6H_2O + 24Fe(\text{Ⅲ}) \rightarrow 6CO_2 + 24Fe(\text{Ⅱ}) + 24H^+ \tag{3.79}$$

正如Chaudhuri 和 Lovley（2003）及Finneran 等（2003）所建议的那样。将细菌放置在生物燃料电池的负电极室中，通过膜与正电极室分隔，观察到高达0.6mA 或31mA/m² 的电流。

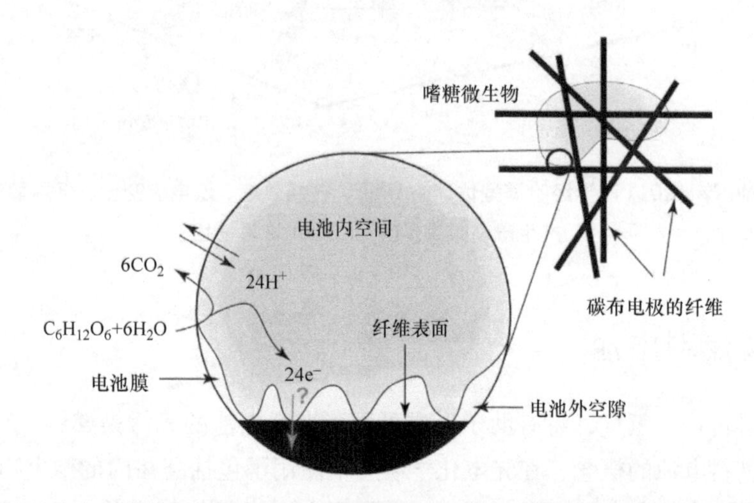

图3.73 建议将嗜糖微生物表面对接至碳电极，以有效转移葡萄糖氧化产生的电子。引自Tayhas 和 Palmore（2004）。经Elsevier许可使用

微生物生物燃料电池的典型性能如图3.74所示。转换功率保持在约120mW/m² 以下，比甲醇燃料电池低10000倍（见图3.68），比SOFC的效率低100000倍（见图3.37）。性能可能会有所改善，但并不是因为技术可行所需的因素，甚至生物燃料廉价的隐含假设也可能不成立。

直接光伏制氢（见2.1.6节）已被提议基于由有机染料或Ru络合物制成的敏化剂（Kalyanasundaram 和 Graetzel，2010），这项技术以前未能导致可行的太阳电池，尽管最近的钙钛矿电池的发明引发了新的研究努力（见Sørensen，2017）。

生物燃料本身在能源领域有多种用途（Sørensen，2017），一般来说，首先将其转化为氢气并不具有吸引力，尽管这也可以通过常规方法（气化和水蒸气重整）实现。对于SOFC（Mermelstein 等，2011）、MCFC（Hernández 等，2011）或“微生物”PEMFC（Lee 和 Nirmalakhandan，2011）中直接使用生物燃料，空气污染的负面影响通常仍然存在，此外，与非燃料电池使用相比，适度提高的发电效率仍很难弥补生物燃料电池成本的增加。

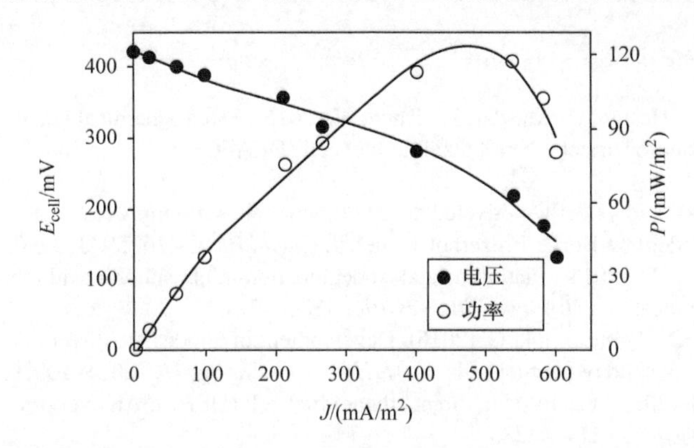

图3.74 微生物燃料电池的电压和功率随电流的变化曲线（Katuri和Scott，2011）。经Elsevier许可使用

3.8 问题和讨论

1. 写出与式（3.12）类似的表达式，表示燃料电池反向运行效率，这可用于从电力中产生氢气，或者氢气和热量。

2. 在固体氧化物燃料电池中使用化石燃料，汽车可以在装置内将燃料转化为氢气。二氧化碳将是一种副产品，也不太可能像在固定装置中那样被收集。温室气体排放的影响是什么？对于作为燃料的天然气，全球天然气需求和二氧化碳排放量是多少？如果使用煤炭，也有同样的问题，尽管在这里直接用汽车运输煤炭是不可能的，而且它更愿意使用压缩形式的"生产气"。

3. 将燃料电池及其燃料视为能量储存，并将其与其他储存选项进行比较。例如，估算一下传统铅电池、先进锂离子电池和几种低温燃料电池（如PEMFC和DMFC）的质量能量密度。与2.4节（或Sørensen，2017，第5章）中的储存观点不同，你不仅需要考虑燃料的质量，还需要考虑构成燃料电池和燃料处理系统的所有设备质量，包括燃料容器。有关这方面的一些数据可以在第6章中找到。能量密度和功率密度与便携式设备特别相关，因此请一定要有一些便携式概念，如被动式DMFC。

试着进行类似的比较，不是以质量为基础，而是以体积为基础。对于燃料，这可以从表2.4等表中获取，但对于设备，你可能需要查看实际设备（例如，在制造商的网站上），以了解设备有多小或多大。

4. 尝试设计一种具有所有固体成分（水除外）的燃料电池，具有PEMFC的优点，但没有其缺点。它看起来像200℃的酸性电池吗？

5. 直接碳燃料电池能否像MCFC一样，在低于碳熔点的温度下使用？

参考文献

Abdullah, S., Kamarudin, S., Hasran, U., Masdar, M., Daud, W. (2016). Electrochemical kinetic and mass transfer model for direct ethanol alkaline fuel cell (DEAFC). *J. Power Sources 320*, 111–119.

Adamo, C., Barone, V. (2002). Physically motivated density functionals with improved performances: the modified Perdew-Burke-Ernzerhof model. *J. Chem. Phys. 116*, 5933–5940.

Aindow, T., Haug, A., Jayne, D. (2011). Platinum catalyst degradation in phosphoric acid fuel cells for stationary applications. *J. Power Sources 196*, 4506–4514.

Akdeniz, Y., Timurkutluk, B., Timurkutluk, C. (2016). Development of anodes for direct oxidation of methane fuel in solid oxide fuel cells. *Int. J. Hydrogen Energy 41*, 10021–10029.

Akhairi, M., Kamarudin, S. (2016). Catalysts in direct ethanol fuel cell (DEFC): An overview. *Int. J. Hydrogen Energy 41*, 4214–4228.

Alcaide, F., Brillas, E., Cabot, P.-L. (2004). Limiting behaviour during the hydroperoxide ion generation in a flow alkaline fuel cell. *J. Electroanalytical Chem. 566*, 235–240.

An, W., Gatewood, D., Dunpal, B., Turner, C. (2011). Catalytic activity of bimetallic nickel alloys for solid-oxide fuel cell anode reactions from density-functional theory. *J. Power Sources 196*, 4724–4728.

Angrist, S. (1976). *"Direct Energy Conversion"*, 3rd ed. Allyn and Bacon, Boston.

Araya, S., Zhou, F., Liso, V., Sahlin, S., Vang, J., Thomas, S., Gao, X., Jeppesen, C., Kær, S. (2016). A comprehensive review of PBI-based high temperature PEM fuel cells. *Int. J. Hydrogen Energy 41*, 21310–21344.

Au, S., Hemmes, K., Woudstra, N. (2003). Flowsheet calculation of a combined heat and power fuel cell plant with a conceptual molten carbonate fuel cell with separate CO_2 supply. *J. Power Sources 122*, 19–27.

Badwal, S., Giddey, S., Munnings, C., Kulkarni, A. (2014). Review of progress in high temperature solid oxide fuel cells. *Journal of the Australian Ceramic Society 50*, 23–37.

Bae, S., Kim, S.-J., Park, J., Lee, J.-H., Cho, H., Park, J.-Y. (2010). Lifetime prediction through accelerated degradation testing of membrane electrode assemblies in direct methanol fuel cells. *Int. J. Hydrogen Energy 35*, 9166–9176.

Baharuddin, N., Muchtar, A., Somalu, M. (2017). Short review on cobalt-free cathodes for solid oxide fuel cells. *Int. J. Hydrogen Energy 42*, 9149–9155.

Barbi, V., Funari, S., Gehrke, R., Scharnagl, N., Stribeck, N. (2003). Nanostructure of Nafion membrane material as a function of mechanical load studied by SAXS. *Polymer 44*, 4853–4861.

Barkholtz, H., Liu, D. J. (2017). Advancements in rationally designed PGM-free fuel cell catalysts derived from metal-organic frameworks. *Materials Horizons 4*, 20–37.

Barone, V. (1996). Chapter in "Recent Advances in Density Functional Methods, Part I" (Chong, D., ed.). World Scientific Publ., Singapore.

Batra, V., Maudgal, S., Bali, S., Tewari, P. (2002). Development of alpha lithium aluminate matrix for molten carbonate fuel cell. *J. Power Sources 112*, 322–325.

Bauer, F., Willert-Porada, M. (2004). Microstructural characterization of Zr-phosphate-Nafion membranes for direct methanol fuel cell (DMFC) application. *J. Membrane Science 233*, 141–149.

Bauernschmitt, R., Ahlrichs, R. (1996). Treatment of electronic excitations within the adiabatic approximation of time dependent density functional theory. *Chem. Phys. Lett. 256*, 454–464.

Bazylev, N., Fomin, N., Galiano, H., Meleeva, O., Martemianov, S., Penyazkov, O. (2011). PEMFCs flow microstructure analysis by advanced speckle technologies. *Int. J. Heat & Mass Transfer 54*, 2341–2348.

Becke, A. (1993). Density-functional thermochemistry. III: the role of exact exchange. *J. Chem. Phys. 98*, 5648.

Berning, T., Odgaard, M., Kær, S. (2011). Water balance simulations of a PEM fuel cell using a two-fluid model. *J. Power Sources 196*, 6305–6317.

Bird, R., Stewart, W., Lightfoot, E. (2001). *"Transport phenomena"*, 2nd ed. John Wiley & Sons, New York.

Bockris, J., Despic, A. (2004). Principles of physical science: fields. "Encyclopædia Brittannica Library", CDROM Deluxe Ed., London.

Bockris, J., Reddy, A. (1998). *Modern Electrochemistry,* 2nd ed., Vol. 1 (and Vol. 2B, 2000). Plenum Press, New York.

Bockris, J., Reddy, A., Gamboa-Aldeco, M. (2000). *"Modern Electrochemistry"*, 2nd ed., Vol. 2A. Plenum Press, New York.

Bockris, J., Shrinivasan, S. (1969). *"Fuel Cells: Their Electrochemistry"*. McGraw-Hill, New York.

Borglum, B. (2003). From cells to systems: Global Thermoelectric's critical path approach to planar SOFC development. Presentation at "8th grove fuel cell symposium 2003", http://www.globalte.com (accessed 2010).

Boysen, D., Uda, T., Chisholm, C., Haile, S. (2004). High-performance solid acid fuel cells through humidity stabilization. *Science 303*, 68–70.

Bruggeman, D. (1935). *Ann. Phys. 24*, 636.

Cai, W., Li, S., Feng, L., Zhang, J., Song, D., Xing, W., Liu, C. (2011). Transient behavior analysis of a new designed passive direct methanol fuel cell fed with highly concentrated methanol. *J. Power Sources 196*, 3781–3789.

Callen, H. (1960). *"Thermodynamics"*, John Wiley & Sons, New York

Campanari, S., Iora, P. (2004). Definition and sensitivity analysis of a finite volume SOFC model for a tubular cell geometry. *J. Power Sources 132*, 113–126.

Carcadea, E., Ene, H., Ingham, D., Lazar, R., Ma, L., Pourkashanian, M., Stefanescu, I. (2007). A computational fluid dynamic analysis of a PEM fuel cell system for power generation. *Int. J. Numerical Methods for Heat & Fluid Flow 17*(3), 302–312.

Chaudhuri, S., Lovley, D. (2003). Electricity generation by direct oxidation of glucose in mediatorless microbial fuel cells. *Nature Biotechnology 21*, 1229–1232.

Chiu, Y.-J., Yu, T., Chung, Y.-C. (2011). A semi-empirical model for efficiency evaluation of a direct methanol fuel cell. *J. Power Sources 196*, 5053–5063.

Cifrain, M., Kordesch, K. (2004). Advances, aging mechanism and lifetime in AFCs with circulating electrolytes. *J. Power Sources 127*, 234–242.

Cinti, G., Discepoli, G., Sisani, E., Desideri, U. (2016). SOFC operating with ammonia: Stack test and system analysis. *Int. J. Hydrogen Energy 41*, 13583–13590.

Ciureanu, M., Mikhailenko, S., Kaliaguine, S. (2003). PEM fuel cell as membrane reactors: Kinetic analysis by impedance spectroscopy. *Catalysis Today 82*, 195–206.

Colclasure, A., Sanandaji, B., Vincent, T., Kee, R. (2011). Modeling and control of tubular solid-oxide fuel cell systems. I: Physical models and linear model reduction. *J. Power Sources 196*, 196–207.

Colpan, C., Hamdullahpur, F., Dincer, I. (2011). Transient heat transfer modeling of a solid oxide fuel cell operating with humidified hydrogen. *Int. J. Hydrogen Energy 36*, 11488–11499.

Cordiner, S., Lanzani, S., Mulone, V. (2011). 3D effects of water-saturation distribution on polymeric electrolyte fuel cell (PEFC) performance. *Int. J. Hydrogen Energy 36*, 10366–10375.

Costamagna, P., Selimovic, A., Borghi, M., Agnew, G. (2004). Electrochemical model of the integrated planar solid oxide fuel cell (IP-SOFC). *Chem. Eng. J. 102*, 61–69.

CRC (1973). "Handbook of Chemistry and Physics" (Weast, R., ed.). The Chemical Rubber Co., Cleveland, OH.

Dante, R. (2005). Hypotheses for direct PEM fuel cells applications of photobioproduced hydrogen by *Chlamydomonas reinhardtii*. *Int. J. Hydrogen Energy 30*, 421–424.

Dapprich, S., Komáromi, I., Byun, K., Morokuma, K., Frisch, M. (1999). A new ONIOM implementation in Gaussian98. Part I. The calculation of energies, gradients, vibrational frequencies and electric field derivatives. *J. Molec. Structure (Theochem) 461–462*,

1–21.
Dayton, D., Ratcliff, M., Bain, R. (2001). Fuel cell integration – A study of the impacts of gas quality and impurities. Report NREL/MP-510-30298, National Renewable Energy Lab., Golden CO.
Debe, M. (2003). Novel catalysts, catalysts support and catalysts coated membrane methods. In "Handbook of Fuel Cells—Fundamentals, Technology and Applications" (Vielstich, W., Gasteiger, H., Lamm, A., eds.), Vol. 3, Ch. 45 (pp. 576–589). John Wiley & Sons, New York.
Demin, A., Tsiakaras, P. (2001). Thermodynamic analysis of a hydrogen fed solid oxide fuel cell based on a proton conductor. *Int. J. Hydrogen Energy 26*, 1103–1108.
de Simon, G., Parodi, F., Fermeglia, M., Taccani, R. (2003). Simulation of process for electrical energy production based on molten carbonate fuel cells. *J. Power Sources 115*, 210–218.
Dirac, P. (1930). *Proc. Cambridge Phil. Soc. 27*, 240.
Egger, A., Schrödl, N., Gspan, C., Sitte, W. (2017). $La_2NiO_{4+\delta}$ as electrode material for solid oxide fuel cells and electrolyzer cells. *Solid State Ionics 299*, 18–25.
Elliott, J., Hanna, S., Elliott, A., Cooley, G. (2000). Interpretation of the small-angle X-ray scattering from swollen and oriented perfluorinated ionomer membranes. *Macromolecules 33*, 4161–4171.
Escudero, M., Rodrigo, T., Soler, J., Daza, L. (2003). Electrochemical behaviour of lithium-nickel oxides in molten carbonate. *J. Power Sources 118*, 23–34.
Evans, B., O'Neill, H., Malyvanh, V., Lee, I., Woodward, J. (2003). Palladium-bacterial cellulose membranes for fuel cells. *Biosensors Bioelectronics 18*, 917–923.
Eveloy, V. (2012). Numerical analysis of an internal methane reforming solid oxide fuel cell with fuel recycling. *Applied Energy 93*, 107–115.
Farooque, M., Ghezel-Ayagh, H. (2003). System design. In "Handbook of Fuel Cells", Vol. 4 (W. Vielstich, A. Lamm, H. Gasteiger eds.), Ch. 68. Wiley, Chichester.
Fermi, E. (1928). *Zeitschrift fur Physik 48*, 73.
Finneran, K., Johnsen, C., Lovley, D. (2003). *Rhodoferax ferrireducens* sp. nov., a psychrotolerant, facultatively anaerobic bacterium that oxidizes acetate with the reduction of Fe(III). *Int. J. Systematic Evolutionary Microbiology 53*, 669–673.
Flipo, G., Josset, C., Bellettre, J., Auvity, B. (2016). Clarification of the surface wettability effects on two-phase flow patterns in PEMFC gas channels. *Int. J. Hydrogen Energy 41*, 15518–15527.
Fock, V. (1930). *Zeitschrift fur Physik 61*, 126.
Fontell, E., Kivisaari, T., Christiansen, N., Hansen, J.-B., Pålsson, J. (2004). Conceptual study of a 250 kW planar SOFC system for CHP application. *J. Power Sources 131*, 49–56.
Foresman, J., Head-Gordon, M., Pople, J., Frisch, M. (1992). Towards a systematic molecular orbital theory for excited states. *J. Phys. Chem. 96*, 135–149.
Fowler, M., Mann, R., Amphlett, J., Peppley, B., Roberge, P. (2002). Incorporation of voltage degradation into a generalised steady state electrochemical model for a PEM fuel cell. *J. Power Sources 106*, 274–283.
Frangini, S., Masci, A. (2004). Intermetallic FeAl based coatings deposited by the electrospark technique: corrosion behavior in molten (Li+K) carbonate. *Surface Coatings Tech. 184*, 31–39.
Freni, S., Barone, F., Puglisi, M. (1998). The dissolution process of the NiO cathodes for molten carbonate fuel cells: state-of-the-art. *Int. J. Energy Res. 22*, 17–31.
Freni, S., Passalacqua, E., Barone, F. (1997). The influence of low operating temperature on molten carbonate fuel cells decay processes. *Int. J. Energy Res. 21*, 1061–1070.
Fuhrmann, J., Gärtner, K. (2003). A detailed numerical model for DMFC: discretization and solution methods. Paper for "Computational fuel cell dynamics II", Banff Int. Res. Center, USA.
Futerko, P., Hsing, I.-M. (2000). Two-dimensional finite-element method study of the resistance of membranes in polymer electrolyte fuel cells. *Electrochimica Acta 45*, 1741–1751.

Gambardella, P., Sljivancanin, Z., Hammer, B., Blanc, M., Kuhnke, K., Kern, K. (2001). Oxygen dissociation at Pt steps. *Phys. Rev. Lett. 87*, 056103.1-4.

Ghosh, D. (2003). Development of stationary solid oxide fuel-cells at global thermoelectric Inc. In 14th world hydrogen energy conference, Montreal 2002, file B001g, 5 pp. CD published by CogniScience Publ. for l'Association Canadienne de l'Hydroge'ne, revised CD issued 2003.

Gierke, T., Hsu, W. (1982). The cluster-network model of ion clustering in perfluorosulfonated membranes. In Perfluorinated Ionomer Membranes, American Chemical Society Symp. Series **180**, Washington, DC.

Gil, M., Ji, X., Li, X., Na, H., Hampsay, J., Lu, Y. (2004). Direct synthesis of sulfonated aromatic poly(ether ether ketone) proton exchange membranes for fuel cell applications. *J. Membrane Sci. 234*, 75–81.

Gouérec, P., Poletto, L., Denizot, J., Sanchez-Cortezon, E., Miners, J. (2004). The evolution of the performance of alkaline fuel cells with circulating electrolytes. *J. Power Sources 129*, 193–204.

Griffith, D. (1995). *"Introduction to quantum mechanics"*. Prentice Hall, New Jersey.

Gülzow, E. (1996). Alkaline fuel cells: a critical view. *J. Power Sources 61*, 99–104.

Gülzow, E., Schulze, M. (2004). Long-term operation of AFC electrodes with CO_2 containing gases. *J. Power Sources 127*, 243–251.

Ha, S., Adams, B., Masel, R. (2004). A miniature air breathing direct formic acid fuel cell. *J. Power Sources 128*, 119–124.

Hahn, R., Wagner, S., Schmitz, A., Reichl, H. (2004). Development of a planar micro fuel cell with thin film and micro patterning technologies. *J. Power Sources 131*, 73–78.

Haile, S., Boysen, D., Chisholm, C., Merle, R. (2001). Solid acids as fuel cell electrolytes. *Nature 410*, 910–913.

Hamann, C., Hammett, A., Vielstich, W. (1998). "Electrochemistry". Wiley-VCH, Weinheim.

Hammer, B., Nørskov, J. (1995). Why gold is the noblest of all the metals. *Nature 376*, 238–240.

Hammer, B., Nørskov, J. (1997). Adsorbate reorganization at steps: NO on Pd(211). *Phys. Rev. Lett. 79*, 4441–4444.

Hamnett, A. (2003). Direct methanol fuel cells (DMFC). In "Handbook of Fuel Cells", Vol. 1 (W. Vielstich, A. Lamm, H. Gasteiger, eds.), Ch. 18. Wiley, Chichester.

Harrington, D., Conway, B. (1987). *Electrochimica Acta 32*, 1703.

Hartree, D. (1928). *Proc. Cambridge Phil. Soc. 24*, 89.

Heidary, H., Kermani, M., Advani, S., Prasad, A. (2016). Experimental investigation of in-line and staggered blockages in parallel flowfield channels of PEM fuel cells. *Int. J. Hydrogen Energy 41*, 6885–6893.

Hernández, S., Scarpa, F., Fino, D., Conti, R. (2011). Biogas purification for MCFC application. *Int. J. Hydrogen Energy 36*, 8112–8118.

Hibino, T., Hashimoto, A., Yano, M., Suzuki, M., Sano, M. (2003). Ru-catalyzed anode materials for direct hydrocarbon SOFCs. *Electrochimica Acta 48*, 2531–2537.

Hoffmann, J., Yuh, C.-Y., Jopek, A. (2003). Electrolyte and material challenges. In "Handbook of Fuel Cells", Vol. 4 (W. Vielstich, A. Lamm, H. Gasteiger, eds.), Ch. 67. Wiley, Chichester.

Hoganson, C., Babcock, G. (1997). A metalloradical mechanism for the generation of oxygen from water in photosynthesis. *Science 277*, 1953–1956.

Hohenberg, P., Kohn, W. (1964). Inhomogeneous electron gas. *Phys. Rev. 136*, B864–B871.

Holladay, J., Wainright, J., Jones, E., Gano, S. (2004). Power generation using a mesoscale fuel cell integrated with a microscale fuel processor. *J. Power Sources 130*, 111–118.

Horch, S., Lorensen, H., Helweg, S., Lægsgaard, E., Stensgaard, I., Jacobsen, K., Nørskov, J., Besenbacher, F. (1999). Enhancement of surface self-diffusion of platinum atoms by adsorbed hydrogen. *Nature 398*, 134–136.

Hu, M., Zhu, X., Wang, M., Gu, A., Yu, L. (2004). Three dimensional, two phase flow mathematical model for PEM fuel cell: Parts I and II. Analysis and discussion of the internal transport mechanism. *Energy Conversion and Management 45*, 1861–1882 and 1883–1916.

Huang, C., Pan, Y., Wang, Y., Su, G., Chen, J. (2016). An efficient hybrid system using a thermionic generator to harvest waste heat from a reforming molten carbonate fuel cell. *Energy Conversion and Management 121*, 186–193.

Ioroi, T., Yasuda, K., Miyazaki, Y. (2004). Polymer electrolyte-type unitized regenerative fuel cells. In "15th World Hydrogen Energy Conference, Yokohama 2004". Paper P09-09. Hydrogen Energy Systems Soc. of Japan (CDROM).

Ioroi, T., Yasuda, K., Siroma, Z., Fujiwara, N., Miyazaki, Y. (2002). Thin film electrocatalyst layer for unitized regenerative polymer electrolyte fuel cells. *J. Power Sources 112*, 583–587.

Ishihara, T., Shibayama, T., Ishikawa, S., Hosoi, K., Nishiguchi, H., Takita, Y. (2004). Novel fast oxide ion conductor and application for the electrolyte of solid oxide fuel cell. *J. European Ceramic Soc. 24*, 1329–1335.

Jang, S., Molinero, V., Cagin, T., Goddard, W.. (2004). Nanophase-segregation and transport in Nafion 117 from molecular dynamics simulations: Effect of monomeric sequence. *J. Phys. Chem. B108*, 3149–3157.

Jeng, K.-T., Hsu, N.-Y., Chien, C.-C. (2011). Synthesis and evaluation of carbon nanotube-supported RuSe catalyst for direct methanol fuel cell cathode. *Int. J. Hydrogen Energy 36*, 3997–4006.

Jensen, J., Li, Q., He, R., Xiao, G., Gao, J.-A., Bjerrum, N. (2004). High temperature polymer fuel cells and their interplay with fuel processing systems. In "Hydrogen Power—Theoretical and Engineering Solutions, Proc. Hypothesis V, Porto Conte 2003" (M. Marini G. Spazzafumo, eds.), pp. 675–683. Servizi Grafici Editoriali, Padova.

Jensen, J., Sørensen, B. (1984). *"Fundamentals of Energy Storage"*. Wiley, New York, 345 pp.

Jiao, K., Alaefour, I., Li, X. (2011). Three-dimensional non-isothermal modeling of carbon monoxide poisoning in high temperature proton exchange membrane fuel cells with phosphoric acid doped polybenzimidazole membranes. *Fuel 90*, 568–582.

Jiao, K., Li, X. (2011). Water transport in polymer electrolyte membrane fuel cells. *Progress in Energy and Combustion Science 37*, 221–291.

Jin, X., Xue, X. (2010). Mathematical modeling analysis of regenerative solid oxide fuel cells in switching mode conditions. *J. Power Sources 195*, 6652–6658.

Jo, J.-H., Yi, S.-C. (1999). A computational simulation of an alkaline fuel cell. *J. Power Sources 84*, 87–106.

Jun, J., Jun, J., Kim, K. (2002). Degradation behaviour of al-Fe coatings in wet-seal area of molten carbonate fuel cells. *J. Power Sources 112*, 153–161.

Jung, M., Williams, K. (2011). Effect of dynamic operation on chemical degradation of a polymer electrolyte membrane fuel cell. *J. Power Sources 196*, 2127–2724.

Kahn, J. (1996). Fuel cell breakthrough doubles performance, reduces cost. Berkeley Lab. Research News, 29. May (http://www2.lbl.gov/science-articles/archive/fuel-cells.html).

Kalyanasundaram, K., Graetzel, M. (2010). Artificial photosynthesis: biomimetic approaches to solar energy conversion and storage. *Current Opinion in Biotechnology 21*, 298–310.

Kamarudin, S., Achmad, F., Daud, W. (2009). Overview on the application of direct methanol fuel cell (DMFC) for portable electronic devices. *Int. J. Hydrogen Energy 34*, 6902–6916.

Kamiya, N., Shen, J.-R. (2003). Crystal structure of oxygen-evolving photosystem II from *Thermosynechococcus vulcanus* at 3.7-Å resolution. *Proc. Nat. Acad. Sci. (US) 100*, 98–103.

Karmazyn, A., Fiorin, V., Jenkins, S., King, D. (2003). First-principles theory and microcalorimetry of CO adsorption on the {211} surfaces of Pt and Ni. *Surface Sci. 538*, 171–183.

Kattke, K., Braun, R., Colclasure, A., Goldin, G. (2011). High-fidelity stack and system modeling for tubular solid oxide fuel cell system design and thermal management. *J. Power Sources 196*, 3790–3802.

Katuri, K., Scott, K. (2011). On the dynamic response of the anode in microbial fuel cells. *Enzyme and Microbial Technology 40*, 351–358.

Katz, E., Shipway, A., Willner, I. (2003). Biochemical fuel cells. In "Handbook of Fuel Cells", Vol. 1 (W. Vielstich, A. Lamm, H. Gasteiger, eds.), Wiley, Chichester.

Kawada, T., Mizusaki, J. (2003). Current electrolytes and catalysts. Ch. 70 in "Handbook of Fuel Cells", Vol. 4 (W. Vielstich, A. Lamm, H. Gasteiger, eds.), Ch. 21. Wiley, Chichester.

Kim, J.-D., Honma, I. (2004). Synthesis and proton conducting properties of zirconia bridged hydrocarbon/phosphotungstic acid hybrid materials. *Electrochimica Acta 49*, 3179–3183.

Kim, W., Voiti, T., Rodriguez-Rivera, G., Dumesic, J. (2004). Powering fuel cells with CO via aqueous polyoxometalates and gold catalysts. *Science 305*, 1280–1283.

King, J., McDonald, B. (2003). Experience with 200 kW PC25 fuel cell power plant. In "Handbook of Fuel Cells", Vol. 4 (W. Vielstich, A. Lamm, H. Gasteiger, eds.), Ch. 61. Wiley, Chichester.

Knudsen, M. (1934). *"The kinetic theory of gases"*. Methuen, London.

Kohn, W., Sham, L. (1965). Self-consistent equations including exchange and correlation effects. *Phys. Rev. 140*(1965), A1133.

Kopanidis, A., Theodorakakos, A., Gavaises, M., Bouris, D. (2011). Pore scale 3D modelling of heat and mass transfer in the gas diffusion layer and cathode channel of a PEM fuel cell. *Int. J. Thermal Sciences 50*, 456–467.

Kordesch, K., Simader, G. (1996). *"Fuel cells and their applications"*. VCH Verlag, Weinheim.

Kozakai, M., Date, K., Tabe, Y., Chikahisa, T. (2016). Improving gas diffusivity with bi-porous flow-field in polymer electrolyte membrane fuel cells. *Int. J. Hydrogen Energy 41*, 13180–13189.

Kreuer, K. (2001). On the development of proton conducting polymer membranes for hydrogen and methanol fuel cells. *J. Membrane Sci. 185*, 29–39.

Kubo, Y. (2004). Micro fuel cells for portable electronics. In "Proc. 15th World Hydrogen Energy Conf., Yokohama". CD Rom, Hydrogen Energy Soc. Japan.

Kudin, K., Scuseria, G., Martin, R. (2002). Hybrid density-functional theory and the insulating gap of UO_2. *Phys. Rev. Lett. 89*, 266402.

Kulinovsky, A. (2010). The regimes of catalyst layer operation in a fuel cell. *Electrochimica Acta 55*, 6391–6401.

Kulinovsky, A., Scharmenn, H., Wippermann, K. (2004). Dynamics of fuel cell performance degradation. *Electrochem. Comm. 6*, 75–82.

Kümmel, S., Perdew, J. (2003). Simple iterative construction of the optimized effective potential for orbital functionals, including exact exchange. *Phys. Rev. Lett. 90*, 043004.

LaConti, A., Hamdan, M., McDonald, R. (2003). Mechanisms of membrane degradation. In "Handbook of Fuel Cells", Vol. 3 (W. Vielstich, A. Lamm, H. Gasteiger, eds.), Ch. 49. Wiley, Chichester.

Lacz, A., Silarska, K., Piecha, I., Pasierb, P. (2016). Structure, chemical stability and electrical properties of $BaCe_{0.9}Y_{0.1}O_{3-d}$ proton conductors impregnated with $Ba_2(PO_4)_2$. *Int. J. Hydrogen Energy 41*, 13726–13735.

Le, A., Zhou, B. (2009). A generalized numerical model for liquid water in a proton exchange membrane fuel cell with interdigitated design. *J. Power Sources 193*, 665–683.

Lee, C. H., Yang, J.-T. (2011). Modeling of the Ballard-mark-V proton exchange membrane fuel cell with power converters for applications in autonomous underwater vehicles. *J. Power Sources 196*, 3810–3823.

Lee, C., Kwon, B., Ham, H., Choi, S., Han, J., Nam, S., Yoon, S. (2016). Wettability control of liquid electrolyte on cathodes for molten carbonate fuel cells. In "Proc. of 21st World Hydrogen Energy Conference, Zaragoza", June 13–16, 2016, pp. 720–721.

Lee, C., Yang, W., Parr, R. (1988). Development of the Colle-Salvetti correlation-energy formula into a functional of the electron density. *Phys. Rev. B37*, 785.

Lee, H., Hong, H., Kim, Y.-M., Choi, S., Hong, M., Lee, H., Kim, K. (2004). Preparation and evaluation of sulphonated-fluorinated poly(arylene ether)s membranes for a proton exchange membrane fuel cell (PEMFC). *Electrochimica Acta 49*, 2315–2323.

Lee, S., Bessarabov, D., Vohra, R. (2009). Degradation of a cathode catalyst layer in PEM MEAs subjected to automotive-specific test conditions. *Int. J. Green Energy 6*, 594–606.

Lee, S., Mukerjee, S., McBreen, J., Rho, Y., Kho, Y., Lee, T. (1998). Effects of Nafion impregnation on performances of PEMFC electrodes. *Electrochimica Acta 43*, 3693–3701.

Lee, Y., Nirmalakhandan, N. (2011). Electricity production in membrane-less microbial fuel cell fed with livestock organic solid waste. *Bioresource Technology 102*, 5831–5835.

Li, P. W., Chyu, M. (2003). Simulation of the chemical/electrochemical reactions and heat/mass transfer for a tubular SOFC in a stack. *J. Power Sources 124*, 487–498.

Li, Q., Jensen, J., He, R., Bjerrum, N. (2004). New polymer electrolyte membranes based on acid doped PBI for fuel cells operating above 100°C. In "Hydrogen Power—Theoretical and Engineering Solutions, Proc. Hypothesis V, Porto Conte 2003" (M. Marini G. Spazzafumo, eds.), pp. 685–696. Servizi Grafici Editoriali, Padova.

Lim, C., Wang, C.-Y. (2004). Effects of hydrophobic polymer content in GDL on power performance of a PEM fuel cell. *Electrochimica Acta 49*, 4149–4156.

Lister, S., McLean, G. (2004). PEM fuel cell electrodes. *J. Power Sources 130*, 61–76.

Liu, P., Nørskov, J. (2001). Kinetics of the anode processes in PEM fuel cells—The promoting effect of Ru in PtRu anodes. *Fuel Cells 1*, 192–201.

Lohoff, A., Günther, D., Hehemann, M., Müller, M., Stolten, D. (2016). Extending the lifetime of direct methanol fuel cell systems to more than 20,000 h by applying ion exchange resins. *Int. J. Hydrogen Energy 41*, 15325–15334.

Lu, G., Wang, C. (2004). Electrochemical and flow characterization of a direct methanol fuel cell. *J. Power Sources 134*, 33–40.

Lu, G., Wang, C., Yen, T., Zhang, X. (2004). Development and characterization of a silicon-based micro direct methanol fuel cell. *Electrochimica Acta 49*, 821–828.

Lusardi, M., Bosio, B., Arato, E. (2004). An example of innovative application in fuel cell system development: CO_2 segregation using molten carbonate fuel cell. *J. Power Sources 131*, 351–360.

Malek, K., Eikerling, M., Wang, Q., Navessin, T., Liu, Z. (2007). Self-organization in catalyst layers of polymer electrolyte fuel cells. *J. Chemical Physics C 111*, 13627–13634.

Maron, S., Prutton, C. (1959). *"Principles of Physical Chemistry"*. Macmillan, New York.

Matsuo, Y., Saito, K., Kawashima, H., Ikehata, S. (2004). Novel solid acid fuel cell based on a superprotonic conductor $Tl_3H(SO_4)_2$. *Solid State Comm. 130*, 411–414.

McLean, G., Niet, T., Prince-Richard, S., Djilali, N. (2002). An assessment of alkaline fuel cell technology. *Int. J. Hydrogen Energy 27*, 507–526.

Medvedev, M., Bushmaroniv, I., Sun, J., Perdew, J., Lyssenko, K. (2017). Density functional theory is straying from the path toward the exact functional. *Science 355*(6320), 49–52.

Meléndez-Ceballos, A., Fernández-Valverde, S., Albin, V., Lair, V., Chávez-Carvayar, J., Ringuedé, A., Cassir, M. (2016). Investigation on niobium oxide coatings for protecting and enhancing the performance of Ni cathode in the MCFC. *Int. J. Hydrogen Energy 41*, 18721–18731.

Mendoza, L., Baddour-Hadjean, R., Cassir, M., Pereira-Ramos, J. (2004). Raman evidence of the formation of LT-$LiCoO_2$ thin layers on NiO in molten carbonate at 650°C. *Appl. Surface Sci. 225*, 356–361.

Mermelstein, J., Millan, M., Brandon, N. (2011). The interaction of biomass gasification syngas components with tar in a solid oxide fuel cell and operational conditions to mitigate carbon deposition on nickel-gadolinium doped ceria anodes. *J. Power Sources 196*, 5027–5034.

Møller, C., Plesset, M. (1934). Note on an approximation treatment for many-body systems. *Phys. Rev. 46*, 618.

Mugikura, Y. (2003). Stack material and stack design. In "Handbook of Fuel Cells", Vol. 4 (W. Vielstich, A. Lamm, H. Gasteiger, eds.), Ch. 66. Wiley, Chichester.

Müller, J., Frank, G., Colbow, K., Wilkinson, D. (2003). Transport/kinetic limitations and efficiency losses. In "Handbook of Fuel Cells", Vol. 4 (W. Vielstich, A. Lamm, H. Gasteiger, eds.), Ch. 62. Wiley, Chichester.

Müller, J., Urban, P. (1998). Characterization of direct methanol fuel cells by ac impedance spectroscopy. *J. Power Sources 75*, 139–143.

Müller, J., Urban, P., Hölderich, W. (1999). Impedance studies on direct methanol fuel cell anodes. *J. Power Sources 84*, 157–160.

Mulliken, R. (1955). Electronic population analysis on LCAO-MO molecular wave functions, I. *J. Chem. Phys. 23*, 1833–1837.

Murakami, M., Hirose, K., Kawamura, K., Sata, N., Ohishi, Y. (2004). Post-perovskite phase transition in $MgSiO_3$. *Science 304*, 855–858.

Nagel, F., Schildhauer, T., Sfeir, J., Schuler, A., Biollaz, S. (2009). The impact of sulfur on the performance of a solid oxide fuel cell (SOFC) system operated with hydrocarboneous fuel gas. *J. Power Sources 189*, 1127–1131.

Nakao, M., Yoshitake, M. (2003). Composite perfluorinate membranes. In "Handbook of Fuel Cells", Vol. 3 (W. Vielstich, A. Lamm, H. Gasteiger, eds.), Ch. 32. Wiley, Chichester.

Nam, J., Chippar, P., Kim, W., Ju, H. (2010). Numerical analysis of gas crossover effects in polymer electrolyte fuel cells (PEFCs). *Applied Energy 87*, 3699–3709.

Narayanasamy, J., Anderson, A. (2003). Mechanism for the electrooxidation of carbon monoxide on platinum by H_2O. Density functional theory calculation. *J. Electroanalytical Chem. 554–555*, 35–40.

Nguyen, P., Berning, T., Djilali, N. (2004). Computational model of a PEM fuel cell with serpentine gas flow channels. *J. Power Sources 130*, 149–157.

Nguyen, T., Knobbe, M. (2003). A liquid water management strategy for PEM fuel cell stacks. *J. Power Sources 114*, 70–79.

Ni, M. (2010). Modeling of a planar solid oxide fuel cell based on proton-conducting electrolyte. *Int. J. Energy Res. 34*, 1027–1041.

Nishiyama, E., Murahashi, T. (2011). Water transport characteristics in the gas diffusion media of proton exchange membrane fuel cell—Role of the microporous layer. *J. Power Sources 196*, 1847–1854.

O'Hayre, R., Lee, S., Cha, S., Prinz, F. (2002). A sharp peak in the performance of sputtered platinum fuel cells at ultra-low platinum loading. *J. Power Sources 109*, 483–493.

Okada, T. (2003). Effect of ionic contaminants. In Handbook of Fuel Cells, Vol. 3 (Vielstich, W., Lamm, A., Gasteiger, H., eds.), Ch. 48. Wiley, Chichester.

Okazaki, K., Kokubu, R., Fushinobu, K., Uchimoto, Y. (2004). Reaction mechanisms on the Pt-based cathode catalyst of PEFCs—QMD and XAFS-analyses for atomic and electronic structures. In "Proc. 15th World Hydrogen Energy Conf., Yokohama". 29K-01, CD Rom, Hydrogen Energy Soc. Japan.

Oliveira, V., Pereira, J., Pinto, A. (2016). Effect of anode diffusion layer (GDL) on the performance of a passive direct methanol fuel cell (DMFC). *Int. J. Hydrogen Energy 41*, 19455–19462.

Othman, R., Dicks, A., Zhu, Z. (2012). Non precious metal catalysts for the PEM fuel cell cathode. *Int. J. Hydrogen Energy 37*, 357–372.

Paddison, S. (2001). *J. New Materials Electrochem. Sys. 4*, 197.

Panchenko, A. (2006). DFT investigation of the polymer electrolyte membrane degradation caused by OH radicals in fuel cells. *J. Membrane Sci. 278*, 269–278.

Patil, P. (1998). The US DoE fuel cell program. Investing in clean transportation. Paper presented at "Fuel Cell Technology Conference, London, September", IQPC Ltd, London.

Penev, E., Kratzer, P., Scheffler, M. (1999). Effect of the cluster size in modelling the H_2 desorption and dissociative adsorption on Si(001). *J. Chem. Phys. 110*, 3986–3994.
Perdew, J., Burke, K., Ernzerhof, M. (1996). Generalized gradient approximation made simple. *Phys. Rev. Lett. 77*, 3865–3868. Erratum: 78, 1396–1397.
Perdew, J., Kurth, S., Zupan, A., Blaha, P. (1999). Accurate density functional with correct formal properties: A step beyond the generalised gradient approximation. *Phys. Rev. Lett. 82*, 2544–2547. Erratum: 5179.
Perednis, D., Gauckler, L. (2004). Solid oxide fuel cells with electrolytes prepared via spray pyrolysis. *Solid State Ionics 166*, 229–239.
Proton Energy Systems (2003). Unigen. Website http://www.protonenergy.com.
Qi, Z., Kaufman, A. (2003). Low Pt loading high performance cathodes for PEM fuel cells. *J. Power Sources 113*, 37–43.
Roos, M., Batawi, E., Harnisch, U., Hocker, T. (2003). Efficient simulation of fuel cell stacks with the volume averaging method. *J. Power Sources 118*, 86–95.
Rosli, R., Sulong, A., Daud, W., Zulkifley, M., Husaini, T., Rosli, M., Majlan, E., Haque, M. (2017). A review of high-temperature proton exchange membrane fuel cell (HT-PEMFC) system. *Int. J. Hydrogen Energy 42*, 9293–9314.
Ruiz-Trejo, E., Puolamaa, M., Sum, B., Tariq, F., Yufit, V., Brandon, N. (2017). New method for the deposition of nickel oxide in porous scaffolds for electrodes in solid oxide fuel cells and Electrolyzers. *ChemSusChem 10*, 258–265.
Runge, E., Gross, E. (1984). Density-functional theory for time-dependent systems. *Phys. Rev. Lett. 52*, 997–1000.
Satija, R., Jacobsen, D., Arif, M., Werner, S. (2004). In situ neutron imaging techniques for evaluation of water management systems in operating PEM fuel cells. *J. Power Sources 129*, 238–245.
Sauk, J., Byun, J., Kim, H. (2004). Grafting of styrene to Nafion membranes using supercritical CO_2 impregnation for direct methanol fuel cells. *J. Power Sources 132*, 59–63.
Schaefer, A., Horn, H., Ahlrichs, R. (1992). Fully optimized contracted Gaussian basis sets for atoms Li to Kr. *J. Chem. Phys. 97*, 339.
Schaefer, A., Huber, C., Ahlrichs, R. (1994). *J. Chem. Phys. 100*, 5829.
Scharff, M. (1969). *"Elementary quantum mechanics"*. John Wiley & Sons, London.
Schültz, M., Werner, H.-J., Lindh, R., Manby, F. (2004). Analytical energy gradients for local second-order Møller-Plesset perturbation theory using density fitting approximations. *J. Chem. Phys. 121*, 737–750.
Schulze, M., Knöri, T., Schneider, A., Gülzow, E. (2004). Degradation of sealings for PEFC test cells during fuel cell operation. *J. Power Sources 127*, 222–229.
Schuster, M., Meyer, W., Schuster, M., Kreuer, K. (2004). Towards a new type of anhydrous organic proton conductor based on immobilized imidazole. *Chem. Materials 16*, 329–337.
Seidenberger, K., Wilhelm, F., Schmitt, T., Lehnert, W., Scholta, J. (2011). Estimation of water distribution and degradation mechanisms in polymer electrolyte membrane fuel cell gas diffusion layers using a 3D Monte Carlo model. *J. Power Sources 196*, 5317–5324.
Serincan, M., Pasaogullari, U., Molter, T. (2010). Modeling the cation transport in an operating polymer electrolyte fuel cell (PEFC). *Int. J. Hydrogen Energy 35*, 5539–5551.
Shaffer, C., Wang, C.-Y. (2010). High concentration methanol fuel cells: Design and theory. *J. Power Sources 195*, 4185–4195.
Shah, A., Luo, K., Ralph, T., Walsh, F. (2011). Recent trends and developments in polymer electrolyte membrane fuel cell modelling. *Electrochimica Acta 56*, 3731–3757.
Shamardina, O., Chertovich, A., Kulikovsky, A., Khokhlov, A. (2010). A simple model of a high temperature PEM fuel cell. *Int. J. Hydrogen Energy 35*, 9954–9962.
Shi, J., Xue, X. (2010). CFD analysis of a novel symmetrical planar SOFC design with microflow channels. *Chemical Engineering J. 163*, 119–125.
Siddique, N., Liu, F. (2010). Process based reconstruction and simulation of a three-dimensional

fuel cell catalyst layer. *Electrochimica Acta 55*, 5357–5366.
Siegel, N., Ellis, M., Nelson, D., von Spakovsky, M. (2003). Single domain PEMFC model based on agglomerate catalyst geometry. *J. Power Sources 115*, 81–89.
Sierra, J., Moreira, J., Sebastian, P. (2011). Numerical analysis of the effect of different gas feeding modes in a proton exchange membrane fuel cell with serpentine flow-field. *J. Power Sources 196*, 5070–5076.
Sistiaga, M., Pierna, A. (2003). Application of amorphous materials for fuel cells. *J. Non-Crystalline Solids 329*, 184–187.
Sivertsen, B., Djilali, N. (2005). CFD-based modelling of proton exchange membrane fuel cells. *J. Power Sources 141*, 65–78.
Slater, J. (1928). The self consistent field and the structure of atoms. *Phys. Rev. 32*, 339–348.
Slater, J. (1951). *Phys. Rev. 81*, 385.
Sørensen, B. (2004). *Renewable Energy. Physics, engineering, environmental impacts, economics & planning*. 3rd Ed. Elsevier Academic Press, Burlington. MA. Previous editions 1979; 2000, new editions 2010, 2017.
Sørensen, B. (2005). Understanding fuel cells on a quantum physics level. In "Proc. World Hydrogen Technology Conference, Singapore", paper A16-229 on CDROM, IESE, Nanyang University.
Sørensen, B. (2007). Quantum mechanical description of catalytical processes at the electrodes of low-temperature hydrogen-oxygen fuel cells. In "Proc. Hypothesis VII International Conf., Merida, Mexico", CDROM, ISBN 9686114211.
Sørensen, B. (2017). *Renewable Energy. Physics, engineering, environmental impacts, economics & planning*. 5th Ed., Academic Press Elsevier, Oxford and Burlington, MA.
Spakovsky, M., Olsommer, B. (2002). Fuel cell systems and system modeling and analysis perspectives for fuel cell development. *Energy Conversion and Management 43*, 1249–1257.
Sprague, I., Dutta, P. (2011). Role of the diffuse layer in acidic and alkaline fuel cells. *Electrochimica Acta 56*, 4518–4525.
Springer, T., Zawodzinski, T., Gottesfeld, S. (1991). Polymer electrolyte fuel cell model. *J. Electrochem. Soc. 138*, 2334–2342.
Staroverov, V., Scuseria, G., Tao, J., Perdew, J. (2004). Tests of a ladder of density functionals for bulk solids and surfaces. *Phys. Rev. B 69*, 075102.
Starz, K., Auer, E., Lehmann, T., Zuber, R. (1999). Characteristics of platinum-based electrocatalysts for mobile PEMFC applications. *J. Power Sources 84*, 167–172.
Stein, D. (1999). *The Current Experience and Activities with the PC25™ Fuel Cell Power Plant*. http://www.netl.doe.gov/publications/proceedings/99/99fuelcell/fc3-1.pdf. (accessed 2016).
Stipe, B., Rezaei, M., Ho, W., Gao, S., Persson, M., Lundqvist, B. (1997). Single-molecule dissociation by tunneling electrons. *Phys. Rev. Lett. 78*, 4410–4413.
Stockie, J. (2003). Modeling hydrophobicity in a porous fuel cell electrode. *Paper for "Computational Fuel Cell Dynamics II"*, Banff Int. Res. Center, USA.
Stockie, J., Promislow, K., Wetton, B. (2003). A finite volume method for multicomponent gas transport in a porous fuel cell electrode. *Int. J. Numerical Methods Fluids 41*, 577–599.
Tang, H., Wang, S., Pan, M., Jiang, S., Ruan, Y. (2007). Performance of direct methanol fuel cells prepared by hot-pressed MEA and catalyst-coated membrane (CCM). *Electrochimica Acta 52*, 3714–3718.
Tanimoto, K., Kojima, T., Yanagida, M., Nomura, K., Miyazaki, Y. (2004). Optimization of the electrolyte composition in a $(Li_{0.52}Na_{0.48})_{2-2x}AE_xCO_3$ (AE = Ca and Ba) molten carbonate fuel cell. *J. Power Sources 131*, 256–260.
Taroco, H., Santos, J., Domingues R., Matencio, T. (2011). Ceramic materials for solid oxide fuel cells. Advances in ceramics—synthesis and characterization, Processing

and Specific Applications. At intechopen.com/books/advances-in-ceramics-synthesis-and-characterization-processing-and-specific-applications/ceramic-materials-for-solid-oxide-fuel-cells (accessed July 2016).

Tayhas, G., Palmore, R. (2004). Bioelectric power generation. *Trends in Biotechnology 22*, 99–100.

Thomas, L. (1927). *Proc. Cambridge Phil. Soc. 23*, 542.

Tu, H., Stimming, U. (2004). Advances, aging mechanisms and lifetime in solid-oxide fuel cells. *J. Power Sources 127*, 284–293.

Um, S., Wang, C. (2004). Three-dimensional analysis of transport and electrochemical reactions in polymer electrolyte fuel cells. *J. Power Sources 125*, 40–51.

Vankelecom, I. (2002). Polymer membranes in catalytic reactors. *Chem. Rev. 102*, 3779–3810.

Verjulio, R., Santander, J., Ma, J., Alonso-Vante, N. (2016). Selective $CoSe_2$/C cathode catalyst for passive air-breathing alkaline anion exchange membrane m-direct methanol fuel cell (AEM-mDMFC). *Int. J. Hydrogen Energy 41*, 19595–19600.

Vosko, S., Wilk, L., Nusair, M. (1980). Accurate spin-dependent electron liquid correlation energies for local spin density calculations: A critical analysis. *Canadian J. Phys. 58*, 1200.

Wang, C.Y. (2003). Two-phase flow and transport. In "Handbook of Fuel Cells", Vol. 3 (W. Vielstich, A. Lamm, H. Gasteiger, eds.), Ch. 29. Wiley, Chichester.

Wang, X., Ma, Y., Kashyout, A.-H., Zhu, B., Muhammed, M. (2011). Ceria-based nanocomposite with simultaneous proton and oxygen ion conductivity for low-temperature solid oxide fuel cells. *J. Power Sources 196*, 2754–2758.

Wang, Y., Balbuena, P. (2004). Roles of proton and electric field in the electroreduction of O_2 on Pt(111) surfaces: results of an ab-initio molecular dynamics study. *J. Chem. Phys. B108*, 4376–4384.

Wang, Y., Chen, K., Mishler, J., Cho, S., Adroher, X. (2011). A review of polymer electrolyte membrane fuel cells: Technology, applications, and needs on fundamental research. *Applied Energy 88*, 981–1007.

Wang, Y., Yang, Z., Han, M., Chang, J. (2016). Optimization of $Sm_{0.5}Sr_{0.5}Co\ O_{3-d}$-infiltrated YSZ electrodes for solid oxide fuel cell/electrolysis cell. *RSC Advances 6*, 112253–112259.

Wang, Z., Wang, C., Chen, K. (2001). Two-phase flow and transport in the air cathode of proton exchange membrane fuel cells. *J. Power Sources 94*, 40–50.

Weber, A., Ivers-Tiffée, E. (2004). Materials and concepts for solid oxide fuel cells (SOFCs) in stationary and mobile applications. *J. Power Sources 127*, 273–283.

Wilkinson, D., Vanderleeden, O. (2003). Serpentine flow design. In "Handbook of Fuel Cells", Vol. 3 (W. Vielstich, A. Lamm, H. Gasteiger, eds.), Ch. 27. Wiley, Chichester.

Woo, Y., Oh, S., Kang, Y., Jung, B. (2003). Synthesis and characterization of sulphonated polyimide membranes for direct methanol fuel cell. *J. Membrane Sci. 220*, 31.45.

Xiao, P., Li, J., Chen, R., Wang, R., Pan, M., Tang, H. (2014). Understanding of temperature-dependent performance of short-side-chain perfluorosulfonic acid electrolyte and reinforced composite membrane. *Int. J. Hydrogen Energy 39*, 15948–15955.

Xu, K., Chen, C., Liu, H., Tian, Y., Li, X., Yao, H. (2014). Effect of coal based pyrolysis gases on the performance of solid oxide direct carbon fuel cells. *Int. J. Hydrogen Energy 39*, 17845–17851.

Xu, W., Wu, Z., Tao, S. (2016). Recent progress in electrocatalysts with mesoporous structures for application in polymer electrolyte membrane fuel cells. *J. Materials Chemistry A 4*, 16272–16278.

Yagishita, T., Sawayama, S., Tsukahara, K., Ogi, T. (1996). Photosynthetic bio-fuel cells using cyanobacteria. "Renewable Energy, Energy Efficiency and the Environment: World Renewable Energy Congress", vol. II, pp. 958–961. Pergamon, Elmsford, NJ.

Yamaguchi, M., Horiguchi, M., Nakanori, T., Shinohara, T., Nagayama, K., Yasuda, J. (2001). Development of large-scale water electrolyzer using solid polymer electrolyte in WE-NET. In "Hydrogen Energy Progress XIII", Vol. 1 ("Proc. 13th World Hydrogen Energy Conf., Beijing 2000"; Mao and Veziroglu, eds.), pp. 274–281. Int. Assoc. Hydrogen Energy & China Int. Conf. Center for Science and Technology, Beijing.

Yang, C., Srinivasan, S., Bocarsly, A., Tulyani, S., Benziger, J. (2004). A comparison of physical properties and fuel cell performance of Nafion and zirconium phosphate/Nafion composite membranes. *J. Membrane Sci 237*, 145–161.

Yang, Q., Chen, J., Sun, C., Chen, L. (2016). Direct operation of methane fueled solid oxide fuel cells with Ni cermet anode via Sn modification. *Int. J. Hydrogen Energy 41*, 11391–11398.

Yang, W., Zhao, T., Wu, Q. (2011). Modeling of a passive DMFC operating with neat methanol. *Int. J. Hydrogen Energy 36*, 6899–6913.

Yu, L., Liu, H. (2002). A two-phase flow and transport model for the cathode of PEM fuel cells. *Int. J. Heat Mass Transfer 45*, 2277–2287.

Yuan, W., Zhou, B., Deng, J., Tang, Y., Zhang, Z., Li, Z. (2014). Overview on the developments of vapor-feed direct methanol fuel cells. *Int. J. Hydrogen Energy 39*, 6689–6704.

Zakaria, Z., Kamarudin, S., Timmiati, S. (2016). Membranes for direct ethanol fuel cells: An overview. *Applied Energy 163*, 334–343.

Zaza, F., Paoletti, C., LoPresti, R., Simonetti, E., Pasquali, M. (2011). Multiple regression analysis of hydrogen sulphide poisoning in molten carbonate fuel cells used for waste-to-energy conversions. *Int. J. Hydrogen Energy 36*, 8119–8125.

Zenith, F., Krewer, U. (2010). Modelling, dynamics and control of a portable DMFC system. *J. Process Control 20*, 630–642.

Zhang, H., Lin, G., Chen, J. (2011). Performance analysis and multi-objective optimisation of a new molten carbonate fuel cell system. *Int. J. Hydrogen Energy 36*, 4015–4021.

Zhang, Y., Xia, C. (2010). A durability model for solid oxide fuel cell electrodes in thermal cycle processes. *J. Power Sources 195*, 6611–6618.

Zhou, T. C., Shao, R., Chen, S., He, X., Qiao, J., Zhang, J. (2015). A review of radiation-grafted polymer electrolyte membranes for alkaline polymer electrolyte membrane fuel cells. *J. Power Sources 293*, 946–975.

Zhu, Y., Ha, S., Masel, R. (2004). High power density direct formic acid fuel cells. *J. Power Sources 130*, 8–14.

第4章 燃料电池系统

本章探讨了使用氢气和燃料电池为车辆提供牵引动力或为固定目的提供热能和电的设备。这些设备通常被称为“系统”，但术语“系统”的使用相当普遍，因为系统和组件之间的区别并不总是很明显，因此，系统将在本书的许多地方被提及。本章集中于系统地概述几种采用氢和燃料电池的系统，这些系统构成了满足特定需求的组件的综合集合，例如提供个人或货运运输，或为建筑物提供热量和电力。在第5章中，这些单独的系统将被组合成全国或全球的互联能源供应系统网络，这是术语“系统”的另一种常规用法。该术语的重用可以辩解为比“经济”或“社会”等替代词不那么模糊，这些替代词通常在“氢经济”或“氢社会”等术语中出现。

4.1 乘用车

4.1.1 乘用车整体系统选择

不考虑直接燃烧（见2.3.3节），在乘用车中使用氢气的最简单系统具有燃料储罐、燃料电池、电动机和控制系统。电动机的额定功率为车辆所需的最大功率，并且由于不包括牵引电池，燃料电池必须能够向电动机提供相同的功率输入，而氢气储存必须足够大才能为车辆提供所需的续航里程。

如果使用氢气以外的燃料，燃料电池必须能够接受它们（直接甲醇燃料电池等），或者必须通过使用重整器将其转化为氢气（天然气、汽油、甲醇等；见图2.27）。储罐现在可容纳所选燃料。

控制系统管理燃料流量和组件功能的时序。在大多数情况下，还应该有一个水管理系统，能够将燃料电池（如果是PEM类型）保持在适当的湿度。在许多情况下，使用氢气进行冷启动并不方便，应使用启动电池来提供启动电源。这可能是具有适度储存容量的传统汽车电池（铅酸型），但通常，通过使用更大的高压电池可以改善功能。

当添加用于牵引的电池时，该系统称为混合动力系统。现在，车轮所需的动力由燃料电池或已经储存在电池中的能量提供。在混合动力系统中，将动力直接从燃料电池输送到电动发动机（称为并行操作）的选项不是强制性的，因为燃料电池可以通过电池提供其所有功率输出（串行操作）。无论是否如此，混合动力概念都允许燃料电池额定值小于电动机的额定值。在这种情况下，一种选择是在恒定功率水平下运行燃料电池，并在不需要牵引功率时为电池充电。另一种方法是允许电池在离开道路时充电，例如，当汽车停放或在加油站时。这种燃料电池汽车被称为插电式混合动力汽车（Bitsche和Gutmann，2004；Suppes等，2004）。图4.1显示了一些可能的混合布局。车载电池充电可以来自燃料电池或通过回收减速释放的能量。

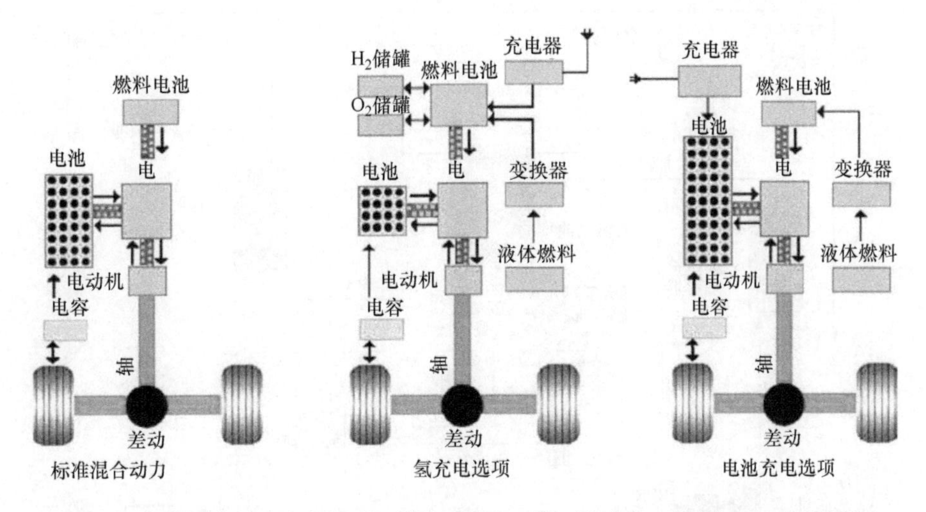

图 4.1 各种混合动力汽车概念。引自 Suppes 等（2004）。经 Elsevier 许可使用

对于普通燃烧氢燃料汽车，组件包括发动机和氢气储存器（以获得足够的续航里程）。当使用低温液氢进行储存时，控制设备必须包括能够安全处理来自这种储存液氢蒸发的排气系统（Ochmann 等，2004）。Verhelst 和 Wallner（2009）以及 2.5 节讨论了在内燃机中使用氢气时出现的具体问题和优化问题。

在能量效率评估中，必须包括系统的所有组件。每个能量转换设备的特征是转换效率（能量输出除以能量输入）和能量效率（自由能输出除以自由能输入），后者反映了能量的质量（Sørensen，2017）。适用于汽车用途的燃料电池类型的燃料发电效率为 30% ~60%（见第 3 章），但随之而来的是生产燃料的上游效率和使用燃料的下游效率。化石燃料或生物燃料制氢的效率为 45% ~80%，而电力制氢的效率为 60% ~90%（见第 2 章）。此外，如果电力的基础是化石资源，那么表征电力生产的效率可能乘以系数 0.30 ~0.45。对于可再生能源，例如风力发电或光伏板，转换效率通常不包括在这一背景下，因为主要来源是“免费的”。汽车牵引的下游效率范围通常为 35% ~45%（见第 6 章），而对于电灯和电器，几乎整个效率范围都在各种实际设备中得到满足。因此，从一次能源到最终用户的能源服务（如交通）的总体效率可能最终低至 5%。这一事实所包含的积极信息是，通过适当的设计和组件组合，还有很大的改进空间。

4.1.2 PEMFC 和电池 – 燃料电池混合动力汽车

由于当前大多数汽车燃料电池都使用 PEMFC，因此本节将更详细地描述这些燃料电池，并将用作 4.1.3 节中介绍的性能计算模板。典型的乘用车纯（即非混合动力）PEMFC 系统如图 4.2 所示。包括用于将设备从环境温度带到约 80℃的工作温度的加热器和用于确保操作所需的膜和电极区域中的水量的加湿器（见图 3.50、图 3.51 和图 3.60）。水管理设备包括一个冷凝器，该冷凝器集成在传统散热器中，但在比内燃机汽车低得多的温度下运行。

燃料电池设备大大增加了车辆的重量，尽管意味着效率降低，但可以通过将重型设备放

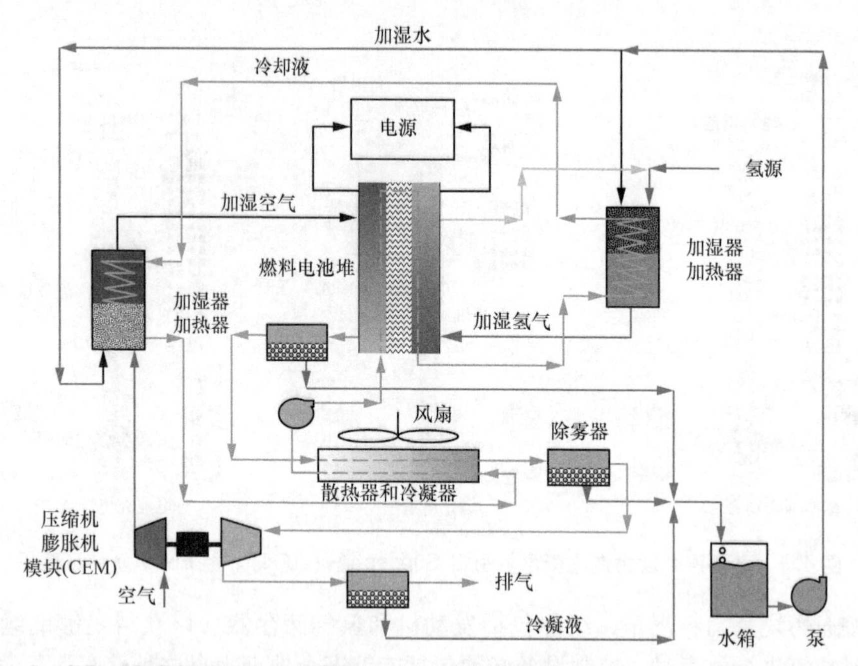

图 4.2　PEMFC 车辆动力系统示意图。引自 Ahluwalia 等（2004）。经 Elsevier 许可使用

置在车辆结构的低位置来提高稳定性。图 4.3 显示了戴姆勒克莱斯勒 Necar 4 氢燃料原型燃料电池汽车中的燃料电池、储氢罐和辅助设备在地板下放置，使其比当时的商用内燃机梅赛

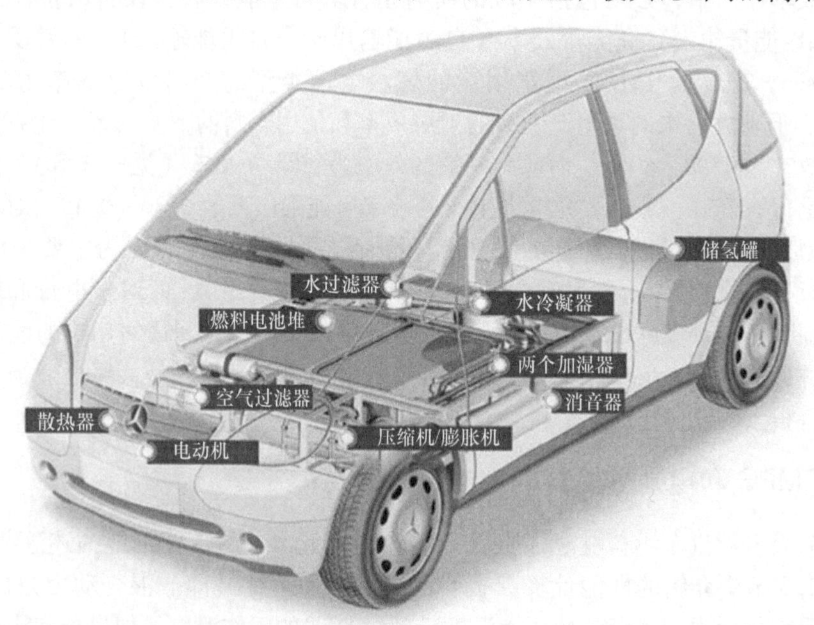

图 4.3　早期戴姆勒克莱斯勒原型车 Necar 4 中燃料电池、储氢罐和辅助设备的放置。基于 Friedlmeier 等（2001）。经 Wiley 许可使用

德斯-奔驰A级汽车更稳定。虽然Necar 4有一个75kW的燃料电池堆，但随后的戴姆勒克莱斯勒0系f-cell汽车（见6.2.4节）使用了加拿大巴拉德动力系统的85kW Mark 902燃料电池堆。因为增加了燃料电池相关设备的额外重量，为了不招致降低汽车运动性的批评，使用这些巨大的动力系统（相对于A级汽车的尺寸，通常使用40~50kW的柴油发动机）被认为是必要的。f-cell原型车的最新版本通过使用现在常见的70MPa压缩氢燃料而不是早期的35MPa压缩氢燃料来使用更小体积的燃料储罐（Orecchini和Santiangeli，2010，第22章）。然而，70MPa储罐的厚度和重量高于类似的35MPa储罐。

通用汽车公司首先提出更先进的概念（见图4.4），其中不仅所有燃料电池设备都放置在客舱下方，而且这个“滑板”与客舱完全隔离，并以电子方式接收所有指令（用于转向、制动和加速）。实现最佳控制得益于不是有一个，而是有四个电动机，每个车轮一个。该概念用于原型混合动力汽车，如Sequel（带锂离子电池）和HydroGen4（带镍氢电池；Eberle和von Helmolt，2010，第9章）。其他汽车制造商，如丰田，把燃料电池堆放置在传统构成客舱前方发动机空间的地方（Takimoto，2004）。然而，丰田最近的Mirai将燃料电池堆放置在汽车地板下，类似于新兴的电池汽车做法，如VW（2016）。

图4.4 通用汽车公司的滑板概念，将所有动力设备和物理控制装置放置在客舱下方的扁平框架结构中，所有驾驶控制指令以电子方式从客舱传输到滑板设备。
引自Herrmann和Meusinger（2003）。经通用汽车公司许可使用

甲醇重整系统（例如戴姆勒克莱斯勒的 Necar 5）在一段时间内与直接氢燃料电池汽车并行开发，考虑到只需要对加油基础设施进行微小改变的优势将超过整体效率的降低（Boettner 和 Moran，2004）。然而，重整器性能的技术问题目前使这一发展停滞不前。例如，戴姆勒克莱斯勒（Lamm 和 Muller，2003，第 64 章）曾经短暂考虑过直接甲醇燃料电池汽车，日产正在研究生物乙醇燃料 SOFC 原型车（Nissan，2016）。

PEMFC 的基本性能建模在第 3 章中进行。此外，这些专门针对汽车应用中热性能的研究可以在 Nolan 和 Kolodziej（2010）中找到。

已经进行了大量调查，试图确定带有或不带牵引电池或其他补充动力提供装置（如飞轮或电容器）的 PEMFC 车辆的最佳控制策略（燃料电池控制，Al－Durra 等，2010；没有插入式选项的混合动力系统，Bernard 等，2010；Fadel 和 Zhou，2011；Ryu 等，2010；具有插电式功能的混合动力，Bubna 等，2010a）。通过改进更简单的控制策略，通常可以节省大约 5% 的燃油。如前所述，混合动力系统可以是串行的（所有燃料电池动力都通过能量储存传递）或并行的（电动机可以直接由燃料电池或蓄电池供电）。刚才引用的参考文献中研究的混合系统是并行系统。串行系统的示例在 4.1.3 节中给出。

混合动力系统将氢燃料电池与通常储存在电池中的电化学能量相结合，因此构成了嵌入在化石燃料－电池混合动力汽车中的技术选择的自然延续，例如丰田普锐斯和类似的雷克萨斯混合动力汽车（汽油和镍氢电池；Orecchini 和 Santiangeli，2010，第 22 章）。使用先进锂离子电池的插电式混合动力汽车包括通用汽车 Volt 和 Ampera。锂离子电池也是雷诺和雪铁龙/标致销售的商用纯电动汽车系列的选择，因为它们具有出色的能力来遵循复杂和苛刻的驾驶循环（Corbo 等，2010）。与用于小型电子产品的锂离子电池一样，存在一个安全问题，通常通过自释放应急通风口来解决（Arora 等，2010，第 18 章）。

由于燃料电池的反应时间比大多数电池慢，因此即使在“纯”燃料电池汽车中，通常也有中等尺寸的电池，旨在在不断变化的工作条件（例如加速或减速）下提供更好的性能。可以想象，此功能可能会被其他技术（例如电容器）所取代。飞轮已被考虑，但出于安全原因，它们可以放置在地下，更适合固定场所应用。另一方面，电容器显示出极高的功率密度（与通常满电的电池相比），从而提供赛车所带来的刺激。Ayad 等（2011）及 Lin 和 Zheng（2011）已经考虑了集成在带或不带电池的燃料电池传动系统中的电容器和超级电容器的控制系统。整合所有三个昂贵的组件（燃料电池、电池和超级电容器），很可能是多余的（Yu 等，2011）。相反，人们发现纯电池混合动力汽车可能表现良好，足以作为道路车辆，在极端情况下不使用电压转换器（一种允许电池端子和电动机总线电压不同的设备）来最大限度地提高效率（Bernard 等，2011）。

虽然早期原型乘用纯燃料电池汽车的额定功率约为 100kW，但混合动力汽车的优势在于昂贵的燃料电池不必提供峰值功率。最小的车辆可能只需要几千瓦的额定燃料电池功率（Tang 等，2011），四人汽车需要 10～20kW（见 4.1.3 节）。同时，燃料电池的存在使得用更少的电池容量成为可能，影响另一个昂贵而沉重的组件。以下仿真研究的一个目的是探索混合动力汽车中燃料电池和电池的最佳额定值。

目前市场上的大型燃料电池汽车的续航里程被宣称为超过 700km，用压缩至 70MPa 的气态氢完全加注只需约3min（Honda，2015）。2015年推出的戴姆勒燃料电池混合动力概念车也引用了类似的续航里程，电池为190km，燃料电池为790km（Curtin和Gangi，2016）。这些作者还建议，燃料电池汽车在不使用时可以作为固定的能量储存，为普通家庭提供长达一周的电力需求。当你需要使用它时，一辆可能没有燃料的汽车的设置似乎很奇怪，除非可以在住宅进行快速充加，正如Honda（2004；见图4.39）已经建议的那样，但几乎没有70MPa下充加。

4.1.3　性能模拟

在实际道路上进行测试的同时，科学家和汽车制造商都使用模拟作为以低成本获得第一手资料的手段，无论是在新车实际制造之前还是在测试和修改阶段。在这里，将进行适度的模拟研究，以说明简化但相当现实的模型假设的能力。

可用的模型能够通过详细的物理建模或半经验方法模拟各种车辆类型的行为，包括使用汽油或柴油发动机的传统推进系统、纯电动汽车或纯燃料电池汽车，以及其中任何一种的混合动力汽车，其中不同的过程被简单地参数化，然后使这些参数与测量数据适应。这里介绍了后一种方法，该方法基于最初由美国可再生能源国家实验室开发的软件ADVISOR（Markel等，2002）。用户可以编写自己的子程序或使用现有的参数化模型集合，用于燃料电池堆、电动机、电池储能、带电池的燃料电池汽车的动力总成控制、排气控制、车轮/车轴系统在规定的驾驶条件下的功率行为（坡度、路面、阻力等），以及车辆中的辅助电能使用。ADVISOR程序核心使用给定时间所需的行驶速度来计算每个传动系元件中的扭矩、转速和功率，此过程称为反向模拟方法。然而，这与基于控制逻辑的前向方法相结合，仿真在时间上向前进行，但在每一步都进行向后一致性检查。程序用户可以更改和添加特定流程的子程序，也可以更改模块之间的流程。基于ADVISOR但具有更多选项的商业软件已经可用。

燃料电池建模要么是一个简单的模型，其中功率输出和效率通过经验曲线（见图4.5）联系起来，要么是燃料电池系统中每个组件的关系组合（见图4.2）。更详细的模型（例如，处理水管理）也可采用（Markel等，2002；Maxoulis等，2004）。对于混合建模中的电池，使用假设燃料电池可充电的电池进行了额外的计算。传统的铅酸或镍氢电池和先进的锂离子电池都使用内阻电池模型进行了建模。此外，对于仿真的电池部分，已经开发了更详细的子程序供技术车辆设计师使用。

仿真模型中考虑的燃料电池汽车是在2000年左右上市的大众Lupo TDI-3L上松散建模的人工制品（见表6.6），因此为简单起见，作者将其称为小红帽。45kW的柴油发动机被采用电池供电的混合动力配置的PEMFC发动机所取代，可用于纯燃料电池汽车或纯电动汽车。合适的组件额定值最初是根据给定驾驶周期的效率而不是（鲜为人知的）成本确定的。这可能会产生几个性能相当的系统。

假设该车辆的氢燃料消耗量为图4.6所示的形式。燃油效率更接近当前研究的目标值，而不是过去十年中经过测试的早期原型车的（较低）效率。

每个小红帽配置的总质量具有表4.1所示的分布（与柴油Lupo 3L的表6.6相比）。模拟采用混合驾驶循环（见图4.7），由美国和欧盟用于监管和税收目的的驾驶循环片段组合在一起，包含高速公路驾驶、郊区路段驾驶和经常在红灯处停车的城市驾驶。89km路线的整体速度的频率分布如图4.8所示。

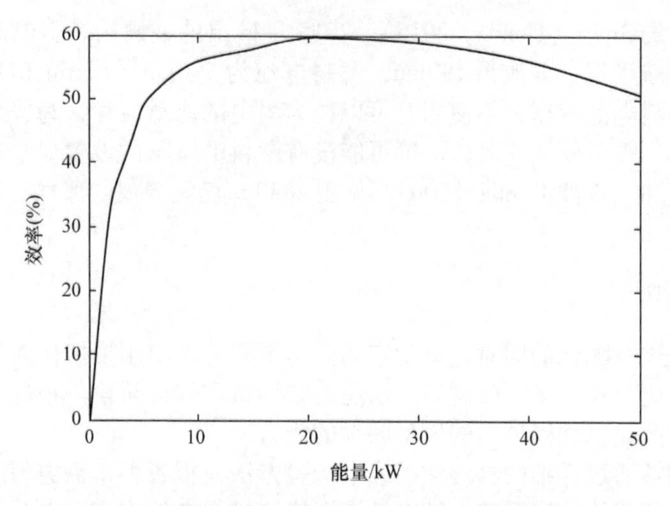

图 4.5　以下仿真中使用的 50kW PEMFC 的功率曲线。该曲线基于实验室性能，尽管行业目标性能更高，但很少有商业 PEMFC 达到这些值（US DoE，2015）

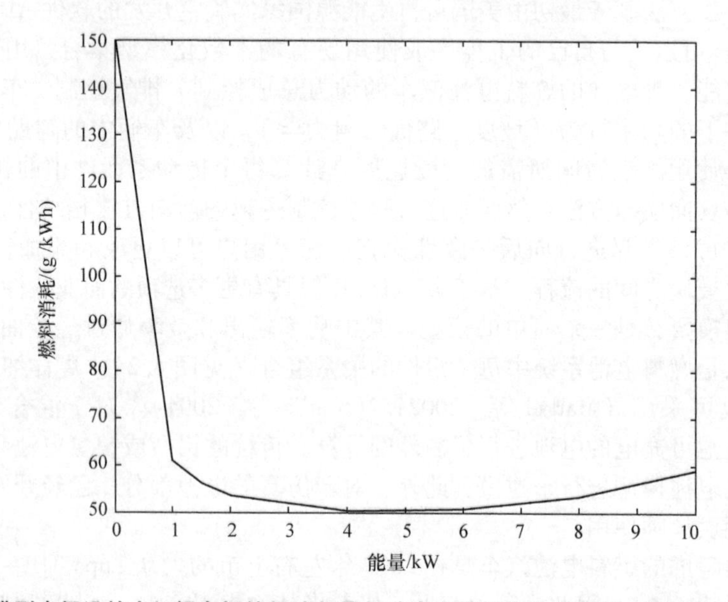

图 4.6　仿真模型中假设的小红帽车辆的氢消耗量与功率水平的关系。注意，图 4.5 和图 4.6 所隐含的部分负载性能几乎与低至 1kW 左右的功率水平无关，与内燃机的情况形成鲜明对比

表 4.1　部分小红帽燃料电池混合动力汽车的质量分布　（单位：kg）

组件	纯燃料电池	混合动力	纯电动
基本车辆（包括锂离子启动电池）	570	570	570
燃料电池设备（40kW、20kW 和 0kW）	150	100	0
排气管理	8	5	0
锂离子电池（0MJ、15MJ 和 250MJ）	0	70	1134
电动机（50kW）	60	60	60

（续）

组件	纯燃料电池	混合动力	纯电动
变速器（相当于手动 1 档）	50	50	50
乘客和货物（平均）	136	136	136
总质量	974	991	1950

注：对于铅酸或镍氢电池，电池质量要高 2 ~3 倍。

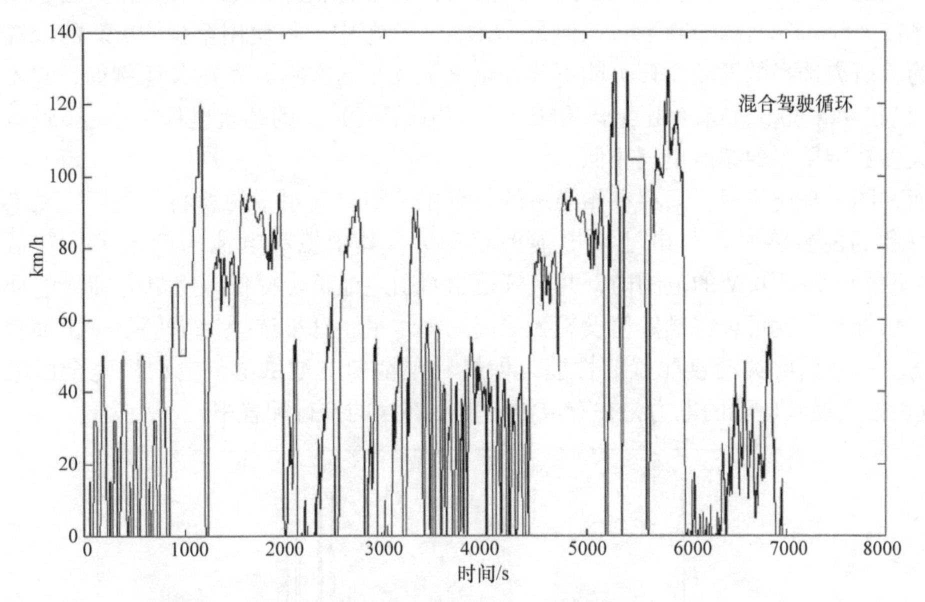

图 4.7　仿真中使用的混合驾驶循环（Sørensen，2005a，b）

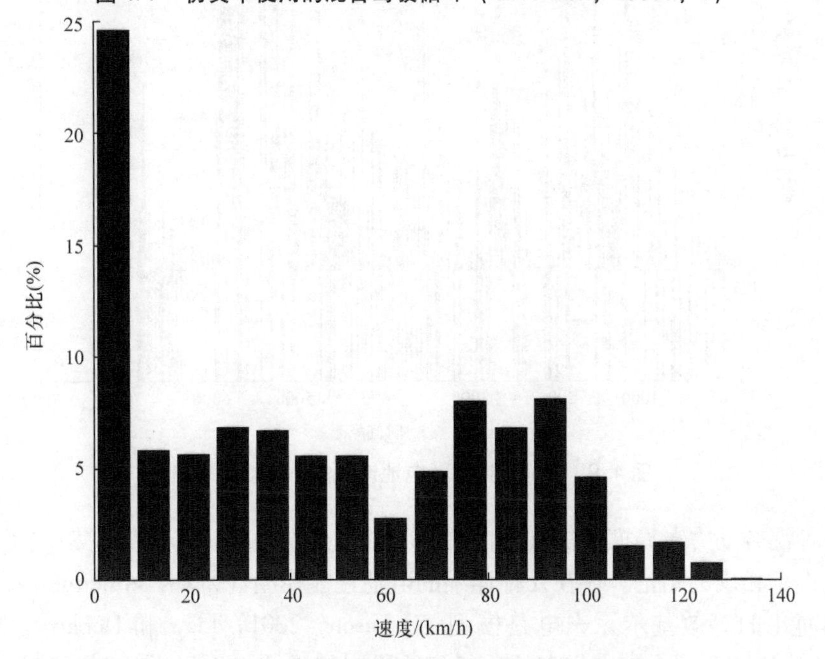

图 4.8　图 4.7 所示驾驶循环的行驶速度的频率分布

对于额定功率为40kW的纯燃料电池汽车，假设效率如图4.5和图4.6所示，就可能遵循图4.7中的驾驶循环，而不会明显偏离行程中规定的速度（最大偏差约2%）。图4.9显示了该燃料电池的功率输出，作为指定速度下行驶时间的函数。为简单起见，没有假设存在等级。40kW燃料电池在驾驶循环期间的平均能耗为1.138MJ/km（相当于每100km约3.5L汽油）（Sørensen，2017）。图4.9表明，即使燃料电池额定功率为30kW，特定的驾驶循环也可以以所需的速度完成，在这种情况下，燃料消耗将降低到0.855MJ/km（相当于每100km 2.7L汽油）（Sørensen，2007a，b）。但是，在真实汽车中，将使用至少40kW的较高额定功率，因为为研究选择的驾驶循环可能不代表道路上满足的实际最大要求（例如，它不包含坡度）。车辆在4kg氢燃料箱（相当于30MPa下178L氢气）上的续航里程将超过650km，因此与目前大多数乘用车的续航里程相似。

然而，图4.9还显示，只有在相当短的行程中才需要高水平的燃料电池额定功率。这表明一种有利的配置将是燃料电池-电池混合动力，其中燃料电池的额定水平较低，例如20kW甚至低至5~10kW的范围内，并且峰值由牵引电池负责提供，将电力馈入电动机（只需很少的额外成本就可以将额定值设想为更高功率水平，这里选择为50kW）。下面将使用串行耦合仿真一系列此类混合配置的性能，即燃料电池向电池供电，电动机完全由电池驱动（避免直接使用燃料电池的电力，在有或没有电压转换的并行配置中）。

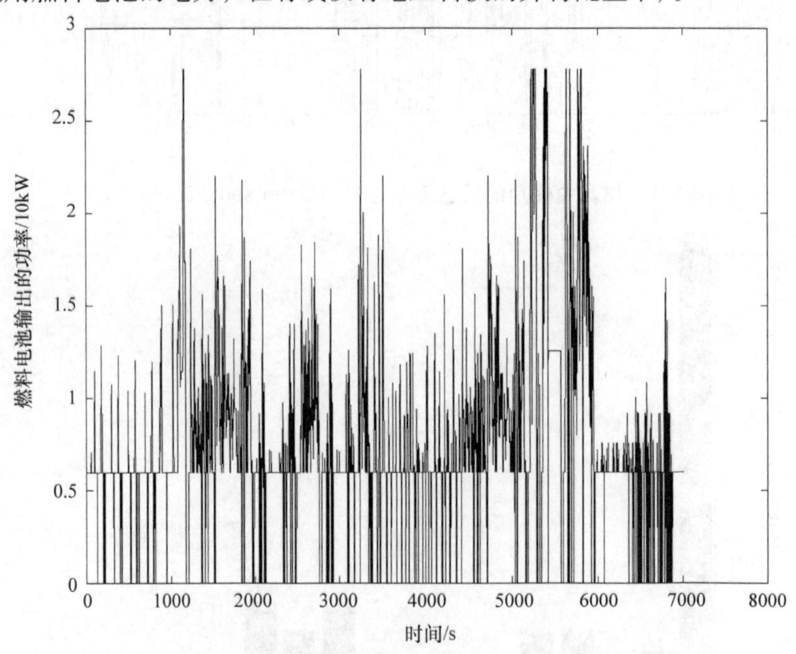

图4.9 40kW纯燃料电池汽车的仿真功率输出

作为各种混合动力布局模型仿真的前奏，将处理纯电动汽车，因为它构成了与所考虑的纯燃料电池汽车相反的结论。存在几种详细的电池性能模型（例如，Albertus等，2008），但这里仅采用简化的等效基尔霍夫电路模型（Johnson，2001；Liaw和Dubarry，2010，第15章），被认为足以识别混合动力汽车的一般行为。对于表4.1中指定的250MJ锂离子电池电动汽车中约1000个电池模块，它预测了图4.10和图4.11所示的电压和电阻行为，作为荷电状态和不同温度的函数。与大多数电池一样，低温（约0℃）会降低性能，而高环境温度（约40℃）不会引起重大问题，除非电池接近完全放电。图4.12说明了对供电的影响，表明

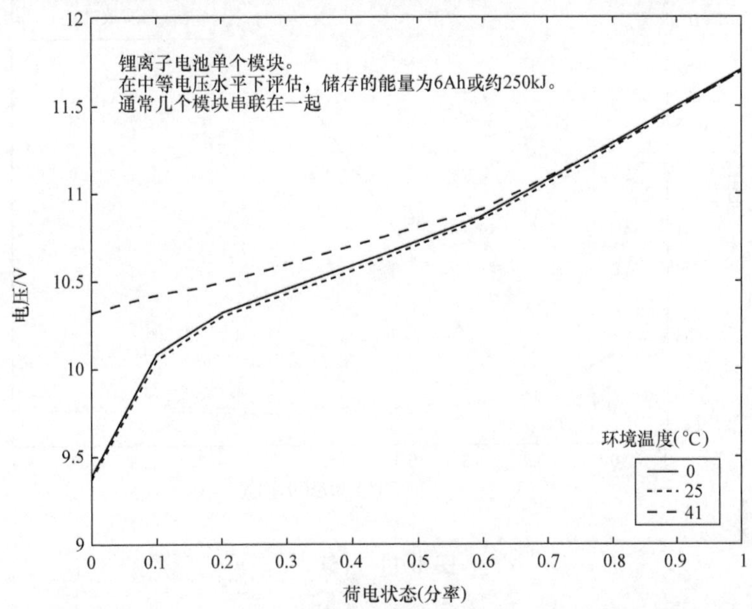

图4.10　在3种环境温度下，“Saft”锂离子电池模块的电压特性曲线（给定荷电状态的V）（Johnson，2001）

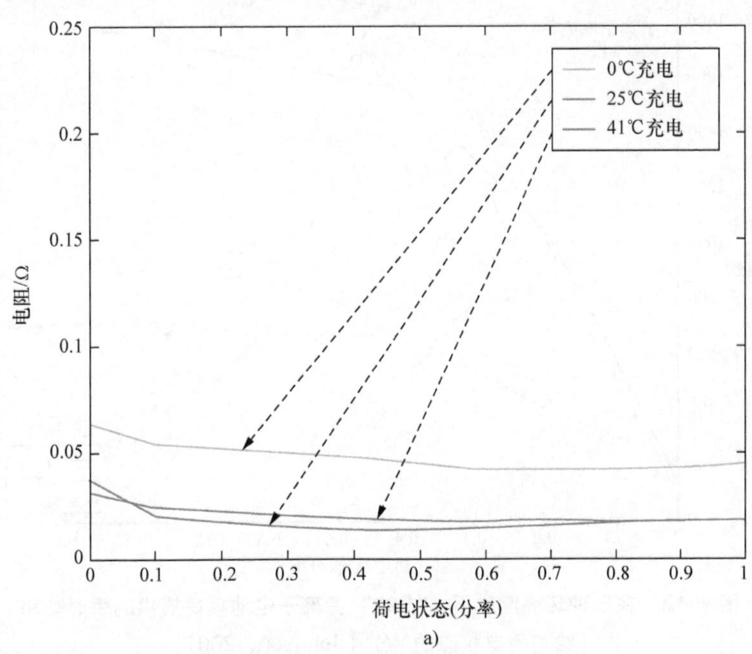

图4.11　在充电（图a）和放电（图b）期间的3种环境温度下，“Saft”锂离子电池模块的电阻特性曲线（给定荷电状态的Ω）（Johnson，2001）

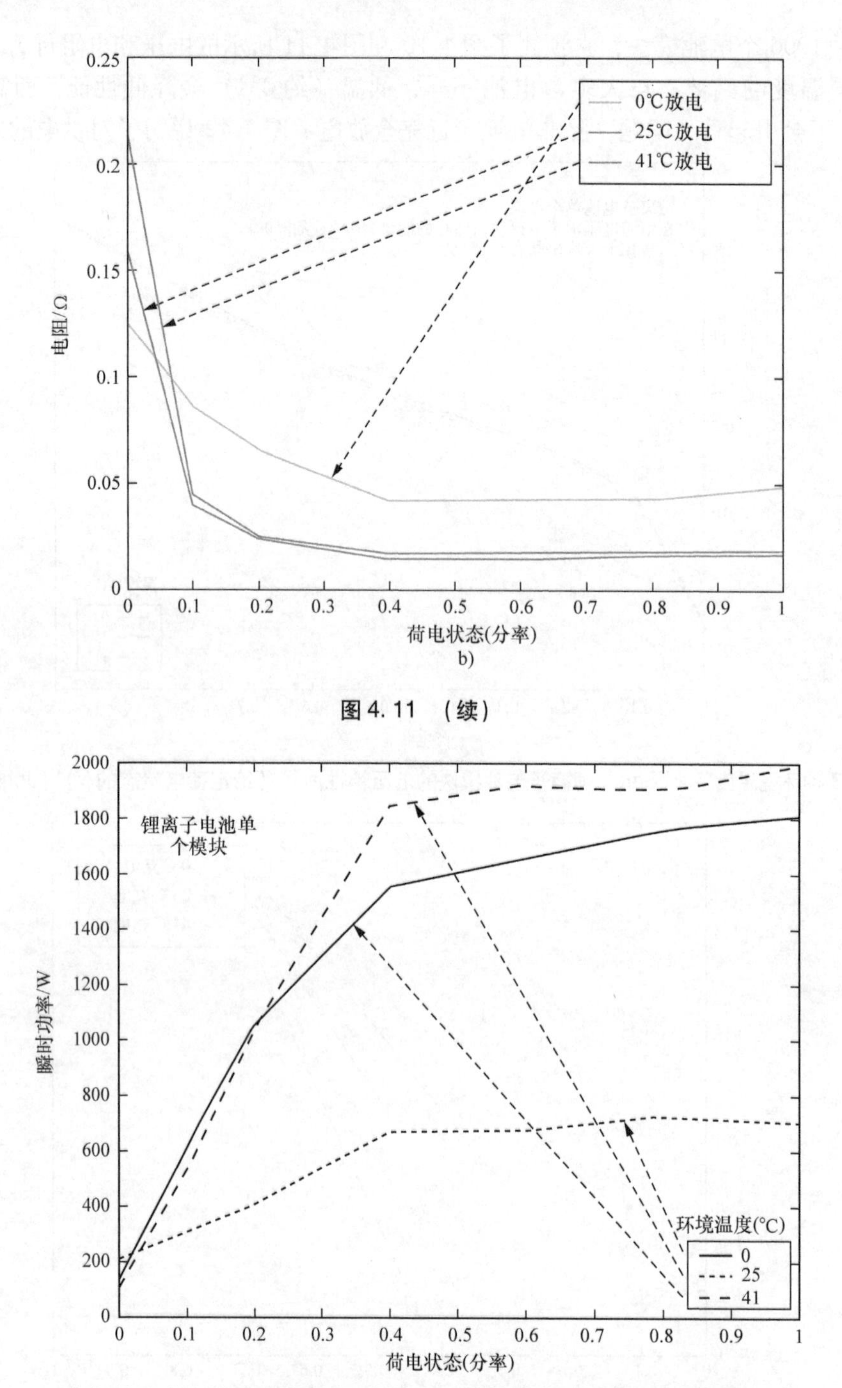

图 4.11 （续）

图 4.12 在 3 种环境温度下，“Saft”锂离子电池模块提供的瞬时功率（给定荷电状态的 W）（Johnson，2001）

如果电池的放电永远不会低于 40%，则可以确保最佳性能。最后，图 4.13 显示了电池在 25℃时的往返效率，作为电流和荷电状态的函数。除了接近零充电时性能不佳外，效率在低电流下

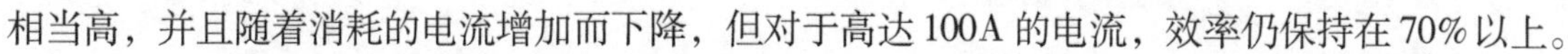

相当高，并且随着消耗的电流增加而下降，但对于高达 100A 的电流，效率仍保持在 70% 以上。

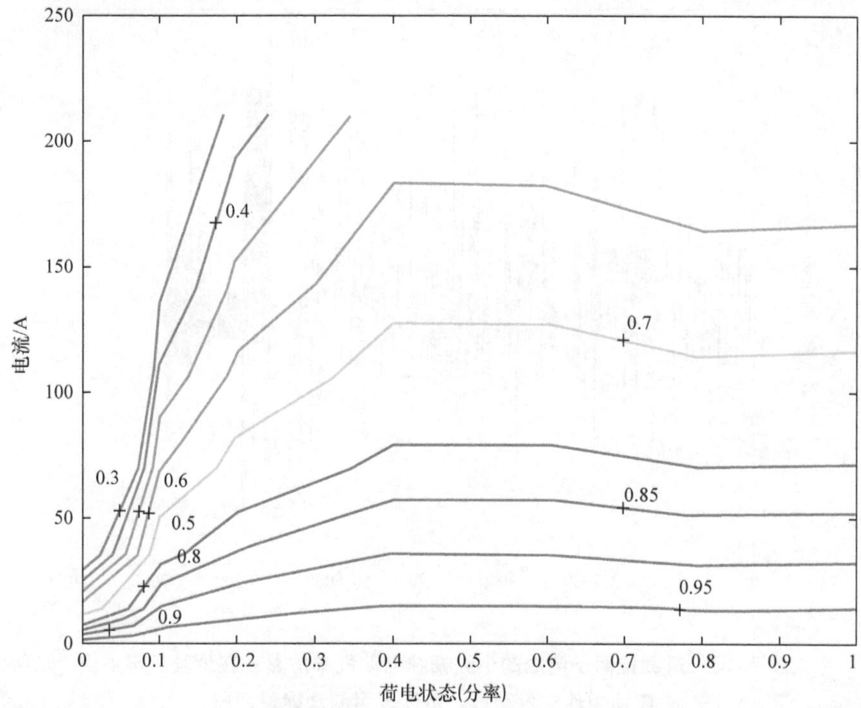

图 4.13 环境温度为 25℃的“Saft”锂离子电池模块的往返效率与电流和荷电状态的关系（Johnson，2001）

对纯电动小红帽车辆的性能进行仿真的结果如图 4.14 ~ 图 4.16 所示，首先给出了电池/电机动力传动系统提供的扭矩和功率，在图 4.16 中给出了电池在行程中的荷电状态。根据

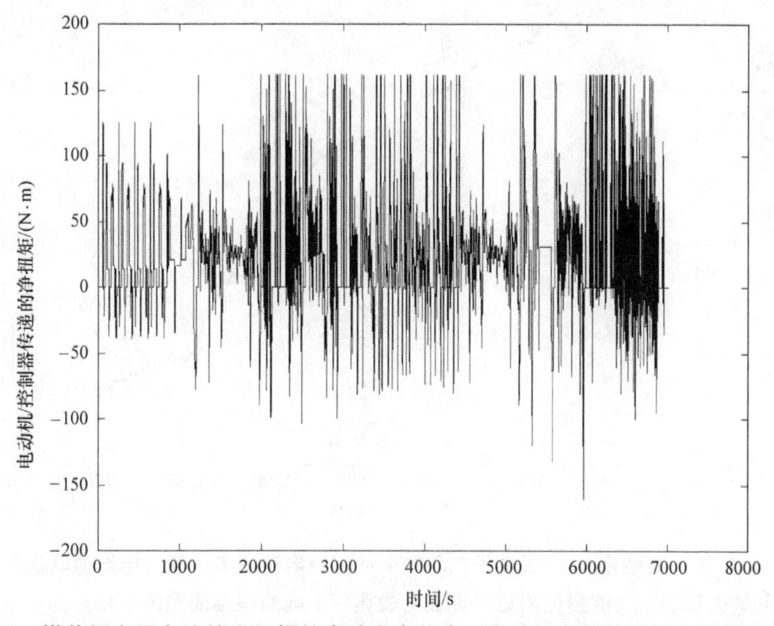

图 4.14 搭载锂离子电池的小红帽纯电动汽车仿真：电动机在驾驶循环中传递的净扭矩

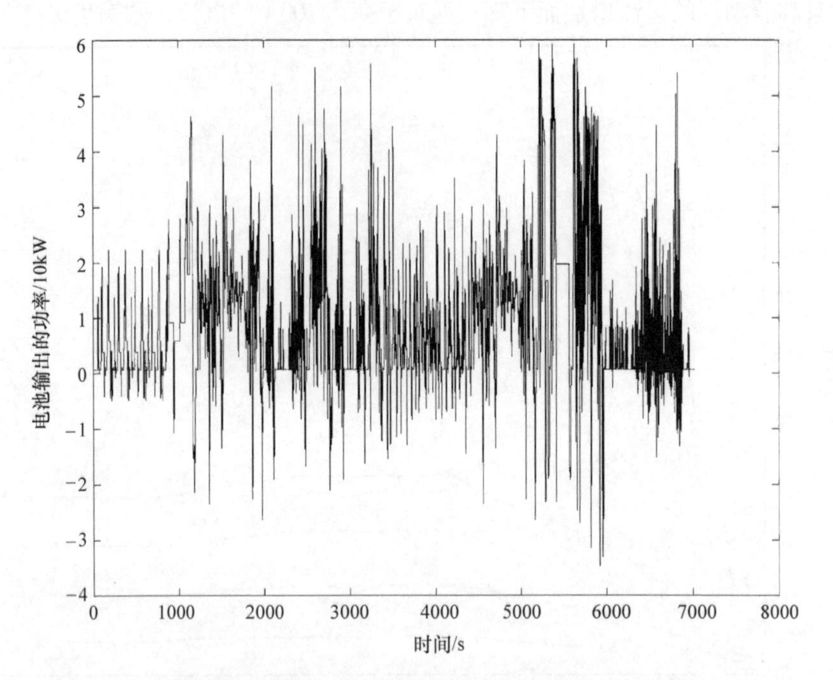

图 4. 15　搭载锂离子电池的小红帽纯电动汽车仿真：在驾驶循环中由电池组件提供动力。负值表示制动能量回收

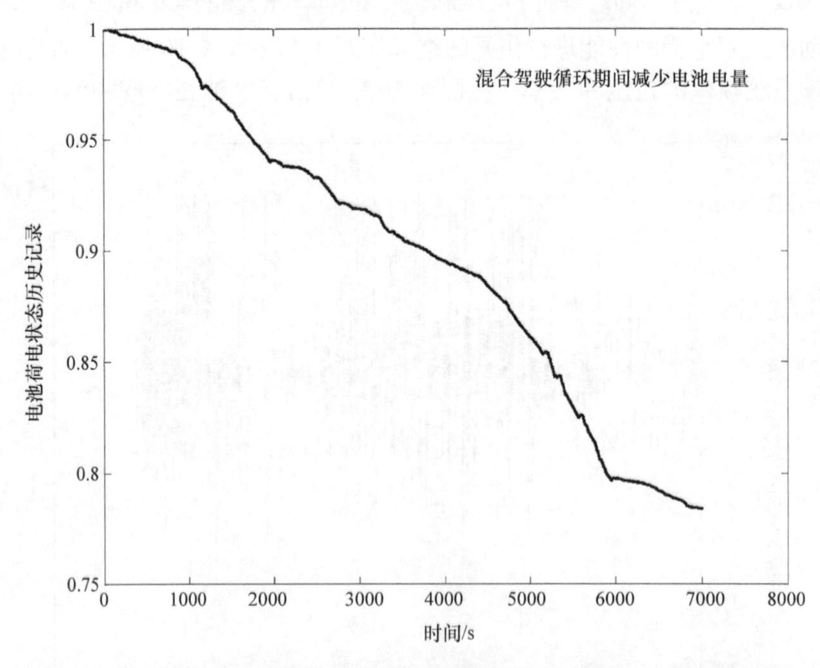

图 4. 16　搭载 250MJ 锂离子电池的小红帽纯电动汽车仿真：电池荷电状态与循环时间的关系。平均能量使用量（即在驾驶循环中电池储存能量的下降）为 0. 617MJ/km

行程中从电池中获取的总能量，可以计算出平均能量消耗为 0.617MJ/km，相当于每 100km 约 2.6L 汽油。这比模型车辆大众 Lupo 的能耗性能要好（每 100km 使用 3L 柴油或约 3.3L 汽油，参见第 6 章的进一步讨论）。所述的电动汽车能源使用不包括从某些外部电源为电池充电的上游损失或从某些主要来源产生电力时可能发生的损失。

现在转向燃料电池/电池混合动力汽车，将介绍配备 20kW 燃料电池和适度的 15MJ 锂离子电池（如表 4.1 中所述）的车辆的特定组合的仿真结果。电池可以由燃料电池充电，假设采用串行配置。图 4.17 和图 4.18 显示了图 4.7 所示混合驾驶循环期间电池和燃料电池的净功率输出。电池的尺寸经过选择，使得假设驾驶循环结束时的荷电状态与开始时大致相同，如图 4.19 所示。对于使用车辆进行的其他行程，情况当然可能并非如此。

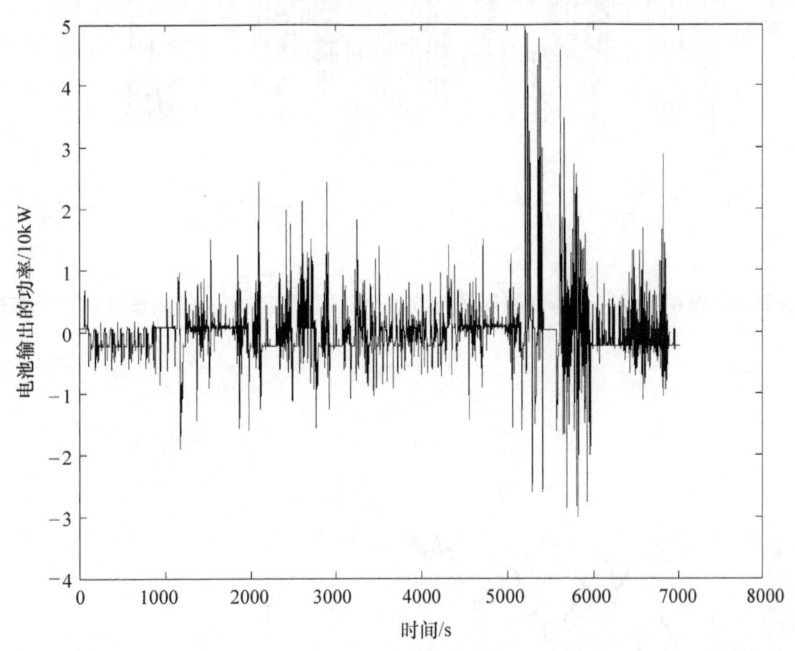

图 4.17 搭载 20kW 燃料电池和 15MJ 锂离子电池的小红帽车辆仿真：在驾驶循环中由电池组件提供动力。负值表示制动能量回收

从图 4.19 可以看出，特别是在驾驶周期的高速公路部分（5000 ~ 6000s），燃料电池对电池的输入小于所需功率，因此电池荷电状态迅速下降。在其他时候，燃料电池为电池充电的功率比电动机消耗的功率要多。在循环结束时减去一个小的电池荷电状态增益后，等效汽油燃料使用量为每 100km 2.5L（图 4.19 中曲线的终点略高于起始水平）。

低于 20kW 的燃料电池额定值会导致电池充电不足，这意味着车辆不能自主供电，而必须从外部来源获得电池充电。后一种情况描述了插电式混合动力汽车。插入式配置允许更便宜的燃料电池尺寸，并允许在汽车停放在合适的电源插座（在家中、工作场所或收费的特殊公共分配器）旁为电池充电。充电设施的成本通常低于加氢站的成本，但对于插电式混合动力汽车，两者都是必需的。插电式和自充电式燃料电池混合动力汽车的技术性能将在下面考虑，优化解决方案经济性的指南将在第 6 章中讨论。

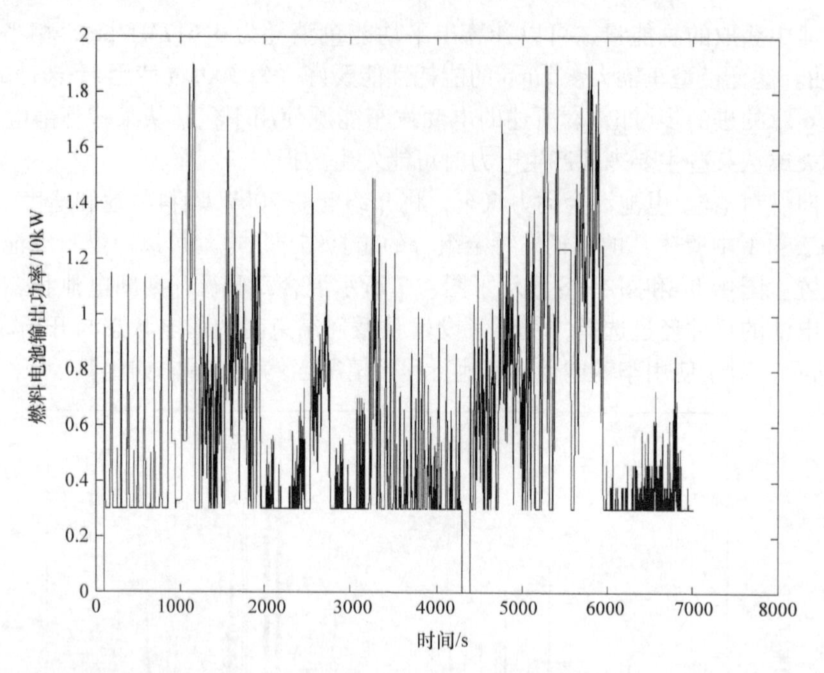

图 4.18　搭载 20kW 燃料电池和 15MJ 锂离子电池的小红帽车辆仿真：燃料电池在驾驶循环中提供动力

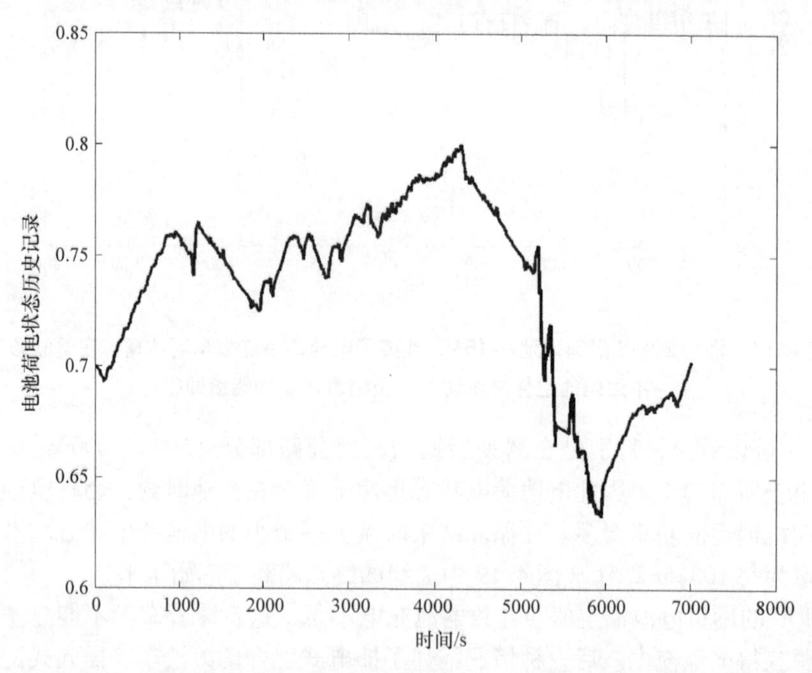

图 4.19　搭载 20kW 燃料电池和 15MJ 锂离子电池的小红帽车辆仿真：电池荷电状态随循环时间变化。在驾驶循环中，燃料电池消耗的平均能量为 0.796MJ/km

仿真中使用的电动机的效率为0.92，是手动1档。在传统车辆中，变速器通常构成一个重要的损耗因素，使用5档或自动变速器的损失（Cuddy，1998）通常高于1档变速器。但是，当前车型所基于的Lupo 3L具有计算机操作的自动变速器，实际上比相应的手动变速器具有更高的效率，因此选择了1档车型，以避免使用过时的变速器技术使仿真结果失真。图4.20显示了图4.17～图4.19所示仿真中使用的50kW电动机在电动机和再生过程中的电动机特性。带有交叉点（电动）或圆点（发电）的极限曲线将扭矩描述为转速的函数，而独立的交叉点表示仿真中假设的混合驾驶循环期间的工作点。电动机效率在操作区域内用线条和数字表示。

电动机－控制器系统效率的时序如图4.21所示（相当于收集图4.20中工作点的效率并沿行程的驾驶循环对其进行排序）。

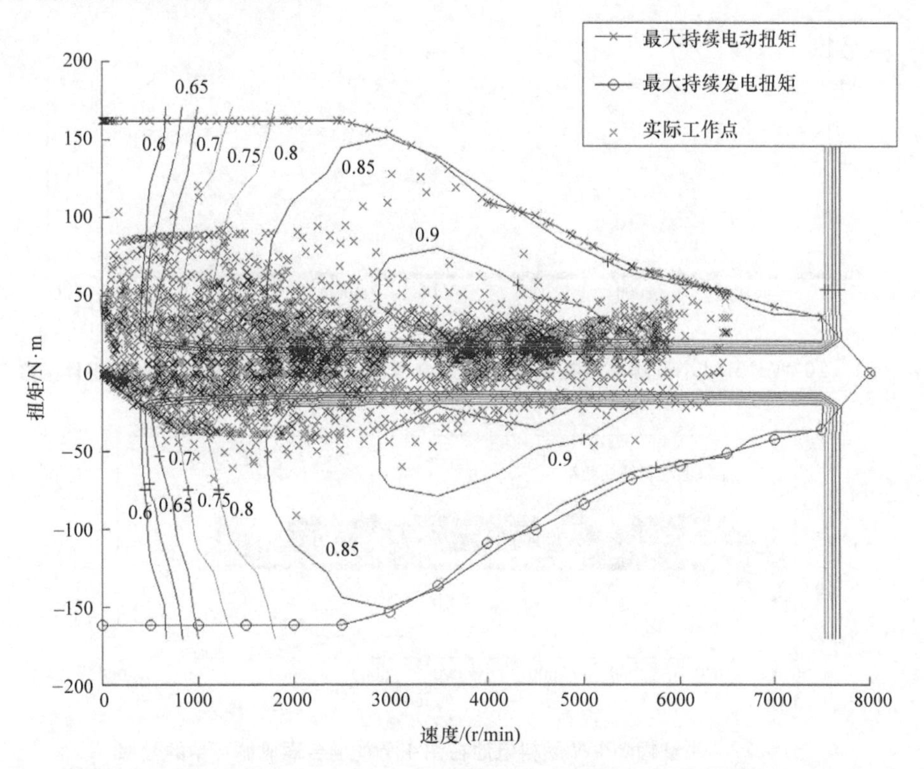

图4.20　搭载20kW燃料电池和15MJ锂离子电池的小红帽车辆在图4.7的混合驾驶循环中50kW电动机在电动（带×线）或发电（带o线）期间的扭矩－速度特性、电动机效率（线旁的数字）和工作点（交叉点）。更多的工作点位于（上）电动区域，而不是在（下）发电区域

电池充电和放电操作的效率保持在接近98%，除了高速公路行驶期间的快速放电（5000～6000s），它下降到约92%。此外，燃料电池氢转换效率在启动期间保持在最高59%（假设为成熟技术，见图4.5）和最低48%之间，如图4.22所示。

燃料电池和电池之间功率分配的一个有趣特征（见图4.17和图4.18）是，在高速公路行驶期间，电池贡献最大，有时甚至高于燃料电池贡献，在城市路段，燃料电池提供的功率

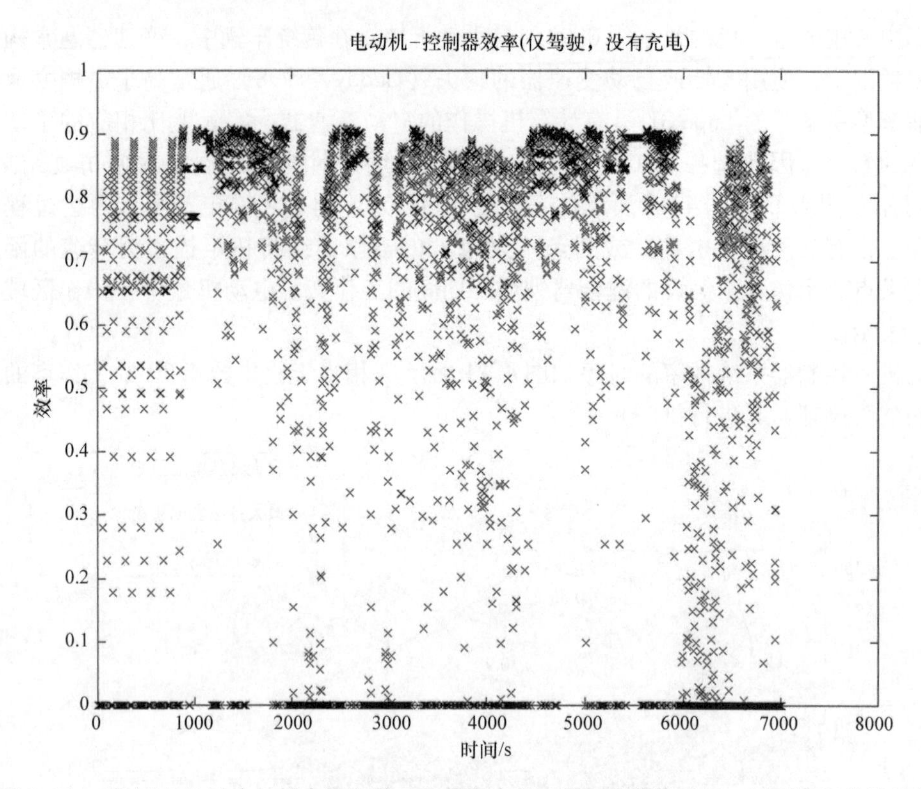

图 4.21　20kW/15MJ 小红帽车辆在图 4.7 的混合驾驶循环期间电动机 - 控制器组件的效率

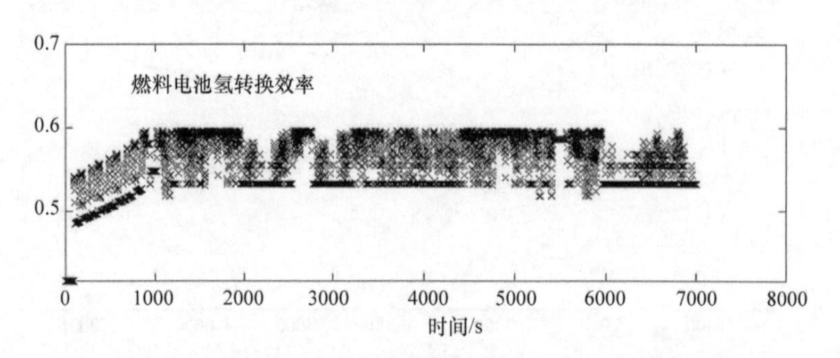

图 4.22　小红帽 20kW 燃料电池在图 4.7 的混合驾驶循环中的效率

至少与电池一样多。这是组件额定值的一个特征，其中两个电源本身都不够用，但它与（化石燃料 - 电动）混合动力汽车的传统观点相反，在混合动力汽车中，电池应提供大部分城市驾驶，而有污染的燃料提供大部分高速公路驾驶。对于氢燃料电池 - 电池的设计，这个划分并不重要，因为两个部件在驾驶过程中都是无污染的。

该仿真考虑了轮胎对路面的滚动阻力和湍流的空气动力学形成的损失，以及整个传动系从燃料输入或储存能量到最终将动力传递到轮轴的损失。图 4.23 显示了混合驾驶循环中电动过程中单个损耗的大小，图 4.24 显示了驾驶循环中电池充电再生的分段期间的损耗。驾驶损失以氢气转换损失为主，然而它们小于内燃机车辆的损失。对于电池充电，制动能量的回收是不完全的，最高的损失是制动能量未被回收，因为它以制动盘或其他设备的热量形式逸出。

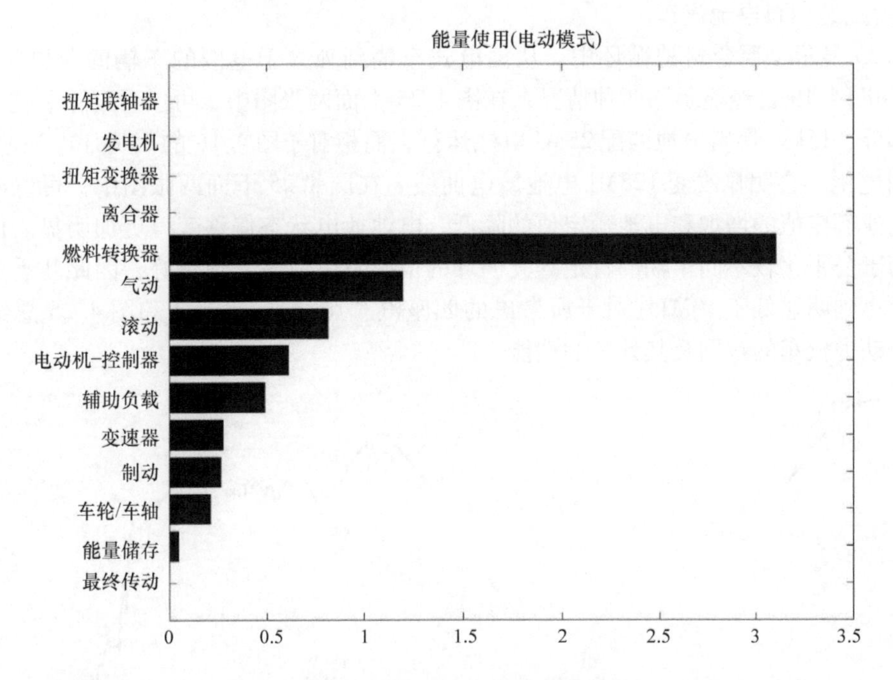

图 4.23　小红帽仿真混合驾驶循环的电动段总损耗分布（单位：10^4kJ）

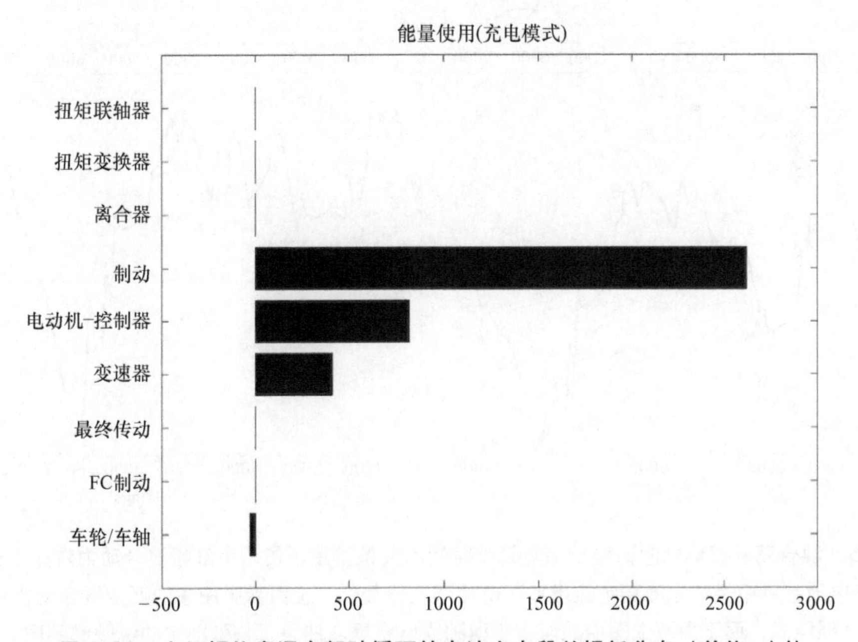

图 4.24　小红帽仿真混合驾驶循环的电池充电段总损耗分布（单位：kJ）

乘用车建模的最后一步是探索 PEMFC 和锂离子电池相对组件尺寸的依赖性，从纯电池电动汽车到插电式混合动力汽车再到自充电混合动力汽车（燃料电池额定值为 20kW 或更高），最后是纯燃料电池汽车。

图 4.25 显示了混合驾驶循环中，从插电式车辆到独立于电网的车辆的荷电状态变化。图 4.16 和图 4.19 已经显示了两种情况，在图 4.25 上面两张图中，可以看到除了在行驶的高速公路部分，15kW 燃料电池匹配 25MJ 电池运行，而相对于图 4.16 的 250MJ 电池放电曲线，5kW 燃料电池不会明显改变 125MJ 电池放电曲线。在图 4.25 下面两张图中，可以看到，随着燃料电池额定值的增加和电池额定值的降低，电池荷电状态偏移变得更加明显。由于车辆在超出用于公平比较不同车辆的特定驾驶循环的情况下也应该表现良好，因此几乎不会将电池尺寸减小到明显低于 10MJ（对于所考虑的四座汽车尺寸）。表 4.2 和图 4.26 总结了所考虑的混合动力汽车的范围及其计算的性能。

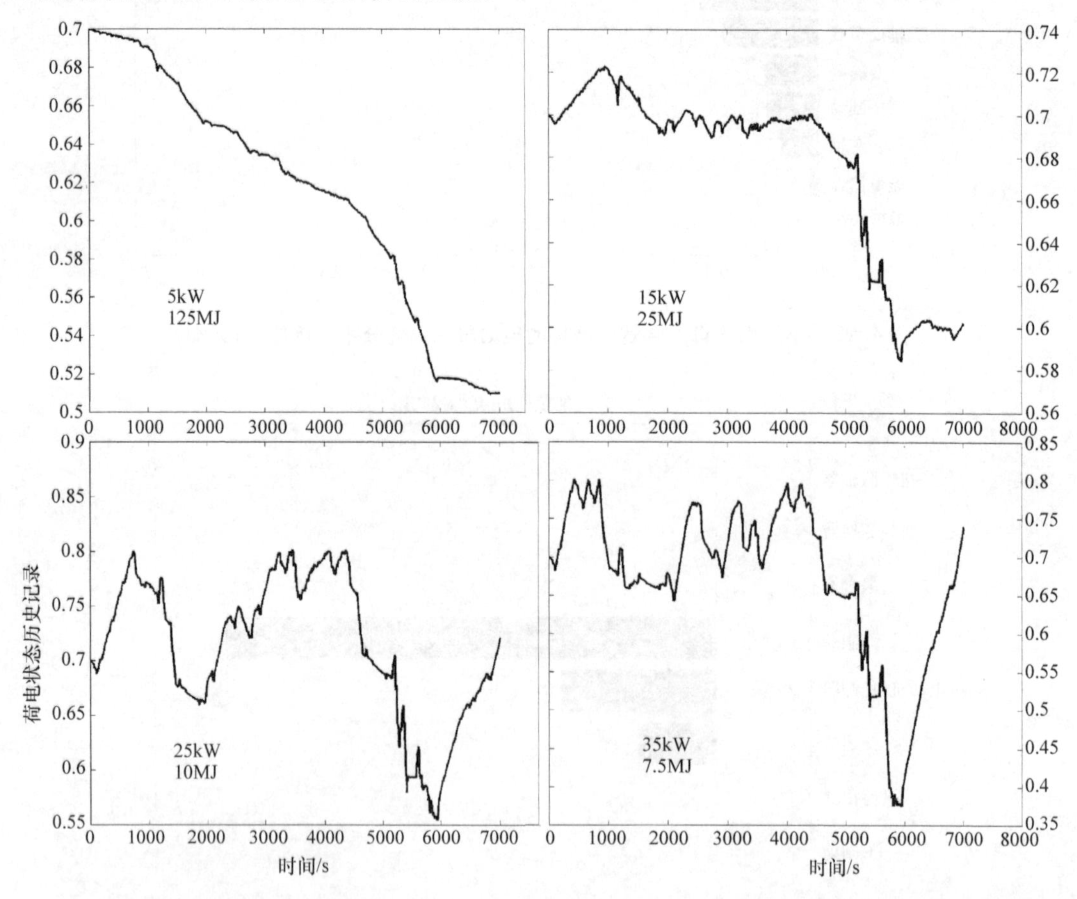

图 4.25　混合驾驶循环中的荷电状态与驾驶时间的关系，用于仿真小红帽混合动力汽车中选定的锂离子电池，其中燃料电池额定值增加和电池额定值降低。上面两张图中的两款混合动力汽车为插电式，而下面两张图中的两款车型独立于电网。注意，每张图中的纵轴都不同

表 4.2　燃料电池 – 电池混合动力汽车仿真结果汇总

插电式混合动力汽车					
燃料电池额定功率/kW	0	5	10	15	
燃料电池系统质量/kg	0	43	55	68	
燃料电池能量使用/(MJ/km)	**0**	**0.435**	**0.666**	**0.751**	
电池容量/MJ	250	125	57.5	25	
电池系统质量/kg	1136	567	261	113	
电池燃料使用量/(MJ/km)	**0.617**	**0.263**	**0.1**	**0.028**	
电池续航里程/km	405	468	574	890	
自充电混合动力汽车					
燃料电池额定功率/kW	20	25	30	35	40
燃料电池系统质量/kg	80	93	105	118	130
燃料电池能量使用/(MJ/km)	**0.796**	**0.809**	**0.818**	**0.842**	**1.138**
电池容量/MJ	15	10	10	7.5	0
电池系统质量/kg	68	45	45	34	—

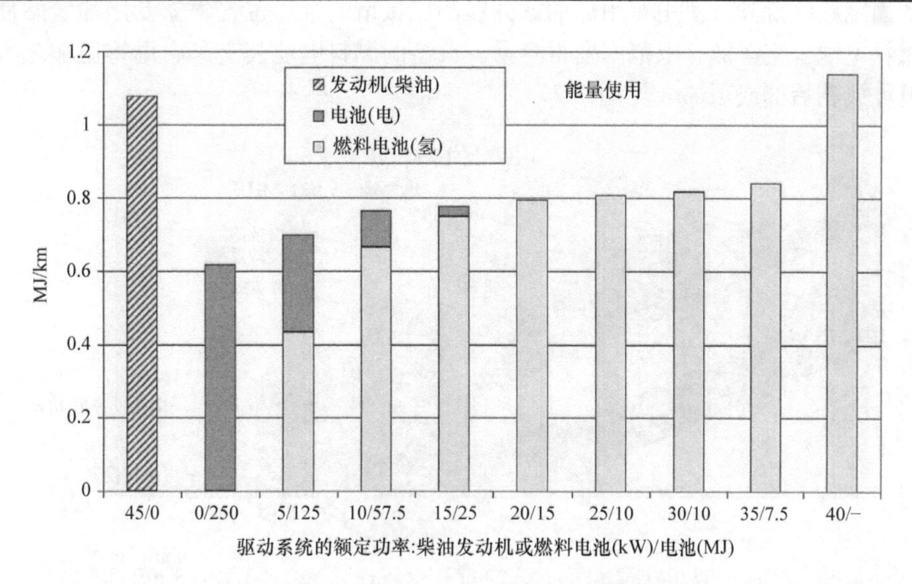

图 4.26　柴油 Lupo 3L、插电式和自充电混合动力汽车的混合驾驶循环的模拟能量使用情况比较（Sørensen，2010，第 10 章）

表 4.2 中的混合动力仿真总结显示，对于仿真行程内的总能耗（在驾驶过程中），纯电池汽车最小，插电式混合动力汽车略有增加，而装有最小燃料电池的独立于电网的车辆，随着燃料电池额定功率的增加而增加，这说明电动汽车甚至比最好的燃料电池汽车更有效率。然而，表 4.2 还显示了大型电池的质量不利，使得具有小型燃料电池和大型电池的混合动力汽车非常重，因此电池充电间隔时间更短。从纯电池汽车到 15kW 燃料电池插电式混合动力

汽车，这一范围增加了一倍多。一旦进入自充电范围，相对于使车辆独立于电网的最小燃料电池额定功率，提高燃料电池额定功率几乎没有优势。无论如何，电池尺寸要适中。

在图4.26中，相互比较了混合动力汽车计算中得到的能量使用值，并与由共轨柴油发动机提供动力的同一车辆的情况进行比较（第6章讨论的商用大众Lupo 3L）。高效的柴油发动机性能略好于纯燃料电池配置，但所有混合动力汽车都具有更好的能量效率，并且正如预期的那样，纯电动汽车具有最佳效率，带有大型电池组件的插电式混合动力汽车的性能优于独立于电网的燃料电池-电池混合动力汽车。第6章和第7章将进一步讨论这些结果所涉及的成本意义。

4.2　其他道路车辆

在早期阶段，由于与安装在乘用车中相比，（当时）笨重的设备更容易安装在大型车辆中，因此对在大型车辆中加入燃料电池产生了兴趣（参见，例如Pritzlaff，2011）。虽然货运公司对此兴趣不大，但公交公司是最早自愿测试燃料电池技术的公司之一。

目前，有几百辆燃料电池公交车在世界各个城市以常规路线模式行驶。一个积极的考虑因素是，固定路线行驶、使用专用加油站并在测试城市的合适位置建立专用加氢站使得适应当前氢燃料电池公交车的有限范围变得容易。典型的燃料电池公交车布局将压缩氢气罐放在顶部，电堆放在后部或顶部（见图4.27）。

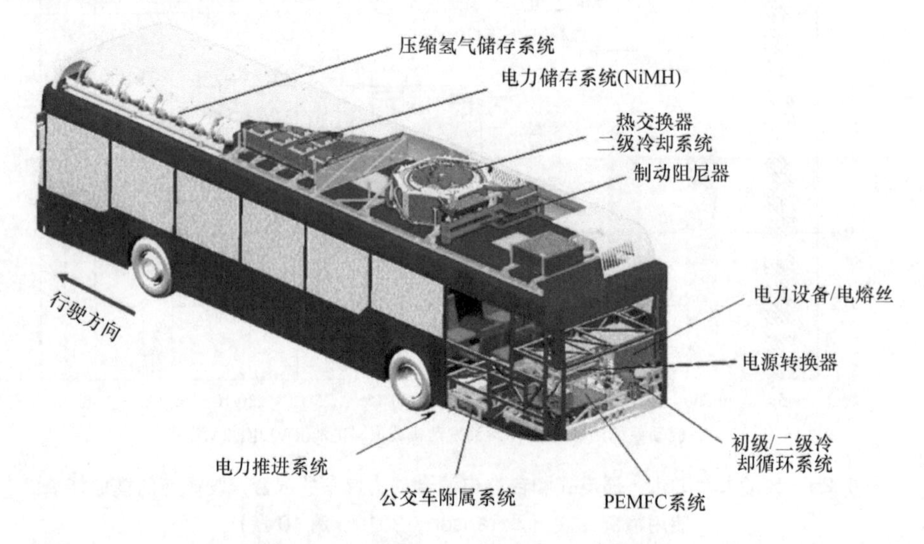

图4.27　混合动力燃料电池公交车，显示了动力设备（68kW PEM电池、2×75kW电动机和NiMH电池）的放置位置。引自MAN（2004）。经许可使用

实践经验正在通过几个正在进行和已完成的燃料电池公交车计划（Bubna等，2010b）积累，包括不同控制策略下的燃料电池寿命指示。图4.28显示了基于布伦瑞克驾驶循环（最高速度为35～60km/h的多次走走停停公交车循环）的SCANIA混合动力公交车的能量

流，该公交车具有额定功率为 50kW 的燃料电池、铅酸电池和两个 50kW 轮毂电动机。公交车配备了再生制动系统（Folkesson 等，2003）。驱动模式的特殊特性使得即使安装了空调系统，适度尺寸的电源系统也足够。

在欧盟方案的支持下，一支庞大的燃料电池公交车车队投入使用：2003 年，大约 30 辆戴姆勒克莱斯勒 Evobus Citaro F 公交车（200kW 的 PEMFC，1629L 压缩至 35MPa 的 H_2）在欧洲各个城市投入使用，包括一系列氢气生产计划，运送到相关的加油站（Schuckert, 2003）。2010—2016 年的后续计划是欧洲城市清洁氢项目，涉及来自欧洲和加拿大 7 个国家的 23 个合作伙伴，因此可以研究城市规模、气候和制造商多样化的影响。续航里程可达 400km，加油时间不到 10min，氢气消耗量为 80g/km。与柴油公交车相比，效率提高了约 30%（Koch 和 Skiker，2016）。

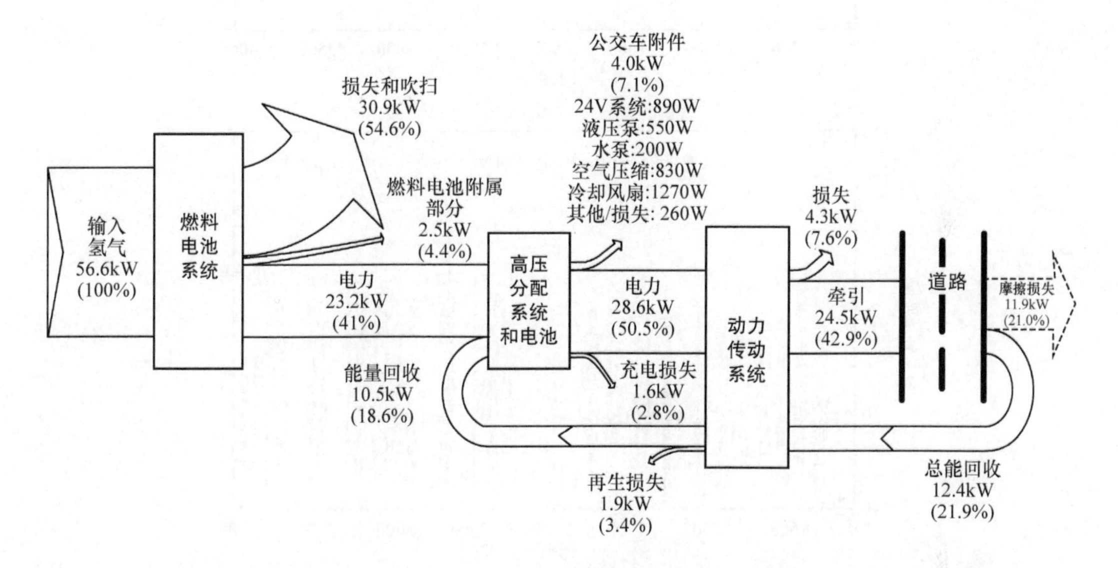

图 4.28　SCANIA 混合动力燃料电池公交车在公交车驾驶循环内的平均能量流（基于较低的氢气热值）。引自 Folkesson 等（2003）。经 Elsevier 许可使用

类似的示范项目也已在美国、日本、澳大利亚和中国等世界其他地区实施。这些方案的运行经验正在积累（例如 Bubna 等，2010b），包括显示不同控制策略下燃料电池系统寿命。图 4.29 显示了自 2008 年以来在北京路线上运行的两个中国制造系统的 80kW PEMFC 和 Ni - MeH 电池之间的电源共享。两种控制系统的燃料电池使用模式是这两个系统的特征：福田Ⅱ型公交车具有负载预测策略，导致燃料电池恒定的电力生产，仅有因需求引起的波动，而福田Ⅲ型公交车以尝试的即时负载跟随模式控制燃料电池运行，导致功率输出变化更大。结果表明，模型Ⅲ的退化程度大于模型Ⅱ，寿命也较短。

已经证明了可在自行车和踏板车等两轮公路车辆中使用燃料电池（例如，见 Curtin 和 Gangi，2016；Dukić等，2016；SiGNa，2011）。250W 自行车 PEMFC 系统包括 150W 电动机、鼓风机（用于进料和冷却）、DC/DC 变换器、电子控制单元、电池组和氢气罐，如图 4.30a 和 b 所示，已由 Kheirandish 等（2014）进行测试。整体系统效率达到 35.4%。

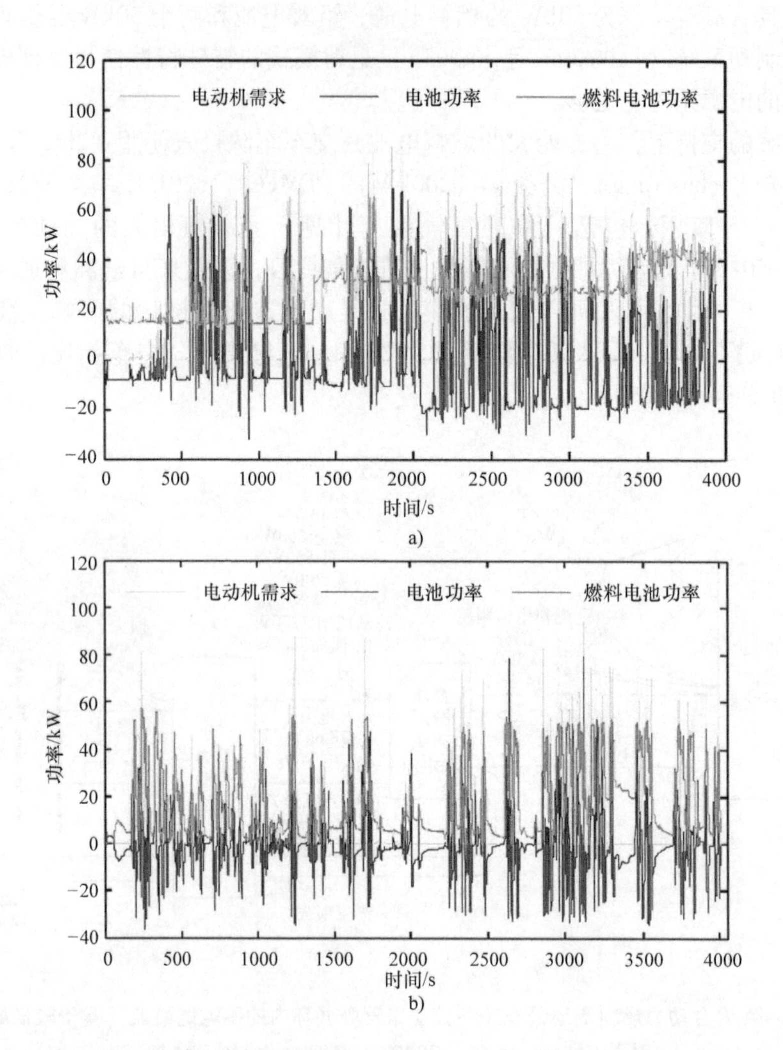

图 4.29　在北京运营的混合动力城市公交车的动力分配。a）福田 II 型公交车总功率（上曲线）、燃料电池提供的功率（中间带平台），以及电池的功率（下曲线）。b）与福田 III 型公交车相同，只是由于使用了不同的控制策略，没有燃料电池动力平台。引自 Li 等（2010）。经许可使用

燃料电池在专用车辆中找到了一个重要的市场定位，用于各种企业的场所。执行的典型任务包括在仓库内拖运商品（Wilhelm 等，2011）或在机场运送人和行李（例如慕尼黑项目）。对于仓库应用，燃料电池驱动的叉车已小批量生产。图 4.31 给出了这种由 5kW PEMFC、超级电容器和铅酸电池组成装置的测试性能。燃料电池在相当恒定的功率水平下运行，除了电池负责的高负载期间，电容器负责大部分负载变化。虽然目前的电池供电叉车每天需要充电几小时一次或多次，但燃料电池叉车可以在几分钟内加注燃料，通常具有更长的自主时间。它们也可以在比电池叉车更低的温度下运行，低至约 -30℃（Mayyas 等，2014）。

图 4.30 a）PEMFC 自行车和 b）燃料电池组件。引自 Kheirandish 等（2014）。经许可使用

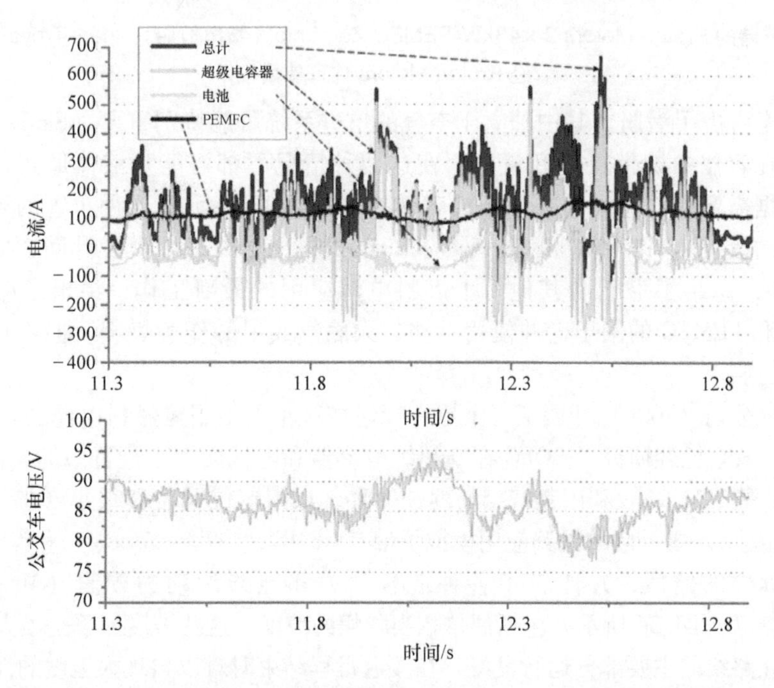

图 4.31 燃料电池、超级电容器和电池叉车系统的性能模拟：运行周期中的电流贡献（上图）和电压（下图）。引自 Keranen 等（2011）。经许可使用

4.3 轮船、火车和飞机

有人建议在船上使用燃料电池和直接氢燃烧，但到目前为止只尝试用于较小的游船和为船上的小型设备提供部分辅助动力（Tse 等，2011）。一个欧洲项目研究了在渡轮上使用氢气对环境的影响（见第 6 章），并提出了使用 PEMFC 或 SOFC 推进的建议。第一个实现的是一艘由欧盟委员会资助的内河船，将 48kW 的 PEMFC 用在汉堡的 Alster 号上（Anonymous，2008；Pospiech，2012），如图 4.32 所示。加氢需要 12min，运行 2 ~3 天后需要加氢。

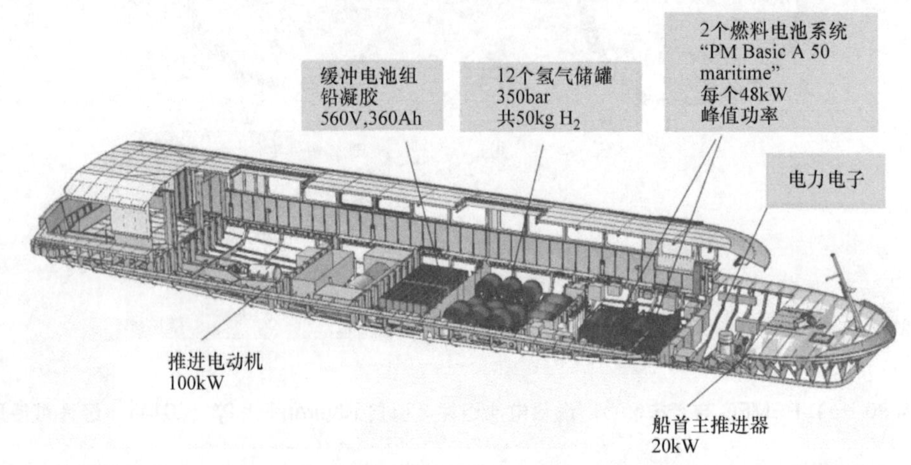

图 4.32 汉堡港的 Proton Motors 2 ×48kW PEMFC ZemShip（零排放船）（de – Troya 等，2016）。经 Proton Motors 许可使用

早期的方案考虑了潜艇，其中独立于空气的推进系统可能特别重要（Sattler，2000）。这样的潜艇需要在容器中携带氢气和氧气，在这两种情况下都可能是液体形式。出于安全考虑，可能会根据需要从其他化合物进行机载转换。图 4.33 显示了这种布置的可能布局，适用于现有潜艇的改装。Nikiforov 和 Chigarev（2011）提出了处理此类设计问题的建议。de – Troya 等（2016）总结了潜艇和其他海上燃料电池应用的最新工作，给出了船舶上使用的 MCFC、SOFC 和 PEMFC 的例子，并使用石油、天然气或甲醇作为燃料，但不包括氢气，除了 Alster 号内河船。

东京天然气公司（2004）开展了一个旨在探讨在火车上使用氢燃料电池的可能性的项目，包括评估加气方式。已经研究了 SOFC 在与超级电容器和电池的混合配置中的具体用途，用于道岔机车（Guo 等，2011），利用其特定的驾驶循环，从固定位置位移很小（加油站和电池充电可以方便地定位）。更一般的铁路应用模拟了带有 PEMFC（470 ~670kW）和镍镉电池的火车在英国穿越 40km 的路段，并比较了各种混合动力和纯柴油动力配置（Meegahawatte 等，2010）。驾驶循环如图 4.34 所示，包括偶尔相当陡峭的坡度。这些坡度似乎是最大的建模问题，因为参数设置在路线的主要部分运行良好，在接近行程结束时难以再现大坡度的性能。

在拥有 1300km 铁轨的挪威，一项研究调查了用氢燃料电池和电池取代机车中当前的柴油发动机，至少对于货运列车而言（Zenith 等，2016）。

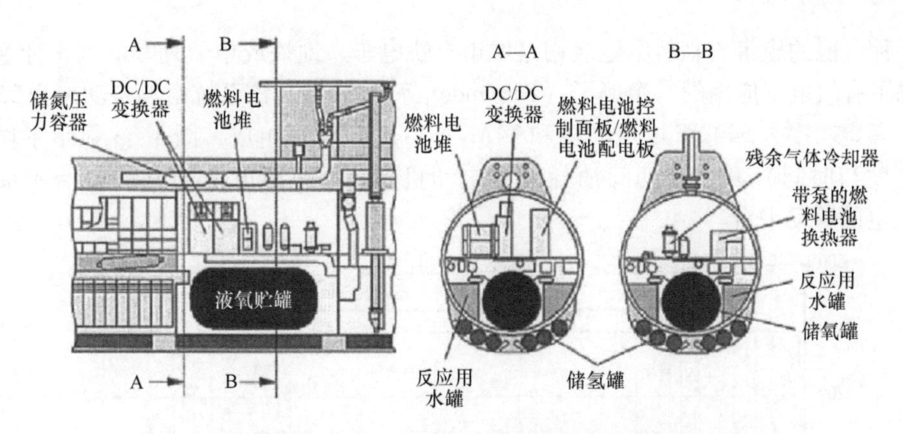

图 4.33 基于 PEMFC 和液氢、液氧的拟议潜艇推进系统。引自 Sattler（2000）。经 Elsevier 许可使用

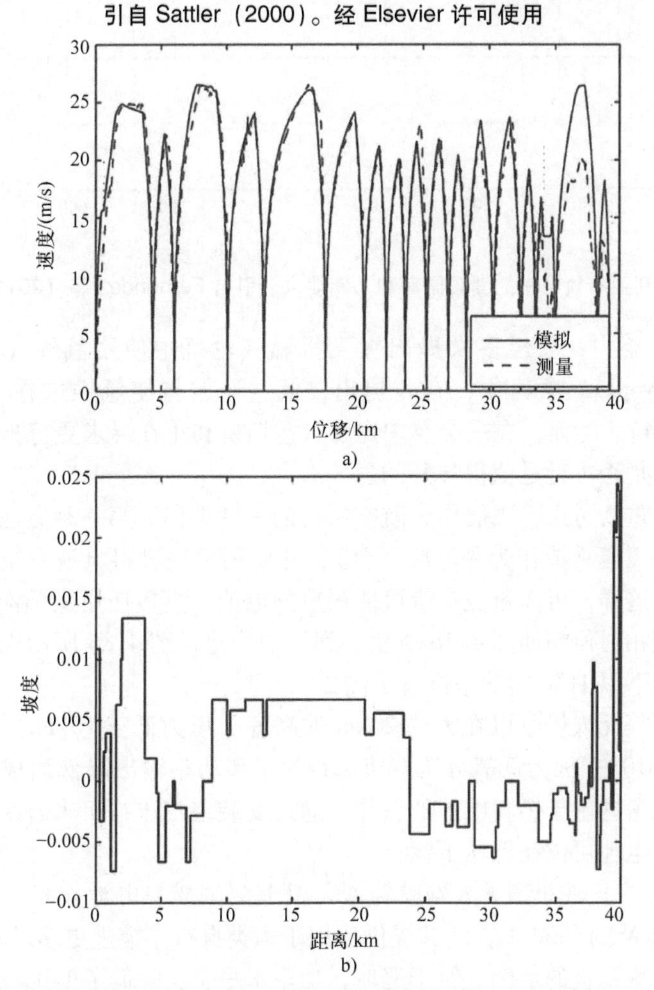

图 4.34 英国埃文河畔斯特拉特福和伯明翰之间的火车路线的驾驶循环（图 a：带有模型模拟结果）和沿轨道路线的坡度（图 b）。引自 Meegahawatte 等（2010）。经许可使用

另一种可能的履带式燃料电池应用是城市有轨电车、地铁或单轨列车。西班牙塞维利亚已经考虑了有轨电车应用的一个例子（Fernandez 等，2011）。该系统由额定功率为254kW 的PEMFC、额定功率为540kW 的电动机和34Ah Ni－MeH 电池组成，图 4.35 显示了城市驾驶循环（速度与时间）和行驶期间消耗的总电动机功率。燃料电池的贡献包括一系列高达200kW 发电的移动平台。

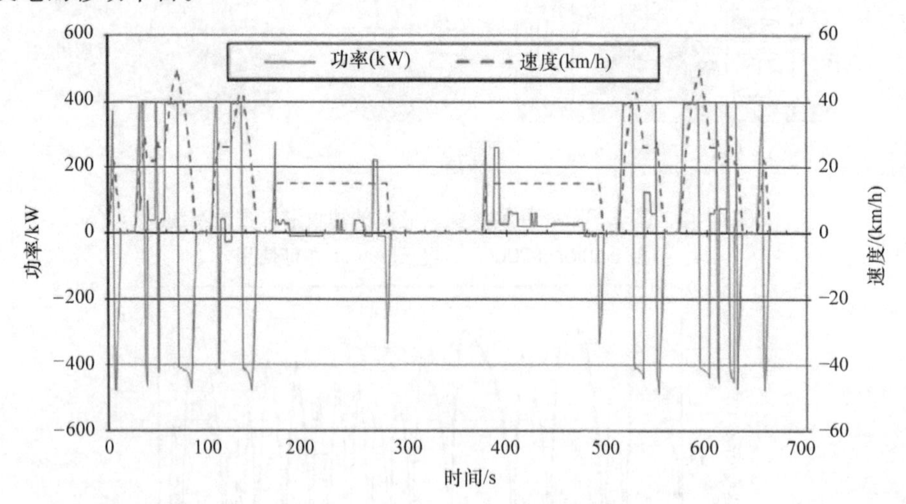

图 4.35　塞维利亚有轨电车的驾驶循环和功率要求。引自 Fernandez 等（2011）。经许可使用

在过去的几十年中，已经多次提出在飞机燃气轮机中使用氢气（Jensen 和 Sørensen，1984）。在欧洲 Cryoplane 项目中，有人提出，低空巡航将使氢推进在环境影响方面有利（Svensson 等，2004）。然而，在一个空中走廊日益拥挤和正在寻求更好地利用空域的新方法的地方，这一建议是否可行是值得怀疑的。

另一种方法是重新考虑将飞艇作为航空旅行的一种手段。第一种方法是考虑由光伏电池板驱动的高空巡航飞艇（或作为平流层平台），并使用可逆燃料电池系统来储存多余的太阳能并在夜间使用。这样，可以避免携带可能很重的电池。直接使用太阳能、电解槽操作和燃料电池发电的预期相对份额如图 4.36 所示。到目前为止，图 4.36 所示设备的测试已在实验室和模拟飞艇条件下以 1kW 的功率进行了测试。

诸如军事用途等无人机可以在大约 20km 的高度（压力低于 10kPa）飞行，重量可能为600kg（Ehredt，2010）。因为低氧分压造成体积效率和功率输出降低而成为内燃机操作的一个严重问题，可以考虑基于燃料电池的操作。通过安装空气压缩机来解决这个问题将增加质量和功耗，而燃料电池可以在低压下运行。

Bradley 等（2007）在小型无人驾驶轻型飞机上测试燃料电池技术。这种看起来像滑翔机的飞机具有 0.5kW 的 PEMFC，能够提供比用于人类自行车推进更多的动力。图 4.37 给出了最大推进期间功率配置的示例。对于巡航，功率水平至少降低了 1/3，并且在下降过程中，可能会怠速。另一架无人机原型机（重 10kg）探索了 780W 高温 PEMFC 配置的优势（通过让较低温度的外部空气冷却其排出的水蒸气；Renau 等，2016）。

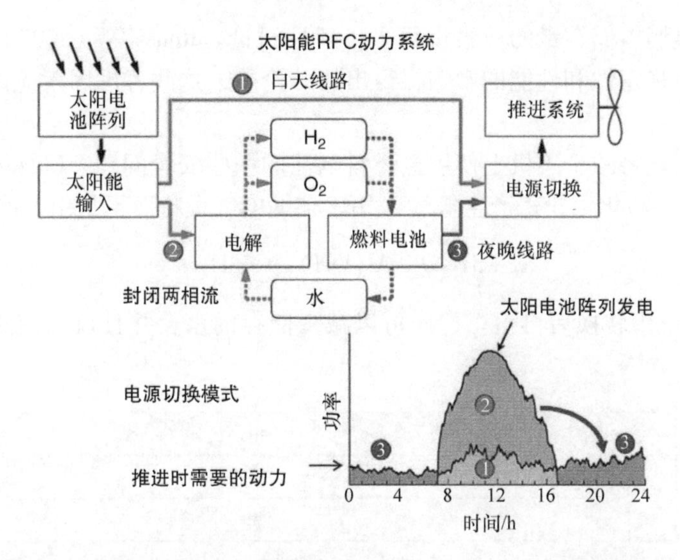

图4.36 作为平流层飞艇动力源的可逆燃料电池（RFC）和太阳电池系统的功率模式及其分时模式。引自 Eguchi 等（2004）

飞机尺寸的提升是波音公司考虑的有人驾驶飞机（Lapeña – Rey 等，2008）。它具有额定功率略高于20kW 的 PEMFC 和锂离子电池（见图4.38）。

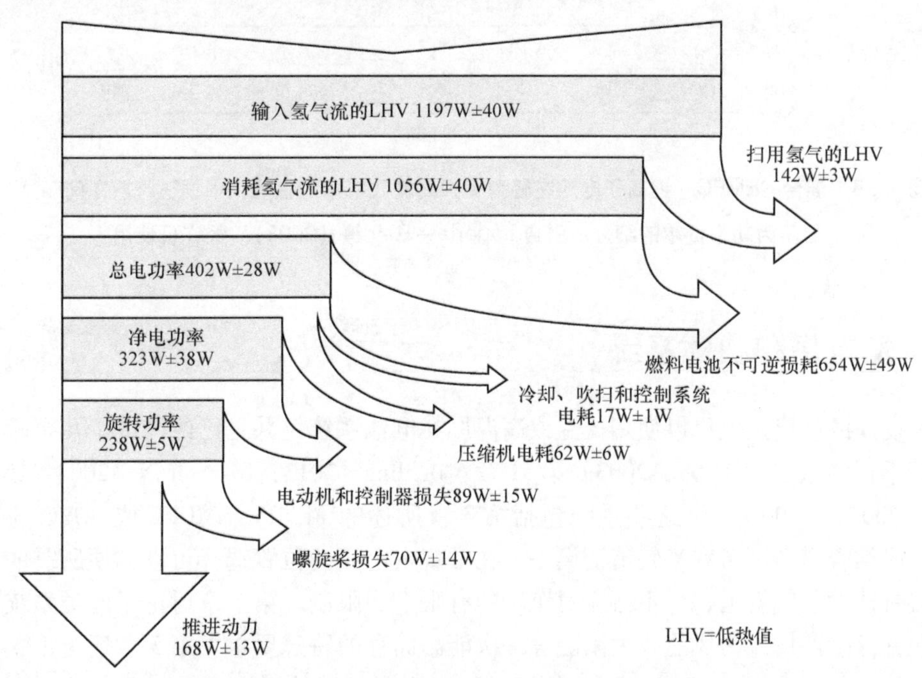

图4.37 燃料电池推进的轻型无人机全油门（起飞）的动力配置。引自 Bradley 等（2007）。经许可使用

Dollmayer 等（2006）、Barbir 等（2005）和 Verstraete 等（2010）已经对通过用氢代替

石油燃料来节省飞机燃料储存量的前景进行了一般性讨论。Rouss 等（2008）分析了湍流引起的振动对燃料电池稳定性和性能的影响，得出的结论是，这些考虑因素应该引入燃料电池动力飞机的设计中。

机上按需生产氢气将减少飞机上使用氢燃料电池的一些安全问题。Elitzur 等（2016）建议通过使用2.5%的锂活化铝粉来产生氢气（用于辅助电气设备而不是用于推进）：

$$Al + 3H_2O \rightarrow Al(OH)_3 + \frac{3}{2}H_2 \tag{4.1}$$

一半的水在 PEMFC 堆中转换后再生。这样可以减少储存的水，并且可以使用厕所中的废水或尿液。

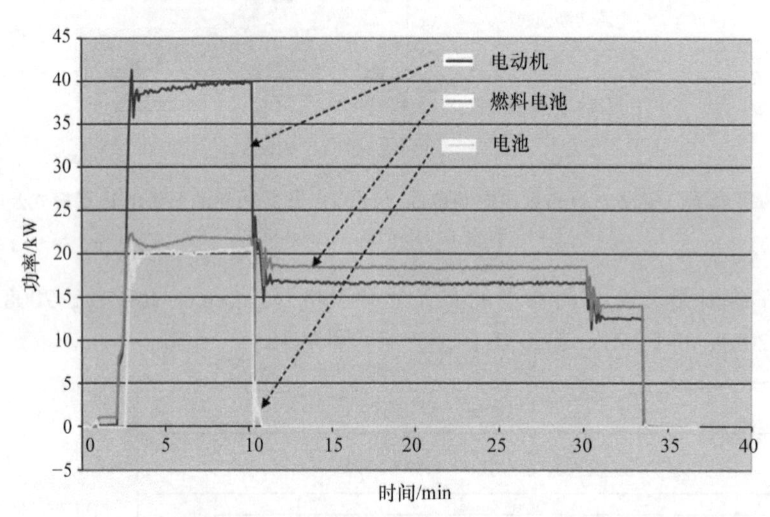

图 4.38　混合 PEMFC－锂离子电池在轻型有人驾驶飞机中的性能，根据飞行前车间测试，显示为功率贡献的细分。引自 Lapeña－Rey 等（2008）。经许可使用

4.4　发电厂和独立系统

更大规模的固定发电可以使用低温或高温燃料电池系统，并且已经测试了几个额定功率高达几百千瓦的系统（Barbir，2003，第51章；Behling，2013；Bischoff 等，2003，第92章；Veyo 等，2003，第93章）。这些系统包括第3章所述的 PEMFC、MCFC 或 SOFC 的基本单元，必要时结合燃料制备和废气清洁设备。在常规发电厂的位置选择可以方便所需的工艺流程或连接首选的氢气管道，而不必应对车辆的有限空间限制。第5章讨论了此类系统扩展的情景，包括氢生产厂作为风能或太阳能等一次能源储存的特殊要求。第5章还讨论了将大型氢气储存纳入集中式模式。Fukushima 等（2004）也对日本的固定式燃料电池技术大规模渗透的要求进行了类似的讨论。在当前和基于燃料电池的系统之间的过渡阶段，有人建议通过从当前系统的非高峰电力中产生氢气来降低车辆氢气的成本（Oi 和 Wada，2004）。这个想法类似于使用多余的风力发电来生产氢气，如5.5节所述。结合间歇性可再生能源，高温燃料

电池系统的相当长的启动时间可能是一个问题，尽管风力发电的相关时间间隔原则上可以相当准确地预测（Meibom 等，1999）。

为了使固定式燃料电池系统具有最佳性能，可以采用超级电容器形式的短期储存（Key 等，2003）。这些储存设备的快速响应允许非常精确的负载匹配。另一方面，人们普遍认为，成熟的燃料电池技术将使电力系统能够对大多数正常运行做出足够快的响应。小规模电容器储存更有可能被纳入电器中，以使它们更具弹性。由于许多在市场上渗透率不断提高的新电器（如笔记本电脑和智能手机）配有机载电池储存和稳定电路，因此近年来对高供电质量（抑制频率和电压偏移）的需求普遍下降，这对许多新兴电力系统来说是个好消息，包括风能和太阳能的初级转换器以及燃料电池等中间转换器。燃料电池的一个已经具有商业化市场定位的应用是应急电源系统（或 UPS，不间断电源系统）。

另一种固定系统应用是远程供电。这种系统很可能基于来自可再生能源转换器的一次能源，因为通过公路长途运输氢气将加大当前的运输成本问题，使得远程电力因为卡车在陆地上运输化石燃料的成本比人口稠密地区的同类型电力贵得多。可以通过水路送达的地方可能没有这个问题。燃料电池系统与其他地方使用的系统没有特别不同，只是低维护要求将具有更高的优先级。已经测试了使用中等寿命 MCFC 进行调峰（MPS，2004）。

在一段时间内，对于发电厂使用氢气，可能使用柴油或燃气发动机比燃料电池更具吸引力，因为成本要低得多，而且没有在汽车应用中内燃机使用氢气体积要求上的负面影响（例如，宝马首次展示氢动力汽车使用 12 缸发动机或类似笨重的点火室）。已经对北大西洋的 Utsira 岛进行了一项研究，有几十名居民，基于风力产生的电力，直接使用或通过碱性电解槽生产氢气，并在 PEMFC 或类似于柴油的发动机中使用氢气（见图 4.39；Ulleberg 等，2010）。

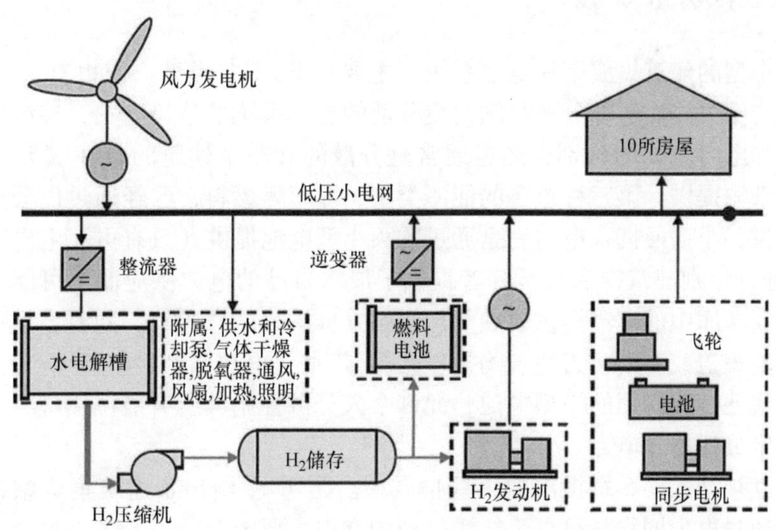

图 4.39　Utsira 岛的发电系统。组件的额定功率如下：风力发电机 600kW、电解槽 50kW、氢气储存 2400Nm^3、燃料电池 10kW、氢发动机 55kW、电池 50kWh 和飞轮 5kWh。引自 Ulleberg 等（2010）。经许可使用

Utsira 岛是一个风很大的地方，风力发电的间歇性导致仅在相对较短的时间内需要备用电源。图 4.40 显示了在这样的5h 内的系统行为：当风力发电量减去电力负荷下降时，电解槽被关闭，并采用飞轮来确保目前相当强烈的风力波动的稳定性，通过消除剩余产量并在赤字期间应用它来确保平稳供应，以及发动机用储存的氢气发电（但反应比飞轮慢）。当风力发电量再次开始上升时，首先关闭发动机，稍后重新启动电解槽。

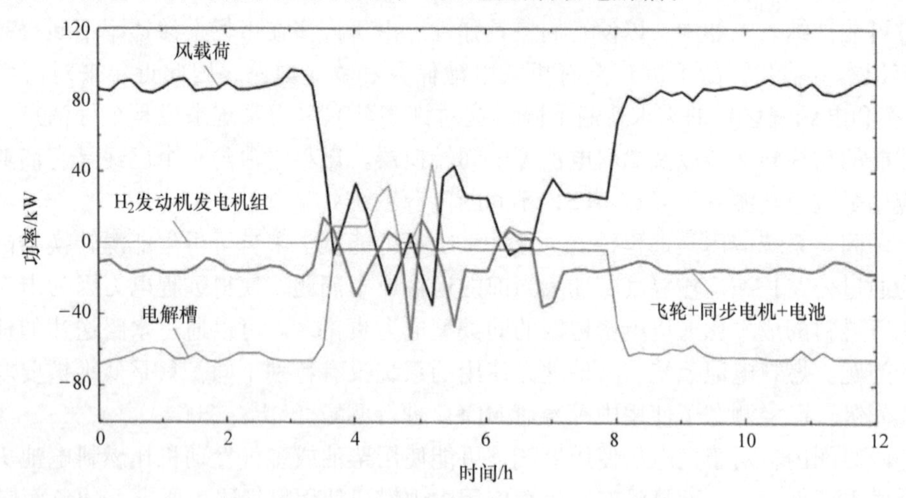

图 4.40　图 4.39 所示的 Utsira 岛设置的操作数据，在 3 月份的 12h 内（见正文）。引自 Ulleberg 等（2010）。经许可使用

4.5　建筑集成系统

近年来，小型的建筑集成燃料电池系统，主要是 PEMFC 类型，但也有一些 SOFC 类型，引起了人们的广泛关注。这部分地与倾向更分散的能源系统的趋势有关，传统的能源供应一直保持着热量和电力之间的区别，热量通常是分散的（单个建筑的石油或天然气燃烧器），而电力由中央来源提供。第三种重要的能源类型，即车辆燃料，已经通过以公共加注站为终点的供应链提供，小型便携式电力完全通过购买小型电池提供（只有可充电电池提供个人控制）。燃料电池为个别建筑物及其所有者提供了成为自己的电力供应商的可能性，并可能为停在建筑物附属车库中的车辆提供单独的加气站（Sørensen，2000）。同时，现场发电和制氢产生的废热可能覆盖或有助于为建筑物提供热量/热水（电热联产，CPH）。最后，燃料电池技术还可以取代便携式应用的小型电池，允许个人分散控制其所有能源供应，用于加热、车辆燃料以及固定或便携式电力。

这些可能性被纳入第 5 章提出的一些情景中。图 4.41 给出了建筑集成燃料电池系统的愿景，该系统通过电力网络从可再生能源供应中获得主要能源。另一种选择是通过管道供应氢气，类似于天然气分配或区域供热网络。

建筑物集成使用氢气的第一种方法可能是用带有重整器的 PEMFC 装置取代许多国家用于家庭供暖和热水需求的天然气锅炉机组，从而能够使用现有的天然气供应。这种燃料电池

加重整装置已经开发出来并已上市（Osaka Gas Co.，2004，2015；Vaillant，2004，2016）。已经获得了许多原型装置的早期测试结果，例如在意大利运行的 4.0kW + 6.8kW 热电联产装置（Gigliucci 等，2004）。由于 50% 的政府补贴，日本已经安装了超过 100000 个机组（Fuel Cells Work，2015）。

天然气重整器和 PEMFC 装置通常被称为微型 CPH 工厂，并且已经出现了一些关于设计和建模的讨论（Beausoleil - Morrison，2010）。Arsalis 等（2011）建议使用高温 PEMFC，Kazempoor 等（2011）建议使用 SOFC，从而避免了重整，但仍必须清除燃料中的污染物。然而，可能的效率提高很小，建筑物（和区域供热系统）的热分布温度在过去几十年中一直在下降，这使得传统的 PEMFC 在 50 ~ 60℃ 下提供热量相当充足，并且可能更安全和方便。在中等规模的建筑物中间歇性地使用能源达到高工作温度特别不方便。Barelli 等（2011）的一项研究通过比较基于 PEMFC 和 SOFC 技术的微型 CPH 系统得出了类似的结论，发现用于小规模使用的 PEMFC 系统在能源和有效能方面都更有效。Dodds 等（2015）的一项类似研究尚无定论，因为当前库存设备的效率范围不同。总体而言，这些观察结果支持了普遍持有的观点，即 SOFC 技术仅对大型工厂有意义，在这些工厂中，必要的高温更容易建立并与用户隔离，并且通常需要长时间保持不变。

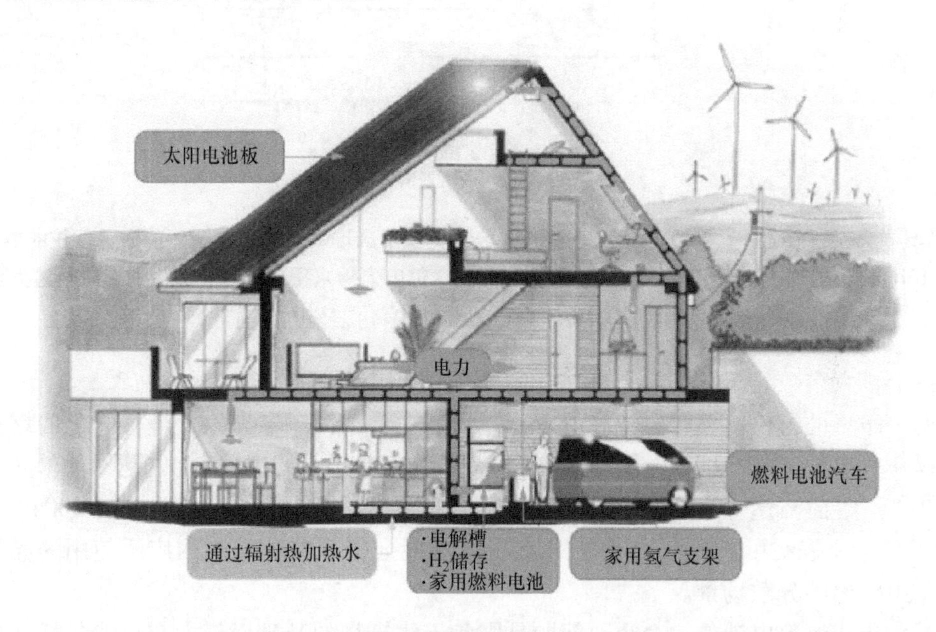

图 4.41　建筑集成的燃料电池系统的愿景，提供热能、电力和氢气作为车用燃料。引自 Honda（2004）。经许可使用

Li 和 Ogden（2011）考虑通过添加氢气压缩机并加大重整器来实现 Sørensen（2000）和 Honda（2004）的情景，重整器大到能够提供足够的氢气来满足 PEMFC 的建筑物的电力需求（加上一些加热热水的热量，因为供暖与所考虑位置的电力需求相关性差），还可以在夜间为停在建筑物内/建筑物上的燃料电池汽车加氢。图 4.42 显示了该系统在北加州普遍存在的条件下的典型的一天的性能，假设夜间固定时间车辆加注速度缓慢。

在下一阶段，假设继续使用天然气是不可接受的（出于资源或温室效应的原因），那么必须寻求替代品，例如引入基于可再生能源的氢气供应基础设施的微型 CPH 装置（Erdmann，2003；Kato 和 Suzuoki，2004）。在这种情况下，建筑物将为燃料电池混合动力汽车提供插电式电源和氢气（Syed 等，2010）。对于微型 CPH 工厂，人们可以设想管道氢气供应系统（例如，接管或取代天然气网络）和以分散方式生产氢气的系统。如果能够高效率地利用燃料电池在可逆模式下运行的能力，这种生产将特别有吸引力（见 Sørensen，2000，2003 和第5章）。

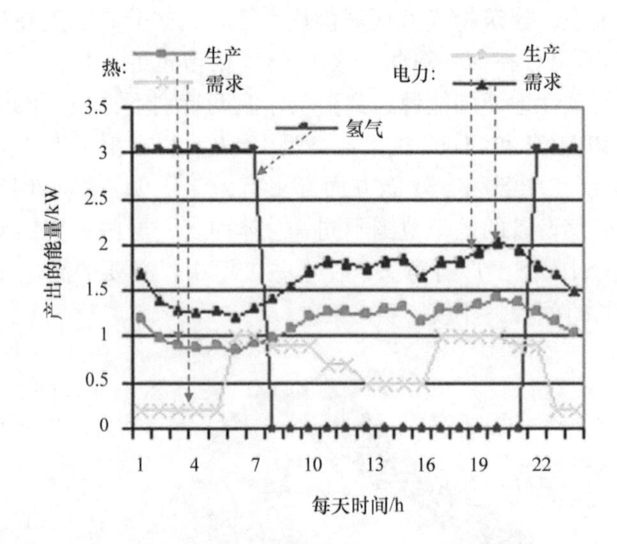

图 4.42　具有 2kW PEMFC、8kW 天然气重整器（包括变换反应堆和气体净化器）的住宅系统的典型性能，在 10h 间隔内产生 0.9kg 车用 H_2，以及电和热。建筑电力需求得到满足，产生的相关热量大多超过需求。基于 Li 和 Ogden（2011）。经许可使用

实际上，大多数建筑物集成系统将受益于能够使用可逆燃料电池（见 3.5.5 节），而不必安装两个昂贵的组件：燃料电池和电解槽。问题在于，针对电力生产进行优化的燃料电池的反向操作效率低（约 50%），使其效率低于传统的碱性电解（技术上也是一种单向类型的燃料电池）。然而，迄今为止在实验室规模上取得的技术突破（Ioroi 等，2004），结合图 3.65的讨论，表明可逆的 PEMFC 技术在未来可能会实现在建筑物内广泛使用的愿景，例如 5.5 节中提出的分散场景。

建筑物集成燃料电池的一个重要问题是服务于建筑物的基础设施。它可能包括连接到电网，连接到氢气管道网络，也可能连接到区域供热网络。如果建筑物接收氢气，它可以用来发电和产生相关热量。如果产生的电力多于建筑物中可以使用的电力，则可以将其输出到电网。通过这种方式，燃料电池容量得到了更充分的利用，并且对不属于建筑物系统的额外发电站的需求变得更小。然而，另一种操作模式（见图 5.4）是从电网接收电力并用它来生产氢气，以分配给停在建筑物内或建筑物外的车辆，或储存起来以供以后再生电力和相关热量。此选项与间歇性功率输入的主要可再生能源系统相关性强，因为当没有一次电力可用时，氢气也可用于产生电力和热量。

这为使用可逆燃料电池系统提供了进一步的可能性，即建筑物与电网相连，但不与任何氢气网络连接。然后，它将从建筑物中未立即使用的多余电力中产生氢气，将其储存起来，并在供应不足的情况下使用其中一些用于再生电力，其余部分用作车辆的燃料。在这样的愿景中，氢气的储存应该是与建筑物紧密相连的。只有当有氢气网络时，中央氢气储存才有意义。建筑物集成的储氢可以采用储罐的形式出现在碰巧占据车库（如果存在）或停在房屋附近的车辆中。但是，此选项不能保证在需要的所有情况下都有足够的储存空间。因此，有必要考虑专用于建筑物的其他储氢选项。这些可以是压缩气体容器，或者出于安全考虑，有些人更喜欢金属氢化物储存。正如第 5 章中的情景所示，应对风能 - 太阳能一次能源生产系统的波动能源生产只需要少量的此类储存$\left(家庭住宅需约\frac{1}{3}m^3\right)$，包括考虑系统所有组件的损耗。Aki 等（2004）还指出，通过使用局部氢气管道网格在各个建筑物之间交换氢气可以获得系统稳定性优势。

4.6　便携式和其他小型系统

近年来，消费模式使便携式设备用于娱乐和工作（音视频和游戏播放器、互联网浏览器等，目前集成到具有多功能的平板电脑或移动电话或笔记本电脑中，用于查看和处理大量数据）。这增加了对电池的需求，但同时也揭示了电池技术的局限性，似乎难以避免要求转换效率稳定但适度的提高。具有小型储存装置的燃料电池将是解决这些问题的明显解决方案，因为一个重要领域的技术性能已经超过了电池，燃料电池可以独立提供几天而不是几小时具有大显示屏最先进智能手机或笔记本电脑的用电。这些燃料电池和电池的类似技术之间的区别在于燃料电池化学品的外部储存与电池的内部储存。这也是瓶颈，因为氢气不方便直接储存（合适容量的袖珍容器需要高压缩），并且使用便携式重整器需要特别的附加组件。目前有两种途径：避免通过使用直接甲醇燃料电池进行重整，或者开发一种在质量和体积方面都具有高能量密度的物质的微型重整器。

中等规模电器（从园林设备到军用便携式武器以及情报和通信设备）也寻求电池替代技术。作为参考，使用中的蜂窝电话需要大约 0.2W 的功率，摄像机需要不到 6W 的功率，笔记本电脑通常需要不到 20W 的功率。更专业的便携式设备包括现场环境监测器、医疗移动生命支持系统以及军事行动中使用的士兵通信和信号设备（Palo 等，2002）。此类设备的功率要求通常在 10 ~ 500W 的范围内。标准尺寸锂离子电池的储存容量为 750mAh，笔记本电脑适用的最大电池组的容量为 3600mAh。对于传统的便携式摄像机（需要高于智能手机录像质量时使用），标准锂离子电池可以在 7V 下提供 5W 供电 1 ~ 2h，而对于 12V 的笔记本电脑，当前电池在平均功耗为 10W 时供电约 4h。

目前小型锂离子电池的价格（相机和笔记本电脑的典型设备约为 15 ~ 25 欧元或美元/kWh，使用寿命为 4 年，而用于工匠工具或电动汽车的大型电池的价格相对较低但仍然很高）使便携式应用成为替代技术的诱人市场，特别是那些可能提供长期待机的技术。

便携式燃料电池应用可以考虑的选择包括带有压缩氢罐的 PEMFC、金属氢化物或需要使用重整器和直接甲醇燃料电池的燃料，例如甲醇。30MPa 的压缩氢和最好的金属氢化物的体积能量密度（见表2.4）为2.7GJ/m^3 和15GJ/m^3，而甲醇的体积能量密度为17GJ/m^3。这些应该与锂离子电池的能量密度进行比较，约为1.4GJ/m^3（Sørensen，2017）。这意味着，通过添加效率为50%的 PEMFC，使用高达30MPa 的储存压缩氢加上燃料电池的设备的性能并不比锂离子电池更好，而列出的其他可能性至少在理论上可能优于最好的电池。

尺寸（体积）的考虑与便携性有关，但更重要的是以质量计算的能量密度，因为人类必须随身携带设备（也就是"便携式"设备）。直到最近，笔记本电脑才从"可拖曳式"过渡到"便携式"，超薄和低重量的设计使其成为笔记本电脑和平板电脑的替代品，通过为触觉输入提供解剖学上可接受的尺寸，即使针对笔记本电脑，重量也减轻了，相对于没有键盘的智能手机和 GPS 设备，操作更便捷。在没有容器质量的情况下，任何形式的氢的能量密度为120MJ/kg，但对于储存在金属氢化物中，总密度降至9MJ/kg 以下（见表2.3）。对于甲醇，该值为21MJ/kg；对于铅酸电池，约为0.14MJ/kg；对于目前的锂离子电池，它是0.7MJ/kg（Sørensen，2017）。未来的 Li－O_2（Li－空气）电池承诺高达14MJ/kg（Bruce 等，2012；Janek 和 Zeier，2016；Service，2011）。目前远离电网的智能手机用户必须携带额外的电池或（例如基于 MeH 的）电池充电器（Jary，2015）。因此，燃料电池解决方案似乎有可能通过质量来解决便携性挑战，尽管不太可能通过体积来解决。

不久前，Güther 和 Otto（1999）对笔记本电脑的金属氢化物储存进行了实验，发现容量（自主运行小时数）比相同体积的锂离子电池高出5倍。如上所述，此类储存目前用于市场上的几种便携式充电器。

一些日本电子行业和一系列美国陆军项目已经考虑将甲醇和 PEMFC 与微型重整器结合使用（Palo 等，2002；Patil 等，2004）。在早期项目中，据报道，15W、1kg 便携式功率设备的能量密度为2.6MJ/kg，该设备带有用于启动重整系统的小型辅助电池。从下一个项目中，图4.43 显示了40W 微型甲醇重整器。自2006 年以来，UltraCell 公司为美国军方开发了基于甲醇罐的微型燃料电池，能够在0.6～17kg 的容器中使用440～12500Wh 的甲醇燃料运行笔记本电脑0.5～13 天（UltraCell LLC，2011，2017，见图4.43）。已经构建了各种理论模型来处理优化问题（Besser，2011），并且在早期阶段就已经提出了避免向环境排放的方法（Muradov，2003）。

如3.6 节所述，甲醇的相当高的能量密度可以在没有额外重整组分的情况下使用（见图3.69）。一个缺点是甲醇 PEMFC 的转换效率低于其氢 PEMFC。尽管已经采取了直接路线（Meyers 和 Maynard，2002；Zenith 等，2010），与重整器/PEMFC 组合相比，甲醇/DMFC 装置不仅效率低，而且距离商业化更远。根据 Zenith 等（2010）的模型计算，DMFC 工作的关键因素包括环境湿度、冷凝器温度和过量空气。

由微型 DMFC 驱动的笔记本电脑的早期原型如图4.44b、c 所示。在2003 年的设计中，可更换的甲醇盒放置在计算机后部，280cm^2 DMFC 放置在笔记本电脑键盘下方。燃料电池在12V 时产生14W 的功率，如果甲醇体积约为30cm^3（从照片中判断），则储存容量为142Wh。这将允许计算机以10W 的平均功耗运行14h。2004 年展出了"扩展坞"设计。日本和韩国

图 4.43　太平洋西北国家实验室为美国陆军生产的 40W 甲醇制氢重整器原型。图片中出现的硬币直径为 24mm。引自 Patil 等（2004）。经许可使用

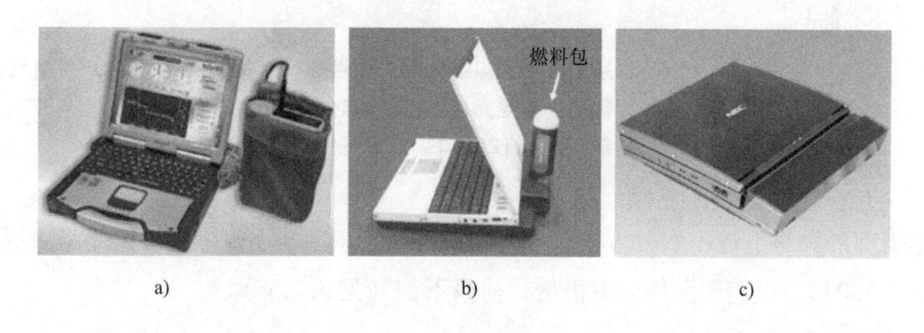

图 4.44　a）UltraCell XX25 氢燃料电池，带有甲醇盒和重整器，用于耐用的军事用途（2008 ~ 2011 年）。b）、c）带有甲醇盒的 NEC 直接甲醇原型燃料电池（2003 年和 2004 年设计）。引自 UltraCell LLC（2011，2017）、Kubo（2004）和 NEC（2011）。经许可使用

的计算机制造商在 2003—2006 年间都展示了几款燃料电池笔记本原型，有时还承诺“明年”进入商业市场，但到 2011 年，它们都没有出现在商店中。然而，德国公司 EFOY Energy 将在 2017 年之前销售一系列能够提供 40 ~ 500W 电力的 DMFC 装置，涵盖娱乐用途（如游艇）和工匠用途，持续 4 ~ 55 天，燃料盒范围从 5L 到 60L（EFOY，2017）。讨论的所有便携式燃料电池单元都使用小电池来启动系统，这个过程通常需要 10 ~ 20min。

为了在不重整的情况下利用标准氢 PEMFC，已经采用了基于硅化钠的化学反应概念为小型 PEMFC 产生氢气，首先用于自行车（500g，在 50km 内提供约 200W），最近用于小型便携式设备的离网充电（见图 4.45；MyFC，2011；SiGNa，2011）。反应式为（Lefenfeld 等，2006；NSF，2011）

$$2NaSi + 5H_2O \rightarrow Na_2Si_2O_5 + 5H_2 + 350kJ/mol$$

从沙子和食盐中生产 NaSi 应该是简单的（Modic，2011），与其他一些钠反应相比，产生氢气的外源过程非常快且易于控制。

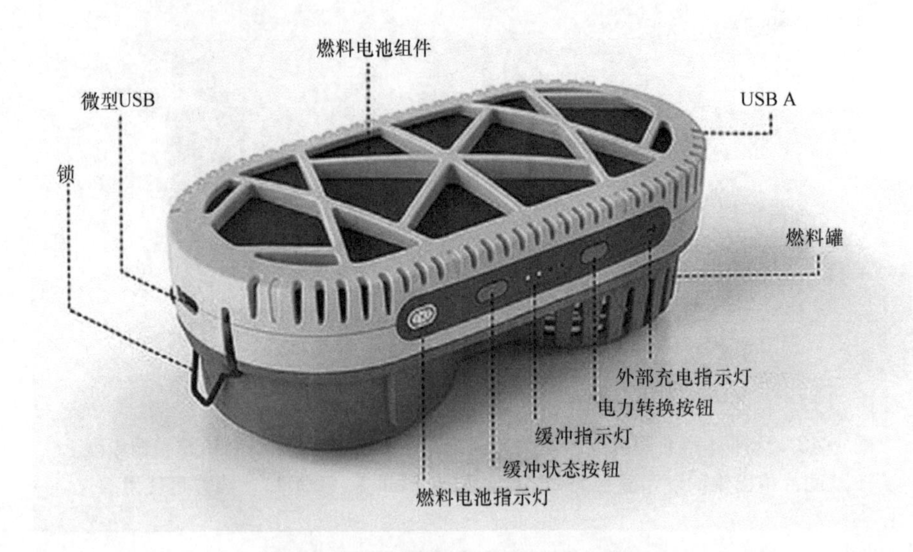

图 4.45　PowerTrekk PEMFC 用于为小型电器充电，使用储存的 NaSi 在加水时产生氢气，并为锂离子电池充电，以便即时启动。引自 MyFC（2011）。经许可使用

其他类型的燃料电池，如微生物燃料电池，也被考虑用于小规模的便携式用途（Dunn - Rankin 等，2005），但由于总体效率极低，前景不佳（见 3.7 节）。

4.7　问题和讨论

1. 从伦敦飞往东京的航班，一架飞机必须要携带多少氢气？

2. 讨论混合动力汽车燃料电池和电池的最佳额定功率，作为电池和燃料电池设备相对价格的函数。注意，电池的额定能量是一个定义不明确的参数。原因是电池释放的能量取决于放电率，因此取决于驾驶循环（Jensen 和 Sørensen，1984）。当制造商说到储存的能量 E(kWh) 或储存的电量 C(Ah) $= E/V$ 时，他们很少提及这一点。这里，V 是串联的所有单元的电位（某些系统使用单个电池模块单元的并联和串联的组合）。

3. 写一份清单，列出你认为个人生活或工作活动中那些耗电的行为，这些行为永远不会由电池或便携式燃料电池供电。

根据这些行为占总用电量的比例，估计基于风能或光伏发电等可再生能源可能占总用电量的百分比，仅用于为电池或燃料电池充电（两个单独估计）。

参考文献

Ahluwalia, R., Wang, X., Rousseau, A., Kumar, R. (2004). Fuel economy of hydrogen fuel cell vehicles. *J. Power Sources 130*, 192–201.

Aki, H., Yamamoto, S., Kondoh, J., Maeda, T., Yamaguchi, H., Murata, A., Ishii, I., Sugimoto, I. (2004). Fuel cells and hydrogen energy networks in urban residential buildings. In *Proc. 15th World Hydrogen Energy Conf., Yokohama*. 28I-05, CD Rom, Hydrogen Energy Soc., Japan

Al-Durra, A., Yurkovich, S., Guezennec, Y. (2010). Study of nonlinear control schemes for an automotive traction PEM fuel cell system. *Int. J. Hydrogen Energy 35*, 11291–11307.

Albertus, P., Couts, J., Srinivasan, V., Newman, J. (2008). II. A combined model for determining capacity usage and battery size for hybrid and plug-in hybrid electric vehicles. *J. Power Sources 183*, 771–782.

Anonymous (2008). *First fuel cell passenger ship unveiled in Hamburg*. Fuel Cell Bulletin, October, 4–5.

Arora, A., Medora, N., Livernois, T., Swart, J. (2010). Safety of lithium-ion batteries for hybrid electric vehicles. Ch. 18 in *Electric and Hybrid Vehicles*, (G. Pistoia, ed.), 463–491. Elsevier, Amsterdam.

Arsalis, A., Nielsen, M., Kær, S. (2011). Modeling and parametric study of a 1 kWe HT-PEMFC-based residential micro-CHP system. *Int. J. Hydrogen Energy 36*, 5010–5020.

Ayad, M., Becherif, M., Henni, A. (2011). Vehicle hybridization with fuel cell, supercapacitors and batteries by sliding mode control. *Renewable Energy 36*, 2627–2634.

Barbir, F. (2003). System design for stationary power generation. In "Handbook of Fuel Cells, Vol. 4" (W. Vielstich, A. Lamm, H. Gasteiger, eds.), Ch. 51. Wiley, Chichester.

Barbir, F., Molter, T., Dalton, L. (2005). Efficiency and weight trade-off analysis of regenerative fuel cells as energy storage for aerospace applications. *Int. J. Hydrogen Energy 30*, 351–357.

Barelli, L., Bidini, G., Gallorini, F., Ottaviano, A. (2011). An energetic/exergetic comparison between PEMFC and SOFC-based micro-CHP systems. *Int. J. Hydrogen Energy 36*, 3206–3214.

Beausoleil-Morrison, I. (2010). The empirical validation of a model for simulating the thermal and electrical performance of fuel cell micro-cogeneration devices. *J. Power Sources 195*, 1416–1426.

Behling, N. (2013). *Fuel Cells: Current Technology Challenges and Future Research Needs.* Elsevier, Amsterdam.

Bernard, J., Delprat, S., Guerra, T., Büchi, F. (2010). Fuel efficient power management strategy for fuel cell hybrid power trains. *Control Eng. Practice 18*, 408–417.

Bernard, J., Hofer, M., Hannesen, U., Toth, A., Tsukada, A., Büchi, F., Dietrich, P. (2011). Fuel cell/battery passive hybrid power source for electric powertrains. *J. Power Sources 196*, 5867–5872.

Besser, R. (2011). Thermal integration of a cylindrically symmetric methanol fuel processor for portable fuel cell power. *Int. J. Hydrogen Energy 36*, 276–283.

Bischoff, M., Farooque, M., Satou, S., Torazza, A. (2003). MCFC fuel cell systems. In "Handbook of Fuel Cells, Vol. 4" (W. Vielstich, A. Lamm, H. Gasteiger, eds.), Ch. 92. Wiley, Chichester.

Bitsche, O., Gutmann, G. (2004). Systems for hybrid cars. *J. Power Sources 127*, 8–15.

Boettner, D., Moran, M. (2004). Proton exchange membrane (PEM) fuel cell-powered vehicle performance using direct-hydrogen fueling and on-board methanol reforming. *Energy 29*, 2317–2330.

Bradley, T., Moffitt, B., Mavris, D., Parekh, D. (2007). Development and experimental char-

acterization of a fuel cell powered aircraft. *J. Power Sources 171*, 793–801.
Bruce, P., Freunberger, S., Hardwick, L., Tarascon, J.M. (2012). Li-O_2 and Li-S batteries with high energy storage. *Nature Materials 11*, 19–29.
Bubna, P., Brunner, D., Advani, S., Prasad, A. (2010a). Prediction-based optimal power management in a fuel cell/battery plug-in hybrid vehicle. *J. Power Sources 195*, 6699–6708.
Bubna, P., Brunner, D., Gangloff, J., Advani, S., Prasad, A. (2010b). Analysis, operation and maintenance of a fuel cell/battery series-hybrid bus for urban transit applications. *J. Power Sources 195*, 3939–3949.
Corbo, P., Migliardini, F., Veneri, O. (2010). Lithium polymer batteries and proton exchange membrane fuel cells as energy sources in hydrogen electric vehicles. *J. Power Sources 195*, 7849–7854.
Cuddy, M. (1998). *Volkswagen gearbox description for ADVISOR software*. File notes, National Renewable Energy Lab., Golden, CO.
Curtin, S., & Gangi, J. (2016). *Fuel cell technologies market report 2015*. http://energy.gov/sites/prod/files/2016/10/f33/fcto_2015_market_report.pdf (accessed 2016).
de-Troya, J., Alvarez, C., Fernandez-Garrido, C., Carral, L. (2016). Analysing the possibilities of using fuel cells in ships. *Int. J. Hydrogen Energy 41*, 2853–2866.
Dodds, P., Staffell, I., Hawkes, A., Li, F., Grünewald, P., McDowall, W., Ekins, P. (2015). Hydrogen and fuel cell technologies for heating: A review. *Int. J. Hydrogen Energy 40*, 2065–2083.
Dollmayer, J., Bundschuh, N., Carl, U. (2006). Fuel mass penalty due to generators and fuel cells as energy source of the all-electric aircraft. *Aerospace Sci. & Technology 10*, 686–694.
Đukić, A., Firak, M., Filipović, P. (2016). PEM fuel cell powered bicycle. In *Proc. of 21st World Hydrogen Energy Conference,* Zaragoza (Spain), pp. 531–532.
Dunn-Rankin, D., Leal, E., Walther, D. (2005). Personal power systems. *Prog. Energy & Combustion Sci. 31*, 422–465.
Eberle, U., von Helmolt, R. (2010). Fuel cell electric vehicles, battery electric vehicles, and their impact on energy storage technologies: an overview. Ch. 9 in *Electric and Hybrid Vehicles*, (G. Pistoia, ed.), 247–273. Elsevier, Amsterdam.
EFOY. (2017). *Fuel cells*. http://www.efoy.com, accessed January 2017.
Eguchi, K., Fujihara, T., Shinozaki, N., Okaya, S. (2004). Current work on solar RFC technology for SPF airship. In: *Proc. 15th World Hydrogen Energy Conf.,* Yokohama. 30A-07, CD Rom, Hydrogen Energy Soc., Japan.
Ehredt, D. (2010). NATO—Joint Air Power Competence Centre. 2010–2011 UAS Yearbook—UAS: The Global Perspective, 8th Edition, pp. 61–62.
Elitzur, S., Rosenband, V., Gany, A. (2016). On-board Hydrogen Production for Auxiliary Power in Passenger Aircraft. *Proc. of 21st World Hydrogen Energy Conference,* Zaragoza pp. 299–300.
Erdmann, G. (2003). Future economies of the fuel cell housing market. *Int. J. Hydrogen Energy 28*, 685–694.
Fadel, A., Zhou, B. (2011). An experimental and analytical comparison study of power management methodologies of fuel cell–battery hybrid vehicles. *J. Power Sources 196*, 2171–3279.
Fernandez, L., Garcia, P., Garcia, C., Jurado, F. (2011). Hybrid electric system based on fuel cell and battery and integrating a single dc/dc converter for a tramway. *Energy Conversion & Management 52*, 2183–2192.
Folkesson, A., Andersson, C., Alvfors, P., Alaküla, M., Overgaard, L. (2003). Real life testing of a hybrid PEM fuel cell bus. *J. Power Sources 118*, 349–357.
Friedlmeier, G., Friedrich, J., Panik, F. (2001). Test experiences with the DaimlerChrysler fuel cell electric vehicle NECAR 4. *Fuel Cells 1*, 92–96.
Fuel Cells Work (2015). Archived news-item on the ENE-FARM project from 23. Sept., https://fuelcellsworks.com/archives/2015/09/23/ene-farm-installed-120000-residential-fuel-cell-

units (accessed 2017).
Fukushima, Y., Shimada, M., Kraines, S., Hirao, M., Koyama, M. (2004). Scenarios of solid oxide fuel cell introduction into Japanese society. *J. Power Sources 131*, 327–339.
Gigliucci, G., Petruzzi, L., Cerelli, E., Garzisi, A., LaMendola, A. (2004). Demonstration of a residential CHP system based on PEM fuel cells. *J. Power Sources 131*, 62–68.
Guo, L., Yedavalli, K., Zinger, D. (2011). Design and modeling of power system for a fuel cell hybrid switcher locomotive. *Energy Conversion & Management 52*, 1406–1413.
Güther, V., Otto, A. (1999). Recent developments in hydrogen storage applications based on metal hydrides. *J. Alloys Compounds 293–295*, 889–892.
Herrmann, M., Meusinger, J. (2003). Hydrogen storage systems for mobile applications. In: *Proc. 1st European Hydrogen Energy Conf., Grenoble 2003*. CDROM produced by Association Francaise de l'Hydrogène, Paris.
Honda. (2004). *Honda's vision of future home life*. http://www.honda.com (accessed 2004).
Honda. (2015). Honda Exhibits World Premiere of CLARITY FUEL CELL. http://world.honda.com/news/2015/4151028eng.html (accessed 2016).
Ioroi, T., Yasuda, K., Miyazaki, Y. (2004). Polymer electrolyte-type unitized regenerative fuel cells. In: 15th World Hydrogen Energy Conference, Yokohama 2004. Paper P09-09. Hydrogen Energy Systems Soc. of Japan (CDROM).
Janek, J., Zeier, W. (2016). A solid future for battery development. *Nature Energy 1*, 2–5.
Jary, S. (2015). *Upp fuel cell energy review—first-gen power charger for off-grid adventurers*. http://www.pcadvisor.co.uk/review/batteries/upp-fuel-cell-energy-review-3595943 (accessed 2017).
Jensen, J., Sørensen, B. (1984). *"Fundamentals of Energy Storage"*. Wiley, New York. 345 pp.
Johnson, V. (2001). *Module ESS_L17_temp documentation file for advisor*. National Renewable Energy Laboratory, Golden, CO.
Kato, T., Suzuoki, Y. (2004). Energy saving potential of home co-generation system using PEFC in both individual household and overall energy system. In *Proc. 15th World Hydrogen Energy Conf.,* Yokohama. P12-02, CD Rom, Hydrogen Energy Soc., Japan.
Kazempoor, P., Dorer, V., Weber, A. (2011). Modelling and evaluation of building integrated SOFC systems. *Int. J. Hydrogen Energy 36*, 13241–13249.
Keränen, T., Karimäki, H., Viitakangas, J., Vallet, J., Ihonen, J., Hyötylä, P., Uusalo, H., Tingelöf, T. (2011). Development of integrated fuel cell hybrid power source for electric forklift. *J. Power Sources 196*, 9058–9068.
Key, T., Sitzlar, H., Geist, T. (2003). *Fast response, load-matching hybrid fuel cell*. Report NREL/SR-560-32743, Nat. Renewable Energy Lab, Golden, CO.
Kheirandish, A., Kazemi, M., Dahari, M. (2014). Dynamic performance assessment of the efficiency of fuel cell-powered bicycle: An experimental approach. *Int. J. Hydrogen Energy 39*, 13276–13284.
Koch, F., Skiker, S. (2016). Clean Hydrogen in European Cities (CHIC), a roll-out of zero emission fuel cell buses and their hydrogen refueling stations. *Proc. of 21st World Hydrogen Energy Conference,* Zaragoza (Spain), pp. 202–203.
Kubo, Y. (2004). Micro fuel cells for portable electronics. In: *Proc. 15th World Hydrogen Energy Conf.,* Yokohama. CD Rom, Hydrogen Energy Soc., Japan.
Lamm, A., Müller, J. (2003). System design for transport applications. In "Handbook of Fuel Cells", Vol. 4 (W. Vielstich, A. Lamm, H. Gasteiger, eds.), Ch. 64. Wiley, Chichester.
Lapeña-Rey, N., Mosquera, J., Bataller, E., Orti, F., Dudfield, C., Orsillo, A. (2008). Environmentally friendly power sources for aerospace applications. *J. Power Sources 181,* 353–362.
Lefenfeld, M., Dye, J., Barton, S. (2006). Sodium silicide and alkali metal-silica gel for convenient hydrogen production. *Materials Engineering News,* premier issue, June (year missing), 16–17 (journal discontinued).

Li, X., Li, J., Xu, L., Yang, F., Hua, J., Ouyang, M. (2010). Performance analysis of proton-exchange membrane fuel cell stacks used in Beijing urban-route buses trial project. *Int. J. Hydrogen Energy 35,* 3841–3847.

Li, X., Ogden, J. (2011). Understanding the design and economics of distributed tri-generation systems for home and neighborhood refueling—Part I: Single family residence case studies. *J. Power Sources 196,* 2098–2108.

Liaw, B., Dubarry, M. (2010). A roadmap to understand battery performance in electric and hybrid vehicle operation. Ch. 15 in *Electric and Hybrid Vehicles* (G. Pistoia, ed.), 375–403. Elsevier, Amsterdam.

Lin, W.-S., Zheng, C.-H. (2011). Energy management of a fuel cell/ultracapacitor hybrid power system using an adaptive optimal-control method. *J. Power Sources 196,* 3280–3289.

MAN (2004). *Nutzfahrzeuge.* http://www.brennstoffzellenbus.de/bus/bus.html.

Markel, T., Brooker, A., Hendricks, T., Johnson, V., Kelly, K., Kramer, B., O'Keefe, M., Sprik, S., Wipke, K. (2002). ADVISOR: A systems analysis tool for advanced vehicle modeling. *J. Power Sources 110,* 255–266.

Maxoulis, C., Tsinoglou, D., Koltsakis, G. (2004). Modeling of automotive fuel cell operation in driving cycles. *Energy Conversion & Management 45,* 559–573.

Mayyas, A., Wei, M., Chan, S., Lipman, T.(2014). Fuel Cell Forklift Deployment in the U.S. http://www.nrel.gov/analysis/pdfs/FuelCellForkliftDeploymentintheUS.pdf (accessed 2016).

Meegahawatte, D., Hillmansen, S., Roberts, C., Falco, M., McGordon, A., Jennings, P. (2010). Analysis of a fuel cell hybrid commuter railway vehicle. *J. Power Sources 195,* 7829–7837.

Meibom, P., Svendsen, T., Sørensen, B. (1999). Trading wind in a hydro-dominated power pool system. *Int. J. Sustainable Development 2,* 458–483.

Meyers, J., Maynard, H. (2002). Design considerations for miniaturized PEM fuel cells. *J. Power Sources 109,* 76–88.

Modic, E. (2011). *Sodium Silicide.* Today's Energy Solutions, March. At http://www.onlineTES.com/tes-0311-hydrogen-fuel-cells-sodium-silicide.htm.

MPS (2004). *Hot module MCFCs.* Modern Power Systems Inc. Website: http://www.connectingpower.com (accessed 2010).

Muradov, N. (2003). Emission-free fuel reformers for mobile and portable fuel cell applications. *J. Power Sources 118,* 320–324.

MyFC (2011). *PowerTrekk fuel cell charger.* http://www.myfcpower.com/.

NEC(2011). October 19, 2004, press release: Development of notebook PC & fuel cell unit set. http://www.nec.co.jp/press/en/0410/1901.html (accessed May 2011).

Nikiforov, B., Chigarev, A. (2011). Problems of designing fuel cell power plants for submarines. *Int. J. Hydrogen Energy 36,* 1226–1229.

Nissan (2016). http://nissannews.com/en-US/nissan/usa/channels/us-united-states-nissan/releases/nissan-unveils-world-s-first-solid-oxide-fuel-cell-vehicle (accessed 2017).

Nolan, J., Kolodziej, J. (2010). Modeling of an automotive fuel cell thermal system. *J. Power Sources 195*, 4743–4752.

NSF (2011). *ChemPrime.* Teaching tool from US National Science Foundation, at: http://wiki.chemprime.chemeddl.org/index.php/Sodium_Silicide_Fueled_Bicycles.

Ochmann, F., Fürst, S., Müller, C. (2004). Industrialization of automotive hydrogen technology. In *Proc. 15th World Hydrogen Energy Conf.,* Yokohama. 01PL-26, CD Rom, Hydrogen Energy Soc., Japan.

Oi, T., Wada, K. (2004). Feasibility study on hydrogen refueling infrastructure for fuel cell vehicles using off-peak power in Japan. *Int. J. Hydrogen Energy 29*, 347–354.

Orecchini, F., Santiangeli, A. (2010). Automaker's powertrain options for hybrid and electric vehicles. Ch. 22 in *Electric and Hybrid Vehicles* (G. Pistoia, ed.), 579–636. Elsevier, Amsterdam.

Osaka Gas Co. (2004). *Super compact on-site hydrogen production unit: Hyserve-30*. http://www.osakagas.co.jp (accessed 2010).
Osaka Gas Co. (2015). *Compact on-site hydrogen generator HYSERVE*. http://www.osakagas.co.jp/en/rd/technical/1198859_6995.html (accessed 2017).
Palo, D., Holladay, J., Rozmiarek, R., Guzman-Leong, C., Wang, Y., Hu, J., Chin, Y.-H., Dagle, R., Baker, E. (2002). Development of a soldier-portable fuel cell power system. Part I: A bread-board methanol fuel processor. *J. Power Sources 108*, 28–34.
Patil, A., Dubois, T., Sifer, N., Bostic, E., Gardner, K., Quah, M., Bolton, C. (2004). Portable fuel cell systems for America's army: technology transition to the field. *J. Power Sources 136*, 220–225.
Pospiech, P. (2012). *World's first fuel-cell ship "FCS Alsterwasser" proves its reliability*. Maritime Propulsion, October 17.
Pritzlaff, C. (2011). *Georgetown University Fuel Cell Bus Program*. http://gofuelcellbus.com/uploads/Georgetown_IFCBW_2011.pdf.
Renau, J., Barroso, J., Sánchez, F., Martín, J., Roda, V., Lozano, A., Barreras, F. (2016). Test performance of a fuel cell based power plant for a high altitude light unmanned aerial vehicle. In *Proc. of 21st World Hydrogen Energy Conference*, Zaragoza, pp. 499–500.
Rouss, V., Candusso, D., Charon, W. (2008). Mechanical behaviour of a fuel cell stack under vibrating conditions linked to aircraft applications part II: Three-dimensional modelling. *Int. J. Hydrogen Energy 33*, 6281–6288.
Ryu, J., Park, Y., Sunwoo, M. (2010). Electric powertrain modeling of a fuel cell hybrid electric vehicle and development of a power distribution algorithm based on driving mode recognition. *J. Power Sources 195*, 5735–5748.
Sattler, G. (2000). Fuel cells going on-board. *J. Power Sources 86*, 61–67.
Service, R. (2011). Getting there. *Science 332*, 1494–1496.
SiGNa (2011). *Fuel cells using hydrogen produced from sodium silicide; bicycle use; myFC PowerTrekk charger*. http://signachem.com/wp-content/uploads/2013/10/3.1_NaSi-White-Paper-WEB.pdf.
Sørensen, B. (2000). Role of hydrogen and fuel cells in renewable energy systems. In *"Renewable Energy: the Energy for the 21st Century", Proc. World Renewable Energy Conference VI, Reading*, Vol. 3, pp. 1469–1474. Pergamon, Amsterdam.
Sørensen, B. (2003). Scenarios for future use of hydrogen and fuel cells. In *"Hydrogen and Fuel Cells Conference. Towards a Greener World"*, Vancouver, June, CDROM, 12 pp. Published by Canadian Hydrogen Association and Fuel Cells Canada, Vancouver.
Sørensen, B. (2005a). On the road performance simulation and appraisal of hydrogen vehicles (1). In *"Proc. World Hydrogen Technology Conference, Singapore"*, paper A16-230 on CDROM, IESE, Nanyang University.
Sørensen, B. (2005b). On the road performance simulation and appraisal of hydrogen vehicles (2). In *"Proc. 2nd European Hydrogen Energy Conference, Zaragoza"*, on CDROM, European Hydrogen Association.
Sørensen, B. (2007a). On the road performance simulation of hydrogen and hybrid cars. *Int. J. Hydrogen Energy 32*, 683–686.
Sørensen, B. (2007b). Assessing current vehicle performance and simulating the performance of hydrogen and hybrid cars. *Int. J. Hydrogen Energy 32*, 1597–1604.
Sørensen, B. (2010). On the road performance simulation of battery, hydrogen and hybrid cars. Ch. 10 in *Electric and Hybrid Vehicles* (G. Pistoia, ed.), 247–273. Elsevier, Amsterdam.
Sørensen, B. (2017). *Renewable Energy. Physics, engineering, environmental impacts, economics & planning*. 5th Edition, Academic Press-Elsevier, Burlington & Oxford.
Schuckert, M. (2003). The CUTE hydrogen fuel cell bus demonstration project – an update. EU conference Brussels, https://cordis.europa.eu/pub/sustdev/docs/energy/sustdev_h2_sessionb_schuckert.pdf.
Suppes, G., Lopes, S., Chiu, C. (2004). Plug-in fuel cell hybrids as transition technology to

hydrogen infrastructure. *Int. J. Hydrogen Energy 29*, 369–374.
Svensson, F., Hasselrot, A., Moldanova, J. (2004). Reduced environmental impact by lowered cruise altitude for liquid hydrogen-fuelled aircraft. *Aerospace Sci. Tech. 8*, 307–320.
Syed, F., Fowler, M., Wan, D., Maniyali, Y. (2010). An energy demand model for a fleet of plug-in fuel cell vehicles and commercial building interfaced with a clean energy hub. *Int. J. Hydrogen Energy 35*, 5154–5163.
Takimoto, M. (2004). Development of fuel cell hybrid vehicles in Toyota. In *Proc. 15th World Hydrogen Energy Conf., Yokohama.* 01PL-08, CD Rom, Hydrogen Energy Soc., Japan.
Tang, Y., Yuan, W., Pan, M., Wan, Z. (2011). Experimental investigation on the dynamic performance of a hybrid PEM fuel cell/battery system for lightweight electric vehicle application. *Applied Energy 88*, 68–76.
Tokyo Gas Co. (2004). *Completion of the plans by Tokyo Gas and the Railway Technical Res. Inst. for railway hydrogen station.* http://www-tokyo-gas.co.jp (accessed 2010).
Tse, L., Wilkins, S., McGlashan, N., Urban, B., Martinez-Botas, R. (2011). Solid oxide fuel cell/gas turbine trigeneration system for marine applications. *J. Power Sources 196*, 3149–3162.
Ulleberg, Ø., Nakken, T., Eté, A. (2010). The wind/hydrogen demonstration system at Utsira in Norway: Evaluation of system performance using operational data and updated hydrogen energy system modeling tools. *Int. J. Hydrogen Energy 35*, 1841–1852.
UltraCell LLC. (2011, 2017). *Products*, http://www.ultracell-llc.com/products.php (accessed 2011 and 2017).
US DoE (2015). Fuel Cells. Section 3.4 in *Fuel Cell Technologies Office Multi-Year Research, Development, and Demonstration Plan.* Office of Energy Efficiency & Renewable Energy, US Department of Energy, at https://energy.gov/eere/fuelcells/downloads/fuel-cell-technologies-office-multi-year-research-development-and-22.
Vaillant. (2004). *Zukunft Brennstoffcellen.* http://www.vallant.de/ (accessed 2010).
Vaillant. (2016). *Fuel cell—the next step in heating technology.* http://www.vaillant.info/architects-planners/magazines/the-next-step-innovative-fuel-cell-heating/index.en_ex.html. A 2013 Vaillant movie demonstrating the technology is available at https://www.youtube.com/watch?v=bw0jm8-5r7E (both accessed 2017).
Verhelst, S., Wallner, T. (2009). Hydrogen-fueled internal combustion engines. *Prog. Energy & Combustion Sci. 35*, 490–527.
Verstraete, D., Hendrick, P., Pilidis, P., Ramsden, K. (2010). Hydrogen fuel tanks for subsonic transport aircraft. *Int. J. Hydrogen Energy 35*, 11085–11098.
Veyo, S., Fukuda, S., Shockling, L., Lundberg, W. (2003). SOFC fuel cell systems. In "Handbook of Fuel Cells", Vol. 4 (W. Vielstich, A. Lamm, H. Gasteiger, eds.), Ch. 93. Wiley, Chichester.
VW (2016). I.D., View Magazine No. 4, 16–21. Volkswagen Inc., http://www.volkswagendanmark.dk/Om_Volkswagen/VieW.
Wilhelm, J., Janßen, H., Mergel, J., Stolten, D. (2011). Energy storage characterization for a direct methanol fuel cell hybrid system. *J. Power Sources 196*, 5299–5308.
Yu, W., Zinger, D., Bose, A. (2011). An innovative optimal power allocation strategy for fuel cell, battery and supercapacitor hybrid electric vehicle. *J. Power Sources 196*, 2351–2359.
Zenith, F., Møller-Holst, S., Thomassen, M. (2016). Hydrogen and batteries for propulsion of freight trains in Norway. In *Proc. of 21st World Hydrogen Energy Conference,* Zaragoza, pp. 492–494.
Zenith, F., Weinzierl, C., Krewer, U. (2010). Model-based analysis of the feasibility envelope for autonomous operation of a portable direct methanol fuel-cell system. *Chem. Engineering Sci. 65*, 4411–4419.

第5章 实施远景方案

5.1 基础设施要求

本节中各种系统环境下使用氢能所需的不同组件被看作一个基础设施网络，从技术经济分析的角度来看，该网络必须方便可行，而用来连接系统组件的其他组件会在本节做特别讨论和评估。

5.1.1 储氢基础设施

传统的能源可分为需要储存和不需要储存两类。燃料，如木材、石油、天然气或煤炭，在从生产到使用的不同阶段上都需要储存：中央储存库、零售商的中间储存库和分散的最终用户储存。天然气由于其气体形式（这意味着更大的体积），在其早期使用了分布式管道而没有采用储存，而目前为了平衡最经济的生产率和使用模式之间的任何不匹配，通常也会使用容器（用于陆地中间储存或液化天然气船舶运输过程）或地下储存。另一方面，电力大量生产、分配和使用，但从不储存（有水力储存的地方例外），这意味着发电厂必须能够应对需求变化。越来越多的小规模用户有储存电力的需求，这导致了电池的广泛使用（简单的铅酸电池或先进的大功率密度电池，如锂离子电池），电池原来只用于便携式设备，但后来也越来越多地用于准静止环境中的电子设备（距离电网几十米的，从晶体管收音机到笔记本电脑设备）。

当能源的可用性是变化的，或者能源的生产方法要求其产量恒定，能源储存的需求形势就会发生巨大的变化。使用可再生能源，如风力发电和光伏发电时，需要一个集成储存和传输（远程发电单元情况下）的独立系统。这样的能源需要的储存与传统电力系统所需的储存一样，即不储存动能或辐射能，但产生的电能转化为可储存的能量形式，便于日后电力再生。氢作为燃料来储存是适于电力储存的若干可能储存选项之一。与其竞争的是机械储能和电化学储能，以及在超导环上实现的电能直接储存（见 Sørensen，2017a）。

另外，也可以认为氢气是一个给定系统的基本能源载体，其后续问题是如何用中间物质来制氢，氢如何用于满足整个社会的不同形式能量需求。这样的系统布局，则决定是否可以方便地考虑中央储存设施，或可以更好地在终端用户附近建立本地储存。对于汽车来说，如果氢能是汽车系统使用的能源载体，那么显然必须有车载储氢装置。

基础设施存在的意义在于集中生产的氢气通常被分为两个部分：一部分直接进入管道，另一部分储存在适当的（大规模）储存设施内。这些储存设施很可能是压缩气体储存站，因为液化会产生相当大的能量损失；其他存储类型，如电池、氢化物，或其他化学储存，不适合大规模储氢。当有氢气输送管道系统时，则没有特别的理由在使用点附近储氢；而廉价储氢选项的可用性则是首要的考虑因素。在储氢选项情况下，解决方案可能与用于天然气的方案完全相同，即在合适地质构造内的地下储存。在许多地区都有可能找到这样的构造，允许建造廉价的储氢洞穴。这意味着储存容积变得不那么重要了，因此储氢压力可以保持在较低水平以减少泄漏，而不必使用昂贵的衬里密封洞穴。

第2章的图2.30a、c有两个这样的地下构造，目前用于天然气储存。人们可以利用在许多地区发现的盐岩体，其特点是曾经被海洋覆盖的地区在冰河时代形成的粘土沉积矿床。在第2章图2.30a所示的丹麦地下储气构造是在非常低的能耗代价下，通过为期一年以上的盐岩体冲洗建成的。建成的$7.2\times10^8m^3$的地下空洞可以保证工作容积为$4.2\times10^8m^3$储气循环，操作压强范围为16～23MPa，操作温度约为45℃（DONG，2003；Energinet.dk，2007，2017）。如果用于储氢，只需5～10MPa的运行压强。在丹麦和其他一些具有冰川沉积地质的国家，还有另外几十个的此类地下盐穴可供将来使用。

图2.30c和图5.1（已经整合在系统中）所示的地下构造是一个含水层，这是一个处于两个不透水黏土层之间的砂基含水层。这样的含水层在世界上大部分地区都存在，它通常会向上和向下弯曲，在某些情况下可以在上弯区域储存气体，这也是一种投资成本较低的方案。决定含水层是否适用的诸多因素中包括水沿着含水层的运动。丹麦的一个如图2.30c所示的地下储气库（总体积为$12\times10^8m^3$）在17MPa压力下，可以储存$3.6\times10^8m^3$天然气（与岩盐矿洞穴的情形类似，这里指气体抽取口的压力，储气库底部压力会更高；DONG，2003；Energinet.dk，2007，2017）。如果以这种方式储氢，采用较低的储存压力是一种谨慎的选择，因为在周围的地质结构中氢的穿透性大于天然气。丹麦的两处地下储气库可以储存等效14PJ+8PJ=22PJ的氢气。

图5.1　含水层中储氢，地面上有电解和氢回收装置，接收电力，并通过管道把氢输送到加氢站

分散储氢可以使用2.3节中描述的其他储存解决方案。压缩气体容器作为一种建筑物集成储氢方式已经在工业中使用。然而，如果在技术上和经济上可行的话，从家庭和高层建筑物的安全考虑，可能使用金属氢化物或类似的储存方式更好。对于家庭住宅，氢化物储存可能会埋在房子下面或在花园里，与现在使用的储油容器方式相同（Sørensen 等，2001，2004）。

尽管目前新兴的燃料电池汽车使用压缩气体方式储存，对于汽车应用来说，2.3节中提到的所有储存方案都在考虑之列。一些原型车使用液化氢气（内燃机氢能汽车通常需要大量的燃料）或低温活性炭（酸性燃料电池汽车）。用于小客车的可接受的储氢设备大小，30～70MPa下可储存5～10kg氢，目前可以达到400～700km的行驶距离，所达到的最好纪录（Honda，2015）与目前的汽油或柴油驱动汽车持平。大客车和重型卡车通常可以安装足够大的储氢设备，以匹配这类车辆当前的行驶距离。金属氢化物由于重量太大不可能被用于移动设备。但是，如果在技术和经济上可行，一些在研的化学氢化物是可以考虑应用的。

加气站储存则有类似于刚刚提到的其他固定储存问题。目前的氢气加气站（见图5.1右上方）是示范项目的一部分，例如燃料电池城市大客车，使用压缩气体储存。

5.1.2 输送基础设施

氢输送技术已在2.5节介绍。如果不考虑氢的洲际贸易（船舶运输选项），则从生产领域（例如风电场）到大用户，或终端用户（如加油站）集散地的远程输送，最有可能通过管道来实现。输送氢气的管道可能是新建的、专门的氢气管道，或者也可能是经过升级的天然气管道，在天然气无法供应或没有需求时用来输送氢气（Sørensen 等，2001）。目前的丹麦输电网和天然气管线，如图5.2所示，图中也标示了储气构造和现有的或计划中的海上风电场的位置，这些位置对于电网基础设施很重要，也包括在一个氢为基础的能源系统中，可能由于风力发电过剩而进行氢的生产。丹麦远景方案将在5.5节讨论，该方案利用了图5.3显示的现有天然气管道传输系统，包括图中显示的主要管网，以及图中没有显示的次要管道，这些次要管道连接图5.3标示的充气站。前面刚刚提到的两个储存构造一直处于可运行状态，现在用于储氢。显然，如果氢和天然气系统同时使用，将需要两个并行的输送系统。少量的氢（10%）可以很容易地添加到现有管线输送的天然气中，但在交通运输行业中对这样的用氢方式兴趣不高。

本章也讨论了有关爱尔兰（González 等，2003）和日本（Oi 和 Wada，2004）连接剩余的风能或其他非高峰发电的传输设施，以及连接中国的煤基氢生产的传输设施（Feng 等，2004）。

5.1.3 本地分布

与一般的输送管线情况一样，到达市内的具体建筑物的天然气输送管道不需要做大的改变。这使5.5节将要介绍的分散使用氢方案成为可能。关键成本将在于入户安装，包括储氢

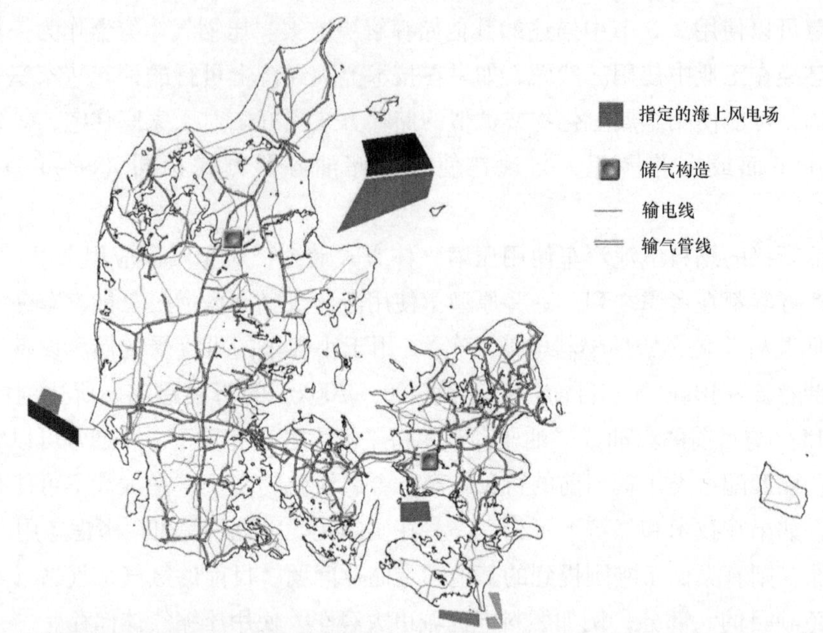

图 5.2　目前丹麦的天然气和电力传输系统的结构。标明了气体储存构造以及预期的海上风电场区域。近 1000 台风力机已经或正在安装在离西部和南部最远的两个地区

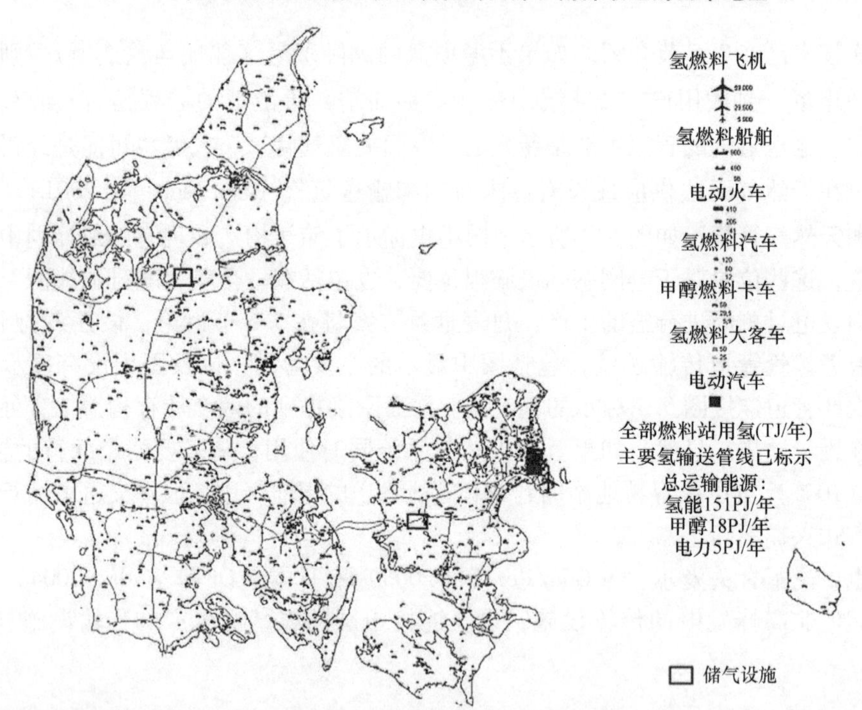

图 5.3　2050 年远景方案中设想丹麦使用氢气的基础设施，以交通运输业为侧重点，包括两个地下储氢构造，连接汽车加气站、港口和机场，以及中央燃料电池发电厂的氢输配管线。该远景方案中，铁路运营采用电力和在哥本哈根市使用电动汽车，细节将在 5.5 节中进一步讨论（Sørensen，2003）

单元接口、燃料电池设备接口、停放在建筑物内车库的车辆与氢储罐接口。毫无疑问，这些设备分散放置在建筑中的成本，将高于更集中设施满足相同需求的成本，而传统上，消费者通常愿意支付被认为合理的某项技术（这里为家用和车用的能源供应）个人控制权的额外费用。

5.1.4 加气站

目前已经在全世界范围建成了一定数量的公交车、乘用车和特种车辆连同燃料电池示范项目的氢气加气站（包括压缩气体储存站），如果未来在运输业广泛使用氢能，当然必须建立数量与今天的汽油和柴油加油站大致相同的加气站。人们有时争议说目前的加气站数量大于所需，其数量在一些国家有所下降。不清楚这是否意味着更昂贵的氢气加气站数量可以减少，但是由于氢燃料汽车的行驶里程可能较近，这就要求加气站网络更加密集。图5.3显示了加气站密度的一个例子，它基于这样的假设，燃料电池汽车行驶里程可以保持在目前汽车平均行驶里程的同一水平（而不是针对超过1000km的大航程的、具有诸如大众Lupo 3L这样燃油效率的轿车的油箱容量）。正如第4章所建议的，氢能车辆最有可能的方案是混合动力，其载氢量要求会因此减小。

5.1.5 建筑物集成的概念

5.1.1节已经提到，集成在建筑物内的氢能系统可能具有以下一个或两个储氢形式：①储氢单元安装在停放于建筑物内或附近的车辆上；②固定储氢单元位于地下室，或建筑物地下或其周围环境，采用诸如金属氢化物储存，或压力容器。分散储存意味着必须在每个拥有这样储氢单元的建筑物内设置氢气充填和释放设备。虽然使用停放在建筑物内的车载储罐似乎很有吸引力，但是为管道氢气增压（管道氢气的压力一般比汽车储氢罐内的压力低得多）的额外成本可能很高。使用金属氢化物储存的问题会小得多，只需要用高于环境压力的适度压力进行充填和释放操作（后者也只有少许的温升）。

5.5节将要使用的分散用氢集成在建筑物内的概念如图5.4所示。这个概念基于3.5.5节中提到的可逆燃料电池技术的可用性；这个概念似乎是一个非常现实的假设，至少针对未来情景是现实的。如果增加一些成本，可逆燃料电池当然可以被替换为一对发电燃料电池和电解槽。两个储氢选项（地下或车载）都可以考虑，燃料电池运行产生的热量可以用于或满足建设物的供热需求。如果建筑物保温良好且按目前最好的标准优化能量使用，即使使用更高效的燃料电池（多余的热量少），供热和热水的全部需求也都可以满足（Sørensen，2017a）。

最后，便携式燃料电池的应用涉及基础设施要求，需要供给网络（例如商店）来销售储氢单元，用来更换电池或提供氢气或甲醇小型储罐的充气。与汽车储氢容器相同，高压加氢不可能被分散到家用层次（与电池充电相反）。

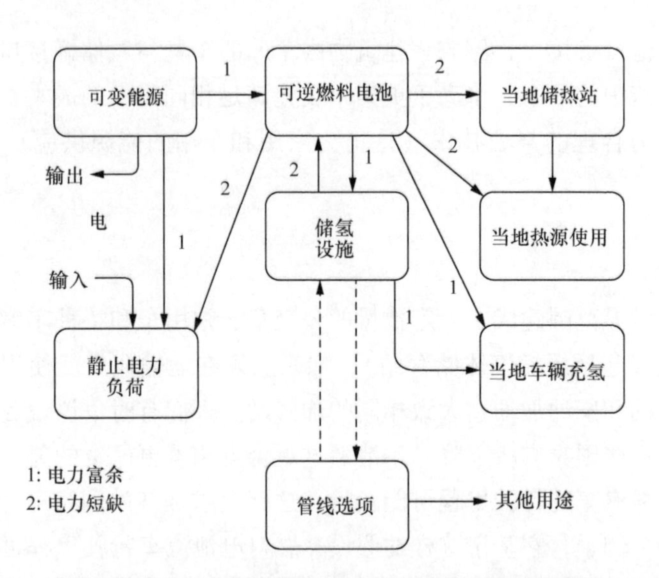

图 5.4　一个分散的、建筑物集成的氢能和燃料电池系统的布局，基于间歇的一次能源（例如风能和太阳能）、可逆燃料电池和当地储存站，包括固定和可能车载的储存站，可能具有与其他建筑物中的用户通过管道进行氢交换的能力（Sørensen，2002）

5.2　安全和规范问题

5.2.1　安全问题

技术史表明，安全和风险问题往往被处理为态度和方法的混合，包括以下的考虑（Sørensen，1982）：

- 直接风险，定义为发生事故（或其他风险相关的事件）的概率乘以其后果大小。
- 社会风险，定义为事故或危险事件对社会造成的损害。
- 感知风险，定义为一般公众对一个给定风险严重性的看法。

在后果的严重程度使一个社会难以应付的情况下，直接风险与社会风险的差异就会尤其明显（例如，一个造成许多伤亡的破坏性事故，会使社会的行政总部功能受到影响）。当感知风险开始影响与技术选择有关的政治决策时，感知风险当然与技术风险同样真实。这时感知风险是基于真实或虚假信息已无关紧要。

一个著名的案例是 1936 年的兴登堡号飞艇事故对在交通运输业发展和使用氢气造成的不利影响。齐柏林公司选择把事故的原因归咎于氢气，虽然他们似乎已经知道，事故原因是飞艇防水布中使用的高度易燃的化合物；防水布用于飞艇框架的绝缘，易燃物使雷暴天气产生的摩擦火花引起了爆炸火灾。最近已有结论称，就算飞艇使用氦气而不是氢气，该事故也同样会发生（Bain 和 van Vorst，1999）。

公众认知也在近年来使核电应用范围停止扩大。在这种情况下，该行业的防御性态度发挥了与公众批评同样的决定性作用。这里的转折点是1986年苏联切尔诺贝利事故和2011年日本福岛核事故。前者造成了全球范围的放射性物质沉降，并导致对离事故现场几千千米范围内特定同位素积累食品的禁令，所有以前的核工业陈述“统计意义上最严重的事故也只在当地造成后果”不再有效（Sørensen，1979b，1987）。在这种情况下，公众看法却比用于计算类似装置的直接风险理论事故模型更接近现实（Rasmussen，1975）。最近的日本福岛核事故暴露出反应堆工业界的傲慢，把核电站建在海啸易发地区的地震断层上，还声称一切都在控制之下。

很显然，公众对“小”和经常发生事故的态度与对灾难性事故的态度是不同的。每年在大量的交通事故中成千上万人丧生，并未导致禁用汽车或停止相关技术的发展，而有35人丧生的兴登堡号事故导致大型飞艇技术停滞。当一个人看到飞机事故率时，其逻辑可能很难理解，在过去50年中每次乘飞机死亡概率已从近10^{-4}减少到10^{-6}。一次飞机事故可造成数百人伤亡，因此在许多情况下是灾难性的。但对飞行事故的负面反应并没有朝着关停航空旅行方向发展。有人认为这是由于人们已经接受汽车运输的存在（且有人认为如果已知汽车问世的1900年前后的汽车事故统计，人们可能就不会认可汽车运输），但这并未能解释兴登堡事故对氢能发展的负面影响。到1936年汽车行驶造成的死亡人数已经是被接受的。

虽然这些问题没有答案，以上认知显然对把氢第二次引入能源系统中有重大意义。那么有没有哪些与风险相关的事件，可以阻止氢和燃料电池进入运输和民用行业，即使那些与经济和技术性能相关的问题已经找到了解决方案？这与在世界范围内使用的共同规范和标准的问题有很大关系（下面会简要讨论），但它也涉及一些非技术层面因素，这些因素与相关产业和管控部门的开放性相关，也与提高公众对影响直接风险和感知风险的因素的认识相关。

氢的工业使用经历了一些事故，这些事故也对定义规范和程序很有用。一次事故发生在1983年斯德哥尔摩的一条狭窄的街道上，13.5kg的氢气从一台有连接缺陷的20MPa压力容器中泄漏并发生爆炸（见图5.5a）：16人受伤，以及10辆轿车和邻近建筑物严重受损。最近采用计算流体动力学方法对这一事故进行了模拟，氢气泄漏的速度和浓度分布如图5.5b所示（空气中氢气的可燃下限是体积浓度比0.04，图中的中等灰色区域）。

2001年在德国的公路上发生了一起交通事故，一辆卡车撞上了一辆载有储氢罐的拖车。泄漏的氢气使卡车发生大火，司机丧生。消防队员迅速到达，向其余储氢罐喷水几小时，防止进一步的泄漏（Wurster，2004）。

5.2.2 安全要求

处理能源行业的氢应用安全问题的方法，需要在从生产到使用的所有领域采用一致的标准。这些方法会以许多不同的方式广泛地影响社会。同时还需要有处理一些与安全相关的难以预料到的事件的方法，这样的事件在使用与目前常用的技术显著不同的技术时势必会发生。

从氢的生产说起，这是一个传统的工业活动，包括通过水蒸气重整或碱液电解生产氢的相关安全规定。已有关于释放有毒气体可能性的研究（Guandalini等，2016）。把电解槽的压力提高到12~20MPa的建议引起了针对氢氧爆炸反应的新的安全研究（Janssen等，2004）。

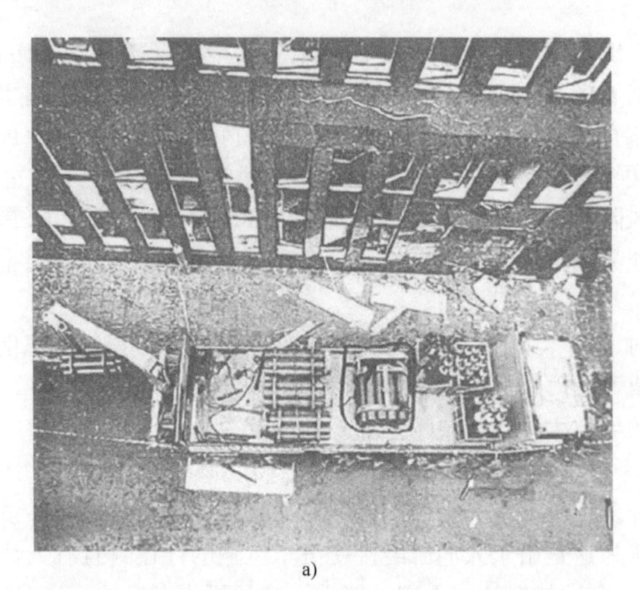

a)

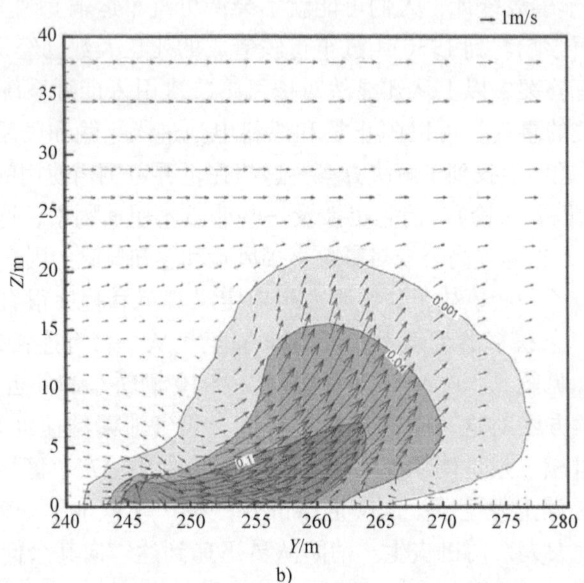

b)

图 5.5　a）事故报告中的照片（1984），由 Svenska Miljöverket 拍摄；斯德哥尔摩警方证实该照片已公开。氢罐用黑笔圈出。b）1983 年发生在斯德哥尔摩街道上的氢事故的分析：10s 后卡车上的储氢罐和建筑墙体中间的垂直平面内的流动模式和氢气浓度（阴影区）。图 b 引自 Venetsanos 等（2003）。获得 Elsevier 使用许可

对生物制氢，安全相关的研究工作完成得很少，因为这个拟议中的工业过程在很大程度上是未知的。

氢气安全研究大部分集中在氢的性质等，例如有关燃烧、爆炸和扩散到不希望到达的地方的性质。氢的基本性质与其他燃料进行了比较，见表 2.3。这些数字仍在通过新的测量来修正，例如易燃性安全极限值（Chan 等，2004）。

密闭和半密闭（通风）的氢气爆炸是在实验装置中和通过仿真进行研究的（Carcassi 等，2004）。由于可能涉及大量的车辆和人口，特别值得关注的是用于氢燃料汽车及分散充氢的车库空间和氢的输送通道（Breitung 等，2000）。

有几项研究观测了停在封闭车库的车载储氢罐的泄漏，并利用计算流体动力学计算研究了储氢容器（Hayashi 和 Watanabe，2004；见图 5.6）或建筑物中的储氢装置（Tchouvelev 等，2004）的火焰特性。另外，也可以在风洞中进行实验，该方法也用于评估加氢站泄漏危害（Chitose 等，2004）。一项欧盟项目已通过计算（Papanikolaou 等，2010；见图 5.7）和实验方法（Friedrich 等，2011；Royle 和 Willoughby，2011）对车辆或储氢装置的泄漏进行了研究，比如图 5.8 所示的快速序列光学照片样本。Merilo 等（2011）研究了一个类似车库空间内氢的释放。Becker 和 Mair（2017）则进行了氢气储罐爆炸的一般性研究，采用 TNT 模拟来定量化诸如肺损伤和耳鼓膜破裂等影响与产生冲击波距离的函数关系，但是也承认该模拟可能未覆盖其他影响。

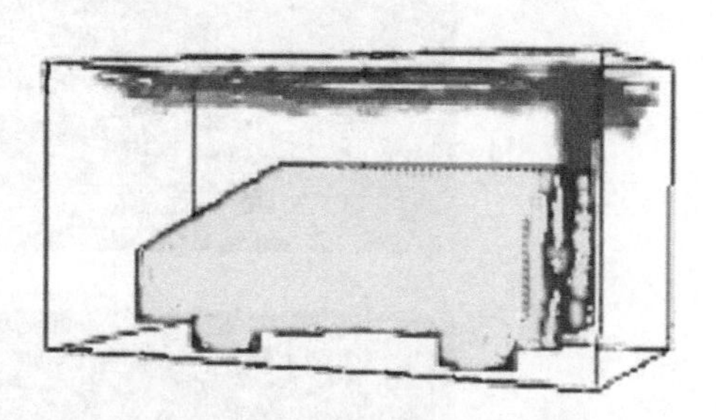

图 5.6 以 5.6L/min 的流量在 6m×3m×2.8m 的车库内进行封闭空间氢气的释放。数据基于 Hayashi 和 Watanabe（2004）

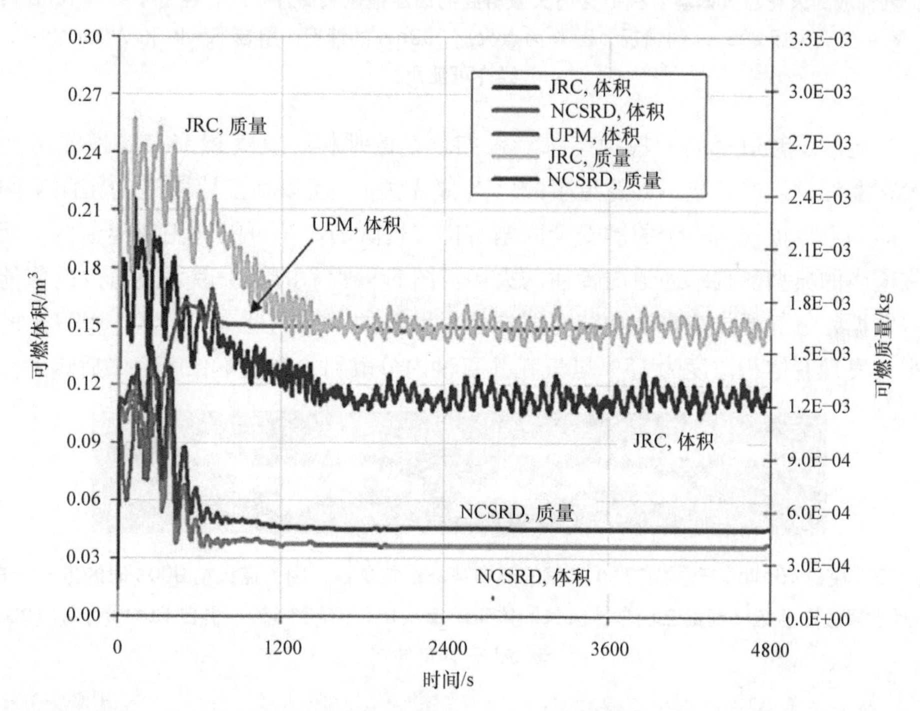

图 5.7 为了确定民用燃料电池汽车车库的最佳通风方案，采用不同流体动力学计算软件代码计算泄漏后的扩散（图中的缩略语代表模型）。图中显示的是模型预测的可燃氢气浓度（4%~75%）范围内空气－氢气混合物的体积，以及氦气取代氢气进行的实验中氦气的质量。这些差异表明目前可用软件工具的误差范围。数据引自 Papanikolaou 等（2010）；经许可使用

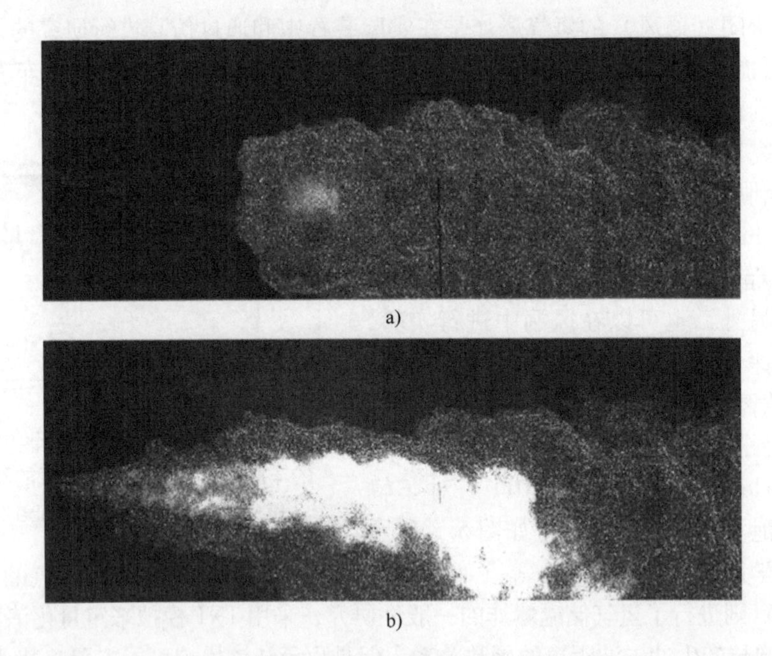

a)

b)

图5.8　氢释放的火花点火试验，模拟管道失效引起的高压缩氢气储存事故。在一个每秒1000幅图像的序列中，图a为点火后296ms的情况，图b为点火后390ms的情况。引自Royle和Willoughby（2011）。经许可使用

图5.9显示了隧道释放的模拟结果。正如预期的那样，氢气积聚在隧道或房间的天花板。因为在欧洲发生的几起不同隧道事故（与氢无关），所以在公路隧道的密闭空间内的氢释放和可能的点火被视为一个关键安全问题。排成长队的汽车可能被困在隧道内，而无法逃离这种隧道内的典型的狭窄通道内传播的火场。图5.9所示的氢扩散是隧道内的氢能汽车事故的模拟数据，氢气释放来自诸如装有氢燃烧发动机的宝马原型车（FZK，1999）的液化氢容器。最初发现有体积浓度为15%氢气在几百秒内分散到几个汽车长度，然后点燃。

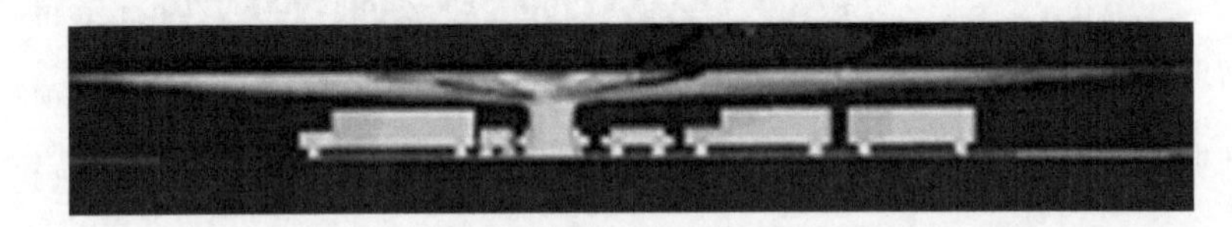

图5.9　模拟15min内释放了7kg氢气的隧道事故的氢扩散，图为点火前900s时的氢气分布。从相对于释放点的第一到第三辆车，氢气的体积浓度从9%下降到4%。引自Breitung等（2000）。经IAHE许可使用

车辆氢系统的所有组件（燃料容器、装卸设备、燃料电池）必须进行正常运行条件下及与其他车辆、固定的或移动的物体之间的碰撞条件下的安全评估。众所周知，道路交通有大量的交通事故，其中许多事故造成人员伤亡。表5.1给出了目前的交通系统死亡率信息。

表5.1中的数据来自德国，意味着人均死亡率为10^{-4}/年或按注册车辆计算的人均死亡

率为4.8×10^{-5}/年（EEA，2002）。类似的分布也存在于美国，只是人均死亡率是德国的1.6倍。由于大多数的事故都是驾驶人的错误引起的，自动驾驶技术应该可以降低事故发生率，但很显然，引进诸如氢和燃料电池的新汽车技术，相对于目前的汽车技术应至少不会加重事故后果。似乎合理的想法是把氢能汽车特有的事故如泄漏、火灾或爆炸等减少到忽略不计的程度，而不是仅仅让它们比"常规"汽车事故发生得少而已，因为许多观察家认为这样的程度是不可接受的。氢安全的一个工具可以是向氢气中添加像已经在天然气中添加的气味剂或者给它一种标识颜色（Kopasz，2007；日本电影导演黑泽明在他的电影《梦》中做过关于人对可见和不可见危险的反应的有趣评论）。除了给氢气以标识，也可以使用各种传感器（Korotcenkov 等，2009）。

表5.1 1999年德国车辆事故的死亡事故统计

（涉及人员受伤的道路交通事故的总数为397689）（使用的数据见 DaimlerChrysler，2001）

1999年德国交通死亡事故数	7842
单车事故	40%
与行人相撞	13%
与其他车相撞	47%

对于在公共运输行业使用的氢能汽车，例如城市公共汽车的安全问题，需做特别的分析，因为公众通常认为公共交通的单位乘客事故率和死亡率应低于个人驾驶（Perrette 等，2003）。

同时，氢燃料循环中的非氢部分，如燃料工艺设备，也应评估风险。这与使用甲醇的燃料电池技术有关，例如重整或DMFC（直接甲醇燃料电池）的操作。除了引起的二氧化碳排放问题，甲醇本身对健康的影响也是有争议的，主要涉及给车或容器加注燃料时吸入甲醇烟雾的可能性。类似的风险也存在于汽油或柴油燃料的加注，这导致加油喷嘴封套的使用。甲醇的毒理学最近被重新评估（Center for the Evaluation of Risks to Human Reproduction，2004），它提供了一个用于燃料电池的甲醇风险评估的更好的基础。

5.2.3 国家标准和国际标准

如果同样的规范和标准适用于所有感兴趣的市场，新技术的引进将会非常平稳。在过去，规范和标准的差异使消费者付出大笔的钱（例如，录像机的连接，电池的物理设计，软件和计算机操作系统，信息存储介质），特别是在汽车市场，还没有覆盖全球的规则允许一个未经修改的车型可以到处销售。掠夺性公司不愿意遵守作为品牌推广工具的全球规范，显示出他们对消费者的明显蔑视。

为了尽量减少引入氢燃料汽车而带来的大量问题，相关的国际规范和标准应在完成技术设计的早期阶段建立，并最终随着技术的成熟而细化。当然氢燃料电池的其他用途也同样，例如可能取代天然气锅炉的家用设备。

建立共同的规范和标准的国际平台是由联合国的一些工作计划（协同地区组织，如欧洲经济委员会）和国际标准化组织技术委员会构成的（Dey，2004）。个别国家在这方面有悠久的传统，而许多国家的标准工作组已经存在（例如，作为德国工业标准的基础）。通常一些较小的国家倾向于依靠那些领先的国家制定规范和标准。最后，许多行业组织和专业机构开展制定规范和标准的工作。在欧洲，这种工作是由欧洲一体化氢能项目进行，在全球范围内由美国提出的氢能经济国际合作伙伴计划（Ohi和Rossmeissl，2004）和美国汽车工程师学会来实施。在日本，日本汽车研究所执行的规范工作则基于碰撞、储罐与安全、地下停车场与公路隧道等领域的一些具体的立法倡议（Hayashi和Watanabe，2004；Kikuzawa等，2004）。业已存在的关于氢的立法框架的协调局面，在有些地区还没有形成，但是如果日益增长的、面向运输行业的全球工业想要使氢能汽车成为可接受的产品，则协调立法框架是必需的（Pique等，2017）。

与在其他工业领域一样，建立氢能的安全意识文化是非常重要的目标。正如评论经常提到的，以及正式的危险性评估指出的，在诸如氢泄漏探测、自燃和火焰与冲击波传播等领域，在一系列限制和事故定义条件下努力使设计方案包含高度的“故障后仍安全”运行机制是十分重要的。

5.3 基于化石能源的远景方案

5.3.1 远景方案技术和需求建模

远景方案（scenario）是能提供足够细节的、有关未来情况的快照图片，可以用来进行一致性检验。远景方案不是预测，而是对各种不同的、被认为有吸引力的情形或者由于其他原因被人讨论情形的探索。深思熟虑的远景方案是决策者的重要工具，它提供从一个状况到一个新的状况有序变化的可能性，而这个新的状况是传统的经济理论无法提供的一个选项，因为传统经济理论基于趋势预测，该预测来源于对过去的分析和从过去的行为导出的经济规则的应用。

氢作为一个基础能源载体的设想由来已久（Bockris，1972；Sørensen，1975）。具体化的研究、开发、示范和商业化计划的氢能实施路线图也是丰富多样（例如，European Commission，2008；Industry Canada，2003；UKDTI，2003；USDoE，2002a，2004），但这些只是探索建立氢能源系统的早期步骤，远景方案致力于对一个未来的系统，一旦实施时的相当全面的描述，以便能够测试其可行性和识别问题出在哪里（可能对入门阶段的行动产生影响）。在Andress等（2011）的研究中可以发现对美国运输部门的具有侧重性的分析，该工作值得注意之处在于它着重于氢能引进前车辆效率的显著提高，但对于用于氢生产的能源（化石燃料，核能，或可再生能源）未做限定。

使用带有碳捕获的化石燃料生产氢气的建议（作为一个远景方案随后讨论），一直是一个重点讨论的选项（Cormos，2011）。Gnanapragasam等（2010）讨论了在加拿大进行的使用化石燃料和包括废物在内的生物质资源，但无类似碳捕获的研究工作。

2050年的全球能源需求和供应的远景方案将在后面讨论。为便于比较，它们基于同样的能源需求假设：认为对人类福利和环境可持续发展的关注会导致高效的能源消费模式，该模式基于对节约物质材料的越来越多的关注以及对使用非物质材料（“信息社会”）类型活动的重视。

2050年的远景方案选择得足够远，以允许基础设施和技术的必要改变将以一种平稳的方式引入，避免现有设备在其经济寿命结束前过早的报废。地理信息系统（GIS）的使用，使得有可能使用基于“每单位土地面积的能量流”的方式来表达统计量的方法，与传统的基于国家统计相比，它提供了能源供应与使用的新视角。此方法用于可再生能源的需求和供应，在这个方面分散式的生产使基于面积的评估会很有趣。对于化石燃料和核能源这样的集中生产方式，以地区为基础的方法会导致能量生产量在地图上看起来像一个点，在这里作者使用传统的基于国家的平均方法。

对社会的某个特定部分的远景方案，如这里集中讨论的能源部门，需要对2050年全球社会的主要特征有一个普遍性的展望，但也只是需要对一些一般性的条件进行粗线条的描述。对社会各个方面的一般状态进行详细说明显然是一个艰巨的任务，这里用一个双分辨率方法来近似描述。能源系统不可避免地是基于目前已知技术的假设性发展，但这也只是用来证明该远景方案的可行性：如果随着时间推移出现更好的选择（几乎肯定会出现），那么它们会取代一些远景方案技术。然而，所做的选择至少构成了一种常态，也因此证明存在一个设想的可能的体系。

实际的发展可能是包括所选择的用来分析的参考远景方案的组合，每个参考远景方案都是追求政治和技术偏好的具体界线清晰且有些极端的例子。非常重要的是，出于政治考虑所选择的远景方案要基于那些在所考虑的社会中被判断为重要的价值观和偏好。价值基础应在远景方案构建中清楚体现。虽然所有的长期政策选择分析事实上都是远景方案分析，但是特定的研究将会在对未来社会的处理方法的全面性上有所不同。例如，本章的大多数分析只对直接影响能源行业的社会各个方面做规范性的远景假设。

远景方案的技术选择的经济可行性可以得到保证，但具有相当大的不确定性，因为新兴技术的最终成本必定基于不确定的、有时过于乐观的估计。然而，对于终端能源需求远景，我们下面所做的保守的技术假设是，以能源效率而论，2050年的平均技术与当今最好的技术相同。假设这样的技术也在经济上可行，可能需要把外部效应成本也包括进来（即目前未包括在市场价格中的间接成本，这些将在第6章的寿命周期分析中讨论）。

全球人口的远景方案对于确定能源需求是重要的。作者使用了一个详细的联合国人口研究数据，取其中间变值估计2050年的世界人口为9.4×10^9人。在Sørensen（2017a）中对人口模型的细节进行了讨论，假定的人口分布见表5.2，表中也提供了迁移模式（主要是转移到城市）和一个用于在后面作为数据基础的国家和地区列表。

表 5.2　用于远景方案评估的国家和地区分配（包含人口分布）

国家和地区	大洲	地区	1996 年人口/千人	2050 年人口/千人	1992 年城镇（%）	2050 年城镇（%）
阿富汗	亚洲	Ⅲ	20883	61373	18.92	55.97
阿尔巴尼亚	欧洲	Ⅱ	3401	4747	36.34	72.65
阿尔及利亚	非洲	Ⅵ	28784	58991	53.34	89.65
安道尔	欧洲	Ⅱ				
安哥拉	非洲	Ⅵ	11185	38897	29.86	75.80
安圭拉	北美洲	Ⅳ	8	13	0.00	0.00
南极洲	南极洲					
安提瓜和巴布达	北美洲	Ⅳ	66	99	35.56	60.94
阿根廷	南美洲	Ⅳ	35219	54522	87.14	90.00
亚美尼亚	欧洲	Ⅱ	3638	4376	67.98	89.11
阿鲁巴（荷属）	北美洲	Ⅳ	71	109	0.00	0.00
澳大利亚	大洋洲	Ⅱ	18057	25286	84.94	90.00
奥地利	欧洲	Ⅱ	8106	7430	55.44	77.52
阿塞拜疆	欧洲	Ⅱ	7594	10881	54.96	83.15
亚速尔群岛（葡属）	欧洲	Ⅱ				
巴哈马	北美洲	Ⅰ	284	435	84.76	85.18
巴林	亚洲	Ⅲ	570	940	88.62	90.00
孟加拉国	亚洲	Ⅲ	120073	218188	16.74	57.62
巴巴多斯	北美洲	Ⅳ	261	306	45.84	53.15
白俄罗斯	欧洲	Ⅲ	10348	8726	68.56	90.00
比利时	欧洲	Ⅱ	10159	9763	96.70	90.00
伯利兹	北美洲	Ⅳ	219	480	47.28	69.64
贝宁	非洲	Ⅵ	5563	18095	29.92	68.73
百慕大群岛	北美洲	Ⅳ				
不丹	亚洲	Ⅲ	1812	5184	6.00	28.85
玻利维亚	南美洲	Ⅳ	7593	16966	57.80	90.00
波黑	欧洲	Ⅱ	3628	3789	49.00	84.15
博茨瓦纳	非洲	Ⅵ	1484	3320	25.10	77.65
巴西	南美洲	Ⅳ	161087	243259	72.04	90.00
英属维尔京群岛	北美洲	Ⅰ	19	37	0.00	0.00
文莱	亚洲	Ⅲ	300	512	57.74	79.29
保加利亚	欧洲	Ⅱ	8468	6690	68.90	90.00
布基纳法索	非洲	Ⅵ	10780	35419	21.62	90.00
布隆迪	非洲	Ⅵ	6221	16937	6.78	31.77
柬埔寨	亚洲	Ⅴ	10273	21394	18.84	63.06
喀麦隆	非洲	Ⅵ	13560	41951	42.14	85.83
加拿大	北美洲	Ⅰ	29680	36352	76.64	89.58

（续）

国家和地区	大洲	地区	1996年人口/千人	2050年人口/千人	1992年城镇（%）	2050年城镇（%）
佛得角	非洲	Ⅵ	396	864	48.24	68.91
开曼群岛	北美洲	Ⅳ	32	67	100.00	100.00
中非	非洲	Ⅵ	3344	8215	39.00	74.15
乍得	非洲	Ⅵ	6515	18004	20.86	52.74
智利	南美洲	Ⅳ	14421	22215	83.54	90.00
中国	亚洲	Ⅴ	1232083	1516664	27.84	75.58
哥伦比亚	南美洲	Ⅳ	36444	62284	71.08	90.00
科摩罗	非洲	Ⅵ	632	1876	28.96	48.36
刚果	非洲	Ⅵ	2668	8729	55.62	90.00
库克群岛	大洋洲	Ⅳ	19	29	0.00	0.00
哥斯达黎加	北美洲	Ⅳ	3500	6902	48.14	84.80
克罗地亚	欧洲	Ⅲ	4501	3991	61.64	90.00
古巴	北美洲	Ⅳ	11018	11284	74.56	90.00
塞浦路斯	欧洲	Ⅲ	756	1029	52.48	65.70
捷克	欧洲	Ⅲ	10251	8572	65.10	84.26
丹麦	欧洲	Ⅱ	5237	5234	84.96	90.00
吉布提	非洲	Ⅵ	617	1506	81.54	90.00
多米尼克	北美洲	Ⅳ	71	97	0.00	0.00
多米尼加	北美洲	Ⅳ	7961	13141	62.08	90.00
厄瓜多尔	南美洲	Ⅳ	11699	21190	56.24	90.00
埃及	非洲	Ⅵ	63271	115480	44.26	75.44
萨尔瓦多	北美洲	Ⅳ	5796	11364	44.38	75.35
赤道几内亚	非洲	Ⅵ	410	1144	38.30	90.00
厄立特里亚	非洲	Ⅵ	3280	8808	17.00	50.39
爱沙尼亚	欧洲	Ⅲ	1471	1084	72.32	90.00
埃塞俄比亚	非洲	Ⅵ	58243	212732	12.74	43.08
马尔维纳斯群岛	南美洲	Ⅳ				
斐济	大洋洲	Ⅳ	797	1393	39.86	75.26
芬兰	欧洲	Ⅱ	5126	5172	62.12	86.52
北马其顿	欧洲	Ⅲ	2174	2646	58.64	85.64
法国	欧洲	Ⅱ	58333	58370	72.74	89.02
法属圭亚那	南美洲	Ⅳ	153	353	75.36	83.52
法属波利尼西亚	大洋洲	Ⅳ	223	403	56.40	80.30
加蓬	非洲	Ⅵ	1106	2952	47.42	87.11
冈比亚	非洲	Ⅵ	1141	2604	23.76	68.12
格鲁吉亚	亚洲	Ⅲ	5442	6028	57.00	86.88
德国	欧洲	Ⅱ	81922	69542	85.78	90.00

（续）

国家和地区	大洲	地区	1996 年人口/千人	2050 年人口/千人	1992 年城镇（%）	2050 年城镇（%）
加纳	非洲	Ⅵ	17832	51205	34.92	75.48
直布罗陀	欧洲	Ⅱ	28	28	100.00	100.00
希腊	欧洲	Ⅱ	10490	9013	63.64	90.00
格陵兰	欧洲	Ⅱ	58	72	78.90	86.11
格林纳达	北美洲	Ⅳ	92	134	0.00	0.00
瓜德罗普	北美洲	Ⅳ	431	634	98.86	90.00
关岛	大洋洲	Ⅳ	153	250	38.08	59.03
危地马拉	北美洲	Ⅳ	10928	29353	40.24	78.48
几内亚	非洲	Ⅵ	7518	22914	27.32	72.45
几内亚比绍	非洲	Ⅵ	1091	2674	20.82	63.32
圭亚那	南美洲	Ⅳ	838	1239	34.64	77.45
海地	北美洲	Ⅳ	7259	17524	29.80	72.33
洪都拉斯	北美洲	Ⅳ	5816	13920	41.98	80.68
匈牙利	欧洲	Ⅲ	10049	7715	63.14	90.00
冰岛	欧洲	Ⅱ	271	363	91.00	90.00
印度	亚洲	Ⅴ	944580	1532674	26.02	59.38
印度尼西亚	亚洲	Ⅳ	200453	318264	32.52	82.58
伊朗	亚洲	Ⅴ	69975	170269	57.38	88.35
伊拉克	亚洲	Ⅴ	20607	56129	72.92	90.00
爱尔兰	欧洲	Ⅱ	3554	3809	57.14	81.50
以色列	亚洲	Ⅲ	5664	9144	90.42	90.00
意大利	欧洲	Ⅱ	57226	42092	66.66	83.08
科特迪瓦	非洲	Ⅵ	14015	31706	41.68	80.91
牙买加	北美洲	Ⅳ	2491	3886	52.38	83.35
日本	亚洲	Ⅱ	125351	109546	77.36	90.00
约旦	亚洲	Ⅲ	5581	16671	69.40	90.00
哈萨克斯坦	亚洲	Ⅲ	16820	22260	58.44	87.55
肯尼亚	非洲	Ⅵ	27799	66054	25.24	70.52
基里巴斯	大洋洲	Ⅳ	80	165	35.04	61.33
朝鲜	亚洲	Ⅴ	22466	32873	60.40	86.06
韩国	亚洲	Ⅴ	45314	52146	76.80	90.00
科威特	亚洲	Ⅲ	1687	3406	96.34	90.00
吉尔吉斯斯坦	亚洲	Ⅲ	4469	7182	38.48	71.03
老挝	亚洲	Ⅴ	5035	13889	22.00	62.42
拉脱维亚	欧洲	Ⅲ	2504	1891	71.84	90.00
黎巴嫩	亚洲	Ⅲ	3084	5189	85.16	90.00
莱索托	非洲	Ⅵ	2078	5643	20.88	66.79

（续）

国家和地区	大洲	地区	1996年人口/千人	2050年人口/千人	1992年城镇（%）	2050年城镇（%）
利比里亚	非洲	Ⅵ	2245	9955	43.26	81.47
利比亚	非洲	Ⅵ	5593	19109	83.84	90.00
列支敦士登	欧洲	Ⅱ				
立陶宛	欧洲	Ⅲ	3728	3297	70.12	90.00
卢森堡	欧洲	Ⅱ	412	461	87.42	90.00
马达加斯加	非洲	Ⅵ	15353	50807	25.12	68.85
马拉维	非洲	Ⅵ	9845	29825	12.48	46.79
马来西亚	亚洲	Ⅳ	20581	38089	51.36	89.39
马尔代夫	亚洲	Ⅴ				
马里	非洲	Ⅵ	11134	36817	25.08	68.88
马耳他	欧洲	Ⅱ	369	442	88.28	90.00
马绍尔群岛	大洋洲	Ⅳ				
马提尼克	北美洲	Ⅳ	384	518	91.62	90.00
毛里塔尼亚	非洲	Ⅵ	2333	6077	49.60	90.00
毛里求斯	非洲	Ⅵ	1129	1654	40.54	71.23
墨西哥	北美洲	Ⅳ	92718	154120	73.68	90.00
密克罗尼西亚联邦	大洋洲	Ⅳ	126	342	27.04	49.82
摩尔多瓦	欧洲	Ⅲ	4444	5138	49.36	87.39
摩纳哥	欧洲	Ⅱ				
蒙古	亚洲	Ⅴ	2515	4986	59.16	88.76
摩洛哥	非洲	Ⅵ	27021	47276	47.02	80.38
莫桑比克	非洲	Ⅵ	17796	51774	29.76	84.67
缅甸	亚洲	Ⅴ	45922	80896	25.36	63.39
纳米比亚	非洲	Ⅵ	1575	4167	34.10	86.65
瑙鲁	大洋洲	Ⅳ	11	25	0.00	0.00
尼泊尔	亚洲	Ⅴ	22021	53621	12.02	50.65
荷兰	欧洲	Ⅱ	15575	14956	88.82	90.00
新喀里多尼亚	大洋洲	Ⅳ	184	295	60.78	76.98
新西兰	大洋洲	Ⅱ	3602	5271	85.32	90.00
尼加拉瓜	北美洲	Ⅳ	4238	9922	61.04	90.00
尼日尔	非洲	Ⅵ	9465	34576	15.92	51.21
尼日利亚	非洲	Ⅵ	115020	338510	36.84	81.06
纽埃	大洋洲	Ⅳ	2	2	0.00	0.00
北马里亚纳群岛	大洋洲	Ⅳ	49	92	0.00	0.00
挪威	欧洲	Ⅱ	4348	4694	72.66	89.08
阿曼	亚洲	Ⅲ	2302	10930	11.88	49.00
巴基斯坦	亚洲	Ⅴ	139973	357353	33.08	75.12

（续）

国家和地区	大洲	地区	1996 年人口/千人	2050 年人口/千人	1992 年城镇（%）	2050 年城镇（%）
帕劳	大洋洲	Ⅳ	17	35	0.00	0.00
巴拿马	北美洲	Ⅳ	2677	4365	52.34	83.38
巴布亚新几内亚	大洋洲	Ⅴ	4400	9637	15.40	44.58
巴拉圭	南美洲	Ⅳ	4957	12565	50.42	88.35
秘鲁	南美洲	Ⅳ	23944	42292	70.76	90.00
菲律宾	亚洲	Ⅳ	69282	130511	50.96	90.00
波兰	欧洲	Ⅲ	38601	39725	63.38	89.08
葡萄牙	欧洲	Ⅱ	9808	8701	34.34	70.65
波多黎各	北美洲	Ⅳ	3736	5119	72.14	77.17
卡塔尔	亚洲	Ⅲ	558	861	90.50	90.00
留尼汪岛	非洲	Ⅵ	664	1033	65.46	82.23
罗马尼亚	欧洲	Ⅲ	22655	19009	54.14	83.77
俄罗斯	欧洲	Ⅲ	148126	114318	74.80	90.00
卢旺达	非洲	Ⅵ	5397	16937	5.80	21.97
圣卢西亚	北美洲	Ⅳ	144	235	46.84	52.39
圣马力诺	欧洲	Ⅱ				
圣多美和普林西比	非洲	Ⅵ	135	294	0.00	0.00
沙特阿拉伯	亚洲	Ⅲ	18836	59812	78.46	90.00
塞内加尔	非洲	Ⅵ	8532	23442	40.80	78.06
塞舌尔	非洲	Ⅵ	74	106	51.68	75.09
塞拉利昂	非洲	Ⅵ	4297	11368	33.80	78.09
新加坡	亚洲	Ⅳ	3384	4190	100.00	100.00
斯洛伐克	欧洲	Ⅱ	5347	5260	57.42	86.56
斯洛文尼亚	欧洲	Ⅲ	1924	1471	60.80	90.00
所罗门群岛	大洋洲	Ⅳ	391	1192	15.60	40.91
索马里	非洲	Ⅵ	9822	36408	24.80	62.06
南非	非洲	Ⅵ	42393	91466	49.84	83.52
西班牙	欧洲	Ⅱ	39674	31755	75.84	90.00
斯里兰卡	亚洲	Ⅴ	18100	26995	21.80	59.06
圣基茨和尼维斯	北美洲	Ⅳ	41	56	40.72	57.03
圣文森特和格林纳丁斯	北美洲	Ⅳ	113	174	0.00	0.00
苏丹	非洲	Ⅵ	27291	59947	23.34	63.17
苏里南	南美洲	Ⅳ	432	711	48.66	86.17
斯威士兰	非洲	Ⅵ	881	2228	28.32	78.73
瑞典	欧洲	Ⅱ	8819	9574	83.10	90.00
瑞士	欧洲	Ⅱ	7224	6935	60.02	84.59
叙利亚	亚洲	Ⅲ	14574	34463	51.08	84.33

（续）

国家和地区	大洲	地区	1996 年人口/千人	2050 年人口/千人	1992 年城镇（%）	2050 年城镇（%）
塔吉克斯坦	亚洲	Ⅲ	5935	12366	32.20	63.48
坦桑尼亚	非洲	Ⅵ	30799	88963	22.24	67.52
泰国	亚洲	Ⅳ	58703	72969	19.22	53.98
多哥	非洲	Ⅵ	4201	12655	29.42	69.11
汤加	大洋洲	Ⅳ	98	128	37.50	59.47
特立尼达和多巴哥	北美洲	Ⅳ	1297	1899	70.18	90.00
突尼斯	非洲	Ⅵ	9156	15907	55.82	87.77
土耳其	欧洲	Ⅲ	61797	97911	64.06	90.00
土库曼斯坦	亚洲	Ⅲ	4155	7916	44.90	73.20
特克斯和凯科斯群岛	北美洲	Ⅳ	15	32	0.00	0.00
图瓦卢	大洋洲	Ⅳ				
美属维尔京群岛	北美洲	Ⅰ	106	158	0.00	0.00
乌干达	非洲	Ⅵ	20256	66305	11.72	42.09
乌克兰	欧洲	Ⅲ	51608	40802	68.62	90.00
阿拉伯联合酋长国	亚洲	Ⅲ	2260	3668	82.20	90.00
英国	欧洲	Ⅱ	58144	58733	89.26	90.00
美国	北美洲	Ⅰ	269444	347543	75.60	90.00
乌拉圭	南美洲	Ⅳ	3204	4027	89.46	90.00
乌兹别克斯坦	亚洲	Ⅲ	23209	45094	40.88	72.73
瓦努阿图	大洋洲	Ⅳ	174	456	18.82	38.47
梵蒂冈	欧洲	Ⅱ				
委内瑞拉	南美洲	Ⅳ	22311	42152	91.36	90.00
越南	亚洲	Ⅴ	75181	129763	20.26	53.20
西撒哈拉	非洲	Ⅵ	256	558	41.00	56.82
萨摩亚	大洋洲	Ⅳ	166	319	57.86	79.20
也门	亚洲	Ⅲ	15678	61129	30.78	78.62
塞尔维亚和黑山	欧洲	Ⅲ	10294	10979	54.46	88.80
刚果（金）	非洲	Ⅵ	46812	164635	28.50	66.29
赞比亚	非洲	Ⅵ	8275	21965	42.04	73.61
津巴布韦	非洲	Ⅵ	11439	24904	32.00	72.42

注：国家/地区及其名字的选择基于所使用的 GIS 软件采用的定义和边界（MAPINFO，1997）；人口数据（以千人为单位）引自 UN（1996），城镇化率数据引自 UN（1997）。较新的联合国人口预测仅对 2050 年后数据进行修改。

关于经济活动和能源需求，该远景方案预期，到 21 世纪中叶的发展，一方面主要取决于许多当前的贫困国家的“赶超”努力，这取决于几个因素，包括教育政策、贸易条件的全球公平性问题，以及地区冲突和政府治理问题。另一方面，一个决定性的因素将是增添到或取代耗能企事业目前业务的“新活动”的性质。新的与信息有关的活动的能源需求往往比它们取代的活动的能源需求小，这导致经济增长与能源需求解耦：近年来工业化国家能源需求的增长远比其以国民生产总值衡量的经济活动规模的增速小。人们预期这种趋势将继续下去，而且由于技术要求，诸如计算机相关的活动的能源强度将持续下降，而因为其活动水平一般会增加，相应的安装数量将增加。

考虑一个例子，西欧国家的整体经济活动在1930～1990年的60年间增长了5.6倍，人均国民生产总值从2200欧元增加到12370欧元。该增长过程是不均衡的（大衰退、第二次世界大战、战后重建、1956～1971年间前所未有的增长、1973年后企稳），但代表了整个60年中、世界历史这个相当特殊的时期内取得的技术进展。欧洲在未来60年的增长可能将是较低的，而高增长率将主要出现在某些亚洲地区。IPCC第二次评估（IPCC，1996）估计在高增长前景下，2050年西欧的增长将达到45300美元/人（1990年美元价格），相比之下如果增长率等于1930～1990年间的数值，则相应的人均国民生产总值为69500美元（1990年美元价格）。一个更现实的估计也许是，按绝对价值计算未来60年的增长至多与1930～1990年间的相同。

一项欧洲研究假设，信息社会的出现使2/3的增长与能源和材料的使用解耦（Nielsen和Sørensen，1998），这意味着用简单化的方法计算，能源服务需求的增长率应该是国民生产总值增长率的1/3。能源和国民生产总值之间的关系是复杂的，既取决于人们的态度，也与技术发展有关。在1930～1990年间能源和国民生产总值增长率之比先从1.5下降到1，然后在那个特殊时期上升到2，1973年以后变为负值（Sørensen，2011b）。部分原因是能源（尤其是石油）的价格，而技术要求也在1975年以后通过提高能源效率发挥了作用，往往超过了纯粹的成本驱动转型。交付的能源服务的变化可能更低（例如，自行车交通和汽车交通的服务改善并不总是像能源使用量的增加那样大）。

基于如刚才提到的那些因素，估计了世界不同地区到2050年的能源需求，方法如下（Kuemmel等，1997；Sørensen，1996a，2017a）：对目前提供给最终用户的能量［根据诸如OECD（1996）的统计数据］针对最终转化步骤的效率进行分析，能量转换为有用的产品或服务。净能量需求以目前最有效的设备使用量计算（当远景方案首次于1996年发布时，其中包括一些还在原型阶段的技术，但随后大多数技术已经进入了商业市场）。在本节开始时简要提到的假设适用于所有讨论过的远景方案，该假设是2050年使用的平均水平的设备能量效率相当于目前市场上最好的设备。根据不同的原理而不仅仅是边际因素来提高效率的可能性，这似乎是一个相当谨慎的假设，因为它忽略了可能的新方法和新设备。

这些假设的总体后果是，在所使用的需求远景方案中终端用户使用的能源到2050年将有平均4.8倍的全球增长，而目前的贫穷国家的增加会大得多。这里暗示的1994～2050年的平均终端用户能源使用的人均增长因子为2.7，而以一次能源输入表示的结果将根据供应情况不同而不同，因为不同的中间转换的效率是不同的。这里的所谓解耦意味着到2050年人均国民生产总值增长因子将大大高于2.7。

最终用户的能源需求估计的基本方法取自Sørensen（2017a，第6章）。能源需求的未来有时要相对于历史和当前模式变化进行讨论（见图5.10，结合能源分布）。这当然是一个用来评估边际变化的合适的基础，而对于超过50年时间跨度的变化，我们不可能捕捉到所有的重要信息。另一个替代的方法是观察人的需要、欲望和目标，从而首先建立满足这些需要的物质需求和一定技术假设条件下所需的能量需求。这是一个自下而上的方法，基于这样的看法：某些需要是人的基本需要，不容商议的基本需要，而其他的需要则可能是依赖于文化因素和发展与知识的不同阶段的次要需要，可能会因不同社会、社会群体或个人而不同。基本需要包括充足的食物、住房、安全和人际关系，从基本需要到次要需要之间有一个连续的过渡，次要需要包括物质财富、艺术、文化和人类交往与休闲。能源需求则与满足这些需要相关联，来制造/构建设备和产品以满足需要及采购活动链和产品链所需的材料。

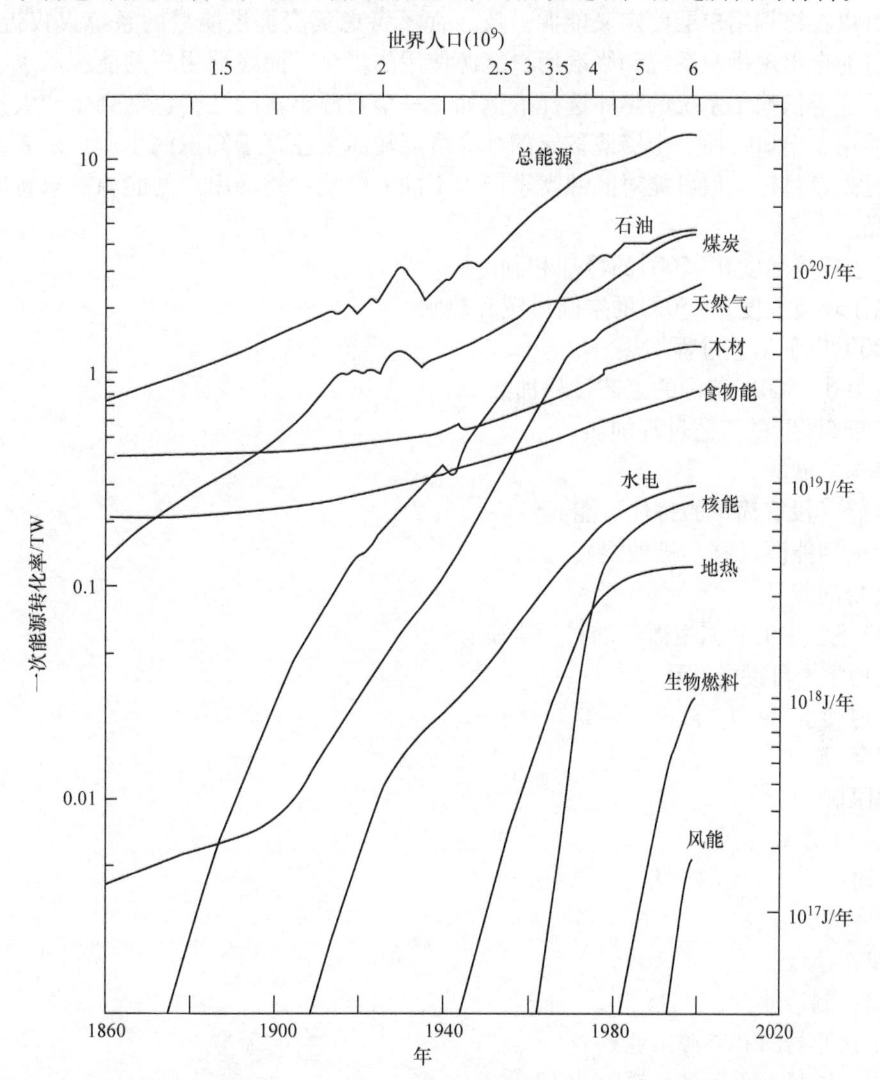

图 5.10　1860～2020 年期间世界总能源使用历史趋势和来源分布。在最初几年，粮食能源包括畜力使用估计值。木材能源则包括秸秆和生物乙醇及沼气［使用了 Jensen 和 Sørensen（1984）、Sørensen（2017a）、USDoE（2003）的数据］

在针对环境可持续性的标准模型中，表达能源需求的自然方法是将需要和目标的满足表示为与环境可持续性一致的能源需求。对于市场驱动的前景，基本需要和人类目标发挥同样重要的作用，但次级目标更可能受商业利益而不是个人动机的影响。有趣的是，基本需要方法常常用于经济活动水平较低社会的发展问题的讨论，而很少用于高度工业化国家的相关讨论。

因此，该方法首先确定需求和要求，通常描述为人类目标，然后讨论满足这些目标所需要的能源，这是一个向后的步骤链，从满足目标为目的的活动或产品到所需的任何制造，再回到原材料和一次能源（这种方法有时称为“倒推”）。这种评价是在人均的基础上完成的（在人口基础上做差异平均），但须考虑不同的地理和社会环境。

假设可以在终端用户层面定义能源开支，而不考虑负责提供能量的系统仅仅近似合理。在现实中可能会出现供应系统和终端用户能源使用的耦合，而终端用户的能源需求也因此在某些情况下变得依赖于系统的整体选择。例如，一个资源丰富的社会也许会生产大量的资源密集型产品用于出口，而一个资源贫乏的社会可能转而关注基于知识的生产，两者都在平衡经济来满足人口目标，但可能对能源需求产生不同的影响。终端用户的能源需求将取决于以下的能量品质：

1）低于环境温度 0～50℃的冷却和制冷。

2）高于环境温度 0～50℃的空间供暖和热水。

3）100℃以下工艺过程加热。

4）在 100～500℃范围的工艺过程加热。

5）高于 500℃的工艺过程加热。

6）静态机械能。

7）电能（没有简单的替代可能）。

8）运输用能源（移动机械能）。

9）食物的能量。

用来描述基本的和派生需求的目标类别：

A. 生物学上可接受的环境。

B. 食物和水。

C. 安全。

D. 健康。

E. 人际关系和休闲。

F. 活动：

f1：农业；

f2：建设；

f3：制造业；

f4：原材料和能源工业；

f5：贸易、服务和分销；

f6：教育；

f7：通勤。

在这里，类别 A～E 指直接目标满意度，f1～f4 指为满足需求的基本派生需要，f5～f7 指的是进行各种规定操作的间接要求。个体能源需求的估计在 Sørensen（2017a）中有详细讨论。最终用户的需求远景方案被总结在图 5.11 中。

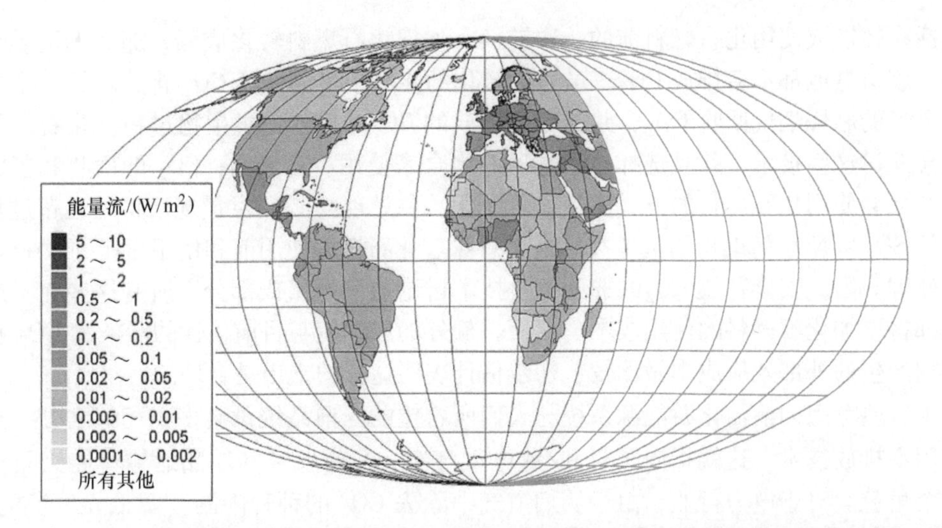

图 5.11 2050 年远景方案下传递给最终消费者的所需能量的总量（包括环境热需求和食物能量）和一些国家的平均值（单位：W/m^2；注意图例为对数）。全球总交付能量流是 6.93TW 或 0.74W/m^2（700 万人口规模下人均 1kW/m^2）。数据来源于 Sørensen（1999）。相同的数据也显示在图 5.37 中，但没有国家的平均值

5.3.2 全球清洁化石能源远景方案

基于化石能源资源的未来远景方案的好处在于能够尽可能多地维持目前的能源基础设施，这些基础设施几乎完全基于化石能源的选项（见图 5.10）。不得不舍弃目前能源模式的部分原因是令人不能接受的空气污染，尤其是在城市汽车交通领域，以及越来越多的温室气体排放量，还有已经十分肯定的对气候的不利影响。发电厂的空气污染已因一批技术设备的使用而减少，但对人体呼吸有更大影响的车用小发动机的排放，还没有有效的手段显著地减少对健康的不利影响（通过放在排气系统的催化转化器来降低废气排放还不足以避免负面影响）。温室效应被视为一个更严重的问题，至少要减少 60% 的二氧化碳排放量也只能稳定目前大气中二氧化碳的含量（IPCC，1996；Sørensen，2011a）。

另外还有对化石资源有限储量的关注，几十年前，当时能源需求成指数增长，有人预计未来 50 年内将产生供应问题（将在第 7 章进一步探讨）。这个问题会由于减少最丰富的化石资源煤的使用而加剧，由于煤是单位能源二氧化碳排放量较高的化石燃料，也因为它似乎比天然气等燃料有更多的空气污染影响（虽然这在很大程度上取决于所使用的技术）。然而，目前 21 世纪中期的远景假设采取能源效率措施，尤其是来自需求方面的要求，这将大大提高化石资源的可用性。至于有多大程度的提高会在后面讨论。人们还可能会说，特别是对于天然气，目前的资源估计可能偏低。总之，人们将看到在该远景需求的假设条件下，化石资源至少可以使用 100 年，前提是引入适当的技术，在电力部门之外使用煤炭，并实现二氧化碳捕获和安全处置（所需的能源成本增加在可以接受的范围内）。

目前人们正在探索一些可以使用化石燃料，但不会向大气中排放 CO_2 的技术选项。研究内容包括在转换或使用化石燃料前的一次转换，如把化石燃料转化成氢，那么无论燃烧氢或是使用氢燃料电池都不会排放 CO_2，虽然氢转化的步骤中可能涉及 CO_2 排放。另一个想法是从化石燃料的燃烧烟气回收 CO_2，并封存已排放的 CO_2，例如通过生物过程。化石远景方案的研究会探讨这些技术，并且选择技术选项的组合来使用。很显然，CO_2 的回收和氢的使用将使人类社会使用化石燃料的方式发生显著变化。要处理的 CO_2 巨量规模将远远超过目前正在处理的 SO_2 和 NO_x 污染物的数量级。这也意味着化石燃料使用前和使用后所回收的 CO_2 并不容易处理。因此安全存放 CO_2 的选项也是技术讨论的一个组成部分。所有这些在考虑之列的技术都将增加化石燃料的使用成本。然而，额外的成本应与目前估计的污染和 CO_2 排放的负面影响产生的外部效应成本做比较，初步估计表明这样的支出是合理的。

基于这些考虑的清洁化石能源系统与人们所希望的当前系统没有多少相似之处。道路车辆将使用零排放技术，这就指向了氢和/或电动汽车。只有航空和船舶运输可能为石油产品保留一个角色。对于电力行业，由于从烟道气中除去 CO_2 的种种限制（降低发电厂的效率，CO_2 去除不完全），传统的发电厂不可能成为最佳的解决方案，因此可以预见燃料电池转换技术也会为非交通行业提供更好的解决方案。一些由天然气和煤转化产生的氢气可直接用于工业过程中的加热。这一切也指向了氢在清洁化石能源远景方案中的主要作用。在下面各节中所建立的核能和可再生能源远景方案中，它也扮演着重要的角色，但不像在优化的化石能源远景方案中那样起主导作用。因此，我们有很好的理由使用氢能远景方案这个术语作为清洁化石能源远景方案的代名词。

5.3.2.1 清洁化石能源技术

对于传统的燃烧，燃烧后脱碳可以通过从烟道气中吸收 CO_2（使用可逆的吸收剂，例如乙醇胺）、膜技术，或通过低温过程获得固体 CO_2 来实现。这些技术的缺点是都需要使用大量的能源，其中最可行的技术（吸收）也只能部分地捕获 CO_2（Meisen 和 Shuai，1997）。然而，如果使用热循环，有希望达到约 90% 的回收率，这对于温室气体减排将是完全可以接受的，而相应的能耗可以减少到发电量的 10%（燃气设备）和 17%（燃煤锅炉）（Mimura 等，1997）。该远景方案进一步假设，对于一个在烟道气中脱去 CO_2 的热电联产的现代发电厂，平均发电效率可以达到 40%。

另一种“燃烧后脱碳”是将大气中的 CO_2 通过高温高压的催化过程，转化为甲醇。使用基于铜和氧化锌的催化剂，并在温度为 150℃、压力为 5MPa 的条件下进行了实验室示范（Saito 等，1997）。额外的反应产物是 CO 和水。其他选项包括通过强化生物质生长实现的碳封存，即增加森林面积可以使碳吸收与随后的腐烂和释放之间的时间间隔加长（Schlamadinger 和 Marland，1996）。这些选项没有纳入到目前讨论的远景方案中。

为避免 CO_2 排放，最有希望的选项是将化石燃料转化为氢，然后使用这种燃料进行后续的转换。2.1 节已经讨论过，目前通过天然气与水蒸气重整制氢的转换效率约为 70%。如果初始的化石燃料是煤，则首先需要完成一个带有部分氧化加上变换反应的气化过程。空气中的氮气和氧气吹入气化炉，粗煤气中的杂质将被除去。除去杂质后的氢燃料能够达到管道供应的纯度，可以输送到使用点。预期整体转换效率约为 60%。

由于 CO_2 处理量十分巨大，有人提出的含水层或废弃矿井中储存的容积是不够的（可用容量小于 100Gt 煤当量；Haugen 和 Eide，1996）。这使得 CO_2 的海洋处置是唯一严肃的选择。这个储存方法是通过特殊的管道从陆地或从船上把液化 CO_2 溶解在深 1000～4000m 的海水中，或将 CO_2 转化成干冰形式，然后简单地把它从船上投入到海洋中（Koide 等，1997；Fujioka 等，1997）。一般认为 CO_2 会因此溶解到海水中，如果地点选择得当，由于其较高的密度，CO_2 可以无限期地留在海底洞穴内或海床上。

处置 CO_2 的成本包括液化或制干冰的成本加上运行成本，如果使用管道，还需计入管道成本。Fujioka 等（1997）估计若采用液化管道和远洋油轮处置方案，这些成本约为每千瓦时燃料 0.03 美元（每千瓦时电力 0.08 美元，如果电力以该方式生产），若采用干冰方案，则成本为每千瓦时燃料 0.05 美元。

富 CO_2 水域将刺激生物生长，可能会严重改变海洋生态（Herzog 等，1996；Takeuchi 等，1997）。CO_2 海底沉积的稳定性及逃逸寿命也需要（采用比如经验方法）建立模型。

本章所选定清洁化石能源远景方案包括从天然气和煤炭生产氢，其效率如前所述。若使用燃料电池，2050 年氢 - 电转换效率为 65%。氢的储存和传输的损失为 10%，相比之下电力传输的损失为 5%。

5.3.2.2 化石资源的考虑

化石资源本质上是生物质，其形成经历了数百万年的转化。作为燃料来使用限定在一个很短的历史时期。应该视化石资源为一个独特的机会，以便为更可持续的能源系统铺平道路。

化石资源及其地理分布的讨论将基于有关储量和其他资源之间的一个简单的区分标准。可以采用以下 3 个类别：

- 探明储量是那些已经确认，并认为在当前的价格水平下具有开采经济价值的沉积物。
- 额外储量是已存在，并可能有超过 50% 的概率成为具有经济价值的沉积物。
- 新的和非常规资源是指所有其他类型的沉积物，通常是从地质模型推断或已经确认但目前不具有技术或经济上的开采可行性。

没有考虑开采经济性的、所有已知的和推断（具有合理的概率）的资源的总和是所谓资源基础。不同的区域之间资源调查水平是不均匀的，因此可能会发现额外的储量，特别是在没有得到很好勘探的地区。同时，开采方法也会与时俱进，对于一个特定的物理资源，新技术（例如提高原油采收率）可能会改变储量分配。

图 5.12a 给出了石油储量（包括液化天然气），图 5.12b 给出了图上标示国家的领海内海洋油气储量所占的部分，图 5.12c 则估计了额外储量。图 5.13 显示了不同地域的储量（资源基础）。图 5.14a 给出了油页岩资源和天然沥青，图 5.14b 给出了估计的额外储量，而图 5.14c 给出了各地的已知储量（资源），这些可能是可利用的资源。新发现石油的速度目前低于石油生产的消耗速度，有人因此预测生产高峰会发生在未来的几十年里。这并不意味着石油的使用一定会符合哈伯德钟形曲线，生产水平受资源消耗以外的许多其他因素的影响。政治选择可能会导致高的生产水平，直到达到一个最终的快速下降（见第 7 章）。新的氢远景方案基于这样的考虑，它不应基于对于石油的政治上不稳定的展望。

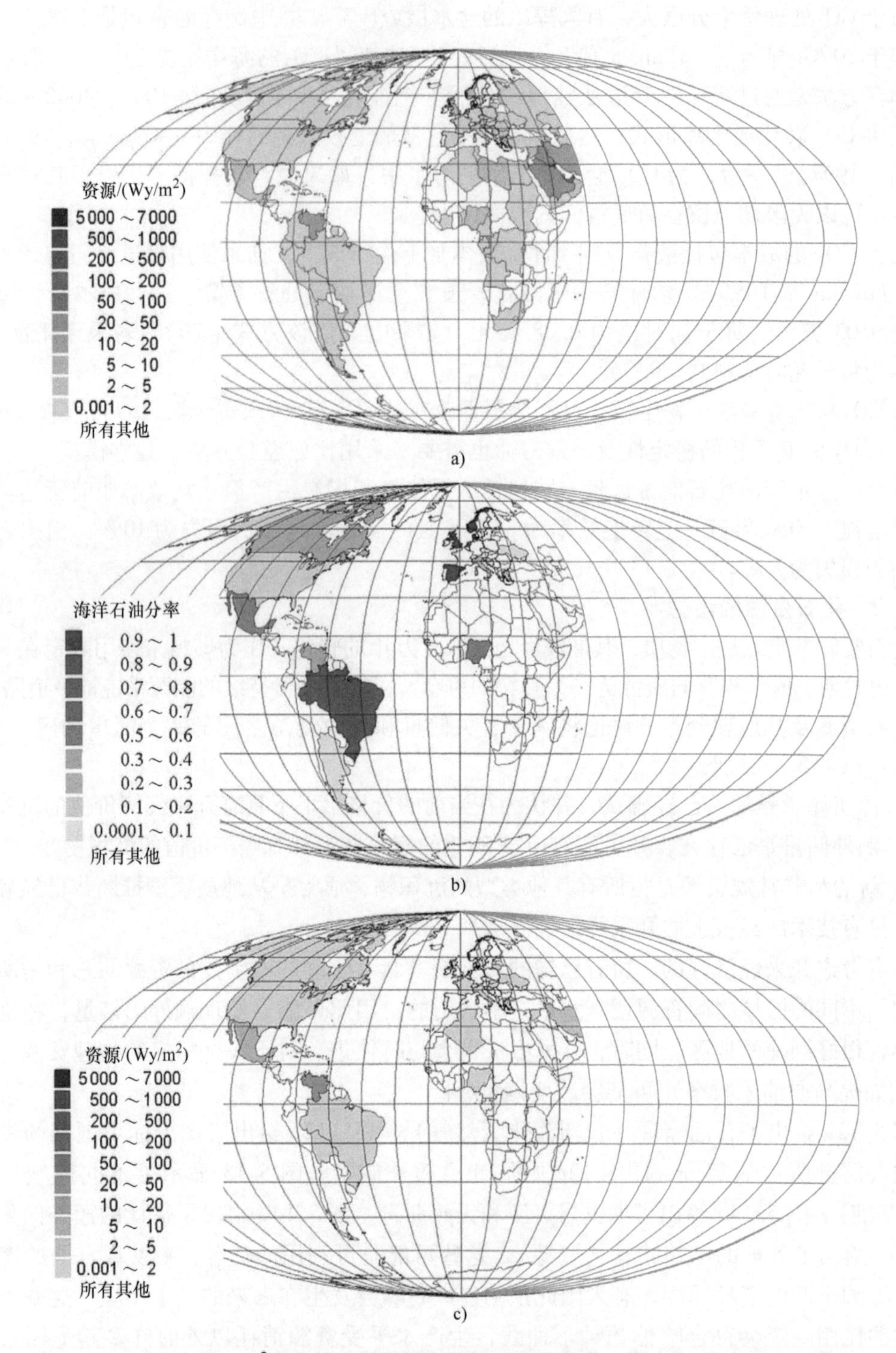

图5.12 单位为 Wy/m^2 的石油（和天然气液体）探明储量（图a），海上部分（图b），以及额外的储量（图c）（世界能源理事会，1995）

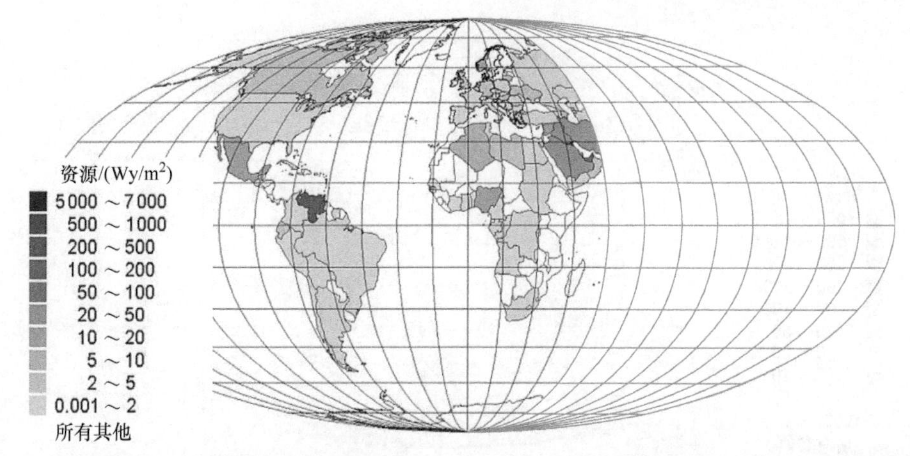

图 5. 13　石油和液化天然气的资源总量（单位 Wy/m^2；本图与相邻的图中该单位代表每个国家以 100% 的能量提取效率获得 1W/m^2 土地表面的能量流的平均年数）。资源总量已标绘在每个国家的陆地面积上，虽然有很多储量和资源实际位于海上；见图 5. 12。数据来源于世界能源理事会（1995）；基于面积的数据来自 Sørensen（1999）

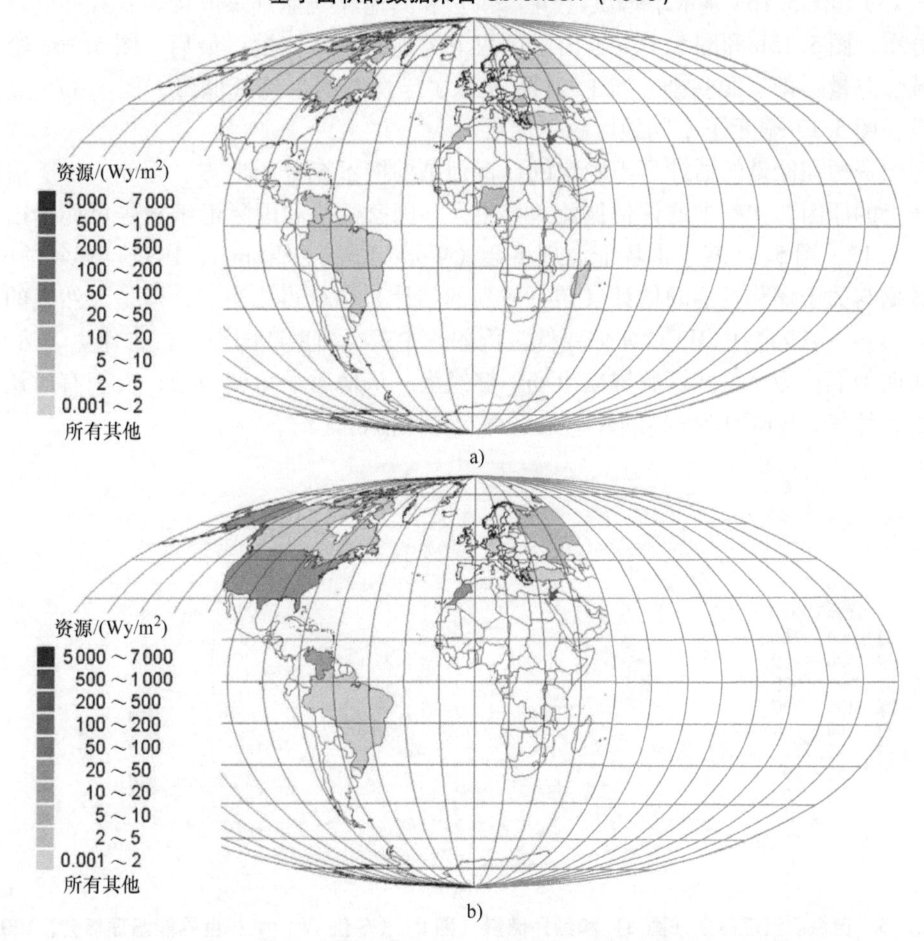

图 5. 14　油页岩和天然沥青的已探明储量（图 a）和额外储量（图 b），以及总资源量（图 c）（单位 Wy/m^2；世界能源理事会，1995）

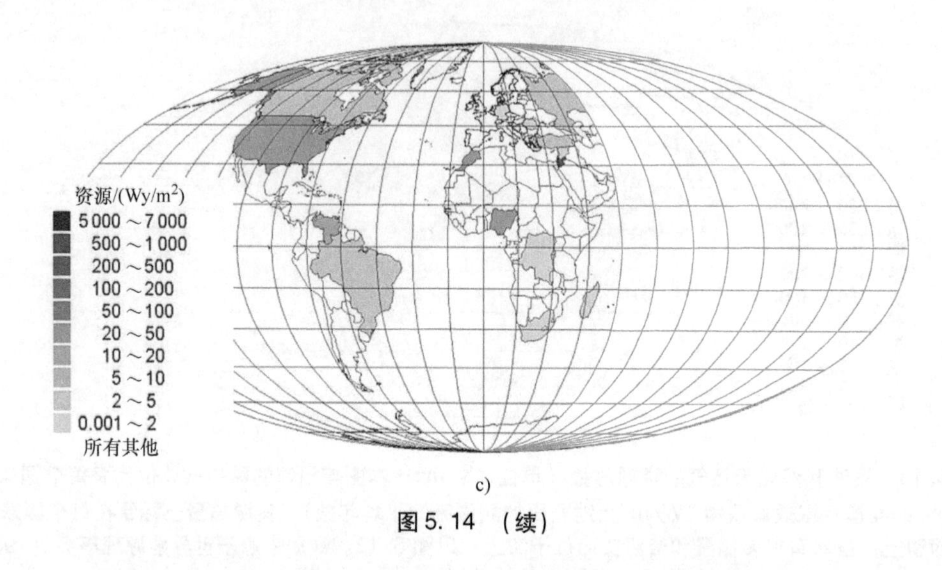

c)

图5.14 （续）

图5.15a和图5.16a显示了烟煤（“白煤”）和其他煤（亚烟煤或褐煤）探明储量在一些国家的分布。图5.15b和图5.16b给出了这两个类别的额外储量。最后，图5.16c给出了估计的区域煤总量（即资源基础）。图5.17a显示了已探明的天然气储量，图5.17b显示了额外的储量，图5.17c显示了不同地区的总储量。

很显然资源和储量的估计是不确定的，特别是勘探不充分的地方。因此，由于信息不完整或商业上的原因，文献中的评估彼此差异很大，国家机构和国际汇编报告可能给出不同的数字。图5.12～图5.17基于世界能源理事会（World Energy Council，1995）多年前的资料。图中的数据与关于煤和石油的估计（包括较新的估计）吻合得相当好，但是天然气的数据比Nakicenovic等（1996）的IPCC评估要低。例如，中东石油生产国很少报告伴生天然气储量，这可能表明他们认为将这些资源推向市场不够经济。从地质学角度考虑，人们有时认为会发现更多的天然气，WEC 1995年的评估几乎肯定是低估了（约50%）。

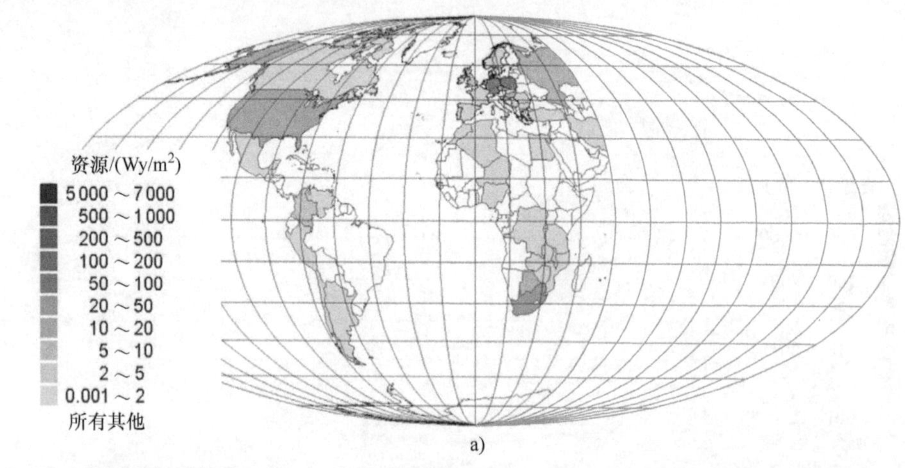

a)

图5.15 已探明烟煤储量（图a）和额外储量（图b）（单位 Wy/m²；世界能源理事会，1995）

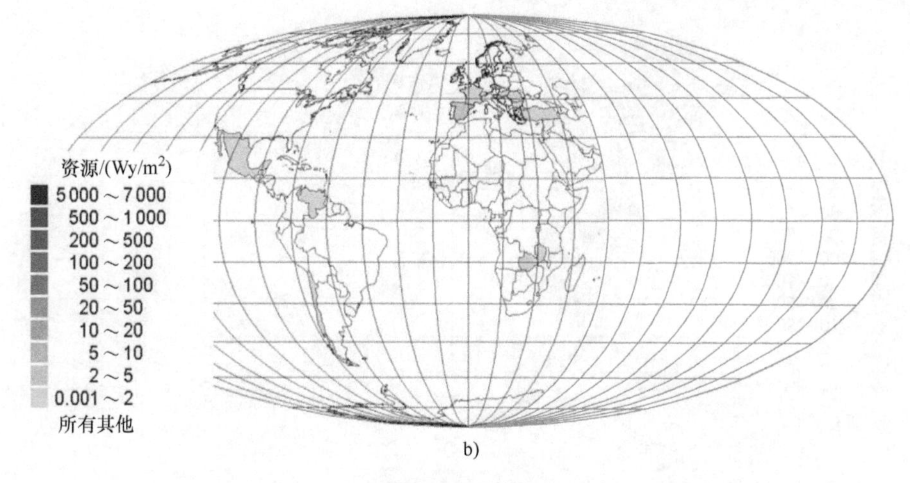

b)

图5.15 （续）

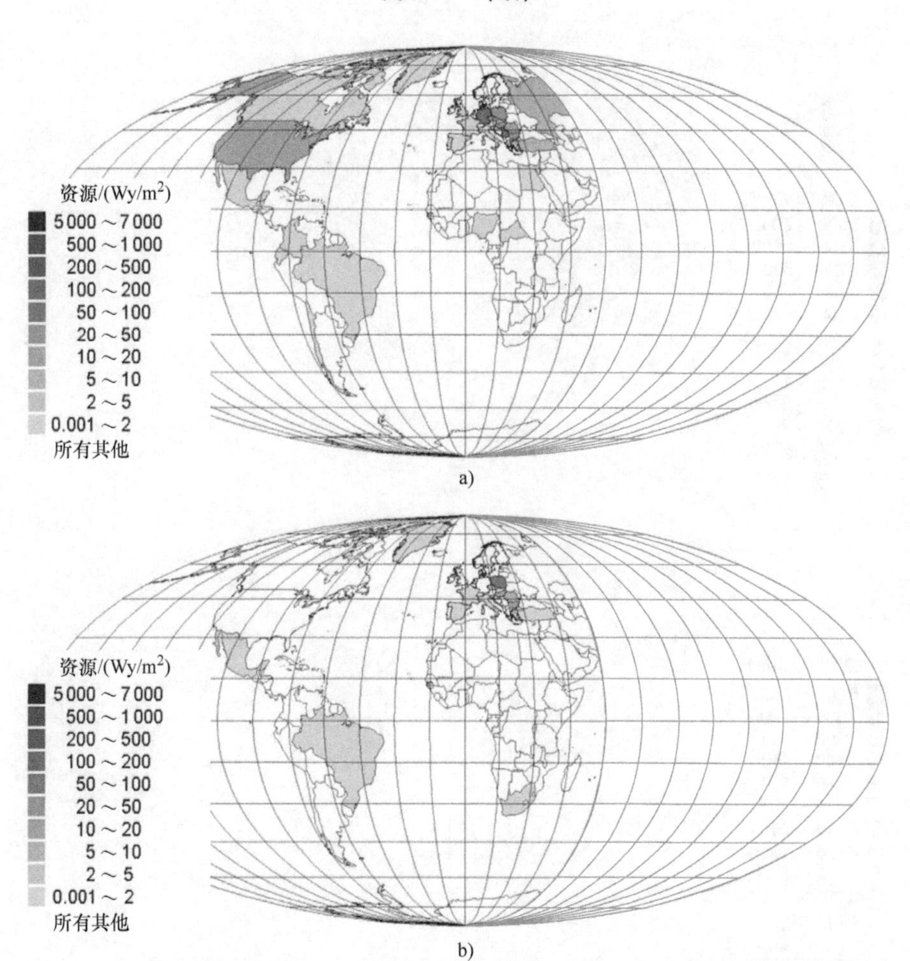

b)

图5.16 亚烟煤和褐煤探明储量（图a）、额外储量（图b）及地区煤炭资源总量分布（图c）（Wy/m^2；世界能源理事会，1995）

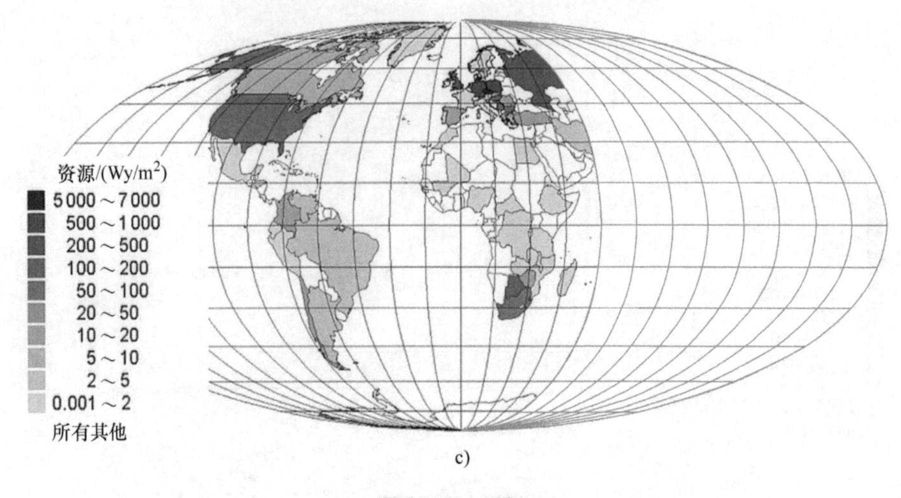

c)

图5.16 （续）

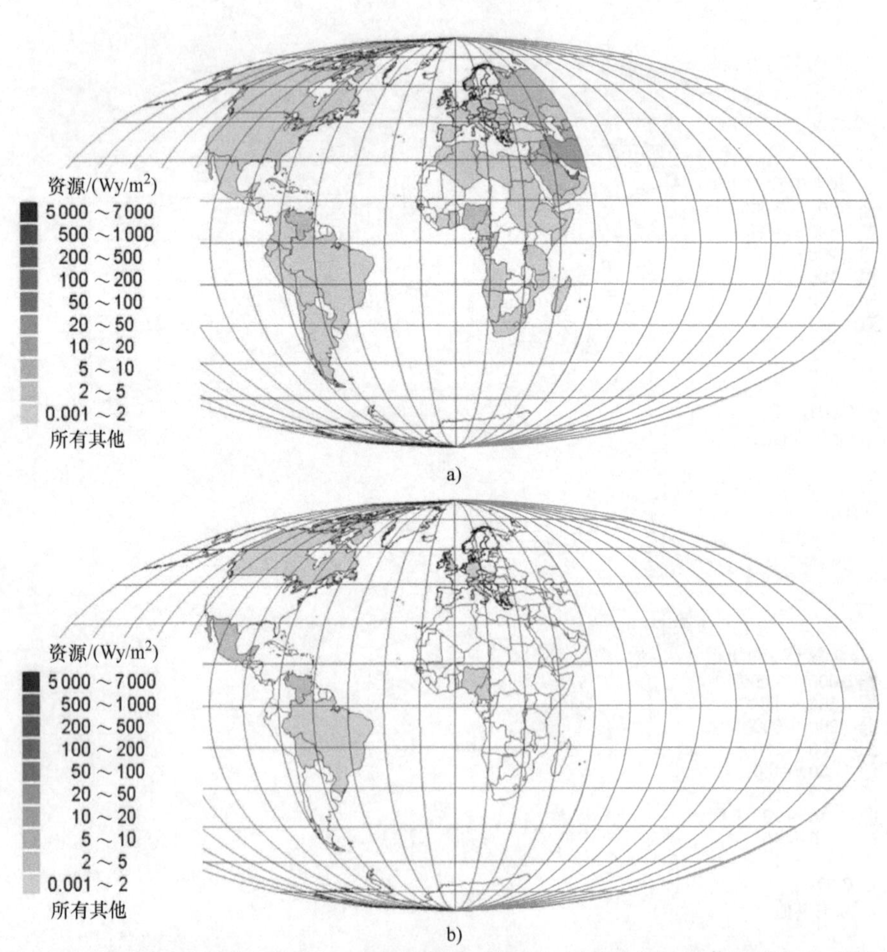

图5.17 天然气探明储量（图a）和额外储量（图b）及天然气地区总资源分布（图c）（Wy/m^2；世界能源理事会，1995）

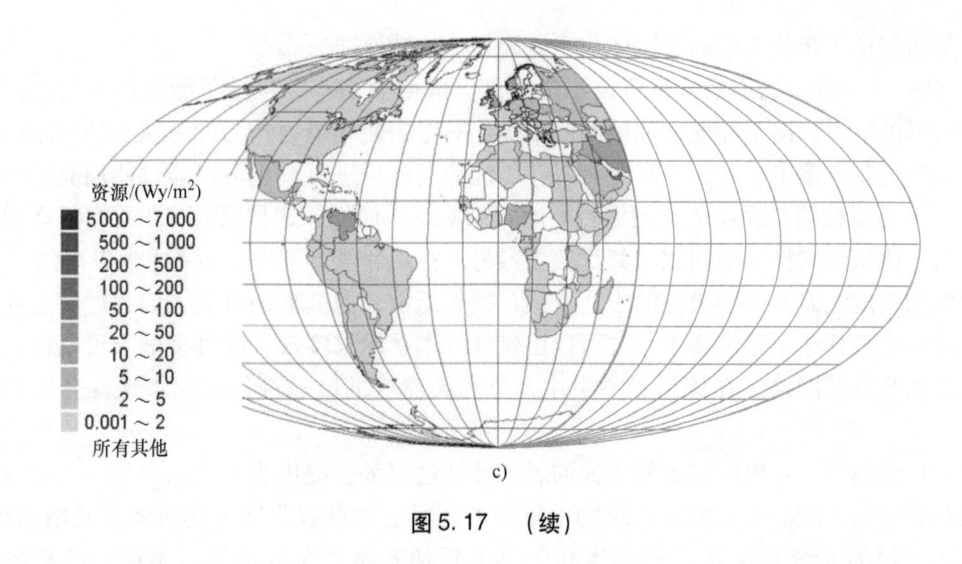

c)

图 5.17　（续）

在 20 世纪 90 年代，煤炭的使用量平均为 2886GW，石油是 4059GW，天然气是 2188GW。这意味着，图 5.12a、图 5.15a 和图 5.17a 中的探明储量按人们推测的一个恒定的速率使用，煤将可以维持 167 年，石油 46 年，天然气 70 年。相对于所估计的现有总资源，上述的数字将是，煤尚可使用 3554 年，石油 210 年（加上油页岩和沥青的额外 184 年），天然气 96 年。已经提到天然气的总资源量可能被大大低估。在第 7 章中将进行相关资料的更新及对石油枯竭进行更仔细的分析。

5.3.2.3　化石能源远景方案

在构建满足 5.3.1 节描述的需求前景的清洁化石能源远景方案时，基本的考虑一直是技术的使用应保证资源以可接受的方式得到利用。由于石油资源被认为是最具限制性的约束条件，也因为石油在能源行业之外广泛使用，作为润滑剂和许多工业产品（如塑料）的原料，这就决定了除了少数难以使用其他化石燃料技术的替代品的领域（特别是航空燃料），能源行业不应使用石油。石油的非能源使用也可以被基于生物质的原料取代，但是在目前的远景方案设想之下，这应该属于可再生能源远景方案。图 5.10 所示的过去的趋势也表明石油的使用水平已接近平衡，这相当于支持了那些估计从现在开始约 10 年后石油产量下降的观点，甚至不考虑因政治上的因素而引起的产量下降。

至于天然气和煤炭之间的平衡，则是基于资源原因的考虑，应该适当增加煤的相对使用量。这两种化石资源都可以转化为氢（如石油制氢一样）以提供无碳能源载体，但煤制氢效率比天然气略低而制氢成本却远高于天然气。然而天然气目前的价格高于煤，该价差会继续增大，短期的原因是为减少二氧化碳的排放而使用天然气，长期的原因是天然气资源有限。在选定的远景年（2050 年）之前，天然气的成本几乎肯定会增加，石油成本也肯定会增加。

该远景方案在运输行业的选择是以电动汽车（城市车辆和火车）满足一半的能源需求，用氢能（直接用于燃料电池，或通过天然气或煤制甲醇来获得制氢原料）满足另一半。燃料电池汽车当然也是电动汽车，不同之处在于前者是车载发电。由于去碳化思想倾向于将大部分化石燃料转化为氢，而清洁化石能源远景方案的氢，也直接用于工业的中高温工艺过程的热源，从而避免了转化为电的二次转化步骤和相关的转换损失。

到2050年，本章的远景方案假设了规模庞大的电力需求，包括不能使用其他能源的电气设备所需的电力，出于环境的原因和效率优化的考虑使用电力作为能源输入的固定机械能需求。在该远景方案中，电力生产既可以在传统的发电厂进行，也可以通过使用氢的燃料电池发电厂（可以推测是固体氧化物燃料电池）来实现。同样，这是因为将化石燃料在燃烧前转换成氢，比从烟囱排放中回收二氧化碳更容易。在该远景方案中，燃料电池发电约占2/3。一部分的燃料电池高效率会被氢的生产及储存损失抵消，但其通用性高，因为燃料电池可以分散使用并集成到单个建筑物中。这可以由氢气管道系统来实现，在许多国家可以继续使用现有的天然气分配网络。在该远景方案中，氢和天然气的区域性传输和本地性分配都是需要的。

对于低温热源，发电厂和燃料电池的燃料转换过程都会提供大量的副产热，它可以通过区域供热管线来分配使用，而在建筑物中集成的燃料电池可以为同一建筑物及其活动供热。然而，由于氢的大量直接使用和相当高的热电转换效率，在该远景方案中，没有足够的“废”热满足所有低温供热要求，剩余的空间供热和工艺供热（占总量的20%，取决于季节的不同）被认为由热泵提供。该远景方案把电驱动冷却器实现的空间冷却和热泵供热混合在一起，假定它们具有相同的性能系数（输入或移出的热量与输入的电量之比），COP = 3. 33。这不是技术上可能的最高值，但由于在多数需要空间加热的地区的气候条件下，能够供给热泵的热源温度都比较低，使用谨慎的评估值是合理的。

虽然该远景方案的目的是只使用化石资源，但是现有的水电生产仍可保留。水电是一种可再生能源，但它可以与化石系统的组成部分和谐共处，并且现有的和正在建设中的水电站会考虑在化石能源远景方案中。水电生产分布如图5. 18a、b所示。总的潜在发电量是平均440GW。有关大型水电设施的争论已经展开。

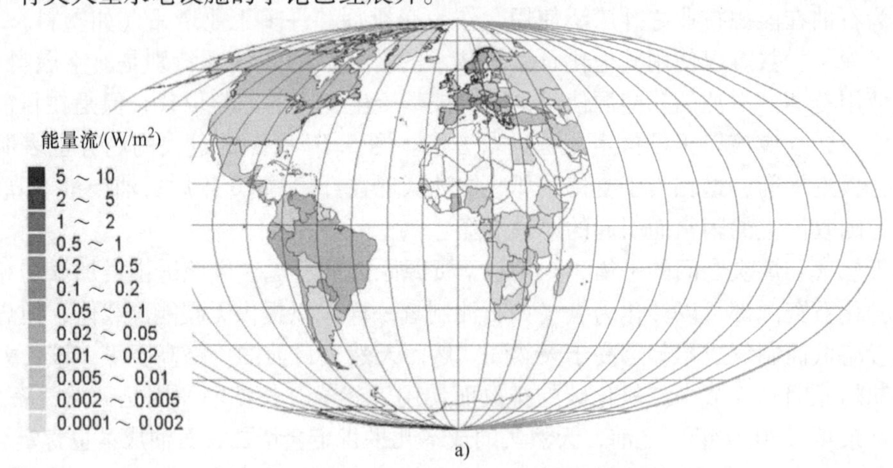

图5. 18　2050年远景方案中可以交付给最终消费者的潜在水电量（图a）和目前现有水电站加上估计的在建水电站的年平均水电发电量（图b）。基于世界能源理事会的数据（1995）。基于面积的分布数据来自Sørensen（1999）

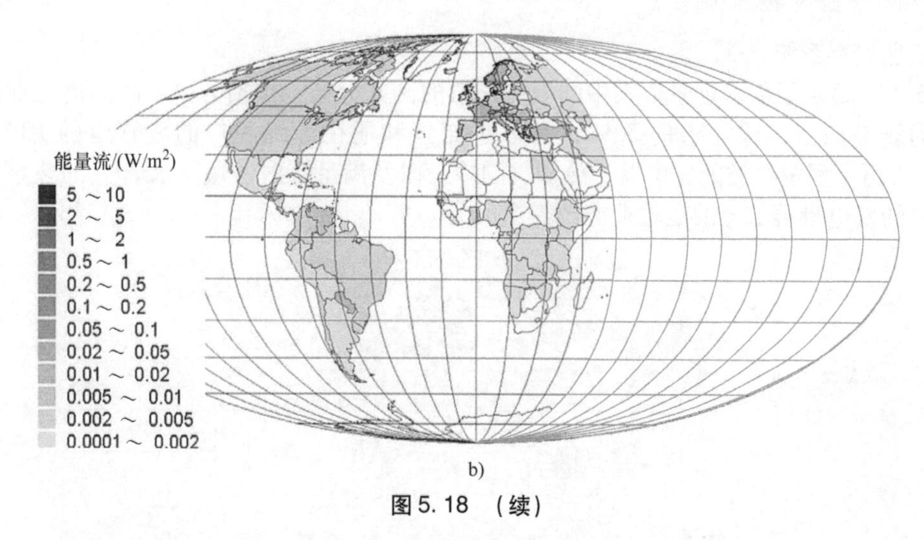

b)

图5.18 （续）

过去水电的使用方式是与环境因素不相容的（淹没景观价值高的地区、迁移库区人口等）。只要使用适当，可以认为水电是一种可再生能源，并将其包含在任何一种可持续远景方案中。例如大型水电站采用模块化结构（水的梯级利用），使干扰区显著减小，水库选址于环境保护问题冲突较小的地方，虽然水运输布局可能因此变得更加复杂和昂贵。

2050年远景方案的选择包括所有现有的和在建的水电站。试图关闭现有的、已给人类和环境带来负面影响的水电站是不可行的。至少有一些研究表明，恢复到水电建设前的景观也将导致对环境的负面影响，这与建设水电时造成的影响非常相似，因为植物和动物群落已经适应了出现的变化（Tasmanian Hydro Commission，private communication，1998）。

各种远景方案也包括一些国家计划的小水电设施，考虑到其影响对于大多数方案是可以接受的。就总的探明水电储量和已提出但尚未实施的方案来说，只有那些包括环境评估的实际建议得到了谨慎的采纳。世界能源理事会（1995）做出的一项调查被用作水力发电潜力的评估来源。该研究中所有类别的总和将是当前水电发电量的两倍。图5.18a表明了一些国家潜在发电量的分布。这些装置的很大一部分或将是水库形式的，因此可以认为不需要额外的存储运行周期（尽管抽水蓄能是一个明显的选择）。图5.18b显示现有的和在建的水力发电站的平均发电量，发电量还是平均到一个国家的面积上。这些都是包含在化石远景方案以及在下面的章节中讨论的其他远景方案中。

我们并不想在图5.18a或图5.18b上显示实际的水库面积。图上的数字只是将电力产量均匀地分布在各个国家。在任何情况下，大部分的水电是一个集中的资源，它不在当地使用（在大多数情况下也是不可能使用的）。南美洲是水电资源最丰富的区域，这意味着这个地区的选择将决定全球水电的贡献。

清洁化石能源远景方案现在将以每年的供应和需求之间的平均能量流动表示。日变化和季节变化的处理方法将与今天相同。唯一的关键因素是空间加热和冷却的规定，发电厂和燃料电池热电联产所产生的平均热量非常接近平均需求。空间冷却在旺季需要更多的电力输入，这可以由发电厂和燃料电池的足够大的装机容量来提供。对于冬季供热，热电联产发电厂已经可以使用目前在很多地方使用的技术来避免固定的电-热产量比，并且在一个可行的范围内通过热-功比的调节来满足任何供热需求，除了某些情况下已经很经济的日储存外，不需要增加储存系统。

图5.19a显示了需求远景方案中的氢需求量的国家分布，包括为中、高温的工业工艺热源提供的能量加上运输需求的50%，考虑了储氢和通往最终用户的氢管道的10%损失。图5.19b给出了固定机械能、电器、冷却、制冷，以及满足室内供热需求20%的热泵所需的化石燃料的发电量再加上的运输业能源需求的另一半。

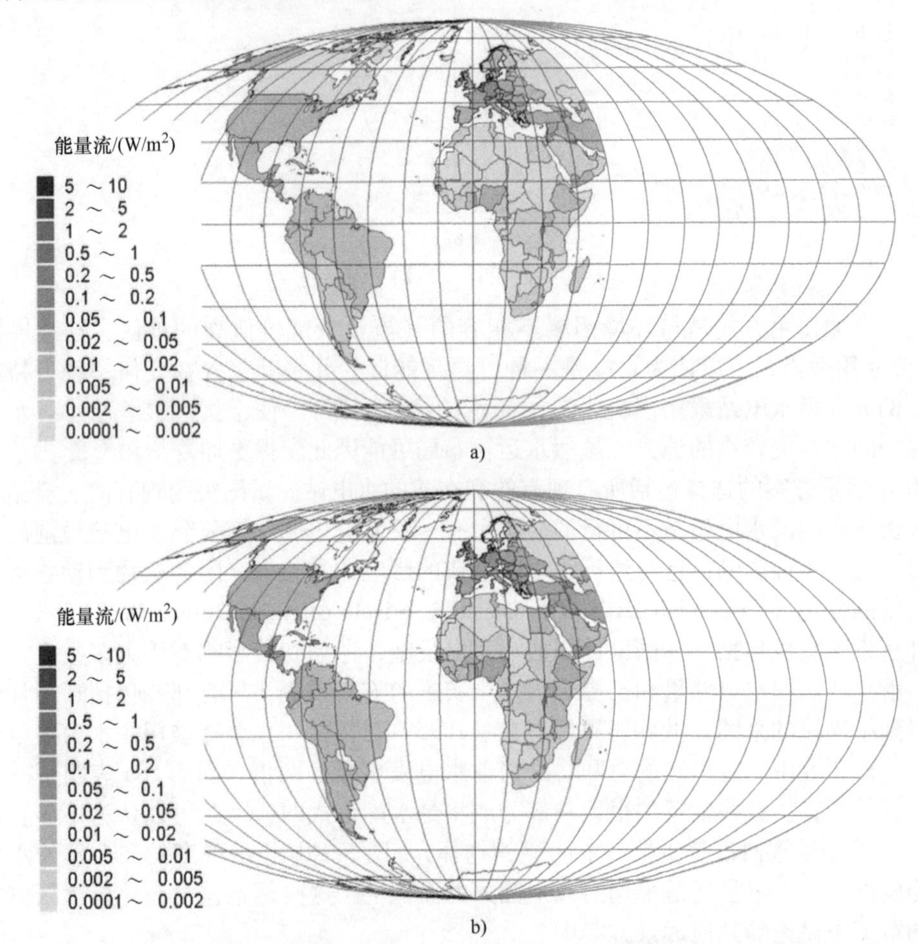

图5.19　来自化石能源的氢，将满足运输行业一半的需求（使用PEMFC）及中温和高温工艺热源的所有需求（使用氢气炉），包括传输和储存的损失（图a）。来自化石能源（传统的发电厂）的电力，满足运输部门需求的一半以及固定机械能、专用电能和电力冷却、制冷和热泵的所有需求，包括传输损耗（图b）。每个国家的土地面积的平均能量流单位为 W/m^2（Sørensen，1999）

由水电提供的电力优先考虑，原因是通常水力资源丰富的国家，如加拿大、瑞典、挪威没有化石能源发电的要求。在实践中，水力发电站的可快速调节特点，使其能够用于调节负荷平衡。图5.21a显示了所需要的作为固定式燃料电池发电的燃料氢量，假设转换效率为65%（其余可作为低温热源）。图5.20a显示了同样将煤输入到发电厂，假设发电效率为40%，剩余的60%可用于区域供热。在该远景方案中认为三分之一的电力来自燃煤发电厂，三分之二都来自氢作为输入的燃料电池（可能是SOFC）。图5.20b、c显示了产生所需

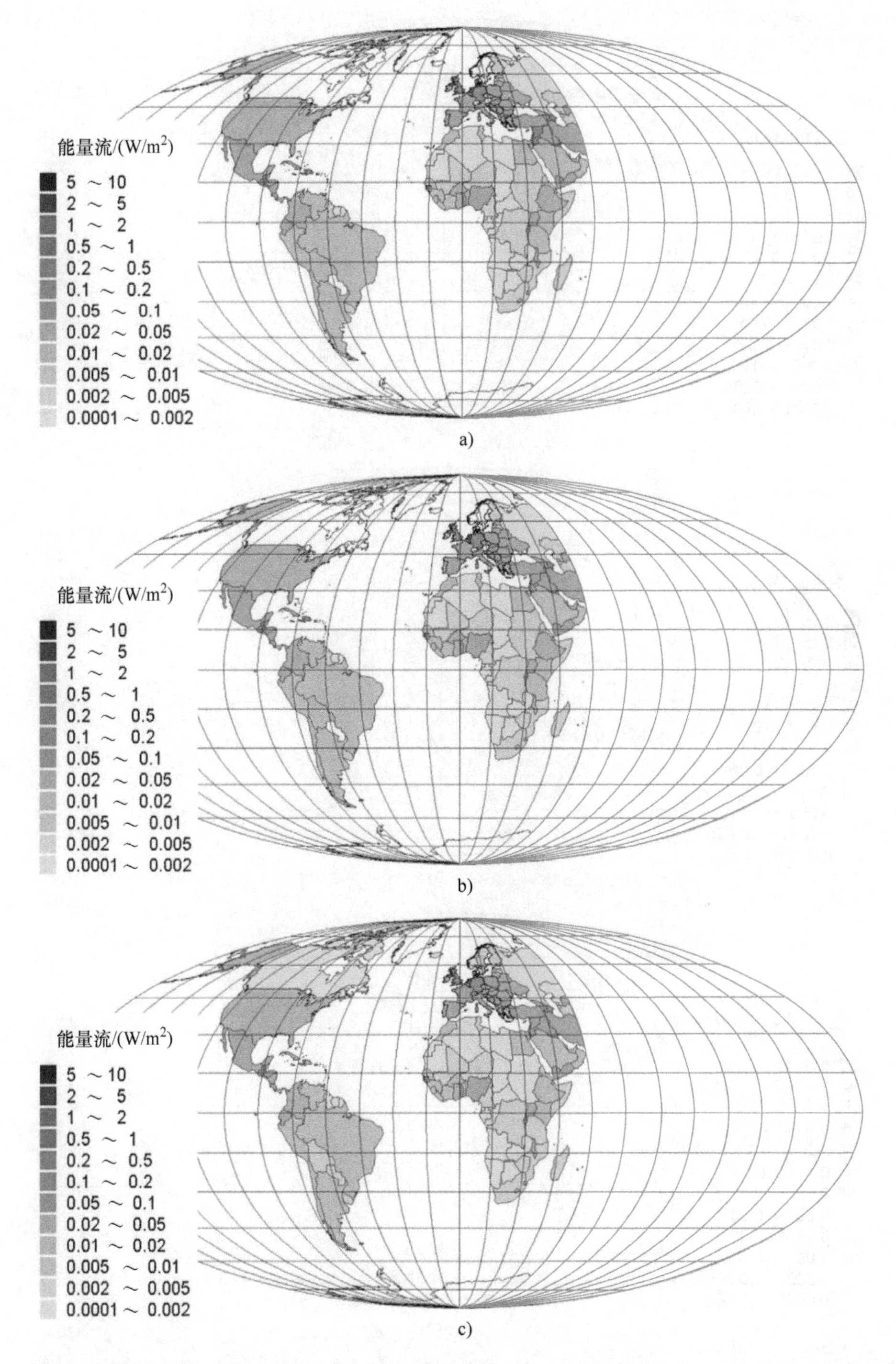

图 5.20　常规热电联产需要的煤（图 a）及制氢需要的煤（图 b）和天然气（图 c）。每个国家的土地面积的平均能量流单位为 W/m^2（Sørensen，1999）

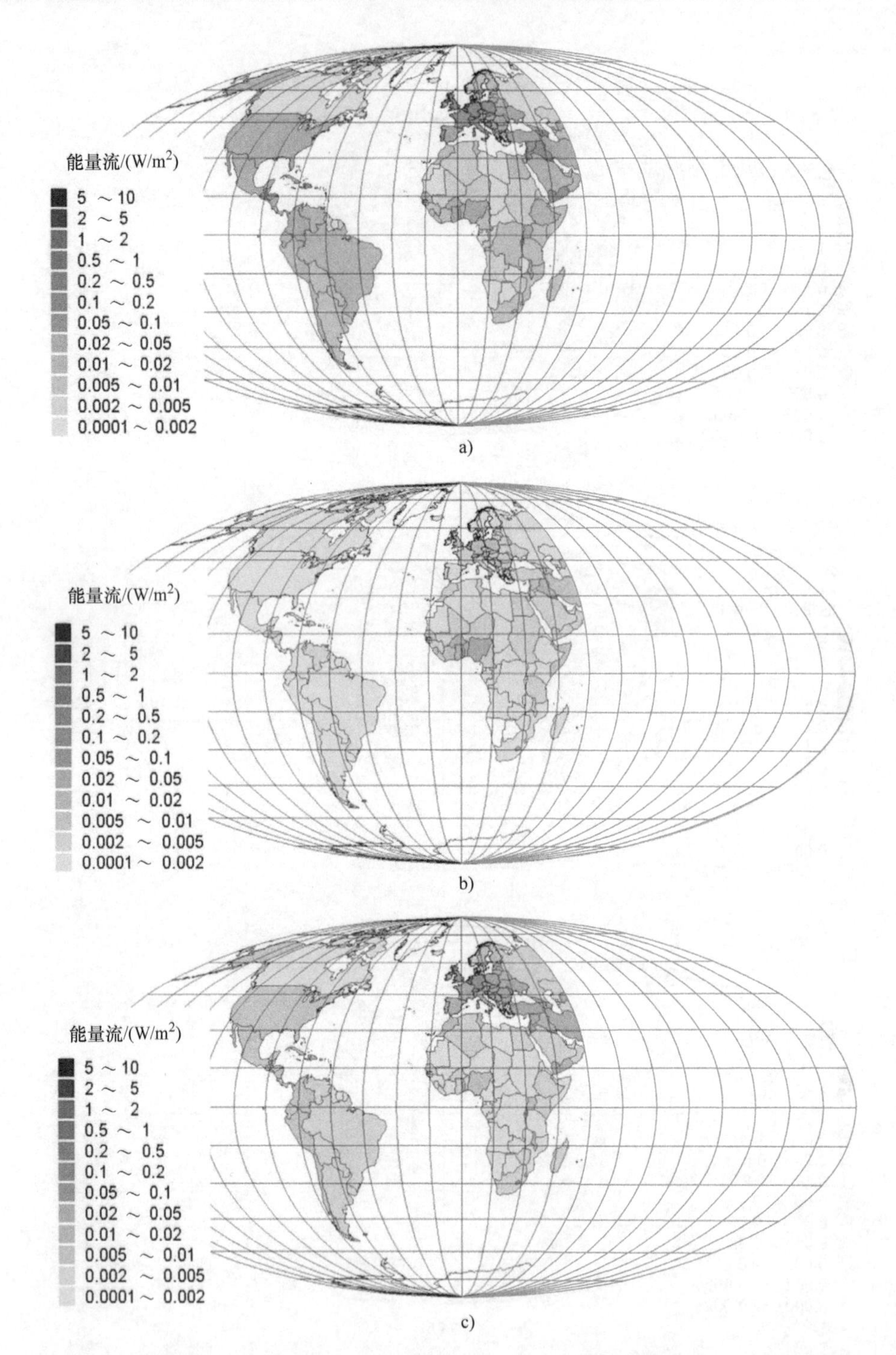

图5.21 作为固定式燃料电池输入（图a）、热泵空间加热/冷却和电冷却器（图b）及低温区域供热（燃料电池和其他电厂的废热）（图c）所需的氢气。每个国家的土地面积的平均能量流单位为 W/m^2（Sørensen，1999）

量的氢必需的煤和天然气的输入。该远景方案假定 40% 氢基于天然气，其转化效率为 70%；60% 氢基于煤，其转化效率为 60%。图 5.21b 显示了由热泵和冷却器提供的空间加热（20%）和冷却（100%）需要的能量，而图 5.21c 给出了由发电厂区域供热和燃料电池废热提供的用于空间加热和工艺热源的低温需求的其余部分。图 5.22 给出了该远景方案中能源系统的概述，显示了每年的能量流动，也显示了来自发电厂和燃料电池热电联产的热量覆盖程度。

随着现在已经确定的天然气和煤的生产，2050 年远景方案假设每个国家的年需求分别与其天然气和煤的总估计资源成比例。这就产生了这些商品交易的需求，其方式将与今天大同小异。天然气和煤输入的固定百分比将在实践中根据特定国家的主要资源类型来确定。例如，挪威和沙特阿拉伯将增加使用天然气，以避免进口煤炭。对于能够以现有水电满足自己的电力需求的国家——例如，加拿大和挪威——该远景方案的构建最初将不考虑出口选项，图 5.22 的水电输入因此比其潜在产量低（低 177 万 kW）。这额外的容量将在现实中用于电力出口到邻国，因此将在全球范围内略微减少使用化石燃料。

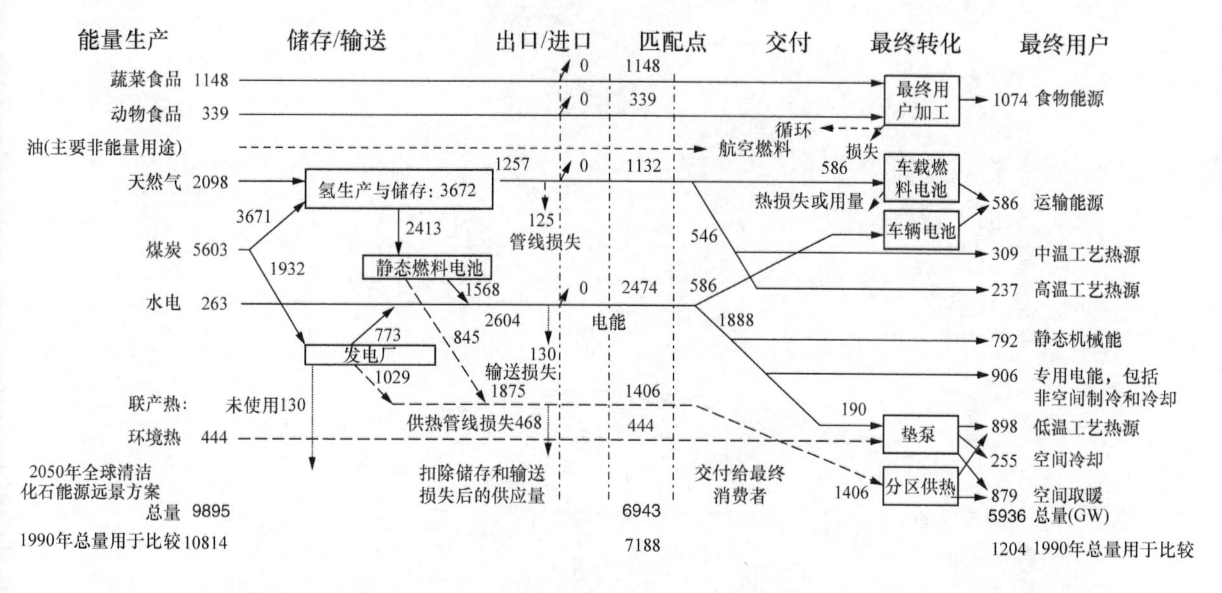

图 5.22　清洁化石能源远景方案概要（能量流单位为 GW 或 GWy/y）。为了比较，1990 年的总量也和取自 5.3.1 节的消耗总量一起显示在图底部。大比例的静态燃料电池可能用于强分散模式中的独立建筑物中。食品生产与能源生产分开；见 Sørensen（2017a）中的讨论。引自 Sørensen（1999）

图 5.23a、b 给出了每个国家煤炭生产的过剩和赤字，图 5.23c 和图 5.24a 给出了类似的天然气数据，而图 5.24b、c 给出了两者的总和。正如预期，能源交易将遵循与目前相同的模式。虽然全球的化石能源储量分布比 40 年前认为的均匀，对于南美洲、非洲和东南亚等地区与需求分布的匹配却是完全相反，因为这些地区探明资源的水平很低，而在东南亚人口密度很高，再加上 2050 年远景方案下的生活水平提高。

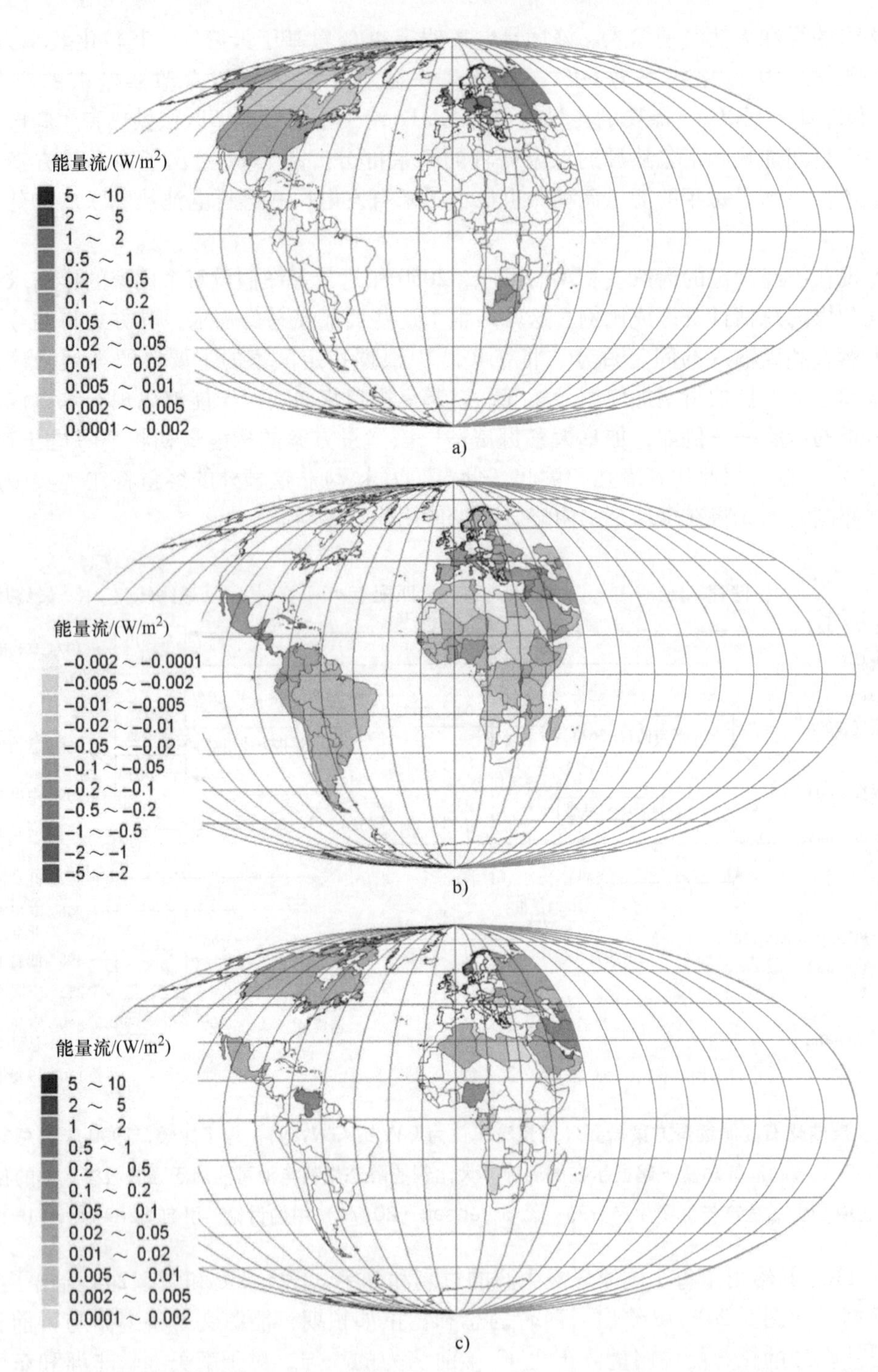

图5.23　2050年远景方案中的煤炭过剩（图a）、赤字（图b）和天然气的过剩（图c）。过剩/赤字是一个国家的生产量减去需要的供应量得到的正/负值。每个国家土地面积的平均能量流单位为 W/m^2（Sørensen，1999）

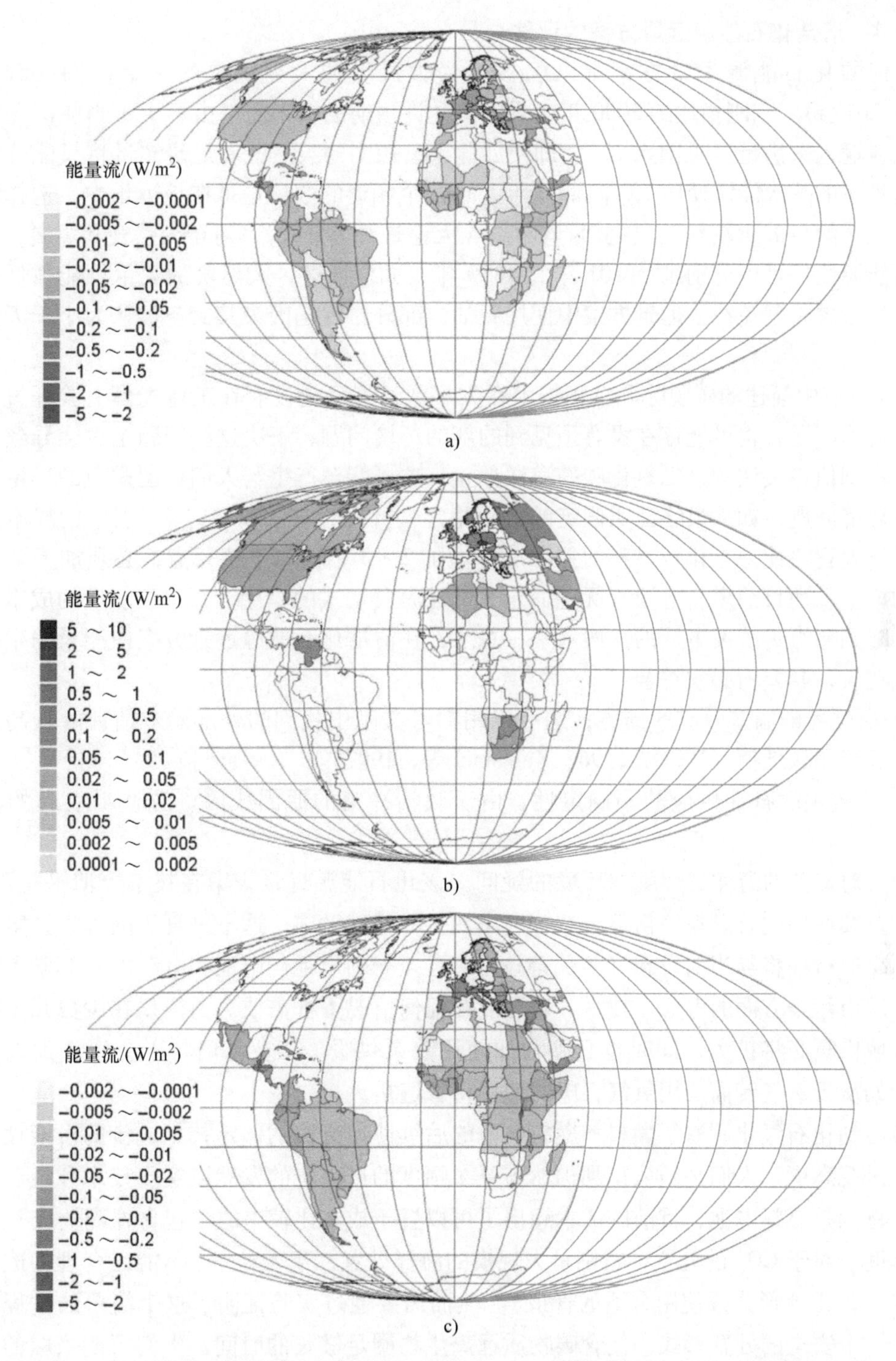

图 5.24 2050 年远景方案中的天然气赤字（图 a）、总化石能源过剩（图 b）和赤字（图 c）。过剩/赤字是一个国家的生产量减去需要的供应量得到的正/负值。每个国家土地面积的平均能量流单位为 W/m^2（Sørensen，1999）

5.3.2.4 清洁化石能源远景方案的评估

任何的化石能源远景方案都已经被视为大尺度的人类历史的一个插曲（Sørensen，1979a，2017a）。刚刚描述的2050年远景方案允许预期的未来需求由不大于当前消耗速率的化石燃料输入来满足（见图5.22）。即便如此，已探明的天然气和煤炭储量将只能分别维持在该远景下的一次能源使用73年和86年（这两个相近的数字正是在该远景中，选择使用天然气和煤炭的目的所在）。以总资源量而论（无论是否可开采），对于天然气和煤炭，该远景方案的能源使用可以分别维持101年和1830年，如前所述，天然气的数量可能被低估。一个基本的考虑是避免在该远景方案中使用石油，部分原因是因为其储备被认为小于天然气和煤炭。

5.3.1节中描述的碳脱除和沉积技术在大多数情况下还没有在工业规模上验证过。有可能存在技术问题，也可能存在没有预见到的新的环境问题，解决这些问题至少会导致更高的价格。特别值得关注的是二氧化碳的海洋处置，这可能会产生与人们试图避免的环境问题同样大的环境问题，如果最终证明假定的沉积稳定性并不存在。5.3.1节所引述的成本估算表明，海洋处置将使源自化石燃料的能源成本增加2～3倍。对于这一点，必须加上新技术生产氢的成本，而目前燃料电池（无论固定式的还是移动式的）生产每单位能量的成本必须假定会下降到接近传统发电厂的一般水平。总之，在清洁化石能源远景方案中能量的生产成本会比现在大，其差值必须符合：

- 所避免的温室效应的损害；这可以用参考文献中找到的外部效应估计的较高值来解释，但不能用较低值（IPCC，1996；Kuemmel等，1997）。
- 所避免的石油供应的不确定性，由于政治冲突的原因或因资源枯竭引起的开采量下降。

除了对CO_2的海洋处理影响环境的疑问，该化石能源远景方案在技术上似乎是可行的。然而，持续使用化石燃料的初衷是能够利用现有的基础设施。这不是真正的远景方案分析的结果：交通行业将与当前设想（氢关键技术，各类燃料电池、电池和电动机）非常不同，虽然由于城市污染方面的考虑，技术开发可能在任何情况下都需要。目前仅在少数几个国家使用的区域供暖必将扩大，同时也必须增加使用热泵供暖。工业部门将不会感觉到太大的变化，例如从天然气转而使用氢气，电的使用将普遍扩大。

考虑到化石气化制取氢燃料和燃料电池的后续使用方面的假定技术进步的可能性，尽管可以持乐观态度，人们必须认识到仍然需要大幅度的进一步的发展以实现技术和经济上的可行性。特别是燃料电池，目前的成本超出了可以置于成本比较中的“包含外部效应”的标题下的程度。对于CO_2的处置，特别是大规模的海洋处置，毫无疑问CO_2能以合理的成本倾倒入海洋（以干冰形式或使用合适的管道）。然而需要通过实验证明，这个简单的过程实际上构成了一个安全的处置形式，使含碳物质远离生物圈足够长的时间。人们可能采取的一个立场是化石燃料的探明储量太小，不足以给今天的化石技术转变为新的“干净”的化石技术带来困难，而只有相信已知一般资源中的大部分未来可以转换为“储备”，并能够在实际、经济和环境意义上可接受的操作中得到利用，才会使人们对该化石能源前景感兴趣。

这些远景技术是从一个大得多的目录中，作为最有前途的技术被选择的。没有人设想它们的成本会低至当前的能量成本，况且当前的能量成本也不会是恰当的比较基准，因为当前的能量供给系统在所考虑的期间内必须改变，如果不是基于资源枯竭的理由，就是由于环境原因。如果没有诸如接受损坏或支付环境清理费用之类的补贴，目前的能源成本会高很多。能源成本上升预期的唯一例外是能源效率措施可能产生的影响。这些被假设在该需求远景方案内，它们即使在当前成本下都有意义。对于供给和转化技术，可以希望的最好情况是成本可以保持在一个合理范围内，该范围的参照系由计入外部效应成本的所有能源有关的活动所定义。

我们可以换一个角度来看这个问题，考虑为每个新技术确定“标准价格”或“目标价格”，即允许该技术在特定的远景方案所假定的程度介入市场（Nielsen 和 Sørensen，1998）。然而，这样做则假设了对未来社会的了解，而这恰恰是无法保证的。数值和范式的变化将改变外部效应的估值，并且可能增加今天还没有确定的其他外部效应。因此，人们很可能最终发现无法将标准价格计算到一个对于讨论有益的精确程度。换句话说，人们可以做的只是表明所选技术的合理性，即有可能在未来社会看来是经济的；提醒自己勿忘这样的事实，对像这里考虑的能源系统的变化这样深刻的变化所做的所有决定，都是过去在规范的信念基础上做出的，换句话说，所谓规范的信念就是那些坚定的先驱们在坚定不移地追求特定目标时的远见。从来没有跨越式的发展是通过经济评估来取得的，最具历史意义的创新必须与忽视经济合理性的主张作斗争。过去的合理性是一个对于塑造未来没有多大用处的概念。

实施到 2050 年根据该远景方案所要达到的目标，需要草拟从主要基于化石燃料的当前系统转变到远景方案中非常不同的系统的路线图，并确定实现这一转变必须满足的条件。这些将包括所涉及的新技术在经济上的里程碑，以及需要做出的政治决定。这里假设转变将发生的社会环境是由自由市场竞争和社会调节共同支配的，正如当今世界大多数地区的情况。监管部分会提出要求，如建筑标准以及基于安全性和消费者保护原因的最低技术标准，以及为某些耗能设备和活动设定的最大能量使用标准。一个可能的公共调节手段是使用包含间接成本的环境税，否则间接成本会扭曲市场上不同解决方案之间的竞争。一个将使市场“公平”的环境税估算方法是进行整个能源供应链和所涉及技术的寿命周期分析。寿命周期分析方法，连同这里考虑的许多可再生能源系统的例子，已经在 Sørensen（2011a，2017a）中描述，精简的概述见第 6 章。然而，寿命周期分析也有许多不确定性，这又回到了任何能源政策中的规范性要素。

5.4　基于核能的远景方案

5.4.1　历史和现实的关切

目前核电站发电量约为 8.4EJ/年或占全球能源使用量的 2%（USDoE，2003）。所采用的技术主要是轻水反应堆，是 20 世纪 50 年代引进的潜艇核动力推进系统的商业副产品。第二次世界大战后对于核能和具体反应堆的选择有以下两个较重要的因素：

• 有一批技艺精湛的核物理学家，他们渴望能够将自己的知识用于和平目的，而不是在战时制造炸弹。换言之，他们想证明核技术可用于毁灭，也可用于有益的用途。没有类似声望的研究和开发人员来发展与之竞争的能源技术，如那些基于可再生能源的能源技术。

• 相对于需要重建在战争中被毁的资产的艰巨性，经济手段普遍性短缺。这导致决策者更喜欢便宜的解决方案，不考虑供应安全和环境的影响，这些在后来成为能源政策决策的一部分。这意味着，虽然确实提出和发展了核反应堆的替代设计（例如，CANDU 和高温型），但复制一个现有的军事技术的经济优势是非常具有诱惑力的，即使一些批评家发现轻水堆设计并不太适用于民用。

能源领域中核电后来的命运可以看作是由这些意见所造成的特殊情况决定的。在一些有公众参与传统的国家发生的主要公开争论基本上集中在以下这 3 个问题上：

• 所选择的核反应堆技术有发生重大事故的风险，引起严重的放射性泄漏和不可预知的后果。

• 核电站运行产生的放射性废物需要在一定时期内保存在生物圈之外，但是并不能保证该时段长于经济实体，甚至民族国家的寿命。

• 核燃料链产生的钚和其他材料可用于核武器生产，从而增加了这种材料被转移给恐怖组织，用于核讹诈或在战争行动中使用的风险。

核电的早期支持者声称，与核技术相关联的所有风险为零或可以忽略不计，而其工程和运行安全性远远优于任何其他技术。完成了冗长的报告，似乎也只是证明这些陈述实际上是数学上的同义反复。

这引起一些独立科学家仔细分析上述观点，他们认为所使用的方法和实际计算都存在基本缺陷［见 Sørensen（1979b）的概述］。因此，毫不奇怪，当重大事故开始发生时核能支持者失去了公信力，若用更诚实的态度发布信息，这种情况或许可以避免出现。

涉及商业核电站的重要事故有：三哩岛反应堆部分熔毁事故，没有毁坏外部安全壳，但完全破坏了工厂；切尔诺贝利事故灾难，造成大量放射性物质向大气释放和全球放射尘沉降；而福岛核事故有 4 个反应堆损毁，外加放射尘沉降。

渐渐地，大多数国家的能源政策发生了变化，为了排除建设新的核电站，或直接禁止，或间接地通过实行严格的许可证条件，该条件要求增大决定建设和最终启动试车之间的时间周期，因此会造成相当大的成本上涨。同时，努力使电力行业更具竞争力，造成电厂运营商放弃了“困难的”核能选择，从而避免其不确定性。

这种发展的一个明显标志可在未来的世界铀需求市场预测中发现，例如，如美国能源部（deMouy，1998）指出的，全球 2015 年的需求估计只有当前数据的 85%，如图 5.25 所示，尽管在东南亚和南美洲国家存在一些增长。

“安全核远景方案”的目的是研究与今天采用的核技术不同的核技术是否可能解决上述问题或明显地减少上述顾虑，同时形成一个就所需要的过渡时期和资源枯竭而言可行的解决方案，并具有经济合理性。事实证明，解决提出的所有 3 个问题几乎是不可能的，核技术的大多数改进旨在解决一个或至多两个关键问题，虽然经常可能同时改善其他性能方面的问题。

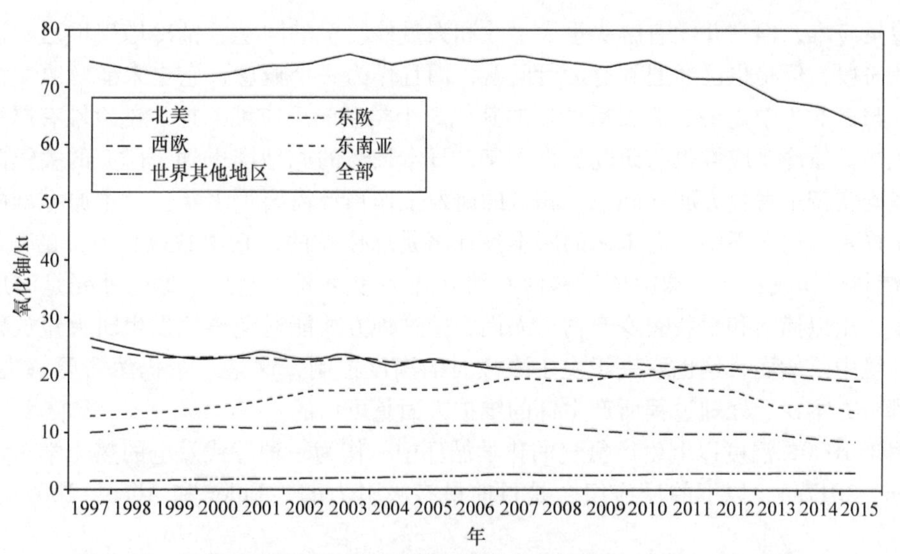

图 5.25　根据美国能源部参考案例预测的世界铀需求（deMouy，1998）

5.4.2　安全核技术

为安全核远景方案所选择的技术应该显示出不再具有目前的核电技术的主要问题：核扩散问题、大型核事故和核废料的长期储存。为避免或减少这些问题，多年来许多想法和新技术一直在讨论，但都仍然是推测性的。一些已经经过实验室规模的试验，但其实施将需要进一步的技术开发而使得造价可能比现在的核电更昂贵。这些额外费用必须通过包含目前核技术相关问题的社会成本（包括当前经济价值之外的成本）来证明是合理的。

在过去的四五十年所研究的、尚未达到商业推广阶段的反应堆类型中，值得一提的是高温气冷堆和钠冷快增殖堆。目前的方案都意识到了带来的问题，但仍远达不到能解决这些问题的程度。反应堆行业最近得出结论，新一代更安全的反应堆需要许多实质性的突破（尤其是在材料科学方面），这可能把商业化推到至少 25 年后的未来（USDoE，2002b）。表 5.3 总结了所提出的多个概念。

表 5.3　业内建议的几种新一代核反应堆（Butler，2004；USDoE，2002b）

技术	冷却剂	压力	温度/K	问题
传统增殖堆	钠	低	820	安全性、成本、再处理
超临界水堆	水	很高	800	安全性、材料、腐蚀
甚高温堆	氦	高	1300	安全性、材料、事故
气冷增殖堆	氦	高	1130	材料、燃料、再循环
铅冷增殖堆	铅 - 铋	低	800 ~ 1100	材料、燃料、再循环
熔盐堆	氟盐	低	1000	材料、盐、再处理

4 种操作温度高于 1000K 的反应堆类型可直接用来生产氢。所有的概念反应堆的操作温度都高于现有轻水反应堆的 600K，因此发电效率会更高。上述数个系统中可能最便宜的是

极压水冷反应堆，但它并没有解决重大事故和大量核废料的问题。钠冷增殖堆已经进行到大规模示范阶段，但是也已经遇到过运行问题，而且作为一个概念，它也未能解决安全和成本的问题。与表 5.3 中需要乏燃料后处理的其他 3 个类型的反应堆一样，钠冷堆有严重的核武器扩散危险。氦冷反应堆也已研究了很多年，日本最新的原型堆也到了研究的关键阶段。甚高温方案确实带来材料方面的问题，相应的研发工作预计需要很多年。日本原型堆的燃料芯块布置于蜂窝结构石墨中，而未来的版本预计将是球床型的，它由数以百万计的直径为 5～10cm 的燃料球构成，燃料球中核燃料由石墨（作为减速剂）包裹，球的外壳是一层非常坚硬的陶瓷，用以捕获和封装裂变产物。人们希望这种方式能避免事故发生时大量放射性物质释放到环境中。然而，这也取决于发生事故时的温度控制，这是一个仍然需要解决的问题。还没有哪个方案在后处理过程所产生钚的维护方面是可信的。

可用于 1000K 温度以上生产氢气的化学循环中，作为一种替代发电的热力学布雷顿循环（Sørensen，2017a），以下的反应组合是目前最有吸引力的（Elder 和 Allen，2009；Summers 等，2004）：

$$
\begin{aligned}
830℃:&\ H_2SO_4 + 热量 \longrightarrow \frac{1}{2}O_2 + SO_2 + H_2O \\
120℃:&\ I_2 + SO_2 + 2H_2O \longrightarrow H_2SO_2 + 2HI \\
320℃:&\ 2HI \longrightarrow I_2 + H_2
\end{aligned}
\tag{5.1}
$$

其净反应是水的裂解，原则上所有的化学物质都可以在反应步骤之间循环使用，而在第一步反应回收的热量可用于后续的低温步骤。为方便起见，确定布雷顿涡轮机规模时用于制氢的反应堆应具有的模块规模至少应为 500MW，而这个规模还远远没有小到可以构成一个后面定义的固有安全设计。

制氢用核反应堆的另一种替代方法是反向模式的高温燃料电池单元（Fujiwara 等，2008）。

5.4.2.1 固有安全设计

这个概念意味着在裂变过程的热量不能被移走的情况下，必须不存在堆芯熔毁的风险。已经提出的内在安全反应堆设计的两个例子是：

- 可以缩小反应堆容量，以使堆芯熔毁事故几乎肯定可以由使用的容器抑制（对于传统设计，这涉及 50～100MW 的最大机组容量，而球床反应堆可以避免这个限制，前提是燃料球的完整性可以得到保证）。

- 或使用这样的设计，常规压水反应堆（PWR）堆芯包裹在硼化水容器中，如果反应堆失压，硼化水将淹没堆芯：堆芯和水池之间没有屏障，在主系统失压的情况下反应堆将关闭，并继续通过自然循环从堆芯中带走热量。据计算，在发生事故的情况下，冷却流体的补充能以周为周期进行（相比之下，当前的轻水反应堆设计需要以小时计或更少）（Hannerz，1983；Klueh，1986）。

为了避免核扩散，诸如钚等裂变材料绝不应大量累积，或应该很难从乏燃料中分离出来。这个问题可以通过使用加速器来解决，使生产裂变材料的速度与用于生产能源的速度相同。加速器也是当前核废料和军事废料“焚烧”的选项之一，以减少废物储存时间和避免从储存的废物中提取核武器材料。

已提出的技术中有两项使用加速器。一项被称为加速器增殖，其目的是把增殖材料（例如钍-232）转化为裂变燃料用于其他（常规）反应堆（Lecocq 和 Furukawa，1994）。这项技术本身并不能减少事故发生的概率，并且为达到这个目的，反应堆应该是所提到的固有安全型的。

在过去十年中（Rubbia，1994；Rubbia 和 Rubio，1996）提出的另一个加速器概念是把加速器和反应堆装置集成到所谓的能量放大器中。在该设计中，核心的一点是，能量放大器不必是临界的（即该核过程不必自行维持），因为质子被加速引起的散裂过程连续地供应中子。人们认为这大大降低了临界事故的危险。能多大程度降低有待进一步研究。燃料链的主要组成部分如图 5.26 所示。尽管现有的反应堆工业不支持这个概念，它将在这里用作后面提出的远景方案中的模板，因为这是仅有的承诺可以减少有关目前各种核反应堆的全部 3 个异议的方案。出于这个原因，下面对提出的技术做一个简要概述。

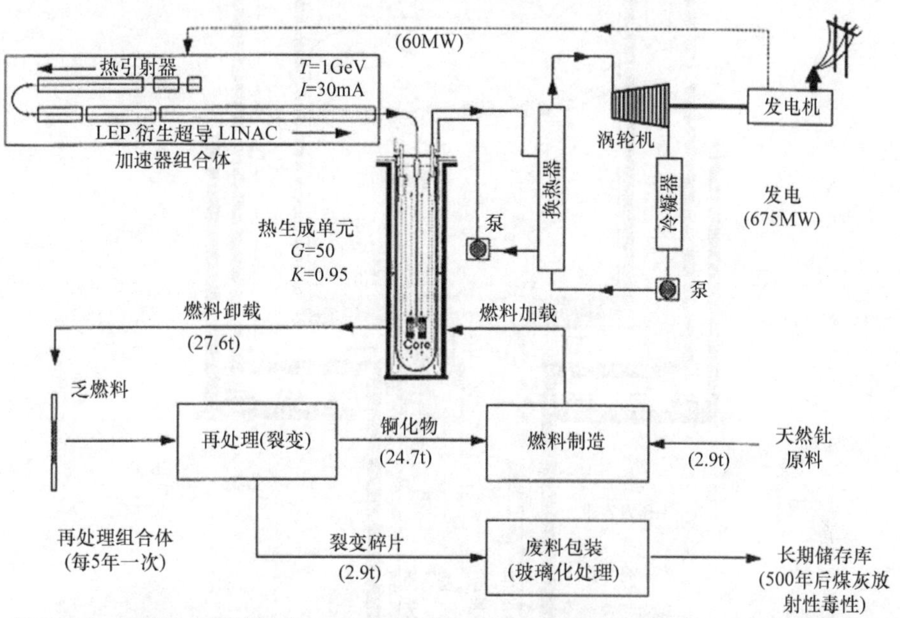

图 5.26　能量放大器的概念。显示了所产生的电力用于加速器供电的部分。再处理步骤对于系统的资源持续性必不可少。引自 Rubbia 和 Rubio（1996）。经许可使用

5.4.2.2　能量放大器的技术细节

所提出的能量放大器技术涉及一个质子加速器（线性或回旋加速器）以达到产生快中子的目的。这是通过让高能质子撞击一些重靶标（可能是铅、铀或钍）来实现。该过程被称为散裂，通常每 1GeV 的质子产生大约 50 个能量为 20MeV 的中子。Rubbia 提出的这类装置类似于一个反应堆或反应堆的覆盖层。增殖材料如钍-232（$^{232}_{90}Th$）需要高能中子的轰击，才能转变成能够裂变的同位素，即分裂成两种大体等重的产物并释放出能量差（例如，Sørensen，2017a）。增殖材料的例子包括$^{232}_{90}Th$ 和$^{238}_{92}U$，而可能通过吸收慢（低能量）中子发生裂变的同位素的例子有$^{233}_{92}U$、$^{235}_{92}U$ 和$^{239}_{94}Pu$。当前的轻水减速反应堆中，可裂变同位素是$^{235}_{92}U$，通过裂变释放的额外的中子能够维持链式反应（或在没有仔细控制的情况下则是一个失控的核反应，这导致了诸如1986年发生在切尔诺贝利反应堆的这类事故的临界问题；见Kurchatov Institute，1997）。在快增殖反应堆致密的堆芯，$^{238}_{92}U$同位素被中子撞击并转化$^{239}_{94}Pu$的数目如此之大，以致从裂变材料产生的潜在能量可以是$^{235}_{92}U$输入量的60倍。

加速器增殖效率强烈地依赖于中子增殖系数k，所提出的设计中大约为0.95（常规反应堆略高于1）。这相当于约50的能量增益（增殖因子），据认为$k=0.95$足以避免在非正常情况下k超过1。如果加速器停止，核反应过程也将停止。产热单元将被放置在地下，采用如图5.27所建议的设计。

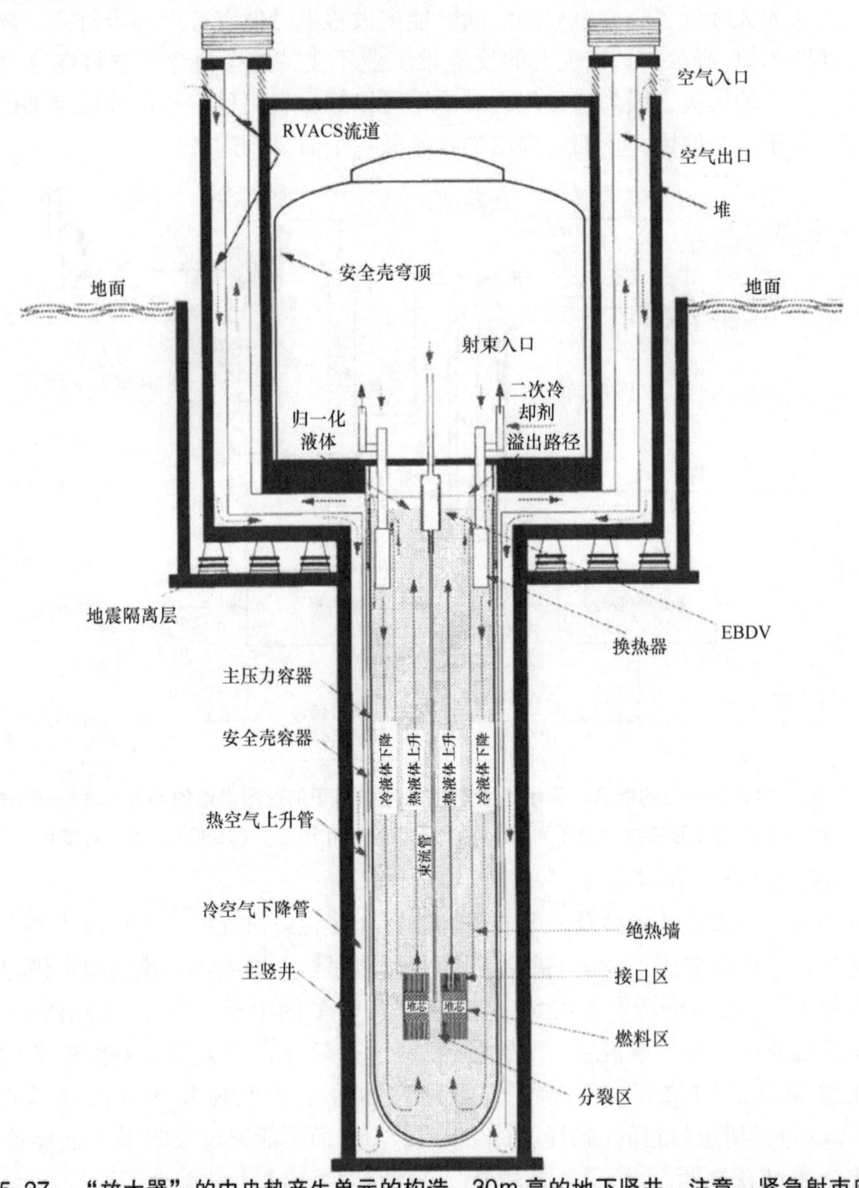

图5.27 “放大器”的中央热产生单元的构造，30m高的地下竖井。注意，紧急射束应急空间标记为“EBDV”。引自Rubbia等（1995）。经许可使用

亚临界是这个反应器概念的第一个基本特点；第二个特点是使用钍循环，基于加速器诱导反应（$T_{1/2}$是半衰期，即该时间后其放射性已经降低到一半）：

$$ {}^{232}_{90}\mathrm{Th} + n \longrightarrow {}^{233}_{90}\mathrm{Th}\ (T_{1/2} = 23\ \text{个月}) \longrightarrow {}^{233}_{91}\mathrm{Pa}\ (T_{1/2} = 27\ \text{天}) + e^- $$
$$ \longrightarrow {}^{233}_{92}\mathrm{U}\ (T_{1/2} = 163000\ \text{年}) + e^- \tag{5.2} $$

裂变最终产物${}^{233}_{92}\mathrm{U}$不是唯一的结果，因为一些${}^{233}_{90}\mathrm{Th}$将经过（n，$2n$）反应，变成${}^{231}_{90}\mathrm{Th}$，然后进一步衰变为${}^{231}_{91}\mathrm{Pa}$和${}^{232}_{92}\mathrm{U}$，最终生成${}^{208}_{81}\mathrm{Tl}$，强伽马放射性使得再处理很困难，尽管不是不可能处理。由于增殖特性的原因，燃料元件的再处理预计只有在5年以上的间隔后进行。刚刚描述的钍循环的显著优点是其核废料与生物圈隔离的时间可以减少。图5.28给出了钍能量放大器的废物放射毒性（单程操作或循环再处理废弃物）的计算结果，并与当前的反应堆废物毒性进行了比较（Lung，1997；Magill等，1995）。加速器-增殖器将接受当前反应堆和军用核废料作为输入，从而提供了处置淘汰的核武器和轻水反应堆的高等级核废料的一种方式。

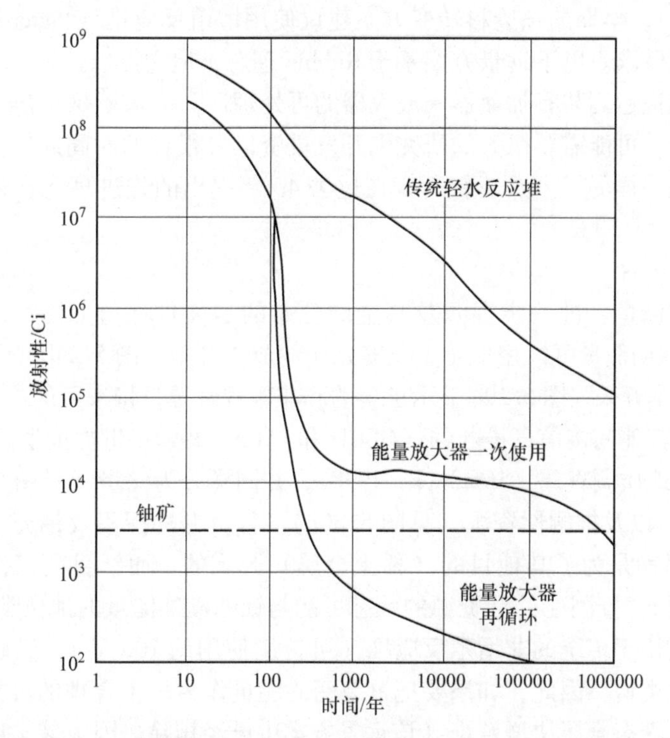

图5.28 核电站经过40多年连续运行后放射性废弃物的放射性，凸显了加速器-增殖器概念的优点，该数据经初步计算，与预期的最终设计不一致。基于Rubbia等（1995）和Lung（1997）

有人担心，加速器和增殖器之间的接口可能构成Rubbia设计的一个弱点，在加速器突然故障时使放射性物质与熔铅一起泄漏［Mirenowicz（1997）引用J. Maillard的话］。

由于资源的原因，全球“安全核远景方案”需要加速器-增殖器结合钍循环的使用及可能的铀资源的使用，下面进一步解释这种组合：在常规反应堆类型中使用的U-235可用储备按假定的全球核远景方案的速率只会持续很短的时间，虽然更多的资源可能会变得可用，但可用的时间跨度不会扩大到可持续发展的程度。因此，增殖在任何长期的核远景方案中都是必需的，钍资源的纳入将使资源的可用性在高效利用能源的远景方案（IPCC，1996）中持续1000~2000年。Hedrick（1998）讨论了目前的钍提取。

加速器增殖和钍基核能的想法早在核技术开始从军用转民用时就有了，最初是出于资源的原因［RIT（1997）引用Lawrence的话］，后来是为了减少核废料处理问题（Grand，1979；OECD，1994；Steinberg等，1977）以及处理军用核废料和过期弹头（美国国家科学院，1994；Toevs等，1994），最后是为了避免核扩散和减少事故风险（Rubbia等，1995）。

涉及把加速器增殖阶段和能量生产阶段分开的观点［Lung（1997）引用Furukawa的话］，已在目前的远景方案的早期版本中使用（Sørensen，1996b）。这是洛斯阿拉莫斯团队以及法国和日本团队倾向的方案，它将使用的锂、铍、钍氟化物的混合物作为加速器-增殖器的输入，把该熔融盐燃料输送到石墨减速核反应堆并在其中使用（见表5.3），尽管一个类似的反应堆在科罗拉多州Fort St. Vrain运行了若干年而积累了不少负面经验（Bowman等，1994；Lung，1997）。早期的核废料转变方案建议使用增殖反应堆（Pigford，1991），但是不符合本身安全性的要求。以下远景方案基于Rubbia理念，但它可以包括本身安全反应堆的并行运行，废燃料将被运到装有加速器-放大器的再处理厂。应该明确指出该远景方案基于许多未经验证的技术，可能需要巨大的研究和开发投资以及很长的时间周期。当然，对于目前的轻水堆技术也是一样的，当然还有所有在过去40年提出的先进理念，包括表5.3所列的方案。

5.4.2.3 核资源评估

铀和钍的保有储量、进一步资源及其全球分布的当前估计值如图5.29~图5.31所示。图5.29a所示的铀探明储量可以用低于130美元/t的成本开采，图5.29b所示的可能额外储量也可以用同样的成本开采。图5.29c显示了新的和非常规资源，将来可能成为储量。这些储量是根据地质模型或其他间接信息推断的（OECD和IAEA，1993；世界能源理事会，1995）。钍资源估计来自美国地质调查局（Hendrick，1998），并同样分为储量（见图5.30a），额外的储量（见图5.30b），以及推测性资源（见图5.30c）。钍资源勘探不及铀充分：储量不能说是“经济的”，因为目前是为了其他目的（稀土金属）开采的，而钍目前仅作为副产品在非常有限的领域内利用。“推测性”钍资源的状态可能与铀的额外储量的地位类似。

如果核燃料被用于传统的非增殖反应堆（可持续使用约100年），已确定的核资源的量级与石油或天然气类似。因此，如果要把核裂变的能量作为一个合理的可持续资源，某些增殖类型是必需的。液态金属快增殖堆（该远景方案中已经排除，因为液态钠过于靠近紧凑的核燃料堆芯，该冷却技术发生如下事故的可能性非常高：常规爆炸引起核燃料熔毁，可能的临界状态引发核爆炸）的增殖比理论上可以达到约60，而对于刚刚概述的加速器-增殖器，假设增殖系数为10在技术上是可行的。这就使得钍资源最多可使用约1000年（若选择钍作为主要燃料，类似量级的铀资源可能并不会引起直接的关注）。另一方面，一旦人们从经济上对钍感兴趣，该资源的勘探将会采取更认真的方式，可能获得额外储量。总的资源量是相当巨大的。

图5.31a和b总结了不同级别的储量和资源，给出可开发资源总量的可能量级。钍的资

源量级将被用作以下核远景方案的基础。

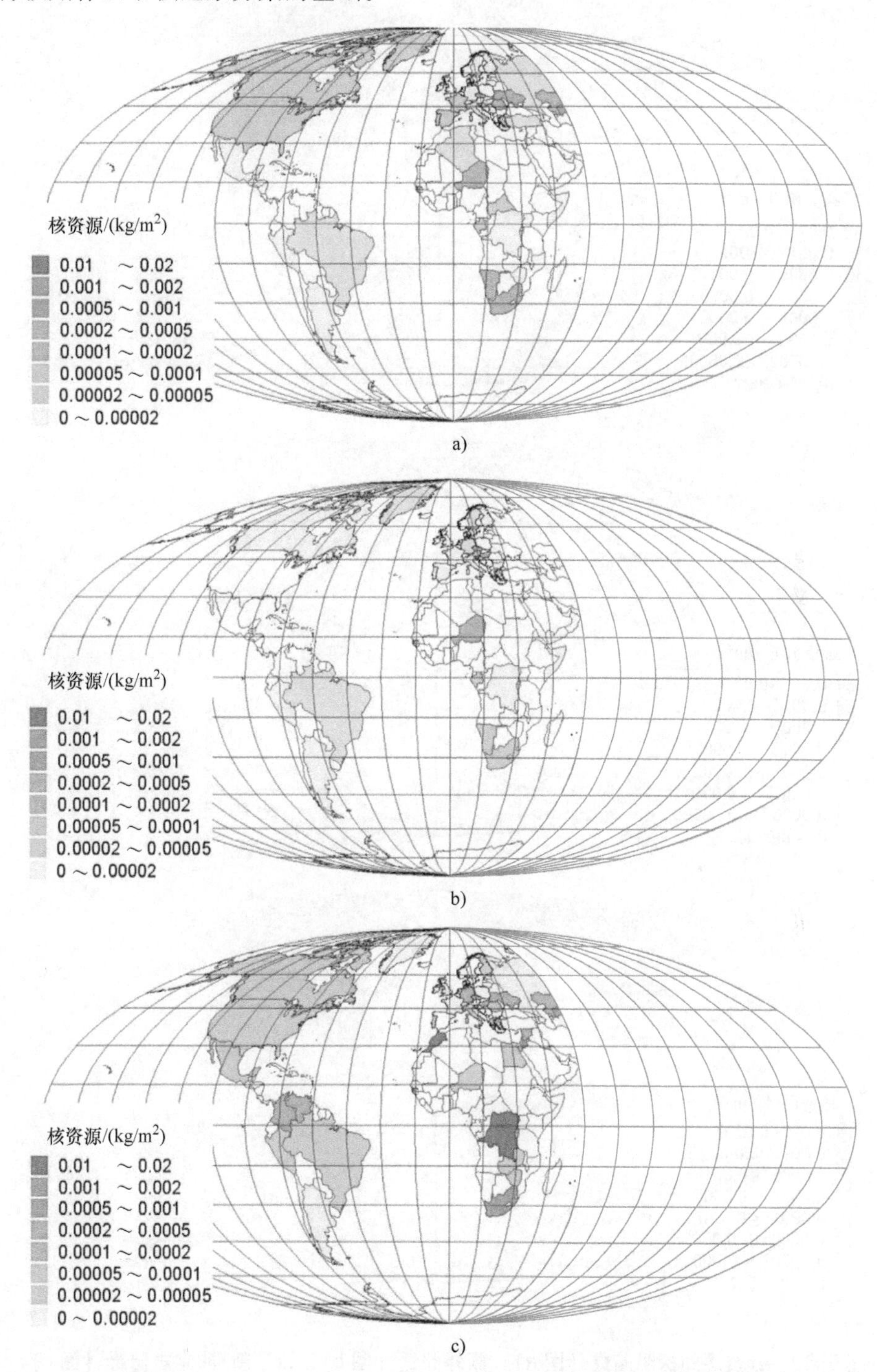

图 5.29　铀资源的探明储量（图 a；OECD 和 IAEA，1993），额外储量（图 b），以及新/非常规储量（图 c；世界能源理事会，1995），单位是 kg/m^2（按国家平均）。GIS 分布见 Sørensen（1999）

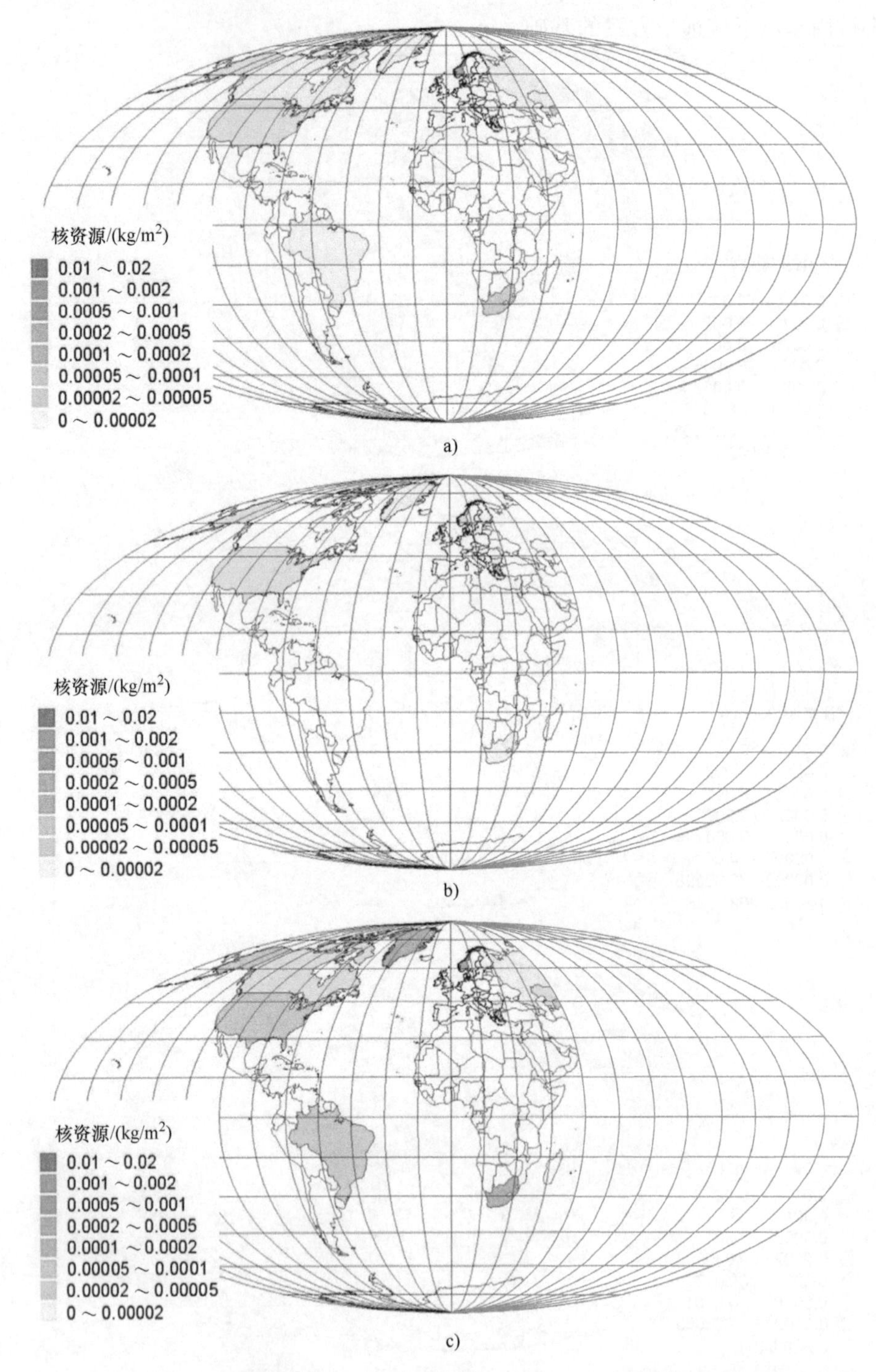

图 5.30　钍资源的探明储量（图 a），额外储量（图 b），以及新/非常规储量（图 c），单位是 kg/m^2 （按国家平均）（Hedrick，1998；GIS 分布见 Sørensen，1999）

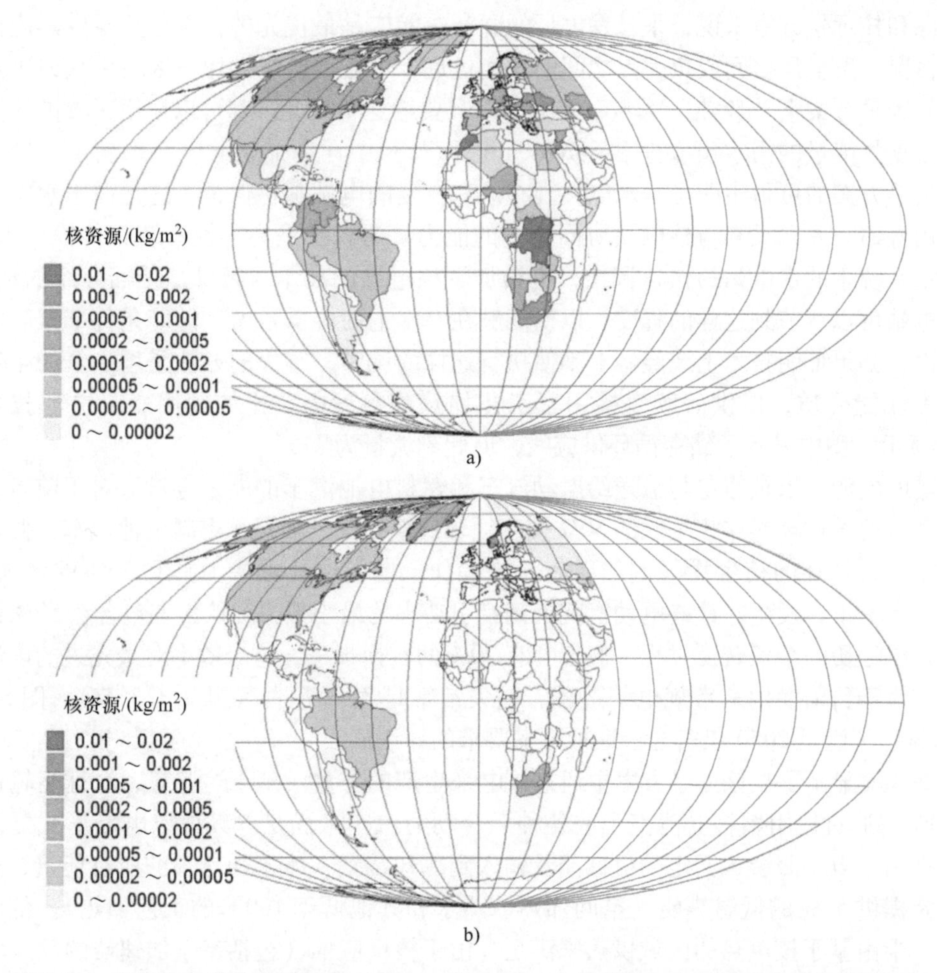

图 5.31　铀资源的所有估计储量（图 a；图 5.29a ~ c 的总和）和钍资源的所有估计储量（图 b；图 5.30a ~ c 的总和），单位是 kg/m^2（按国家平均）。源于 Sørensen（1999）

最高级别的钍资源是在硅酸钍（$ThSiO_4$）矿脉的钍矿中发现的，含有 20% ~60% 的等量 ThO_2。但是，最常见的被认为具有开采价值的钍矿是独居石（MPO_4，其中 M 为 Ce、La、Y、Th，常常是几种的结合），含有约 10% 的等量纯 ThO_2。也发现了其他 Th 含量较低的矿（Chung，1997）。

5.4.2.4　安全核远景方案的构建

安全的核远景方案利用了 5.4.1 节描述的普通能源需求前景和下面的转化技术：主能源是上述能源放大器，假设基本上使用钍作为燃料（尽管初次启动可能用 U－233，即初始反应堆堆芯）。该远景方案建设任务就是确定满足需求所需钍燃料的年输入量。一个能量转换路径是生产氢，用于运输行业，也可能用于工业工艺耗热；另一个路径是电能的直接使用或用于驱动热泵和冷却装置，以提供低温加热和冷却，有附加环境热的输入。对比而言，在若干可再生能源前景中这是首选的热能产生方式（因为没有大量的废热来源存在），对于诸如化石能源和核远景方案来说，来自发电厂的联产热能应是最优先的，本地热泵供热应该只用于如下情况：发电厂之间或负荷点之间的距离过远，不方便给终端用户区域供热或供热成本过高。核远景方案下“废热”大量存在，所以只要输送条件允许都可以使用区域供热。

用于食物能量的需求由农业和 Sørensen（2017a）中详细描述的生产来满足。另一个已纳入核远景方案的可再生能源是水电，现有的和在建的电站都将保留。这是由于水电站有很长的使用寿命，并且具有与核电站协同运行的能力，两者都是集中性系统且传输要求类似。纳入给定系统中的水电站的快速调控，也增加了核电站的技术可行性。下面介绍的场景中，假定核电站可以调节到这样的程度，以便能够在有水电的轻微备份和储能条件下跟随电网负荷。然而，如果证明技术上或经济上不便执行这样的调节，解决的办法是增加氢的生产和使用氢作为储能介质，以供后续直接用于工艺加热或再发电，比如利用燃料电池技术。如图 5.36所示，图中显示了储存循环供应线，但此刻流量为零。

运输的能源需求被假定与输送给电动汽车和燃料电池汽车的能量等量。对于前者，假定有与整个电池的循环操作相关联的50%储存循环周期损失，而对于燃料电池汽车，假定基于氢或一个更易储存的衍生物（例如甲醇）来操作。燃料电池被认为具有 50% 的转换效率。在这两种情况下，发生在最终电动机变换到牵引功率的最小损失被认为是包含在 50% 的总损失中。核电经历一个氢转换过程，假定会有 20% 的转换损失，这个效率对最先进的电解槽是常见的。对于目前使用的常规电解过程，损失常常是 35% 左右（见 2.1.3 节）。图 5.32 和图 5.33显示了满足 2050 年安全核远景方案要求的详细假设。

图 5.32a 显示了在该远景方案中通过核电来生产的氢量。基于这些氢，全球运输能源需求的 50% 将通过使用燃料电池汽车或各种混合动力汽车来满足。其他以电能形式提供的能量，包括用于电动服装、固定的机械能及输入到冷却装置、冰箱和热泵的所有能量，这些能量被假定提供 50% 的低温热能（空间加热、热水和其他低于 100℃ 的工艺加热）。低温热需求的另一半由基于核废热的区域供热来满足。由于核反应堆（包括基于加速器的反应堆）的效率并不很高，可用联产的核能热量会大得多（见图 5.36），但这些热量被认为是能够递送至合理传输距离内的载荷区的最大值。

图 5.32b 显示了所有这些用途的用电需求（除了用于制氢的电力，即交付给最终用户的电力，满足如下的专门用电：热泵和制冷的电力输入、固定机械能、中温和高温工艺热源），在 2050 年远景方案中将由水电或核电按上面的优先顺序来满足。图 5.32c 显示了需来自核能的总电能输入，即制氢的能量（见图 5.32a）加上图 5.32b 中的不能由水电提供的部分。图 5.32c中显示的核能发电量已经因为输送损失而增加，给出的是扣除核电站内用于基于加速器的能量放大器的电力后必须送出站外的电力。注意拥有大量水电发电量的国家（例如加拿大）则不需要或很少需要核能，因为水电可以放在最优先的位置。

图 5.33a 给出了通过区域供热管线输送的核废热（离开核电站的热量由于传输损耗会高出约 25%），图 5.33b 显示了在不适合区域加热的地区使用热泵获取的环境热量 [可能来自空气、土壤或水路，假定的热泵性能系数（COP），即热输出和电力输入之间的比值，取为 3.33]。图 5.33a 和 b 所示的两个组成部分各约占低温能量需求的 50%。

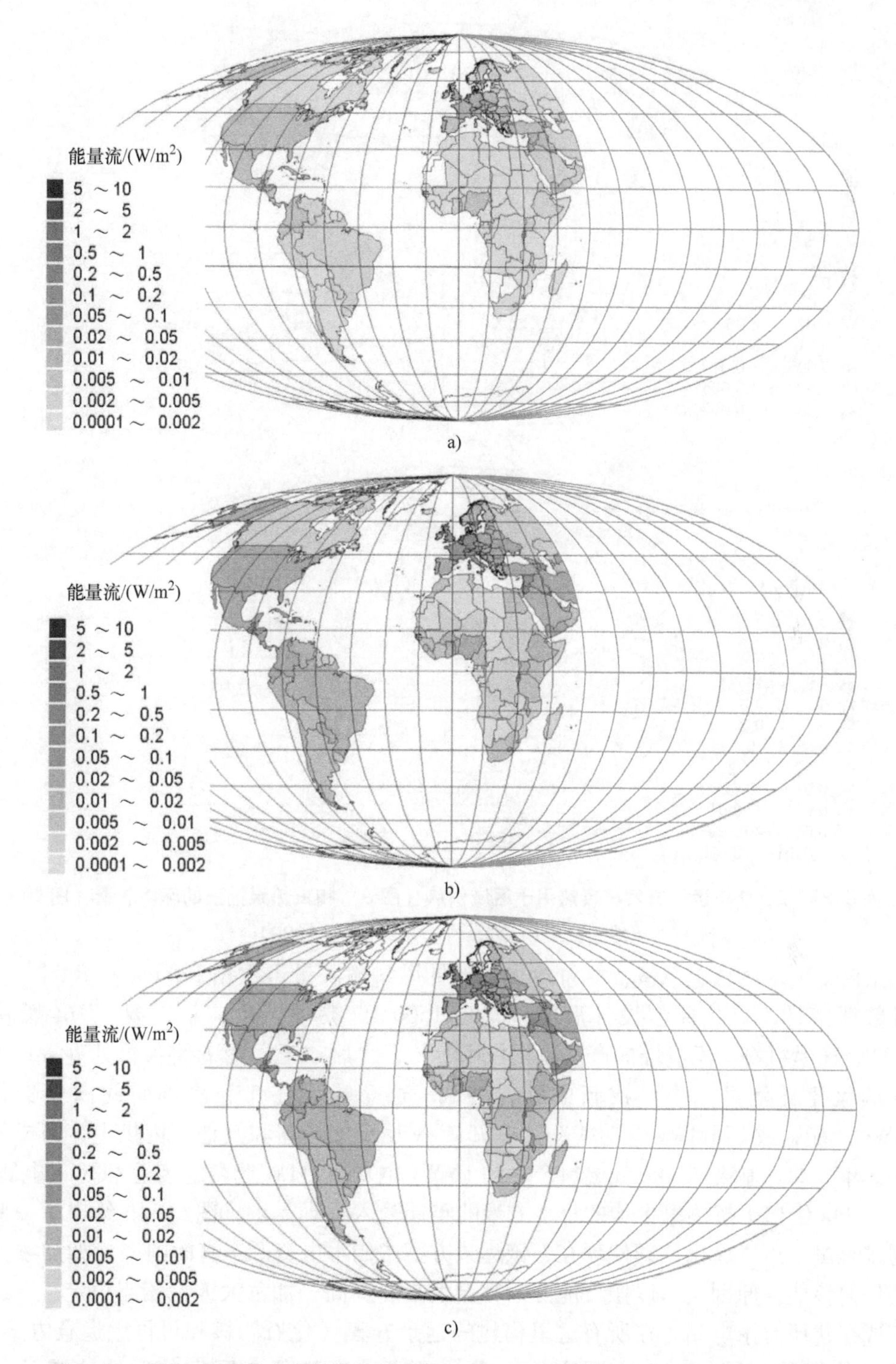

图 5.32　2050 年远景方案的核能制氢量（图 a）、核能或水电交付的电能（图 b）、核能总发电量（包括用于制氢）（图 c）（按国家平均 W/m^2；Sørensen，1999）

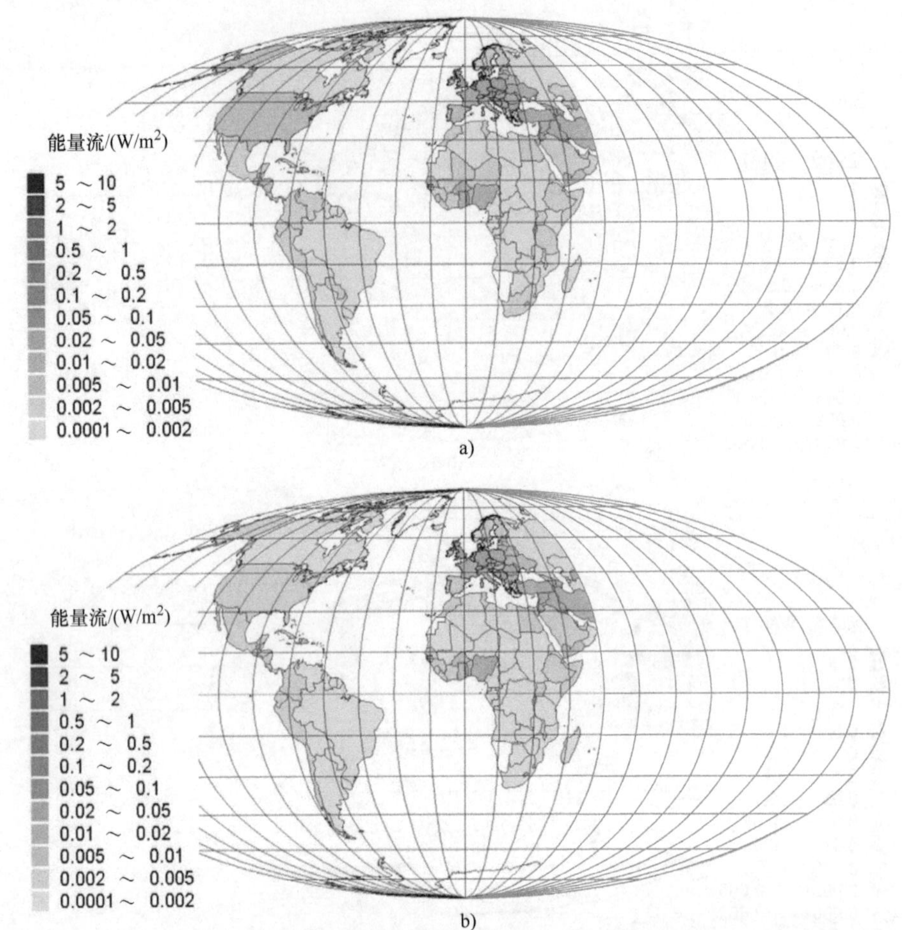

图 5.33　2050 年远景方案核废热用于区域供热（图 a）和由热泵捕获的环境热量（图 b）（按国家平均 W/m^2；Sørensen，1999）

如果已知要求的核电总量，能量放大器的钍燃料输入量可根据 Rubbia 和 Rubio（1996）的设计数据来计算。从原型设计反应堆输出 1500MW 热量，反应堆需要 27.6t 燃料（见图 5.27）。钍燃料将在反应堆的产热单元使用 5 年，之后“乏”燃料将被再处理，只需添加 2.9t 新的氧化钍就可完成一次新的燃料装载。这意味着在 5 年多的时间内要交付 5 × 1500MWy 热能，或 675MWy 电功率，其中 75MWy 用于加速器和其他厂内供电，需要的钍燃料为每 5 年 2.6t。基准是 1kg 钍燃料产生约 1MWy 电功率，1kt 钍产生接近 1TWhe 电能。

图 5.34a 给出了按国家平均的每平方米的年钍输入远景需求，图 5.34b 给出了一些国家的年需求总量。可以看出，即使现在，该远景方案中的水电资源丰富的国家（如加拿大）也不需要任何核能。原因是可以假设能源效率会大幅度提高，加拿大人口相当稳定，并维持目前经营或在建所有水电站。在所有这里构建的远景方案（化石、核和可再生远景方案）中，水电的贡献都是相同的。各个国家的钍需求可能最终与各个国家的假定产量比较，如图 5.34c所示。图中数据是通过假定全世界钍产量与需求一致，以及各个国家的产量正比于其钍资源总量，如图 5.31b 中估算。

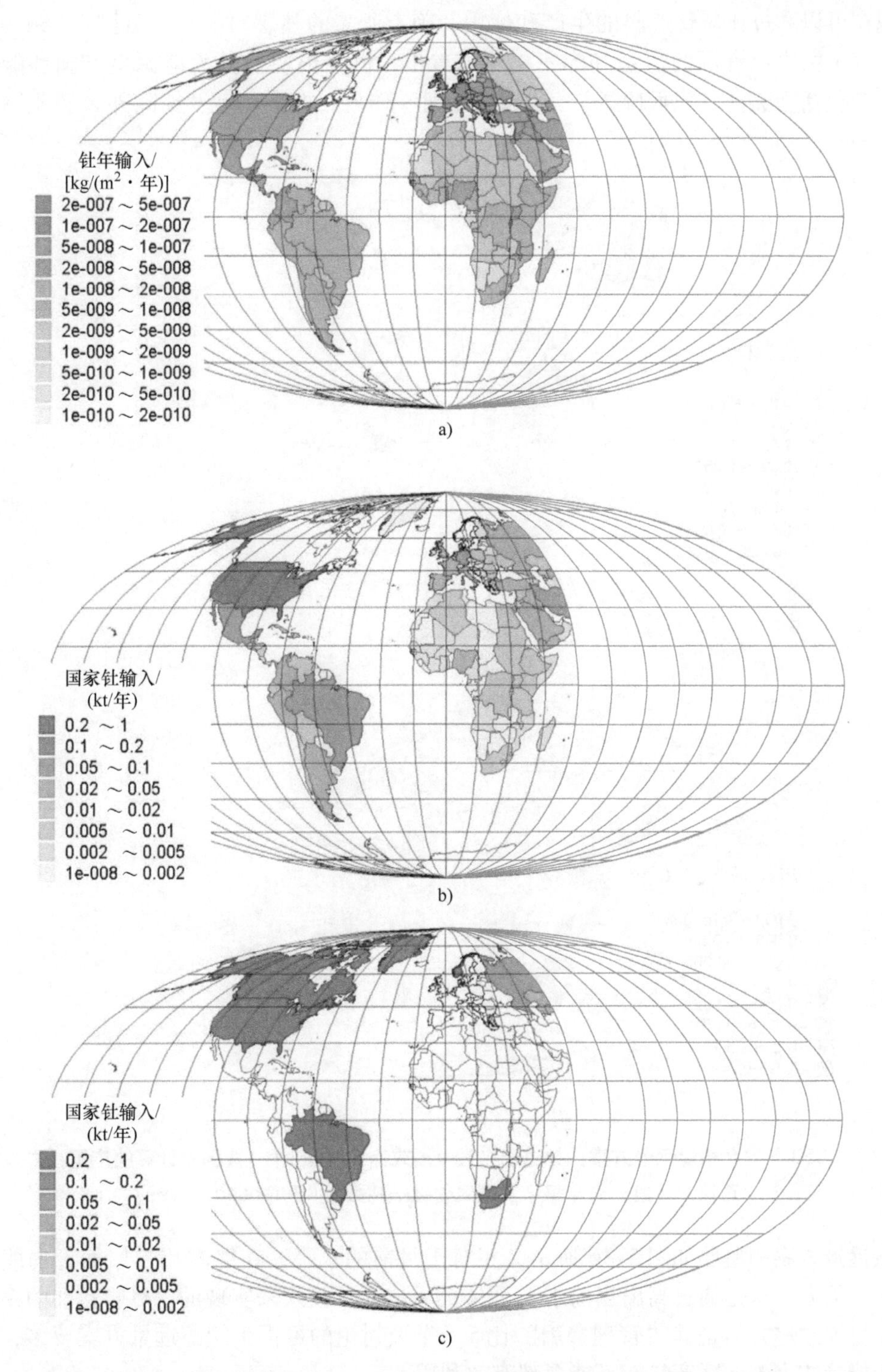

图 5.34　2050 年核能远景方案的钍需求：每年每平方米按国家和时间平均氧化钍千吨数（图 a）或一些国家的钍生产量（图 b，注意不同标尺）和潜在国家的钍生产量（图 c）（Sørensen，1999）

现在可以通过比较钍燃料的生产和使用，确定所需的核燃料贸易。见图5.35a和b，它显示了每个国家钍资源的盈余和赤字。可以看出，世界很明显分为能源生产国和能源进口国，后者包括南美洲（巴西除外）、非洲、欧洲（瑞典、挪威和俄罗斯除外）和亚洲（中亚国家除外）。

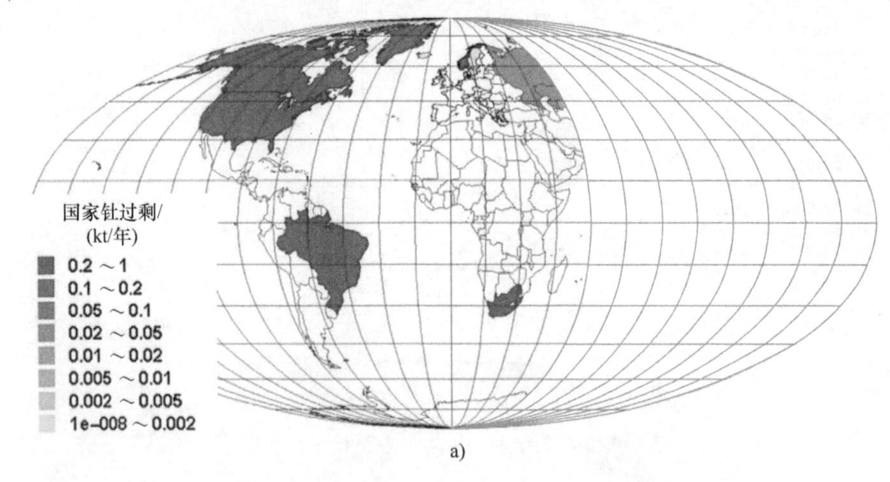

a)

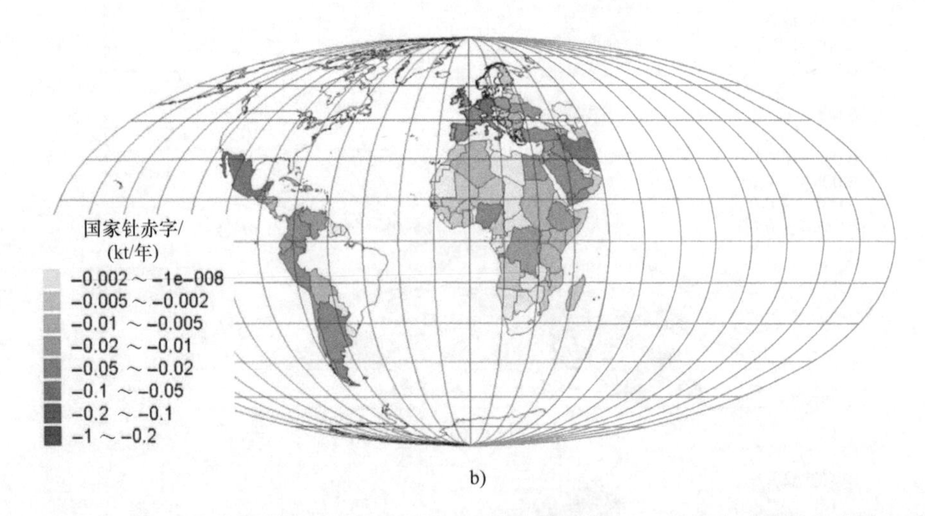

b)

图5.35　2050年安全核能远景方案：钍过剩（图a）或赤字（图b）（按国家计算的产量减去需求量的正值或负值；每年每个国家氧化钍千吨数）（Sørensen，1999）

该远景方案的概要如图5.36所示。相对于目前的水平，在终端用户层面上的能源服务增加了4倍多，这是通过高出当前水平50%的一次能源投入来实现的。尽管目前的系统性损失可以得到改进，但是其“管理费用”比5.5节要讨论的可再生能源远景方案要多，这主要是由于能量放大器的联产热能不能全部有效利用。

5.4.2.5　安全核远景方案的评估

上面介绍的核远景方案具有温室气体零排放。它在很大程度上避免了军事或恐怖主义目

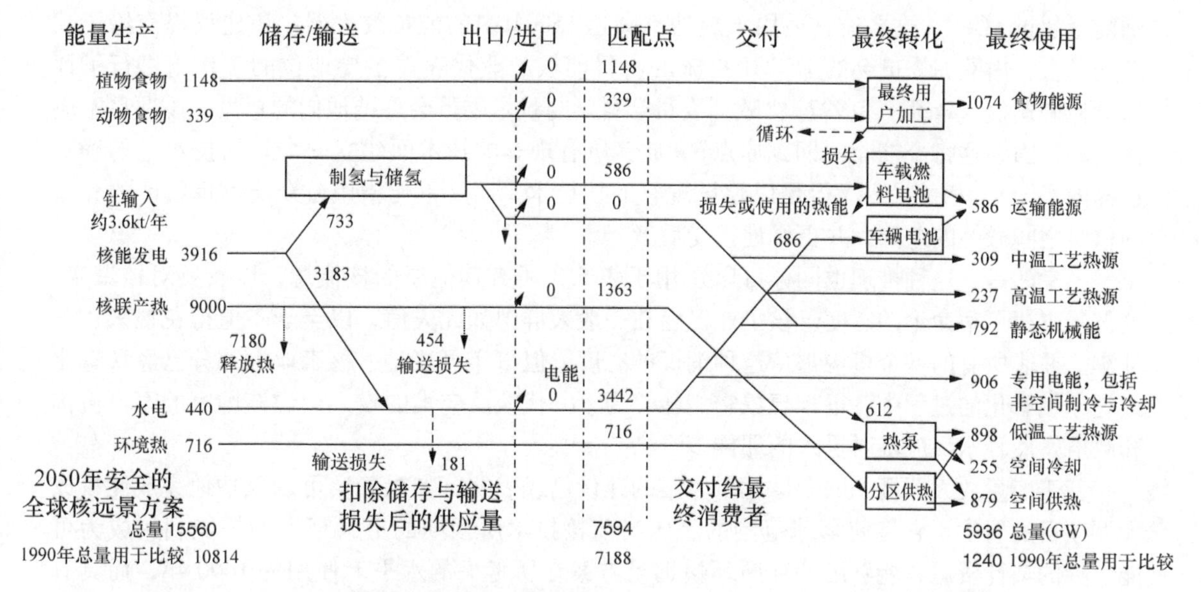

图 5.36 安全核远景方案概要（能量流单位为 GW 或 GWy/年，钍输入标示在左边）。1990 年的消耗量标示在底部。基于 Sørensen（1999）

的的核材料积累的风险，唯一的敏感材料是乏燃料。建议把电力生产和再处理单元设置在相同的地点（见图 5.26），其中，由于强烈放射性的 Tl－208 的存在使再处理过程十分微妙（请参阅后面的能量加速器的技术说明）。这需要由机器人在很强烈的伽马射线环境下进行再处理，这种技术刚刚具有技术上的可行性，目前过于昂贵（Chung，1997；Lung，1997）。另一方面，这个事实使得盗窃乏燃料更加不可能。

至于核事故，亚临界操作会使风险大大减少（Buono 和 Rubbia，1996），但很显然，还需要更多的工作使这个主张得到充分的保证。

对于放射性废物，图 5.28 的方案意味着比目前的核反应堆技术具有很大优势，减少废弃物必须隔离于生物圈之外的时间，从约 10000 年减少到 500 年时间。然而，这仍然是一个非常长的时间，要求储存场地必须完整无损，实际上该时间尺度与预测的核聚变废物有相同的数量级（推测地看，因为决定性的因素是聚变反应堆的材料选择，其设计——如果受控商业核聚变日益可行——是未知的）。在第一个 100 年的时间内，能量放大器的废料将从 U－233形成中产生大量的放射性，这需要在储存、处置方面采取特殊的预防措施。图 5.28 表明这些“早期的”大量放射性仍然比轻水反应堆废料的放射性水平低 3～10 倍。在任何情况下，都难以看到能量加速器相对于当前的废料中含有钚铀混合物的反应堆的决定性的优点。更准确的陈述将不得不等待有关两个不同核废料成分中的每一种同位素处理技术的详细比较。

Rubbia 和 Rubio（1996）提出能量加速器时，他们注意到一个快速评估现实规模能量放大器概念的独特机会，即计划 2000 年退役的 LEP 超导腔的电子加速器——欧洲核子研究组织（CERN）以前用于研究的加速器。该加速器本来可以修改，将 20mA 电流的质子束加速到能量超过 1GeV，这会使它适用于热功率高达 1500MW 的能量放大器。该建议提交给了欧洲委员会，由欧洲委员会的 DGXII 指派的由目前核工业代表占主导地位的工作组进行了评估。他们建议（Pooley，1997），欧洲委员会科学与技术委员会采纳他们的意见：该项目不应该启动，因为这将令核能“回到原点”，放弃所有现有的技术而建立一个新的技术（的确有这样的意图），相关投入大得足以建设现有的核技术，而又不能指望公众能够理解旧的和新的核电之间微妙的差异，并更好地接受后者。

不幸的是，这种推理也同样可以适用于表 5.3 所有其他新的核概念，以及反对核聚变，这似乎表达了宿命论的态度，核工业已经在一般人群中如此失信，以至于不值得花钱来亡羊补牢。并非所有的基金机构都持这种消极的态度，但事实可能是，核工业大部分已经私有化或处于私有化的过程中，很难想象它们能够为下一代核反应堆的投入会像核国家的军事机构和政府发展轻水反应堆时投入的那样多。

基于能量放大器概念的全球远景方案的建设已经表明，如果确实可以成功地完成能量放大器项目的研发，它将使全球范围的、比当前核技术所预期的更大规模的核能利用成为可能。钍的估计资源，能够维持钍循环核远景方案在所考虑的水平上使用约 1000 年，而具有类似增殖比的铀基核能概念也可使用另外 1000 年。直接成本肯定会高于目前的核反应堆技术，再处理和废物管理成本要高得多，且仍然非常不确定。但是，当前这一代反应堆的核废料处理和核电站退役成本已经被系统地低估了（例如，通过使用不具长期社会公平性的折旧率），而事故的最终成本（如三哩岛、切尔诺贝利、福岛）将会是非常高的，包括所有的清理费用和对健康危害的补偿（当然，它会最终被偿付，如果还没有被负责的参与者及其机构偿付的话；见 Sørensen，2011a，b）。

显然，从资源角度来看，目前的轻水核技术作为一个长期的解决方案没有价值。进一步来看，它作为一个短期方案补救目前脆弱的石油供应问题也用处不大，因为它只会在发电厂代替煤。因此，核能技术的未来取决于开发能够成功地呼应 5.4.1 节开始提出的 3 个异议的增殖器技术。

安全核远景方案稍逊于本章讨论的清洁化石能源远景方案和可再生能源远景方案，因为它依赖于一种几乎还没有开始、目前距商业化仍很遥远的技术开发。今天研发加速器和反应堆技术的专业知识可能仍然存在，然而选修核科学和技术的学生现在越来越少。不过，质疑这项技术开发的更深层原因是一个非常现实的关切，即诸如能量放大器新概念的实用版本是否确实会摆脱目前核技术所具有的特征性问题。其他新技术的发展会不会又带回核扩散的风险，就像离心机技术使得浓缩方法从庞大而昂贵的实验室组成的排外俱乐部，转移到贫穷国家，而且有可能转移到确定的恐怖组织手中？有没有可能新的事故路线还未显现，只有当技术达到一个更具体的形式时才能够揭示出来？由于将科学家的想法变成一个工业产品需要时间，安全核远景方案（甚至加上更多的核聚变应用）要达到设想中的 21 世纪中叶或者 21 世纪末的能源供应中的高份额很可能会遇到问题。可再生能源的经验告诉我们，这样一个重大技术转变的过渡时间，从新技术对商业化已经准备就绪的那一天算起，可能需要 25 年或更长时间。

5.5　基于可再生能源的远景方案

对于基于氢作为刚刚描述的能源载体的化石能源和核远景方案，相关数据是以国家为单位的。在可再生能源的情况下，能源紧密地关联于气候地理，使用基于区域的描述来揭示潜在能源生产和最终能源使用之间的详细关系更有优势，后者对于许多形式的能源都明确地以地区面积为基准，如图 5.37 所示，没有采用图 5.11 所示的国家平均值（均来自 Sørensen，1999）。下面首先说明全球范围的相对于化石能源和核远景方案的可再生能源远景方案。

这项工作已经在 Sørensen（2017a）中进行了详细讨论，这里仅做总结。然而，随后的工作大大提高了精确度，在同一时间以一个地区或国家的规模进行研究，后者允许 500m × 500m 的空间分辨率和 1h 的时间分辨率（全球远景方案使用季节为单位时间尺度）。这使得模型能够捕捉特定地理点上真实需求的变化和太阳能及风能通量的变化。采用这些级别的分辨率，可以进行与可再生能源输入的波动联系起来的真实能量储存需求的估计，这对于该远景方案的氢气应用的方方面面都是很重要的，因为氢气是既用来作为能量载体（用于移动和固定的应用），又作为能量储存介质来使用。这样的远景方案的细节将在 5.5.2 节进行介绍。

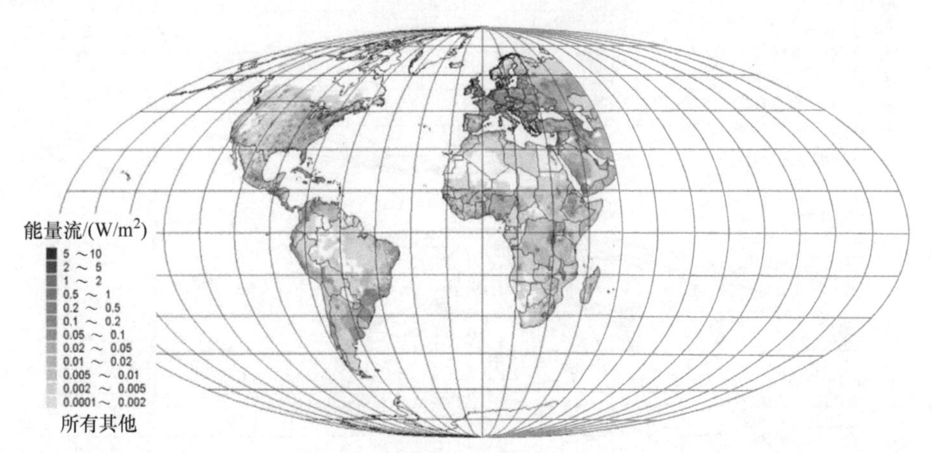

图 5.37　2050 年远景方案要求交付给最终消费者的总能量（包括环境热量和食物能量）（W/m^2，56km 网格内显示）

几项调查都集中在寻找可再生能源转化为氢的最佳途径，要么用过剩可再生能源电力来电解制氢（Levene 等，2007；Rodríguez 等，2010），要么用热化学方法利用生物质废弃物来制氢（Levin 和 Chahine，2010）。Pregger 等（2009）讨论了太阳能热源制氢。

5.5.1　全球可再生能源远景方案

基于可再生能源的两个全球远景方案已经构建，类似于清洁化石燃料和安全核能远景方案。两个远景方案的不同之处在于其中一个（称为分散式可再生能源远景方案）不包括集中的能源生产，如设置于边远区域（沙漠等）的风电场或太阳能兆瓦阵列，而另一个则包括这样的选项（称为集中式可再生能源远景方案）。事实证明，后者对于未来能源需求的误判或定义可接受的资源利用的错误会更具弹性。

这种“集中的可再生能源远景方案”的结果如图5.38所示，显示了由每个区域可再生资源组合来满足需求的过剩和赤字。一个远景方案概要如图5.39所示。显然，城市群使用的能源比通过屋顶太阳能和设置于城市环境内的风能装置提供的能源要多，而许多农村地区能够提供比当地使用量多得多的能量，可以输入到城市地区而使两者互利。

实施2050年远景方案中的任何一个或它们的组合，涉及勾勒出一条从目前主要基于化石燃料的系统转变为一个截然不同的系统的路径，并确定实现转变必须满足的条件。

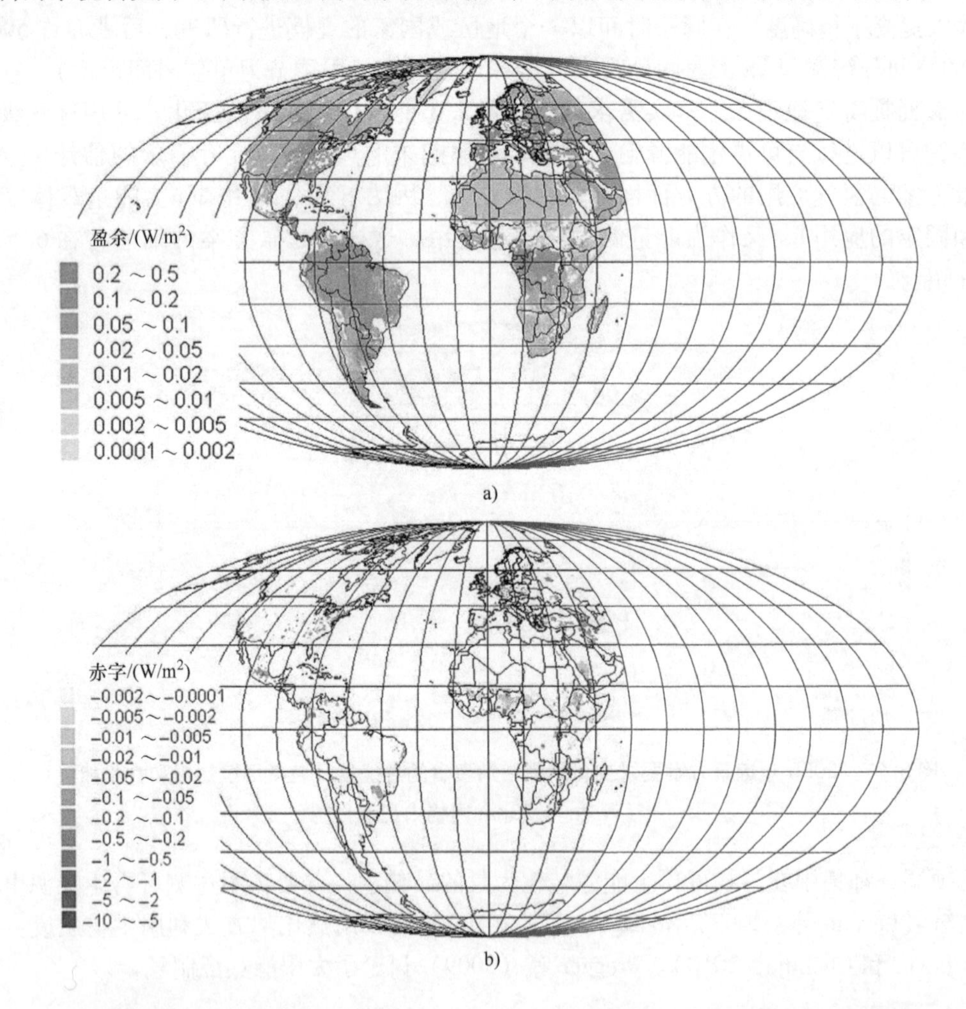

图5.38　2050年可再生能源远景方案：能源盈余（图a）或赤字（图b）（生产量减去所需的供给量所定义的正或负值；不包括食品的能量）。盈余和赤字的总额是相等的（Sørensen，1999）

这些可能是所涉及的新技术的经济学里程碑，或者可能是政治上需要做出的决定。这里

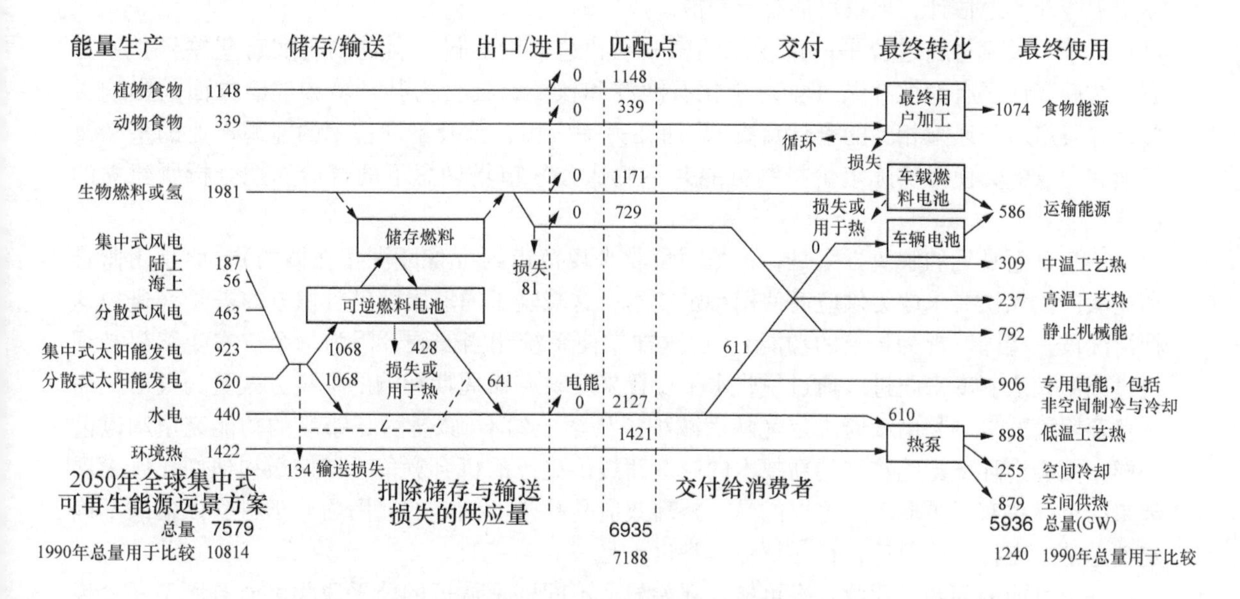

图 5.39　集中式可再生能源远景方案概要。引自 Sørensen（1999）

假设，该转换发生的社会环境由市场竞争及社会规则共同支配，就像当今世界大多数地区的情况。监管部分将制定要求，如建筑物规范与安全和消费者保护的最低技术标准，以及家用器具的最大能耗。另一个公共调解手段是将不同解决方案之间竞争的间接成本纳入环境税，否则会扭曲市场。能使市场公平合理的环境税估计方法是对整个能源供应链和所涉及的技术进行寿命周期分析。这样做的方法，以及这里所考虑的可再生能源系统的很多例子，见 Sørensen（2011a）。其概要见第 6 章。

在公平的市场中，新技术的价格必须与目前使用的煤、石油、天然气、水电和核技术的价格竞争，所有这些现存技术都是因为那些没有包含在目前市场价格中的外部效应而占了优势，这些外部效应反映了新远景方案想要补救的负面影响。可再生能源技术，如风力发电，它今天的费用仅仅稍微高于目前化石燃料为基础的系统，如果外部效应包含在内显然是经济的（因为对于风力发电来说，这些外部效应是非常小的，而对于化石燃料，外部效应至少是与当前价格相同的数量级）。其他可再生能源技术如生物质生产车用燃料，其目前成本是化石燃料的两倍左右，将能够通过标准的竞争力进入公平的市场。对于光伏发电和诸如燃料电池等新兴转换和储存技术，当前的成本与化石燃料相比仍然略高，还不能通过引入外部效应完全补救。因此，这些必须假设在到达远景方案年的过渡期内会经历一个技术发展，这期间内将使价格下降到阈值以下。可以设想提供补贴，以在初始阶段加速这一进程，但将外部效应包含在价格内的政治准备将构成开发其他替代性解决方案的强大动机。

对于煤气化和先进核能技术的替代品，一个公平的比较也应该类似地包括外部效应成本。煤气化的额外成本将通过这种方式而变得可以接受，而海洋处置碳酸盐还需要进一步的环境评估。核能高温制氢或加速器技术，在初步成本估算时表现出与核能发展初期同样的、特有的过度乐观（“便宜得不用计算”）（Fernandez 等，1996）。安全核燃料循环的实际成本今天不能现实地估计，但很可能是当前能源成本的至少2~3倍。

未来的过渡将通过公平的市场规则来驱动，这样的假设与目前的现实有些差异。一方面，在许多地区有隐性补贴（如对于化石能源和核能，社会为其环境和健康方面的影响买单，并假定对与风险相关的事件负责），而在另一方面，涉及不同技术的能源产业的垄断及规模和力量差异使得实际定价机制可能并不遵从公平市场理念下的寿命周期分析所建立的规律。

一个显而易见的解决方案是，不是用税收来规范市场（像欧洲正在做的），而是用监管和立法，比如说要求电力供应商使用特定技术。这减轻了国家层面税收积累的需要（避免这种情况被一些国家视为积极的功能），但这样做使系统相当僵硬，因为每个技术变革都必须通过改变立法制度来跟进。通过税收水平设置来反映寿命周期影响的征税方式更为灵活，而一旦环境税的水平是由政府决定（从而减小了科学上的不确定性），市场的功能完全和以前一样，但会给环境影响较小的新技术的制造商提供更好的机会竞争，即使最初他们比已发展起来的市场占有者更弱小。重要的是，外部效应是政治上确定的，因为对于科学评估的不确定性总是会有持续的争论，科学评估本身也不是一成不变的。

一个可能的问题是税收水平可能存在差异，不同国家认可的公平税收可能有所不同。税收水平国际同步是非常可取的，正如旨在减少全球威胁的所有政策的国际同步。取决于不同的社会是否善于规划，能量转换也可能会受益于“建立目标”和不断地监控目标是否达到。如果环境税设定的价格信号的市场响应不够好，那么就有可能调整所施加的外部效应的规模（在不违反其科学依据的限制范围内）或引入具体的立法来扫清了通往公平的市场的障碍。

其余的技术问题包括确定不同形式的能源在总组合中的最佳份额及其能源储存和基础设施的要求。下一节将给出如何在国家层面解决这些问题的例子。针对某单一形式能源如化石能源、核能或可再生能源的各种远景方案，可能有益于揭示不同解决方案提出的问题的本质，但在实际应用中，根据特定国家的实际能源政策来组合能源也有可能是一个优点，除非解决方案的“纯粹性”是一个特定国家公众的一种需求。

5.5.2 详细的国家可再生能源远景方案

两个详细的2050年远景方案将在本节进行讨论。它们适合于丹麦，该国已经在其能源系统中有可再生能源份额，并且制定了一个完全基于可再生能源的模糊政策计划，首先制定了更明确的目标，即到2025年可再生能源的目标份额达到50%（Danish DoE，1998）。这两个远景方案使用氢能，要么采用集中方式，要么采用分散的、集成在建筑中的方式。该描述将从需求规划开始，然后是资源评估，最后是形成了这两个远景方案的供应-需求匹配。

5.5.2.1 2050年丹麦的能源需求

能源需求取决于人口规模和活动水平。丹麦人口预计将小幅下降，但最终可能会被移民补偿。由于未来融合政策难以预测，因此假设总人口不变。联合国（1996）关于丹麦的人口预测也是基于相同的观点。因此，目前的人口数据在使用时，将会基于商业业务和生产工厂搬离城市的经济活动去中心化趋势进行小幅修正。高度发达国家的这一特性与发展中国家相反，在那里人口迁移是从农村到城市地区。作为创建基于面积规划依据来使用的丹麦建筑数据库

(Danish National Agency for Enterprise and Construction, 1999)，描述了当前建筑物的地理分布(使用500m×500m网格)，即建筑物类型和各建筑物的使用情况（这些类型包括独立住宅、密集的低层住宅、农舍、公共和私人拥有的高层公寓、公共和私人拥有的办公和服务大楼、机构、公共和私人拥有的生产企业，最后是度假和休闲建筑）。这个数据库，包括目前的能源装置的信息，用于确定能源使用的分布，同时也用于估算人口，而人口统计只执行到县一级。每个县的总数分布在基于面积的网格上，通过假定建筑占有率得到人口数目，使得人口正比于所有住宅类建筑物的面积来给出一个人口分布，但娱乐类建筑只计入0.33。这是对作为永久居住用途使用度假建筑的估计。通过这种方式，该国的不同地区人均住宅面积的变化反映在模型中。结果如图5.40所示，图5.41所示为相应的居住面积（多层建筑居住面积总和）。城市和农村地区之间的人口迁移建模为，假设1996年时不足50个居民的网格单元的人口增长30%，而那些居民数较多的网格的人口相应地下降，维持520万的2050年总人口数。

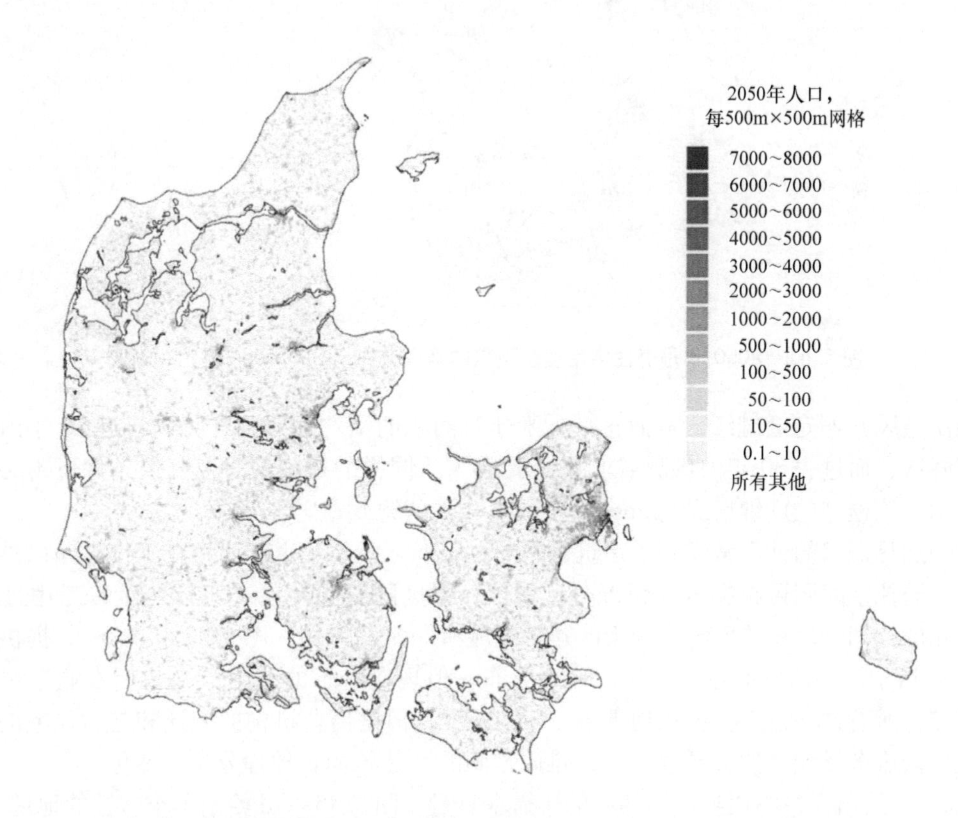

图5.40　在远景方案中使用的2050年丹麦人口分布（Sørensen等，2001）

一些类型的能源需求假定与人口成正比，因此网格单元中的能量使用正比于人口密度。表5.4给出了为远景方案制定所做的2050年能源最终使用的假设概要。空间加热需求是根据建筑面积用以下模型计算的，模型考虑了小时时间顺序的室外温度、依赖风力大小的风寒因子，以及在各种建筑表面的太阳能照射（根据与太阳直接照射方向的角度，使用模型计算透过窗户吸收的直接和散射太阳辐射）。在过去30年间建筑物外围结构的逐步改善（高保温

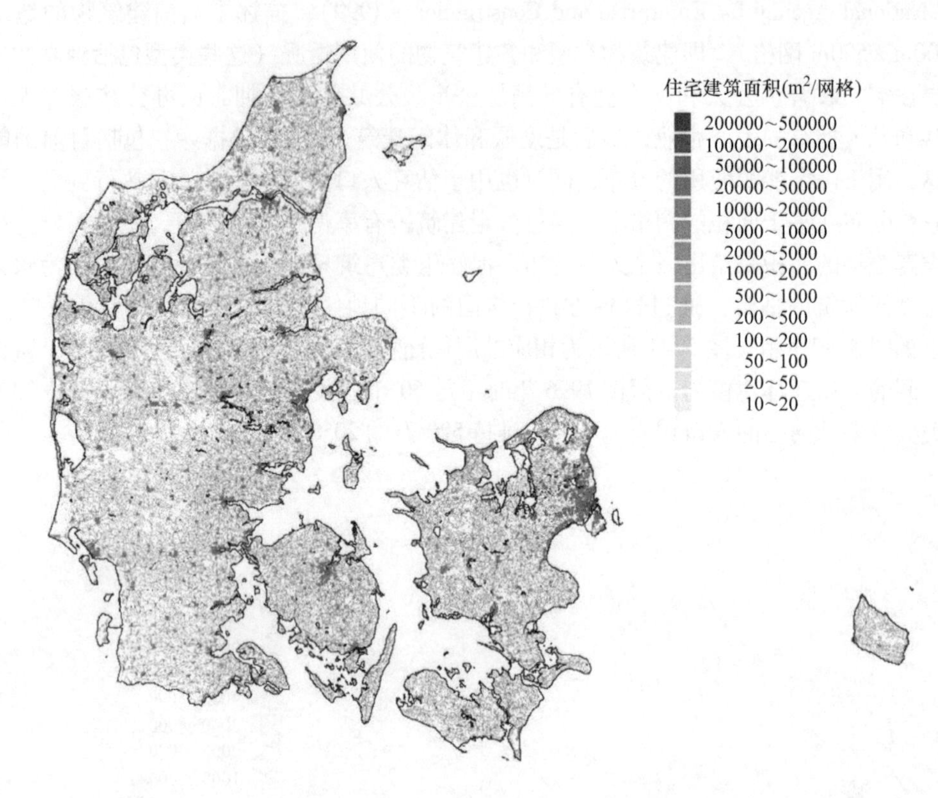

图 5.41　2050 年丹麦住宅用建筑面积的地理分布（Sørensen 等，2001）

性、控制通风）假定会继续，从而每平方米建筑面积的平均加热消耗将以与近 30 年内相同的速率降低，而过去 30 年内供暖需求减少了 50%。同样的措施使丹麦气候条件下不必采用空间冷却。该模型的详细情况见 Sørensen（2017a）的第 6 章。

空间加热需求的计算考虑到了建筑空间的占用率，办公及生产用房在工作时间以外不用取暖，而居住空间则可根据入住情况分区取暖，温度随时间变化（身体热量也考虑进来），计算机化的空间管理单位已经在今天的建筑领域有一定的应用。图 5.42 和图 5.43 提供类似于图 5.41所示的生活区的建筑面积的地理分布，但现在显示的是生产（包括农业）和商业建筑区域。所有这些建筑类型的地理分布视为不变，但是商业机构的搬迁和与对住宅的新偏好及提供的服务类型可能会导致一些（难以预测的）建筑面积地理分布的变化。

图 5.44 给出了最终用户低温热源的年需求总量。图 5.45a ~ d 给出了季节性的地理分布，使用 56km×56km 粗网格，这是卫星温度数据使用的分辨率，丹麦全境的温度差异很小。该模型的实际热源用量分布具有 1h 和 0.5km×0.5km 的分辨率，只有热损失的计算使用同样的大网格户外温度数据，配合小网格数据的建筑物描述。注意在西部沿海地区甚至在 7 月也需要取暖。最后，图 5.46 给出了丹麦全国热源需求的每小时时间变化，清楚地显示了相当稳定的热水用量和变化的取暖用量。

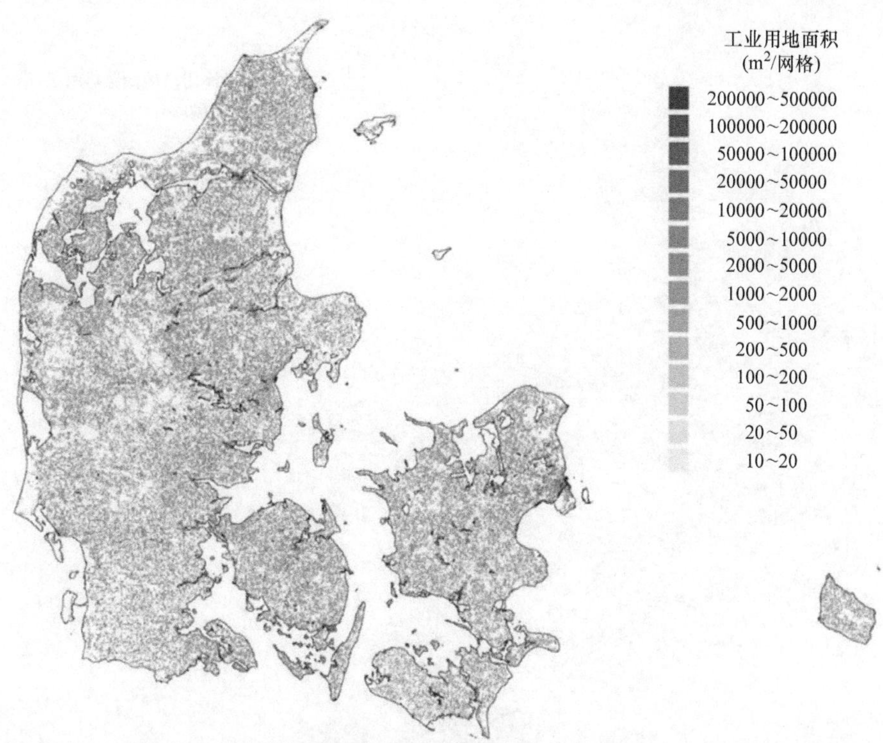

图5.42 1998年丹麦生产行业建筑面积的地理分布，包含图5.41中住宅建筑之外的农场建筑（Sørensen等，2001）

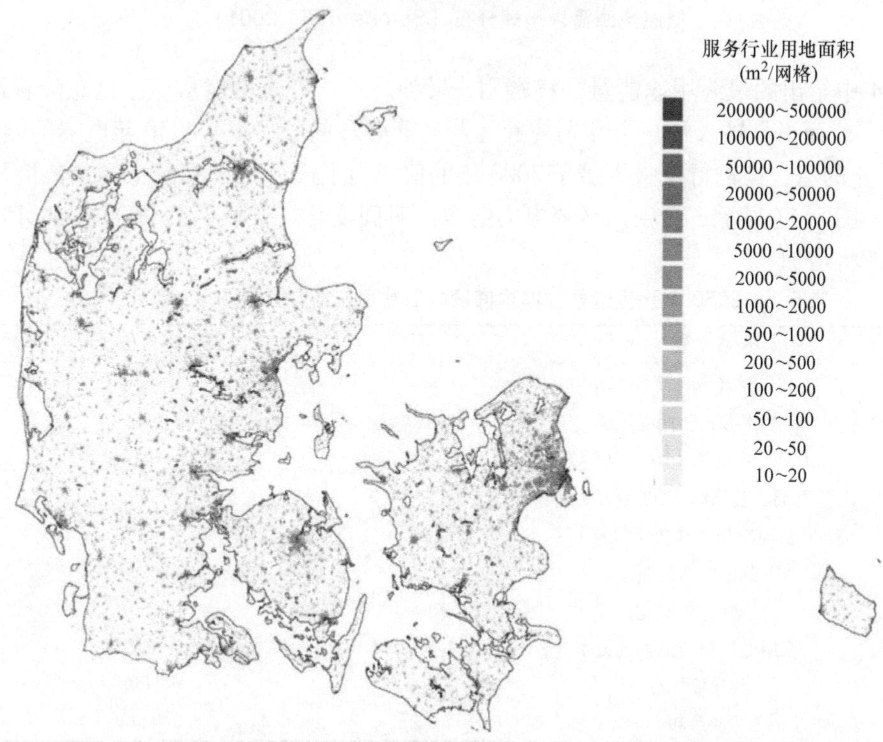

图5.43 1998年丹麦服务行业建筑面积的地理分布（Sørensen等，2001）

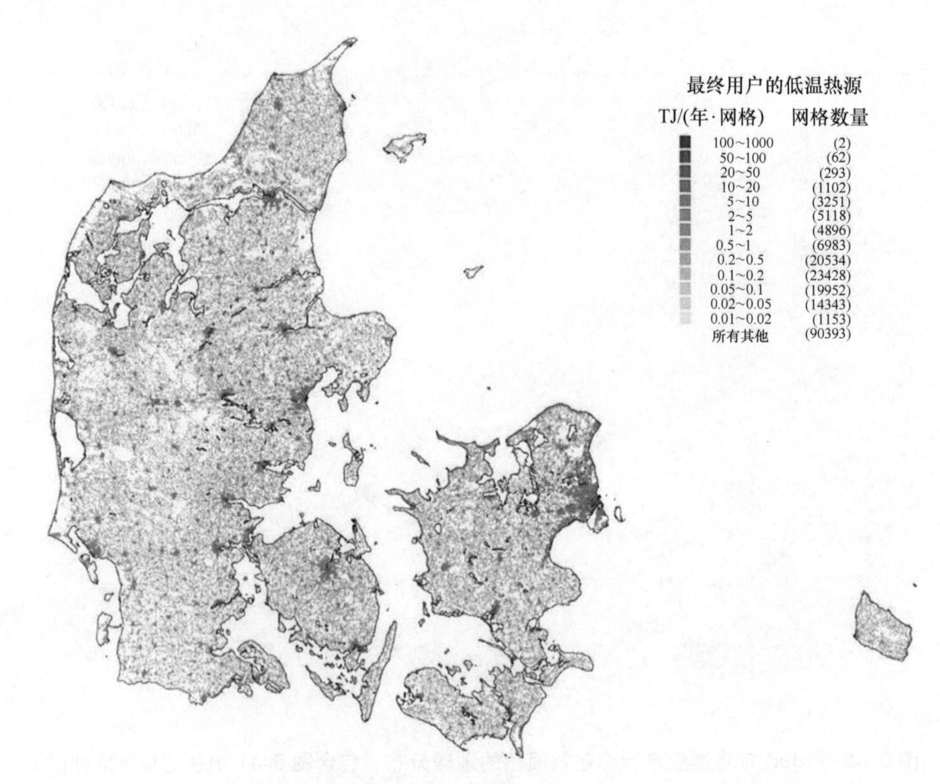

图5.44　2050年丹麦基于表5.4和图5.41～图5.43所示的建筑面积的低温热源需求地理分布（Sørensen等，2001）

表5.4中给出的最终用途能量是终端用户转换之后所计量的能量流。这意味着计量的是光（辐射）能而不是输入给一个发光装置（荧光管等）的电功率。2050年电器的能量流将2倍于2000年的值，运输行业将3倍于2000年的值，但上面已经提到的空间加热能量将比当前的值低。图5.47显示了丹麦的必要电力需求的时间变化。假设同为2000年的计量值，除了绝对幅度将增加。

表5.4　2050年丹麦远景方案中假设的最终用户能耗（Sørensen等，2001）

能量类型/品位	年平均使用量/(W/人)
取暖（取决于气候）	389
热水和其他低温热源	150
中温工艺热源（100～500℃）	50
高温工艺热源（500℃以上）	40
空间冷却（取决于气候）	0
其他冷却与制冷	35
静态机械能	150
家用电器与其他电气设备	150
运输能源	150
总和	1114

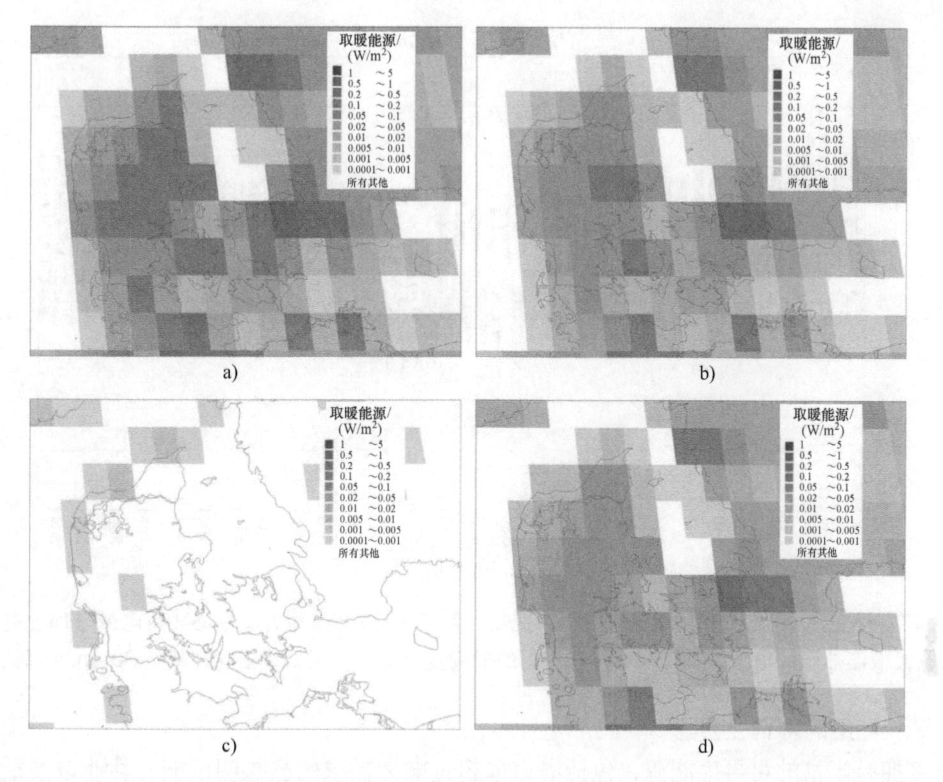

图 5. 45　2050 年丹麦平均供暖需求的地理分布：1 月（图 a），4 月（图 b），7 月（图 c），10 月（图 d），基于目前的卫星温度测量（在一个 56km 网格上的总规模）与远景方案假设的建筑标准的结合。该分布反映了整个丹麦每个网格单元的气候差异和取暖空间差异（Sørensen 等，2001）

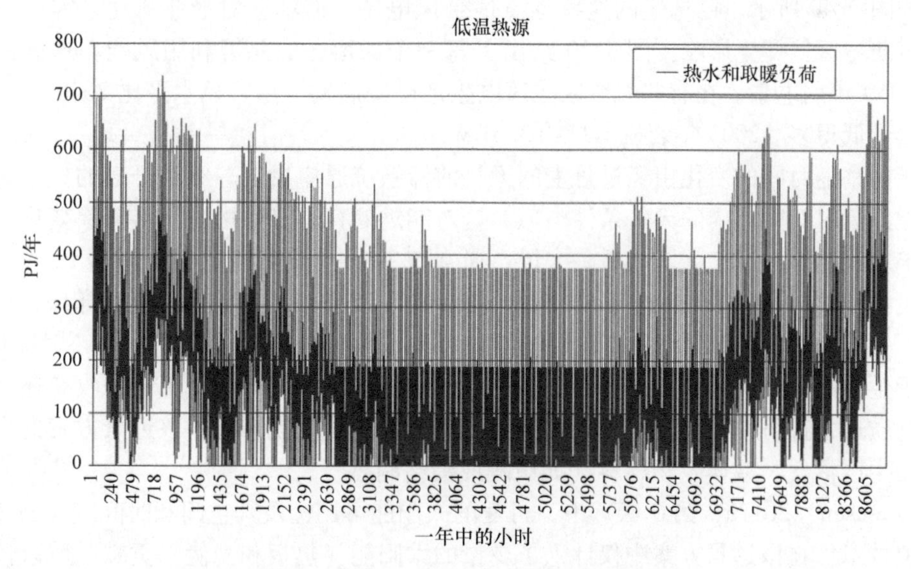

图 5. 46　2050 年远景方案中基于当前天气数据的低温热源（热水和取暖）用量按小时的时间变化（Sørensen 等，2001）

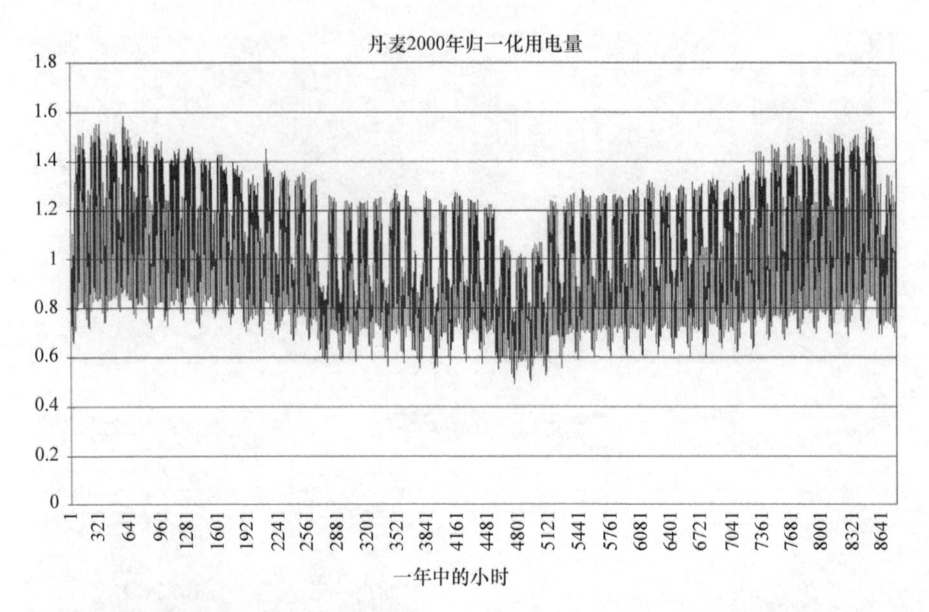

图 5.47　丹麦 2000 年归一化用电量的小时变化，用于 2050 年远景方案中必要用电量（即没有用于产生工艺或低温热源的电力，其使用可能有不同的时间变化规律）的时间变化建模（Sørensen 等，2001）

5.5.2.2　可用的可再生资源

丹麦拥有丰富的可再生能源，包括潜力远超过电力需求的已探明风能、林业以及能够生产可满足 5 倍以上丹麦人口原粮的农业，加上可用于能源目的的大量残留物，最后是平均值不小的太阳能，但由于高纬度（约北纬 56°）而具有严重的季节反相关（以及昼夜不匹配）特点。

图 5.48 显示了丹麦陆地和内海风能潜力。已经对一些保留地点的近海风能潜力进行了评估，如图 5.49 所示。已选定的这些地点适合风电场，而不会对渔业活动、客运和货运航线、军事演习区等产生影响。图 5.50 给出了每一个保留区的总可利用风能。这远远超过了设想的 2050 年用电量。在有些保留区域风电生产已经启动，尽管总水平比 2050 年远景方案风力发电量低得多。2003 年装机容量约 3.3GW。

风能功率随时间的变化由经过丹麦的天气前锋系统通道决定。经过丹麦的典型前锋通道的特点是几天时间间隔内的天气条件类似。这对能量储存量产生影响，将消除变化的风电生产和需求之间的不匹配。间歇之后是大风，通常有 3～6 天的延迟，很少超过 12 天。风随时间变化更详细的讨论见 Sørensen（2017a）。观察图 5.55 可以得到这种情况的印象，该图给出了将在下一节描述的 2050 年远景方案风力机容量下丹麦风力机发电总量的每小时变化。

对于生物能源资源，来自家庭和食品工业的残渣一年四季都有，不论是收获还是收集的新鲜生物质通常都可以储存，可以在方便时或用户希望的时候转化。该远景方案的生物质利用主要是生产沼气、液体生物燃料（如甲醇或最终制氢）。

在 Sørensen（2017a，第 6 章）中，丹麦的太阳能可用性及其空间和时间变化被用来说明系统模拟技术。在该远景方案中仅计入了少量的太阳能（热板和光伏）贡献，所以该细节将不在此重复。

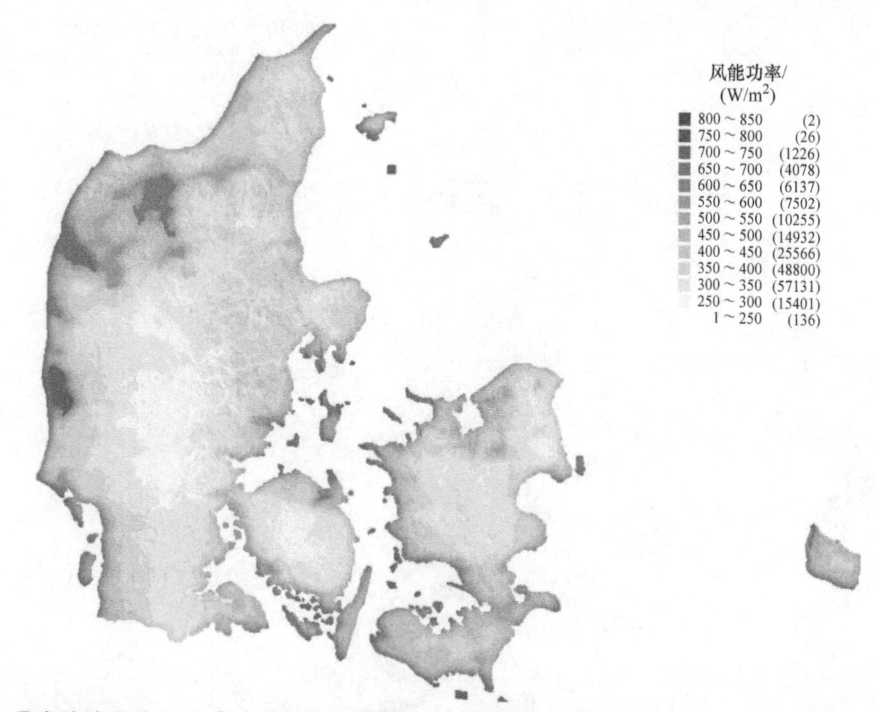

图 5.48　丹麦陆地区域 70m 高度的年平均风能功率，估算基于地转风（高空风）和（植物、建筑物等造成的）表面粗糙度，在每个网格点上跟踪 24 个不同的方向。在图例中，给出了给定的功率间隔的网格单元的数量。风力机通常能够把风能的 30% ~40% 转化为电能。海上风能见图 5.49。基于 Energi – og Miljødata（1999）和 Sørensen 等（2001）

图 5.49　由丹麦规划立法 20 世纪 90 年代预留的风力发电海域。对于每一个区域，图例给出了该区域风电场的可能总年产量的估计。这些估计考虑了风力机间的最小间距和优化配置。基于 Danish Power Utilities（1997）和 Serensen 等（2001）

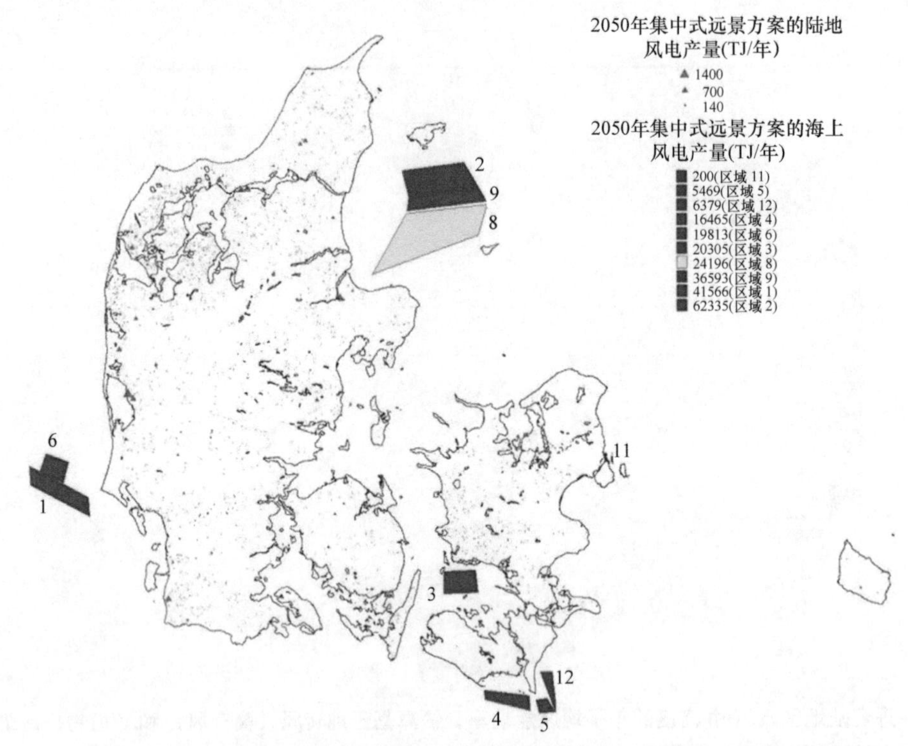

图 5.50　丹麦 2050 年集中式远景方案风电年发电量。图例显示编号区域的海上风电发电量（Sørensen 等，2001）

5.5.2.3　丹麦 2050 年远景方案的构建

为丹麦设计的两个氢与可再生能源 2050 年远景方案（见图 5.51）的想法也适用于世界任何地区，所考虑的特定区域可以用其最相关的可再生能源组合进行适当的替代。集中式远景方案（见图 5.51a）中假定少数地点生产并储存氢气，然后通过管道输送。分散式远景方案（见图 5.51b）中假设建筑物内集成生产和储存。

1. 集中式远景方案

对应于图 5.51a 的集中式远景方案是基于丹麦可再生能源组合基础上的一次能源生产。正如图 5.52 中的远景方案能量流概要所展示的，丹麦最重要的能源肯定是风能，其次是农业和林业残余物（即不需引入专门的能源作物，因而不妨碍食品或木材生产）的生物质能源生产。

丹麦的可再生能源以适合转换成电能的能源为主，这使得可提供的电力远超过电力需求。这意味着电力可用于所有的中、高温工艺加热，并且可以在热能产量不足（热储存耗尽）时补充太阳能热（总产量在图 5.52 中给出）。这种转换假定在最大效率下使用热泵。电力生产的时间分布是这样的，大的盈余在多风周期内产生，如图 5.55 所示（风电的时间变化规律的更充分讨论见 Sørensen，2017a）。假定剩余电力产出用于集中式产氢装置产氢，这些装置基本上设置在现有发电厂（丹麦目前有约 3 万座，其中包括较大的 200 ~ 1000MW 的发电厂以及一般额定功率为 10 ~ 200MW 的小型热电联产发电厂）中。这样的氢生产场地的分布如图 5.53 所示。

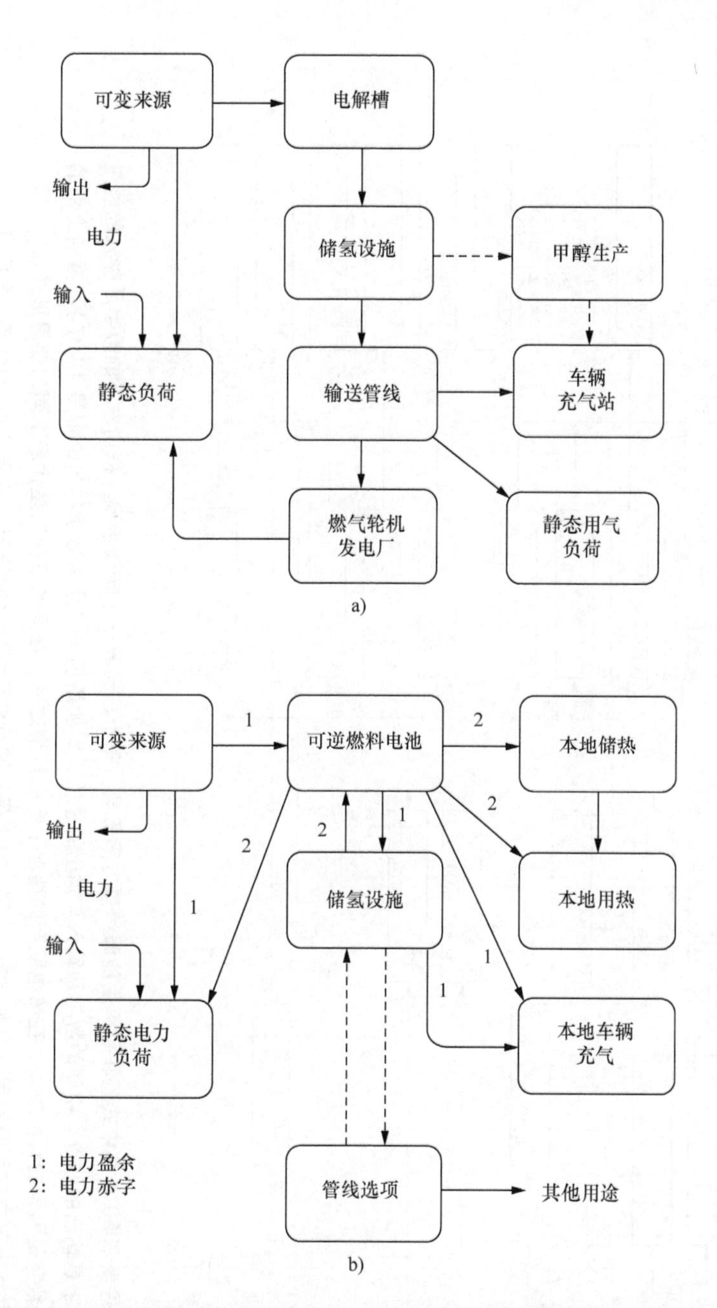

图 5.51　2050 年氢能和可再生能源远景方案的结构。氢的主要来源是富余的可再生能源（风能和太阳能产出超过需求时）。在集中式远景方案（图 a）中，氢的生产和储存都在中心区域，管线输送到氢加载区，如加氢站。对于分散式远景方案（图 b；见图 5.4）中，氢的生产、储存和加注都是用富余电力在建筑物内进行。可逆燃料电池可以在电力不足时重新发电（Sørensen 等，2004）

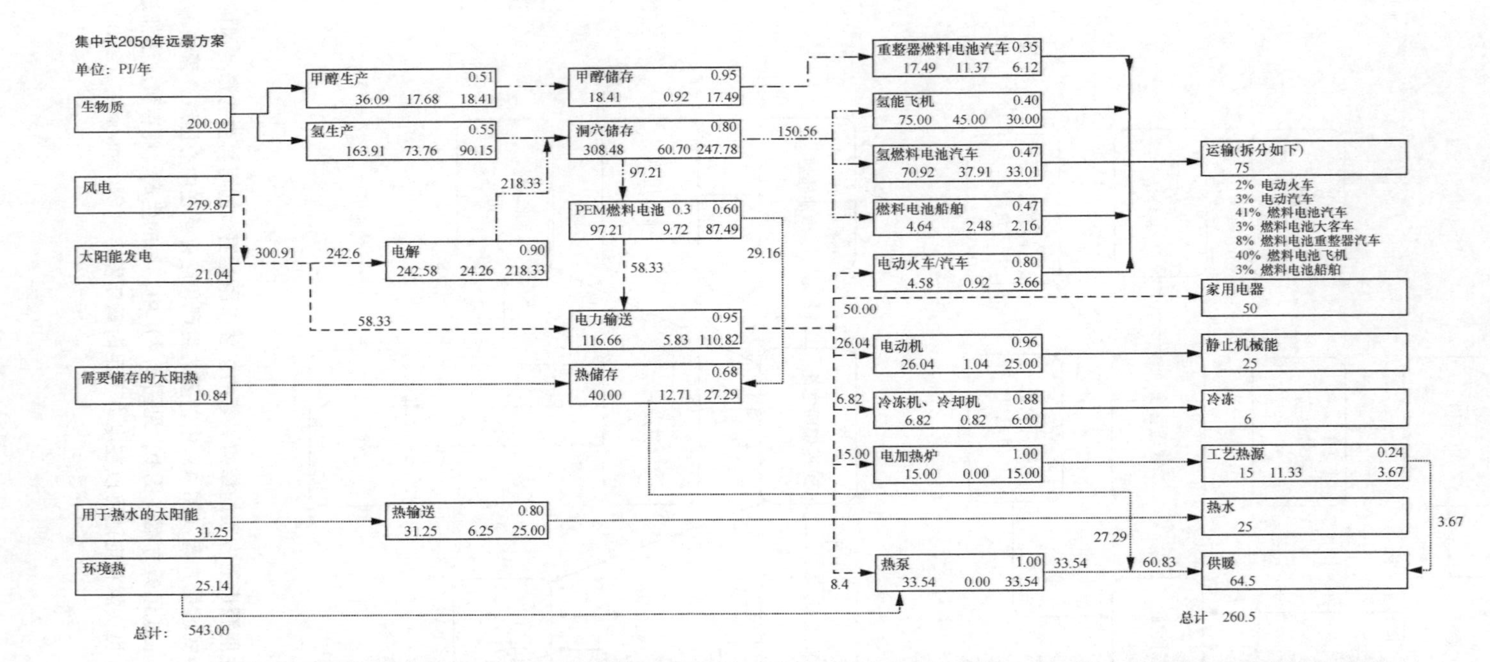

图 5. 52　丹麦 2050 年集中式氢和可再生能源远景方案概要。每个框代表一个转换步骤。框内左下的数字是输入的能量，右下的数字是输出的能量。中间的数字是输入与输出的差值，即能量损失（所有数字的单位都是 TJ/年）。框内上部的数字是假设的转换效率。在热电联产的情况下会有两个效率。框间的不同线型代表不同的能量形式，有些情况下存在回收利用（例如废热）。图的右上是运输行业最终能耗的细分。基于 Sørensen 等（2001）

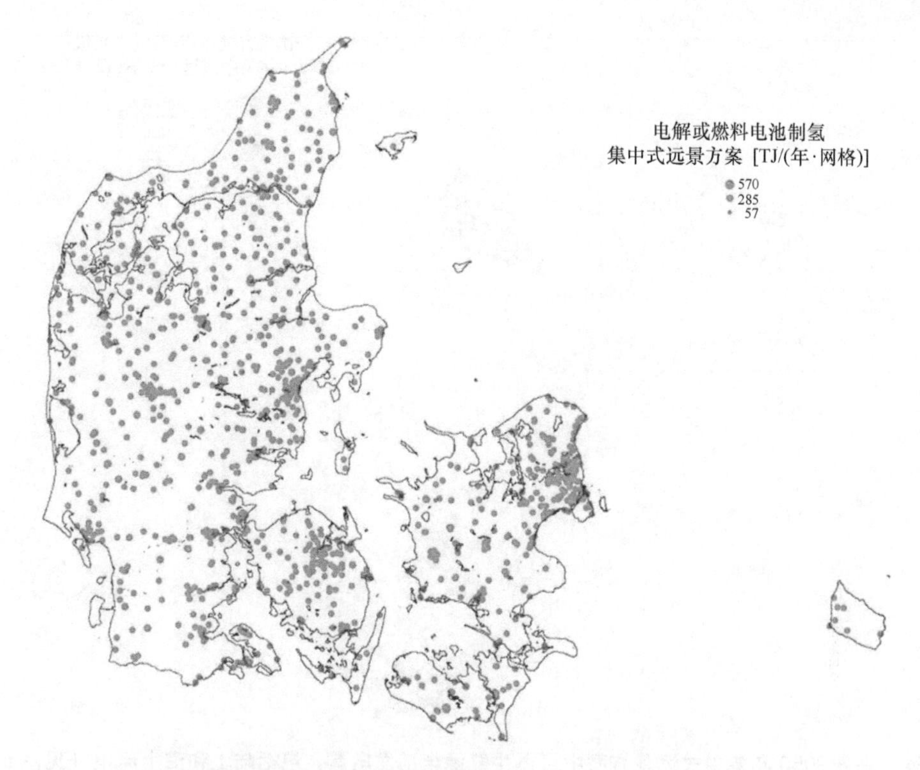

图 5.53　丹麦 2050 年远景方案中的氢生产（Sørensen 等，2001）

图 5.54 显示了 2050 年远景方案中总发电量的地理分布，包括光伏发电（21PJ/年）和风电（280PJ/年）。在与丹麦不同的其他气候条件下，光伏发电相对于风力发电的最佳份额可能会高得多。风电和光伏发电的小时时间分布如图 5.55 和图 5.56 所示，两者组合如图 5.57（年）和图 5.58（周）所示，也显示了电力需求（专用电力加上在该远景方案中由电力来满足的需求；见图 5.52）。

2050 年远景方案假定从间歇性能源获得的电力直接使用更好，以避免与储存周期相关的损失。专用电力的使用具有最高优先级，其次是机械能需求（电动机）和高温工业过程的热量。然后是热泵和较低温度的热量，例如热储存的再补充。此后仍有的剩余用于生产氢气。这个数量仍有 242PJ/年。这意味着大多数的电力生产要经过氢循环，氢要么被用在工业过程，要么用在运输行业，或在发电量低于需求时重新转换为电。

图 5.59 显示了直接送电，给出了低风期的影响。曲线随时间的变化不十分剧烈，一年之内的分布相当均匀。其中一个原因是需求和电力生产之间的正的季节相关性，另一个原因是天气系统的结构。因此，氢的储存要求并不苛刻，只有几天或偶尔情况下几周的能量使用需要保存在储氢站。这里涉及的储氢站的前景假设随后会进行讨论。储氢站的位置显示在图 5.2和图 5.3 中。

集中安装的或安装在屋顶或建筑物表面的太阳能集热器获得的太阳热能如图 5.60 所示。它一年中的变化与安装在类似表面的光伏收集器的发电量相近，除了春/秋不对称，由于秋

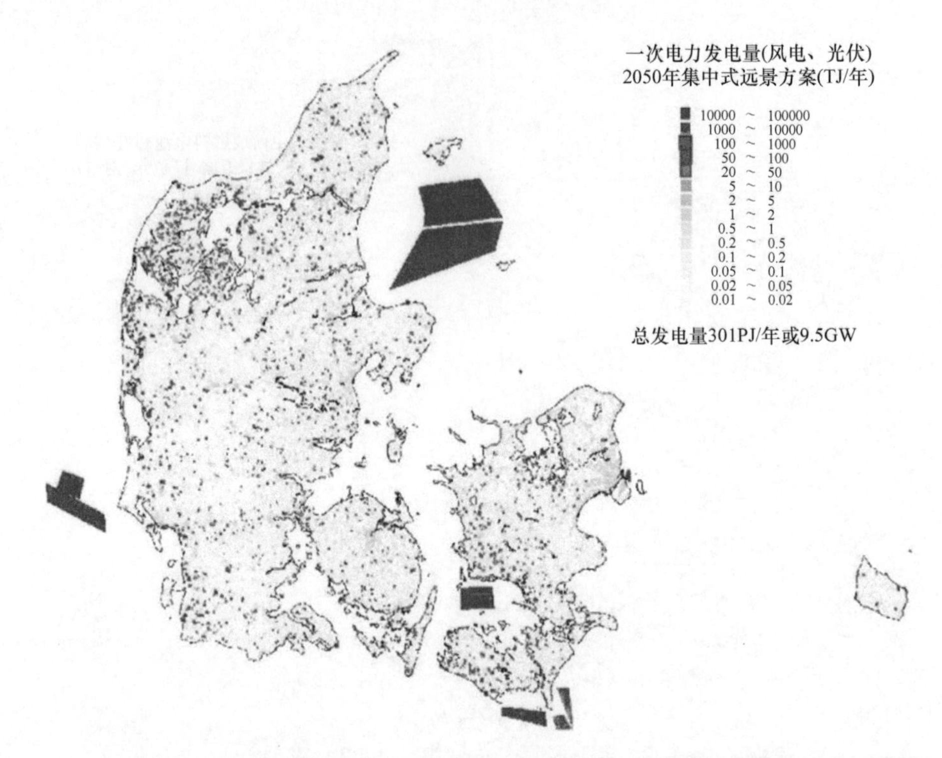

图5.54　丹麦2050年集中式远景方案中可再生能源全部发电量，包括陆上和海上风电（见图5.50），再加上安装在朝南的建筑表面和屋顶上的屋顶光伏太阳能发电（假定所有合适表面的约25%被使用）。发电量不到10TJ/年的网格代表太阳能，那些发电量较高的网格代表风电

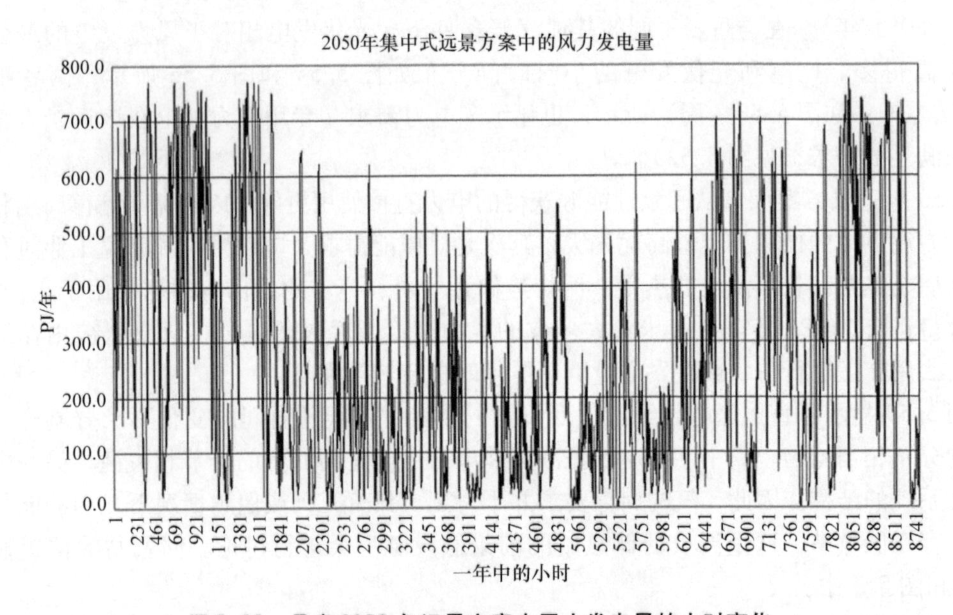

图5.55　丹麦2050年远景方案中风力发电量的小时变化

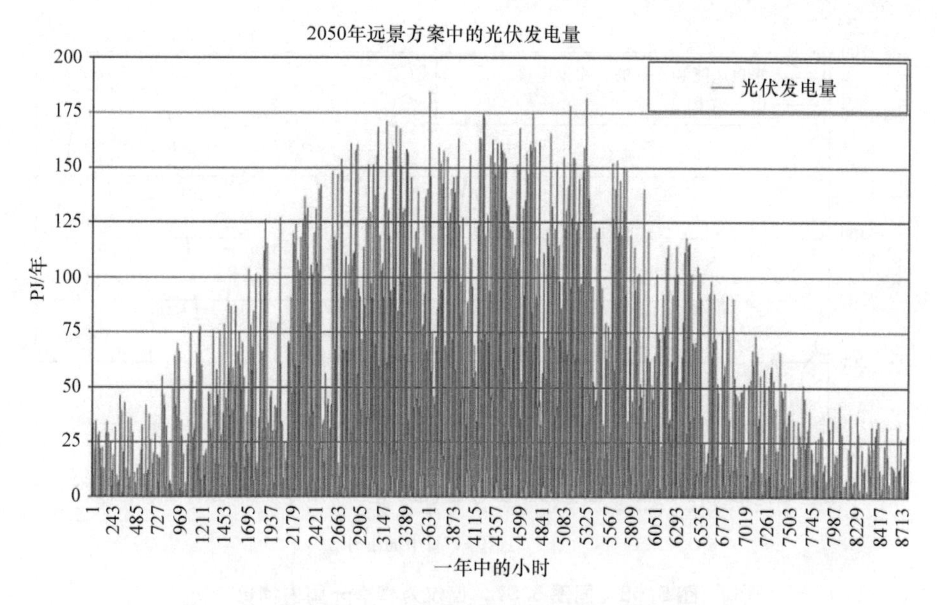

图 5. 56　丹麦 2050 年远景方案中光伏发电量的小时变化

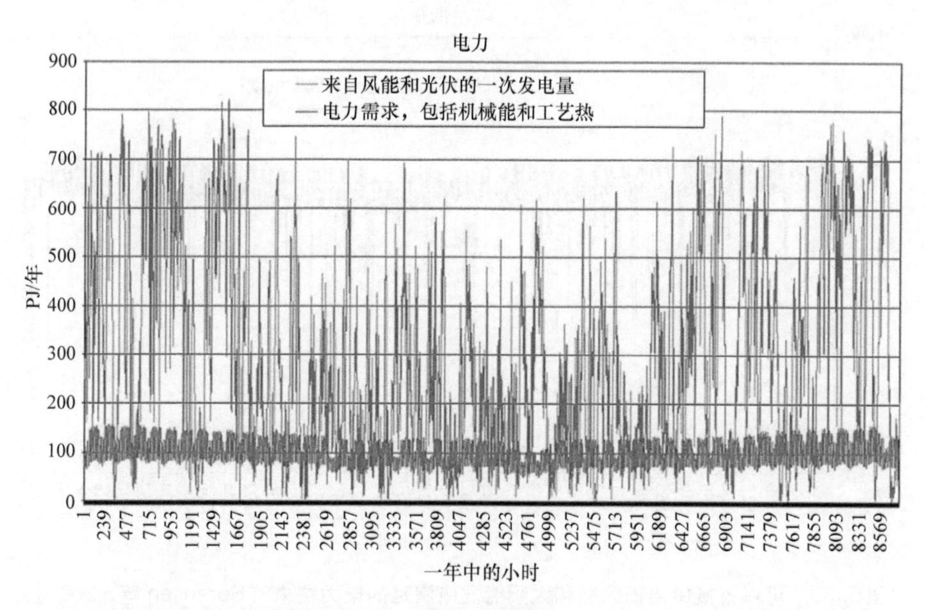

图 5. 57　丹麦 2050 年远景方案中发电量和使用量的小时变化（Sørensen 等，2001）

季储热较高，因而集热器入口温度导致较低的效率。一些装置可以是光伏 - 热联合收集器，这样太阳电池板的废热也可以利用（见 Sørensen，2017a）。因为光伏表面发电量大约只有入射太阳辐射量的 15%，而热收集可能获得接近 50% 的太阳辐射能量，与单纯集热器情况的效率相同。

图 5. 61 和图 5. 62 显示了每小时获得的太阳能热量和低温热需求。建筑物的热损失和太

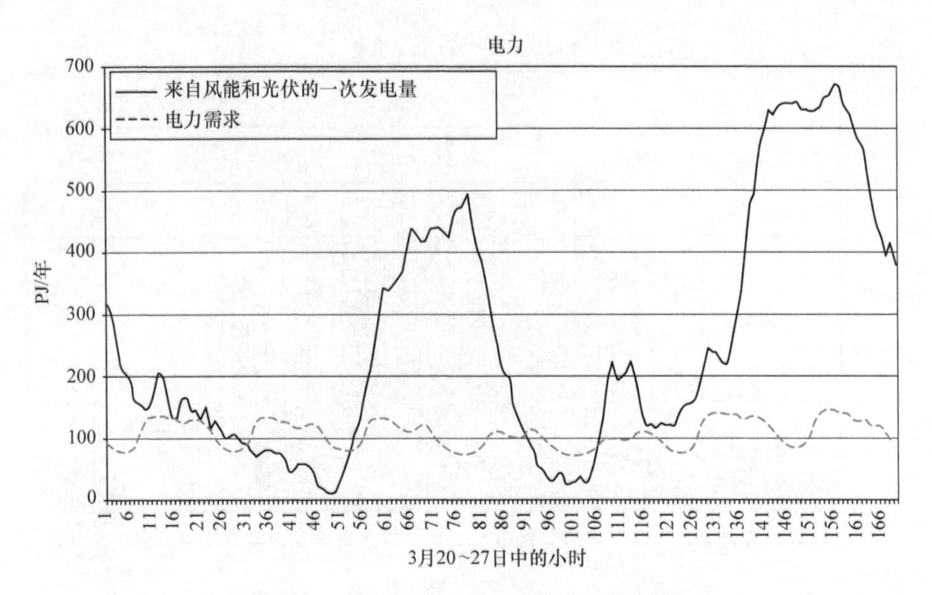

图 5.58　同图 5.57，但仅为春季一周内情况

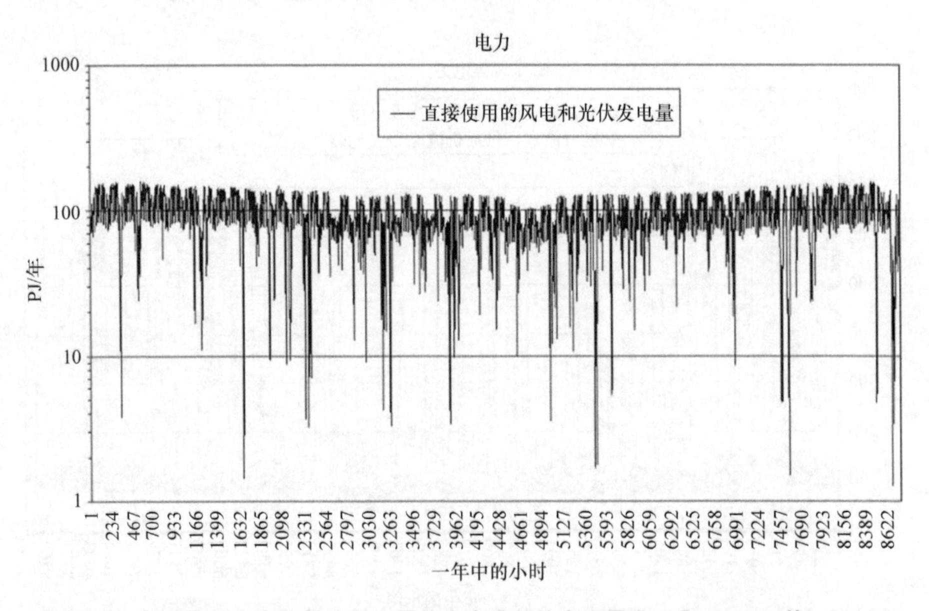

图 5.59　可以直接由当前风能和太阳能发电满足的电力需求（Sørensen 等，2001）

阳能集热系统的性能建模见 Sørensen（2017a）中的第 6 章的描述。正如预期，可以发现冬季需求不能满足，而夏季的集热量加上适当的热储存（用于昼夜或几天多云天气）与需求量一致，在夏季主要用于热水。

图 5.63 显示了一年内制氢用电量的时间变化，通过使用逆向运行的燃料电池或常规电解，以及很少量的热泵制热。同样情况下单个春季周的详细情况如图 5.64 所示。图 5.65 和图 5.66 显示除了冬季，氢燃料电池的废热都可以提供额外的低温热量，虽然少于中央储热

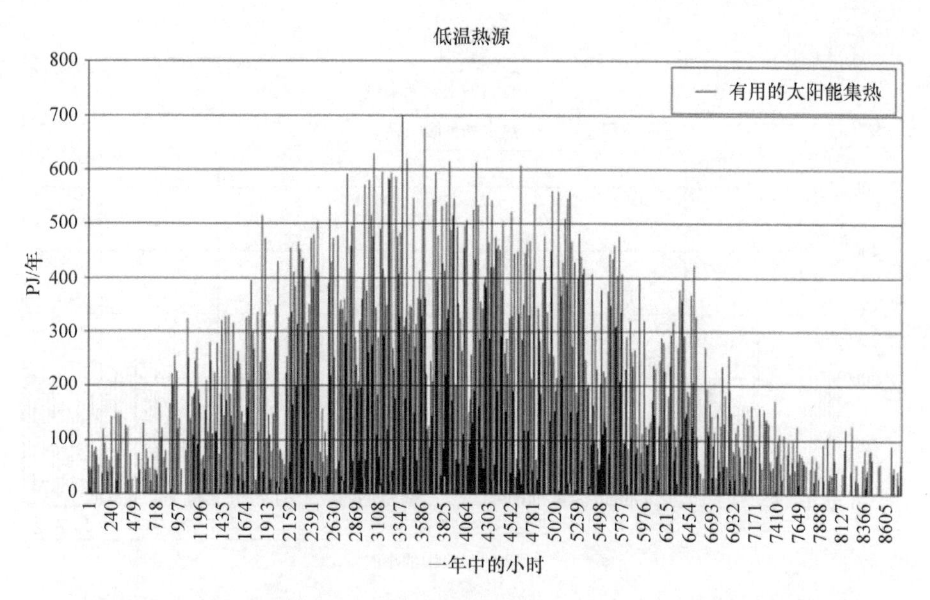

图5.60　2050年远景方案中太阳能集热器产生的每小时空间加热量和热水量

的废热。

图5.67和图5.68描述了氢在能量系统中分配的时间变化。在汽车领域，假定氢的使用通过图5.3所示地理分布的加氢站来实现。假定没有季节变化，而只有一天中小时的变化。图5.67（单周的情况见图5.68）中使用燃料电池再发电的时间变化显示出相当狭窄的特征。图下部的曲线基于发电过剩的几小时内氢气的直接供应。图上部大量的氢是从图5.2或图5.3所示的两个中央储氢设施之一抽取的。

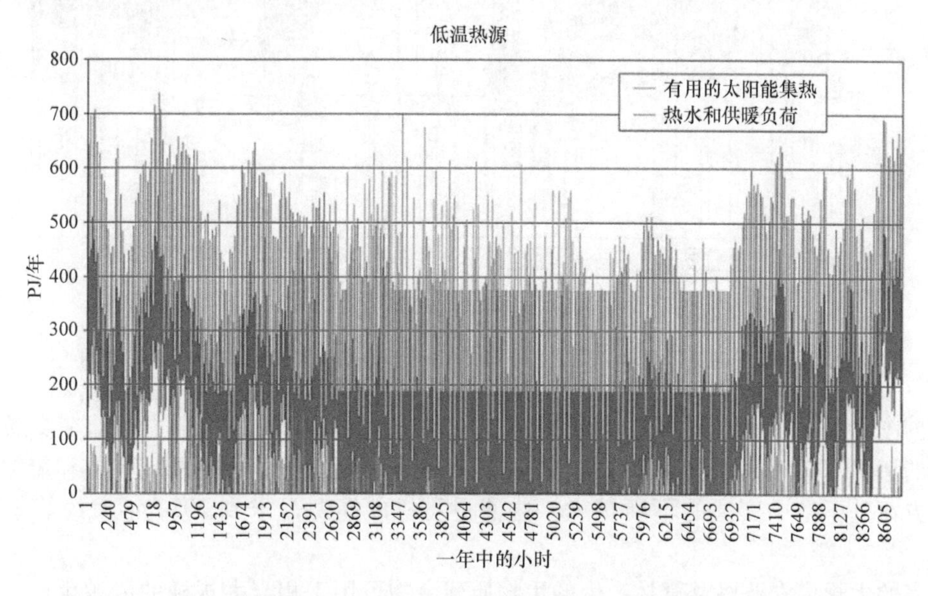

图5.61　2050年远景方案中太阳能集热器获得的每小时低温热能与需求的比较

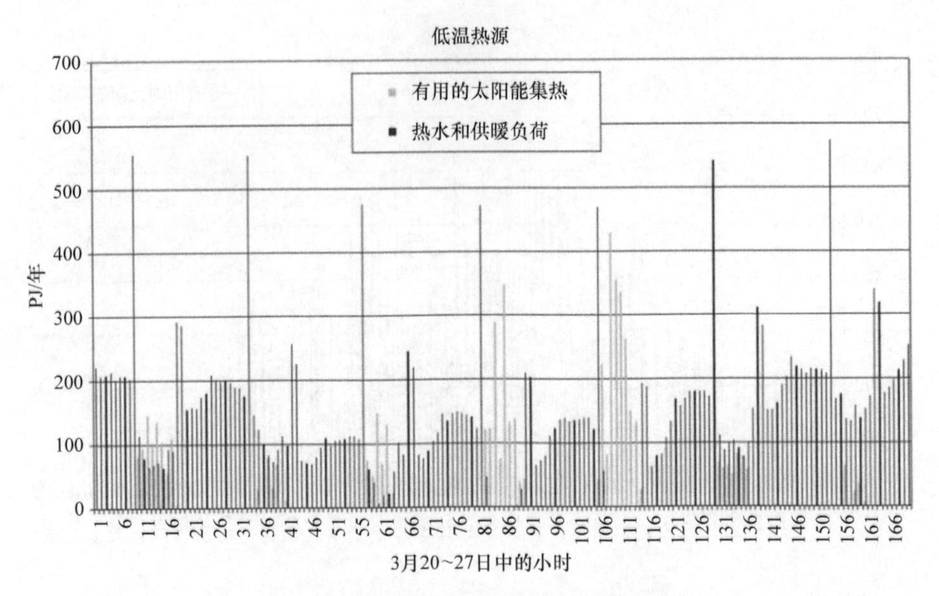

图 5.62　同图 5.61，但仅为春季单周数据

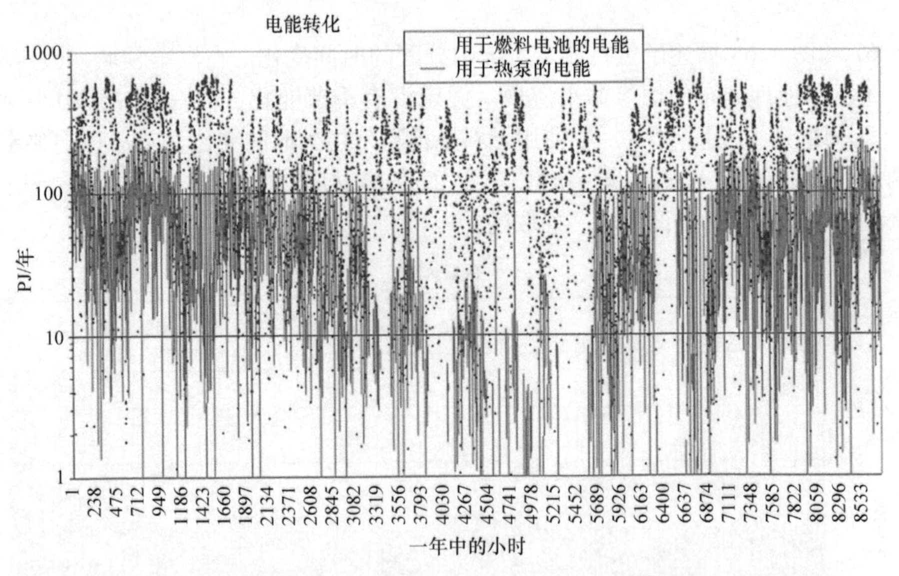

图 5.63　丹麦 2050 年远景方案中用于燃料电池制氢和热泵的每小时耗电量

根据图 5.52 中的概述，97PJ/年的氢用来再发电产生 50PJ/年的电力，而在交通运输行业使用的氢为 100PJ/年。该远景方案假定氢不仅用于乘用汽车，而且用于飞机和船舶。该需求远景方案基于空中交通的不断扩大，这使得飞机的能源需求到 2050 年大约等于汽车的需求。

丹麦的大规模农业以及育林产生的生物质残余物可用于相当大规模的能源生产，在该远景方案中假设为甲醇的形式（18.4PJ/年）。这种液体燃料用于特殊的运输子行业，如卡车和

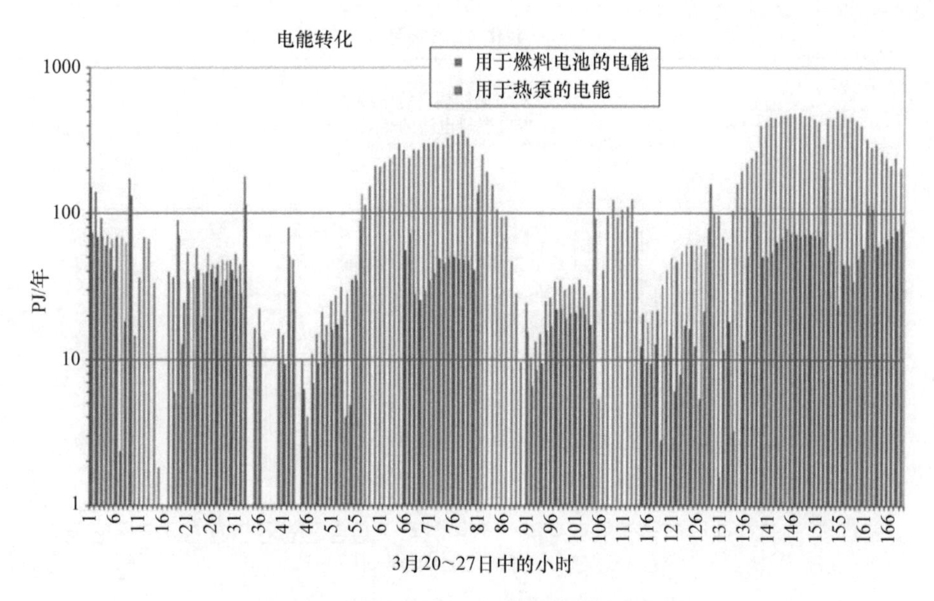

图 5.64　同图 5.63，但仅为春季单周数据

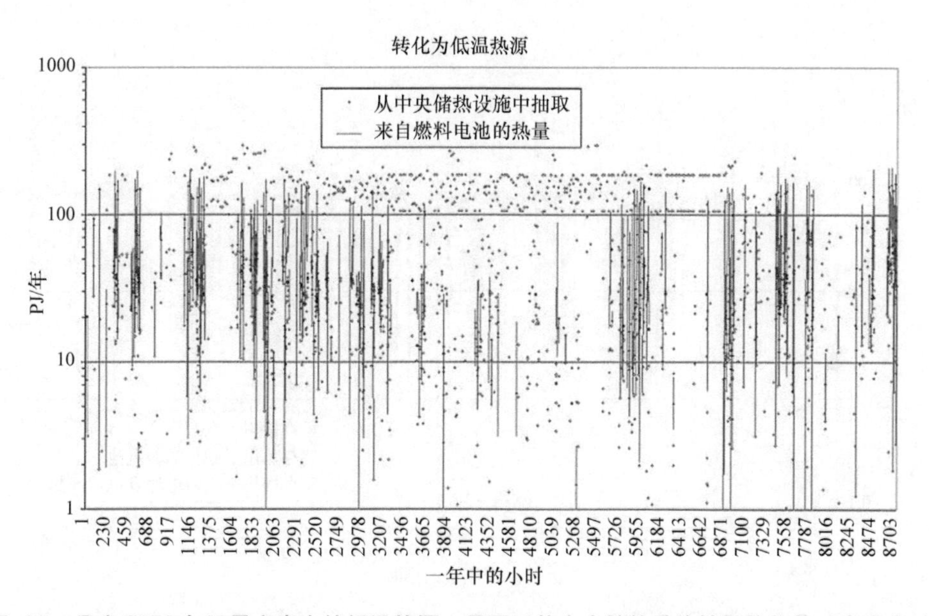

图 5.65　丹麦 2050 年远景方案中的低温热源。显示了从中央储热设施抽取的热量（在发电过剩时由热泵输入）和中央燃料电池发电时产生的废热。这种热源通过区域供热管线分送

公交车行业。另外（考虑到未来丹麦基于可再生能源的丰富的电力）也假定使用电动汽车，包括丹麦唯一的大型城市哥本哈根的所有列车和小型城市用车。这些细节如图 5.3 所示。也可以看到，该远景方案中的两个中心储氢设施的坐落地点对于全国各地都方便。这并不奇怪，因为这两个储氢设施被假设是对现有天然气储存设施的改造，这些设施作为战略安全储

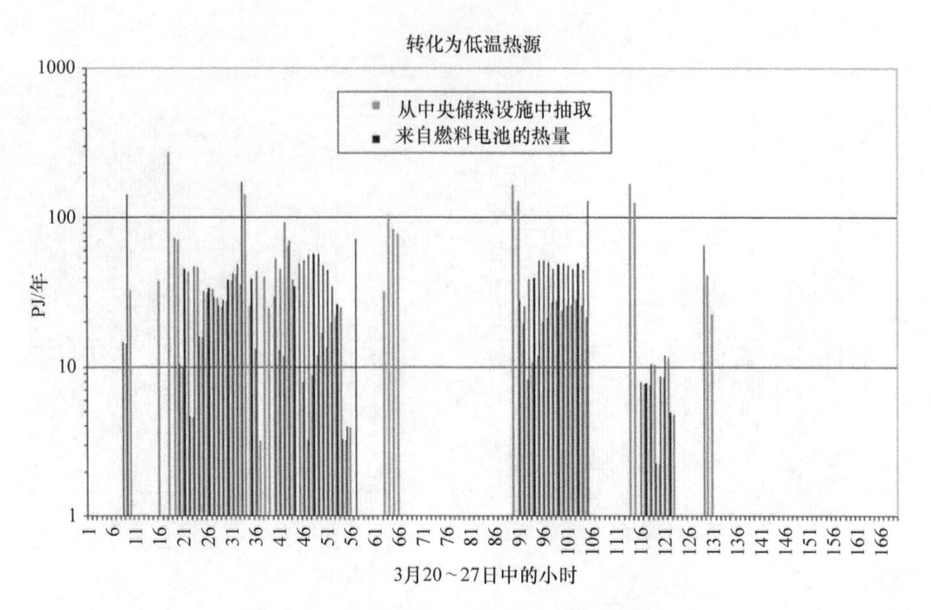

图 5.66　同图 5.65，但仅为春季单周数据

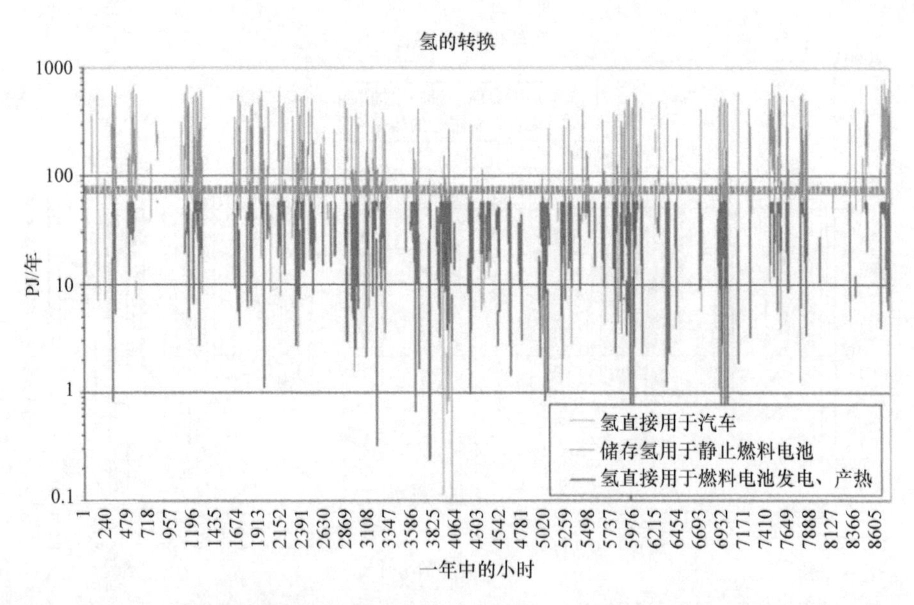

图 5.67　2050 年远景方案中氢转换的小时变化。在 70～80PJ/年间规律变化的曲线是车辆的消耗（示意图），强烈变化的曲线是直接发电不足情况下的燃料电池发电。曲线较低的部分代表发电时直接用氢，较高的部分是基于从储氢设施抽取的氢

备服务于当前的能源系统，作为应对来自北海的主要天然气管道破裂的保障。

为了量化储氢需求，进行了整个系统的时间模拟，采用了特定和典型年份的风力、太阳辐射和能源需求的各组成部分的小时数据（根据 2050 年使用情况的假设放大）。结果是量化了两个储氢设施（一个含水层和一个盐穴；见图 5.3）填充度的小时数据序列，如图 5.69 所

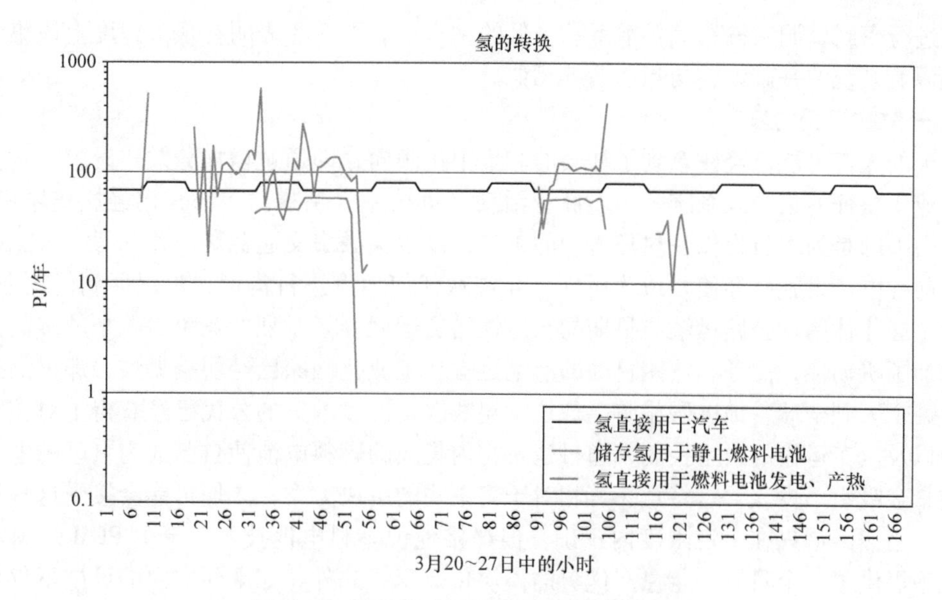

图 5.68　同图 5.67，但仅为春季单周数据

示，以及氢总产量的变化（图上部最大值是生产设施的额定容量）。结论是，60000PJh/年的储存容量可保证系统在任何时候都顺利运行。

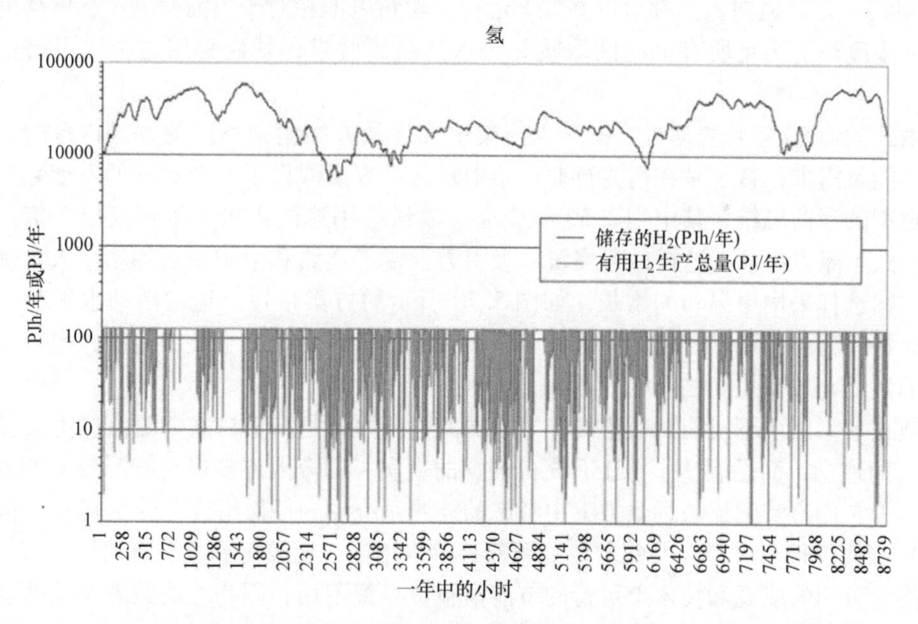

图 5.69　2050 年丹麦可再生能源远景方案中储存在两个中央地下设施的氢（图上部）和氢生产（图下部）的小时水平（Sørensen 等，2004）

60000PJh/年或约 7PJ 实际上是现有天然气储存设施（见图 5.1 ~ 图 5.3）的容量的一部分，这意味着氢可以在低压（例如 5MPa）下存储，这意味着低成本，以及几乎不需要对储

存洞穴进行密封，洞穴嵌在氢扩散系数很低的粘土层。图 5.3 表明在很大程度上该集中式可再生能源氢系统的基础设施与当前系统相似。

2. 分散式远景方案

今天的人们可能已经注意到了社会的非集中化倾向，即通过增加分散式设施来替代具有早期工业化特征的集中式系统。很多商业活动（办公室、销售门市部）已经搬离城市中心。很有吸引力的是为雇员提供乡村环境中的工作，以避免城市交通拥堵，并获得一个宽松的环境。目前的电子设施已经使之成为可能，允许从任何地点进行沟通，不仅便利了工业活动，也方便了居住休闲。公路运输与早期的长途铁路货运展开了激烈的竞争，越来越多的汽车大幅度增加了机动性，商务和休闲目的的航空运输在工业化国家已经司空见惯，那里的工作日程表允许个人到全球各地度假旅游，往往一年数次。许多国家的公民已经获得了对住宅取暖的能源以及汽车运输的自主控制，通过建筑物内集成的燃料电池使自己成为自己的电力生产商的前景会吸引不少人。这将意味着相对于集中式的解决方案，人们可能会接受这种设施的高价格。当然，这只在一定限度内正确，但严格地说燃料电池技术，至少 PEM 燃料电池技术，似乎提供了一个具有一定量产优势的模块化概念。此外，如果住宅内的设施不仅可以提供电力和联产热，而且还能为停放在车库的混合动力汽车提供氢时，作为个人自主支配的范例，这个概念看起来非常有吸引力。

图 5.51b 所示的概要显示了该远景方案可以如何实现。该示意图假设可逆燃料电池可在 2050 年启用，正、逆向操作都可以高效率运行。燃料电池相对于当前发电厂有更高的效率意味着，如果废热能满足所有的空间取暖和热水的热源要求，就应采用这个比当前更有效的方法。

分散式的 2050 年丹麦远景方案是以与集中式远景方案稍微不同的方式构建的，它显著地降低了能量需求，特别是在运输行业。集中式远景方案假设了一个标准的发展趋势，是经济学家典型的当前思维，其中到 2050 年交通运输最终用途的需求比现在高出 3 倍。另一方面，分散式远景方案认为这样的发展没有吸引力，鉴于道路和空中交通拥堵令人厌烦，分散式远景方案选择采用更温和的增长，如图 5.70 所示的方案概述。运输活动水平和电器的能源使用保持在目前的水平。当然，后一个假设并不意味着活动水平是固定的，但表示了新的和增加的活动与效率提高之间的平衡。

分散式远景假设下对能源效率的相当极端的强调并不是基于自然资源保护主义者的“适可而止”的理念，而是表达了源于有充分证据的事实，即今天许多提高能源效率的方法没有使用，尽管它们事实上比该远景方案中考虑的能源系统中的任何组成部分（可再生能源和氢转换器）都便宜得多（避免与每单位能源购买价格相比，比较每单位能源利用价格）。目前，很多经济上可用的能源和技术上可行的节能措施被弃置不用，因为在决策者和消费者眼里其地位低于新能源供应技术（Sørensen，1991）。

作为这些假设的结果，分散式远景方案所需要的能源生产较集中式远景方案少，风力发电量将减少到 106PJ/年，因此在丹麦周围指定海域会占用更少的风电场址，如图 5.71 所示。与集中式远景方案（见图 5.53）使用的有限数量的场址不同，如图 5.72 所示，氢生产场地现在位于建筑物中。

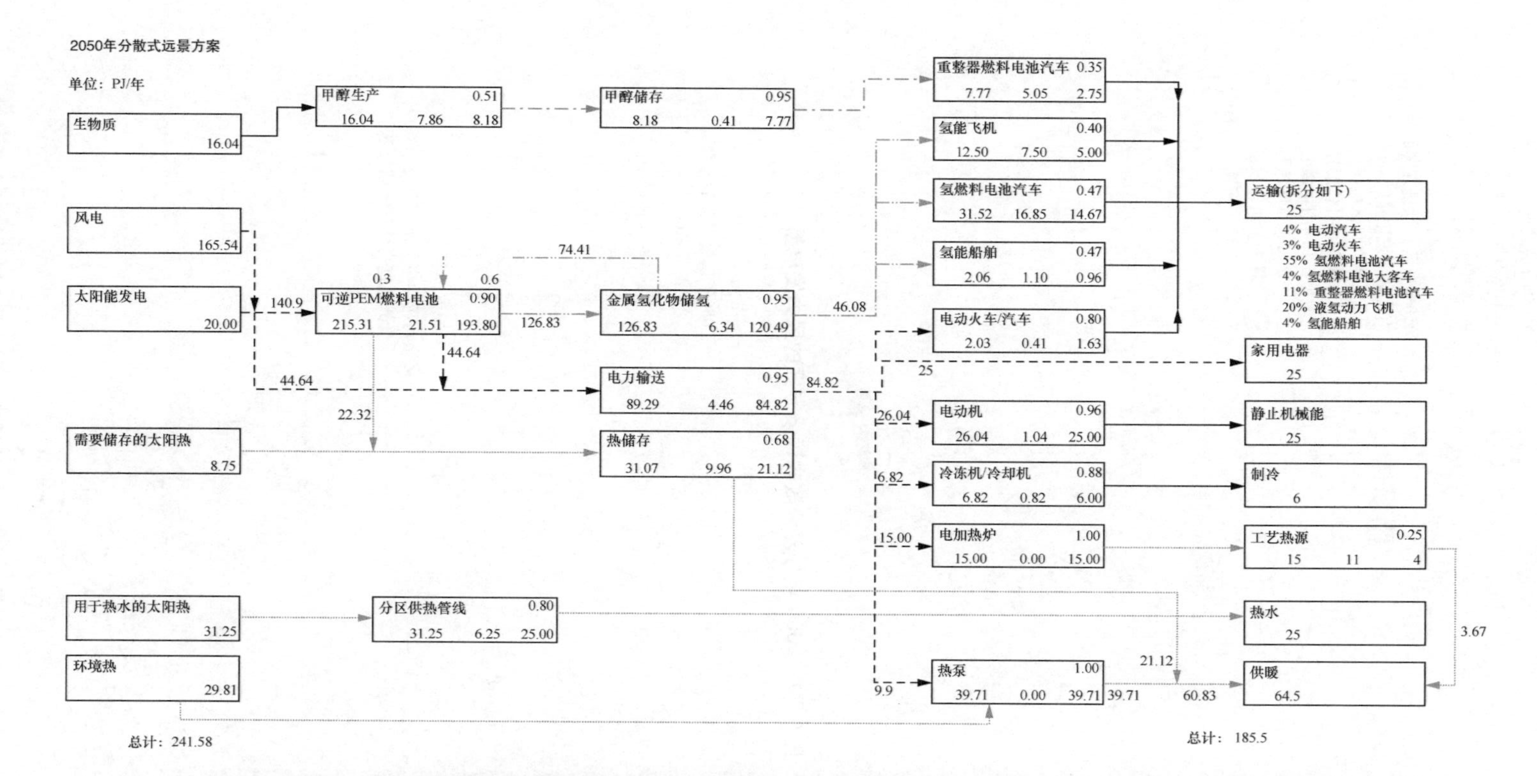

图 5.70 丹麦 2050 年分散式氢能和可再生能源远景方案概述。每个框代表一个转换步骤。框内左下方的数字是输入的能量，右下方的数字是输出的能量。中间的数字是输入与输出的差值，即能量损失（所有数字的单位都是 TJ/年）。框内上部的数字是假设的转换效率。在热电联产的情况下会有两个效率。框间的不同线型代表不同的能量形式，有些情况下存在回收利用（例如废热）。图的右上是运输行业最终能耗的细分。基于 Sørensen 等（2001）

图 5.71　2050 年丹麦分散式远景方案的风力发电量

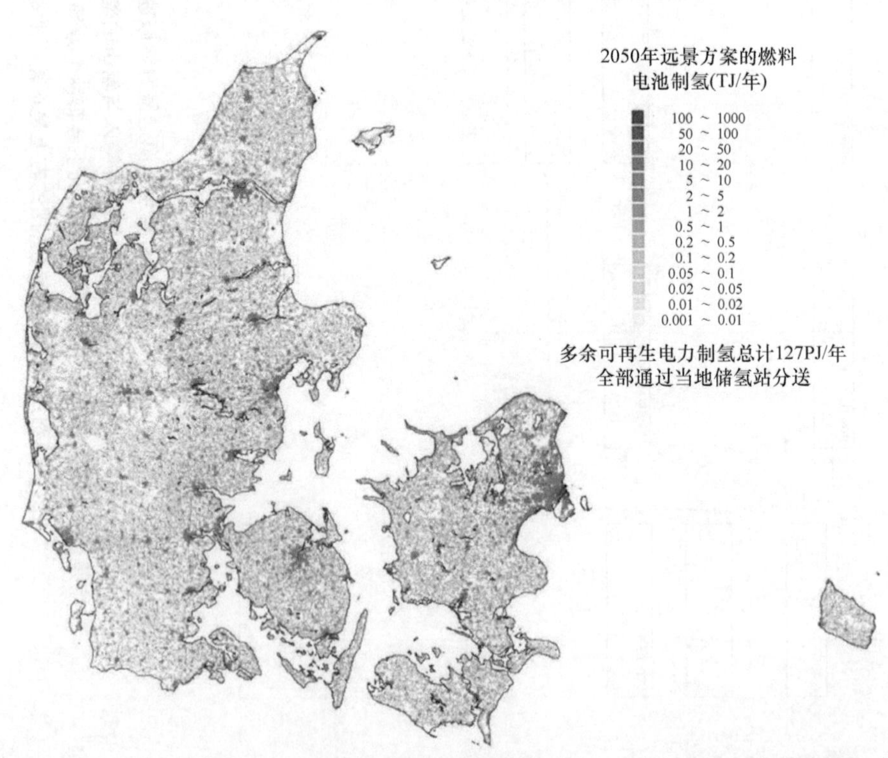

图 5.72　2050 年丹麦分散式远景方案氢生产的地理分布。大多数生产设备在建筑物内

图5.73a显示了假设分散安装在建筑物内的所有储氢装置的小时合计充装量。总计储氢容量被认为与集中式远景方案中的两个中央储氢设施的容量相同。可以看出，该系统更可能处于低充装水平，但是除了一年中几小时外仍然可以满足要求。这是由于非生物质制氢（由于对从土壤中除去碳的关切，该部分生物质被忽略，碳作为二氧化碳被释放到大气中以补偿在较早时刻植物吸收掉的碳）对氢储存需求较高。另外，在建筑系统中使用氢与在集中式设施中使用氢是不同的。增加储存点不会改变这个局面，只能通过增加产量，例如通过增加更

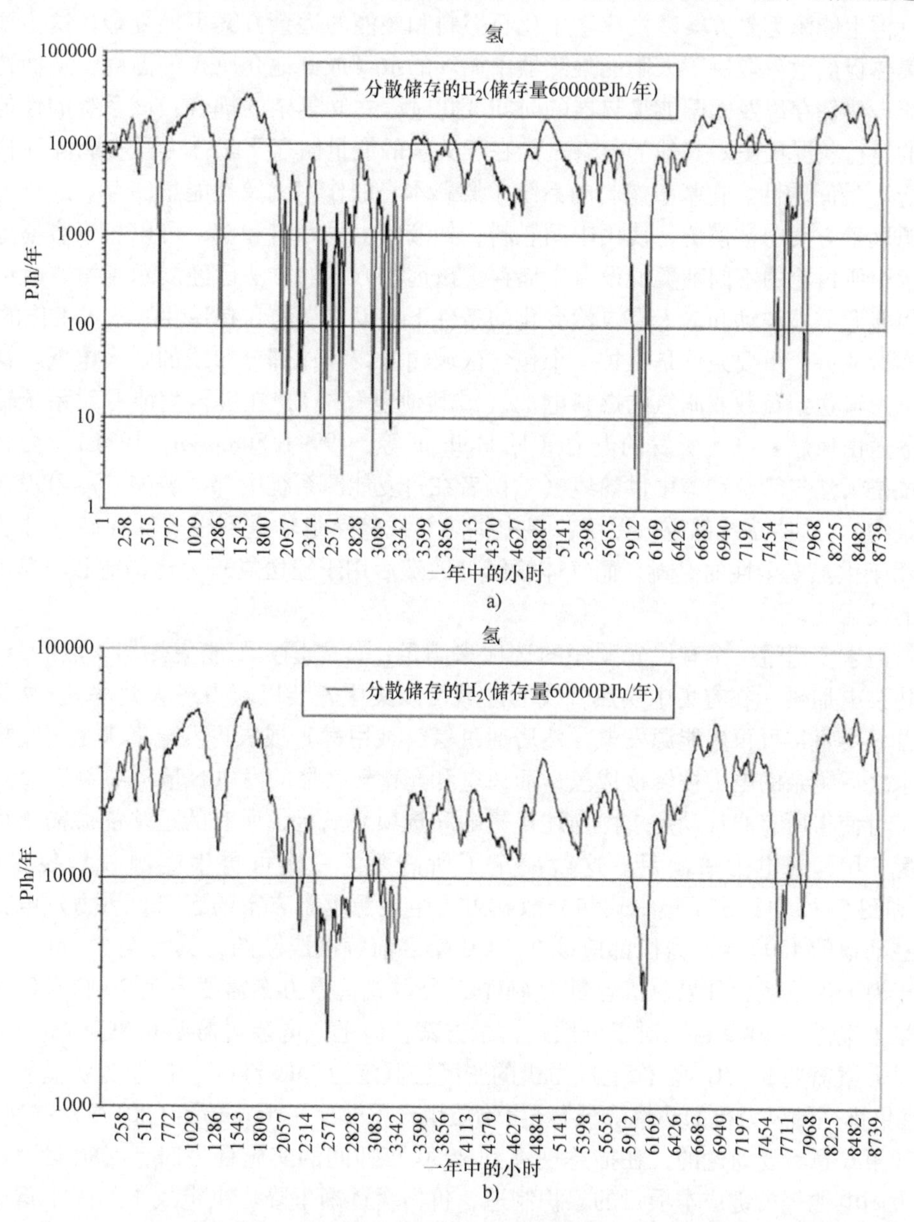

图5.73　2050年分散式远景方案中所有建筑物集成的储氢设施中的氢储量小时变化（图a），以及用海上风电生产（产量从99PJ/年增加到180PJ/年）的氢储量小时变化（图b）（Sørensen等，2001）

多的电力生产（剩余电再被转化成氢）来避免分散储存的氢告罄。图 5.73b 表明储氢完全用尽的情况可以以这种方式避免，虽然储氢水平的变化仍相当大。增产的额外成本只是为了避免几小时内的氢气供应 - 需求不匹配，人们不会认为这是一种合理的做法，因为这些微量的额外储氢可通过进口电力或通过保留的小型化石燃料发电厂（例如燃气轮机）一年中运行几小时来提供。

5.5.2.4 可再生能源远景方案的评估

对可再生能源远景方案建模比基于化石燃料和核能的远景方案更加复杂。这主要是因为太阳能集热板的效率取决于太阳能集热器中循环的水（或其他介质）的温度，从而造成了一个热负荷、热储存以及太阳能集热器的时间变化过程之间复杂的耦合，该系统的性能取决于其先前的运行状况历史。其他的复杂之处在于大量的能量储存要配合可再生能源（例如风能和太阳能）的间歇性。在基于燃料的系统中燃料本身的作用就像是能量储存。这种方式在可再生能源远景方案中被模仿，使用中间燃料，如液体生物燃料和氢，可以相当容易地通过使用第 2 章中所讨论的不同种类的设备来储存。该远景方案的方法已经展示了可再生能源系统在可再生能源需求波动和输入有自然变化的条件下，以可靠的和有弹性的方式工作的能力。

这样做的一个重要条件是维护一个包含区域输电线和局部分布线的强大电网。该电网把可再生电力输送给负载或制氢的燃料电池（或其他电解槽），在可再生能源对系统输入不足期间也输送由氢燃料电池所发的电力（见 Meibom 等，1999；Sørensen，1981）。当今另外的网格系统是天然气管道和集中供热线（这两者在丹麦能源系统中都很普遍，尽管没有通到每一个建筑物）。这些系统都应该保留：集中供热管线将热量输送到季节储存站（非建筑物集成）和用于供热安全性的保障，而气体管线（改造后用于输送氢）为运输业和非移动用氢提供额外的灵活性。

热量需求要通过一个有优先顺序的选项来满足：首先是太阳能集热器，然后是储热站，最后是热泵电加热（在有集中供热管线的区域可以集中安装以获得最大效率）。高品位的能源需求首先由直接可再生能源发电，然后通过氢（或甲醇）或氢再发电来满足。直接使用和热泵需求之后剩余的电力被转换成氢，而风电和光伏转换器的发电容量（总额定值）是这样选择的，可使得所有非移动需求由前述优先顺序选项来满足，所有的运输能源需求可以通过可用的氢、甲醇或电力来满足。这就决定了所需要的一次可再生能源收集装置的容量，图 5.52和图 5.70 中给出了集中式和分散式可再生能源远景方案的容量。风力发电方面，目前安装在陆地的4000 台风力机都应该在 2050 年之前替换成新的，具有至少 2MW 的单机容量。对于海上风电场，如果单机容量为 4MW，分散式远景方案需要不到 2000 台风力机，集中式远景方案需要 4000 台。对于分散式远景方案，海上风电装置需要 6.8GW 额定功率，集中式远景方案需要 14.7GW。海上风力机的密度已假定为 $8MW/km^2$，以避免明显的“阴影效应”（密集排列的风力机的功率降低）。生物质生产甲醇使用 Sørensen（2017a）描述的技术。

正如第 6 章将要讨论的，在描述现在到 2050 年期间的实施计划时，必须假设随着燃料电池和太阳电池等关键成本项目的累积制造，价格会逐渐下降。决定成本的一个重要技术问题是燃料电池组件的寿命。其他技术问题则涉及基础设施的变化，从目前的系统过渡到远景方案中的充氢站、氢储存和输送。也有一些目前远不具可行性的领域，如氢燃料飞机。过渡时期内上述应用领域逐渐降低了对化石燃料的使用是很自然的。充氢站的更换意味着一个实施策略，从以氢为燃料的专门车辆的车队开始，然后是相关的氢气管线系统，可能有必要在过渡时期内建立新的并行管线，因为天然气管道仍在用于天然气的输送。道路系统中车用氢容器的替换在一个以资源使用效率为目的的系统里没有吸引力。中央储氢设施可以很容易地建立（也可以不使用现有的天然气设施，世界大部分地区都有很多合适的地质构造），但即使相关技术问题的解决方案进展顺利，加压容器储氢的更安全的替代方案，如金属氢化物，达到可用程度将需要几十年。燃料电池发电可以采用低温的 PEM 燃料电池（中温电池技术或许会有进一步发展）以及静止用途的固体氧化物燃料电池。电解可以是通过可逆燃料电池，对双向操作进行了优化。常规电解（单向反向燃料电池）是后备选项。

较早使用波动的可再生能源的国家会对氢技术的早期引入感兴趣。越来越多的化石燃料价格上升和因大部分资源位于政治不稳定的地区而引起的交付问题，这些主要驱动力使在过渡期内较早引进基于化石燃料的氢不太可能成功，除了在一些特殊地区，其燃料尤其是天然气有富余，才有可能供本地使用。

5.5.3　新的区域远景方案

最近几年，远景方案工作已集中在区域能源协作可以产生的额外优势。这涉及邻国间拥有不同的可再生资源，如一个国家具有林业或农业，可以产生大量的生物质废物，另一个国家的沿海地区风能潜力大，第三个国家的光照时间长，但是这里的光照如果孤立地看也许不适合于大规模能源生产（比方说，由于太阳辐射和电力负荷的季节性变化不匹配），但协调该区域内的能源生产和供应，假定所需传输和管道设施存在或可新建，则可以大大稳定能量供给，提供一个甚至比任何一个国家单独运作的成本都低的、有弹性的系统。已经确定这样的协同作用适合于北欧地区（Sørensen，2008a）、北美地区（Sørensen，2007）和地中海地区（Sørensen，2011c，第3章，2017a）。未来的能源需求讨论已经扩大到包括几个反映了人类社会中不同发展目标和偏好的需求远景方案（Sørensen，2008b，2017a）。

作者将以5个欧洲国家（挪威、瑞典、芬兰、丹麦、德国）所做区域研究的几个亮点结束本章，因为它们构成了5.5.2节的丹麦远景方案工作的一个很好的扩展。表5.5给出了5个国家探明可再生能源资源的调查。这些国家已经进行了谨慎的开发：如图5.74的潜在生物质生产仅包括容易收集的林业和农业残余物，再加上近岸地区（即不要扩展到目前的内陆淡水鱼塘）的水产养殖收获的残余物。同样，图5.75显示的单位陆地/海洋面积或按人均计算的风能潜力假设内陆风力机仅使用土地总面积的0.01%（即风力机扫过的垂直面积等于水平国土面积的0.01%），水深小于40m的离岸地区面积的0.1%，这部分海域没有用于其他目的（如渔业、海上交通、军事等）。丹麦已确认的陆地上的较高发电量与已安装了风力机（尽管在许多情况下旧型号风力机的发电量较当前的风力机小）的位置相一致，而潜在的海上能源产量与20世纪90年代末丹麦公用事业公司认定海上风电场位置的研究报告给出的产量相近（Danish Power Utilities，1997）。

表 5.5　在 2060 年远景方案中考虑的欧洲国家可用潜在可再生能源供应摘要（单位为 PJ/年）。PVT 表示光伏发电结合集热器（Sørensen，2008a）

国家	丹麦	挪威	瑞典	芬兰	德国
陆上风电	64	167	201	147	157
海上风电	358	974	579	391	177
来自农业的生物燃料	241	51	111	49	1993
来自林业的生物燃料	58	523	1670	1180	892
来自水产业的生物燃料	153	223	320	205	108
水电	—	510	263	49	27
太阳能 PVT 发电	—	—	—	—	129
太阳能 PVT 集热	—	—	—	—	275

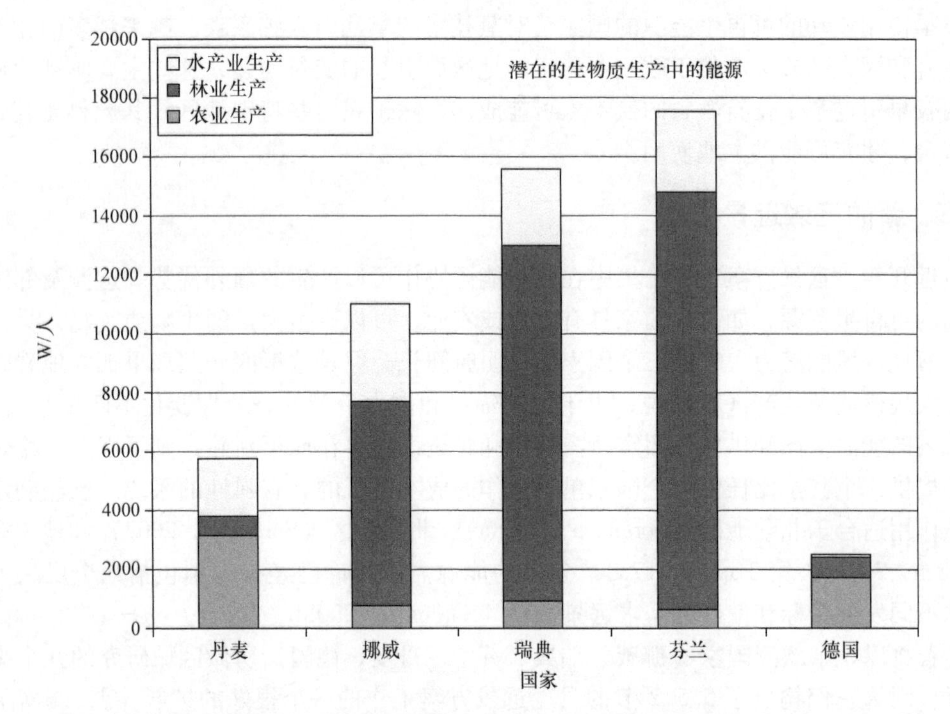

图 5.74　2060 年远景方案中考虑的 5 个欧洲国家基于生物质残余物的潜在能源生产（W/人）。图 5.74 ~ 图 5.79 引自 Sørensen 等（2008）

可以看出，这 5 个国家风能和生物质能资源都很丰富。比较图 5.75a、b 表明，相对于土地面积，丹麦风能最丰富，但按人均则挪威领先。目前，风力发电在挪威被忽略了，而海上化石燃料的利用带来了国家层面的大部分收入，计划在石油和天然气资源开始消退后用风电造福未来几代挪威人。目前，挪威石油和天然气开采、处理和使用明显造成了二氧化碳和甲烷排放量的增加。考虑到较多的人口，德国的风能和可再生资源比例就很小。太阳能发电或集热可能比北欧国家起到更显著的作用，但要达到基于可再生资源的能源自给则需要比 2060 年远景方案假设的程度更有效地利用资源。然而，该远景方案提供了一个基于满足能源需求的区域贸易与合作的不同解决方案。

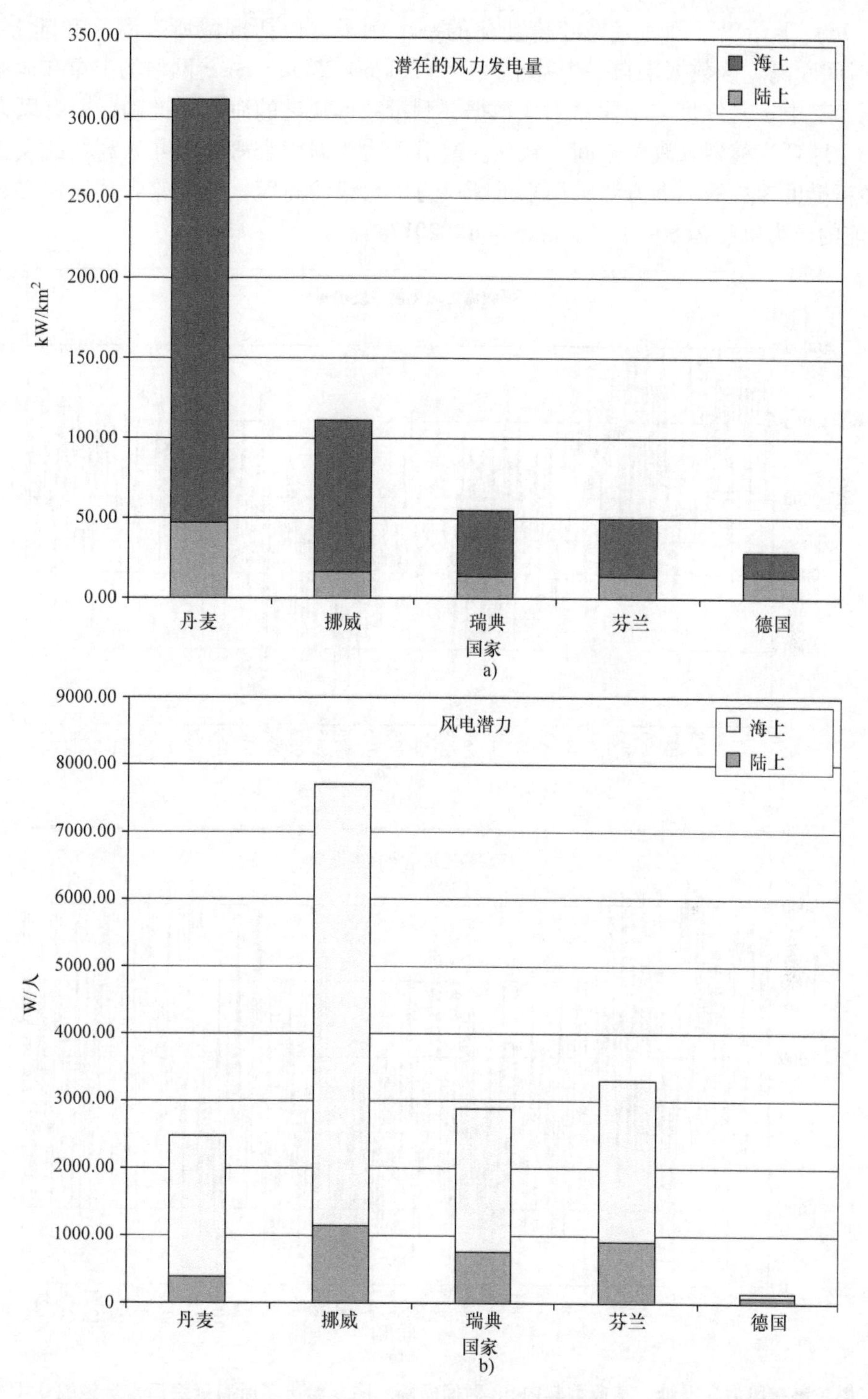

图 5.75　估计的潜在风力发电量，假定风力机扫过面积为陆地面积的 0.01%（丹麦除外，为 0.02%，因为这个面积为目前正在使用的风电面积）以及确认为适合风电场建设又不与其他现存航道用途冲突的近海区域的 0.1%。年平均的发电潜力（kW 或 W）按陆地面积（图 a）或按人均计算（图 b）

图 5.76a、b 给出了风力发电年度变化的一个例子，包括挪威所有海上和陆上风电场，每 6h 的时间间隔。该数据来自一个基于大小约 25km × 25km × cosφ 网格的卫星和地面混合数据的模型，其中 φ 是纬度。卫星散射仪数据在测量数据缺乏的海面最准确，所有风力数据都输入一个全球环流模型以改善空间一致性。散射雷达数据代表海面上几米高处的风速，表征海洋表面粗糙度参数的标准方法被用来推断风力机轮毂的高度，即风轮叶片通常安装的高度（对于当前的风力机约为 80m）；见 Sørensen（2017a）。

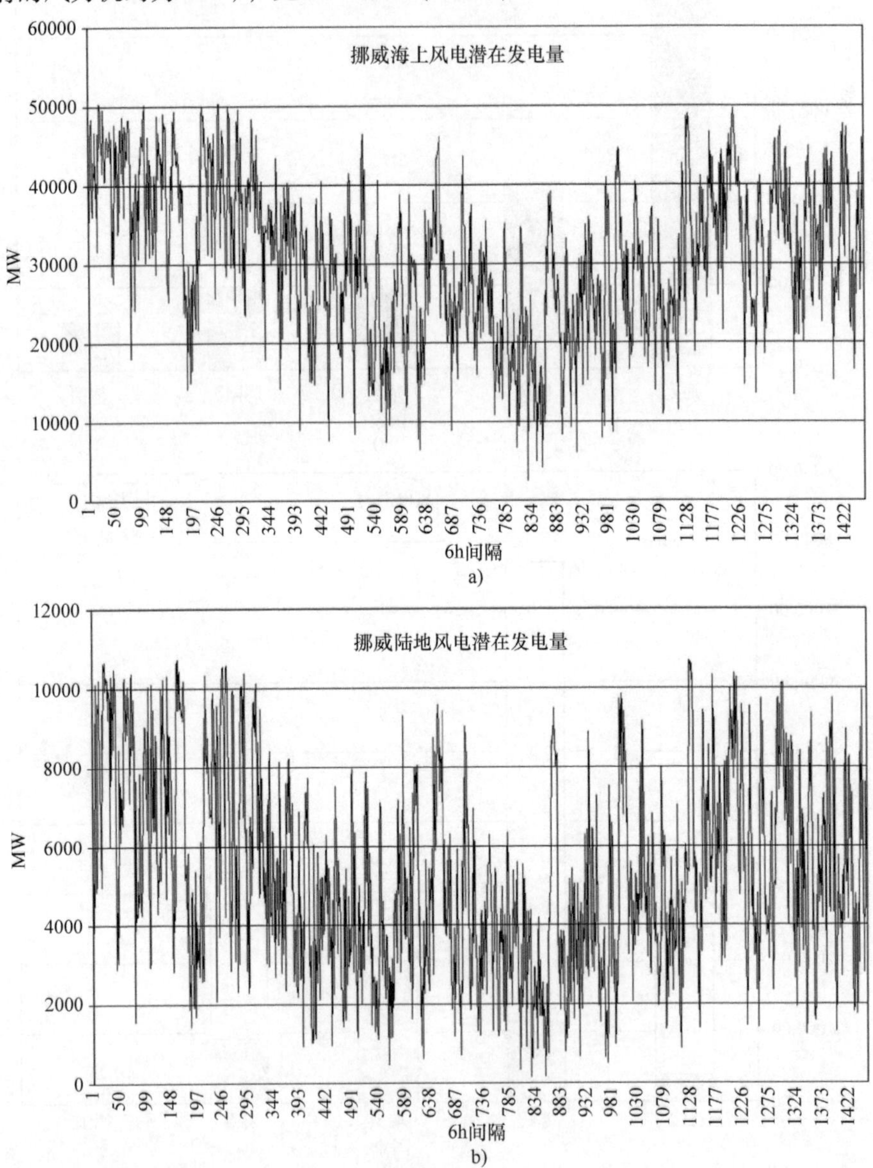

图 5.76　挪威潜在风力发电量，某典型年内 6h 时间间隔。图 a 给出了所有近海适合场地的 0.1% 面积上的海上风力发电量，图 b 为陆地面积的 0.01% 的风力发电量。计算采用了陆地区域的一般环流模型和海上的卫星散射仪数据的混合风电场数据，见 Sørensen（2008b，c）：陆地区域的环流模型起到平滑所输入风电场观测数据的作用。这里已经缩放到风力机轮毂高度的约 80m，表 5.5 和图 5.75 采用了同样做法

2060年远景方案中挪威部分假定了风电的分配，用于满足挪威的负荷，如图5.77和图5.78所示。这使得生产的电力有大量的盈余，但在挪威无法利用。该远景方案进一步预测了水力发电的盈余和生物质残渣生产的液体生物燃料的盈余。这些数据根据假定的风电和水电份额显示在图5.79中，以6h的时间间隔分布在远景方案年内。

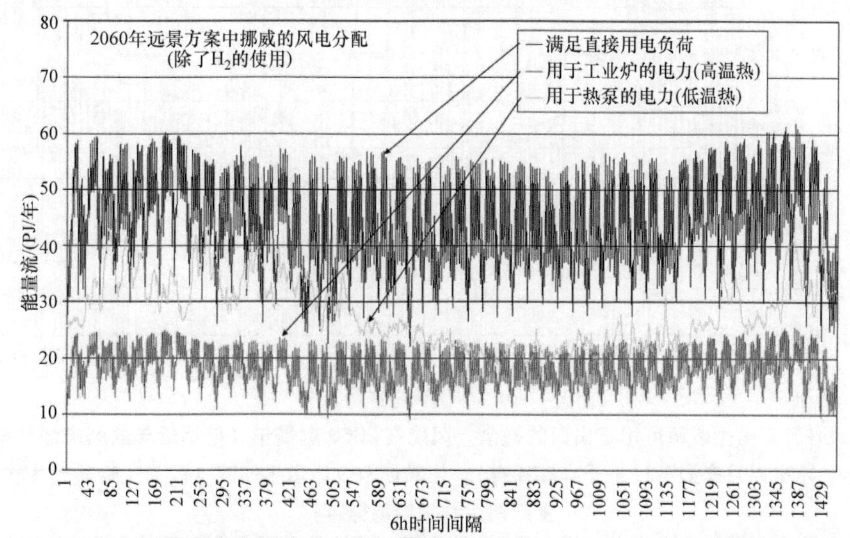

图5.77　2060年远景方案中挪威风力发电量的部分分配，用于挪威的直接电力负荷以及提供高温热源（主要用于工业）和低温热源（主要用于空间和公用事业供热的热泵）

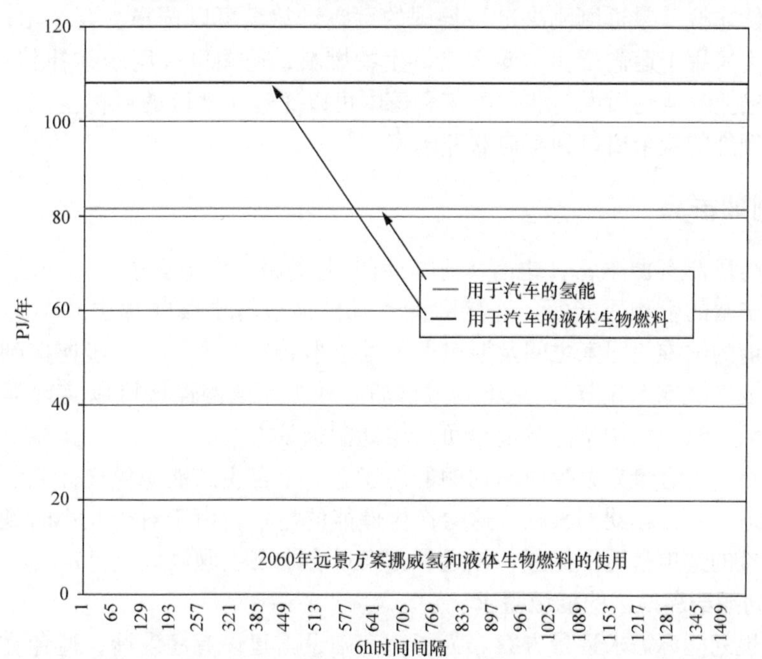

图5.78　2060年远景方案中挪威风力发电量的进一步分配，通过制氢来满足运输业最终能量使用量的50%。剩余的50%假设通过生物燃料来满足，但是由于效率低于假设的氢燃料电池转化效率，一次生物燃料能量超过50%

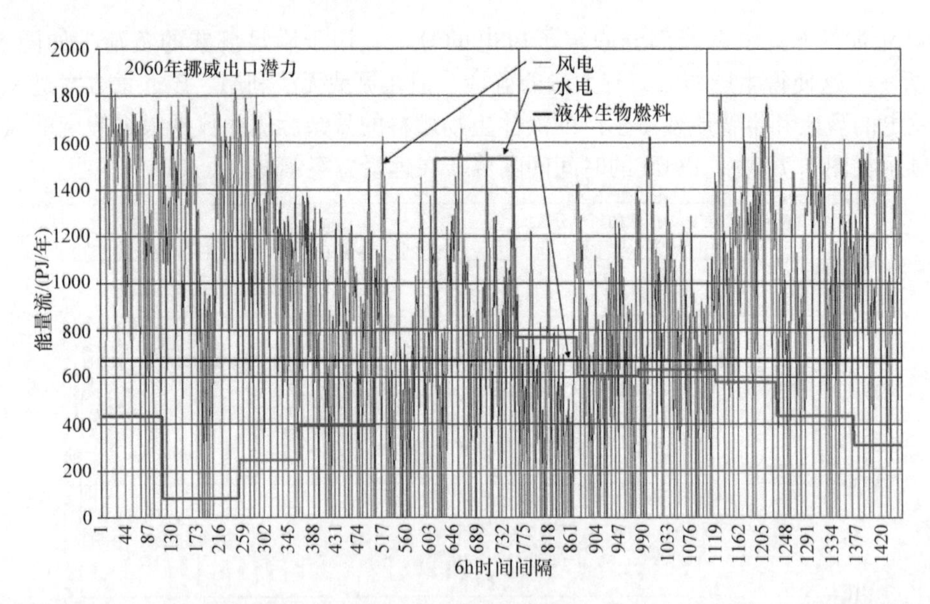

图 5.79 挪威各种可再生能源可用于出口的盈余。风能在 2060 远景年（使用近年的风电场数据）中以 6h 间隔显示，水电以月来显示（基于水库库存），生物燃料仅显示平均值（因为生物质或生物燃料在生产前后都很容易储存）

2060 年远景方案给出的信息是，挪威的电力和生物燃料的盈余加上其他北欧国家的类似盈余，足够补偿非核（最近刚刚决定）德国的亏空。甚至可以选择，要么出口电力到德国，电力主要转化为氢用于运输行业；要么出口生物燃料，德国可以用于弥补其亏空的大部分，主要在交通运输业。换句话说，北欧国家和德国可以通过本地区的可再生能源达到能源自给自足，甚至有额外的盈余出口到其他欧洲国家。

5.5.4 不列颠群岛

不列颠群岛风能资源丰富，也有太阳能和水电资源，考虑到农业、林业和水产业残余物，也有相当丰富的生物质能源。连接欧洲大陆的海底输电线在过去并不是优先考虑的问题，不同于斯堪的纳维亚国家之间及斯堪的纳维亚半岛到德国并进一步连接到强大的南欧电网的海底输电线（见 5.5.3 节）。从不列颠群岛向外扩充电网连接可以实现类似于前几节和 Sørensen（2015，2017a）中描述的完全可再生能源远景方案。

这里将构建一个远景方案探讨不列颠群岛建立一个自主的能源供应体系，使构成不列颠群岛的国家和地区不依赖欧洲大陆。这会产生储能的需求，由于对于几小时到跨季节时间周期的储能最廉价的选项是地下储氢，该远景方案适合本书主题。

5.5.4.1 不列颠群岛地区的能源需求

首先必须规划能源需求远景方案。为了使基础设施建设有序发展，避免在收回或大部分收回投资之前淘汰设备（建筑物等长寿命周期设备考虑收回大部分投资），远景年选为 2050 年。不列颠群岛的居住条件相当均衡，只需对每个地区的取暖进行建模。该远景方案的区域划分如图 5.80a 所示，2050 年远景方案假设的人口密度的粗略分布如图 5.80b 所示。假设的空调需求基于 Sørensen（2008a）的中等需求远景方案，基本假设是使用能耗合理的技术以及建筑物最佳能效达到 2050 年的平均水平。在这样的假设下没有空间冷却的需求，图 5. 81a、b 显示了取暖需求的年平均值和时间分布。

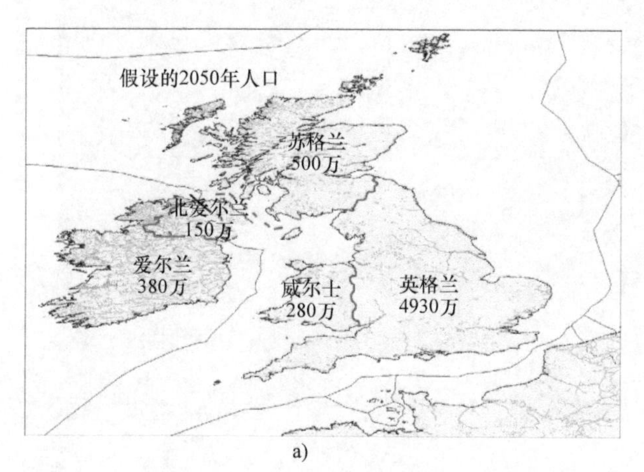

a)

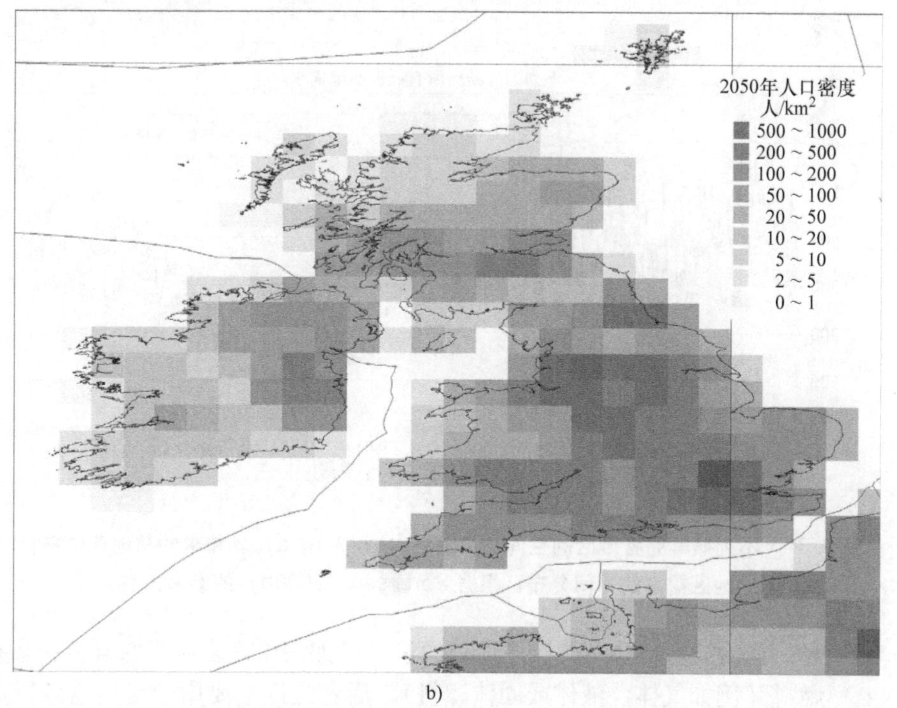

b)

图 5. 80　可再生能源远景方案中使用的不列颠群岛各地区 2050 年假设人口数量（图 a）。基于 United Nations（2013）中期预测与 Sørensen 和 Meibom（2000）城市化模型。底图也显示了主要的航道。本图和后面的图（Sørensen，2018）使用等面积 Behrmann 地球投影，纬度间隔向两极收缩。图 b 显示了 2050 年人口粗略的地理分布（人/km^2）。图 a 基于 Sørensen（2018）

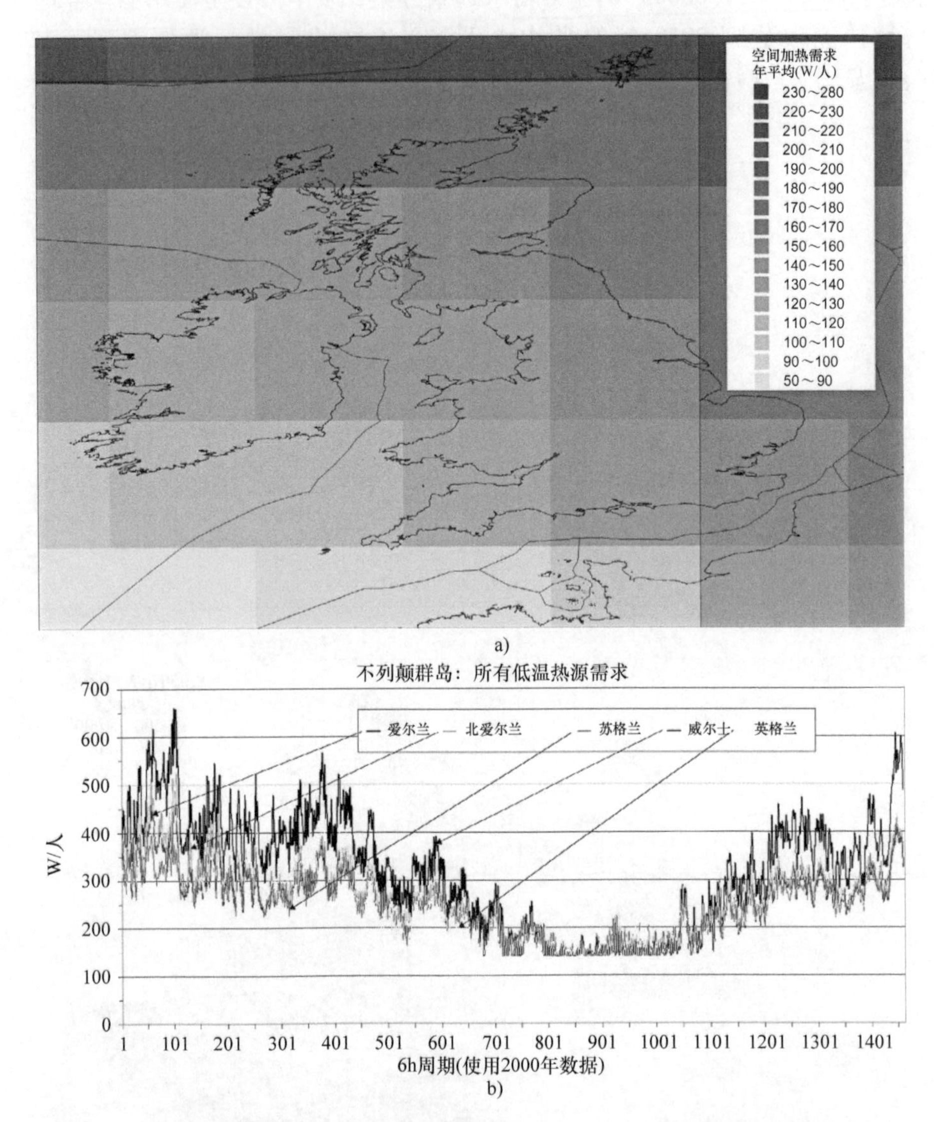

图5.81　不列颠群岛各地区的空间加热需求（W/人）。a）年需求的总地理分布；b）地区需求的时间分布，根据Sørensen（2008b）的参考模型

表5.6~表5.10的第一行显示了能源需求假设，例如用于许多应用的电力和来自生物质的（可再生）燃料（例如气体、液体或固体燃料），后者或许主要用于交通运输行业（可能会与电动汽车竞争）。不列颠群岛5个地区的全部用电（私人、商业和工业用电）的平均值取作600W/人，约为Sørensen（2008a）估算的参考值的两倍，该参考值假设了最高的能效发展，其日、周（工作日-节假日）和季节（照明、热泵电力输入及假日）时间变化模式取自以前欧洲、北美和东南亚的远景方案（Sørensen，2015，2017a，b）。

表 5.6　爱尔兰 2050 年远景方案概述，指出了充分可持续利用现有可再生能源的情况下的出口潜力（Sørensen，2018）

爱尔兰 2050 年 /（PJ/年）	低温热源	电力	气体燃料	液体燃料
交付能源需求	31	101	72	43
陆上风力发电量		241		
海上风力发电量		5836		
水力发电量		1		
建筑物集成光伏发电量		3		
边缘陆域光伏发电量		0.1		
农业残余物生物燃料				508
林业残余物生物燃料				25
水产业生物燃料				291
太阳能产热	7			
专用用电量		115		
产氢用电量		75	72	
热泵电热转换	33	7		
运输业液体燃料				43
燃料电池运行放热	—			
车辆用氢			72	
发电用氢			0	
直接使用太阳能产热	5.5			
来自储存的低温热源	0.3			
放弃或损失的太阳能热源	0			
进口和出口	—	5883	0	781

注：专用用电量包括电池充电（例如电动汽车充电）和转换损失，如本表下部的热量输入。

表 5.7　北爱尔兰 2050 年远景方案概述，指出了充分可持续利用现有可再生能源的情况下的出口潜力

北爱尔兰 2050 年 /（PJ/年）	低温热源	电力	气体燃料	液体燃料
交付能源需求	13	41	29	18
陆上风力发电量		45		
海上风力发电量		2400		
水力发电量		1		
建筑物集成光伏发电量		0.3		
边缘陆域光伏发电量		0		

（续）

北爱尔兰2050年/（PJ/年）	低温热源	电力	气体燃料	液体燃料
农业残余物生物燃料				109
林业残余物生物燃料				10
水产业生物燃料				65
太阳能产热	1			
专用用电量		46		
产氢用电量		30	29	
热泵电热转换	16	4		
运输业液体燃料				18
燃料电池运行放热	—			
车辆用氢			29	
发电用氢			0	
直接使用太阳能产热	0.7			
来自储存的低温热源	0			
放弃或损失的太阳能热源	0			
进口和出口	—	2366	0	166

注：参见表5.6的表注。

表5.8　苏格兰2050年远景方案概述，指出了充分可持续利用现有可再生能源的情况下的出口潜力（Sørensen，2018）

苏格兰2050年/（PJ/年）	低温热源	电力	气体燃料	液体燃料
交付能源需求	40	121	95	57
陆上风力发电量		208		
海上风力发电量		8887		
水力发电量		1		
建筑物集成光伏发电量		1		
边缘陆域光伏发电量		1		
农业残余物生物燃料				381
林业残余物生物燃料				46
水产业生物燃料				283
太阳能产热	2			
专用用电量		151		
产氢用电量		99	95	
热泵电热转换	50	11		

（续）

苏格兰 2050 年 /（PJ/年）	低温热源	电力	气体燃料	液体燃料
运输业液体燃料				57
燃料电池运行放热	—			
车辆用氢			95	
发电用氢			0	
直接使用太阳能产热	2			
来自储存的低温热源	0			
放弃或损失的太阳能热源	0			
进口和出口	—	8835	0	653

注：参见表 5.6 的表注。

表 5.9　威尔士 2050 年远景方案概述，指出了充分可持续利用现有可再生能源的情况下的出口潜力

威尔士 2050 年 /（PJ/年）	低温热源	电力	气体燃料	液体燃料
交付能源需求	28	75	54	32
陆上风力发电量		122		
海上风力发电量		3071		
水力发电量		1		
建筑物集成光伏发电量		0.5		
边缘陆域光伏发电量		0		
农业残余物生物燃料				162
林业残余物生物燃料				27
水产业生物燃料				84
太阳能产热	1.2			
专用用电量		82		
产氢用电量		60	56	
热泵电热转换	36	8		
运输业液体燃料				32
燃料电池运行放热	—			
车辆用氢			54	
发电用氢	1	2	3	
直接使用太阳能产热	1			
来自储存的低温热源	0.2			
放弃或损失的太阳能热源	0			
进口和出口	—	3043	0	241

注：参见表 5.6 的表注。

表 5.10　英格兰 2050 年远景方案概述，指出了充分可持续利用现有可再生能源的情况下的出口潜力

英格兰 2050 年 /（PJ/年）	低温热源	电力	气体燃料	液体燃料
交付能源需求	413	1306	933	560
陆上风力发电量		456		
海上风力发电量		23817		
水力发电量		1		
建筑物集成光伏发电量		8		
边缘陆域光伏发电量		0.1		
农业残余物生物燃料				1449
林业残余物生物燃料				35
水产业生物燃料				373
太阳能产热	20			
专用用电量		1476		
产氢用电量		983	972	
热泵电热转换	528	117		
运输业液体燃料				560
燃料电池运行放热	—			
车辆用氢			972	
发电用氢	2	4	8	
直接使用太阳能产热	20			
来自储存的低温热源	0.3			
放弃或损失的太阳能热源	0			
进口和出口	—	21705	0	1297

注：参见表 5.6 的表注。

由于远景方案假设大多数高温工业热源采用电加热，以及假设太阳能热电联产无法满足的低温热源可以用平均性能系数（COP，输出热能与输入电能之比）已经超过 4 的热泵来满足，则剩余的热量需求主要用于交通运输行业。需要的能源量取决于所使用的技术：液体生物燃料，氢气等气体燃料，或电池提供的电力。电动机的效率最高，但是使用的电池有充放电损失。理论上氢燃料电池比使用液体生物燃料的内燃机效率高，但目前燃料电池的应用不多。使用液体燃料电池还是存在污染物排放。最好的选择是氢燃料电池和电池的结合（见第 4 章），只要潜在技术能够满足有关寿命周期和成本的期望，而生物燃料选项是上述期望无法达到时的“备用”选项。

5.5.4.2　不列颠群岛地区的潜在能源供应

不列颠群岛的入射太阳辐射有季节变化、昼夜变化以及云量变化引起的变化。图 5.82a、b 显示了 45°倾角向南安装的太阳能板 1 月和 7 月接收到的太阳能的地理分布。水平太阳能板夏天接收的太阳能较多，90°倾角安装的太阳能板冬天接收的太阳能较多，但是选择 45°倾角可以使全年捕获的太阳能最大化。图 5.83a、b 显示了不列颠群岛每个地区一年中捕获的太

阳辐射的时间变化，太阳能板朝南45°安装，假设建筑物集成太阳能板面积（屋顶和正面）上的辐射为2W/人，以及各地区可以使用划定为边缘陆域的1%土地。边缘陆域的分类有些随意，大多数为分配为居住、农业、林业和公共基础设施用地时的剩余用地，在北爱尔兰和威尔士，这样的地块特别小，太阳能潜力还没有被估算或采用（见图5.83b）。

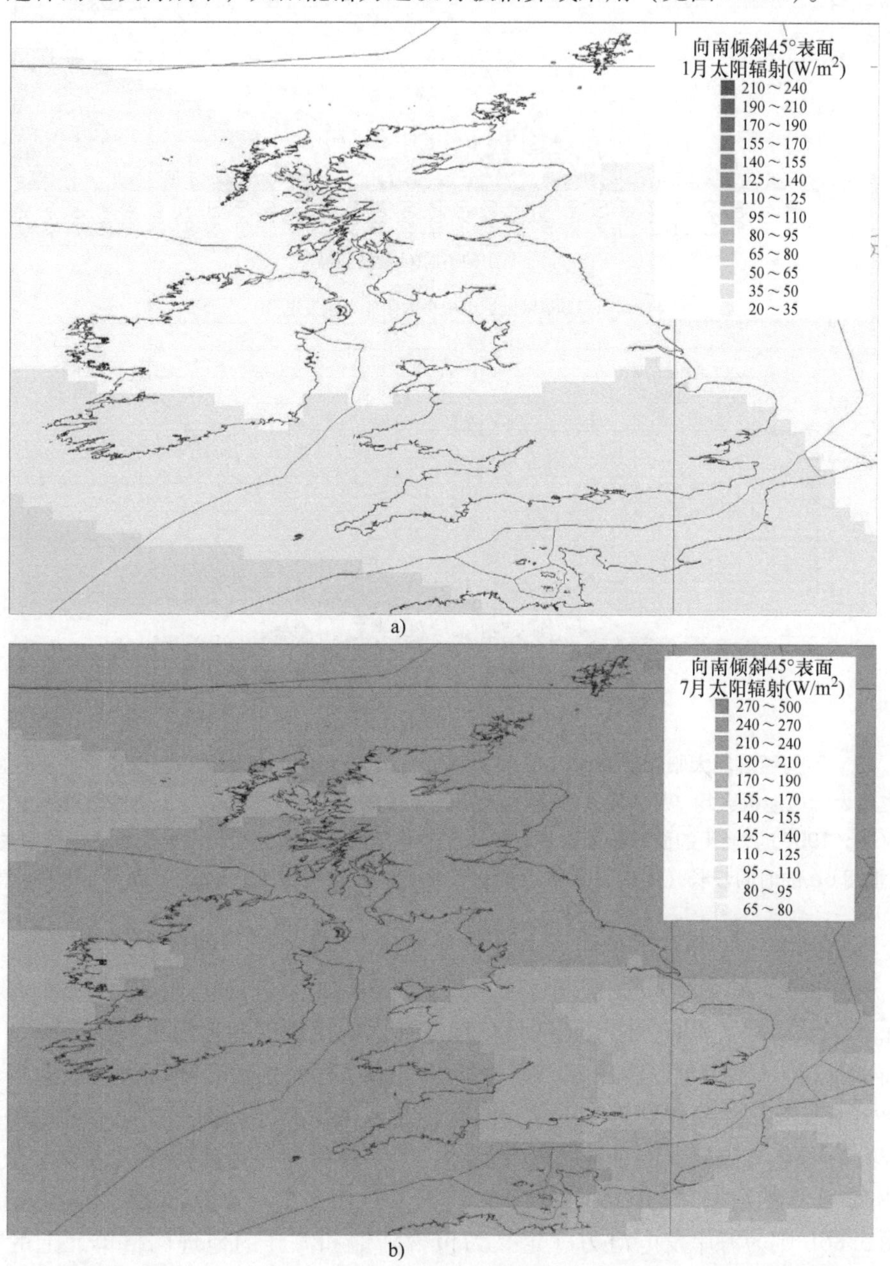

图5.82　1月（图a）和7月（图b），向南倾斜45°的表面在不列颠群岛上接收的太阳辐射（W/m^2）。该估算使用了水平面上测量的辐射，假设倾斜表面上62.5%的辐射来自太阳附近的方向（可以几何变换到不同倾角的表面），而剩余的37.5%基本上是散射的，并且可以近似地认为是均匀的，即等概率来自任何方向（地面上方和斜面右侧）（见Sørensen，2017a；3.1.3.3节）。基于Sørensen（2018）

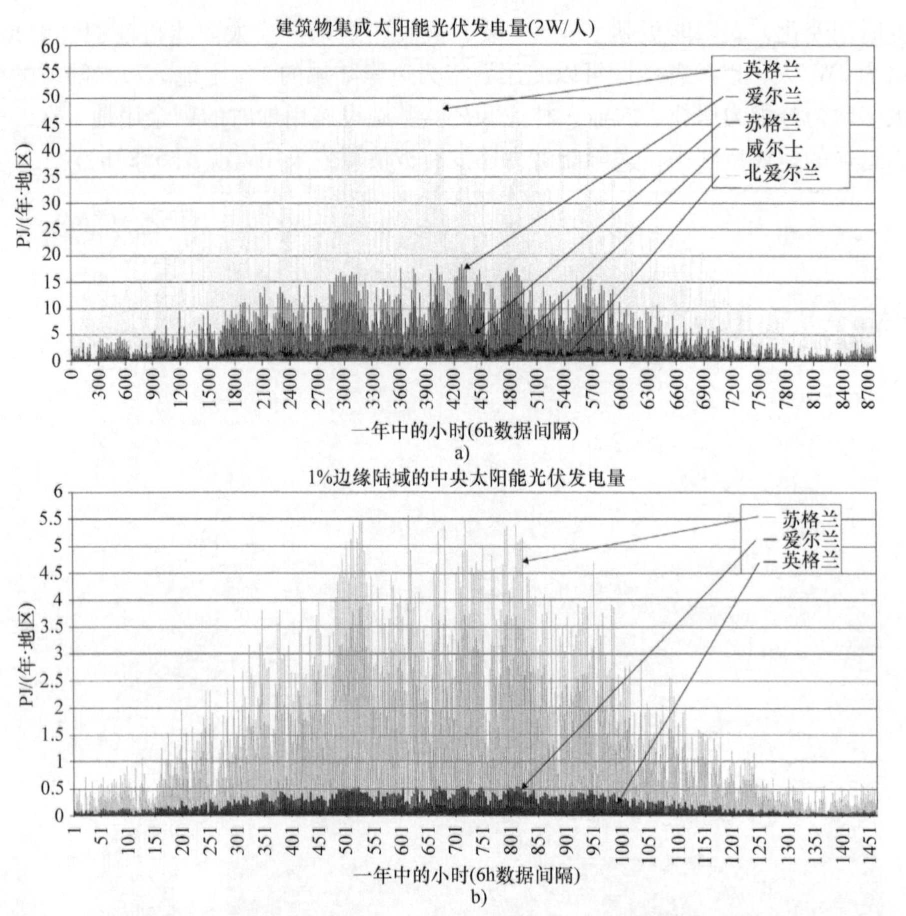

图 5.83　不列颠群岛太阳能资源的时间分布［PJ/(年·地区)］显示为以下假设下的光伏应用：建筑物集成太阳电池板人均 2W（图 a），独立太阳能光伏阵列占据 1% 的指定为边缘陆域的土地（图 b）(USGS，1997)。使用的面积分配占不列颠地区边缘陆域上很小的面积。建筑物集成和中央光伏发电使用 6h 的时间步长（即使图 a 中的横坐标刻度显示 1h 步长)。图 5.86 和图 5.87 也是如此

整个不列颠群岛的潜在年平均风力发电量如图 5.84 所示，图 5.85 用风力机基座深度（水深）分别小于 20m 和 50m 的限制标绘了海上潜在风力发电量。现阶段大多数海上风电场的基座深度小于或等于 20m，但已证明目前地基技术适用深度的上限至少为 50m（例如用于某些采油平台）。从图中可以看出，不列颠群岛周围地区特别适合建设海上风电场，深度合适的北海海域从英格兰延伸到丹麦。欧洲或世界各地很少有地区拥有如此有利的条件，一年中的大部分时间都有大风，而且地基深度足够。不列颠群岛各地区潜在风力发电量的时间序列（使用2000 年的数据）如图 5.86和图 5.87 所示。图 5.86a 显示了内陆（陆上）风力发电潜力，图 5.86b 则为海岸发电潜力（定义为包含陆地和海洋的地理网格单元上的风力发电量)。图 5.87a 显示了基座深度小于 20m 的海上风力发电潜力，图 5.87b 为基座深度小于 50m 的数据。计算风力机转换效率的基本假设与当前的最新技术的假设相同，详见 Sørensen（2008a，b，2017a)。

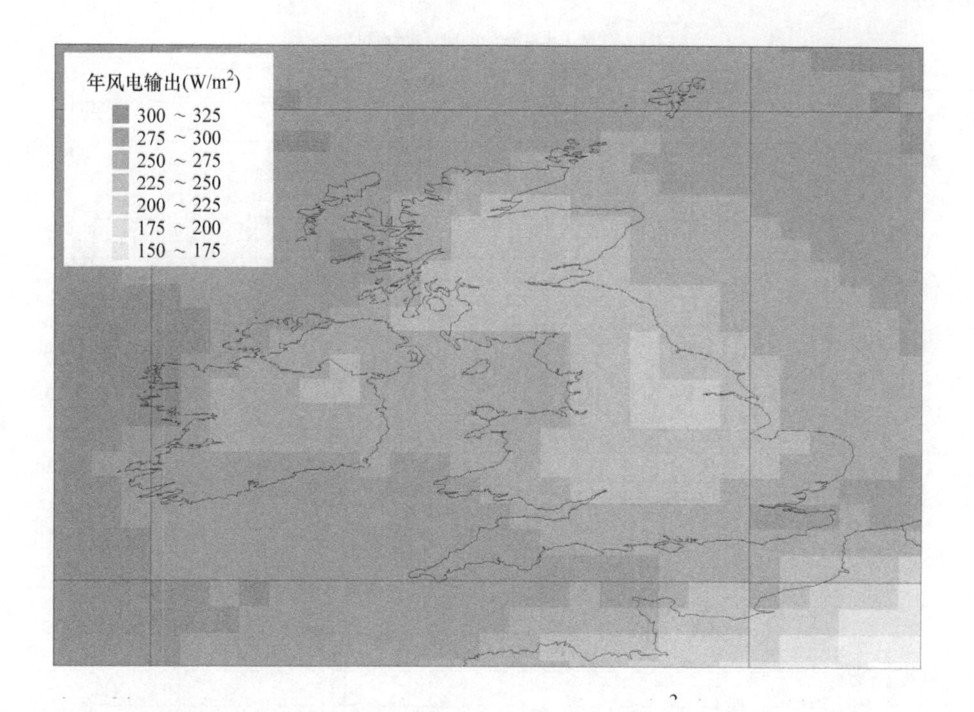

图5.84 不列颠群岛的潜在年平均风力发电量（W/m²），基于使用环流模型和散射仪数据的混合数据集，以及当前典型大型风力机的功率特性（Sørensen，2008b，2017a）。基于Sørensen（2018）

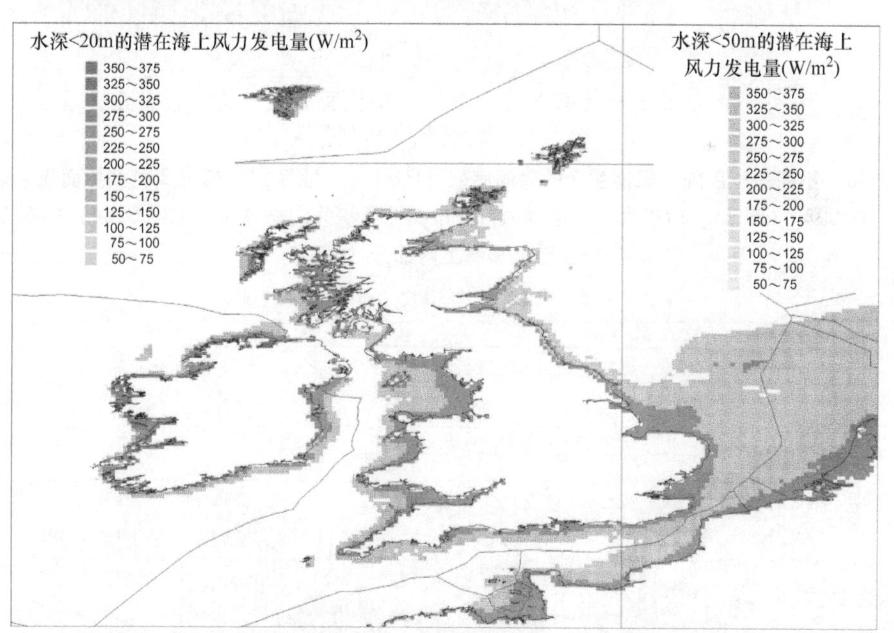

图5.85 不列颠群岛周围海域的潜在海上风力发电量（W/m²），最大基座深度为20m或50m。海洋深度取自以下地图：NOAA（2004）的5min（0.0833°）分辨率。FAO（2014）指定给每个国家的渔业区标示了目前各国海洋领土。不列颠群岛适合当前风力机技术的广阔近海区域在世界范围内得天独厚。基于Sørensen（2018）

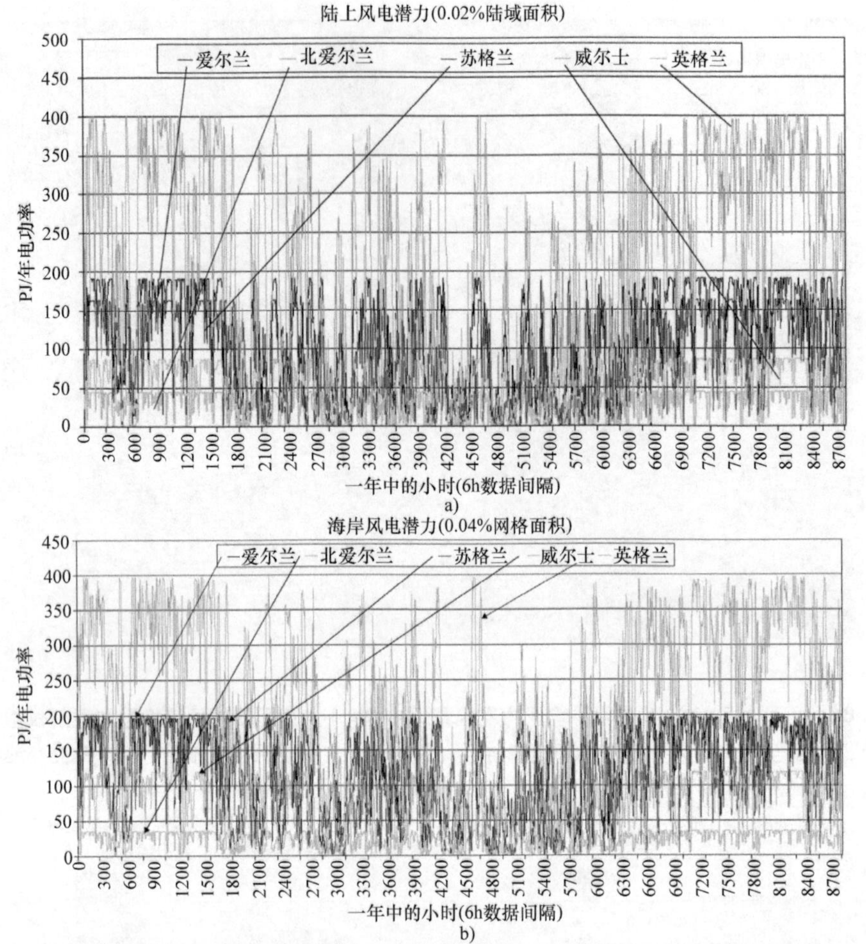

图 5.86　不列颠群岛陆上风能生产的时间序列［PJ/(年·地区)］，假设风轮扫掠面积为陆地面积的 0.02%（图 a），对于海岸风电潜力，假设扫掠面积为网格单元（见图 5.84）的 0.04%，包含陆上和海上两部分（图 b）

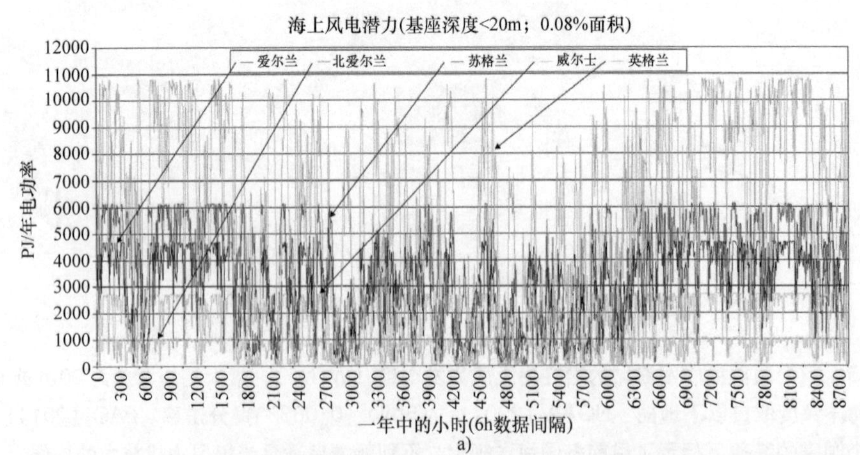

图 5.87　海上风电潜力的时间序列［PJ/(年·地区)］，假设风轮扫掠面积为海洋表面面积的 0.08%，基座深度不超过 20m（图 a）或不超过 50m（图 b）

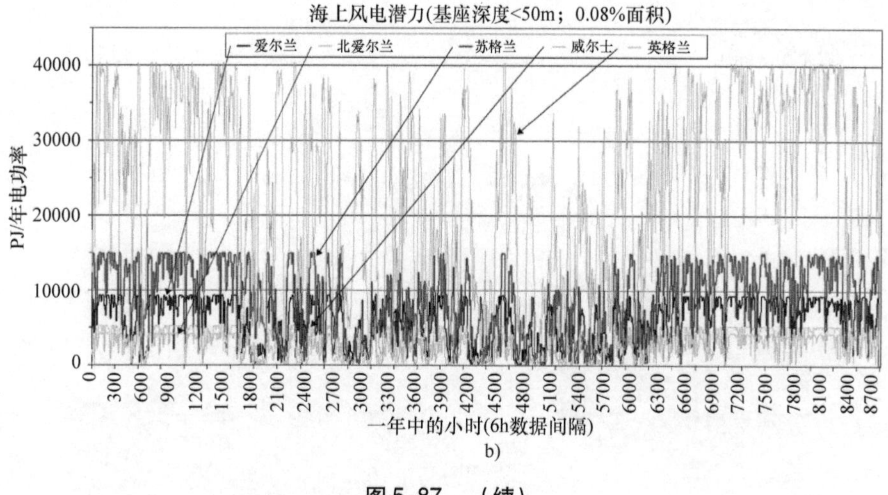

b)

图 5.87　（续）

图 5.88a、b 显示了不列颠群岛净一次生物质发电潜力的分布，以太阳辐射、养分和水为约束条件，考虑了需要灌溉和不需灌溉的情况。下面描述的实际远景方案将选择来自农业、林业和水产养殖区的多少潜在生物质残余物用于生物燃料生产。可能除水产业以外，预期不会专门种植能源作物。水电潜力非常小，见表 5.6 ~ 表 5.10。

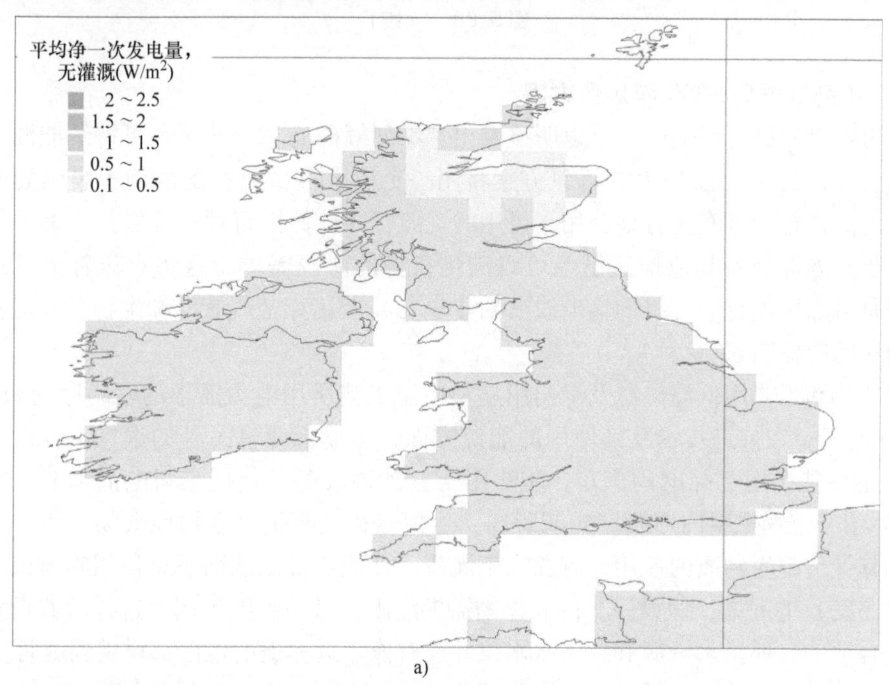

a)

图 5.88　不列颠群岛的净一次生物质发电量（W/m^2），标明了农业、林业、水产业或边缘陆域残留物的生物能源生产选项。该估计使用生物质增长模型（Melillo 等，1993；Sørensen，2017a），考虑了自然环境（图 a）或最佳灌溉（图 b）中的温度、太阳辐射、土壤湿度、养分可用性、水可用性。基于 Sørensen（2018）

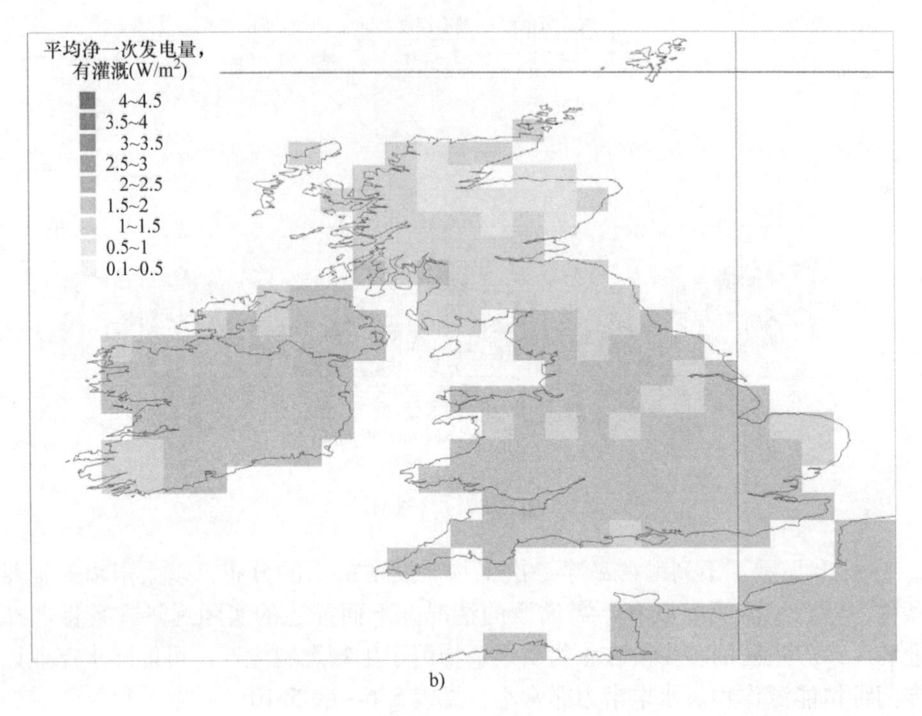

b)

图 5.88 （续）

5.5.4.3 不列颠群岛 2050 年远景方案

从可再生能源潜力评估已经可以明显看出，不列颠群岛每个地区在可持续能源供给上都可以自给自足。所建立的 2050 年远景方案将用一个需求－供给匹配的例子表明如何实现这种自给自足。该远景方案充分地利用了可用的资源，并计算出每种形式能源有多少结余用于出口。由于不列颠群岛其他地区已经可以满足自身的能源需求，这将意味着出口到欧洲大陆，特别是可以用现有和升级的输电线（对于电力）及诸如氢气管线和生物燃料运输船等其他渠道到达的欧盟国家。

空间加热和工艺用低温热源及专门用途和高温工艺所用电力需求的时间序列如图 5.81b 和图 5.89 所示，在推进技术及其使用的能源方面，运输行业有另外的选择。该远景方案假设 20% 的运输能源用于纯电动汽车，50% 用于氢燃料汽车（使用燃料电池和混合模式的电池），30% 用于生物燃料内燃机。如前所述，生物燃料主要来自生物残余物，为了不影响粮食生产和其他传统生物质的使用，有关人工灌溉（使用根部滴灌而不是使用喷淋设备，后者使大量水蒸发）的问题，假设一半的农作物需要灌溉，另一半则不用。这样的假设对于不列颠群岛是合适的，那里水资源和地下水水位并没有像靠近赤道的地区那样受到威胁。

假设农业残余物的生物质－生物燃料转化效率为 0.4，林业残余物为 0.45，水产业生物质为 0.5。

太阳能板采用 PVT 型，光伏发电平均效率为 0.18，低温热源的效率为 0.45（取决于从建筑物热水储罐流入太阳能集热器的水温）。车辆燃料电池效率为 0.5，使用汽油或柴油发动

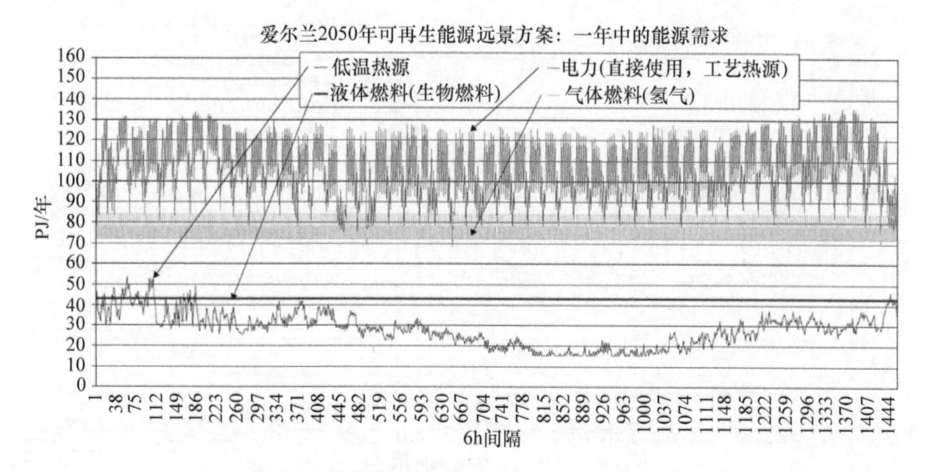

图5.89 爱尔兰2050年远景方案能源需求的时间序列（PJ/年）。由于工作日和节假日的分布，电力曲线基于周和季节变化的一般模型（Sørensen，2008b），而低温热源的需求使用图5.81b中的气象数据构建。时间步长为6h

机的生物燃料效率为0.43，这是当前效率最高的商用发动机的效率。图5.84所用的风能效率约为0.4，最好的海上风力机效率换算成年平均容量因子（额定功率的比例）接近0.5（Sørensen，2012，2017a）。

图5.89显示了爱尔兰2050年远景方案中不同形式的能源需求的一年内时间变化曲线，表5.6中间部分给出了爱尔兰及其周围主权海域（采用联合国粮农组织划定的爱尔兰渔业区，但是一般与其国家所有权声索范围一致）可再生能源的可能产量。目前其电力和生物燃料的产量都超过了需求。图5.90a显示了远景方案模拟中爱尔兰的电力需求是如何满足的，可供出口的盈余如图5.91所示。图5.90b显示了如何满足低温热源需求。这里产自PVT的太阳能热不足（例如由于冬天缺乏太阳辐射），可以使用电力通过最新的热泵补充这部分赤字。因为该远景方案的目的在于最大限度地可持续出口电力，发电量不会受需求限制，而由于这个原因，甚至可以说最小的发电量就可以满足所有时间的国内需求，排除了储存电力供再发电的必要性。

然而，这也意味着尽管可用于出口的电力数量巨大，但是仅当与某种形式的储存结合时电力出口才十分可行，例如采取被认为最低廉的地下储氢，结合高温燃料电池或燃气轮机的再发电。图5.91显示所要求的储氢装置的容量并不需要超过可以满足1~2周平均需求的水平。可用于出口的生物燃料可以是气态或液态，采用管线或船舶/火车/卡车运输。表5.6的下半部分给出了运输行业用电力和其他转换方式制氢的细节，也提供了出口潜力的大小。

当前的英国地区的远景方案模拟与爱尔兰很相似。图5.92显示了北爱尔兰如何使用氢和生物燃料作为车辆燃料，该图没有提供燃料加注站和加注方式建模，因为这对于易储存能源形式并不重要。图5.93的出口潜力除了夏末秋初的电力盈余下降之外有类似爱尔兰的波动。对于位于进口国的地下储氢库，这必须谨慎对待。该远景方案结果的细节见表5.7。

图5.94显示了苏格兰太阳能装置产生的低温热源的分布，包括电驱热泵和产氢用氢相关的废热利用，尽管已经提到后者被广泛认为在除了区域供热管线已就位的城市地区外不可

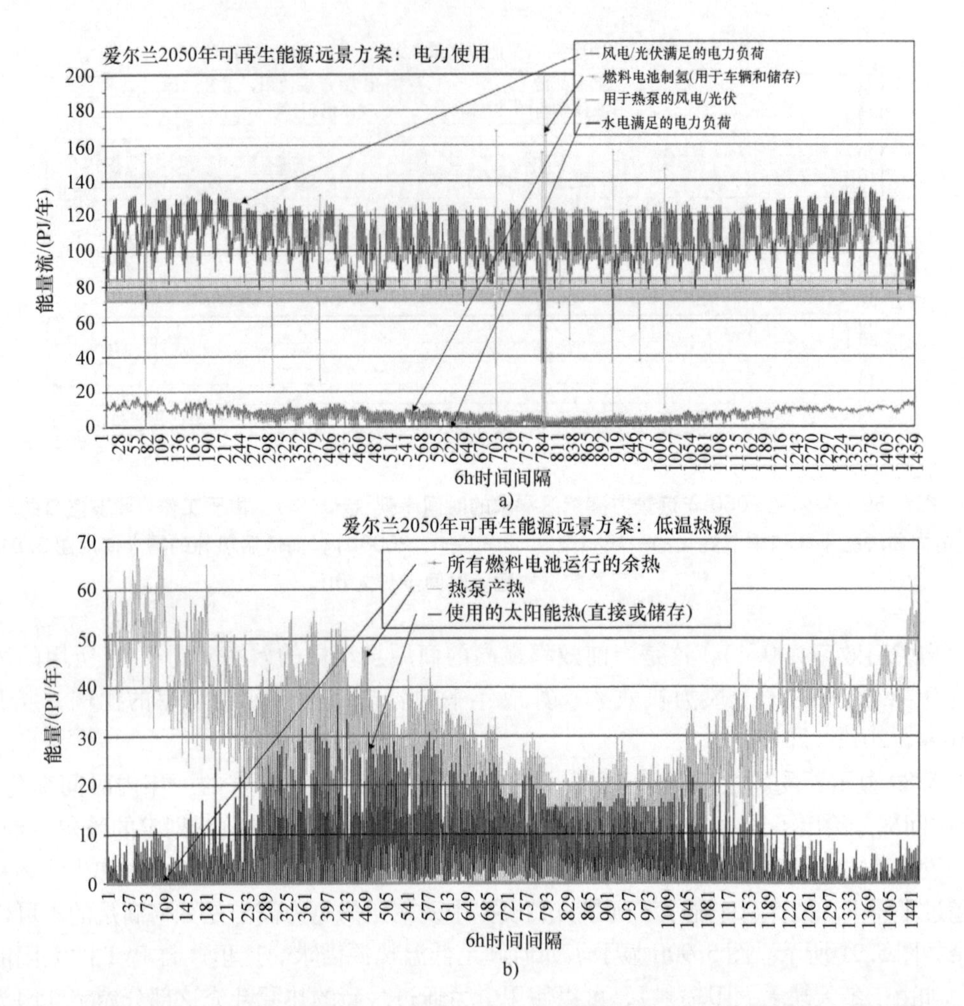

图5.90　爱尔兰2050年远景方案模拟中电力（图a）和热量（图b）生产的时间分布（PJ/年）。可再生能源完全满足专用电力需求，除了几小时的特别低或高的氢需求，氢气生产主要满足运输行业的需求。热量需求由太阳辐射满足，在夏季达到峰值，再加上电驱热泵产生的辅助热量，冬季达到峰值。因为假设氢气是在中央设施生产，大多无法便捷地使用区域供暖管线，氢气生产相关的热量几乎全部损失。假设有储氢罐，但很少使用，目的是出口任何电力盈余，尽管在不允许风力发电量远大于电力需求的情况下这种做法可能有所改变

回收。同样对于热源来说，该远景方案模拟与不列颠群岛的所有地区十分类似。图5.95显示与北爱尔兰相比十分巨大的苏格兰出口机会在5月前后有一个额外的低值区间。远景方案模拟细节见表5.8。

根据威尔士的模拟结果，图5.96显示了热源分布，确认了与其他区域的相似性，如图5.93。威尔士出口潜力如图5.97所示，显示出下降时长比北爱尔兰或苏格兰相应的时间变化曲线短得多。表5.9给出了详细信息。

最后，图5.98显示了英格兰的用电分布。如图5.90a所示，固定燃料电池制氢偶尔会出

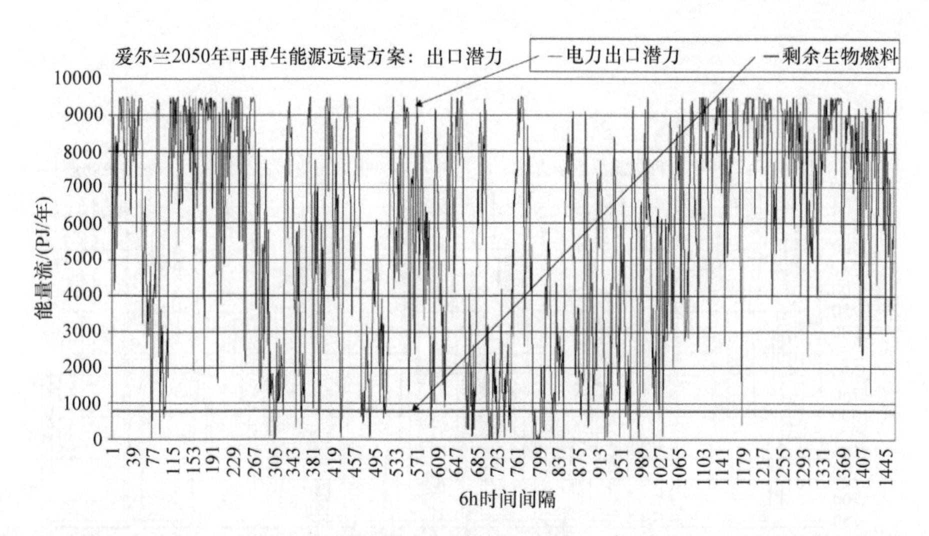

图 5.91　爱尔兰 2050 年可再生能源远景方案下的出口选项（PJ/年）。巨大的风电出口的机会，具有显著的时间变化特征，但变化基本在几天的周期之内。存在季节性变化，但不占主导地位。因此，适应进口地区的需求将需要在爱尔兰或接收地区有相当规模的能源储存。这类储存电力的最廉价选择是制氢，再利用燃料电池或燃气轮机将其转化为电力（见第 4 章，其他场景见第 6 章和 Sørensen，2017a，b）

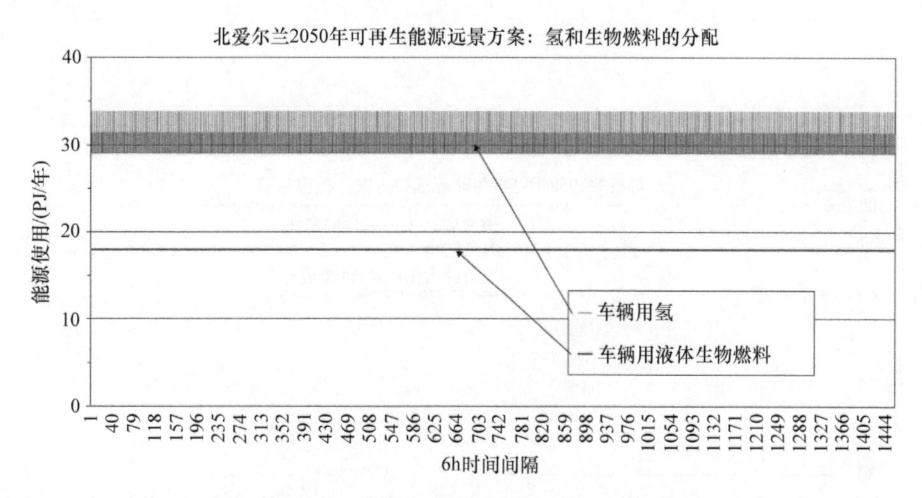

图 5.92　北爱尔兰 2050 年远景方案模拟下生产的氢气和生物燃料的时间分配（PJ/年）。填充时间间隔未建模，因为运输能源是可储存的，而填充站的操作与目前的情形类似

现下降或峰值，但只持续几小时，因此可以通过任何可用的氢储存补偿。这可能表明不列颠群岛最好有一些地下储氢装置而不是全部留给欧洲大陆进口国。图 5.99 显示了英格兰电力出口的巨大机会，与两个更北部的地区相比，初秋的下降幅度较小。表 5.10 列出了模拟的详细信息。

总之，除了证明可再生能源的自给自足，该远景方案表明不列颠群岛有能力向欧洲大陆

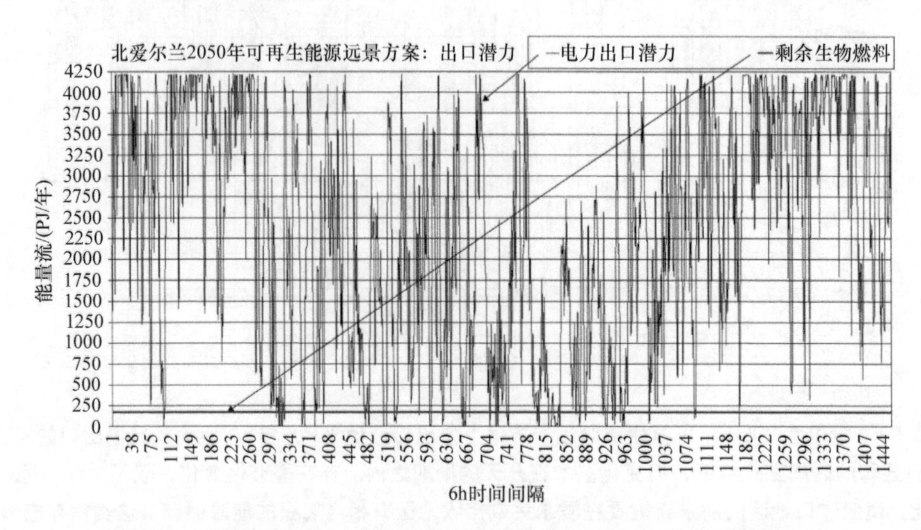

图 5.93　北爱尔兰 2050 年可再生能源远景方案下的出口选项（PJ/年）。季节性时间变化略大于爱尔兰（尤其是 7 月）。参见图 5.91 的解释

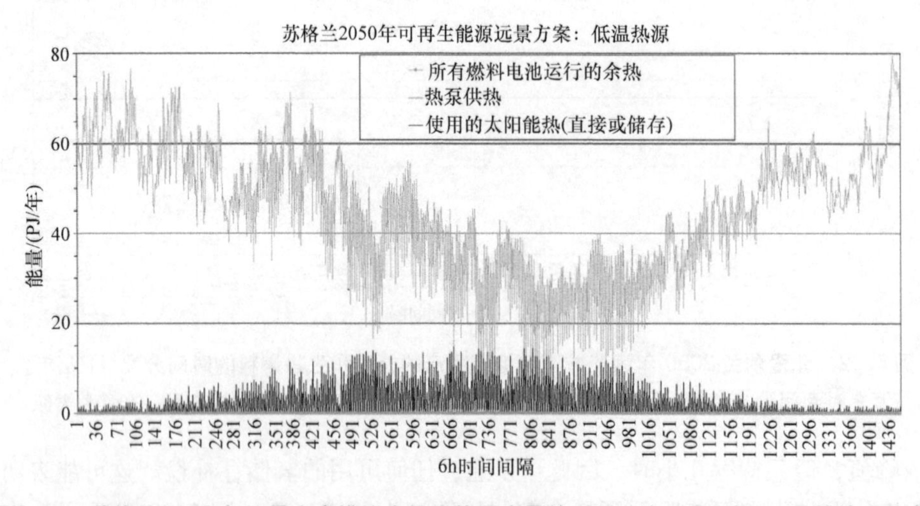

图 5.94　苏格兰 2050 年远景方案模拟中低温热源产量的时间分布（PJ/年）。尽管纬度稍高，45°倾角太阳能光伏发电和来自热泵的辅助热量与爱尔兰（见图 5.90b）没有较大差异。如果收集器的倾斜角度为 0°或 90°，太阳能产量会不同

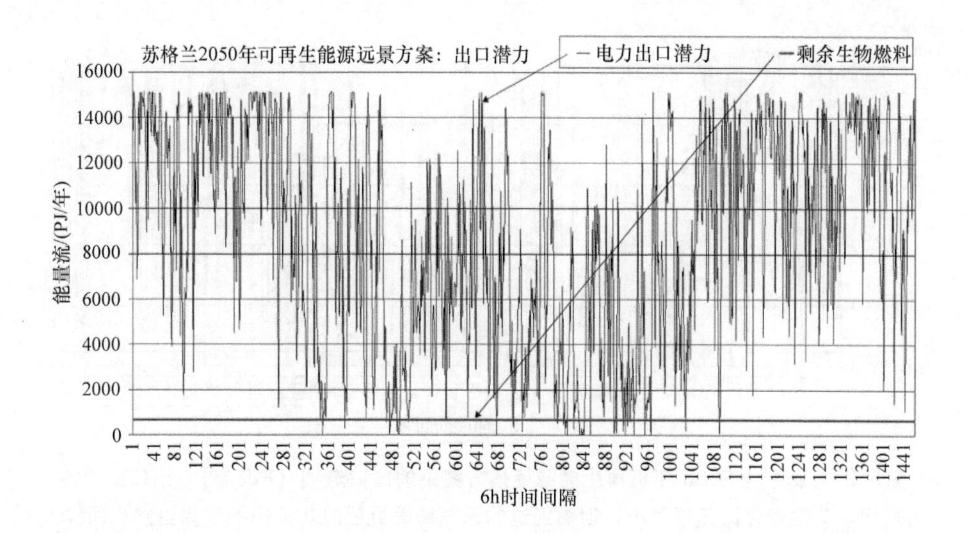

图 5.95　苏格兰 2050 年可再生能源远景方案下的出口选项（PJ/年）。与北爱尔兰相比（见图 5.93），在 5 月到 6 月初的季节性时间变化期间存在较长的发电量下降，但如果有适度的储存能力，出口选项与欧洲大陆需求吻合（见图 5.91 的解释）

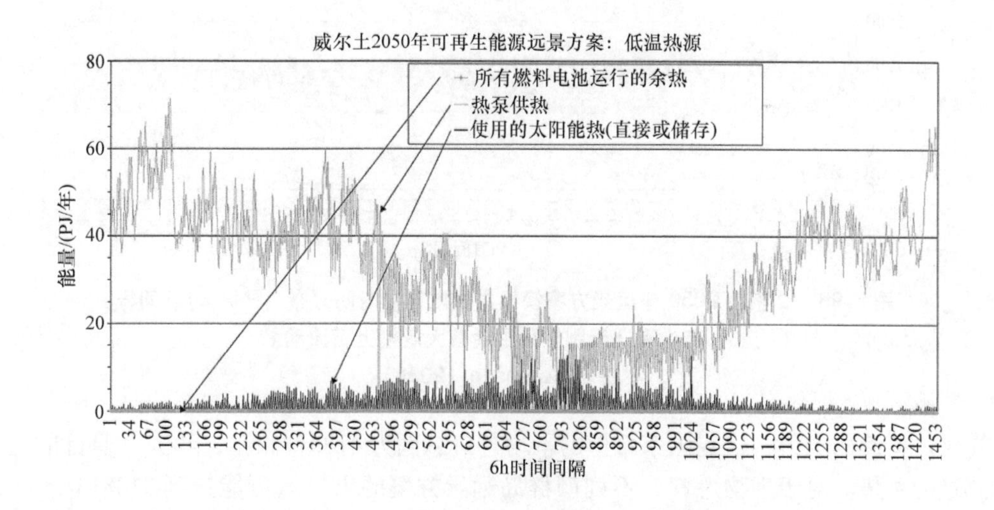

图 5.96　威尔士 2050 年远景方案模拟中低温热源产量的时间分布（PJ/年）。同样，与不列颠群岛其他地区相比差异不大

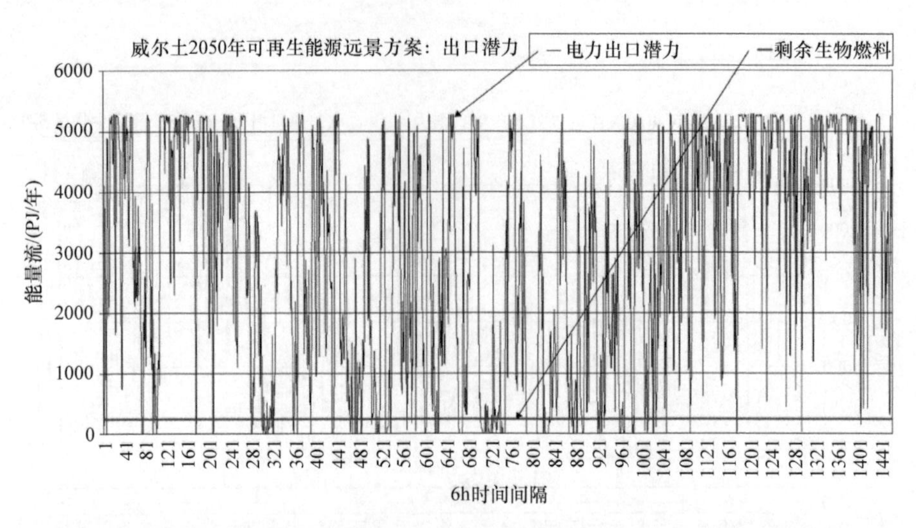

图 5.97 威尔士 2050 年可再生能源远景方案下的出口选项（PJ/年）。出口潜力的大规模季节性变化比苏格兰小，但由经过的天气锋面引起的几天内的变化当然也同样大

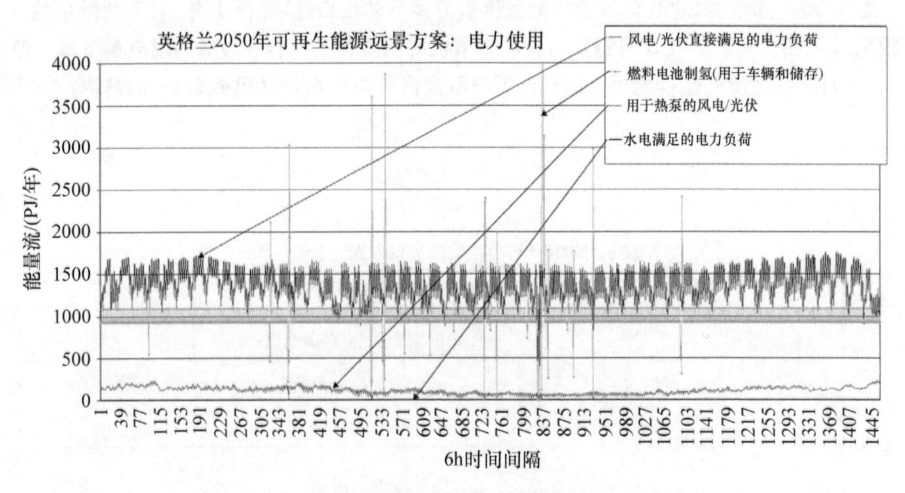

图 5.98 英格兰 2050 年远景方案模拟中发电量的时间分布（PJ/年）。同样，一年中有几天制氢需求会有大规模上下波动。基于 Sørensen（2018）

国家提供可持续的电力，这些国家希望的平均进口总额为 41831PJ/年，约为欧盟目前的电力需求总量的 4 倍。对于生物燃料，不列颠群岛远景方案的出口量可能达到 3138PJ/年，这是目前欧洲大陆需求的一小部分。很明显，无论英国和欧盟之间的政治辩论结果如何，与英国或其各个地区保持良好的贸易关系将非常符合欧盟的利益。除了丹麦和荷兰，没有一个欧盟国家拥有巨大的电力生产盈余，可以大量出口。如果没有来自不列颠群岛的电力进口，欧盟将很难实现没有化石燃料或核污染物的无二氧化碳未来的目标。

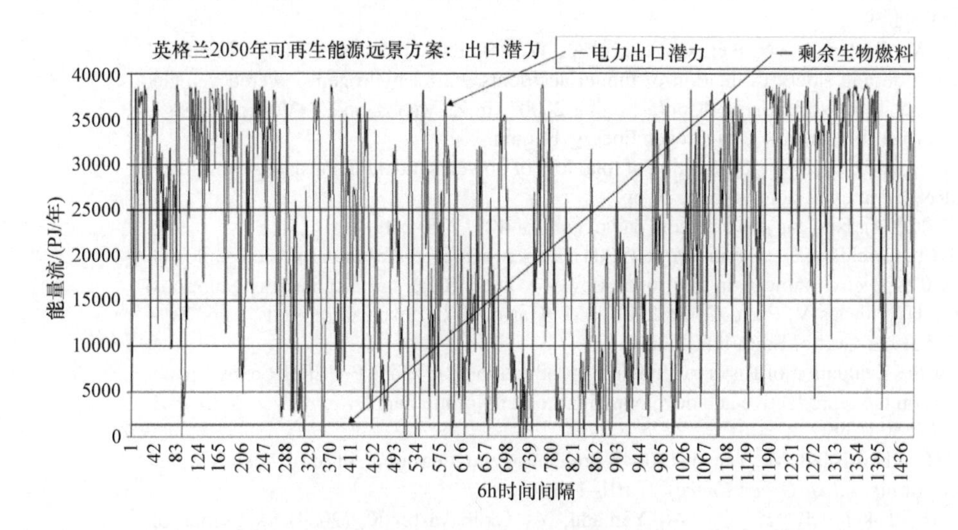

图 5.99　英格兰 2050 年可再生能源远景方案下的出口选项（PJ/年）。夏季减少的情况比北爱尔兰稍微明显一些。再有，对于希望大规模进口英格兰电力盈余的欧洲地区来说，需要一些稳定交付的措施

5.6　问题和讨论

1. 尝试预测从当前的基础设施平稳过渡到固定与移动行业用氢的基础设施所需要的事件序列。

2. 构建你的国家或地区与本章所述的远景方案类似的远景方案。首先，列举最适合你的方案的能源，然后使用可用的数据（或本章的远景方案）确定一个供需平衡的系统所需的每种主要能源形式的量。你可能对未来的需求做不同的假设（活动增加和效率提高），因此对于其他选项，确定你的需求假设所决定的限制。

3. 如果所有的氢必须用天然气作为唯一的一次资源来生产，讨论一个氢基能源系统可能维持多久（例如，用 5.3 节给出的天然气储量估计）。

参考文献

Andress, D., Nguyen, T., Das, S. (2011). Reducing GHG emissions in the United States' transportation sector. *Energy for Sustainable Development* **15**, 117–136.

Bain, A., Vorst, W. van (1999). The Hindenburg tragedy revisited: the fatal flaw found. *Int. J. Hydrogen Energy* **24**, 399–403.

Becker, B., Mair, G. (2017). Risk and safety level of composite cylinders. *I. J. Hydrogen Energy* **42**, 13810–13817.

Bockris, J. (1972). A hydrogen economy. *Science* **176**, 1323.

Bowman, C., Arthur, E., Heighway, E., Lisowski, P., Venneri, F., Wender, S. (1994). Accelerator-driven transmutation technology, Vol. 1, pp. 1–11. Los Alamos Laboratory, Report LALP-94-59.

Breitung, W., Bielen, U., Necker, G., Veser, A., Wetzel, F.-J., Pehr, K. (2000). Numerical simulation and safety evaluation of tunnel accidents with a hydrogen powered vehicle. In "Proc. 13th World Energy Conf., Beijing 2000" (In Z. Mao & and T. Veziroglu, eds.), pp. 1175–1181. Int. Assoc. Hydrogen Energy, Beijing.

Buono, S., Rubbia, C. (1996). Simulation of total loss of power accident in the energy amplifier. CERN/ET internal note 96-015, 10 pp.

Butler, D. (2004). Nuclear power's new dawn. *Nature* **429**, 238–240.

Carcassi, M., Cerchiara, G., Marangon, A. (2004). Experimental studies of gas vented explosion in real type environment. In Hydrogen Power – Theoretical and Engineering Solutions, Proc. Hypothesis V, Porto Conte 2003" (M. Marini & G. Spazzafumo, eds.), pp. 589–597. Servizi Grafici Editoriali, Padova.

Center for the Evaluation of Risks to Human Reproduction (2004). NTP-CERHR expert panel report on the reproductive and developmental toxicity of methanol. *Reproductive Toxicology* **18**, 303–390.

Chan, S. H., Abou-Ellail, M., Yan, T. (2004). Prediction and measurement of fuel cell flammability limits. *Int. J. Green Energy* **1**, 101–114.

Chitose, K., Takeno, K., Kouchi, A., Yamada, Y., Okabayashi, K. (2004). Activities on hydrogen safety for hydrogen refueling stations – experiment and simulation of gaseous hydrogen dispersion. In Proc. 15th World Hydrogen Energy Conf., Yokohama. CD Rom, Hydrogen Energy Soc. Japan.

Chung, T. (1997). The role of thorium in nuclear energy. US Dept. Energy Info. Agency, http://www.eia.doe.gov/cneaf/nuclear/uia/thorium/thorium.html.

Claus, S., Hauwere, N., Vanhoorne, B., Hernandez, F., Mees, J. (2014). *Exclusive Economic Zones Boundaries*. World Maritime Boundaries, **v6**. Flanders Marine Institute, http://www.marineregions.org/downloads.php.

Cormos, C.-C. (2011). Hydrogen production from fossil fuels with carbon capture and storage based on chemical looping systems. *Int. J. Hydrogen Energy* **36**, 5960–5971.

DaimlerChrysler (2001). Accident-free driving – a vision. Strategies for safety, Hightech Report, 18–23.

Danish DoE (1998). Energy-2100. Plan scenario and Action plan with Update (1999). Danish Department of Energy and Environment, Copenhagen.

Danish National Agency for Enterprise and Construction (1999). Building Registry (extract). Description: http://www.ebst.dk/Publikationer/0/10 (2003).

Danish Power Utilities (1997). Action plan for off-shore wind parks (in Danish). SEAS Wind Dept.

deMouy, L. (1998). Projected world uranium requirements, reference case. USDoE Energy Information Administration: Int. Energy Information Report, website: http://www.eia.doe.gov/cneaf/nuclear/n_pwr_fc/apenf1.html.

Dey, R. (2004). Facilitating commercialization of hydrogen technologies through the activities of ISO/TC 197. In Proc. 15th World Hydrogen Energy Conf., Yokohama. CD Rom, Hydrogen Energy Soc, Japan.

DONG (2003). Gas stores. Danish Oil and Natural Gas Co. http://www.dong.com/ (last assessed 2003; this item is no longer available as the storage facilities have been "sold" to energinet.dk; both companies are government owned).

EEA (2002). Size of vehicle fleet. Indicator fact sheet TERM 32AC. European Environmental Agency, Copenhagen.

Elder, R., Allen, R. (2009). Nuclear heat for hydrogen production: Coupling a very high/high temperature reactor to a hydrogen production plant. *Progress Nucl. Energy* **51**, 500–525.

Energi- og Miljødata (1999). Windresource Mapper. CD-Rom from EMD, Aalborg.

Energinet.dk (2007; 2017). Press releases concerning purchase of gas store from DONG at http://www.energinet.dk/da/ (accessed 2007; no longer active); http://gaslager.energinet.dk/EN/Pages/default.aspx (accessed 2017). Both DONG, energinet.dk and its subsidiary Gas Storage Denmark are privatised companies with the Danish government as key shareholder.

European Commission (2008). Hyways, the European hydrogen roadmap. Report from an industry consortium, EUR 23123, Brussels. ftp://ftp.cordis.europa.eu/publ/fp7/energy/docs/hyways-roadmap_en.pdf.

FAO (2014). Fishery zones. Food and Agriculture Organization of the United Nations, downloaded from Claus et al. (2014).

Feng, W., Wang, S., Ni, W., Chen, C. (2004). The future of hydrogen infrastructure for fuel cell vehicles in China and a case of application in Beijing. *Int. J. Hydrogen Energy* **29**, 355–367.

Fernandez, R., Mandrillon, P., Rubbia, C., Rubio, J. (1996). A preliminary estimate of the economic impacts of the energy amplifier. Report CERN/LHC/96-01(EET), 75 pp.

Friedrich, A., Veser, A., Stern, G., Kotchourko, N. (2011). Hyper experiments on catastrophic hydrogen releases inside a fuel cell enclosure. *Int. J. Hydrogen Energy* **36**, 2678–2687.

Fujioka, Y., Ozaki, M., Takeuchi, K., Shindo, Y., Herzog, H. (1997). Cost comparison of various CO_2 ocean dispersal options. *Energy Conversion & Management* **38**, S273–S277.

Fujiwara, S., *et al.* (2008). Hydrogen production by high temperature electrolysis with nuclear reactor. *Progress Nucl. Energy* **50**, 422–426.

FZK (1999). Hydrogen research at Forschungszentrum Karlsruhe. In "Proc. Hydrogen Workshop at European Commission DG XII", website http://www.eihp.org/eihp1/workshop/experts/fzk/index.html.

Gnanapragasam, N., Reddy, B., Rosen, M. (2010). Feasibility of an energy conversion system in Canada involving large-scale integrated hydrogen production using solid fuels. *Int. J. Hydrogen Energy* **35**, 4788–4807.

González, A., McKeogh, E., Gallachóir, B. (2003). The role of hydrogen in high wind energy penetration electricity systems: the Irish case. *Renewable Energy* **29**, 471–489.

Grand, P. (1979). The use of high energy accelerators in the nuclear fuel cycle. *Nature* **278**, 693–696.

Guandalini, G., Campanari, S., Valenti, G. (2016). Comparative assessments and safety issues in state-of-the-art hydrogen production technologies. *I. J. Hydrogen Energy* **41**, 18901–18920.

Hannerz, K. (1983). *Nuclear Engineering International Dec.*, p. 41.

Haugen, H., Eide, L. (1996). CO_2 capture and disposal: the realism of large scale scenarios. *Energy Conversion Management* **37**, 1061–1066.

Hayashi, T., Watanabe, S. (2004). Hydrogen safety for fuel cell vehicles. In Proc. 15th World Hydrogen Energy Conf., Yokohama. CD Rom, Hydrogen Energy Soc. Japan.

Hedrick, J. (1998). Thorium. US Geological Survey, Mineral commodity summary & Yearbook. http://minerals.er.usgs.gov/minerals/pubs/commodity/thorium. → http://minerals.er.usgs.gov/minerals/pubs/commodity/thorium/690498.pdf.

Herzog, H., Adams, E., Auerbach, D., Caulfield, J. (1996). Environmental impacts of ocean disposal of CO_2, *Energy Conversion Management* **37**, 999–1005.

Honda (2015). http://world.honda.com/news/2015/4151028eng.html (accessed 2016).

Industry Canada (2003). Canadian fuel cell commercialization roadmap. Industry Canada, Government Canada, Vancouver, BC.

IPCC (1996). "Climate Change 1995: Impacts, Adaptation and Mitigation of Climate Change: Scientific-Technical Analysis. Contribution of WGII" (Watson *et al.*, eds.), 572 pp. Cambridge University Press, Cambridge.

Janssen, H., Bringmann, J., Emonts, B., Schroeder, V. (2004). Safety-related studies on hydrogen production in high-pressure electrolysers. *Int. J. Hydrogen Energy* **29**, 759–770.

Jensen, J., Sørensen, B. (1984). *Fundamentals of Energy Storage*. New York, Wiley.

Kikuzawa, H., Ohmura, T., Yamaguchi, R., Ohtuka, M., Sawada, Y., Tomihara, I. (2004). Japanese national project for establishment of codes and standards for stationary PEM fuel cell system. In Proc. 15th World Hydrogen Energy Conf., Yokohama. CD Rom, Hydrogen Energy Soc. Japan.

Klueh, P. (1986). *New Scientist* 3. April, 41–45.

Koide, H., Shindo, Y., Tazaki, Y., Iijima, M., Ito, K., Kimura, N., Omata, K. (1997). Deep subseabed disposal of CO_2 – the most protective storage. *Energy Conversion Management* **38**, S253–S258.

Kopasz, J. (2007). Fuel cells and odorants for hydrogen. *I. J. Hydrogen Energy* **32**, 2527–2531.

Korotcenkov, G., Han, S., Stetter, J. (2009). Review of electrochemical hydrogen sensors. *Chem. Rev.* **109**, 1402–1433.

Kuemmel, B., Nielsen, S., Sørensen, B. (1997). "Life-cycle Analysis of Energy Systems". Roskilde University Press, Copenhagen, 216 pp.

Kurchatov Institute (1997). Hypertext data base: Chernobyl and its consequences, Website http://polyn.net.kiae.su/polyn/manifest.html (accessed 1999).

Lecocq, A., Furukawa, K. (1994). Accelerator molten salt breeder. In "Procedings 8th Journées Saturne, Saclay", pp. 191–192. http://www.oecd-nea.org/trw/docs/saturne8/sat24.pdf (accessed 2015).

Levene, J., Mann, M., Margolis, R., Milbrandt, A. (2007). An analysis of hydrogen production from renewable electricity sources. *Solar Energy* **81**, 773–780.

Levin, D., Chahine, R. (2010). Challenges for renewable hydrogen production from biomass. *Int. J. Hydrogen Energy* **35**, 4962–4969.

Lung, M. (1997). Reactors coupled with accelerators. Joint Research Center (ISPRA) seminar paper (5 pp., revision 12.3.1997), Website (last accessed 1999): http://itumagill.fzk.de/ADS/mlungACC.htm.

Magill, J., O'Carroll, C., Gerontopoulos, P., Richter, K., van Geel, J. (1995). Advantages and limitations of thorium fuelled energy amplifiers. In "Proc. Unconventional Options for Plutonium Dispositions, Obninsk", Int. Atomic Energy Agency TECDOC-840, pp. 81–86.

MAPINFO (1997). Professional GIS Software v 4.5, country boundaries. Troy, NY.

Meibom, P., Svendsen, T., Sørensen, B. (1999). Trading wind in a hydro-dominated power pool system. *Int. J. Sustainable Development* **2**, 458–483.

Meisen, A., Shuai, X. (1997). Research and development issues in CO_2 capture. *Energy Conversion Management* **38**, S37–S42.

Melillo, J., McGuire, A., Kicklighter, D., Moore, B. III, Vorosmarty, C., Schloss, A. (1993). Global climate change and terrestrial net primary production. *Nature* **363**, 234–240.

Merilo, E., Groethe, M., Colton, J., Chiba, S. (2011). Experimental study of hydrogen release accidents in a vehicle garage. *Int. J. Hydrogen Energy* **36**, 2436–2444.

Mimura, T., Simayoshi, H., Suda, T., Iijima, M., Mituoka, S. (1997). Development of energy saving technology for flue gas carbon dioxide recovery in power plant by chemical absorption method and steam system. *Energy Conversion Management* **38**, S57–S62.

Mirenowicz, J. (1997). Le CERN reste silencieux face au nucléaire "propre" proposé par Carlo Rubbia. *Journal de Géneve*, **21**, June.

Najjar, Y. (2013). Hydrogen safety: the road toward green technology. *I. J. Hydrogen Energy* **38**, 10716–10728.

Nakicenovic, N., Grübler, A., Ishitani, H., Johansson, T., Marland, G., Moreira, J., Rogner, H-H. (1996). Energy Primer, pp. 75-92 in IPCC (1996).

National Academy of Sciences (US) (1994). "Management and Disposition of Excess Weapons Plutonium". National Academy Press, Washington, DC.

Nielsen, S., Sørensen, B. (1998). A fair market scenario for the European energy system. In LTI-research group (ed.), "Long-Term Integration of Renewable Energy Sources into the European Energy System" (LTI-research group, ed.), pp. 127–186. Physica-Verlag, Heidelberg.

NOAA (2004). *ETOPO5 elevation dataset*. US National Geophysical Data Center, available at http://iridl.ldeo.columbia.edu.

OECD (1994). Overview of Physics Aspects of Different Transmutation Concepts, 118 pp. Nuclear Energy Agency, Paris, Report New/Nsc/Doc(94)11.

OECD (1996). Energy Balances and Statistics of OECD and Non-OECD Countries. Annual Publications, Paris.

OECD and IAEA (1993). Uranium: Resources, production and demand. Nuclear Energy Agency, Paris.

Ohi, J., Rossmeissl, N. (2004). Hydrogen codes and standards: an overview of US DoE Activities. In Proc. 15th World Hydrogen Energy Conf., Yokohama. CD Rom, Hydrogen Energy Soc. Japan.

Oi, T., Wada, K. (2004). Feasibility study on hydrogen refueling infrastructure for fuel cell vehicles using off-peak power in Japan. *Int. J. Hydrogen Energy* **29**, 347–354.

Papanikolaou, E., Venetsanos, A., Heitsch, M., Baraldi, D., Huser, A., Pujol, J., Garcia, J., Markatos, N. (2010). HySafe SBEP-V20: Numerical studies of release experiments inside a naturally ventilated residential garage. *Int. J. Hydrogen Energy* **35**, 4747–4757.

Perrette, L., Chelhaoui, S., Corgier, D. (2003). Safety evaluation of a PEMFC bus. In "Hydrogen Power – Theoretical and Engineering Solutions, Proc. Hypothesis V, Porto Conte 2003" (Marini, M., Spazzafumo, G., eds.), pp. 599–610. Servizi Grafici Editoriali, Padova.

Pigford, T. (1991). In Transmutation as a waste management tool, pp. 97–99. Unpublished Conf. Proc.

Pique, S., Weinberger, B., De-Dianous, V., Debray, B. (2017). Comparative studies of regulations, codes and standards and practices on hydrogen fuelling stations. *I. J. Hydrogen Energy* **42**, 7429–7439.

Pooley, D. (chairman) (1997). Opinion of the scientific and technical committee on a nuclear energy amplifier. European Commission, Nuclear Science and Technology Report EUR 17616 EN 1996; UKAEA Government Division, Harwell, UK, assessed 1997 at http://itumagill.fzk.de/ADS/pooley.html.

Pregger, T., Graf, D., Krewitt, W., Sattler, C., Roeb, M., Möller, S. (2009). Prospects of solar thermal hydrogen production processes. *Int. J. Hydrogen Energy* **34**, 4256–4267.

Rasmussen, N. (1975). Project leader, Reactor Safety Study. Report WASH-1400 NUREG 75/014. US Nuclear Regulatory Commission, Washington, DC.

RIT (1997). Accelerator driven systems. 3 pp., Royal Institute of Technology, Stockholm, Website http://www.neutron.kth.se/introduction (accessed 2004).

Rodríguez, C., Riso, M., Yob, J., Ottogalli, R., Cruz, R., Aisa, S., Jeandrevin, G., Leiva, E. (2010). Analysis of the potential for hydrogen production in the province of Córdoba, Argentina, from wind resources. *Int. J. Hydrogen Energy* **35**, 5952–5956.

Royle, M., Willoughby, D. (2011). Consequences of catastrophic releases of ignited and unignited hydrogen jet releases. *Int. J. Hydrogen Energy* **36**, 2688–2692.

Rubbia, C. (1994). The energy amplifier, In "Proc. 8th Journées Saturne, Saclay", pp. 115–123. http://www.oecd-nea.org/trw/docs/saturne8/sat15.pdf (accessed 2015).

Rubbia, C., Rubio, J. (1996). A tentative programme towards a full scale energy amplifier. European Organization for Nuclear Research, preprint CERN/LHC/96-11(ET). 36 pp. Website http://sundarssrv2.cern.ch/search.html.

Rubbia, C., Rubio, J., Buono, S., Carminati, F., Fiétier, N., Galvez, J., Gelès, J., Kadi, Y., Klapisch, R., Mandrillon, P., Revol, J., Roche, C. (1995). Conceptual design of a fast neutron operated high power energy amplifier. European Organization for Nuclear Research, preprint collection CERN/AT-95-44.

Saito, M., Takeuchi, M., Watanabe, T., Toyir, J., Luo, S., Wu, J. (1997). Methanol synthesis from CO_2 and H_2 over a Cu/ZnO-based multicomponent catalyst, *Energy Conversion Management* **38**, S403–S408.

Schlamadinger, B., Marland, G. (1996). Full fuel cycle carbon balances of bioenergy and forestry options. *Energy Conversion Management* **37**, 813–818.

Sørensen, B. (1975). Energy and resources. *Science* **189**, 255–260 and in "Energy: Use, Conservation and Supply" (Abelson, P., and Hammond, A., eds.), Vol. II, pp. 23-28. Am. Ass. Advancement of Science, Washington, DC (1978).

Sørensen, B. (1979a). "Renewable Energy". Academic Press, London.

Sørensen, B. (1979b). Nuclear power: the answer that became a question. An assessment of accident risks. *Ambio* **8**, 10–17.

Sørensen, B. (1981). A combined wind and hydro power system. *Energy Policy* **9**, 51–55.

Sørensen, B. (1982). Comparative risk assessment of total energy systems. In "Health Impacts of Different Sources of Energy", pp. 455–471. Report IAEA-SM-254/105, Int. Atomic Energy Agency, Vienna.

Sørensen, B. (1987). Chernobyl accident: assessing the data. *Nuclear Safety* **28**, 443–447.

Sørensen, B. (1991). *Energy conservation and efficiency measures in other countries. Greenhouse Studies* **No. 8**. Commonwealth of Australia, Dept. Arts, Sport, Environment, Tourism and Territories, Canberra.

Sørensen, B. (1996a). Life-cycle approach to assessing environmental and social externality costs. In *Comparing Energy Technologies* (pp. 297–331). International Energy Agency, IEA/OECD, Paris (chapter 5).

Sørensen, B. (1996b). Scenarios for greenhouse warming mitigation. *Energy Conversion & Management* **37**, 693–698.

Sørensen, B. (1999). Long-term scenarios for global energy demand and supply: four global greenhouse mitigation scenarios. Final Report from a project performed for the Danish Energy Agency, IMFUFA Texts 359, Roskilde University, pp. 1–166.

Sørensen, B. (2002). Handling fluctuating renewable energy production by hydrogen scenarios. In "14th World Hydrogen Energy Conference", Montreal, 2002. File B101c, 9 pp. CD published by CogniScience Publ. for l'Association Canadienne de l'Hydrogène, revised CD issued 2003.

Sørensen, B. (2003). Scenarios for future use of hydrogen and fuel cells. In "Hydrogen and Fuel Cells Conference. Towards a Greener World", Vancouver June, CDROM, 12 pp. Published by Canadian Hydrogen Association and Fuel Cells Canada, Vancouver.

Sørensen, B. (2007). Geological hydrogen storage. In "Proc. World Hydrogen Technology Conf., Montecatini", on CDROM, It-Forum.

Sørensen, B. (2008a). A renewable energy and hydrogen scenario for northern Europe. *Int. J. of Energy Research*, **32**, 471–500 (published online 2007).

Sørensen, B. (2008b). A sustainable energy future: Construction of demand and renewable energy supply scenarios. *Int. J. Energy Research* **32**, 436–470 (published online 2007).

Sørensen, B. (2008c). A new method for estimating off-shore wind potentials. *Int. J. Green Energy* **5**, 139–147.

Sørensen, B. (2011a). *Life-cycle Analysis of Energy Systems. From Methodology to Applications.* RSC Publishing, Cambridge.

Sørensen, B. (2011b). *A history of energy. Northern Europe from Stone Age to the Present Day.* Earthscan-Taylor & Francis, London and Cambridge.

Sørensen, B. (2011c). Mapping potential renewable energy resources in the Mediterranean region. Ch. 3 in *Recent developments in energy and environmental research* (E. Maleviti, ed.), 23–36. ATINER SA, Athens, ISBN 978-960-85411-2-2.

Sørensen, B. (2012). *A History of Energy. Northern Europe from the Stone Age to the present Day.* Abingdon and New York: Earthscan – Routledge - Taylor & Francis.

Sørensen, B. (2015). *Energy Intermittency.* Boca Raton, FL: CRC Press - Taylor & Francis.

Sørensen, B. (2017a). *Renewable energy.* 5th ed. (1010 pp.). Oxford and Burlington: Academic

Press/Elsevier.

Sørensen, B. (2017b). Conditions for a 100% renewable energy supply system in Japan and South Korea. *Int. J. Green Energy* **14**, 39–54.

Sørensen, B. (2018). *Powerhouse British Isles.* Preprint.

Sørensen, B., Meibom, P. (2000). A global renewable energy scenario. *International Journal of Global Energy Issues, 13*(1–3), 196–276.

Sørensen, B., Meibom, P., Nielsen, L., Karlsson, K., Pedersen, A., Lindboe, H., Bregnebæk, L. (2008). Comparative assessment of hydrogen storage and international electricity trade fora Danish energy system with wind power and hydrogen/fuel cell technologies. Final Reportfor Danish Energy Authority Project EFP05 033001/033001-0021. EECG Research PaperNo. 1/08, available at Roskilde University website http://rudar.ruc.dk/handle/1800/2431.

Sørensen, B., Petersen, A., Juhl, C., Ravn, H., Søndergren, C., Simonsen, P., Jørgensen, K., Nielsen, L., Larsen, H., Morthorst, P., Schleisner, L., Sørensen, F., Petersen, T. (2001). Project report to Danish Energy Agency (in Danish): Scenarier for samlet udnyttelse af brint som energibærer i Danmarks fremtidige energisystem, *IMFUFA Texts* No. 390, 226 pp., Roskilde University; report download at http://rudar.ruc.dk/handle/1800/3500, fileIMFUFA_390.pdf.

Sørensen, B., Petersen, A., Juhl, C., Ravn, H., Søndergren, C., Simonsen, P., Jørgensen, K., Nielsen, L., Larsen, H., Morthorst, P., Schleisner, L., Sørensen, F., Petersen, T. (2004). Hydrogen as an energy carrier: scenarios for future use of hydrogen in the Danish energy system. *Int. J. Hydrogen Energy* **29**, 23-32 (summary of Sørensen et al., 2001).

Steinberg, M., Takahashi, H., Ludewig, H., Powell, J. (1977). Linear accelerator fission product transmuter, Paper for American Nuclear Society meeting, New York, 17 pp.

Summers, W., Gorensek, M., Danko, E., Schultz, K., Richards, M., Brown, L. (2004). Analysis of Economic and Infrastructure Issues Associated with Hydrogen Production from Nuclear Energy. In Proc. 15th World Hydrogen Energy Conf., Yokohama. CD Rom, Hydrogen Energy Soc. Japan.

Takeuchi, K., Fujioka, Y., Kawasaki, Y., Shirayama, Y. (1997). Impacts of high concentrations of CO_2 on marine organisms: a modification of CO_2 ocean sequestration. *Energy Conversion Management* **38**, S337–S341.

Tchouvelev, A., Howard, G., Agranat, V. (2004). Comparison of standards requirements with CFD simulations for determining sizes of hazardous locations in hydrogen energy station. In "Proc. 15th World Hydrogen Energy Conf., Yokohama". CD Rom, Hydrogen Energy Soc. Japan.

Toevs, J., Bowman, C., Arthur, E., Heighway, E. (1994). Progress in accelerator driven transmutation technologies, In "Proc. 8th Journées Saturne, Saclay", pp. 22-28. Website: http://db.nea.fr/html/trw/docs/saturne8/ (accessed 1999).

UKDTI (2003). A fuel cell vision for the UK – the first steps. Taking the White Paper forward. UK Department of Trade and Industry, The Carbon Trust and EPSRC.

UN (1996). "Populations 1996, 2015, 2050". United Nations Population Division and UNDP: available at the website http://www.undp.org/popin/wdtrends/pop/fpop.htm (accessed 2001).

UN (1997). "UN urban and rural population estimates and projections as revised in 1994". United Nations Population Division and UNDP, Washington. Website: http://www.undp.org/popin/wdtrends/urban.html (accessed 2001).

United Nations (2013). *World Population Policies 2013*. Dept. Economic and Social Affairs, Population Division, Report ST/ESA/SER.A/341, New York.

USDoE (2002a). National hydrogen energy roadmap. Towards a more secure and cleaner energy future for America. United States Department of Energy, Washington, DC.

USDoE (2002b). A technology roadmap for Generation IV Nuclear Energy Systems. US Department of Energy NERAC/GIF report, Washington, DC, weblocation: http://gif.

inel.gov/roadmap/pdfs/gen_iv_roadmap.pdf.

USDoE (2003). International Energy Annual 2001. Energy Information Administration report DOE/EIA-0219(2001), US Department of Energy, Washington, DC.

USDoE (2004). Hydrogen posture plan. An integrated research, development and demonstration plan. United States Department of Energy, Washington, DC.

USGS (1997). Global Land Cover Characteristics Data Base (vol. 1.2). Earth Resources Observation System Data Center. Univ. Nebraska at Lincoln and European Commission Res. Center.

Venetsanos, A., Huld, T., Adams, P., Bartzis, J. (2003). Source, dispersion and combustionmodelling of an accidental release of hydrogen in an urban environment. *J. HazardousMat.* **A105**, 1–25.

World Energy Council (1995). "Survey of Energy Resources" 17th ed. World Energy Conference, London.

Wurster, R. (2004). Daily use of hydrogen in road vehicles and their refueling infrastructure: safety, codes and regulation. In "Proc. HYFORUM: Clean Energies for the 21st Century", Beijing. Available at http://www.eihp.org.

第6章 社会影响

6.1 成本预期

6.1.1 制氢成本

一旦知道燃料输入成本，就可以很好地确定通过水蒸气重整方法从天然气制氢的成本㊀。20 年来，随低（管道）压力天然气价格变化（1.5～3.0 美元/GJ；Amos，1998；Longanbach 等，2002；Ramsden 等，2013；Simbeck 和 Chang，2002；T－Raissi 和 Block，2004），氢气价格在 1～2 美元/kg 间波动。如果填充到加压容器中，氢气价格大约高 30%，如果液化则高出 1 倍。另一方面，体积越小运输成本越低，如果从中央制氢装置分配给最终用户的话，来自管道的天然气成本最高（5 美元/kg），而基于液化天然气的成本较低（3.7 美元/kg），这取决于运输距离和技术的假设。Simbeck 和 Chang（2002）以及 T－Raissi 和 Block（2004）估计，生物质废物制氢的成本仅约为 2.5～3.1 美元/kg，而 Faaij 和 Hamelinck（2002）估计的成本要高得多。Kondo 等（2002）估计的基于蓝藻（如球形红杆菌衍生物）制氢的成本要高出几个数量级。可再生电力（按现行电价计算）电解制氢的成本约为 2.8（风电）～5.0（光伏）美元/kg。常规小型电解槽制氢成本为也由 Fingersh（2003）及 Padró 和 Putche（1999）估计为 8～12 美元/kg，但如果机组更大，使用多余的风力发电，成本可能会下降至 2 美元/kg。基于具有碳封存的煤气化，制氢成本估计超过 12 美元/kg。IEA－ETSAP（2014）进行了其他预测。

如果通过燃料电池的逆向操作将剩余电力转化为氢气，但其成本由其发电效益支付，并且如果一个可逆燃料电池的成本可以假定类似于单向燃料电池，那么基于燃料电池电解制氢的成本可能低到所使用电力的发电成本（取决于成本在两个过程方向上如何分配）。因而用于生产氢气的电力可以是非高峰电或诸如风电和太阳能光伏发电的可再生能源系统的过剩电，这些电在发电时无法用于满足用电需求。近年来，拍卖池中这些电的成本通常低于 2 美分或欧分/kWh，相当于约 6 美元/GJ 的氢（假设约 90% 的转换效率）。

在使用甲醇作为中间燃料或直接甲醇燃料电池的情况下，甲醇的生产成本也是令人感兴趣的。从化石燃料特别是天然气生产甲醇，价格为 3 美元/GJ，重整或串联反应器方法生产甲醇的成本估计约为 5.5 美元/GJ（Lange，1997）。用于这一概念的先进微结构粒线反应器正在开发当中（Horny 等，2004）。

㊀ 使用不同国家基于不同的税收和补贴结构的成本估算时必须小心。应该特别注意如何使用目前的能源成本来估计新技术的盈亏平衡成本。

6.1.2 燃料电池成本

诸如熔融碳酸盐或固体氧化物燃料电池的概念，目前只进入小众市场（Novachek，2015）。SOFC完全商业化的初步成本估算显示，到2010年可能是3200美元/kW（还未达到），到2050年为1300美元/kW（Fukushima等，2004），而EG&G（2004）的估计为350美元/kW。存在的问题包括镧的可用性，目前主要应用在高温陶瓷中。在这种情况下应该进行尽可能的回收。

由于其早期的成功，碱性燃料电池（AFC）似乎比PEMFC更廉价。然而，其成本从未具有商业可行性，而且AFC体积庞大，不适用于大多数汽车应用，目前没有任何制造商投产（MacLean和Lave，2003）。

对于PEMFC，丹麦氢能委员会（1998）根据要求提出了到2025年的目标为30欧元/kW，生产水平达到每年25万个燃料电池单元。PEMFC通过大量应用于车辆，未来成本是累积产量和以下两个参数的函数：功率密度改善（从当前的$2kW/m^2$增加到$5kW/m^2$）和成熟速度（取假设对数学习曲线的斜率），最终可能达到15美元/kW（Tsuchiya和Kobayashi，2004）。该成本估算假设累计500万辆燃料电池车辆的平均额定燃料电池功率为110kW。假设只有50000辆汽车和$3kW/m^2$的燃料电池功率密度估算结果可高达400美元/kW。这些假设可能导致成本高估，因为燃料电池在汽车行业中的作用可能是混合动力（见第4章），额定功率不大于20kW。根据Novachek（2015），目前市场上使用寿命有限（3900h，相比之下美国能源部的目标是8000h）的燃料电池的成本为53美元/kW。

Wang等（2011）发现2007年PEMFC的成本由Pt催化剂的成本主导，但预测较薄的催化剂层将很快大大降低这部分成本构成，使得空气输送成为主要成本。这与Mahadevan等（2010）的结论相反，对于一个用于静态用途的5kW的燃料电池，他发现双极板将成为支配性成本，然后是催化剂和气体扩散层的成本。很显然关于降低成本的潜力，许多重要性的因素仍不清楚。如果由美国能源部和欧洲能源部门宣布的未来若干年的成本目标得以实现，系统成本的平衡将最终主导总成本。在2015年美国能源部的估计中，它们是燃料电池堆价格的两倍（Marcinkoski等，2015）。

全尺寸大客车燃料电池推进系统当前成本的报价是800000美元，耐久性超过20000h（Koch和Madden，2016；Novachek，2015），而广告中丰田Mirai燃料电池乘用车的总成本为42500美元。除了目前的燃料成本较高之外，氢能乘用车和公共汽车的运营成本都比柴油车高。

使用天然气的家用热电联产（CHP）系统目前价格昂贵（寿命约60000h的系统价格4500美元/kW；Novachek，2015），但预计价格将下降，天然气最终将被氢燃料取代。德国的价格明显下降，尤其是日本，那里的市场对CHP系统市场已经相当大（Dodds等，2015；Staffell和Green；2013）。Lipman等（2004）预计未来石油和天然气价格将使静态燃料电池对于5kW家用系统在1200美元/kW达到盈亏平衡，对于更大的250kW系统在700美元/kW。对于车辆燃料电池，他们认为车辆停放在车库中可能对建筑物系统的发电有所贡献。这似乎与设计用于车辆使用的燃料电池的较短寿命不符。对于现实中的车辆推进系统来说，被认为是许多美国成本研究基础（例如 Carlson 等，2005；Marcinkoski 等，2015）的 80kW PEMFC 可能过大，在早期较小的燃料电池即使在较高的每千瓦成本下也可以被接受（Baptista 等，2010）。用于便携式电力设备的燃料电池的成本目前约为 15 美元/kW，寿命为 2000h（Novachek，2015）。

与能源领域的如风电、光伏发电或高密度电池等其他技术开发过程的经验学习曲线比较可能会有指导意义。图 6.1 给出了风电和光伏学习曲线的分析结果。经济学家往往用直线对数行为描述这样的研究结果，将成本 Y 写成累计生产量 X 的函数：

$$\log Y(X) = -r\log X + 常量 \tag{6.1}$$

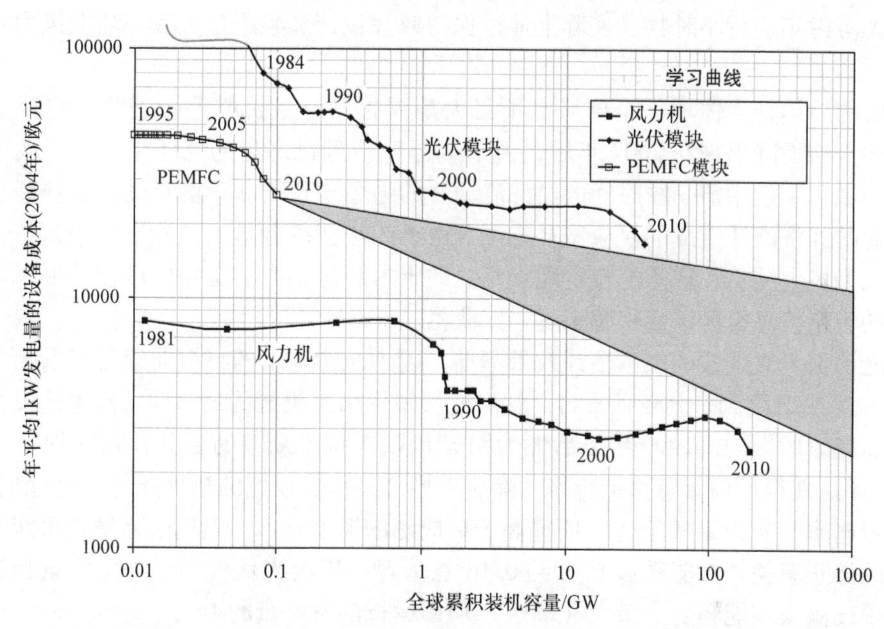

图 6.1 用于预测 PEMFC 堆的可能学习行为的风力机和光伏组件成本学习曲线。给定时间内的总累积容量是横坐标，电力生产的平均成本是纵坐标。它被取作装机功率的每千瓦成本除以 C_p，C_p 是平均年产量和发电设备的额定功率之比（即最大发电量的等量时间分率）。汽车 PEMFC 的外推线对应于风电和光伏产业长时间内的典型学习速率。数据有很大的不同，取决于如风力机设备的选址（GWEC，2010；Lauritsen 等，1996；Madsen，2002；Morthorst 等，2008；Neij 等，2003；WWEA，2011）或光伏模块的选址（IEA－PVPS，2010，有限的地理覆盖；Borenstein，2008；Lushetsky，2010；Schaeffer 等，2004）。早期的 PEMFC 推广费用基于丹麦氢能计划和欧洲委员会的 Citaro F 公交车招标 1998－2002，Mahadevan 等（2010）更近期的成本估计，以及美国能源部（2010a）的趋势曲线。最近的报价相当不确定，因为商业燃料电池汽车现在开始上市，汽车公司不愿透露单个组件的成本

斜率 $-r$ 有时通过“进步比”$PR = 2^{-r}$ 或“学习速率”$LR = 1 - PR$ 来定义。

图 6.1 显示经验学习曲线有许多相当复杂的特点（以 2004 年的欧元价格计算，使用英国财政部的 2004 年物价折算指数）。

对于风力机的成本，20 世纪 80 年代平缓或上升的成本曲线反映出这样一个时期，逃税方案使制造商在美国（尤其是加州）销售风电场时能够无须担心成本。到 80 年代末，加州

市场崩溃，价格在努力开拓世界其他地区新市场的过程中快速下跌。市场开拓努力没有成功，几家制造商倒闭（曲线的垂直部分）。行业重组后，多样化经营策略奏效，经过几年平缓的成本曲线，市场真正起飞了，学习曲线的行为开始了。1990～2000年的十年在稳步扩展市场的过程中表现出约10%的学习速率（德国、印度、西班牙、丹麦，再加上其他几个国家）。图6.1的曲线对应于最佳地点如海上或沿岸1类风况风电场的性能，性能系数在2000年达到$C_p=0.294$，相比之下1981年是0.20。在1997～2002年期间，扩张主要在海上风电场，其性能系数在2002年高达0.46（Sørensen，2010a）。C_p的这些变化和后来的下降都不是因为任何激进的技术改造造成的，而是由于设计理念的变化，由原来的以年发电量最高为目标变为优先考虑年运行小时数（实际上通过保持叶片设计和桨距角大致与陆上风力机相同来实现）。

图6.1的后续行为体现了全球风电项目大规模扩张导致价格停止下跌，实际上有所提高，但新的价格下降出现在2007年后，由于全球经济危机之后的几年中，银行找不到足够的有价值的项目来使用前一段时间内经济流动性的强劲增长所获得的存款，这些增长主要是房地产行业的经济泡沫造成的。应该补充说，由于无法获得制造商的标准价格表，也因为列入招标的大型风电项目往往是与特定地点相关的土木和运输类的工作，即使是如风电这样的成熟技术的价格信息也已经变得越来越难以获得。

对于光伏板，直线式的成本估计效果不佳，因为从图6.1的早期曲线可以看出，曲线每3～5年从一个平台跳到一个较低平台。这可能反映了引进更好的技术，每次生产设备都将被替换。然而竞争的影响（1999年以后尤为明显）则来自于众多的公共补贴计划（尤其是德国和日本）。这使得厂商无意降低价格，除非大型公共项目设置的招标条件迫使他们这样做。整体的学习速率最初为20%以上，明显高于更成熟的风电技术。近期价格暴跌可能与大规模补贴计划的停止有关。性能系数C_p大约0.16意味着一年内光伏板的平均发电量相当于在所有的季节昼夜满太阳能辐射下最大（额定）功率运行的发电量的16%。

现在转到PEMFC，这种仅在演示项目中使用的新兴技术的价格无法很准确地确定。1995年，卖给研究实验室和原型车的燃料电池的价格比图6.1所示的起始价格要低。然而，这些电池没有任何担保，往往仅能工作不到一年的时间。2000年后当技术从原型水平发展到30～80台的小系列产品，2005年左右随着PEMFC客车和乘用车即将投产，大多数燃料电池制造商开始与汽车制造商以一般不为人知的价格签订合同协议。即使国家项目采购PEMFC也面临困难，几家愿意报价的厂商要求的价格比1995年的价格高得多。图6.1使用的价格来自诸如欧洲客车项目材料的投标信息，假定电池的价格约占系统总价格（相对于一个类似的常规柴油牵引客车的Citaro F客车的成本）的一半。性能系数C_p被取为0.06，反映了假定的1000h年运行时间和另一个大小为0.5的乘法因子，由于车辆并不总是在燃料电池的满额定功率下运行（在混合动力的燃料电池－电池车辆的情况下，该因子可能因电池使用剩余电力充电的充电量的不同而变化）。当前不同的应用场合中PEMFC的数量见Wang等（2011）的讨论。

PEMFC的价格的未来降低趋势如图6.1所示，对应于10%和20%的学习速率，相当于近十年光伏模块和风力机这两种限制性的情况。即使以较低的曲线来考虑，累计生产量达到

500GW 以前，当前的车辆发动机不会盈利。然而，如果评估包括燃料价格，石油产品的供应问题（主要生产国的限产和不稳定）可能使 PEM 氢燃料电池汽车在高于目前看到的盈亏平衡价格的价位上具有竞争力。已经有很多市场发展和成本行为的预测，但不乏有关氢能和燃料电池技术的乐观主义的明显偏见（Park 等，2011；USDoE，2010a，b）。

这里的讨论已经表明，许多因素会影响价格的变化，除了工业“学习”。人们还应该小心文献中使用的方法，不同的文献往往彼此有很大差异，例如，使用运行价格，而不是用这里使用的通货膨胀校正价格或只比较一个国家的价格和累积安装数量（Ibenholt，2002；Junginger 等，2004；Rosenberg 等，2010）。制造商在一个国家的学习行为可能是一个合理的指标，因为如果没有专利问题的阻碍，技术进步将迅速蔓延整个地区，但情况并非总是如此（Chen 等，2011）。另一方面，价格也可能会因不同的地理区域而不同，比如说，由于一种不涉及全球销售和基础设施维护的新产业。需要再次提醒的是，使用双对数曲线可以让任何事情看起来是线性的，尤其是当几十年的变化都包含在横坐标和纵坐标中。图 6.1 已经采取谨慎措施不放大这种影响，而在大部分学习曲线为主题的文献中，这种问题是很显著的。

比较不同寿命设备的价格时也要小心。风力机公认的寿命大约 25 年。光伏板的寿命被认为类似或甚至更长一些，至少那些基于单晶硅和多晶硅电池的光伏板是这样。与此相反，在进行技术比较时目前力争达到的汽车用和固定式燃料电池的 5 年寿命应被考虑。人们甚至可以认为，如果为了进行不同技术之间的公平比较，图 6.1 的燃料电池曲线应该上移 5 倍。因为燃料电池汽车已经基于所假设的设备使用寿命，其盈亏平衡点不受影响。只有所述设备的耐久时间目标无法到达（或超过）时才必须对评估进行修改。

以同时满足固定式和移动式 PEMFC 系统的目标成本所需的时间已经用 Delphi 法进行了研究（采访多位专家）（Kusugi 等，2004）。其结果表明，对于这两种技术需要的时间是以约 17 年为中心的分布。它与刚才提到的 Tsuchiya 等（2004）的假设吻合很好，并且与 40 ~ 200 美元/kW_{rated}的目标相一致，这个价格范围被认为是欧洲、日本和美国的区域燃料电池计划需要的盈亏平衡点（Chalk 等，2004；European Commission，1998；Iwai，2004；USDoE，2002；USDoE/T，2006）。美国估计的盈亏平衡价在该范围的下端是由于该国目前的汽车燃料补贴造成的低价格（忽略外部效应）。与图 6.1 相比较，Tsuchiya 和 Kobayashi（2004）获得了一组较低的曲线，因为他们使用了 PEMFC 当前成本的较低值，1833 美元/kW_{rated}或约 15000 欧元/kW_{av}，作为他们的学习曲线起点。很显然，在任何情况下 Delphi 型 Oracle 预测不能替代科学评估。

6.1.3 储氢成本

储氢费用包括所使用设备的资本成本和运营成本，如压缩或液化所需的动力。Shayegan 等（2004）引述说从液化储存回收氢，对于小型储存设施需要约合 5 美元/kg 的额外费用，对于高度压缩/液化，该费用可降低至 1 美元/kg。通过容器储存压缩氢气的短期额外费用为 0.4 美元/kg 左右，但费用随着储存时间增加而上升（Amos，1998；Padró 和 Putsche，1999）。一些近来的估计则更高（IEA - ETSAP，2014）。

基于 2.4 节和 5.1 节提到的洞穴、废弃天然气井、蓄水层还有盐丘的大型地下储氢设施具有低得多的成本（建立储存设施的投资成本为 3 ~ 20 美元/kg，低于液化储存成本一个数量级，低于压缩储存两个数量级），这是集中储氢的自然而然的选择。

对于分散的固定储存，金属氢化物储存装置，或 2.4 节中描述的类似概念之一，可能比压缩天然气瓶更具吸引力，但成本很难估算，因为最终的设计还不清楚（例如，几何布局要允许氢气的提取过程足够快）。用于金属氢化物储氢的投资成本估计为 2000 ~ 80000 美元/kg H_2（2004 年美元价格）的范围内（Amos，1998）。自从上述成本估计出炉之后，氢化物的选择和相应的成本估计都没有明显的进展。储存周期成本估计为 0.4 ~ 25 美元/kg（Padró 和 Putsche，1999）。对于汽车应用，除了一些非金属化学或碳储存类的技术之外，重量会是一个问题。当技术成熟时，预计成本比压缩储存容器要高出几倍。储存选项的一般调查参见 Electricity Storage Association（2009，主要是电池），Perez 等（2010）或 Sørensen（2017，第 5 章）。几个选项（从电池到水电）可以考虑用于储存风电或光伏获得的可再生能源，无论是否转化成氢，而飞轮和超级电容器已被建议用于车辆的短期能量储存（Doucette 和 McCulloch，2011）。

6.1.4 基础设施成本

通过管道传输氢的成本取决于管径和氢气的流量。增加通过管道的压力差能够降低的成本超过压缩机的额外费用。Amos（1998）发现 10^6 kg/天的优化流量通过 160km 管道的费用约为 5 美元/GJ。Marin 等（2010）列出了输送成本与距离和流量的依赖关系，可惜没有指出使用的哪种货币（加元、美元等）或通胀指数（1985 ~ 2009 年成本的参考）。EA - ETSAP（2014）预计管道运输为 0.15 ~ 0.26 欧元/kg，通过油轮的液体运输成本几乎相同。道路运输液态氢的成本估价比较低，但仅限于使用当前燃料（柴油）运输的费用，任何情况下液化氢气的额外成本都会使得总价格失去吸引力，除了超长距离海运。

把道路车辆加油站转变为分配压缩氢气的装置可能会使氢气价格增加 0.1 美元/kg，但是可替代地，氢的生产可以使用任何可行方法在填充站进行。必要的加油站转换所增加的氢成本相当于当前系统不到一年的维护费（参见综述 Campbell，2004；Padró 和 Putsche，1999；以及更近的欧洲方面的估计，Köhler 等，2010）。

建筑物内产氢（通过电解）并分配给车库停放的车辆（“一辆汽车的加油站”）很可能会分别使产氢和灌装的价格加倍（Padró 和 Putsche，1999）。尽管有早期的努力，尺寸相当于传统天然气燃烧器的可逆燃料电池单元还没有达到商业化，而一个设备中的氢 - 电联产因此具有理论上的可能性。

如果从天然气生产氢，将会有实质性的环境影响（Ozbilen 等，2011），可能要考虑回收 CO_2（已经在当前大多数水蒸气重整装置中分离），并储存在远离大气层的地方，例如废弃矿井或作为碳酸盐存于海底。额外的成本估计为 0.05 ~ 0.1 美元/kg 氢气（Padró 和 Putsche，1999）。

6.1.5 系统成本

燃料电池系统的成本，部分是基于车辆或建筑物的系统的成本，在更广泛的范围内是氢经济的总成本，包括产氢、不同类型的使用和基础设施，如储存和传输、分配和填充网点。

系统的费用不可能从组件成本导出的一个原因是，各系统组件经常具有不同于当前能源系统的等效组件（如果有的话）的效率特征。

首先来看 PEMFC 汽车的成本，这些旨在探索未来的燃料电池成本的研究也阐明了系统总成本包括燃料电池、储氢、氢处理、混合动力汽车情况下的电池、动力控制，以便获得汽车制造总价的发展状况。图 6.2 显示了日本的一个早期研究结果，假设到 2020 年燃料电池成本下降到 40 美元/kW（几个远景方案之一）以及燃料电池汽车（乘用车、货车、大客车等）存量到 2020 年相应增加到 500 万辆，2030 年增加到 1500 万辆。人们可能会期望燃料电池汽车的需求会随着价格下降而上升，而不仅仅是在价格下降之后，但该远景方案只是表明了 3 个选定的年份，并不意味着是动态的变化。到 2020 年，燃料电池汽车的成本（以不变价格计算为 15788 美元）几乎是低到了目前的汽油汽车的价格（该研究中假设为 13136 美元）。该远景方案的快速市场渗透尚未实现。到 2017 年，只售出几千辆燃料电池汽车，诸如丰田 Mirai 广告中的价格是 57500 美元。

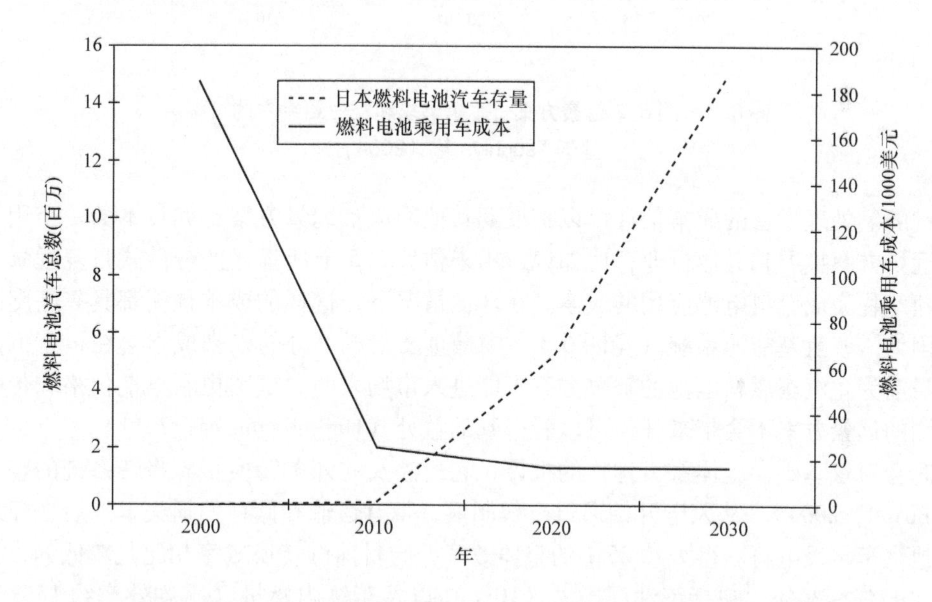

图 6.2 日本的燃料电池汽车市场发展的远景方案结果，假设燃料电池汽车存量是时间的函数，随燃料电池乘用车成本的下降变化（存量也包括其他类型的燃料电池汽车）。基于 Tsuchiya 等（2004）

图 6.3 显示了日本远景方案中所需氢的量，以及相关的成本，图 6.4 显示了所需加氢站的数量及其年度建造费用。

由 Tsuchiya 等（2004）提出的远景方案假设包括日本的人口略有下降、国民生产总值适度增长和能源需求保持不变（通过引入更有效的能源使用设备来实现，不仅在运输行业）。燃料电池汽车的产量从 2010 年的 50000 辆/年上升到 2020 年的 130 万辆/年、2030 年的 310 万辆/年，到 2030 年的年销售收入为 59×10^9 美元（生产成本加上 15% 利润幅度）。到 2030

年，氢活动构成日本国民生产总值的1%。

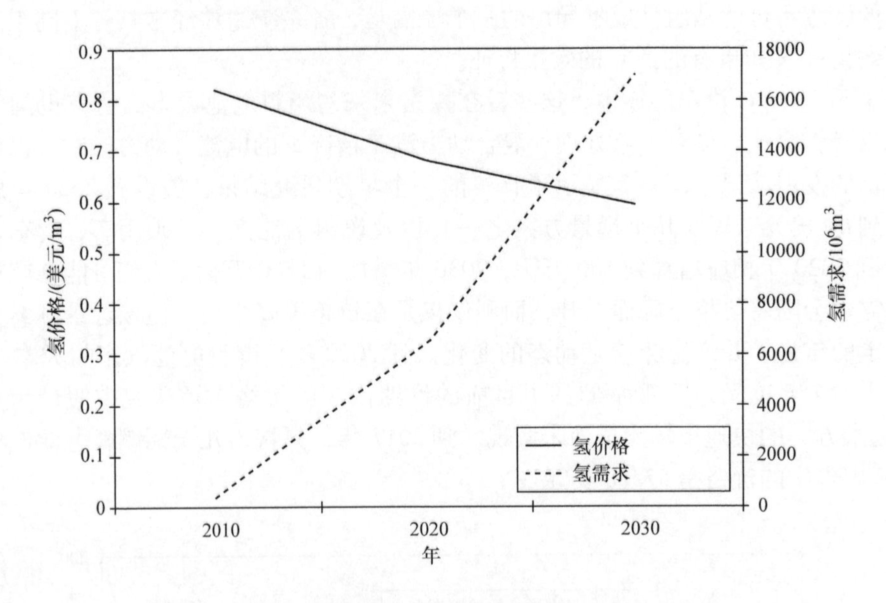

图6.3 图6.2远景方案日本氢需求和交付给客户的价格。基于Tsuchiya等（2004）

关键的氢处理设备的成本估计可以扩展到其他的成本远景方案，如日本的一个用于道路运输的远景方案扩展到其他行业；比如说，用来估计5.5节所描述的分散式丹麦远景方案中设想的建筑物集成燃料电池应用的成本。在任何情况下，这样的成本预测都具有高度的不确定性，因为一些氢基能源系统（见图6.1）中最重要组成部分的未来成本会在很宽范围内变化。到目前为止汽车燃料电池的解决方案未能进入市场表明，试图更新早期价格和带有新的乐观猜测的远景方案不会带来任何可以看得到的益处（Hajimiragha等，2011）。

有时会对氢基础设施体系有这样的批评，它所涉及的许多转换步骤将使系统的整体效率降低（Bossel，2004）。从风电开始通过电解制氢，带有运输和储存的损失，最后在建筑物或燃料电池汽车再发电将获得大约25%的整体效率，与目前的转换效率相比是较低的，其典型的效率在13%～30%，包括炼油厂损失（10%）以及车辆内燃机（平均效率约15%）或者发电厂（小于或等于35%的平均效率）效率。作者认为这些批评很大程度上是无的放矢，因为重点在于目前的化石燃料系统已经走到尽头，不得不由另一种能源系统所取代。因为可再生能源提供了唯一可持续发展的未来能源系统，而应对可变一次能源流是必须的。处理这类波动需要能量的储存，氢似乎是解决这个问题的最便宜的方法。显然，来回转换涉及额外的损失，但是这不得不接受，与氢系统的公平比较是将它与其他能应对太阳能和风能的大幅度波动的系统比较，而不是与走向末路的过时系统相比较。这样一个公平的比较将最有可能仍然指定氢作为最可行的能量储存介质，地下储氢与电池、抽水蓄能及其他储能方案相比非常有吸引力。

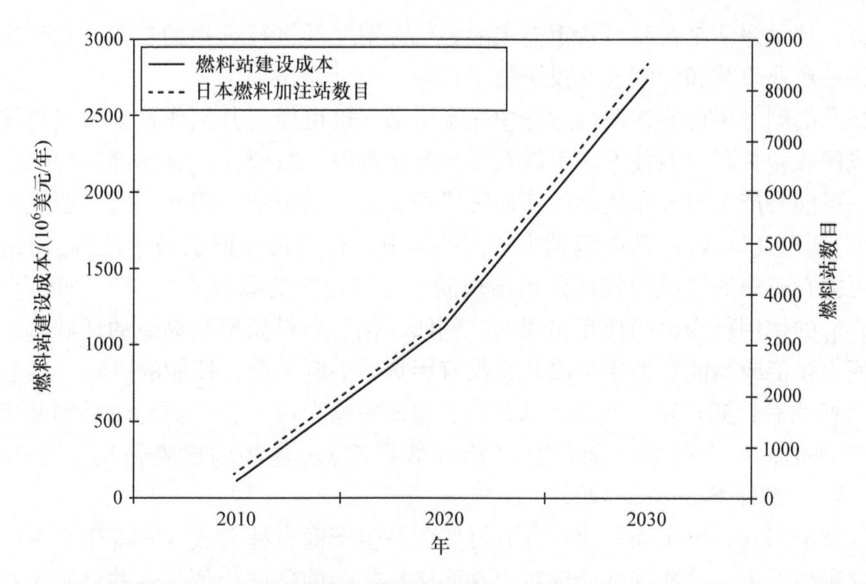

图6.4 图6.2远景方案中日本的加氢站需求及其成本（每年支出）。基于 Tsuchiya 等（2004）

6.2 环境和社会影响的寿命周期分析

制氢的寿命周期评估，对于传统燃料转换成氢的情形，类似于许多现有的研究，其重大影响在于空气污染和全球变暖问题（见 Sørensen，2011）。首先，本书会在6.2.1节给出本节使用的寿命周期分析和评估的定义，随后给出氢系统寿命周期分析的一些应用实例。也会讨论氢系统各组成部分对环境的影响，以及已经确认的其他影响。

在给出的寿命周期分析实例中将会有一个生物质直接转化制氢的例子，旨在阐明这种氢生产途径会降低相应的影响。虽然新兴技术方兴未艾，目前完整描述相应的工业过程是不可能的，但是目前取得的通用评估仍然具有重要意义。对于氢的燃料电池转化，工程上的进展允许在一个相当详细的基础上开展有意义的寿命周期研究。这方面将给出一个具体的例子。

乘用车是整个系统寿命周期分析的一个重要例子。这既涉及汽车制造的分析，包括为燃料电池运行所必需的、对传统汽车所做的特定补充，也涉及燃料供应和产品最终处置对基础设施的影响和贡献。

在进行实际分析之前给出寿命周期方法的简短摘要是必要的，因为寿命周期分析并不是一个标准计算。人们可以在文献中发现各种定义，从特定区域的净能源分析到充分考虑环境和社会影响的环境影响研究。本节将使用后者的方法，在 Sørensen（2011）有更充分的描述。

6.2.1 寿命周期分析的目的和方法

技术评估是一个很自然的工具，用于评估诸如旨在用于能源供应这样的普遍性行业的单个产品和更综合性的系统。评估的目的可能是授权或建立产品和系统的健康和环保要求。对个人消费者，技术评估是在满足特定需求的替代方案之间进行选择的工具，对于决策者，它可以作为评估产业政策和调配公共投资的工具。

特定技术的副作用可能在使用过程中显示出来，也可能与其制作、采购或与该技术使用后的丢弃或回收相关联。该技术还可能在任何寿命阶段，需要社会其他部门的材料和服务的投入，它们可能会产生与寿命周期的任何阶段相关的负面影响。因此，有必要进行所谓的全“寿命周期分析”（LCA），其中包括上述间接影响，以允许不同的技术之间进行公平比较，这些技术可能在寿命周期中的任何阶段出现问题。只比较能源技术如何生产肯定是错误的，而只比较它们的使用行为也同样是错误的。例如，化石燃料如果被燃烧的话其排放的影响最为严重，而太阳能或风能在使用阶段几乎没有影响。举例来说，核能的影响（与放射性废物相关）在其使用后长期存在。所以，从相当普遍的意义上讲，公平的比较必须基于一个完整的寿命周期评估，加上收集必要信息（建立数据库），这些构成寿命周期分析的第一步（Kuemmel 等，1997；Sørensen，2011）。

评估问题会因这一事实而恶化，即有可能无论生产商、社会或客户都不会为一些损坏而买单。在这种情况下，这些损坏会继续存在而破坏社会的集体价值。这些逃脱了技术的经济制约的影响对于可能替代技术间的任何比较评价仍然是非常重要的。没有反映在与技术相关的标定价格中的成本被称为“外部效应（externalities）”。有关寿命周期分析的目的和范畴，包括如何使用 LCA，如何处理发生的利益和损害事件之间的地理距离和时间间隔，数据汇集的方法以及寻求表示损坏大小的共同的计量方法（如货币单位），更详细的讨论见 Sørensen（2011；2017）。这里的简略叙述的目的是为了方便理解下面介绍的案例研究。

诸如燃料电池等技术的寿命周期分析和评估所需的实际工作，可以用以下的方式归纳：

- 列出物质或流程从生产到使用阶段直至最终退役的潜在危害清单。
- 进行影响分析，包括对环境的影响、对健康的影响和其他不太明显的社会影响。
- 对实际的物理损害进行损害评估。
- 进行一个基于不同比较项目的评估，尽可能在一个共同尺度上对不同损害的影响进行加权。
- 如果不能首选课税或以其他方式实行经济上的鼓励或惩罚措施，以引导一个特定社会以寿命周期分析所确定的方式应用某种特定的技术，则应提出有关生产流程、材料选择、使用条件和报废的替代方案的建议，这些方案可以降低被认为十分关键的已确认的影响，并有可能制订规范和规则。

下面是包括在寿命周期分析中的项目，不一定完整但相当全面：

- 经济影响，从所有者（私营经济）或社会（公有经济，包括就业和对外收支平衡的考虑）的角度观察。
- 环境影响，如土地使用，噪声，视觉影响，空气、水、土壤和生物群的污染，本地、区域和全球尺度的影响，包括温室气体和臭氧消耗物质的排放引起的气候变化。
- 社会影响，包括健康影响、事故风险、对工作环境和人性化需求满意度的影响。
- 安全影响，包括恐怖活动、被滥用、供给安全问题。
- 恢复力，即对系统故障、规划不确定性和价值与影响评估的进一步变化的敏感性。

- 对发展的影响，即促进还是阻碍社会发展目标（假设存在这样的发展目标）。
- 政治影响，包括控制、调节和决策问题的要求。

为了分析这些影响的一部分（或所有），包括相对于系统或重要装置的上、下游组件，建立相关的物质和过程的清单并评估它们的单独影响是一个好办法，首先用物理术语（排放等），然后用损害术语（伤害、疾病、死亡等）。这些条目在某些情况下，也可以用于其他技术项目评估，只要这些条目不基于特定的地点或时间。评估结果将采用不同的单位，或在某些情况下不可定量，必须提交给决策者来评估或由公开辩论来评估。只有在某些情况下，把有不同的影响转换成共同单位（如€=欧元，$=美元，或“环境点”）才可能有意义。当损害发生在与使用某项技术获利不同的时间或地点时，这会涉及许多困难的问题。例如，人们将不得不估计一个事故丧生者的社会成本（“一个生命的统计价值”），这已经引起了讨论，是否使用西欧的保险“成本”来评估一个在哥伦比亚煤矿丧生者的生命，而不是使用哥伦比亚的价值，也许会用等价购买力转换来校正。如果影响是用不同的单位比较的，这样的评估被称为“多元的（multivariate）”。

6.2.2 制氢的寿命周期分析

6.2.2.1 常规水蒸气重整生产

生产氢的天然气水蒸气重整造成了大气排放引起的一些影响（见表6.1），以及设备的生产和报废以及使用的材料（如镍催化剂）不能完全再利用引起的影响。这些由排放引起的影响包括全球变暖（CO_2、CH_4、N_2O等）、水道酸化（SO_x）、富营养化（N和P），以及人类呼吸疾病（SO_x、NO_x、苯和颗粒物，以及式（2.5）提到的副反应形成的含碳煤灰和冬季烟雾，Koroneos等，2004）。

表6.1 天然气水蒸气重整制氢的寿命周期影响

影响类别	物理数量/(g/kWh 氢气)	货币化值/(欧分/kWh 氢气)	不确定性(范围)
环境	排放		
工厂运行：CO_2	320	12.1	(8~30)
SO_2	0.29	0.17	高
NO_x	0.38	0.23	高
CH_4	4.4	2.0	(1~4)
C_6H_6	0.042	NQ	
CO	0.18	NQ	
N_2O	0.0012	—	
非苯烃类	0.79	NQ	
颗粒物	0.06	0.04	高
Ni催化剂材料	NA		

（续）

影响类别	物理数量 /(g/kWh 氢气)	货币化值 /(欧分/kWh 氢气)	不确定性 (范围)
工厂建设/报废	NA		
职业影响	**数字**		
职业病与事故	0.5 人重伤/TWh	0.0004	低
经济影响			
直接经济影响（产品成本）		3～6	
资源使用	长期严重	NQ	
加工劳动力需求	5 人·年/MW	NQ	
进口部分	NA		
利润（产品价值）		6～12	
其他			
供给安全性	低到合理水平	NQ	
鲁棒性	中	NQ	
地缘政治	竞争	NQ	

注：根据欧洲人口密度，气溶胶（SO_2，NO_x）和颗粒物的烟囱排放引起的死亡率取作 2×10^{-9}/g，患病率取作 935×10^{-6}工作日损失/g。全球变暖成本为 0.38 欧元/kg 等量 CO_2。NA/NQ 表示未分析/未定量。本表用 Spath 和 Mann（2001）和 Sørensen（2004a）的数据制作。

由于温室气体排放引起的全球变暖，从表 6.1 可以看出，基于天然气制氢的外部效应成本是很高的。如果使用较低的全球变暖影响的估计，情况也是这样。与这些数据相关的问题在 Sørensen（2011；2017）中有所讨论。

如 6.1.4 节所述，从水蒸气重整厂去除 CO_2 的成本似乎远低于因不处理而引起的全球变暖的外部效应成本。

6.2.2.2 电解法生产

如果利用富余的可再生能源（如风电）制氢（如 5.5 节的远景方案），影响会大大减小。只是职业影响会更大，至少在目前，无论是传统的电解还是可逆燃料电池，职业影响粗略地与转换设备的成本成比例。

6.2.2.3 蓝藻或藻类直接生物制氢

生物氢的潜在优势是可以使用已在我们星球上运行并生产生物质的生产设备或系统，其组成部分已经是自然界太阳辐射分配系统的一部分。与农业的理念相同，转化效率低，但作为回报，这个“生产系统”是免费的，唯一的系统输入是种子和劳动（如除草和收割），基于这些输入，该系统生产出食品及相关的生物质产品。

然而，无论是农业还是生物产氢，认为植物或细菌物质是从自然界免费获取的想法基本上是错误的。这两种产氢方式可能有实质性的寿命周期影响和相应的成本。用于植物生长或海洋养殖的区域受到大规模单一栽培的影响，生物质残余物、水体的使用等诸如此类的生态意义可能很重要。因此有必要考虑生物质制氢涉及的所有步骤，包括耕作养殖本身、作物的收集、耕作任何阶段的处理、残余物和废物的处理，以便建立一个影响清单并以货币或其他形式进行进一步的评估。应该区分先收获生物质然后将其注入到制氢装置的系统和在阳光影响下直接产氢的系统。

对于后一种类型的系统，生物反应器的建设须包含收集太阳辐射的暴露区域（大概是水体的面积，陆地的使用涉及更高的土地成本），以形成一个封闭的建筑能够使生产的氢免于逃逸，然后输送到海岸。因此可以预期这样做的成本与太阳能集热器类似。从第2章的讨论可以得出生物直接制氢的效率（定义为所产生的氢的能量值除以反应器表面入射的太阳辐射）将大大低于1%。表6.2假设0.1%的效率以举例说明，并基于与太阳能集热器的相似性来估计成本。

表6.2 利用蓝藻光诱导产氢的寿命周期影响，尚未充分量化

影响类别	物理影响	货币化值/(欧分/kWh 氢气)	不确定性，假设
环境			
工厂建设/报废	NA		
陆地或海洋使用	巨大	NQ	
基因工程的使用	成问题	NQ	
氢的净化	NA		
职业影响			
职业病与事故	NA		
经济影响			
直接经济影响（产品成本）		>40	效率0.1%
资源使用	使用海/陆面积	NQ	
加工劳动力需求	5人·年/MW	NQ	
进口部分	NA		
利润（产品价值）		6~12	
其他			
供给安全性	好	NQ	
鲁棒性	中	NQ	
地缘政治	正面	NQ	

注：所作的假设见表6.1的注释。

这些估计数字的含义是，把氢从（可能是转基因的）蓝藻和藻类中提取出来的生产力（仅为生物体总的能量处理量的一小部分），一定远低于农业生产力的约为0.2%的平均值（特殊的植物最大值达到4%；见 Sørensen，2017）。即使第2章提出的技术可以实现，似乎通过直接的光合作用生产氢的可行性前景也是黯淡的。

使用基因工程生物的影响

虽然基因工程的形式发生了变化，这个概念本身已从大约1万年前最早的系统种植时期

就开始使用了。随着时间的推移，通过筛选和品种或亚种间的杂交，谷类品种得到了改良，获得了更高的产量。直到最近，也就是几百年前，有关遗传改造的作用机制的理论理解开始出现，但是这个过程仍然是以一种非常缓慢的方式改良作物，直到 50 年前开始通过诸如核辐射等突变诱导来进行越来越多的系统遗传学实验。现在，通过识别负责植物或其他生物的特殊性质的代码组的基因测序已大大地增加了改良生物系统的选项，如通过抑制不需要的能量传递途径把固 CO_2或固氮生物改造为产氢生物。不过，目前关于遗传功能性的知识是非常有限的，遗传工程不是基于最小的单个编码序列起什么作用的精确的知识，而是在识别更大的代码块的总的作用。因此，遗传工程相当程度上仍然是试错游戏，需要监测和测试被修改的生物的行为，通常需要在很长一段时间内进行，会有意想不到的、延迟发生的或在特定场合发生的副作用。

基因控制的影响可能是巨大的，甚至在石器时代。我们没有精确的记录来支持这一观点，但它是可能的，通过杂交育种获得的农业品种有时不仅会提高植物的产量或可食用部分的质量，也可能使植物抵抗病虫害的能力降低，在这种情况下，结果可能是饥荒和因此引起的人口锐减。同样的问题也会出现在目前的转基因物种，通常采用的测试，必然是不完整的，时间周期和环境因素多样性是有限的，不足以排除一些不利的长期影响。遗传控制技术的工业应用的增加已经有了这样的影响，其筛选，特别对长期影响的筛选，已经变得更加肤浅和不系统。因为测试是由目前的立法要求的，测试往往是留给工业界本身进行，因为经常预算有限的公共控制机构只能解决有限数量的独立验证（有时只有通过抽查）。这与工业产品中化学品使用的情况类似，新的化学品引入率太高，以至于无法找到有时间进行长时间筛选的公共监督者。

一个深刻的道德（和现实）的问题是引进转基因作物和产品所涉及的利益与风险的并列。我们最近看到的是基因改造作物接受与以前的半野生物种不兼容的农药的使用，这些农药由销售问题农药的同一公司推广。我们会接受基因改造的作物兼容一个公司的农药，但又与其竞争对手公司的农药不相容吗？我们应该接受所有旨在改善耐药性的基因工程吗，如果由于其可能的更广泛的环境影响，这种农药最好禁止使用以支持生态种植方法？显然，提出的问题使计算与转基因农作物修改相关的外部效应的任何精确的定量值都很困难，无论是食物或氢的生产。

6.2.2.4 生物质发酵制氢

第 2 章提到的光合作用制氢的替代路线是把生物质的生产和氢的提取分开，提出了发酵制氢，类似于沼气（甲烷和二氧化碳）的生产。

该技术具有社会成本可接受的氢生产潜力。然而，表 6.3 显示了一个可能的条件是使用低污染的车辆满足生物质原料运输的大量需求，现在认为是使用目前各类卡车的道路运输。表 6.3中的交通运输外部效应估计来自乘用车的影响，农业外部效应数据来自沼气生产的类似研究（Sørensen，2004a）。

表 6.2 和表 6.3 中的空白部分应视为有许多工作要做的标志。一些研究已经确定了一系列制氢环节中的环境影响，可以整合到寿命周期分析中（EC，2004；El - Sharkh 等，2010；GM，2001；Wang，2002；Wurster，2003）。

表6.3 农业废弃物发酵产氢的寿命周期影响，但很难量化

影响类别	物理影响	货币化值/(欧分/kWh 氢气)	不确定性，假设
环境			
工厂建设/报废	NA		
农业生产	巨大	3	高
陆地或海洋使用	大	NQ	
原料运输	排放、事故	40	高
生物反应器运行	NA		
氢的净化	NA		
职业影响			
职业病与事故	NA		
经济影响			
直接经济影响（产品成本）		>10	效率30%
资源使用	农业用地面积	NQ	
加工劳动力需求	10人·年/MW	NQ	
进口部分	低		
利润（产品价值）		6~12	
其他			
供给安全性	好	NQ	
地缘政治	正面	NQ	

注：交通影响包括温室气体变暖、空气污染和交通事故，假设目前的车辆如柴油卡车。见表6.1注释。

6.2.3 燃料电池的寿命周期分析

一项技术离商业化越远，越难以进行精确的寿命周期分析（LCA）。另一方面，如果LCA能在早期精确地进行，则可能是最有用的。它可以识别一项技术中阻止其进一步发展的特征，它可能指出一项给定技术最合适的发展路线，在发展过程的早期做出重要的环境或社会相关的选择。在许多情况下，粗线条的LCA可以在设计阶段识别出最重要的外部效应成本问题，而使它们可以在能够改变时被优化或替代。如果在1900年前后对早期的电力和基于化石燃料的车辆进行LCA评估，技术的选择可能不会是内燃机。那样的话，现在将没有理由试图进行LCA，当然看待其结果必须有适当的谨慎态度。

6.2.3.1 SOFC和MCFC

对固体氧化物燃料电池（SOFC），已经确定了一些关键的环境问题（Zapp，1996）。载体片电解质可以用钇稳定氧化锆制造，加上用诸如镧锶锰－钙钛矿和NiO金属陶瓷制造的电极。这些物质的硝酸盐用于制造业，废水的金属污染是一个值得关注的问题。操作温度高，使这套组件的拆卸报废很困难，目前还没有从YSZ电解质材料中回收钇的工艺。

熔融碳酸盐燃料电池（MCFC）的完整LCA已有尝试（Lunghi和Bove，2003）。电极和电解质基体制造是用混合粉末成分与粘合剂以及溶剂通过铸模和干燥后形成片材来完成的。

浆料制备中一些成分是工业秘密而在LCA中省略。分析的结果包括资源的使用和在空气、废水和土壤中的排放。一个关键的资源可能是镍，古巴是最大的供应国。表6.4用物理术语总结了提到的这些方面的主要寿命周期影响。

从表6.4看出，最大寿命周期影响来自负电极的制造。表6.5将这些影响货币化的尝试表明了对全球变暖的影响以甲烷排放为主，表6.4显示对健康的影响中大量的二氧化硫排放占主导。根据意大利的中试生产推测这些数值会在MCFC的真正商业生产情况下大幅减小。

表6.4　1m² 单个熔融碳酸盐燃料电池的不同组件对寿命周期影响的贡献

寿命周期影响	负极	正极	电解质	双极板	综合	单位
电能输入	153.2	82.6	73.03	5.47	314	kWh
CO_2	508	214	127	8.03	857	kg
CH_4	423	131	36.2	0.502	591	g
N_2O	12.2	3.8	3.5	0.0014	19.4	g
SO_2	10.9	6.67	1.5	0.26	19.4	kg
SO_x（取SO_2）	2.01	0.61	0.08	—	2.7	kg
CO	121	45.4	25.2	37.6	229	g
NO_2	366	224	—	14.3	604	g
NO_x（取NO_2）	697	214	27.8	—	939	g
非甲烷VOC	420	129	16.8	0.03	566	g
VOC	—	—	—	15.5	15.5	mg
苯	0.895	0.31	0.031	0.01	1.3	g

注：基于Lunghi和Bove（2003）的数据。

表6.5　与表6.4给出的物理影响相关的货币化寿命周期影响，使用表6.1说明

影响类别	物理影响	货币化值/（欧分/kWh氢气）	不确定性（范围）
环境	**排放**		
制造（全球变暖）	表6.4	301	（200~400）
制造（健康影响）	表6.4	13467	高
运行	NA		
职业影响			
职业病与事故	NA		
经济影响			
直接经济影响（产品成本）		NQ	
资源使用	Ni的可用性	NQ	
加工劳动力需求	5人·年/MW	NQ	
利润（产品价值）		6~12	

注：表中影响基于1m²燃料电池面积，因为燃料电池的寿命内发电量没有数据。

6.2.3.2 质子交换膜燃料电池

图6.5显示了生产汽车用质子交换膜燃料电池（PEMFC）堆的主要步骤。燃料电池的几个组件与其他工业产品的组件没有很大不同（金属、碳纤维或石墨、塑料），其寿命周期影响可以从一般性的研究结果中获得。然而，也有例外。首先，每个电池单元中基于烃类（Kreuer，2003，第33章）的氟化离子树脂（Barbi 等，2003）或有机材料（Evans 等，2003）的聚合物膜的使用，可能会导致报废或回收方面的特别问题（Handley 等，2002）。虽然在某些情况下燃烧前须小心分离难处理的材料（如有机膜中使用的钯），但是回收很困难，还是建议焚烧。其次，当双极板的钢和碳材料可以很容易再利用或碳焚烧时，又有少量的特殊材料需要注意。其中最重要的是作为电极催化剂的 Pt 或 Pt 化合物。由于提取和净化过程中的排放量，特别是在环境保护经验不够丰富的地区的工厂，Pt 会造成严重的负面影响，如 Pehnt（2001）的南非铂案例研究中所看到的。

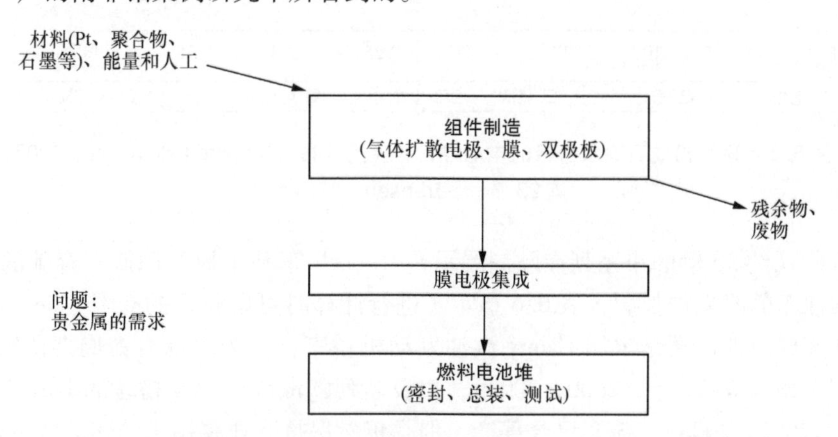

图6.5 PEMFC 堆工业制造的寿命周期路线（Sørensen，2004c）

这些影响可以通过 Pt 的回收和重复使用而大大降低，正如所有的重金属都应如此。Jaffray 和 Hards（2003，第41章）讨论了一种燃料电池产业的铂供给策略。在重量方面，电池堆组件分解如图6.6所示，可以看到可供选择的双极板传统材料：石墨或铝。最近导电聚合物制成的双极板已被开发（Middleman 等，2003），双极板的厚度和重量都有减少。

如果 PEMFC 需要重整反应器，会有额外的影响，取决于燃料和使用的设备。直接甲醇燃料电池也是同样情况，取决于生产甲醇的方法，基于天然气还是生物质能源。

相对于那些运行周期较长的技术，一般来说目前 PEMFC 较短的寿命会增加寿命周期影响。目前的电池在运行少于2000h 后性能大幅度下降（Ahn 等，2000；Myers 等，2009），即使对于5年的目标寿命，电池更换也比大多数能源技术频繁得多。

6.2.4 常规乘用车与配备燃料电池的乘用车的寿命周期比较

在这里被选作 LCA 研究的乘用车都具有表6.6中的特点。戴姆勒－克莱斯勒的 f－cell 是进入限量系列生产（估计60～80辆）阶段的第一款燃料电池乘用车，首先在日本展示（Tokyo Gas Co.，2003），然后在欧洲和北美。此前是 Citaro F 燃料电池大客车在2003年进入

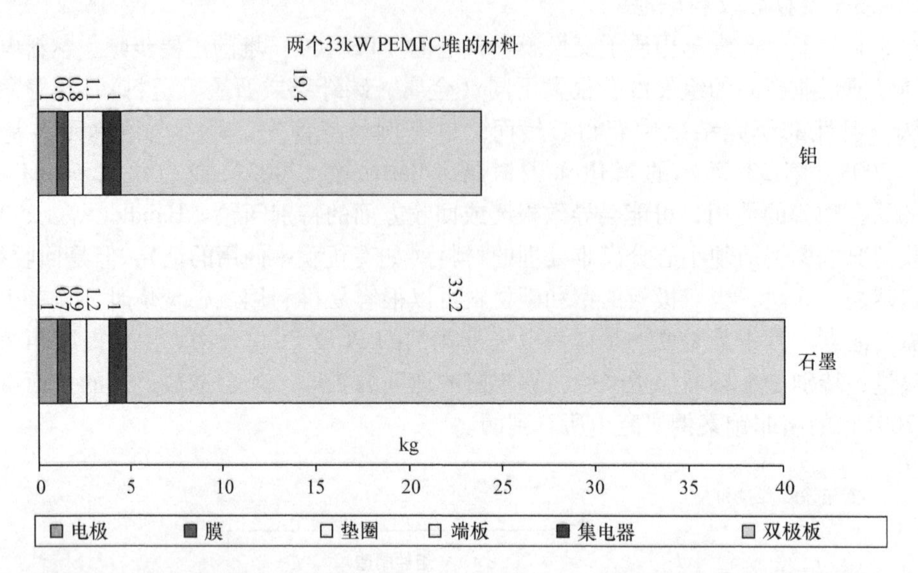

图6.6　采用铝或石墨双极板的电池堆材料使用分布（Mepsted 和 Moore，2003，第23章；Sørensen，2004c）

了类似的阶段（约30辆的小系列在欧洲展示）。f－cell 车基于梅塞德斯－奔驰的 A2 商业系列汽油和柴油车的略微加长版，表6.6显示了进行计算时可以获得的有限数据。研究中比较用的两款非燃料电池汽车是丰田 Camry 汽油发动机轿车，作为以前寿命周期研究中2000年度美国典型车型（Weiss 等，2000，2003），以及名列欧洲混合驱动榜首的 Lupo 3L TDI 柴油轿车（VW，2002，2003）。该车已经停产，但是仍然保持商业乘用车的燃油效率记录。在其计划中省油车型缺位几年之后，2011年大众再次推出一个与 Lupo 的燃油效率基本相当的车型（Polo Blue Motion）。表6.6给出了总的材料使用调查，以及要在 LCA 中使用的重量和燃油消耗细节。这些也总结在图6.7和图6.8中。

表6.6　使用的基本车辆数据（Sørensen，2004b）

乘用车（1~5人加行李）描述	2000年美国平均车型 汽油发动机 Toyota Camry	2000年欧洲最好车型 共轨柴油发动机 VW Lupo 3L	35MPa 氢气燃料 PEMFC/电动机 DaimlerChrysler f－cell	单位	参考文献
裸车质量（车身，底盘）	930	570	800	kg	3，4，7，估计值
驱动系统质量	340	220	600	kg	3，估计值
电池质量	12	10	40	kg	3，4，估计值
燃料及油箱/附件质量	<40	<35	3＋100	kg	3，4，估计值
原质量（空载）	1300	825	1589	kg	4，5，6
钢质量		410		kg	4
塑料、橡胶质量		130		kg	4
轻金属质量		130		kg	4
载荷质量	<350	<340	<340	kg	3，4

（续）

乘用车（1~5人加行李）描述	2000年美国平均车型 汽油发动机 Toyota Camry	2000年欧洲最好车型 共轨柴油发动机 VW Lupo 3L	35MPa氢气燃料 PEMFC/电动机 DaimlerChrysler f-cell	单位	参考文献
总质量（乘员2，油箱满度0.67）	1440	980	1725	kg	3，4
滚动阻力系数	0.009	0.0068	0.0068		3，估计值
风阻系数	0.33	0.25	0.25		3，4
辅助电源	0.7	0.6	1	kW	3，估计值
发动机/燃料电池额定功率	109	45	69	kW	3，5，6
电动机额定功率			65	kW	5，6
电池额定功率		4/732	20/1400	kW/Wh	5，6
重整器效率（未安装）					
发动机/燃料电池效率①	0.38	0.52	0.68		3，7，计算值
变速及传动效率①	0.75	0.87	0.93		3，估计值
电动机效率			0.8		3
燃料使用①	2.73	1.08	0.8~1.44②	MJ/km	3，7，计算值
燃料使用①	12	33		km/L	3，4，5
燃料到车轮效率①	0.15	0.27	0.36		3，计算值

注：参考文献：3为Weiss等(2000)；4为VW(2002)；5为VW(2003)；6为Tokyo Gas Co.(2003)；7为Weiss等(2003)。

① 标准的混合驾驶循环。燃料到车轮效率是车克服空气和路面的摩擦做的功，再加上抵抗重力和用于加速/减速做的净功，以上所有的功除以燃料输入（注意，这个效率概念随空气阻力和滚动阻力线性变化）。

② 对已制造的第一辆f-cell汽车，为1.44MJ/km，有希望降低（DC，2004）。

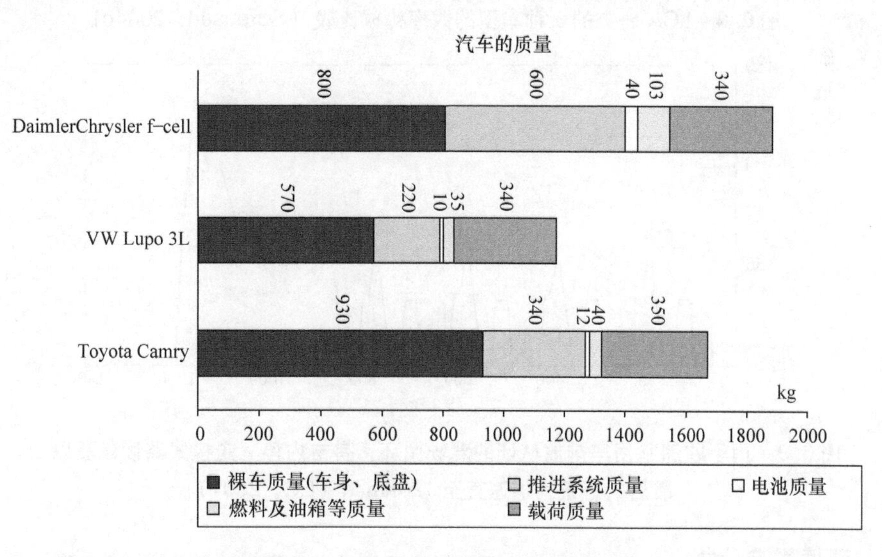

图6.7 LCA分析选用的3辆乘用车的质量分布比较（Sørensen，2004c）

图 6.7 显示，Lupo 比在可能的情况下采用轻质材料（但根据碰撞测试仍处于顶级安全范畴）的普通汽车的质量小，燃料电池汽车虽然外观看起来小，但质量比传统汽车大，由于使用了氢气管理与转换相关的较重的设备。图 6.8 比较了所研究的 3 种车型的效率。在能源方面，f－cell 汽车的燃料使用效率略低于 Lupo，两者都大大低于目前的平均车型。可以看到燃料电池汽车的“燃料到车轮效率”（fuel－to－wheel efficiency）大大改善，优于高效的柴油车，当然也比传统的汽油车好。但是这个结论是采用理论模拟计算燃料使用的结果。实际的 f－cell 汽车没有达到这一目标。该模拟利用了用于欧洲汽车官方评级的新的欧洲驾驶循环，如图 6.9 所示。

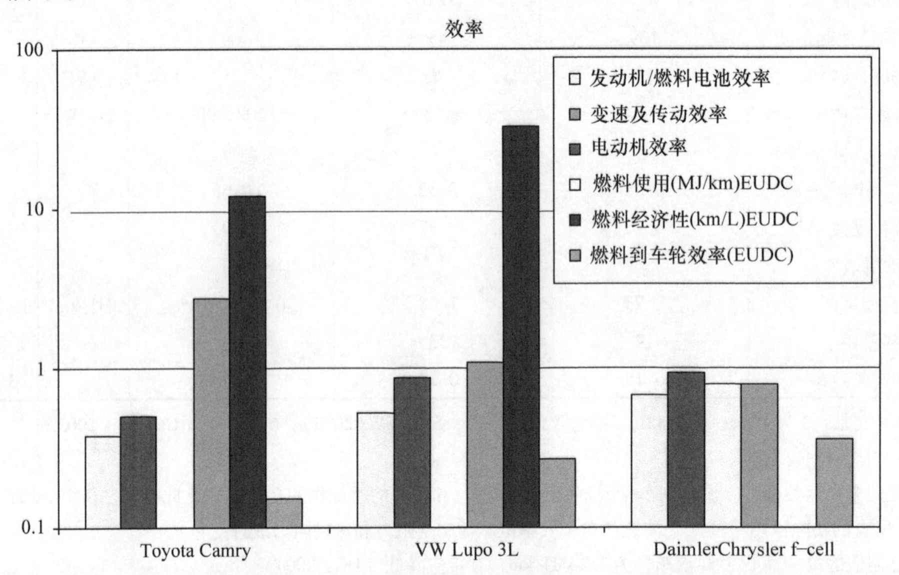

图 6.8　LCA 研究的 3 种车型的效率构成比较（Sørensen，2004c）

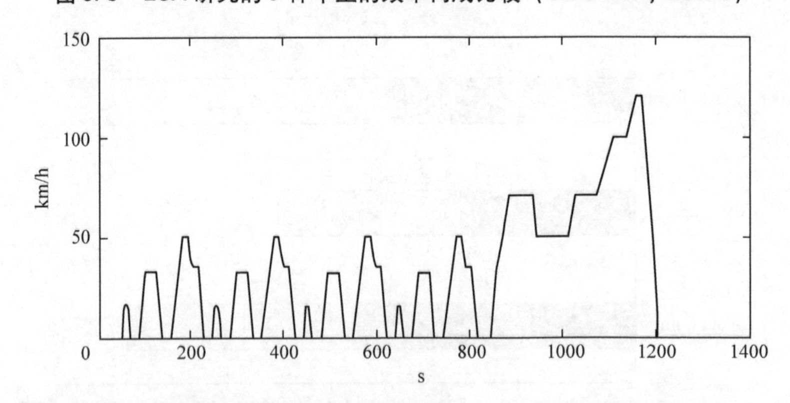

图 6.9　用于欧洲乘用车排放认证的驾驶循环，有市内停－走模式路段驾驶以及最后的一系列加速直至 120km/h（EC，2001）

6.2.4.1　环境影响分析

表 6.7 给出了所选汽车的环境 LCA 数据，显示车辆的寿命周期各阶段发生的能源使用和

排放，基于上面提到的研究加上作者自己的计算和估计。这些影响按 LCA 数据库要求以物理单位给出，随后转化为对健康和环境的具体影响，包括对全球变暖的影响。特别感兴趣的是 f－cell汽车的制造和使用产生的影响，见 6. 2. 3 节的讨论。

表6. 7 寿命周期的环境影响（Sørensen，2004c）

乘用车（1～5 人加行李） LCA 环境影响 寿命周期内排放	2000 年美国 平均车型 奥托发动机 Toyota Camry	2000 年欧洲 最好车型 共轨柴油发动机 VW Lupo 3L	天然气制氢 PEMFC/电动机 DaimlerChrysler f－cell	剩余风电制氢 PEMFC/电动机 DaimlerChrysler f－cell	单位	参考文献
汽车制造	生产＋材料	总量/燃料电池堆				
能量使用	87	37＋51	93/?，178/80①	93/?，178/80	GJ	7，4，9
温室气体排放	1. 7	0. 5＋0. 5	1. 7/?，2. 8/1. 4①	1. 7/?，2. 8/1. 4①	t	7，4，9
SO_2 排放		1. 6＋10. 0	36/14. 5①	36/14. 5①	kg	4，8
CO 排放			？/1. 7	？/1. 7	kg	8
NO_x 排放		1. 8＋4. 6	？/14. 5	？/14. 5	kg	4，8
非甲烷挥发性有机物		2. 0＋1. 3	？/1. 7	？/1. 7	kg	4，8
颗粒物排放		0. 3＋4. 0	？/2. 6	？/2. 6	g	4，8
苯			？/2. 3	？/2. 3	g	8
苯并吡			？/0. 034	？/0. 034	g	8
燃料生产（300000km 行程）						
能量使用	156	67	185	185	GJ	4，7
温室气体排放	3. 6	0. 4	8. 6	0	t	4，7
SO_2		9		0	kg	4
NO_x		40		0	kg	4
非甲烷挥发性有机物		60		0	kg	4
颗粒物		1		0	kg	4
Pd（如果使用重整器）						
寿命周期运行（15 年，300000km）②		包括报废估计				
能量使用	819	324	240	240	GJ	3，4
温室气体排放	16. 1	6. 5	0	0	t	3，4
SO_2		1. 6	0	0	kg	4
CO		30	0	0	kg	4
NO_x		75	0	0	kg	4
非甲烷挥发性有机物		2. 7	0	0	kg	4
颗粒物		6	0	0	kg	4
PAH		1. 5	0	0	kg	4

（续）

乘用车（1~5人加行李） LCA环境影响 寿命周期内排放	2000年美国 平均车型 奥托发动机 Toyota Camry	2000年欧洲 最好车型 共轨柴油发动机 VW Lupo 3L	天然气制氢 PEMFC/电动机 DaimlerChrysler f-cell	剩余风电制氢 PEMFC/电动机 DaimlerChrysler f-cell	单位	参考文献
N_2O：对平流层臭氧的影响	13	1	~0	0	kg	4，计算值
报废（未做单独估算）						
总量						
能量使用	1062	479	603	603	GJ	3，4，7，9
温室气体排放	21.4	7.9	11.4	2.8	t	3，4，7，9
SO_2	61	22.2	36	36	kg	4，8
CO		30			kg	4，8
NO_x	70	121			kg	4，8
非甲烷挥发性有机物		66			kg	4，8
颗粒物	12	11.3			kg	4，8

注：参考文献：3为Weiss等(2000)；4为VW(2002)；7为Weiss等(2003)；8为Pehnt(2001)；9为Pehnt(2003，第94章)。

① 铂制造过程（假设在南非）消耗30%的能量，产生40%的温室气体和67%的酸化，假设不进行任何回收（参考文献8）。

② 维护的影响没有估计。

这里考虑的燃料电池汽车直接使用氢。如果使用甲醇或汽油重整，重整装置会产生额外的影响，例如钯催化剂经常会产生很大的影响，应该尽可能地循环利用。

没有发现有关报废的单独数据，尽管VW（2002）声称已经将其包括在“寿命期运行”中。在丹麦，汽车送到回收站需要付约500欧元费用，假设用来负担报废费用减去卖废配件的收入。正在讨论欧洲的法规，要求报废是初始购买价格的一部分，制造商必须优化整车便于报废，并且在使用期结束时回收以达到最大限度的再利用。

大众汽车的报告（VW，2002）是一个针对沃尔夫斯堡制造厂的详细而地点特定的LCA，包括该工厂输入输出的材料和水。该报告主要针对Golf车型，但是这里所做的外推到Lupo车型的做法已经在VW（2002）的环境报告里有所体现。表6.7的环境影响总结在图6.10中。

6.2.4.2 社会和经济影响分析

表6.8给出了汽车寿命周期内的职业风险，基于标准的工业数据（即影响与成本成正比）。就业的数据基于丹麦能源行业的统计（Kuemmel等，1997）。道路事故率取自几项丹麦的研究，远高于世界其他地区。健康和伤害影响还是基于几项丹麦的研究（参见Kuemmel等，1997），这是那些不是很具体的视觉和噪声影响（通过享乐价格来估计），以及不便，如在公共道路附近儿童必须有人看护或者行人一般不得不通过迂回的路径穿过有交通灯的街道，这种情况下等待时间也是要估价的。

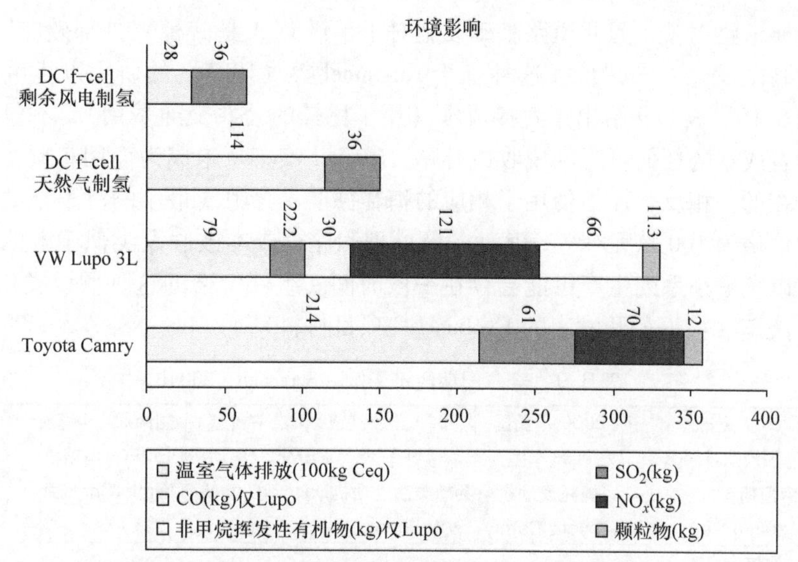

图6.10 寿命周期分析中考虑的3种车型的环境影响的比较，燃料电池汽车用的氢来自天然气或剩余风电（Sørensen，2004c）

表6.8 寿命周期的社会影响（Sørensen，2004c）

乘用车（1~5人及行李）[①] LCA社会影响及 其他环境影响	2000年美国 平均车型 奥托发动机 Toyota Camry	2000年欧洲 最好车型 共轨柴油发动机 VW Lupo 3L	天然气制氢 PEMFC/电动机 DaimlerChrysler f-cell	剩余风电制氢 PEMFC/电动机 DaimlerChrysler f-cell	单位	参考文献
汽车制造/报废						
工作机会	0.3	0.3	1.8	1.8	人·年	1
职业风险：死亡	0.0001	0.0001	0.0005	0.0005		1，12
职业风险：重伤	0.003	0.002	0.015	0.015		1，12
职业风险：轻伤	0.015	0.013	0.08	0.08		1，12
维护						
工作机会	0.3	0.3				1
职业风险（死亡/重伤/轻伤）	0.0001/0.003/0.015	0.0001/0.002/0.013				1，12
驾驶						
事故（死亡/重伤）[②]	0.005/0.050	0.005/0.050	0.005/0.050	0.005/0.050		1
压力/不便	有些	有些	有些	有些		1
机动性	好	好	好	好		
社会因素的时间使用（认知因人而异）						
噪声（经济定量化见表6.10）	有些	有些	少	少		1
视觉影响（汽车在环境中的；认知因人而异）						
道路基础设施的影响（道路建设，维护，视觉影响：在表6.10中以货币形式估计）						
汽车基础设施的影响（服务，维修，交通警察及法庭，保险：大部分已经包括在表6.9给出的成本中）						

注：参考文献：1为Kuemmel等（1997）；12为European Commission（1995）。

① 所有的数据假设15年、300000km的使用寿命。

② 丹麦的统计数据已经使用。

汽车需要道路驾驶，因此道路基础设施对于车辆 LCA 是一种“外部效应”，LCA 必须与车辆运行的基础设施一同评价。这种基于 Kuemmel 等（1997）的研究以货币形式的评估见表 6.9 和表 6.10。表 6.9 给出了直接成本（用于比较的公共交通费用），不包括许多国家代表实际消费者成本的任何可观的税收或补贴。f－cell 汽车从未成为商用车型，所以它的市场价格是不存在的。相反，评估使用了相应的梅赛德斯－奔驰（最小的汽车）的价格，假定燃料电池堆的价格为 100 欧元/kW，其他的氢处理和储存成本被假设类似于电池堆的成本。最后，乘以 2 以考虑小系列生产可能会存在一段时间。组件价格的这种假设类似于 Citaro F 燃料电池公共汽车（根据公开发表的 Evobus EC 项目材料）。

表 6.9　寿命周期经济影响（Sørensen，2004b）

乘用车（1～5 人及行李）LCA 经济影响及寿命预期：15 年，300000km	2000 年美国平均车型奥托发动机 Toyota Camry	2000 年欧洲最好车型共轨柴油发动机 VW Lupo 3L	天然气制氢 PEMFC/电动机 DaimlerChrysler f－cell	剩余风电制氢 PEMFC/电动机 DaimlerChrysler f－cell	单位	参考文献
直接经济						
汽车（估计成本，不包括税/补贴）	15000	13000	80000②	800000②	欧元	估计值
道路（在表 6.10 中折算成货币）						
燃料成本（在加油站①，未含税）	15000	5455	15600	15600	欧元	估计值
服务与维护	15000	13000	80000	80000	欧元	估计值
报废（包括在购车价格）						
时间使用（需要付费的时间，因人而异）						
满足机动性的参考成本	35000	35000	35000	35000	欧元	③
资源使用						
见表 6.6 的材料，循环利用将有所不同						
劳动力与贸易平衡						
工作机会分布（近 50% 当地，即使当地不生产汽车或燃料）						
进出口份额（国家间不同）						

① 油价保持目前水平，15 年时间里氢的价格从 100 欧元/GJ 到 30 欧元/GJ 线性下降（预期 50000 辆车；Jeong 和 Oh，2002），加氢站初始成本未计入。

② 反映了小系列成本；目前 85kW 的 PEMFC 堆的成本约为 10000 欧元（预期 2025 年时约为 2500 欧元）（Sørensen，1998；Tsuchiya 和 Kobayashi，2004）。

③ 公共运输估计价格。

表 6.10　总外部效应评估（Sørensen，2004c）

乘用车（1～5 人及行李）寿命周期评估外部效应货币化	2000 年美国平均车型奥托发动机 Toyota Camry	2000 年欧洲最好车型共轨柴油发动机 VW Lupo 3L	天然气制氢 PEMFC/电动机 DaimlerChrysler f－cell	剩余风电制氢 PEMFC/电动机 DaimlerChrysler f－cell	单位	参考文献
车辆有关的环境排放（基于表 6.7）						
人类健康影响	38100	14000～40000②	22500③	22500③	欧元	1
全球气候影响①	32100	12000	14700	4200	欧元	1

（续）

乘用车（1~5人及行李） 寿命周期评估 外部效应货币化	2000年美国 平均车型 奥托发动机 Toyota Camry	2000年欧洲 最好车型 共轨柴油发动机 VW Lupo 3L	天然气制氢 PEMFC/电动机 DaimlerChrysler f-cell	剩余风电制氢 PEMFC/电动机 DaimlerChrysler f-cell	单位	参考文献
定量化的社会影响（基于表6.8和表6.9）						
职业健康风险	648	632	3241	3241	欧元	1
交通事故，包括救援和医疗成本	31200④	31200④	31200④	31200④	欧元	1
交通噪声	9000	9000	5000	5000	欧元	1，估计值
道路基础设施（环境与视觉影响）	28000	28000	28000	28000	欧元	1
不便（对儿童、行人等）	30000	30000	30000	30000	欧元	1

注：参考文献：1为Kuemmel等（1997）。

① 主要由热带疾病和事故死亡引起，按欧洲标准估值（300万欧元/人），参见Kuemmel等（1997）的讨论。

② 估计上限是由于与早期的估价比较，NO_x的影响可能增加（通过NO_x尾气脱除，也可能会减少）。

③ 可以通过Pt循环利用来减少（Pehnt，2001）。

④ 这个数字的一半来自事故死亡的300万欧元估值。

维护成本取作资本成本的一个固定比例，因此对燃料电池汽车来说会很大（对于一个新产品几乎莫不如此）。氢成本是用天然气来生产氢的成本，会随时间变化。它不包括建立氢填充站的初始高成本。风能产氢没有单独的成本估计，见Sørensen等（2004）的讨论。汽油和柴油燃料的价格取目前的水平，不考虑车辆运行期间可能会增加。社会寿命周期影响在图6.11中概述。

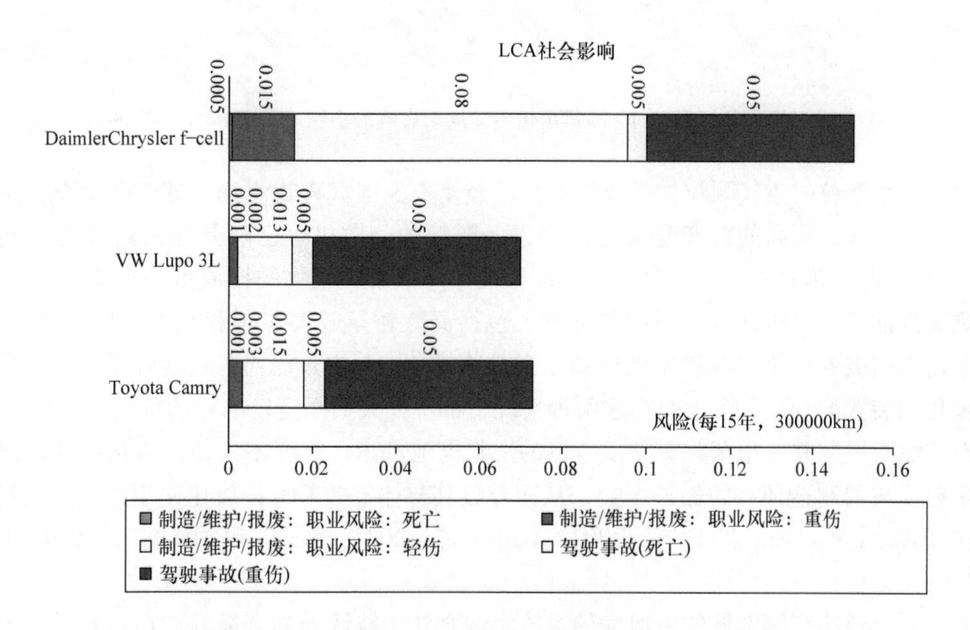

图6.11 寿命周期分析中考虑的3种车型的社会影响的比较（Sørensen，2004c）

6.2.4.3 总体评估

总的外部效应成本（即那些没有反映在直接消费者成本中的）见表 6.10。这涉及把影响从物理单位转换为共同货币单位，在这种方法中固有的问题是要对人的生命对社会的损失估价。附加说明与这样的事实有关：诸如意外死亡这样的影响并不总是在享受汽车驾驶好处的同一社会中发生。这些问题已经进行了讨论，例如在 Sørensen（2011；2017）。所考虑的 3 种车型所有货币化的影响在图 6.12 中进行了总结。影响中非常大的部分来自道路基础设施、交通事故和烦恼。这对所有的车辆都是相同的，除了氢燃料汽车噪声较小。另一大影响是污染物向空气中的排放。部分的排放是制造和维修引起的，汽油和柴油车的排放在呼吸的高度，尽管有排气清洁的尝试（比中央发电厂的效率低）。这一部分普通汽车比 Lupo 3L 大，燃料成本也更高。关于温室气体的排放，使用天然气制氢的 f - cell 汽车不比 Lupo 好，但氢来自可再生能源的优势是巨大的。

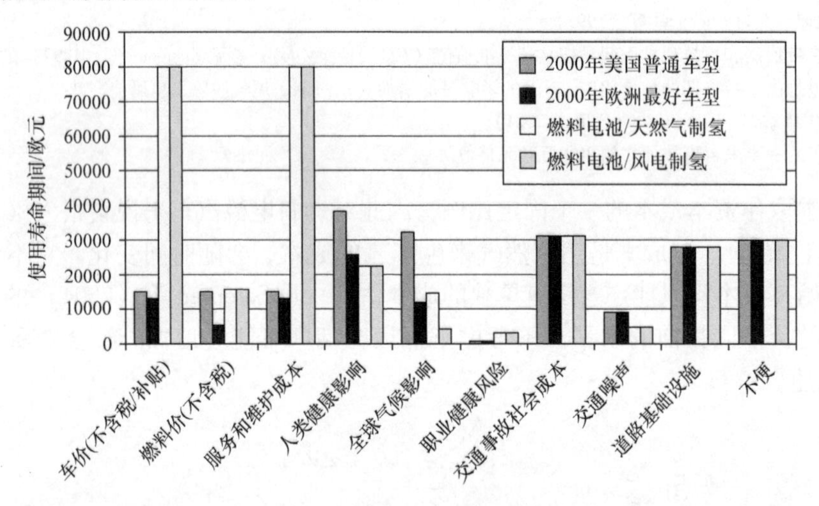

图 6.12 表 6.9 和表 6.10 的货币化寿命周期影响的小结（Sørensen，2004c）

对包括小颗粒的空气颗粒物排放的关注已经使不少国家喜欢汽油车甚于柴油车，除了卡车和公共汽车等，更高的效率是决定性因素。颗粒的分散机理已经是深入研究的主题（例如，Kryukov 等，2004）。上面考虑的 Lupo 柴油车降低了颗粒物的排放量（见表 6.7），水平可以媲美汽油车，但所有欧洲新的柴油车，包括高效轿车、大客车和卡车，按 2010 年规定在欧盟范围内被要求使用可减少 90% 以上颗粒物排放的静电过滤器，这将好于汽油车使用的小型催化剂装置的 SO_2 脱除（但在这两种情况下都不如大型固定发电厂的排气净化）。

对于载有甲醇并使用车载重整反应器的燃料电池汽车，有温室气体的直接排放，以及燃料和重整反应器制造环节的额外影响，从而导致其整体等效 CO_2 排放比使用纯粹氢燃料流汽车高出 10%（MacLean 和 Lave，2003；Ogden 等，2004；Patyk 和 Höpfner，1999；Pehnt，2002）。

除了所有道路车辆常见的一般性的系统影响之外，被认为具有最好的市场接受潜力的插电和自主混合动力汽车（见第 4 和 7 章）具有由燃料电池组件和电池引起的寿命周期影响。

电池生命周期评估表明，锂离子和氯化镍钠电池的影响小于铅酸和镍金属电池（Bossche 等，2006）。对于新型锂离子电池的特定生产工艺，Zackrisson 等（2010）发现生产中的温室气体排放至少与插电汽油/电池混合动力汽车的电池使用过程中超标排放量相同（不计入假定的电池循环利用的影响）。只包括了因车载电池的重量加上泄漏的额外排放，一些与全球变暖无关的影响只给出了相对的数据（这是一个受到强烈批评的比较敷衍的 LCA 方法，见 Sørensen，2011）。

关键因素是能源输入的来源，将一个特定国家当前的电力构成外推到未来情况下可能给出严重误导的结果，例如未来情况下燃煤电厂已由风电取代。图 6.13 说明了这个情况，给出了常规和纯燃料电池汽车在韩国运行的直接成本加上全球变暖和污染的社会成本的低、中、高估计（乐观的成本数据已经用在 2015 年的远景方案）。Colella 等（2005）收集了有关目前氢和混合动力汽车的气候和污染研究的数据，Offer 等（2010）比较了包括氢燃料电池/电池混合动力在内各种电池和燃料电池汽车，USDoE（2010b）和 Thomas（2009），以及重新发表的 Veziroglu 和 Macario（2011）的研究发现了混合动力汽车的积极寿命周期影响。

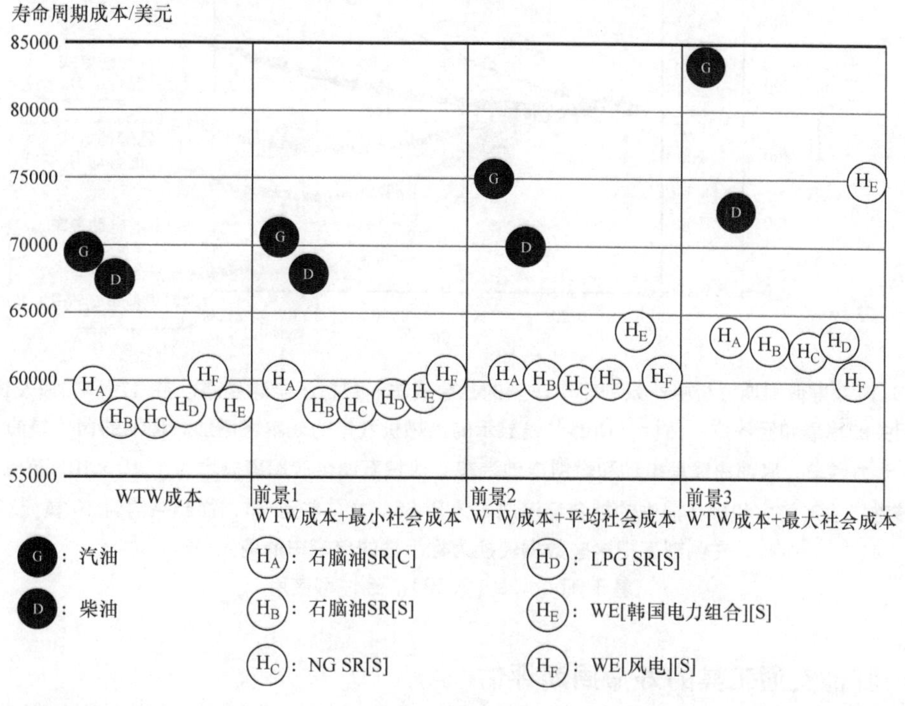

图 6.13 韩国 2015 年远景方案中“油井到车轮”直接成本（WTW，左列），以及该直接成本加上作为社会成本的全球气候变暖、空气污染的外部成本（右侧三列，文献调查中遇到的 3 个货币化假设：最小、平均和最大）。在寿命周期评估考虑中，目前的汽油车（G）和柴油车（D）使用（增加的）2015 年价格的燃料，并与纯燃料电池汽车比较，假定在 2015 年具有经济竞争力，可能获得韩国政府补贴，使用多个来源（H_x；x=A，…，F）的氢。缩略语是 SR—水蒸气重整，NG—天然气，LPG—液化石油气，WE—电解水，C—集中化生产，S—加氢站分散生产。注意风电制氢与（当前）韩国电力组合下制氢的越来越大的差别。引自 Lee 等（2009）。经许可使用

总结在图 6.14 中的 Thomas（2009）的评估十分有趣，因为它确定了进口石油的地缘政治影响是燃油车辆寿命周期影响的主要因素。发现一个大的外部效应成本与旨在确保获得石油供应的军事支出相关联，而更大的影响是为了适应石油生产国的贸易条件和政策意愿，对经济的间接影响（美国的情况例证了这一点）。军事政策和石油安全之间的这种联系常常有人提出（见 Sørensen，2011；第 5 章），但是对于耦合的强度，以及最近的伊拉克战争（始于 2003 年）多大程度上可以作为一种有效的例子仍有争论。这些想法在美国的汽油和纯燃料电池汽车之间的另一个寿命周期比较也被提起（Sun 等，2010），但没有考虑更可能的市场竞争者，如混合配置的汽车。得出的结论与 Thomas（2009）的结论相似，即基于一系列不同的假设，汽油车的外部效应比燃料电池汽车的更大。

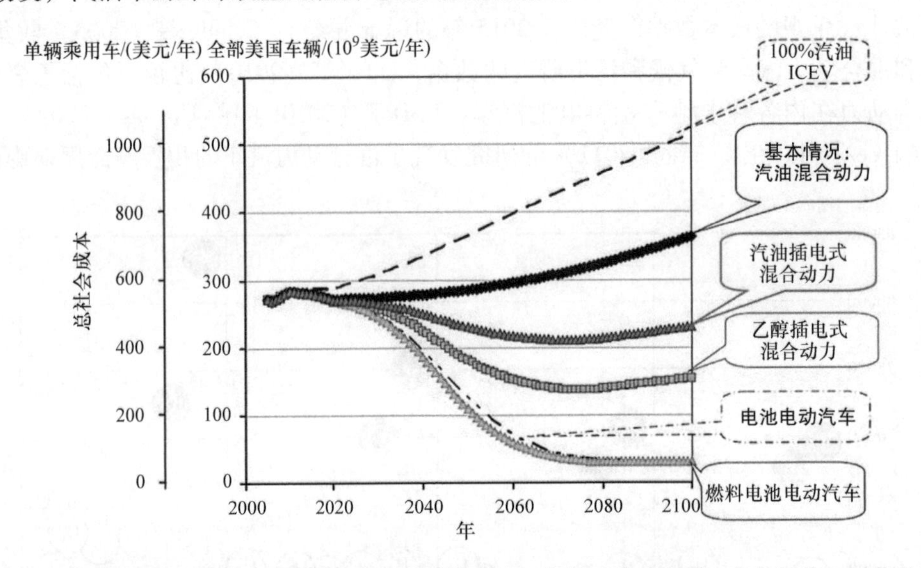

图 6.14　寿命周期分析中一系列轿车车型的社会成本。包括了全球变暖、空气污染，以及进口石油相关的军事和经济成本估计，顶部曲线显示的内燃机汽车的成本在增加。稍下的曲线是油－电池混合动力汽车，底部曲线是电动和燃料电池汽车。保护石油供应军事成本为 1.18×10^{11} 美元/年。财富转移、生产能力和破坏损失的社会经济成本为 2.65×10^{11} 美元/年，加起来约为 10 美元/GJ 油。左侧刻度把这些数据转换为标示性的单辆车的美元/年。

基于 Thomas（2009）。经许可使用

6.2.5　其他交通工具的寿命周期评估

由于燃料电池大客车和混合动力汽车是这项新技术的主要示范区，它们的寿命周期评估已经和小轿车一起完成了。Ally 和 Pryer（2007）发现，澳大利亚西部的条件下，燃料电池汽车的温室气体排放量远高于传统的柴油巴士，除非用于燃料电池的氢产自风能，而不用电网电力或水蒸气重整。Ou 等（2010）比较了其他各种客车技术在目前中国和美国的条件下的寿命周期的影响，发现因两国在能源系统上的差异而有很大的不同，推论说在中国的条件下，一些替代技术如电动公交车在包括外部效应的寿命周期评估中是有优势的，燃料电池公共汽车没有优势而需要重大的研发突破。类似的研究已在较早时针对大客车进行（Tzeng 等，2004）。

尽管火车的燃料电池运行正在考虑（例如日本），但优势并不明显，考虑到大多数火车是电气化的或计划成为电气化的，从而可以直接利用可再生能源发电（如风电）。对瑞士的一种高速地下磁悬浮列车提案的一个有趣的寿命周期分析发现，许多假设下的寿命周期影响均高于目前的列车，节省下来的时间价值不能超过因使用更快的列车引起的负面影响（Speilmann 等，2008）。

船舶寿命周期的研究，在很大程度上被局限在特殊情况下，如用 SOFC 供电的辅助电气设备（Strazza 等，2010），而陆上运输，研究覆盖了许多运输模式，至少针对温室气体排放的影响（Uherek 等，2010）。也有对可能使用燃料电池推进的船舶进行的其他环境评估（Altmann 等，2004）。欧洲委员会的研究考虑了一个用于小型渡轮的基于压缩氢气的 400kW PEMFC 推进系统，和一个奥斯陆 - 基尔航线上的大渡轮的 2MW 辅助电力系统。这里，比较了一个基于天然气的 SOFC 或 MCFC 系统与液氢 PEMFC 动力单元。在小渡轮情况下，今天的基本选项是使用轻质燃料油的柴油发动机，而较大的船会使用重质燃料油。这个寿命周期研究中的基本数据库据称是专有的，但这些数字与那些可公开获得的排放和影响数据库的结果非常相似。

表 6.11 给出了小型船舶上基于选定的氢燃料生产路线和使用相关的温室气体排放的圆整值，对于不同的能源系统和燃料，也包括 SO_2 排放（省略了有关可能产生有用副产品的好处的讨论）。当然，大型船舶辅助动力系统的相同的调查给出了基于氢的系统的类似结果，但柴油发动机的情况则有所不同，其中有两个不同的条件：对于大型船舶的大型柴油机效率要高得多，提供了较低的每千瓦时排放，但是重质燃料油的使用经常会造成较高的 SO_2 排放，详细情况取决于燃料的来源（和硫含量）。

表 6.11 燃料生产和小型渡船推进使用中产生的温室气体和 SO_2 排放（使用不同的技术）
（年度燃料消耗 991MWh 柴油或 539MWh 氢）

船舶能源系统（发动机或 PEMFC）	燃料生产产生的等量 CO_2 /（g/kWh_{th}）	推进产生的等量 CO_2 /（t/年）	燃料生产和使用产生的 SO_2/（t/年）
柴油发动机	38	302	0.125
风电制氢	25	18	0.014
天然气制氢	445	230	0.10
森林残余物气化制氢	14	7	少量
农业废料制氢	54	28	少量

注：基于 Altmann 等（2004）。

6.2.6 储氢和基础设施的寿命周期评估

氢能应用的大部分寿命周期评估都包括特定应用中使用的储存系统的分析。对于几种类型的能源储存系统，能量的需求是一个较大的问题。表 6.12 给出了当前用于移动应用的 4 种储存选项的能源需求，基于 Neelis 等（2004）及其引用的参考文献。

表 6.12　氢储存装置的材料和能源消耗

建造使用的材料	质量/kg	一次能源/MJ
碳强化环氧树脂用于氢加压储存		
低密度聚乙烯	0.5	16
环氧树脂	16.6	2460
聚丙烯腈	38.9	4232
不锈钢	2.8	125
总和	*58.8*	*6833*
液氢储罐		
铝	30.7	7140
不锈钢	5.0	223
总和	*35.7*	*7363*
低温 Fe－Ti 氢化物系统		
铁	271.3	12107
钛	232.7	99945
铝	88.0	20467
总和	*592*	*132519*
高温 Mg 氢化物系统		
镁	119	35486
铝	84	19536
总和	*203*	*55022*

注：基于 Neelis 等（2004）的数据。

对于适合便携式应用的小型储罐，Paladini 等（2003）给出质量约为 100g、体积约为 $20cm^3$、使用 $LaNi_5$ 或 Mg_2Ni 的金属氢化物储存方案。

对于载有重整反应器、使用甲醇作燃料的燃料电池汽车，与甲醇寿命周期有关的额外寿命周期影响也必须考虑。这样的分析已有发表，例如 Pehnt（2003，第 94 章）。作为 6.2.4 节（图 6.13）提到的工作的继续，Lee 等（2010）进一步分析了包括电解槽、储氢装置和分售机的风能驱动的加氢站。对与氢能基础设施相关的长期能源储存的一般性论述见 Bielmann 等（2011），其论述以瑞士为例。

在几个地方提到的作为大规模储氢和电力再生的最佳方案的地下储能方案，已经过初步的寿命周期分析（Sørensen，2015，第 11 章）。结果如表 6.13 和表 6.14 以及图 6.15 所示。建立和使用储存库本身或用于把初始能量（例如多余电力）转换成氢气、再将氢气转化为所需的能源形式的设备可能会产生社会和环境影响，既可能再生电力，也可能简单地将氢气用作汽车燃料，但仍需要转换或运输（压缩、管道输送等）。已经对天然气地下储存库进行了一些寿命周期评估研究（Barnhart 和 Benson，2013；Denholm 和 Kulcinski，2004），但由于氢气的渗透率和物理性质不同，可能会出现其他问题。

表6.13 地质、季节性储氢对寿命周期的物理影响，使用高温电解槽将电能转换为氢气及其逆转换

建造阶段的环境影响（盐穹或含水层）	影响类型，排放/(g/额定 MJ)①	不确定性及其范围
通过冲刷开挖盐穹		
能源使用（天然气或可再生能源）的 CO_2 排放	<0.2	L，g，m
用水	适中	L，r，n
用地	适中	L，l，n
废物（浓盐水，或可用于制盐）	低	L，r，n
备选方案：含水层，通过钻井进入		
使用天然气或可再生能源的 CO_2 排放	<0.1	L，g，m
用地	适中	L，l，n
电解槽（高温 SOEC）和地面设备		
制造用能源、化石燃料或可再生能源②	0.015MJ/额定 MJ①	L，g，m
钢②	0.015	L，r，n
氧化镍②	0.004	L，r，n
氧化锆②	0.003	L，r，n
镧②	0.001	L，r，n
使用的溶剂②	0.035	L，l，n
用水（见图6.15）	适中	L，r，n
用地（见图6.15）	适中	L，l，n
运行阶段		
计入光伏系统之外的影响	小	L，l，n
社会影响	事故	
工伤（基于类似行业）：	(10^{-9}例/额定 MJ)	
1. 挖掘	<1	
2. 电解槽及其他设备	<1	
3. 运行	~0	
4. 报废	<1	
经济影响	多方面	
能源偿付时间	小（年）	
劳动力需求	NA	
其他影响		
供给安全（电厂可用性）	高	
鲁棒性（技术可靠性）	高	
全球性问题（非剥削）	兼容	
分散化及选择	适中	
机构建设（除所需网格外）	适中	

注：引自 Sørensen（2015）。经 Elsevier 许可。

① 额定 MJ 指的是储存的容量，而不是电解槽的产量。

② 基于 Patyk 等（2013），假设电解槽的运行寿命为10000h。

假设天然气燃烧产生的 CO_2 排放量为115g/MJ。

NA—不适用；NQ—未量化；L、M、H—低、中或高不确定性；l、r、g—本地、区域或全球影响；n、m、d—近、中或远时间范围。

表6.14 地质、季节性储氢对寿命周期内环境和社会的破坏，使用高温电解槽将电能转换为氢气及其逆转换

工厂建设（洞穴、电解槽等）和所用材料对环境的影响	单位	影响	不确定性及其范围
化石燃料排放的温室效应（表6.13）①	kg 等量 CO_2/MJ H_2	0.0006（0）	L，r，n
化石燃料排放的货币化的温室效应②	百万欧元/MJ H_2	0.00006（0）	H，g，m
臭氧消耗①	kg 等量 CFC-11/MJ H_2	0.000000001	L，r，n
酸化①	kg 等量 SO_2/MJ H_2	0.000003	L，r，n
富营养化①	kg 等量 NO_x/MJ H_2	0.000001	L，r，n
光化学烟雾①	kg 等量 C_2H_4/MJ H_2	0.000002	L，r，n
用水①	m^3/MJ H_2	0.00012	L，r，n
用地①	m^2/MJ H_2	0.000013	L，r，n
视觉侵扰		NQ	L，l，n
社会影响			
空气污染造成的死亡率和发病率③	百万欧元/MJ H_2	0.000003（0）	H，r，n
对人体有影响的特殊有毒物质①	kg 等量 $C_6H_4C_{12}$/MJ H_2	0.0008	M，r，m
工伤		小	L，l，n
经济影响	美元/kg H_2生产	见正文	

注：引自 Sørensen（2015）。经 Elsevier 许可。

① 电厂贡献引自 Patyk 等（2013）和表6.13，前者给出了未披露电厂寿命情况下生产每千克氢的影响。括号里的值对应可再生能源用于生产材料和安装的情况。

② 100年的全球变暖效应，根据 Sørensen（2011）使用260万欧元的欧盟生命损失估值估算的。

③ 死亡率取与变暖相关的死亡数字，发病率使用一年残疾调整寿命缩短（DALY）65000欧元的估值。

NA—不适用；NQ—未量化；L、M、H—低、中或高不确定性；l、r、g—本地、区域或全球影响；n、m、d—近、中或远时间范围。

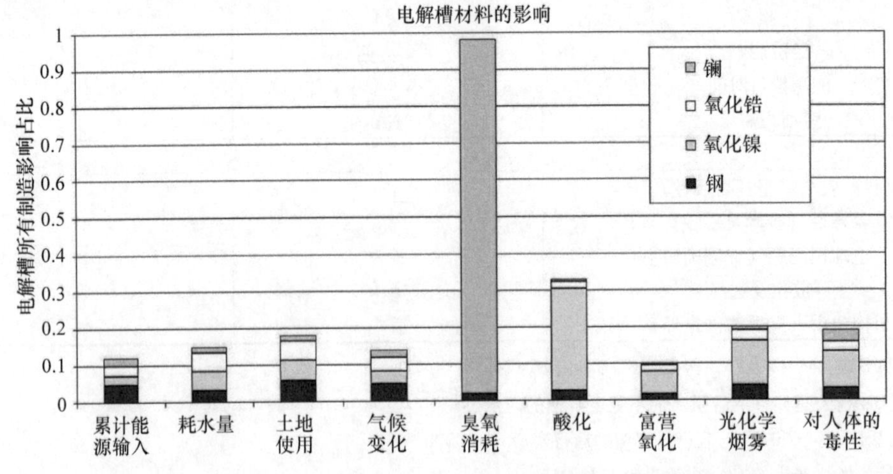

图6.15 固体氧化物电解槽（SOEC）所用材料的影响分布，作为总体影响的一部分。引自 Sørensen（2015），使用 Patyk 等（2013）的数据

如果诸如风或太阳辐射这样的不可控来源产生的多余电力没有其他使用途径，直接经济评估将会把电力投入价格设定为零。这方面被一些不全面的寿命周期分析忽略了，通常会以允许减去输入能量成本的方式（例如使用商业寿命周期分析软件）呈现（Cetinkaya 等，2012；Dufour 等，2012）。这里使用的 Patyk 等（2013）的研究确实允许这样的分离，但仅对使用固体氧化物燃料电池的电力到氢气的转换有效（在电解模式下操作时称为 SOEC）。此外该研究是针对实验室规模的 SOEC，可能不代表在实际安装中使用的技术，该研究针对加油站储存一定量氢气的影响进行评估，这对于氢气输入和输出随整个能源系统和需求模式变化的地下储藏来说不是很有意义。因此，表 6.13 未给出单位氢气的影响，但给出单位额定储存容量的影响，这是与地下洞穴储存更相关的参数。

人们发现建立洞穴几乎不会产生负面影响，如果运行所需能量来自可再生能源，将不会有温室气体排放。这意味着主要影响来自用于充放氢气用的燃料电池的制造，细节如表 6.14 和图 6.15 所示。这种有限的评估得出的结论是大规模地质储氢的影响非常轻微。

6.2.7 氢系统的寿命周期评估

某些具体的氢能应用系统的寿命周期分析已经讨论过了，如 6.2.4 节关于乘用车的讨论，6.2.5 节分析客货运输的其他方式，6.2.6 节有关储存和分销的基础设施。也可以对建筑物集成的燃料电池系统进行类似的寿命周期分析，对于大型建筑物以及独立住宅建筑（Fleischer 和 Oertel，2003）。可以考虑各种类型的燃料电池进行热电联产（见图 5.51，包括使用可逆燃料电池），并与使用天然气的类似系统比较（Ren 和 Gao，2010）。把负面影响分配给热和电这两种能量输出形式的可能性，使每种能量形式每 kWh 有用能量的负面影响降低。一项关于马来西亚的基于 PEMFC 的住宅热电联产系统的特别研究见 Mahlia 和 Chan（2011）。这套系统是独立的，就供电而言，用于为远离电网（但是有管道天然气用于燃料电池的燃料重整!）的居民区供电。该系统包括一个电池储存，根据寿命直接成本比较（称为 LCA，尽管气候、污染或其他社会成本没有包括进来）可能在某些成本条件下具有些许可行性。

如果把各种氢能系统转变为第 5 章所考虑的远景方案中完全基于氢的能源供应系统，可能有人会问是否会有可以想象到的正面或负面影响。Tromp 等（2003）提出的分析是，少量未转化的氢会从传送或转化设备中逃逸而以 H_2 分子形式进入大气层，很可能扩散到平流层，在那里会转化为额外的水蒸气。增加的水蒸气会大大地影响云量、臭氧化学和衍生的天气变化。Schultz 等（2003）在一个更详细的模型中表明，即使氢的逃逸量比可能的逃逸量大得多，一个氢基能源系统中 OH 在对流层的存量也会由于 NO_x 排放的减少而减少。因此，地面臭氧浓度大幅度增加，而到达平流层的量会多于补偿那些可能由额外氢分子污染所消耗的低于 2% 的臭氧。

6.3 不确定性

作为一系列研发中的技术，氢能系统的组成部分是很难评估的，本章前面描述的尝试，成本分析和寿命周期影响的分析，必然是不全面和不确定的。

人们期望对于那些氢能技术的评估有最高的准确性，像对于类似的已有的技术，如地下气体储存和钢瓶气及液化气储存，如基于水蒸气重整和相关技术的制氢技术或酸电解技术。

最不确定的技术是那些核心燃料电池技术和新的储存技术，如氢化物和碳材料。尽管实验室实验在很多情况下被原型演示项目所跟进，在设备的未来成本与运行的稳定性和耐久性方面仍然有很多不确定性。图 6.1 的学习曲线显示了它可能带来的差异，比如说把曲线上移，如果最终发现两种移动应用燃料电池的耐久性小于期望的 5000h（像现在的先进电池），或者如果静态应用的耐久性小于期望的 40000h（与风电的 200000h 相比较，这是几乎所有其他当前能源技术的下限）。

对于 PEMFC 剩下的一个大问题似乎是水管理。膜 - 电极组合的成本正在通过使用石墨粉末 - 聚合物复合材料作为分隔层而降低，使用新的低加湿概念的可能性（可使热和水在氧气/空气通道内同时交换）正在研究当中，如图 6.16 所示。

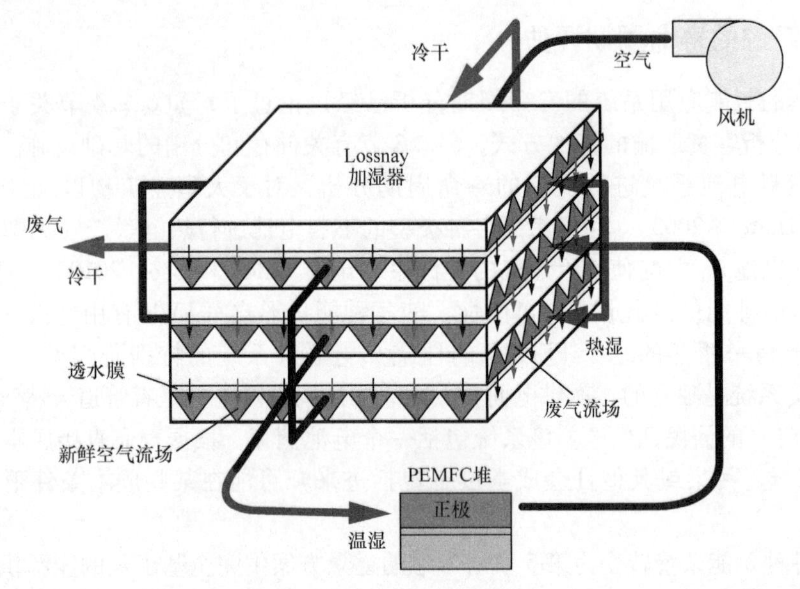

图 6.16　正极区域的加湿器（Lossnay）概念。引自 Mitsuda 等（2004）。经三菱电气公司许可使用

当然许多因素都将会参与决定新能源技术的命运。从一次能源通过氢和燃料电池到电的总效率目标会达到吗？石油产量会如预测的那样在下一个十年达到顶峰吗？这对于成本会有什么影响？其他化石燃料的费用将会如何？天然气资源能够持续满足需求吗？煤的气化和 CO_2 脱除会使煤成为未来发展的可接受的能源吗？如果化石燃料越来越成为问题，是否氢能会在中国和印度的增长中的运输行业获得机会？这两个国家会让 20 亿人沿袭诸如美国等国家的低效能源使用习惯吗？抑或他们会学习欧洲获得两倍的或发展出更好的能源效率？当前的趋势显示这些新兴的能源使用者会很浪费，至少在初始阶段，受到跨国能源和汽车公司的影响，这些公司已经适应了亚洲并经常专注于不是很在乎能源效率的顾客。问题很多，关于结果的不确定性也很大。

6.4 问题和讨论

1. 尝试把6.1.5节描述的日本运输行业的成本前景延伸到建筑物中的氢和燃料电池的分散式使用，依据图5.2中显示的直线。

2. 观察发酵制氢和基于来自废物或专用作物的生物质制氢。估计当前的和将来可能降低的生物质制氢成本，考虑生物原料及其运输及制氢设备的成本（见2.1.5节）。

3. 你会为欠发达国家制氢的发展提出什么建议？首选的系统会与当前的工业化国家设想的方案不同吗？

参考文献

Ahn, S.-Y., Shin, S.-J., Ha, H., Hong, S.-A., Lee, Y.-C., Lim, T., Oh, I.-H. (2002). Performance and lifetime analysis of the kW-class PEMFC stack. *J. Power Sources* **106**, 295–303.

Ally, J., Pryor, T. (2007). Life-cycle assessment of diesel, natural gas and hydrogen fuel cell bus transportation systems. *J. Power Sources* **170**, 401–411.

Altmann, M., Weindorf, W., Wurster, R., Mostad, H., Weinberger, M., Filip, G. (2004). FCSHIP: environmental impacts and costs of hydrogen, natural gas and conventional fuels for fuel cell ships. In Proc. 15th World Hydrogen Energy Conf., Yokohama. 30A-05, CD Rom, Hydrogen Energy Soc. Japan.

Amos, W. (1998). Cost of storing and transporting hydrogen. Internal Report, Nat. Renewable Energy Lab., Golden, CO.

Baptista, P., Tomás, M., Silva, C. (2010). Plug-in hybrid fuel cell vehicles market penetration scenarios. *Int. J. Hydrogen Energy* **35**, 10024–10030.

Barbi, V., Funari, S., Gehrke, R., Scharnagl, N., Stribeck, N. (2003). Nanostructure of Nafion membrane material as a function of mechanical load studied by SAXS. *Polymer* **44**, 4853–4861.

Barnhart, C., Benson, S. (2013). On the importance of reducing the energetic and materials demands of electrical energy storage. *Energy & Environ. Sci.* **6**, 1083–1092.

Bielmann, M., Vogt, U., Zimmermann, M., Züttel, A. (2011). Seasonal energy storage system based on hydrogen for self sufficient living. *J. Power Sources* **196**, 4054–4060.

Borenstein, S. (2008). The Market Value and Cost of Solar Photovoltaic Electricity Production. Center for the Study of Energy Markets, Report WP 176, Berkeley CA. Available at http://isites.harvard.edu/fs/docs/icb.topic541736.files/Boren-stein2008.pdf.

Bossche, P. v. d., Vergels, F., Mierlo, J., Matheys, J., Autenboer, W. (2006). SUBAT: An assessment of sustainable battery technology. *J. Power Sources* **162**, 913–919.

Bossel, U. (2004). Hydrogen: why its future in a sustainable energy economy will be bleak, not bright. *Renewable Energy World* **7**, No. 2, 155–159.

Campbell, D. (2004). Fuel cells international: PEM perspective. Oral presentation at Proc. 15th World Hydrogen Energy Conf., Yokohama.

Carlson, E., Kopf, P., Sinha, J., Sriramulu, S., Yang, Y. (2005). Cost Analysis of PEM Fuel Cell Systems for Transportation. US National Renewable Energy Laboratory Report NREL/SR-560-39104, Golden CO.

Cetinkaya, E., Dincer, I., Naterer, G. (2012). Life cycle assessment of various hydrogen production methods. *Int. J. Hydrogen Energy* **37**, 2071–2080.

Chalk, S., Devlin, P., Gronich, S., Milliken, J., Sverdrup, G. (2004). The United States' FreedomCAR and hydrogen fuel initiative. In Proc. 15th World Hydrogen Energy Conf.,

Yokohama. 28A-09, CD Rom, Hydrogen Energy Soc. Japan.
Chen, Y.-H., Chen, C.-Y., Lee, S.-C. (2011). Technology forecasting and patent strategy of hydrogen energy and fuel cell technologies. *Int. J. Hydrogen Energy* **36**, 6957–6969.
Colella, W., Jacobsen, M., Golden, D. (2005). Switching to a U.S. hydrogen fuel cell vehicle fleet: The resultant change in emissions, energy use, and greenhouse gases. *J. Power Sources* **150**, 150–181.
Danish Hydrogen Committee (1998). Brint – et dansk energi perspektiv (Sørensen, B., ed.). Danish Energy Agency, Copenhagen.
DC (2004). F-Cell brochure (Japanese/English). http://www.daimlerchrysler.co.jp (accessed 2010).
Denholm, P., Kulcinski, G. (2004). Life cycle energy requirements and greenhouse gas emissions from large scale energy storage systems. *Energy Conversion & Mgt.* **45**, 2153–2172.
Dodds, P., Staffell, I., Hawkes, A., Li, F., Grünewald, P., McDowall, W., Ekins, P. (2015). Hydrogen and fuel cell technologies for heating: A review. *Int. J. Hydrogen Energy* **40**, 2065–2083.
Doucette, R., McCulloch, M. (2011). A comparison of high-speed flywheels, batteries, and ultracapacitors on the bases of cost and fuel economy as the energy storage system in a fuel cell based hybrid electric vehicle. *J. Power Sources,* **196**, 1163–1170.
Dufour, J., Serrano, D., Gálvez, J., González, A., Soria, E., Fierro, J. (2012). Life cycle assessment of alternatives for hydrogen production from renewable and fossil sources. *Int. J. Hydrogen Energy* **37**, 1173–1187.
EC (2001). The ECE-EUDC driving cycle. European Commission Report 90/C81/01, Brussels.
EC (2004). Well-to-wheels analysis of future automotive fuels and powertrains in the European context. Joint study of the European Council for Automotive R&D, European Oil Companies' Association for environment, health and safety in refining and distribution (CONCAWA), the Institute for Environment and Sustainability of the European Commission's Joint Research Centre, L-B Systemtechnik and Institut Francais de Pétrole. WTW Report 220104. CORDIS.
EG&G (2004). *Fuel Cell Handbook* (7th ed.). Technical Services work for US DoE, contract DE-AM26-99FT40575.
El-Sharkh, M., Tanrioven, M., Rahman, A., Alam, M. (2010). Economics of hydrogen production and utilization strategies for the optimal operation of a grid-parallel PEM fuel cell power plant. *Int. J. Hydrogen Energy* **35**, 8804–8814.
Electricity Storage Association (2009). Technology Comparison. Washington DC, http://www.electricitystorage.org/ESA/technologies (accessed 2010).
European Commission (1995). ExternE: externalities of Energy, Vols. 1-6. Reports EUR 16520-16525 EN, DGXII, Luxembourg.
European Commission (1998). A fuel cell RDD strategy for Europe to 2005. DGXIIF, Brussels.
Evans, B., O'Neill, H., Malyvanh, V., Lee, I., Woodward, J. (2003). Palladium-bacterial cellulose membranes for fuel cells. *Biosensors Bioelectronics* **18**, 917–923.
Faaij, A., Hamelinck, C. (2002). Long term perspectives for production of fuels from biomass; integrated assessment and R&D priorities. In "12th European Biomass Conf." Vol. 2, pp. 1110–1113. ETA Firenze & WIP Munich.
Fleischer, T., Oertel, D. (2003). Fuel cells - impact and consequences of fuel cell technology on sustainable development. Report EUR 20681 EN, European Commission JRC, Sevilla.
Fukushima, Y., Shimada, M., Kraines, S., Hirao, M., Koyama, M. (2004). *J. Power Sources* **131**, 327–339.
GM (2001). Well-to-wheel energy use and greenhouse gas emissions of advanced fuel/vehicle systems – North American analysis. Report from General Motors Corp., Argonne Nat. Lab., BP, ExxonMobil and Shell. (For adjacent European study see Wurster, 2003).
GWEC (2010). Global wind report. Annual market update. Global Wind Energy Council, Brussels. Newer versions available. http://www.gwec.net/wp-content/uploads/2015/03/

GWEC_Global_Wind_2014_Report_LR.pdf
Hajimiragha, A., Cañizares, C., Fowler, M., Moazeni, S., Elkamel, A., Wang, S. (2011). Sustainable convergence of electricity and transport sectors in the context of a hydrogen economy. *Int. J. Hydrogen Energy* **36**, 6357–6375.
Handley, C., Brandon, N., van der Vorst, R. (2002). Impact of the European vehicle waste directive on end-of-life options for polymer electrolyte fuel cells. *J. Power Sources* **106**, 344–352.
Horny, C., Kiwi-Minsker, L., Renken, A. (2004). Micro-structured string-reactor for autothermal production of hydrogen. *Chem. Eng. J.* **101**, 3–9.
Ibenholt, K. (2002). Explaining learning curves for wind power. *Energy Policy* **30**, 1181–1189.
IEA-ETSAP (2014). Technology Roadmap. Hydrogen and Fuel Cells. 81 pp., Paris.
IEA-PVPS (2010). Trends in photovoltaic applications. Report IEA-PVPS T1-19:2010. New version annually. International Energy Agency, Paris. http://www.iea-pvps.org/fileadmin/dam/public/report/statistics/IEA_PVPS_Trends_2014_in_PV_Applications_-_lr.pdf.
Iwai, Y. (2004). Japan's approach to commercialization of fuel cell/hydrogen technology. In Proc. 15th World Hydrogen Energy Conf., Yokohama. 28PL-02, CD Rom, Hydrogen Energy Soc. Japan.
Jaffray, C., Hards, G. (2003). Precious metal supply requirements. In "Handbook of Fuel Cells - Fundamentals, Technology and Applications", Vol. 3, Ch. 41 (Vielstich,W., Gasteiger, H., Lamm, A., eds.), pp. 509–513. John Wiley & Sons, New York.
Jeong, K., Oh, B. (2002). Fuel economy and life-cycle cost analysis of a fuel cell hybrid vehicle. *J. Power Sources* **105**, 58–65.
Junginger, M., Faaij, A., Turkenburg, W. (2004). Global experience curves for wind farms. *Energy Policy* **33**, 133–150.
Koch, F., Madden, B. (2016). A European Approach for the Commercialisation of Fuel Cell Buses in Public Transport. *Proc. of 21st World Hydrogen Energy Conference,* Zaragoza (Spain), 13–16th June, pp. 310–311.
Köhler, J., Wietschel, M., Whitmarsh, L., Keles, D., Schade, W. (2010). Infrastructure investment for a transition to hydrogen automobiles. *Technological Forecasting & Social Change* **77**, 1237–1248.
Kondo, T., Arakawa, M., Wakayama, T., Miyake, J. (2002). Hydrogen production by combining two types of photosynthetic bacteria with different characteristics. *Int. J. Hydrogen Energy* **27**, 1303–1308.
Koroneos, C., Dompros, A., Roumbas, G., Moussiopoulos, N. (2004). Life cycle assessment of hydrogen fuel production processes. *Int. J. Hydrogen Energy* **29**, 1443–1450.
Kosugi, T., Hayashi, A., Tokimatsu, K. (2004). Forecasting development of elemental technologies and efficiency of R&D investments for polymer electrolyte fuel cells in Japan. *Int. J. Hydrogen Energy* **29**, 337–346.
Kreuer, K. (2003). Hydrocarbon membranes. In "Handbook of Fuel Cells – Fundamentals, Technology and Applications", Vol. 3 (Vielstich, W., Gasteiger, H., Lamm, A., eds.), ch. 33. John Wiley & Sons, Chichester.
Kryukov, A., Levashov, V., Sazhin, S. (2004). Evaporation of diesel fuel droplets: kinetic versus hydrodynamic models. *Int. J. Heat Mass Transfer* **47**, 2541–2549.
Kuemmel, B., Nielsen, S., Sørensen, B. (1997). "Life-cycle Analysis of Energy Systems". Roskilde University Press, Copenhagen 216 pp.
Lange, J.-P. (1997). Perspectives for manufacturing methanol at fuel value. *Industrial Eng. Chem. Res.* **36**, 4282–4290.
Lauritsen, A., Svendsen, T., Sørensen, B. (1996). A study of the integration of wind energy into the national energy systems of Denmark, Wales and Germany as illustrations of success stories for renewable energy. Wind Power in Denmark, EC project report RENA.CT94-0012 (106 pp). IMFUFA, Roskilde University.

Lee, J.-Y., An, S., Cha, K., Hur, T. (2010). Life cycle environmental and economic analyses of a hydrogen station with wind energy. *Int. J. Hydrogen Energy* **35**, 2213–2225.

Lee, J.-Y., Yoo, M., Cha, K., Lim, T., Hur, T. (2009). Life cycle cost analysis to examine the economical feasibility of hydrogen as an alternative fuel. *Int. J. Hydrogen Energy* **34**, 4243–4255.

Lipman, T., Edwards, J., Kammen, D. (2004). Fuel cell system economics: comparing the costs of generating power with stationary and motor vehicle PEM fuel cell systems. *Energy Policy* **32**, 101–125.

Longenbach, J., Rutkowski, M., Klett, M., White, J., Schoff, R., Buchanan, T. (2002). "Hydrogen Production Facilities, Plant Performance and Cost Comparisons". US DoE, Nat. Energy Technology Lab, Reading, PA.

Lunghi, P., Bove, R. (2003). Life cycle assessment of a molten carbonate fuel cell stack. *Fuel Cells* **3**, 224–230.

Lushetsky, J. (2010). The prospect for $1/watt electricity from solar. Solar Energy Technology Program of the Office of Energy Efficiency and Renewable Energy, US Department of Energy. $1/W Workshop, http://www1.eere.energy.gov /solar/sunshot/pdfs/dpw_lushetsky.pdf.

MacLean, H., Lave, L. (2003). Evaluating automobile fuel/propulsion system technologies. *Progress Energy Combustion Sci.* **29**, 1–69.

Madsen, B. (2002). International wind energy development. Annual reports, BTM consult. http://www.navigant.com/windreport/.

Mahadevan, K., Contini, V., Goshe, M., Price, J., Eubanks, F., Griesemer, F. (2010). Economic analysis of stationary PEM fuel cell systems. Presentation at US DoE meeting in Washington, DC. http://www.hydrogen.energy.gov/pdfs /progress10 /v_a_6_mahadevan.pdf.

Mahlia, T., Chan, P. (2011). Life cycle cost analysis of fuel cell based cogeneration system for residential application in Malaysia. *Renewable and Sustainable Energy Reviews* **15**, 416–426.

Marcinkoski, J., Spendelow, J., Wilson,A., Papageorgopoulos, D. (2015). Fuel Cell System Cost – 2015. USDoE Hydrogen and Fuel Cells Program Record #15015, Washington DC.

Marin, G., Naterer, G., Gabriel, K. (2010). Rail transportation by hydrogen vs. electrification – Case study for Ontario, Canada, II: Energy supply and distribution. *Int. J. Hydrogen Energy* **35**, 6097–6107.

Mepsted, G., Moore, J. (2003). Performance and durability of bipolar plate. In "Handbook of Fuel Cells – Fundamentals, Technology and Applications", Vol. 3 (Vielstich, W., Gasteiger, H., Lamm, A., eds.), Ch. 23. John Wiley & Sons, Chichester.

Middleman, E., Kout, W., Vogelaar, B., Lenssen, J., Waal, E. de (2003). Bipolar plates for PEM fuel cells. *J. Power Sources* **118**, 44–46.

Mitsuda, K., Maeda, H., Mitani, T., Matsumura, M., Urushibata, H., Yoshiyasu, H. (2004). In Proc. 15th World Hydrogen Energy Conf., Yokohama. 01PL-02, CD Rom, Hydrogen Energy Soc. Japan.

Morthorst, P., Auer, H., Gerard, A., Blanco, I. (2008). The economics of wind power. Part III of *Wind energy – the facts*. European Wind Energy Association, at http://www.wind-energy-the-facts.org

Myers, D., *et al.* (2009). Polymer Electrolyte Fuel Cell Lifetime Limitations: The Role of Electrocatalyst Degradation. Project kick-off Meeting, Washington DC. http://www.hydrogen.energy.gov (accessed 2010).

Neelis, M., van der, Kooi, H., Geerlings, J. (2004). Exergetic life cycle analysis of hydrogen production and storage systems for automotive applications. *Int. J. Hydrogen Energy* **29**, 537–545.

Neij, L., Andersen, P., Durstewitz, M., Helby, P., Hoppe-Kilpper, M., Morthorst, P. (2003). Experience curves: a tool for energy policy assessment. EC Extool project report ENG1-CT2000.00116. Lund University.

Novachek, F. (2015). Annual Report of The US Hydrogen and Fuel Cell Technical Advisory Committee. Washington DC.

Offer, G., Howey, D., Contestabile, M., Clague, R., Brandon, N. (2010). Comparative analysis of battery electric, hydrogen fuel cell and hybrid vehicles in a future sustainable road transport system. *Energy Policy* **38**, 24–29.

Ogden, J., Williams, R., Larson, E. (2004). Societal lifecycle costs of cars with alternative fuels/engines. *Energy Policy* **32**, 7–27.

Ou, X., Zhang, X., Chang, S. (2010). Alternative fuel buses currently in use in China: Life-cycle fossil energy use, GHG emissions and policy recommendations. *Energy Policy* **38**, 406–418.

Ozbilen, A., Dincer, I., Rosen, M. (2011). A comparative life cycle analysis of hydrogen production via thermochemical water splitting using a Cu-Cl cycle. *Int. J. Hydrogen Energy* **36**, 11321–11327.

Padró, C., Putche, V. (1999). Survey of the economics of hydrogen technologies. US National Renewable Energy Lab. Report NREL/TP-570-27079. Golden, CO.

Paladini, V., Miotti, P., Manzoni, G., Ozebec, J. (2003). Conception of modular hydrogen storage systems for portable applications. In "Hydrogen and Fuel Cells Conference. Towards a Greener World", Vancouver June, CDROM, 12 pp. Published by Canadian Hydrogen Association and Fuel Cells Canada, Vancouver.

Park, S., Kim, J., Lee, D. (2011). Development of a market penetration forecasting model for Hydrogen Fuel Cell Vehicles considering infrastructure and cost reduction effects. *Energy Policy* **39**, 3307–3315.

Patyk, A., Höpfner, U. (1999). Ökologischer Vergleich von Kraftfarhzeugen mit verschiedenen Antriebsenergien unter besonderer Berücksichtigung der Brennstoffzelle. IFEU, Heidelberg.

Patyk, A., Bachmann, T., Brisse, A. (2013). Life cycle assessment of H2 generation with high temperature electrolysis. *Int. J. Hydrogen Energy* **38**, 3865–3880.

Pehnt, M. (2001). Life-cycle assessment of fuel cell stacks. *Int. J. Hydrogen Energy* **26**, 91–101.

Pehnt, M. (2002). Ganzheitliche Bilanzierung von Brennstoffzellen in der Energie- und Verkehrstechnik. Dissertation, *Fortschrittsberichte* **6**, No. 476. VDI-Verlag Dusseldorf.

Pehnt, M. (2003). Life-cycle analysis of fuel cell system components. In "Handbook of Fuel Cells – Fundamentals, Technology and Applications", Vol. 4 (Vielstich, W., Gasteiger, H., Lamm, A., eds.), ch. 94. John Wiley & Sons, Chichester.

Perez, R., Hoff, T., Perez, M. (2010). Quantifying the cost of high photovoltaic penetration. In Paper for American Solar Energy Society Annual Conference.

Ramsden, T., Ruth, M., Diakov, V., Laffen, M., Timbario, T. (2013). Hydrogen Pathways. Updated Cost, Well-to-Wheels Energy Use, and Emissions for the Current Technology Status of Ten Hydrogen Production, Delivery, and Distribution Scenarios. Technical Report NREL/TP -6A10-60528, National Renewable Energy Laboratory, CO, US.

Ren, H., Gao, W. (2010). Economic and environmental evaluation of micro CHP systems with different operating modes for residential buildings in Japan. *Energy and Buildings* **42**, 853–861.

Rosenberg, E., Fidje, A., Espegren, K., Stiller, C., Svensson, A., Møller-Holst, S. (2010). Market penetration analysis of hydrogen vehicles in Norwegian passenger transport towards 2050. *Int. J. Hydrogen Energy* **35**, 7267–7279.

Schaeffer, G., Alsema, E., Seebregts, A., Buerskens, L., Moor, H. de, Durstewitz, M., Perrin, M., Boulanger, P., Laukamp, H., Zuccarro, C. (2004). Synthesis report Photex-project ECN Report, Petten.

Schultz, M., Diehl, T., Brasseur, G., Zittel, W. (2003). Air pollution and climate-forcing impacts of a global hydrogen economy. *Science* **302**, 624–627.

Shayegan, S., Hart, D., Pearson, P., Bauen, A., Joffe, D. (2004). Hydrogen infrastructure costs: what are the important variables? In "Hydrogen Power – Theoretical and Engineering Solutions, Proc. Hypothesis V, Porto Conte 2003" (Marini, M., Spazzafumo, G., eds.),

pp. 499–508. Servizi Grafici Editoriali, Padova.
Simbeck, D., Chang, E. (2002). Hydrogen supply: cost estimate for hydrogen pathways – scoping analysis. National Renewable Energy Lab., Report NREL/SR-540-32525, Golden, CO.
Sørensen, B. (1998). Brint (Strategy note from Danish Hydrogen Committee). Danish Energy Agency, Copenhagen.
Sørensen, B. (2004a). *"Renewable Energy"* (3rd ed). Elsevier Academic Press, Burlington. MA Other editions 1979, 2000, 2010 and 2017.
Sørensen, B. (2004b). Total life-cycle analysis of PEM fuel cell car. In *Proc. 15th World Hydrogen Energy Conf.*, Yokohama. 29G-09, CD Rom, Hydrogen Energy Soc. Japan.
Sørensen, B. (2004c). Readiness of hydrogen technologies. Hydrogen and fuel cell futures conference, Perth, CDROM by Western Australia Govt. Dept. Planning & Infrastructure.
Sørensen, B. (2011). Life-cycle Analysis of Energy Systems. From Methodology to Applications. RSC Publishing, Cambridge.
Sørensen, B. (2015). Environmental Issues Associated with Solar Electric and Thermal Systems with Storage. Ch. 11 (pp. 247–271) *in Solar Energy Storage* (B. Sørensen, ed.). London, San Diego, Waltham and Oxford: Academic Press-Elsevier.
Sørensen, B. (2017). Renewable Energy. Physics, engineering, environmental impacts, economics & planning. 5th Edition. Oxford and Burlington: Academic Press-Elsevier.
Sørensen, B., Petersen, A., Juhl, C., Ravn, H., Søndergren, C., Simonsen, P., Jørgensen, K., Nielsen, L., Larsen, H., Morthorst, P., Schleisner, L., Sørensen, F., Petersen, T. (2004). Hydrogen as an energy carrier: scenarios for future use of hydrogen in the Danish energy system. *Int. J. Hydrogen Energy* **29**, 23–32 (summary of Sørensen et al., 2001).
Spath, P., Mann, M. (2001). Life cycle assesment of hydrogen production via natural gas steam reforming. Revised USDoE contract report NREL/TP-570-27637, National Renewable Energy Lab., Golden, CO.
Spielmann, M., Haan, P. d., Scholz, R. (2008). Environmental rebound effects of high-speed transport technologies: a case study of climate change rebound effects of a future underground maglev train system. *J. Cleaner Production* **16**, 1388–1398.
Staffell, I., Green, R. (2013). The cost of domestic fuel cell micro-CHP systems. I. *J. Hydrogen Energy* **38**, 1088–1102.
Strazza, C., Borghi, A. d., Costamagna, P., Traverso, A., Santin, M. (2010). Comparative LCA of methanol-fuelled SOFCs as auxiliary power systems on-board ships. *Applied Energy* **87**, 1670–1678.
Sun, Y., Ogden, J., Delucchi, M. (2010). Societal lifetime cost of hydrogen fuel cell vehicles. *Int. J. Hydrogen Energy* **35**, 11932–11946.
Thomas, C. (2009). Transportation options in a carbon-constrained world: Hybrids, plug-in hybrids, biofuels, fuel cell electric vehicles, and battery electric vehicles. *Int. J. Hydrogen Energy* **34**, 9279–9296.
Tokyo Gas Co. (2003). Press Release 16/10/03, Corporate Communications Dept.
Tromp, T., Shia, R.-L., Allen, M., Eiler, J., Young, Y. (2003). Potential environmental impact of a hydrogen economy on the stratosphere. *Science* **300**, 1740–1742.
Tsuchiya, H., Inui, M., Fukuda, K. (2004). Penetration of fuel cell vehicles and hydrogen infrastructure. In Proc. 15th World Hydrogen Energy Conf., Yokohama. 30A-01, CD Rom, Hydrogen Energy Soc. Japan.
Tsuchiya, H., Kobayashi, O. (2004). Mass production cost of PEM fuel cell by learning curve. *Int. J. Hydrogen Energy* **29**, 985–990.
T-Raissi, A., Block, D. (2004). Hydrogen: Automotive Fuel of the Future. *IEEE Power & Energy* **6**, 43–49.
Tzeng, G-H., Lin, C-W., Opricovic, S. (2005). Multi-criteria analysis of alternative-fuel buses for public transportation. *Energy Policy* (in print).
Uherek, E., et al. (2010). Transport impacts on atmosphere and climate: Land transport. *Atmo-*

spheric Envir. **44**, 3772–4816.
UK Treasury (2004). GDP deflators at market prices. In “Economic data & tools”, http://www.hm-treasury.gov.uk/economic_data_and_tools/gdp_deflators.
USDoE (2002). National hydrogen energy roadmap. Towards a more secure and cleaner energy future for America. United States Department of Energy, Washington, DC.
USDoE (2010a). Hydrogen Program Record # 10004, at http://hydrogen.energy.gov/pdfs/10004_fuel_cell_cost.pdf (accessed 2016).
USDoE (2010b). Program Record, Office of Vehicle Technologies & Fuel Cell Technologies # 10001. At http://www.hydrogen.energy.gov (accessed 2011).
USDoE/T (2006). Hydrogen Posture Plan. US Departments of Energy and Transportation, Washington, DC.
Veziroglu, A., Macario, R. (2011). Fuel cell vehicles: State of the art with economic and environmental concerns. *Int. J. Hydrogen Energy* **36**, 25–43.
VW (2002). Environmental Report 2001/2002: Mobility and sustainability; Schwei-mer, G., Levin, M. (2001). Life cycle inventory for the Golf A4 (internal report), Volkswagen AG.
VW (2003). Lupo 3 litre TDI, Technical Data, Volkswagen AG, Wolfsburg.
Wang, M. (2002). Fuel choices for fuel-cell vehicles: well-to-wheels energy and emission impacts. *J. Power Sources* **112**, 307–321.
Wang, Y., Chen, K., Mishler, J., Cho, S., Adroher, X. (2011). A review of polymer electrolyte membrane fuel cells: Technology, applications, and needs on fundamental research. *Applied Energy* **88**, 981–1007.
Weiss, M., Heywood, J., Drake, E., Schafer, A., AuYeung, F. (2000). On the road 2020. Report MIT EL 00-003, Laboratory for Energy and Environment, Massachussetts Institute of Technology, Cambridge, MA.
Weiss, M., Heywood, J., Schafer, A., Natarajan, V. (2003). Comparative assessment of fuel cell cars. Report LFEE 2003-001 RP, Massachussetts Institute of Technology, Cambridge, MA.
Wurster, R. (2003). GM well-to-wheel-Studie – Ergebnisse and Schlüsse. LB Systemtechnik website http://www.HyWeb.de. (accessed 2010).
WWEA (2011). World Wind Energy Report 2010. World Wind Energy Association, Bonn, http://www.wwindea.org.
Zackrisson, M., Avellán, L., Orlenius, J. (2010). Life cycle assessment of lithium-ion batteries for plug-in hybrid electric vehicles - Critical issues. *J. Cleaner Production* **18**, 1519–1529.
Zapp, P. (1996). Environmental analysis of solid oxide fuel cells. *J. Power Sources* **61**, 259–262.

第7章　结　论

前面的章节已经考虑了氢能系统中的各种可能要素，其中氢作为能量载体或储存介质发挥着核心作用。后一种功能对于间歇式可再生一次能源是必需的，而且对于基于煤炭或石油等可耗尽资源的系统也是有用的。这仍然是一个未完结的故事，不仅是因为具有挑战性的科学和技术问题，而且也是因为经济系统（如当前的国家实体）难以应对与20世纪盛行的成本结构不同的全新系统。另一方面，氢技术提供了处理当前社会面临的一些关键问题的方法，这种方法可能比其他解决问题的方法更好。在本章中，对一些主要问题进行了概述。

7.1　机遇

纵观将氢等燃料转化为电能的燃料电池技术，它的一个显著特点是几乎可以使用任何主要能源。燃料可以被供给到高温燃料电池中，或者被转化为用于低温电池的氢。电能可以通过逆向模式的燃料电池或其他方案转化为氢。这样就允许在不可储存的电与可储存的氢之间来回灵活转换。当然，在这些过程中会有能量损失，但作为处理太阳能或风力发电设备生产波动的方法，没有比这更有效的技术来匹配供给和需求了。显然，只有在发电时，无法使用的电力才能通过容易损耗的转换进行输送。这种电-氢灵活性，在创造从现有能源系统向氢基能源系统过渡的平稳路线过程中可能被证明是无价的。

能源市场的结构可能会受到氢技术的积极影响。这至少对PEMFC来说是正确的，因为它们是模块化的，可以以几乎相同的每千瓦价格安装在任何尺寸上，从家庭安装到中央发电厂。这意味着独立发电商将有很大的自由，他们可以避免传统能源公司在使用技术和提供服务方面的惯性限制。每个人都可以在地下室安装PEMFC，或者购买一辆装有PEMFC的汽车，以管道或本地储存的氢气为基础，为建筑物或便携式设备提供电力和相关热量。主要的间歇性电力可能来自屋顶光伏板，或用户可能拥有股份的风电场。这意味着能源行业的权力下放和重组，比目前大规模所有权的转移更值得称道。

就环境影响而言，氢转化和基础设施技术通常是良性的。一些高温燃料电池可能会产生令人讨厌的废物，必须谨慎处理，但一般来说，从氢气通过储存和转换器到最终使用的能源，负面影响很小。对于在燃料电池中使用氢气的车辆，它可以完全消除常规的低效末端补救措施，例如与当前汽车燃料一起使用的汽车尾气催化剂。但对于从一次能源或车载重整器生产氢气而言，这并不一定正确。一次制氢可以产生或小或大的负面影响。如果使用核能或化石能源，可能会产生巨大的负面影响。在核能案例中，补救措施可能需要几十年的研究努力开发新的、安全的反应堆类型，而这只是为了部分解决问题（见第5章）。在化石案例中，CO_2封存和开发可接受的沉积以及长期CO_2捕获和储存方法，提供了一种可能的补救措施。此外，从生物质生产氢气可能会产生巨大的负面影响。一些补救措施似乎是可行的，尽管目前还很少有人在现实规模上尝试过。只有通过还没有立即使用的风能或太阳能制氢，似乎提供了真正可持续和生态可接受的途径。

可再生能源和氢能技术的去中心化潜力提供了向偏远地区输送电力的途径，这些地区尚未被认为可以通过输电线路经济地供电。这可能是世界上许多发展中地区的一个非常重要的特点。对于应用成本高的问题，可以通过混合动力，而逐渐引入燃料电池是一个优势。

7.2 障碍

氢气和燃料电池作为主要能源载体，其发展面临着技术和社会两方面的障碍。社会障碍部分是政治和体制障碍，因为它们与当今社会的决策和经济结构有关。在过去，几乎所有新技术的引进都是由有远见的个人（有时在政府，有时在工业界）进行的，而这显然是对当时经济观点的不尊重。今天，既得利益集团似乎已经变得更强大，使得从目前的情况转变变得更加困难。此外，传统经济思维已经在设法增加其对私人或公共领域决策的影响。

人们可以注意到，私人汽车的出现已有100年了。如果经济学家能对这一决定有影响的话，上述情况可能不会发生。评估道路基础设施的成本，引入操纵性差的车辆时这些车辆之间碰撞的负面影响，还有生产这些车辆的天文数字成本，再加上考虑到开采足够的石油产品来运营这些车辆的成本，肯定会让任何决策者听不进经济顾问的意见。

另一个例子是农村地区的电气化，将电网延伸到这些地区，这是目前工业化地区的特点。如果城市电力用户没有通过公共电力公司过去的统一定价政策（或者至少比直接成本建议的更统一）补贴农村用户，这种情况肯定不会发生。如果电力行业在100年前，不是现在私有化，可能没有人敢提议将电网延伸到人口稀少地区，因为显然只有在潜在电力用户高度集中地区才能获得利润。然而，全面电气化正是目前富裕工业化国家与不富裕国家的区别所在，这些不富裕国家的农村生活在过去几千年中几乎没有改变（除了少数使用昂贵电池的晶体管收音机）。

技术障碍更为明显。许多生产氢气的方法应该升级，以提供能源供应所需的数量，而不是目前仅作为工业原料的有限数量。随着交易量增加，希望氢交易价格也会下降。分散生产是这种大规模供应的替代，它减少了对输送或运输的需求。虽然分散生产通常比大规模生产更昂贵，但它也为客户提供了可控性和恢复能力方面的优势。

燃料电池技术目前处于起步阶段，未来可能还有一个持续的学习过程。即使PEMFC技术已经取得了长足的进步，但其成本仍然很高，性能仍然存在某些问题（如水管理和气体透过），工作寿命也太短。高温燃料电池有一些特定用途的前景，但目前可能离市场更远（见第6章）。燃料电池逆过程，包括可逆燃料电池，可能是需要发展和降低成本努力的另一个非常重要领域。

在容器中储存氢气（如压缩气体或液化气体）是一种现有技术，只需适度改进即可。此外，对于许多地理位置而言，地下储存作为低成本大容量氢储存选项是可行的。金属和化学氢化物储存，以及一些可能的先进碳储存形式，需要在技术和成本方面进行大量的进一步研究和开发，以成为可行的储存替代选项。一旦廉价的地下储存可以集中供应，并且运输成本不过高，那些喜欢控制自己的能源供应、能够接受额外成本的最终用户，可能也不会接受当前成本的金属氢化物储存技术。

如果直接使用燃料电池作为电源在技术上或经济上都不可行，也可以考虑将氢作为间歇能源储存介质的氢“经济性”。例如，地下储能方案的廉价成本将使这种储能系统变得可行，即使在必须使用燃气轮机（可能效率低于燃料电池）再生电力的情况下也是如此。然而，目前燃气轮机效率并不比燃料电池低太多，并且相对于天然气而言体积上的大 3 倍代价，应使储存的成本最多高出 3 倍，这在固定应用中是完全可接受的。涡轮机成本无论如何都很低。

从这一论点可以得出，通常认为间歇性可再生一次能源的大量渗透应用，需要化石燃料的储存或备份（这在不久的将来可能是不可能的），即使循环效率稍低。然而，如果氢也可以用于燃料电池系统，特别是用于运输部门，那么氢作为储存介质的许多优点将得到强化。因此，开发可行的燃料电池系统仍然是当务之急。

此外，必须建设氢作为通用能源载体所需的基础设施。尽管管道运输、集装箱运输和加油站都是相当成熟的技术，只需要适度的进一步发展，但目前对于未来应使用哪些燃料的不确定性可能会造成一些混乱，例如，如果加油站必须同时提供甲醇、压缩氢和汽油。这并非不可能，但实际情况可能是在不同地点，需要提供不同选择。不同国家（如欧洲国家）的加油站基础设施不兼容，会给驾驶燃料电池汽车从一个国家到另一个国家的人带来麻烦（正如目前的生物柴油汽车驾驶人发现有些国家不提供这种燃料，而只提供卡车柴油）。如果氢能（和其他电动）汽车安全规范和设备标准的国际标准化努力没有成功，就会带来不少混乱，现在的情况也是如此。

7.3 竞争

在短期和长期评估中，电池电动汽车已被确定为燃料电池电动汽车的主要竞争对手。第 4 章对该竞争对手进行了详细描述。4.1.3 节中进行的模拟表明，赢家可能不是电池或燃料电池，而是电池和燃料电池动力系统之间的混合动力，至少对于一般车辆应用而言。然而，电池电动汽车可能是特定城市交通任务的最佳解决方案，因为它具有固定路线、有限里程要求以及建立灵活的充电点阵列的可能性。7.4 节讨论了这些方案的经济比较要素。

因此，这里关于竞争的讨论将集中在另一个替代方案上：可再生利用生物质残渣或可持续作物产生的生物燃料不会对世界人口的生计产生负面影响。生物燃料具有与当前化石燃料相似的优点，因此不需要改变基础设施或习惯。就环境可接受性而言，由于燃烧产生的排放物，生物燃料比氢气低了一个层级（见第 6 章）。当用在车辆时，需要颗粒物过滤器（如当前的柴油车辆）和常规空气污染物（如 NO_x 或 SO_x）过滤器。尽管这些措施的成本高昂，但至少在一段时间内，内燃机中的生物燃料可能仍然比燃料电池或电池牵引更便宜。生物燃料可以作为石油产品进行交易和使用。然而，生物燃料不一定是分布式能源解决方案：Sobrino 等（2010）指出，一些国家需要进口生物质残渣或生物燃料以满足其需求。

在图 4.7 所示的驾驶循环中，生物燃料（如奥托发动机中的乙醇或柴油发动机中的生物柴油）的内燃效率低于电池或燃料电池车辆的电动机，因为部分负荷下的效率低于最佳负荷下的效率，而对于燃料电池，部分负荷影响则不那么显著（见图 4.5）。从图 7.1 所示的功率持续时间曲线可以清楚地看出，部分负荷是汽车行驶的一个条件。它基于一辆典型的乘用车，在一年 8760h 的时间内仅使用了约 140h，运行期间的平均负荷小于额定功率的 25%。

图 7.1中的持续时间曲线根据图 4.9（混合驾驶循环）构建，假设该驾驶循环代表了整个驾驶年。以额定功率为 40kW 的纯燃料电池汽车的输出功率计算，其容量系数不低于其他类型的乘用车，例如，使用生物柴油的乘用车。

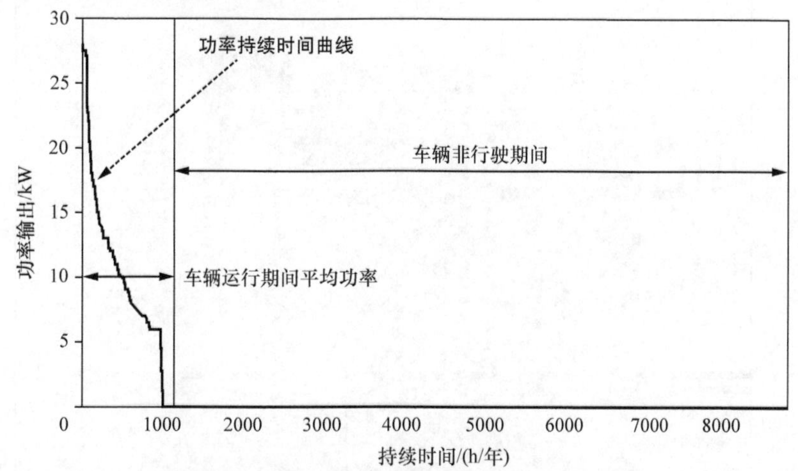

图 7.1 基于图 4.7 的驾驶模式，使用 40kW 燃料电池系统和最小电池（1.67MJ 容量，确保电动机稳定输入）的乘用车年使用功率输出持续时间曲线。运行期间持续时间曲线中的 6kW 和 0kW 段表示怠速和停车，例如在红色交通灯处

图 7.2 显示了与表 4.1 中考虑的小红帽车型相似，但使用生物柴油燃料的乘用车柴油发动机的效率，该效率作为发动机转速和传递转矩的函数。在混合驾驶循环中，效率随时间变化，如图 7.3 所示。转速－转矩图中的工作点受齿轮交换比的影响。这种关系的示例如图 7.4所示，基于对稍大车辆的测量（NREL，2001）。

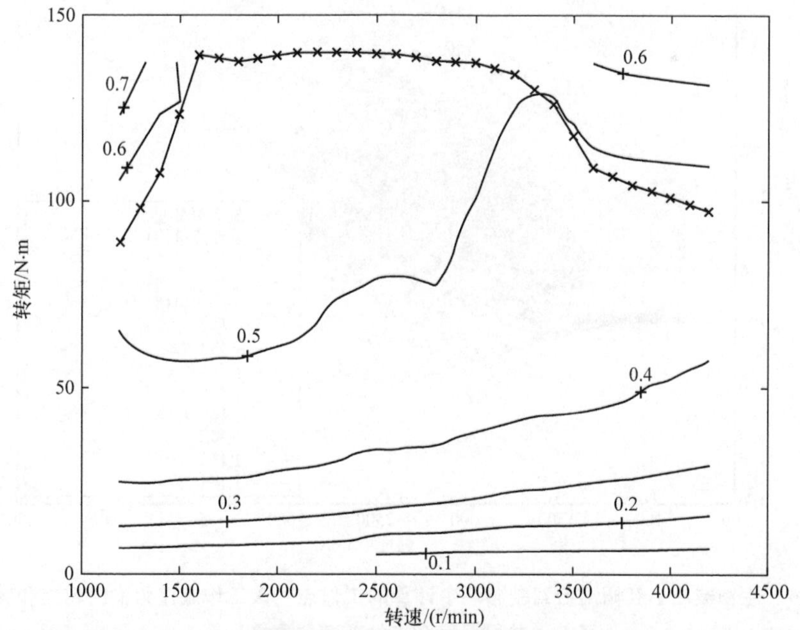

图 7.2 第 4 章中考虑的小红帽乘用车生物柴油版的计算发动机效率，该发动机效率作为输出转矩和转速的函数。带十字的曲线表示给定旋转轴速度下在道路上可实现的最大转矩

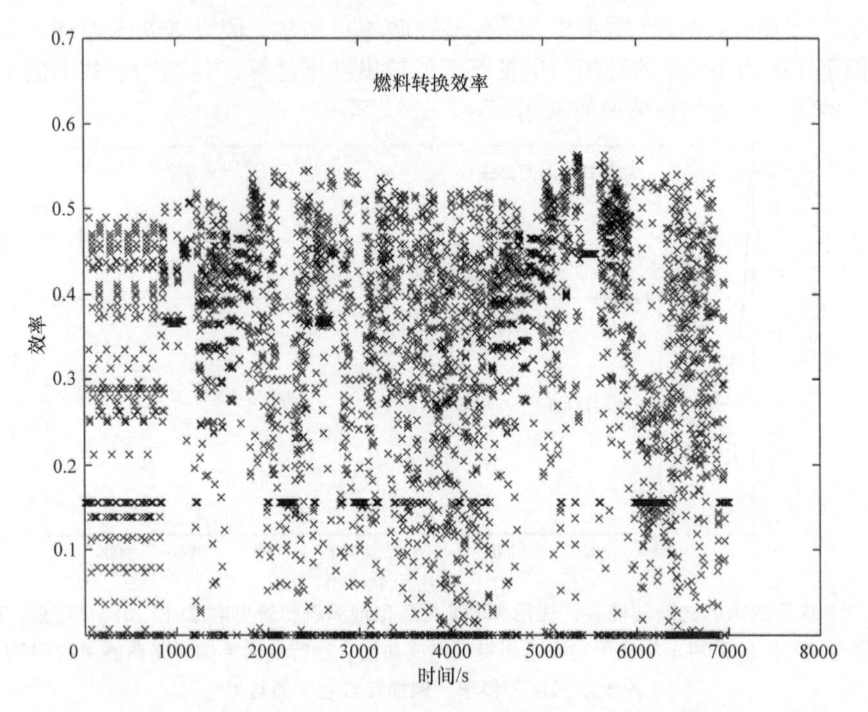

图 7.3　小红帽车生物柴油版的模拟发动机转换效率随图 4.7 混合驾驶循环行驶时间的变化

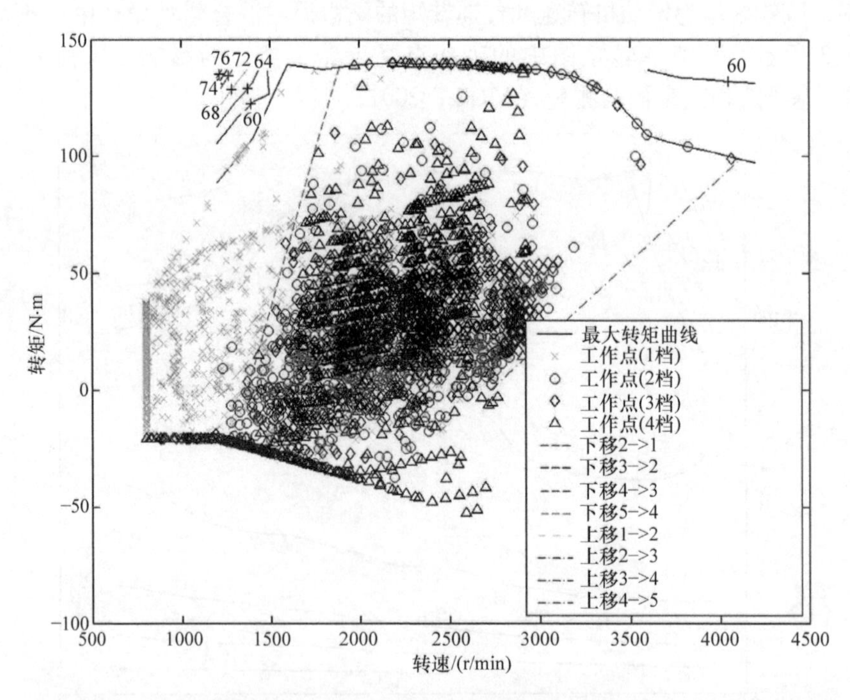

图 7.4　生物柴油小红帽混合驾驶循环中计算的工作点，该工作点作为输出转矩和转速的函数，并显示每个点的变速器更换设置

图7.3清楚地显示了内燃机在各种部分负荷情况下效率的降低。燃料电池版车辆的相应效率如图4.22所示。在大多数驾驶条件下非常接近最大效率。图7.4显示了按照图4.7循环行驶时，不同变速器交换比的操作点位置。在最低档位行驶时，操作点在转矩和转速图中分布范围相当小，但对于更高档位设置（2~5级），情况并非如此。

作为输出转矩和转速函数的效率特性（见图7.2）也受到发动机温度的影响。图7.5显示

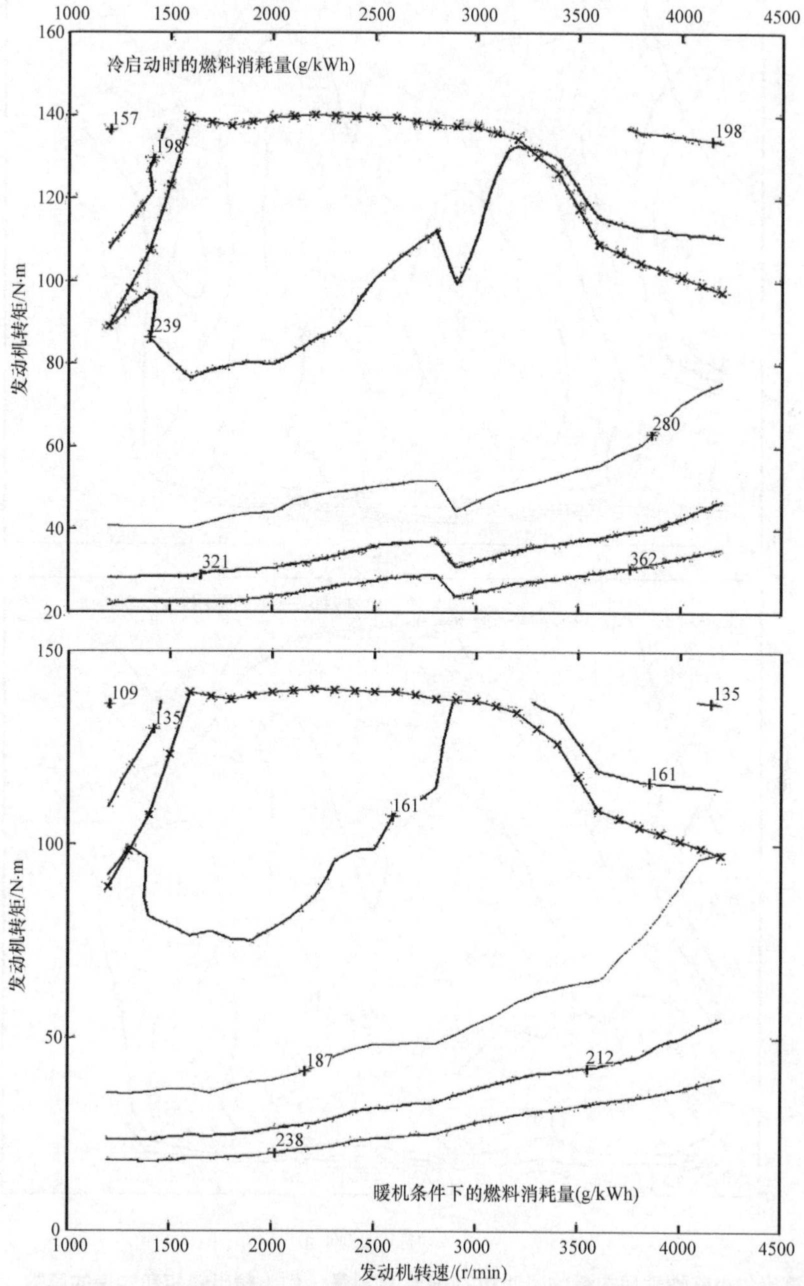

图7.5 小红帽乘用车生物柴油版的计算燃油消耗量，该燃油消耗量作为输出转矩和转速的函数。上图适用于冷启动条件，下图适用于在暖机条件下运行（其中曲线与图7.2中的效率曲线相似）

了冷启动期间以及加热良好的发动机运行一段时间时的燃油消耗模式。不同情况差异很大，在寒冷条件下，柴油的使用量通常高出约50%。温度对污染物的排放量也有同样大的影响。图7.6～图7.9显示了4种重要污染物（NO_x、未燃烧碳氢化合物、CO和颗粒物）的模拟排放

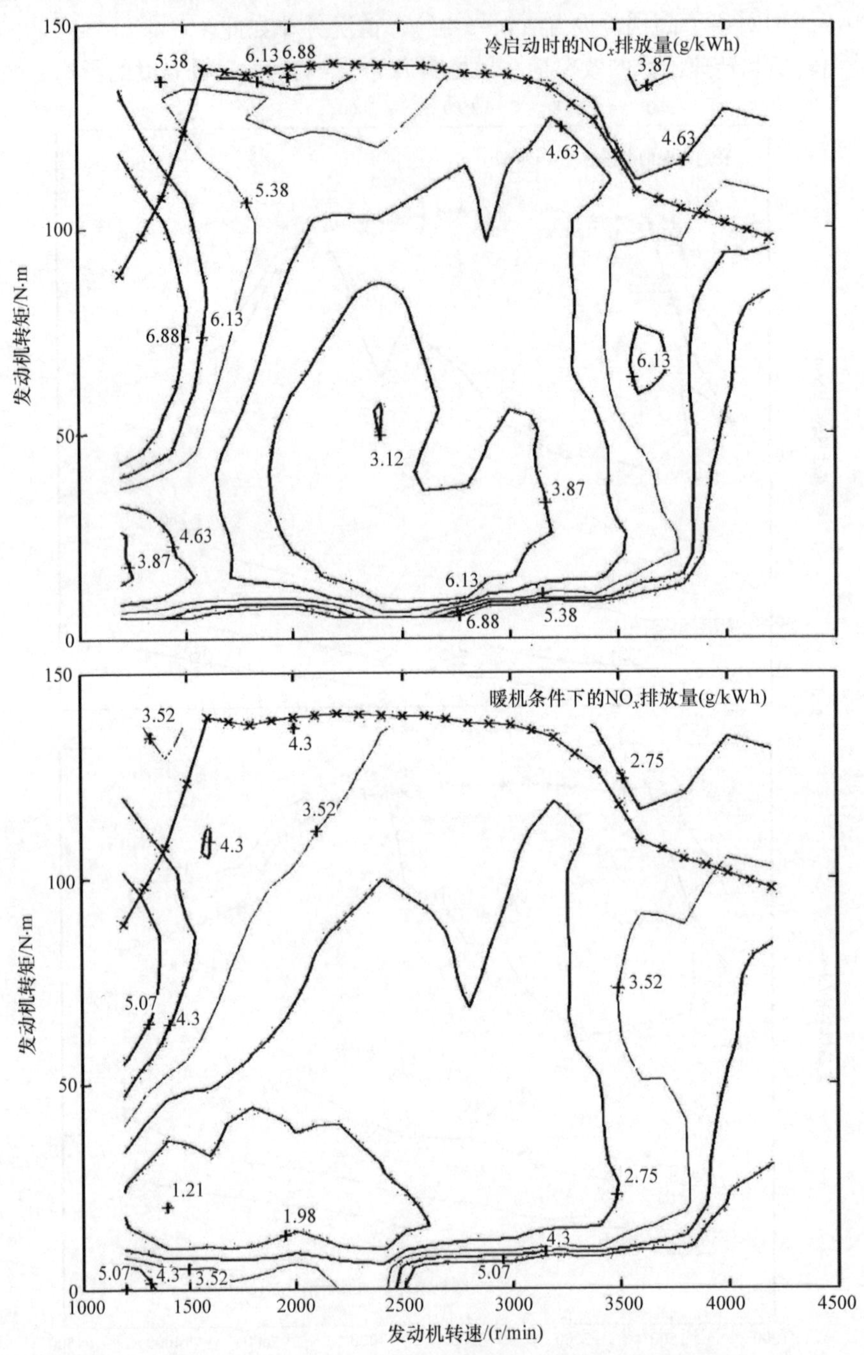

图7.6　计算出的小红帽乘用车生物柴油版的NO_x排放量，作为输出转矩和转速的函数。上图适用于冷启动条件，下图适用于在暖机条件下运行。与燃油消耗结果一致，冷启动期间NO_x排放量高出约50%

量，这些污染物分别在低温条件下和行程中高温发动机条件下运行产生。如前所述，基本测量环境数据是针对稍大的车辆，但按表4.1和表6.6中的Lupo规范进行缩放。图7.10显示了相同4种物质的总排放量，该总排放量作为图4.7混合驾驶循环期间的时间函数。

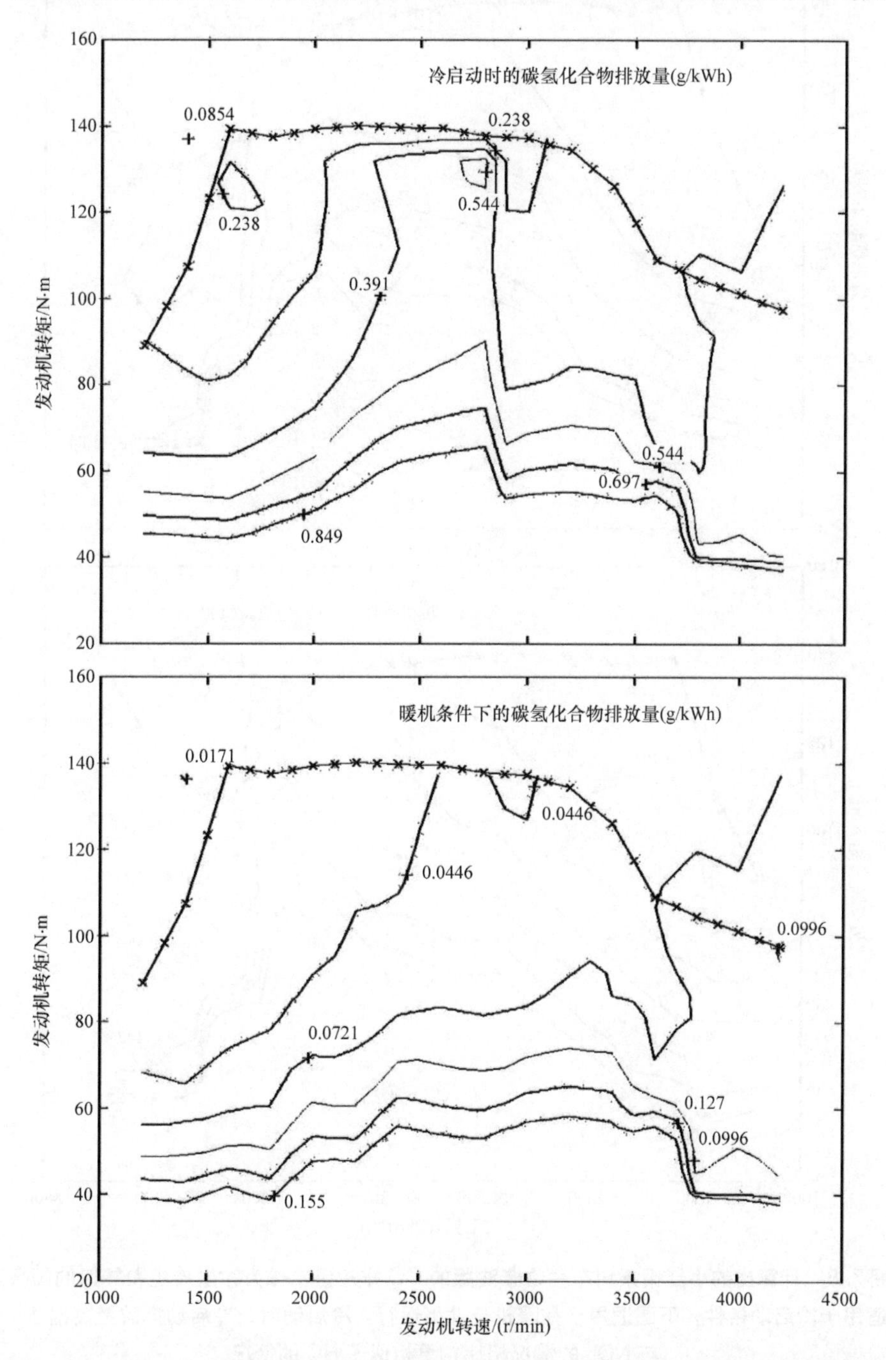

图7.7 计算出的小红帽乘用车生物柴油版的未燃烧碳氢化合物排放量，该排放量作为输出转矩和转速的函数。上图适用于冷启动条件，下图适用于在暖机条件下运行。冷启动排放量比达到巡航温度水平后高5~7倍

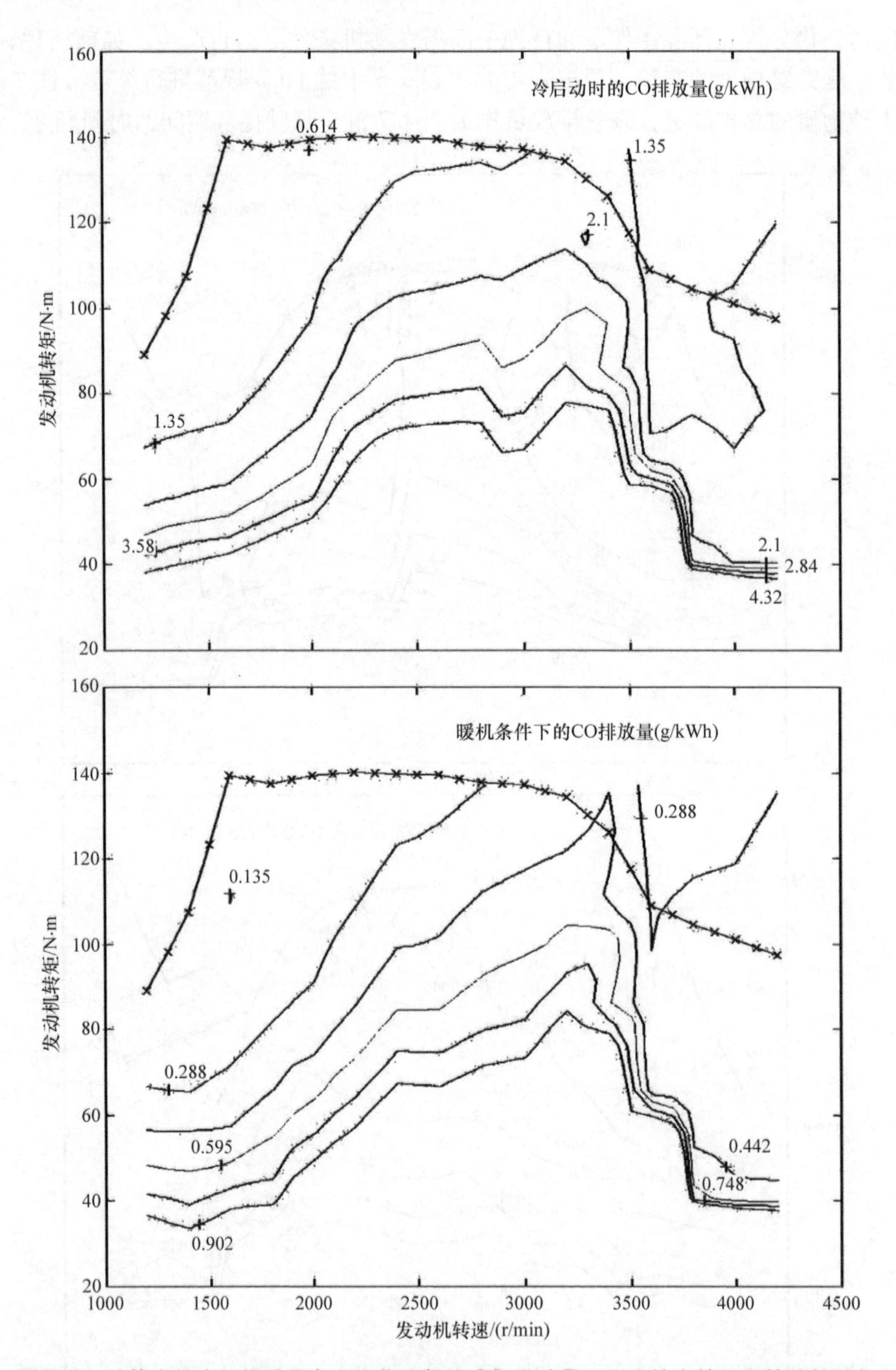

图 7.8　计算出的小红帽乘用车生物柴油版的 CO 排放量，作为输出转矩和转速的函数。上图适用于冷启动条件，下图适用于在暖机条件下运行。冷启动时，冷启动排放量高出 4 ~7 倍，与 NO_x 的情况相比，更相似于 HC 的情况

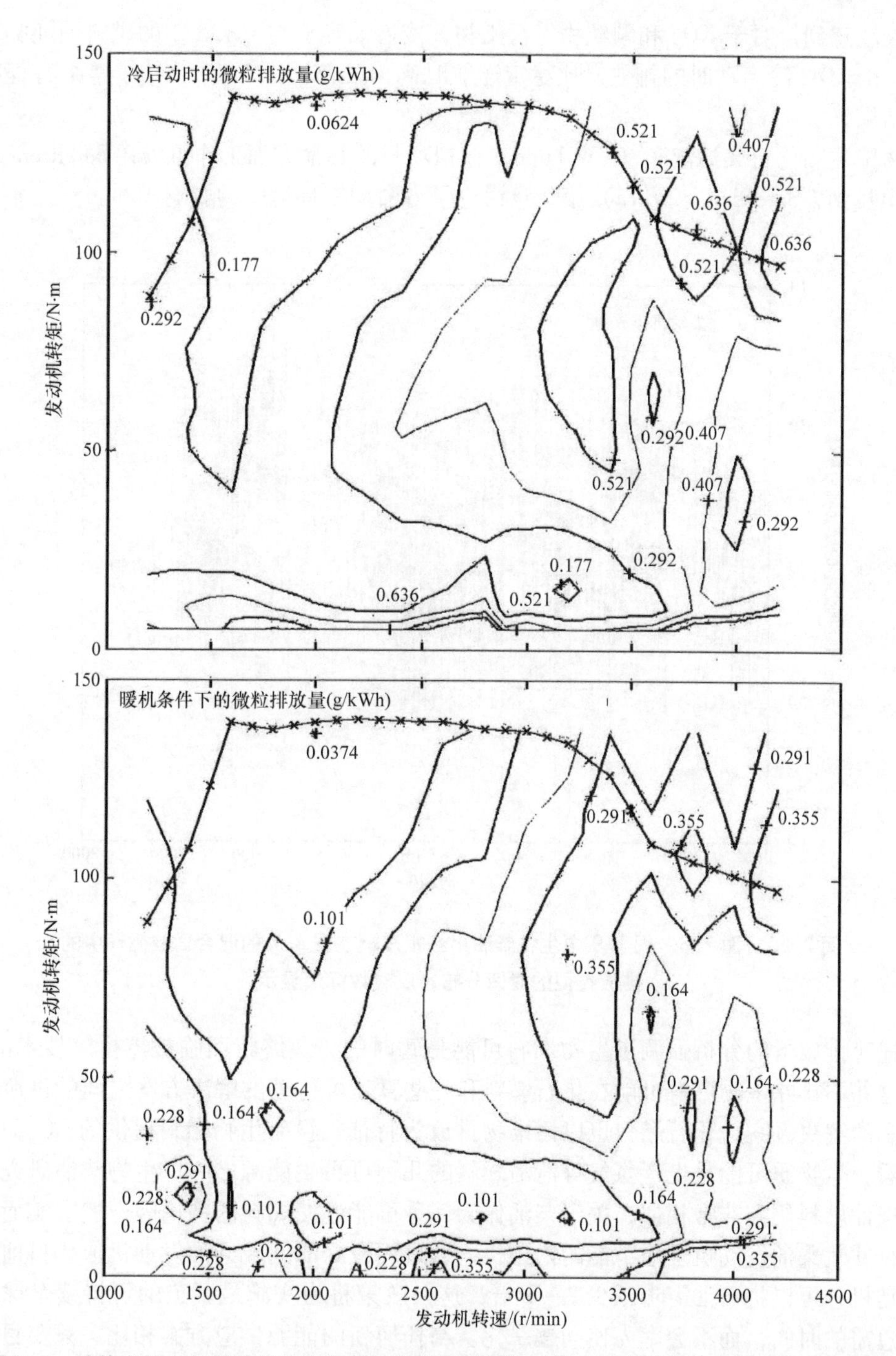

图7.9　计算出的小红帽乘用车生物柴油版的颗粒物排放量，该排放量作为输出转矩和转速的函数。上图适用于冷启动条件，下图适用于在暖机条件下运行。冷启动时的冷启动排放量大约是之后的两倍，与 NO_x 排放量相似

有人注意到，对于 NO_x 和颗粒物等污染物，冷启动影响与图 7.5 中的燃料消耗类似，而对于 HC 和 CO，冷启动时的排放量比稳定巡航时高出几倍。图 7.10 总结了整个行程时间内的排放结果。

生物柴油和化石柴油汽车（VW Lupo）模拟项目的其他方面工作可以在 Sørensen（2006，2010）中找到，Sørensen（2011a）第 7 章讨论了寿命周期环境中的影响成本。

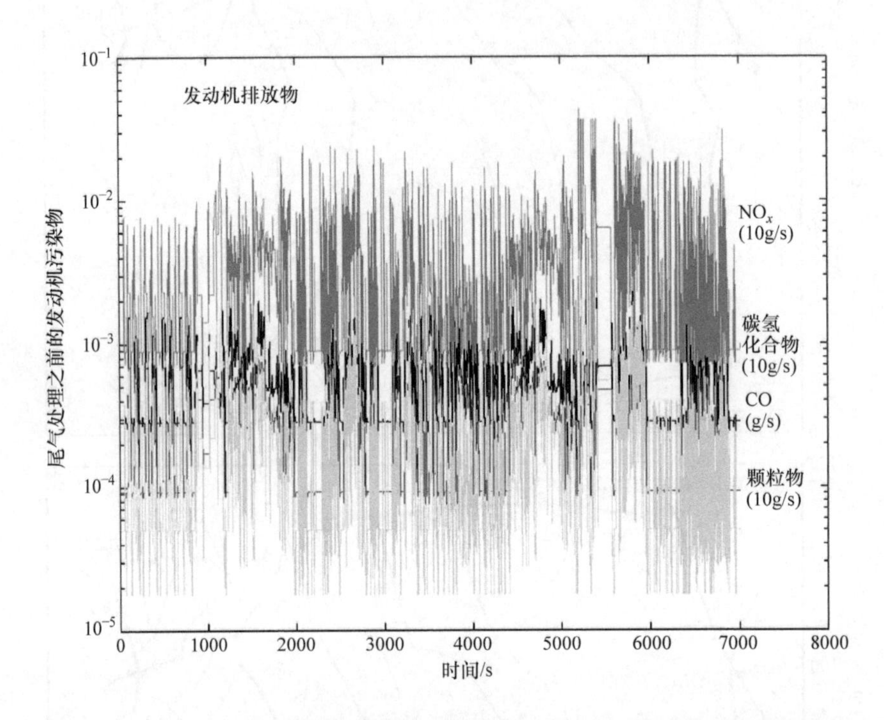

图 7.10　图 7.6～图 7.9 中生物柴油小红帽车辆在图 4.7 的混合驾驶循环中的排放类型的时间分布，以对数标尺显示

上述对排放量的分析强调了生物燃料可能是暂时的，最终将面临被零排放技术的替代。然而，这并不排除生物燃料可能在化石燃料和一些真正可持续的解决方案之间的过渡阶段提供最温和的解决方案，化石燃料也以污染物排放为特征，没有生物燃料提供的 CO_2 益处。从长远来看，生物质可能是生产氢气等清洁燃料的几种可再生能源之一。生物柴油研究与石油衍生的柴油燃料研究非常相似，关于柴油作为一种可能过渡燃料的评论因下述事实而得到强调：当今共轨柴油发动机是最节能的内燃机，通过用最好的共轨柴油发动机取代目前的普通汽车发动机，可以将石油需求减少 2～3 倍，这一政策将为实施最紧迫的可持续全球变暖行动提供急需的时间，而不会率先使问题恶化。与任何新的能源供应方案相比，只要目标的效率增益因子仅为 3～5（Weizsäcker 等，2009；Sørensen，2017），就可以更有效地使用能源，并且成本为零或最低。

除运输行业之外，使用氢作为燃烧燃料或通过燃料电池或涡轮机发电厂发电的竞争对手都与主要能源有关。风力机或光伏板中使用的可再生能源可以直接发电，通过单独的能源载体（如氢气）只需要作为处理这些可再生能源的可变性/间歇性[⊖]的一种方式。在这里，氢储存可能比其他储存解决方案更可行。这将在7.4.1节中讨论，7.4.3节和7.4.5节中讨论了从氢气变回电力的选项细节，具体取决于能源系统的首选结构是集中式，还是分散式。

7.4　前进道路

本书中所做的评估提出了氢引入的5个关键领域，这些领域可以单独进行，也可以组合进行。它们是

- 氢气作为各种可再生能源系统的储能介质。
- 氢和燃料电池在运输领域的应用。
- 燃料电池在建筑环境中的固定应用。
- 燃料电池的便携式应用。
- 燃料电池在大型发电厂或其他备用设备中的固定应用。

接下来，根据本书前几章中的处理方法对每个选项进行简要评估。这些探索为氢和燃料电池领域的发展工作（在美国称为“路线图”，在欧洲称为“行动计划”）提供了一系列建议或提议。

7.4.1　可再生能源系统中的储氢

为了使波动的可再生能源（如风和太阳辐射）在任何能源系统中占据主导地位，储存必须是系统的一部分。只有在适度的渗透水平下，才能通过交易（例如，在国际电力池中）处理供需不匹配，但在具有良好传输基础设施的能源系统中，渗透仍可能很大。大规模进口的突然需求代价高昂，而突发的现货市场出口必须接受低价格，因此此类事件不能成为常态（Meibom 等，1999）。在任何情况下，只有当相邻系统能够根据需求调整其生产水平（即基于燃料的或水力的系统）时，这种设置才有效。如果向可变一次能源的过渡大范围发生，那么可能没有替代能源储存的选择。通过对可能的储能技术评估（Sørensen，2017），没有发现比地下储氢更适合的任何其他储能方案。选择使用含水层或盐浸蚀层储氢是已证明的其对天然气储存有效性的自然延伸，并有望实现非常低的储存成本。在没有这些选择的地区，岩洞储存在技术上是可行的，但成本较高。

如果储存的氢气不用于再生电力，则可通过管道、卡车、船舶或其他运输方式将其输送给专门氢气用户。此类基础设施的成本通常很高，应通过考虑设施位置（如车辆加氢站或使用氢气的工业）来优化氢气运输要求。应根据总成本和最终用户的便利性，评估离客户较近的小型氢气储存（在加油站或完全分散到单个建筑物）的额外成本。

无论如何，上述讨论表明，使用氢气作为与基于风力机或光伏集热器的可变可再生能源系统相关的储存介质，是一种可行且很可能应该使用的选择，它与燃料电池技术发展的结果无关，这可以使氢气在能源系统中发挥更广泛的作用。在没有燃料电池的情况下，必须使用

[⊖] “间歇性”一词有时并不意味着偶尔的零生产，因为它表示供需匹配的间歇性（参见 Sørensen，2015 的讨论）。

从氢气再生电力的传统方法（例如，燃气轮机、斯特林发动机），这意味着比固定燃料电池的效率低，但差别不是很大（能达到40%～50%，而不是燃料电池的50%～65%）。

总之，氢储存的考虑应成为任何能源政策的一部分，旨在通过可再生能源技术取代环境上不利、政治上（如果不是资源上）具有不确定性依赖的化石燃料。

7.4.2 燃料电池汽车

运输行业显然是向可持续能源过渡最困难的行业。就技术性能而言，基于电池的电动汽车花了几十年的时间才达到目前的阶段，但经济目标仍未实现。在任何情况下，纯电池驱动的车辆在续航里程方面都将受到限制。

第4章中的分析（见图4.26）表明，由于两种系统的互补优势，燃料电池混合动力汽车可能会成为更好的解决方案。目前需要在可靠性和长使用寿命方面，特别是在成本方面，对PEMFC进行突破性的进一步技术开发，这意味着负责为车辆完全提供动力的燃料电池，仍将是一种非常遥远的可能性。与纯燃料电池车辆或纯电池驱动车辆相比，混合燃料电池选项可以用两个系统中每一个的较低额定值的组合提供整体性能。考虑到车辆质量，电池应为锂离子型或其他具有良好质量和能量密度的概念技术。对于燃料电池和电池系统相对价格的不同估计，成本优化如图7.11所示。与图4.26相比，可以看出，对于图上部的插电式混合动力汽车，或者可能对于图最底部的自主式混合动力汽车，均可以获得最佳价格，但在任何情况下，对于燃料电池依赖度超过50%的车辆，都不会具有最佳价格。

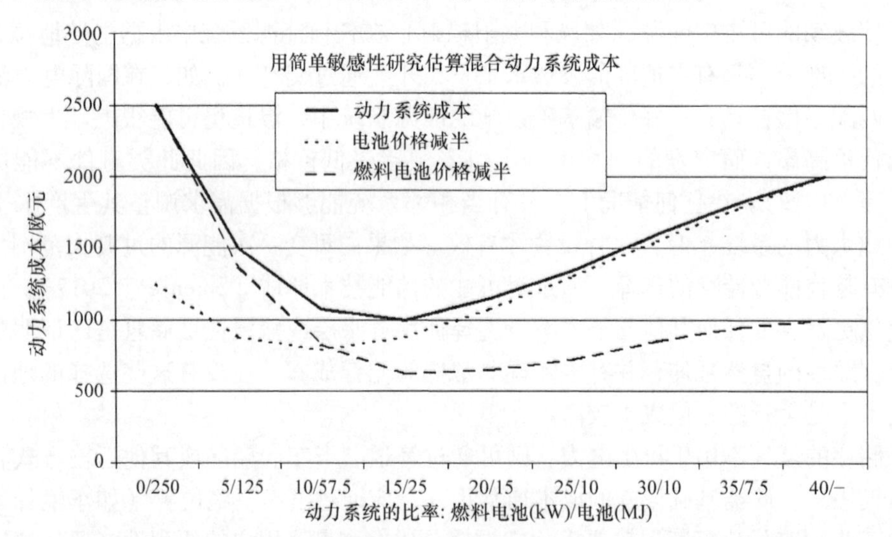

图7.11 4.1节中考虑的PEMFC锂离子电池混合系统的成本，基于纯电池（10欧元/MJ）或纯燃料电池（50欧元/kW）推进系统的价格（上曲线端点）。这些仅用于说明混合问题：燃料电池或电池价格减半的效果由虚线曲线表示。在所有情况下，最理想的价格是燃料电池额定功率为10～20kW、电池额定功率为15～60MJ的混合动力配置，这意味着采用插电式混合动力配置（Sørensen，2010）

一旦PEMFC达到技术目标（如耐久性），其应用渗透率将取决于随着市场发展和累积生产进步而获得的成本降低程度。这一阶段可以通过早期阶段在专用区域建立基础设施，以及通过市场引入计划，例如，在车辆运行期间（以及在基于可再生能源的氢气生产期间）提供无污染奖励来加快。这在一些国家得到了考虑或实施。

混合动力汽车的逐步引入可能有助于这种转变，正如目前的汽油－电池或柴油－电池汽车在一定程度上发生的这种情况，在市场已经习惯了混合动力概念后转向燃料电池混合动力概念。化石燃料－电池混合动力可能有助于降低先进电池的成本，从而成为随后引入燃料电池－电池混合动力的催化剂。

考虑到基础设施要求的障碍，电池和燃料电池汽车应继续受益于具有固定路线或适度运行范围的特种车辆（固定路线公交车、送货车辆和卡车），从而减少加油站的数量。当前一些活动表明，燃料电池船的市场似乎更有吸引力。不应忽视辅助系统组件，例如用于交付氢气的运输/传输系统（如果不是在加油站现场生产），因为它们的成本会极大地影响燃料电池系统的整体吸引力。

7.4.3 建筑物集成燃料电池

PEMFC 是建筑物集成应用的领先替代方案，其多功能性将允许当前的天然气燃烧器被热电联产系统取代，还可能有向单辆车加气站供应氢气的额外选择。有人可能认为，如果汽车行业成功开发出适用于车辆的 PEMFC，那么这样 PEMFC 就能直接应用于固定用途。然而，这只是部分正确，因为固定用途的使用寿命要求要高得多。当前的天然气用户可能是建筑物用燃料电池的应用目标，并且在天然气可用的过渡时期，如果有重整器集成到系统中的话，它可以用于产生氢气。考虑到建筑物可以通过多种方式从风能（或者可能随着时间扩展到太阳能）获得廉价的废热和更便宜的电力，这种 PEMFC 系统成本似乎很高。为避免单独的气体重整器，建议采用小型 SOFC 供家庭使用，即使这样，目前成本仍然太高。目前，无论如何能使用管道天然气的客户仅占整个市场的一部分，并且其份额因国家/地区而异。

展望未来，并假设成功降低燃料电池成本，一个有趣的系统是可逆 PEMFC，它能够将多余的电力供应（来自可再生能源）转化为氢气，并在建筑物中储存适度的时间。实验室实验提高了专门设计的 PEMFC（见 3.5.5 节）的 PEM 电解操作效率，这使它成为未来的一个有趣命题（在加注站的现场电－氢相互转换领域有进一步的应用）。剩下的一个问题是适合在建筑物环境中安全运行的氢气储存器（除了可以直接储存在停在建筑物内的车辆中之外，参见第 5 章，还要考虑火灾期间的安全性）。可能需要开发氢化物储存系统，才能实现这种程度的分散化储氢。

总的来说，PEMFC 的成本和技术性能在分散式固定应用和移动应用中表现出一些相同的问题，所提到的条件是耐久性要求要高得多。与中央发电厂运营的特点相比，这两种应用处于世界大部分地区的消费者已习惯于为能源支付相当高价格的领域。

7.4.4 便携式设备中的燃料电池

当前一代的便携式消费产品在几个方面已接近电池技术的技术极限。这对于便携式计算机来说是正确的，高性能要求导致人们付出了相当大的努力来尽可能高效地使用能源。极低功耗的平面屏幕已经开发出来，中央处理器和外围设备都在迅速接近非常好的能耗性能。改善能源这个方向的驱动力还包括固定式计算机，因为过热造成的损坏是计算机使用寿命和性能的决定性因素。由于这些原因，当前笔记本电脑电池充电间隔内最多有约 10h 的自主运行时间，对于当前用户和进一步的性能开发都是一个主要限制。

这表明便携式应用可能会为燃料电池和小型氢气或甲醇储存提供一个非常有吸引力的新兴小众市场，就像几年前先进电池类型（首先是镍氢电池，然后是锂离子电池）那样。4.6 节中的讨论表明，由于其燃料储存容量，DMFC 可能是此类便携式应用最合适的技术。能够将计算机在充电或重新加载燃料之间的运行时间增加到大约 24h 或更长时间，此选项将为用户提供优势，他们可能愿意为此支付额外费用，就像他们早些时候为先进锂离子电池买单那样。

此外，对于一般的燃料电池开发而言，此类小众市场的存在可能会产生积极的影响，正如日本制造商通过将太阳电池纳入手表和计算器等消费产品中而获得的成功，从而赚取的利润能够覆盖日本太阳电池的总开发成本，至少在最初的十年内是如此。

7.4.5 集中式发电中的燃料电池

由于目前的大型电力生产行业以燃煤电厂为主，而且煤炭储量似乎足够再用几百年（见第 5 章），因此燃料价格问题可能不如石油在运输行业那么严重。然而，考虑到温室气体排放，煤炭在可接受的燃料清单中排在最低位，并且对煤炭脱碳的方法有激烈讨论。在这里，初级氢转化（如果不是煤制氢替代）被提上日程，因为从发电厂烟囱废气中回收碳是一种效率相当低且在能量上不利的选择。如果可再生能源转型在电力行业取得成功，如 7.2 节所述，氢将在中央储能方面发挥重要作用，即使电力再生不是由燃料电池完成的。

如果燃料电池稍高的效率可以保证其较高的成本，那么最有可能用于大型电力行业的燃料电池类型是 SOFC。然而，仍有许多技术问题需要解决，特别是如果要使用纯氢以外的燃料（3.3 节中提到的硫或氮化合物以及氯化物和其他卤素的中毒问题，以及较长的冷启动时间）。由于电力行业推动这一发展的力度不如汽车行业推动 PEMFC 的发展，因此可能需要更长的时间才能获得具有成本效益的 SOFC，或者 PEMFC 由于在运输行业使用成本较低而接管公用事业市场，尽管目前转换效率较低（但仍高于传统蒸汽轮机）。

考虑到通过引入可再生能源来加大力度应对全球变暖问题的可能性，电力行业引入燃料电池的较低的紧迫感可能没有保证，电力行业的主要市场目标恰恰是发电。燃煤电厂和核电站都表现出与排放和安全相关的不受欢迎特征。第 5 章中的远景方案指向集中式可再生能源解决方案，其成本可能比建筑物集成解决方案低得多。用于利用储存的氢气的燃料电池装置可实现成本优势，这更多的是由于系统成本的平衡而非大规模生产成本，另外因为电池堆本身是模块化的，因此也会表现出规模效应。集中式系统的进一步成本优势可能与将氢气从储存地运到发电厂的低成本基础设施相关，也与使用现有的输电网络相关，所有这些都与在大量建筑物中重复使用许多基础设施组件相比。

7.4.6 效率考量

在 6.1 节中，简要讨论了有时针对燃料电池和氢气通过能量储存的批评。据称，当考虑所有转化阶段时，氢能系统的效率低得令人无法接受。作者的回答是，在任何情况下，各种可再生能源的使用都必须涉及一部分能量从初始形式的电力通过基于其他能源形式的储存，然后再回到电力，以及相关的不可避免的损失。为了正确看待这一论点，图7.12和图7.13显示了从可再生能源到个人交通工具和电器这两个特定最终用途的所有转换阶段的累积效率。为了进行比较，当前能源系统中使用的石油和煤炭显示了相应的效率链（此处忽略化石能源的污染和其他负面特征，只关注效率）。下面现在将描述这些计算中涉及的各个步骤。

首先考虑个人交通工具的路线。对于化石和生物质路线，图7.12从太阳辐射生产生物质开始，平均效率为0.2%（Sørensen，2017）。对于石油产品，Dukes（2003）估算了（几百万年）化石化过程的效率，其中包括油母岩质形成（2%）、岩石中石油形成（67%，其余为天然气，其中一些逸出）和流入可开采储层（2.8%）。平均提取效率估计为24.5%，炼油厂损失为15%。车辆奥托或柴油发动机的燃烧效率约为40%，动力传动系效率为75%，克服空气阻力和摩擦或海拔损失的最终使用收益为50%（见6.2.4节）。因此，化石燃料汽车的总累积效率低至2.3×10^{-8}。

对于甲醇路线，太阳能转化为生物质的效率为0.2%，随后是甲醇生产效率（50%），DMFC或重整器PEMFC效率为40%，电动机效率为93%，以及与化石燃料汽车相同的动力传动系和驱动效率。

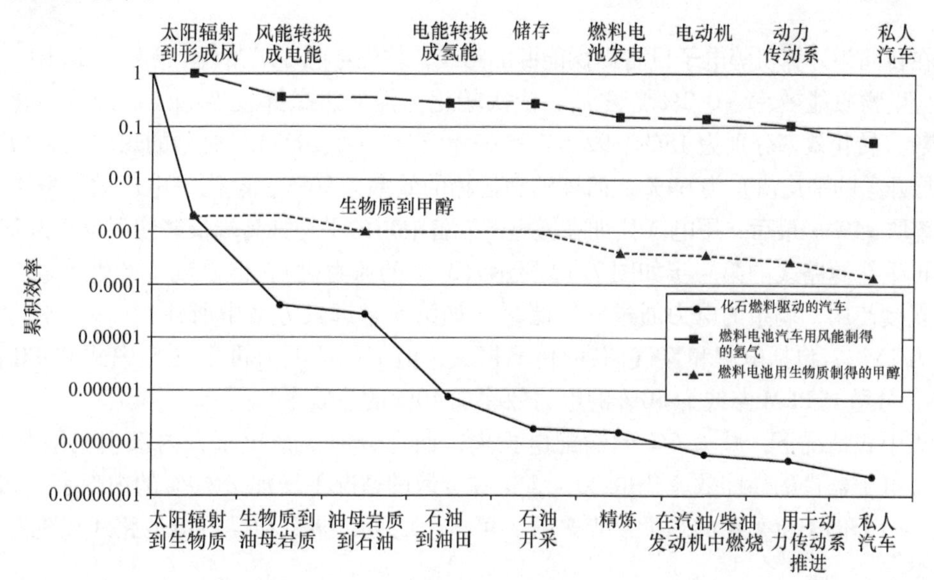

图7.12　从一次能源到终端使用的能源转换链的逐步累积效率，这里以个人交通为例。基于石油产品的目前车辆与使用来自生物质的甲醇或来自风能的氢气的燃料电池车辆进行了比较（Sørensen，2004a；详见正文）

最后，对于氢燃料电池汽车，太阳辐射到风的转换效率为100%（根据Sørensen，1996c的论点），风力机效率为35%，电解效率为80%，燃料电池转换效率为55%，其余为甲醇。甲醇路线的总累积效率为1.4×10^{-4}，风-氢路线的总累积效率为0.054。

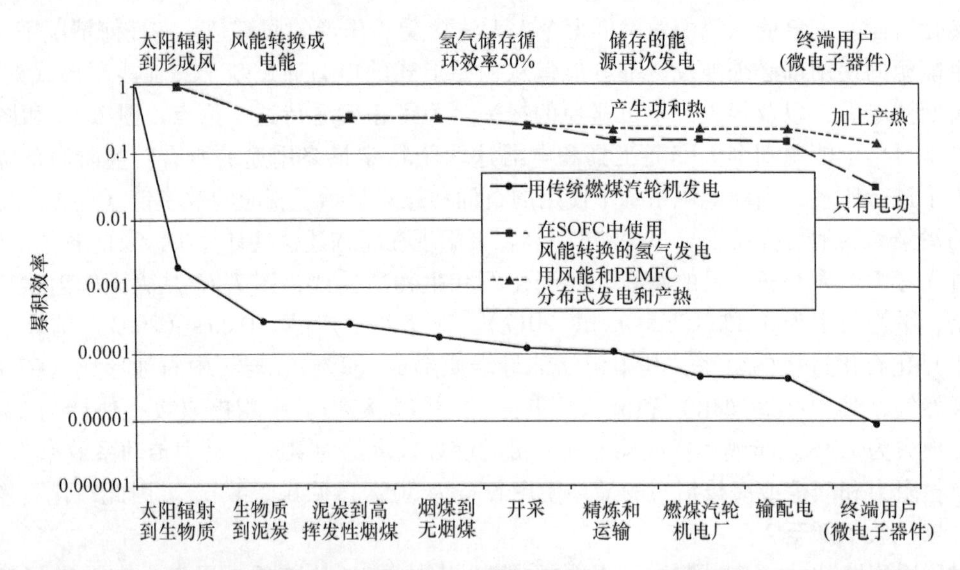

图 7.13　从一次能源到终端使用的能量转换链的逐步累积效率，这里以电力运行电子设备为例。将当前基于煤炭的电力生产与来自风能的可再生电力进行比较，其中一些通过氢储存并在使用和不使用相关热量的情况下转换回电力（Sørensen，2004a；详见正文）

现在转向为计算机等电子设备提供能源的路线，首先考虑煤炭路线。在图 7.13 中，继太阳能转化为生物质能效率（0.2%）之后，依次转化为泥炭、高挥发性烟煤，最后转化为硬煤（无烟煤），转化效率分别为 15%、92.5% 和 63%（Dukes，2003）。典型的煤炭开采效率（露天和深层开采的平均值）为 69%，而炼油和运输的效率为 90%。蒸汽发电厂效率取 42%，输配电效率取 94%。最后，用电（比如在微电子设备中）的平均到高端最终使用效率为 20%。

可再生能源路线的第一步如图 7.12 所示（35% 的风力机），但假设所产生的电力的一半以下被直接使用，剩余的电力通过氢气储存（如第 5 章远景方案中所述），假设平均储存循环效率为 75%，包括电解和氢气储存/传输损失，但不包括电力再生（集中式 SOFC 路线约为 60%，分散式 PEM 路线为 50% 的电力效率加 40% 的热效率）。

在集中式情况下，减去 6% 的输配电损失，而在分散式情况下，内部损失限制在 1%。电力对微电子器件的性能效率仍取 20%，但在分散的情况下增加了 40% 的内部余热利用。

从这两个例子所采用的长期观点来看，可再生能源、储氢和燃料电池路线比现有系统效率高得多。

另一个关于效率的评论与车辆性能的表达方式有关。在日常情况下，汽车被描述为每升汽油可以行驶多少千米，或者平均行驶 100km 需要多少升燃料。这种定义的问题在于，在比较不同的燃料时，必须考虑它们每升的不同能量含量。1L 柴油比 1L 汽油多含有大约 10% 的能量。因此，最好以每单位能量（例如，以 MJ 为单位）行驶的里程数而不是燃料来讨论性能。第 4 章的模拟是这样完成的。

当试图比较不同尺寸的车辆和服务于不同目的的车辆时，还会遇到另一个障碍。无需为每一类车辆发明新的效率标准，人们可以通过不关注行驶的里程数，而是关注所执行的运输工作，来实现不同尺寸和应用的公平比较。运输功定义为要移动的质量与移动距离的乘积。对于客运，使用人的质量（加上行李等），对于货运，使用货物的质量。这样，公路客运车辆的效率可以与货车货物运输、飞机客运和船舶货物运输进行有意义的比较（见图7.15）。

图7.14显示了完成欧洲监管标准驾驶循环（图4.7中驾驶循环的前1200s）时，各种乘用车每单位能量可以提供的里程数或运输功。使用更合适的运输功（km×kg），可以看出载货空间较小的汽车（例如Smart）的效率等级较低，而载人和载货空间较大的汽车仍然相当经济（例如斯柯达明锐柴油版），获得很好的评级。

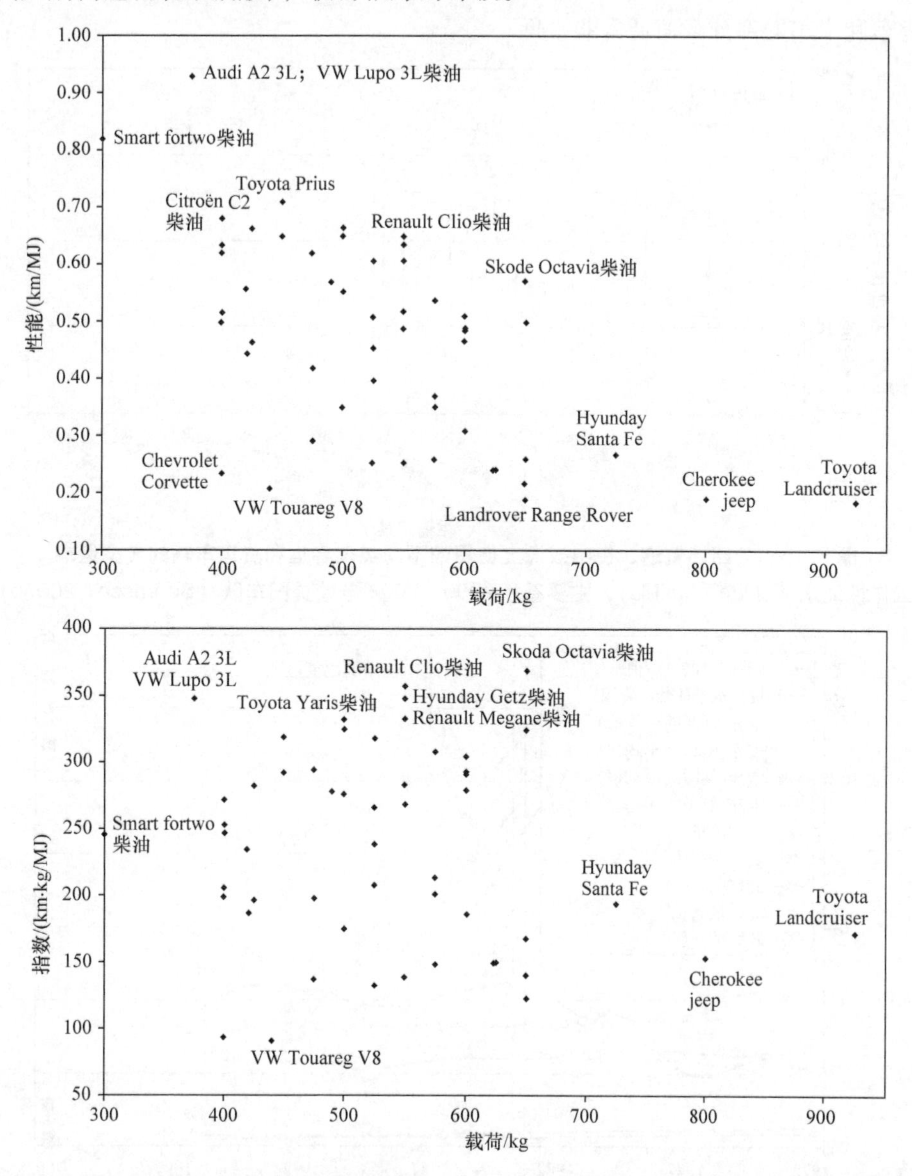

图7.14　2004年丹麦市场上可用车型的乘用车性能。上图：根据km/MJ在欧盟监管驾驶循环中的传统评级。下图：根据运输功效率进行评级（行驶km数乘以有效载荷kg数除以所用能源的MJ数）。车辆根据有效载荷绘制，有效载荷取作适当车重监管允许的最大添加量（Sørensen，2007a）

图 7.16 特别关注货运选项（表示为使用的 MJ 能量除以行驶千米数和有效载荷吨数的乘积，图 7.14 和图 7.15 中纵坐标的倒数），左侧展示了不同的欧洲国家卡车运输在运输工作效率上的显著差异，大概与长途车辆的尺寸和接受部分负载的习惯的差异有关。货运列车运输（数据来自美国）和国际航运被显示并被认为在燃油经济性方面比公路车辆好一个数量级。在图 7.16 的右侧，显示了最高效率的轮船、火车和卡车，表明对于轮船和火车，平均值接近当前最佳效率，但卡车则不然。同样在右侧，添加了商用飞机和轻型卡车的指示值。这些与图 7.15 中的值一致，轻型卡车效率低于（重型）卡车运输国家平均水平，这可能是由于送货车和卡车的部分载荷通常非常低。

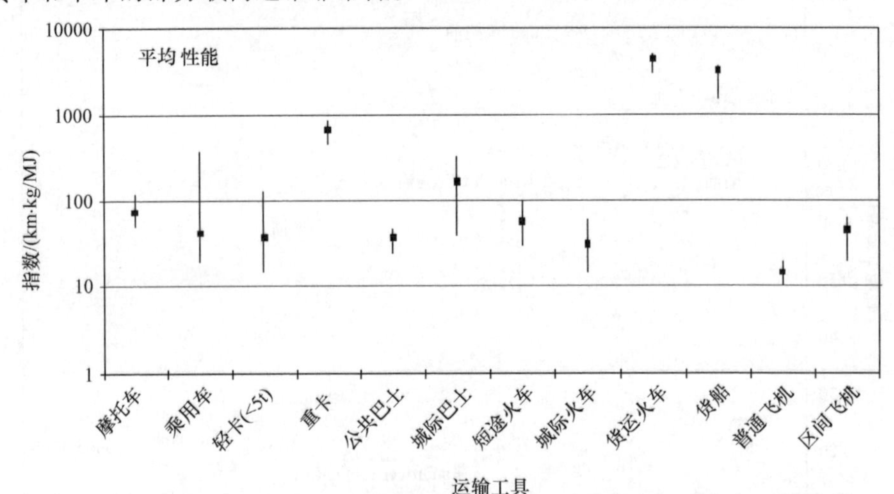

图 7.15　公路、轨道、空中或海上使用的不同类型客运和货运车辆的典型运输工作性能水平（km · kg/MJ），主要基于 2000 ~2002 年的美国车队（Sørensen，2007b）

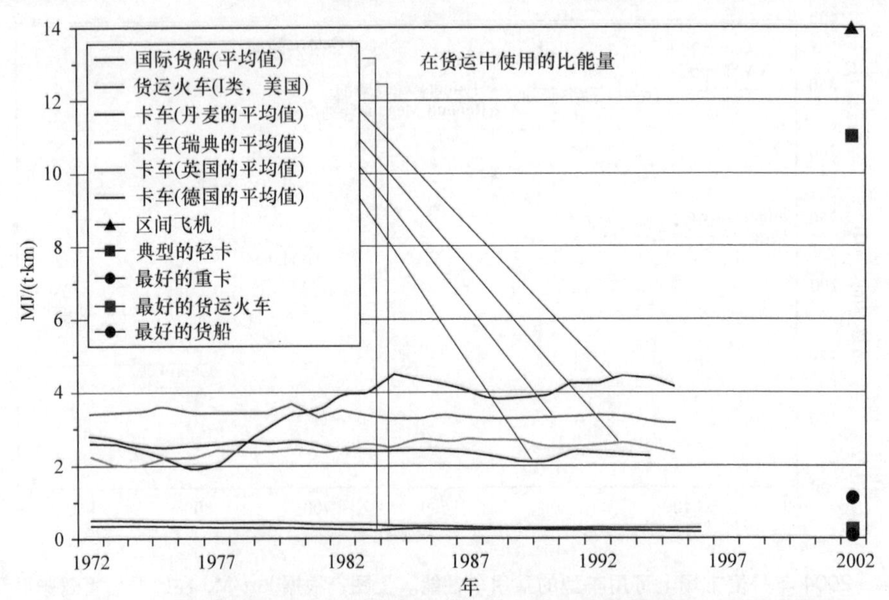

图 7.16　不同国家的各种货运方式运输功的平均单位能源使用量，右侧为选择的“最佳技术”值（Sørensen，2011b，第 12 章）

7.5 我们还有多少时间

继续依赖石油的前景和对油价发展的预期，说明了能源系统进行必要变革的时间框架以及与氢相关的开发工作的紧迫性。图 7.17 显示了发现新的可开采油田在减少。新发现的能源数量在 1970 年之前达到顶峰，与 1950 年之前不稳定的勘探工作相比，随后的全球努力更加系统化，因此未来出现意想不到的大型发现的可能性被认为很低。除了已经广泛使用的注气方法之外，提高采收率的技术可能会导致现有储量估计的升级。然而，所提出的方法（如原位燃烧、利用细菌从岩石孔隙中释放石油、高压化学）并不具有普遍适用性，最多只能释放目前被困在地球地质构造上的 60% 石油资源中的约 20%（见 Giles，2004）。无论是使用新的提高采收率的方法还是开发新的储层，例如加拿大的油砂或委内瑞拉的页岩油，高投资成本都与将产量提高到当前水平以上有关。

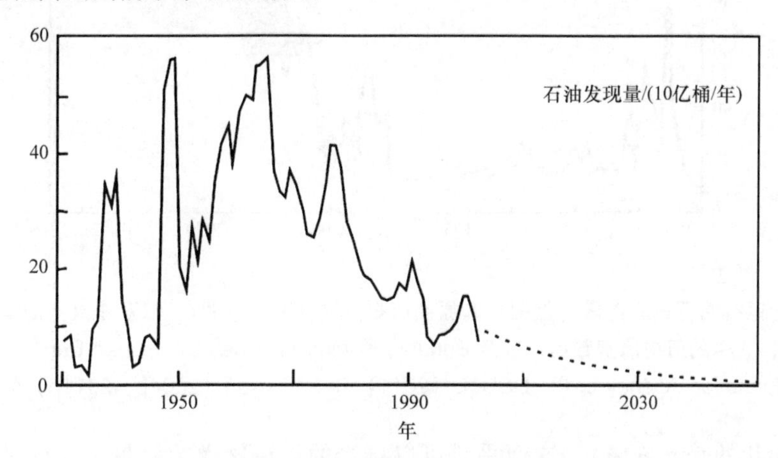

图 7.17 逐年的全球石油发现和未来发现模型的结果。根据 Longwell（2002）和 Campbell（2004）的数据（Sørensen，2004b）

图 7.18 给出了石油产量和油价未来发展的一些模型结果。根据图 7.17 所示的数据和非常规采油技术的评述，假设到 2010 年已使用一半的可采储量。该估计不确定性很低（±10 年量级，除非意外发现新的石油）并得到许多国际调查的支持（Campbell，2004；PFC Energy，2004）。然而，我们处于储量的中点这一事实并不能决定未来几十年的石油使用速率。原则上，使用速率可以自由选择。高使用速率会导致石油储量出现更突然的下降，价格波动可能会增加。图 7.18显示了一系列可能的发展。

石油生产和消费可能会增长、保持不变或下降。与其历史增长对称的下降是一个简单模型的结果（Hubbert，1962），这是极不可能的，因为它假设以类似的价格容易用其他能源形式替代石油。持续生产将需要部分替代方案的可用性，例如煤的液化或将生物质转化为石油替代燃料。这些替代燃料目前的价格不超过 100 美元/桶等量石油，相对于当前油价（近期高点为 146 美元/桶，随后跌至 100 美元/桶以下，与图 7.18 中建议的紧张行为相当一致，注

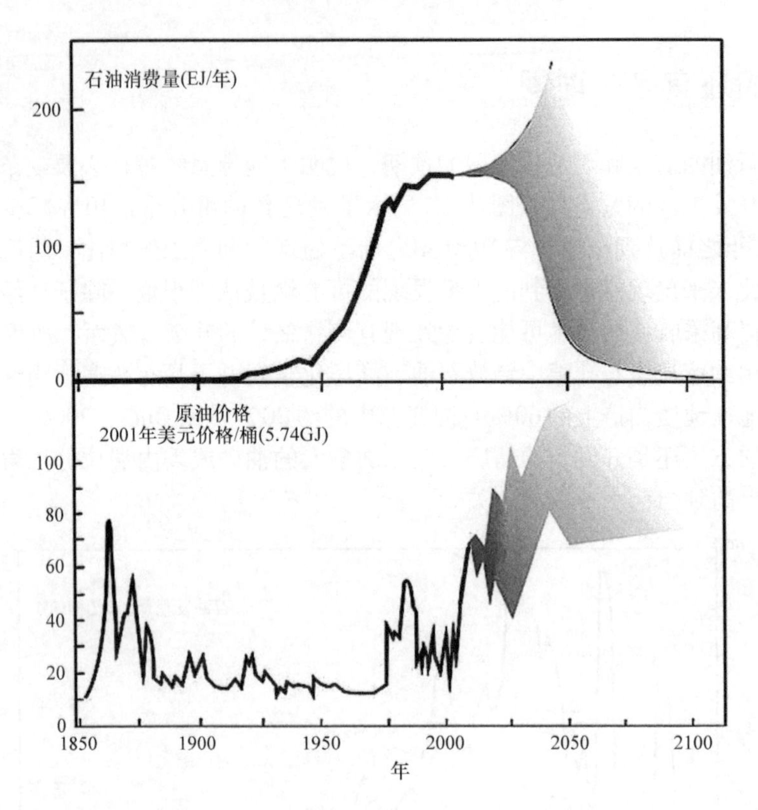

图7.18　全球石油历史消费量（上图）和原油历史价格水平（下图），以及未来可能情况的扩展。该图使用了图5.10中的历史消费数据，以及Enquete Kommission des Deutschen Bundestages（1995）、Energy Information Agency of the USDoE（2011）和Sørensen（2004b，2011b）的历史价格

意它使用2001年的美元价格），这似乎是可以接受的。在这样的前景下，储量将在2043年左右耗尽（与5.3.2节给出的评估一致）。如图7.18所示，由于市场紧张、经济衰退或增长，以及产油国的战争和政治动荡等地缘政治问题，未来油价可能会出现不可预测的波动。

尽管资源日渐减少，但石油消费量仍处于较高水平，这是看不到可行的任何替代方案的结果，再加上中国等发展中国家的需求增加。如果中国在2030年之前将其石油使用量增加25%，并且在未来25年内世界汽车保有量增加30%（算不上奢侈的期望），那么这样的情景就可能成为现实。在这种情况下，储量只能维持到2038年左右。国际能源机构（IEA）最近的一份报告（IEA，2004）在其参考情景中提出到2030年化石能源使用量将增加60%，甚至更高。这种预期也意味着二氧化碳排放量增加60%。根据PFC Energy（2004），产量的增加将完全发生在OPEC国家，因为非OPEC国家的石油产量在此期间预计会下降。

后者的发展对地缘政治和供应安全的影响是巨大的。IEA和PFC研究都建议能源政策减少需求并加速摆脱对石油的依赖。它们的不同之处在于IEA认为至少到2030年石油产量的充分增加是可能的，而PFC预测在2014～2020年期间已经出现供需缺口，相应的全球需求增长率从每年2.4%到1.1%不等。石油行业最近的一项研究支持PFC观点（ExxonMobil，2004），而图7.18中的分析也与IEA一致，2038年被设定为通过增加石油产量（以任何价格）满足需求的极限。

在所有的前景下，预计石油平均价格都将大幅上涨。在高产量的情况下，供应突然开始下降之前可能会出现危机情况，而危机情况本可以通过有计划的停产来避免。在这个紧张且高度政治化的市场中，油价的短期行为可能会出现比迄今为止更大的波动。然而，期望逐步淘汰传统的廉价生产石油背后的理由是非常充分的。

前面的分析清楚地表明了尽快提供可行的能源替代品的重要性，如果可能的话发展氢能技术，并强调了加快研发的紧迫性，以达到石油替代品所需的技术成熟度和经济可接受水平。

同时，很明显，氢技术在市场上的渗透率还不足以解决近期的问题。短期内还需要其他解决方案，正如6.2.4节中针对乘用车所做的调查所强调的那样，高效利用能源是唯一已经准备好并能够立即实施的技术（Sørensen（2017）、IEA（2004）和PFC Energy（2004）也提出了建议）。氢和燃料电池技术可能是长期能源转型的解决方案，但短期石油供应问题只能通过提高能源效率来解决。

7.6 总结与展望

是时候结束这本书了，但需要有一些结束语为新的开始创造条件，通过发展研究与工业之间的伙伴关系，使氢能社会的条件具有现实性。动机是几乎没有其他替代品可用，因此使用氢能路线可能有助于保持社会不同阶层的财富增长。

氢能项目的成功取决于许多事情的落实，特别是解决燃料电池的技术和经济问题。有很多驱动力促使我们朝这个方向前进：化石燃料产量达到峰值然后下降，几个重要供应国的政治不稳定，以及全球寻求向可持续的能源系统过渡。氢技术已经为该领域带来了大量新参与者。但数量并不能保证成功，许多“传统”观念可能会成为障碍。在不考虑外部成本的情况下，氢和燃料电池系统是否必须与传统系统当前的低价格相匹配？作者认为这是不可能的，对于氢气和几种可能替代化石燃料的主要能源来说都不可能。例如，这对运输行业有进一步的影响。

我们是否应该继续鼓励（例如，通过接受广告）驾驶超大型汽车或一个人驾驶四轮驱动超大房车（被称为SUV（运动型多用途车）；一年中的某一天我们可能需要越野驾驶，我们可以租一辆四轮驱动的汽车），还是我们应该选择一辆超高效的小型汽车（参见6.2.4节中的评估）？第一种选择将使现有工业化社会的能源需求增加一倍以上，再加上发展中经济体的额外需求。第二种选择可以将现有需求减少3倍，为工业化世界的新来者留出更多空间。一些国家燃料电池计划似乎被解释为通过被动等待燃料电池汽车在市场上的大规模渗透，将汽车问题推到未来25年，而不是使用已经可用的低成本或无额外成本的节能汽车选项，这能够将此时此地的石油供应问题减少3倍或更多。

节能汽车也是随后引入燃料电池驱动的完美起点，在这种情况下，人们不再需要安装65～100kW的燃料电池来获得不错的性能，而是可以使用更小的混合动力汽车，而且仍然得到可接受的行驶里程（见4.1.3节）。无论如何，未来的汽车必须配备电子控制系统，不仅可以实现最佳性能，还可以避免碰撞和防止超速。能源并不是当前个人交通系统的唯一问题，因此应该考虑解决多个问题的解决方案，并且可能更高的成本也有更好的机会被客户接受。

有一点很清楚：理想的能源未来是一个没有燃烧的世界。在蒸汽发电厂中使用生物燃料或氢气可能是一个中间解决方案，我们将不得不在很短的一段时间内忍受，但从长远来看，能源转换应该在没有火焰和排放的情况下进行。

所有这一切都需要一种新的态度来塑造我们的生活方式。我们想要更多的自我控制，而可逆燃料电池等技术恰恰为我们提供了这一点。但是，更多地掌控自己也意味着对这一切如何影响他人要承担更大的责任，这再次促使我们考虑改变我们想要花钱的优先顺序。对于愿意为最高限速 3 倍的汽车支付更多费用，但不愿为节能汽车多付一点钱的人们，我们该怎么办？必须在增加选择自由和为社会制定共同规则之间取得平衡。“选择的自由”通常只意味着最好的广告商获胜，而被严重低估的监管措施可能是明确需要的，以使社会成为每个成员都能接受的地方。个人主义往往会损害共同利益，或者从环境的角度来说，损害公共环境。

参考文献

Campbell, C. (2004). Oil and gas liquids 2004 scenario. http://www.peakoil.net/uhdsg/Default.htm (update of “ASPO Statistical Review of Oil and Gas, 2002” (Aleklett,K., Bentlay, R., Campbell, C., eds.).

Dukes, J. (2003). Burning buried sunshine: Human consumption of ancient solar energy. *Climate Change* **61**, 31–44.

Energy Information Agency of the USDoE (2011). *World crude oil prices*. Spreadsheet covering the period 1946 to 11. February 2011, when accessed. Available at http://www.eia.gov/nev/pet/pet_pri_wco_k_w.xls.

Enquete Kommission des Deutschen Bundestages (1995). *Mehr Zukunft für die Erde*. (Lippold *et al*., eds.), Economica Verlag, Bonn.

ExxonMobil (2004). A report on energy trends, greenhouse gas emissions and alternative energy. Houston, TX.

Giles, J. (2004). Every last drop. *Nature* **429**, 694–695.

Hubbert, M. (1962). Energy resources, a report to the Committee on Natural Resources. Nat. Acad. Sci., Publ., 1000D.

IEA (2004). World Energy Outlook 2004. Executive Summary. OECD/IEA, Paris. https://www.iea.org/publications/freepublications/publication/WEO_2014_ES_English_WEB.pdf.

Longwell, H. (2002). The future of the oil and gas industry: Past approaches, new challenges, *World Energy* (Houston) **5**, 100–104.

McMichael, T. (2001) “Human frontiers, environments and disease”, Cambridge University Press, Cambridge.

Meibom, P., Svendsen, T., & Sørensen, B. (1999). Trading wind in a hydro-dominated power pool system. *Int. J. Sustainable Development* **2**, 458–483.

NREL (2001). Documentation for software routine package ADVISOR 3.2, described by Markel et al. (2004). National Renewable Energy Laboratory, Golden, CO.

PFC Energy (2004). Global crude oil and natural gas liquids supply forecast. Presentation at Center for Strategic & Int. Studies (CSIS), Washington DC, http://www.csis.org/energy/040908_presentation.pdf.

Sobrino, F., Monroy, C., Pérez, J. (2010). Critical analysis on hydrogen as an alternative to fossil fuels and biofuels for vehicles in Europe. *Renewable and Sustainable Energy Revs*. **14**,

772–780.

Sørensen, B. (1996). Does wind energy utilization have regional or global climate impacts? "Proc. 1996 European Union Wind Energy Conference", pp. 191–194. H. Stephens & Ass., Bedford UK.

Sørensen, B. (2004a). Readiness of hydrogen technologies. Hydrogen and fuel cell futures conference, Perth, CDROM by Western Australia Govt. Dept. Planning & Infrastructure.

Sørensen, B. (2004b). The last oil? A strategy for development of hydrogen technologies in Denmark, a report commissioned by the Danish Energy Agency. Both available at http://energy.ruc.dk → http://energy.ruc.dk/BSO101104-EN.pdf Last accessed September 2016.

Sørensen, B. (2006). Comparison between hydrogen fuel cell vehicles and bio-diesel vehicles. In "Proc 16th World Hydrogen Energy Conf., Lyon", Paper S24-111, IHEA CDROM #111, Sevanova, France.

Sørensen, B. (2007a). On the road performance simulation of hydrogen and hybrid cars. *Int. J. of Hydrogen Energy* **32**, 683–686.

Sørensen, B. (2007b). Assessing current vehicle performance and simulating the performance of hydrogen and hybrid cars. *Int. J. of Hydrogen Energy* **32**, 1597–1604.

Sørensen, B. (2010). On the road performance simulation of battery, hydrogen and hybrid cars.-Ch. 10 in *Electric and Hybrid Vehicles* (G. Pistoia, ed.), 247–273. Elsevier, Amsterdam.

Sørensen, B. (2011a). *Life-cycle Analysis of Energy Systems. From Methodology to Applications.*, RSC Publishing, Cambridge.

Sørensen, B. (2011b). *A history of energy. Northern Europe from Stone Age to the Present Day.* Earthscan-Taylor & Francis, London and Cambridge.

Sørensen, B. (2015). *Energy Intermittency.* Boca Raton: CRC Press-Taylor & Francis.

Sørensen, B. (2017). *Renewable Energy. Physics, engineering, environmental impacts, economics & planning.* 5th Edition, Oxford and Burlington: Academic Press-Elsevier.

Weizsäcker, E., Hargroves, K., Smith, M., Desha, C., Stasinopoulos, P. (2009). *Factor Five.* Earthscan Publ., London.

Hydrogen and Fuel Cells: Emerging Technologies and Applications, Third Edition
Bent Sørensen, Giuseppe Spazzafumo
ISBN: 9780081007082

Authorized Chinese translation published by < China Machine Press >
《氢与燃料电池——新兴的技术及其应用（原书第3版）》（隋升 郭雪岩 修国华 译）
ISBN: 9787111742524

北京市版权局著作权合同登记　图字：01－2021－6700号。

注意

本书涉及领域的知识和实践标准在不断变化。新的研究和经验拓展我们的理解，因此须对研究方法、专业实践或医疗方法作出调整。从业者和研究人员必须始终依靠自身经验和知识来评估和使用本书中提到的所有信息、方法、化合物或本书中描述的实验。在使用这些信息或方法时，他们应注意自身和他人的安全，包括注意他们负有专业责任的当事人的安全。在法律允许的最大范围内，爱思唯尔、译文的原文作者、原文编辑及原文内容提供者均不对因产品责任、疏忽或其他人身或财产伤害及/或损失承担责任，亦不对由于使用或操作文中提到的方法、产品、说明或思想而导致的人身或财产伤害及/或损失承担责任。

图书在版编目(CIP)数据

氢与燃料电池：新兴的技术及其应用：原书第3版/（丹）本特·索伦森，（意）朱塞佩·斯帕扎富莫著；隋升，郭雪岩，修国华译．—北京：机械工业出版社，2023.12

（动力电池与储能技术丛书）

书名原文：Hydrogen and Fuel Cells：Emerging Technologies and Applications，Third Edition

ISBN 978-7-111-74252-4

Ⅰ.①氢…　Ⅱ.①本…②朱…③隋…④郭…⑤修…　Ⅲ.①氢能-燃料电池　Ⅳ.①TM911.4

中国国家版本馆CIP数据核字（2023）第222256号

机械工业出版社（北京市百万庄大街22号　邮政编码100037）

策划编辑：刘星宁　　责任编辑：刘星宁　闫洪庆

责任校对：樊钟英　梁　静　　封面设计：马精明

责任印制：邓　博

北京盛通数码印刷有限公司印刷

2024年1月第1版第1次印刷

184mm×240mm·26印张·595千字

标准书号：ISBN 978-7-111-74252-4

定价：168.00元

电话服务　　网络服务

客服电话：010-88361066　　机　工　官　网：www.cmpbook.com

010-88379833　　机　工　官　博：weibo.com/cmp1952

010-68326294　　金　书　网：www.golden-book.com

封底无防伪标均为盗版　　机工教育服务网：www.cmpedu.com